浙江省普通高校“十三五”新形态教材

微积分

（下）

第三版

U0317730

主　编　苏德矿　吴明华　童雯雯
副主编　金蒙伟　涂黎晖　唐志丰

高等教育出版社·北京

内容简介

本书在教育部"高等教育面向 21 世纪教学内容和课程体系改革计划"研究成果的基础上,根据教育部高等学校大学数学课程教学指导委员会最新修订的"工科类本科数学基础课程教学基本要求",并结合教学实践经验修订而成。为适应广大高校教师的教学需求,作者广泛吸取教师使用意见,在保留上版注重分析综合、将数学建模的基本内容和方法融入教材等特色的基础上,修改了一些重要概念的论述,增加和更新了一些定理和例题,使本书内容更加丰富,系统更加完整,有利于教师教学和学生学习。

本书分上、下两册。上册共 6 章,主要内容有:函数与极限,导数与微分,微分中值定理及导数的应用,不定积分,定积分及其应用,常微分方程;下册共 6 章,主要内容有:矢量代数与空间解析几何,多元函数微分学,多元函数积分学,第二类曲线积分与第二类曲面积分,级数,含参量积分。

本书可作为高等学校工科、理科、经济及管理类专业的微积分教材。

图书在版编目（C I P）数据

微积分. 下 / 苏德矿,吴明华,童雯雯主编. -- 3版. -- 北京 :高等教育出版社,2021.6（2023.3重印）
ISBN 978-7-04-055394-9

Ⅰ. ①微… Ⅱ. ①苏… ②吴… ③童… Ⅲ. ①微积分-高等学校-教材 Ⅳ. ①O172

中国版本图书馆 CIP 数据核字（2021）第 000241 号

Weijifen

策划编辑	于丽娜	责任编辑	安 琪	封面设计	王 鹏	版式设计	张 杰
插图绘制	于 博	责任校对	窦丽娜	责任印制	赵义民		

出版发行	高等教育出版社	网　址	http://www.hep.edu.cn	
社　址	北京市西城区德外大街 4 号		http://www.hep.com.cn	
邮政编码	100120	网上订购	http://www.hepmall.com.cn	
印　刷	三河市春园印刷有限公司		http://www.hepmall.com	
开　本	787mm×1092mm　1/16		http://www.hepmall.cn	
印　张	22.25	版　次	2001 年 2 月第 1 版	
字　数	460 千字		2021 年 6 月第 3 版	
购书热线	010-58581118	印　次	2023 年 3 月第 3 次印刷	
咨询电话	400-810-0598	定　价	43.60 元	

本书如有缺页、倒页、脱页等质量问题,请到所购图书销售部门联系调换
版权所有　侵权必究
物料号　55394-00

微积分（下）

第三版

苏德矿

吴明华

童雯雯

1 计算机访问http://abook.hep.com.cn/1234075，或手机扫描二维码、下载并安装Abook应用。

2 注册并登录，进入“我的课程”。

3 输入封底数字课程账号（20位密码，刮开涂层可见），或通过Abook应用扫描封底数字课程账号二维码，完成课程绑定。

4 单击“进入课程”按钮，开始本数字课程的学习。

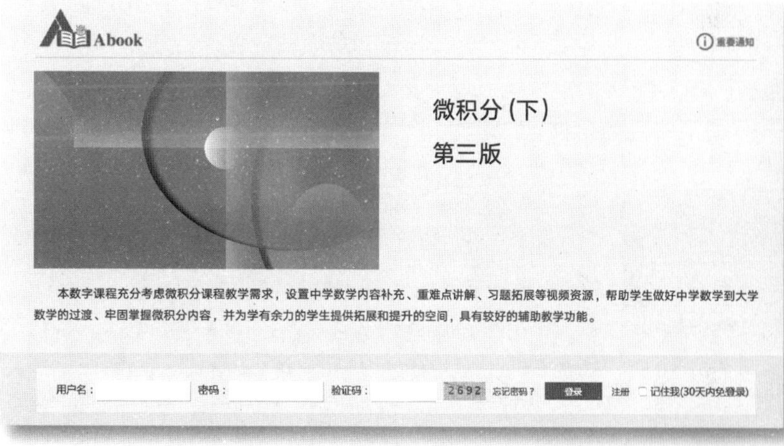

课程绑定后一年为数字课程使用有效期。受硬件限制，部分内容无法在手机端显示，请按提示通过计算机访问学习。

如有使用问题，请发邮件至abook@hep.com.cn。

http://abook.hep.com.cn/1234075

教材编委会

主　编　苏德矿　吴明华　童雯雯

副主编　金蒙伟　涂黎晖　唐志丰

编　委　苏德矿　吴明华　童雯雯　金蒙伟
涂黎晖　唐志丰　杨起帆　朱静芬
毕惟红　吴国桢　薛儒英　陈明飞
叶兴德　吴　彪　胡贤良　余琛妍
戴　敏

目　　录

第七章 矢量代数与空间解析几何

在中学我们已经学过平面解析几何和各种数系，本章我们将学习一种新的代数体系——矢量代数. 矢量代数是数学、物理学、力学以及工程技术中一种重要的数学工具. 矢量代数与实数代数有很多类似之处但又不完全相同，它可作为由实数体系到抽象代数体系的桥梁. 空间解析几何通过空间直角坐标系，用代数方法研究空间几何问题. 本章我们先介绍矢量的概念以及矢量的某些运算，然后讲述空间解析几何，其主要内容是平面和直线方程，一些常用的空间曲线和曲面的方程以及关于它们的一些基本问题，这些方程的建立和问题的解决是以矢量作为工具的. 同时，本章的内容对以后学习多元函数的微分学和积分学在几何图形的描绘上将起到非常重要的作用.

§1 二阶、三阶行列式及线性方程组

本节作为预备知识，介绍二阶、三阶行列式的由来及其概念和展开式，以便在解线性方程组和矢量运算中使用.

§1.1 二阶行列式和二元线性方程组

求解二元线性方程组

$$\begin{cases} a_1x + b_1y = c_1, & (7.1) \\ a_2x + b_2y = c_2. & (7.2) \end{cases}$$

用消去法解，式(7.1)×b_2−式(7.2)×b_1 消去 y，得

$$(a_1b_2-a_2b_1)x=b_2c_1-b_1c_2,$$

用同样的方法消去 x，得

$$(a_1b_2-a_2b_1)y=a_1c_2-a_2c_1.$$

若 $a_1b_2-a_2b_1\neq 0$，可得该方程组的唯一解：

$$x=\frac{b_2c_1-b_1c_2}{a_1b_2-a_2b_1},\qquad y=\frac{a_1c_2-a_2c_1}{a_1b_2-a_2b_1}. \tag{7.3}$$

为了便于记忆，我们引入二阶行列式的概念，并用二阶行列式来表示式(7.3)所表示的解. 注意到式(7.3)的分子、分母只与方程组的系数及常数项有关，其中分母 $a_1b_2-a_2b_1$ 中的各个乘数按它们原来在方程组中的位置成有序排列，即

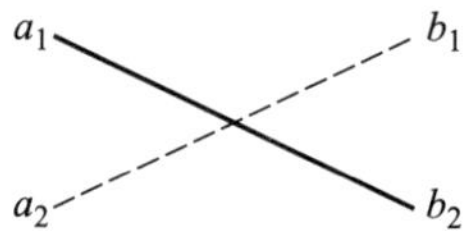

我们称实线表示的对角线为主对角线，虚线表示的对角线为副对角线，这样 $a_1b_2-a_2b_1$ 就是主对角线上两个数的乘积与副对角线上两个数的乘积之差. 我们引进符号

$$\begin{vmatrix} a_1 & b_1 \\ a_2 & b_2 \end{vmatrix} \overset{\text{def}}{=\!=} a_1b_2 - a_2b_1. \tag{7.4}$$

称式(7.4)左端为二阶行列式，其中 a_1，a_2，b_1，b_2 称为行列式的元素，这四个元素排列成二行二列(横写的称为行,竖写的称为列). 称式(7.4)右端为该二阶行列式的展开式，这种展开方法称为对角线法则. 例如，

$$\begin{vmatrix} 2 & 5 \\ 4 & 3 \end{vmatrix} = 2\times 3 - 4\times 5 =- 14.$$

这样，二元线性方程组在其系数行列式 $D \overset{\text{def}}{=\!=} \begin{vmatrix} a_1 & b_1 \\ a_2 & b_2 \end{vmatrix} \neq 0$ 的条件下，解的公式可写成

$$x = \frac{D_x}{D}, \qquad y = \frac{D_y}{D},$$

其中，$D_x \overset{\text{def}}{=\!=} \begin{vmatrix} c_1 & b_1 \\ c_2 & b_2 \end{vmatrix}$，即用方程组右端常数项取代 D 中 x 的系数位置；$D_y \overset{\text{def}}{=\!=} \begin{vmatrix} a_1 & c_1 \\ a_2 & c_2 \end{vmatrix}$，即用方程组右端常数项取代 D 中 y 的系数位置. 也可直接写成

$$x = \frac{\begin{vmatrix} c_1 & b_1 \\ c_2 & b_2 \end{vmatrix}}{\begin{vmatrix} a_1 & b_1 \\ a_2 & b_2 \end{vmatrix}}, \qquad y = \frac{\begin{vmatrix} a_1 & c_1 \\ a_2 & c_2 \end{vmatrix}}{\begin{vmatrix} a_1 & b_1 \\ a_2 & b_2 \end{vmatrix}}.$$

上述方法称为解二元线性方程组的**克拉默(Cramer)法则**.

下面讨论当方程组的系数行列式 $D=0$ 时的情形. 这时由消去法可得

$$D\cdot x = D_x, \qquad D\cdot y = D_y.$$

1. 当 $D=0$ 而 D_x，D_y 中至少有一个不等于零时，这时上述两个等式不能同时成立，因此方程组无解；

2. 当 $D=0$ 而 D_x，D_y 均等于零时，可得

$$a_1b_2-a_2b_1=0,\quad c_1b_2-c_2b_1=0,\quad a_1c_2-a_2c_1=0,$$

即有 $\dfrac{a_1}{a_2}=\dfrac{b_1}{b_2}=\dfrac{c_1}{c_2}$. 这表明方程组中的一个方程可由另一个方程乘一常数得到，这时方程组有无穷多组解.

综上可知：

1. 当 $D\neq 0$ 时，二元线性方程组有唯一确定解 $x=\dfrac{D_x}{D}$，$y=\dfrac{D_y}{D}$；

2. 当 $D=0$ 而 D_x，D_y 中至少有一个不等于零时，方程组无解；

3. 当 $D=0$，$D_x=0$，$D_y=0$ 时，方程组有无穷多组解.

例 1 求解方程组 $\begin{cases}2x+y=5,\\5x+2y=12.\end{cases}$

解 因为

$$D=\begin{vmatrix}2&1\\5&2\end{vmatrix}=-1\neq 0,$$

所以方程组有唯一确定解：

$$x=\frac{D_x}{D}=\frac{\begin{vmatrix}5&1\\12&2\end{vmatrix}}{-1}=\frac{-2}{-1}=2,\qquad y=\frac{D_y}{D}=\frac{\begin{vmatrix}2&5\\5&12\end{vmatrix}}{-1}=\frac{-1}{-1}=1.$$

例 2 求解方程组 $\begin{cases}2x+y=5,\\4x+2y=3.\end{cases}$

解 因为 $D=\begin{vmatrix}2&1\\4&2\end{vmatrix}=0$，而 $D_x=\begin{vmatrix}5&1\\3&2\end{vmatrix}=7\neq 0$，所以方程组无解，易知上述两个方程为矛盾方程.

例 3 求解方程组 $\begin{cases}2x+y=5,\\4x+2y=10.\end{cases}$

解 因为

$$D=\begin{vmatrix}2&1\\4&2\end{vmatrix}=0,\quad D_x=\begin{vmatrix}5&1\\10&2\end{vmatrix}=0,\quad D_y=\begin{vmatrix}2&5\\4&10\end{vmatrix}=0,$$

所以方程组有无穷多组解. 事实上，第二个方程可由第一个方程乘 2 得到，亦即可把该方程组看成一个方程 $2x+y=5$，故有无穷多组解.

§1.2 三阶行列式和三元线性方程组

求解三元线性方程组

$$\begin{cases} a_1x + b_1y + c_1z = d_1, \\ a_2x + b_2y + c_2z = d_2, \\ a_3x + b_3y + c_3z = d_3. \end{cases} \tag{7.5}$$

用消去法，先从前两个方程消 z，再消去 y，可得

$$\begin{aligned} &(a_1b_2c_3 + a_2b_3c_1 + a_3b_1c_2 - a_1b_3c_2 - a_2b_1c_3 - a_3b_2c_1)x \\ =& b_1c_2d_3 + b_2c_3d_1 + b_3c_1d_2 - b_1c_3d_2 - b_2c_1d_3 - b_3c_2d_1. \end{aligned}$$

当 x 的系数 $D \overset{\text{def}}{=\!=} a_1b_2c_3+a_2b_3c_1+a_3b_1c_2-a_1b_3c_2-a_2b_1c_3-a_3b_2c_1 \neq 0$ 时，可解得 x；同理可解得 y 和 z. 即有

$$x = \frac{1}{D}(b_1c_2d_3 + b_2c_3d_1 + b_3c_1d_2 - b_1c_3d_2 - b_2c_1d_3 - b_3c_2d_1),$$

$$y = \frac{1}{D}(a_1c_3d_2 + a_2c_1d_3 + a_3c_2d_1 - a_1c_2d_3 - a_2c_3d_1 - a_3c_1d_2),$$

$$z = \frac{1}{D}(a_1b_2d_3 + a_2b_3d_1 + a_3b_1d_2 - a_1b_3d_2 - a_2b_1d_3 - a_3b_2d_1).$$

所以，当 $D \neq 0$ 时，方程组(7.5)有上述唯一解.

为了便于记忆，与二元线性方程组类似，我们引进符号

$$\begin{vmatrix} a_1 & b_1 & c_1 \\ a_2 & b_2 & c_2 \\ a_3 & b_3 & c_3 \end{vmatrix} \overset{\text{def}}{=\!=} a_1b_2c_3 + a_2b_3c_1 + a_3b_1c_2 - a_1b_3c_2 - a_2b_1c_3 - a_3b_2c_1.$$

上述等式左端称为三阶行列式，其中 a_1，a_2，a_3，b_1，b_2，b_3，c_1，c_2，c_3 为三阶行列式的元素，这 9 个元素按原三元线性方程组的位置排列成三行三列；右端为三阶行列式的展开式，该展开式也可采用对角线法则：即主对角线(图7-1 中用实线相连的三组所示)三项之和与副对角线(图 7-1 中用虚线相连的三组所示)三项之和的差，共六项之代数和.

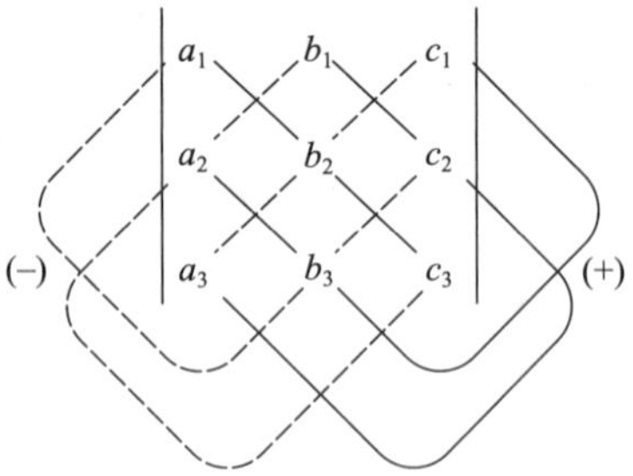

图 7-1

这样，方程组(7.5)中的系数所组成的三阶行列式为：$D=\begin{vmatrix} a_1 & b_1 & c_1 \\ a_2 & b_2 & c_2 \\ a_3 & b_3 & c_3 \end{vmatrix}$. 并记

$D_x = \begin{vmatrix} d_1 & b_1 & c_1 \\ d_2 & b_2 & c_2 \\ d_3 & b_3 & c_3 \end{vmatrix}$， 即将方程组右端的常数项分别取代 D 中 x 的系数位置；

$$D_y=\begin{vmatrix} a_1 & d_1 & c_1 \\ a_2 & d_2 & c_2 \\ a_3 & d_3 & c_3 \end{vmatrix},$$ 即将方程组右端的常数项分别取代 D 中 y 的系数位置；

$$D_z=\begin{vmatrix} a_1 & b_1 & d_1 \\ a_2 & b_2 & d_2 \\ a_3 & b_3 & d_3 \end{vmatrix},$$ 即将方程组右端的常数项分别取代 D 中 z 的系数位置.

这样，当 $D\neq 0$ 时，方程组(7.5)的解可简记为

$$x=\frac{D_x}{D},\qquad y=\frac{D_y}{D},\qquad z=\frac{D_z}{D}.$$

上述方法称为解三元线性方程组的克拉默法则.

例 4　求解方程组 $\begin{cases} 2x-3y+\ z=-1, \\ x+\ y+\ z=6, \\ 3x+\ y-2z=-1. \end{cases}$

解　$$D=\begin{vmatrix} 2 & -3 & 1 \\ 1 & 1 & 1 \\ 3 & 1 & -2 \end{vmatrix}=(-4+1-9)-(3+2+6)=-23,$$

$$D_x=\begin{vmatrix} -1 & -3 & 1 \\ 6 & 1 & 1 \\ -1 & 1 & -2 \end{vmatrix}=(2+6+3)-(-1-1+36)=-23,$$

$$D_y=\begin{vmatrix} 2 & -1 & 1 \\ 1 & 6 & 1 \\ 3 & -1 & -2 \end{vmatrix}=(-24-1-3)-(18+2-2)=-46,$$

$$D_z=\begin{vmatrix} 2 & -3 & -1 \\ 1 & 1 & 6 \\ 3 & 1 & -1 \end{vmatrix}=(-2-1-54)-(-3+3+12)=-69.$$

因为 $D\neq 0$，所以方程组有解

$$x=\frac{D_x}{D}=\frac{-23}{-23}=1,\qquad y=\frac{D_y}{D}=\frac{-46}{-23}=2,\qquad z=\frac{D_z}{D}=\frac{-69}{-23}=3.$$

用对角线法则计算行列式有时运算较繁，且这种方法对三阶以上的行列式不再成立，所以需要新的计算法，在线性代数课程中通过对行列式的更一般的定义与性质讨论可得解决方法. 我们现在利用其中的性质来简化三阶行列式的计算，为此，首先引入余子式和代数余子式这两个新的概念 .

定义 7.1　把行列式中某一元素所在的行和列划去，留下来的行列式称为这个行列式对应于该元素的余子式.

例如，行列式$\begin{vmatrix} a_1 & b_1 & c_1 \\ a_2 & b_2 & c_2 \\ a_3 & b_3 & c_3 \end{vmatrix}$对应于元素 b_2 的余子式为$\begin{vmatrix} a_1 & c_1 \\ a_3 & c_3 \end{vmatrix}$.

定义 7.2　设行列式中某一元素所在的行数为 i，列数为 j，将对应该元素的余子式乘$(-1)^{i+j}$所得的式子称为对应于该元素的代数余子式.

例如，行列式$\begin{vmatrix} a_1 & b_1 & c_1 \\ a_2 & b_2 & c_2 \\ a_3 & b_3 & c_3 \end{vmatrix}$对应于 b_1 的代数余子式为：$(-1)^{1+2}\begin{vmatrix} a_2 & c_2 \\ a_3 & c_3 \end{vmatrix} = -\begin{vmatrix} a_2 & c_2 \\ a_3 & c_3 \end{vmatrix}$. 因为 b_1 在第一行第二列，所以 $i=1$，$j=2$.

由于

$$\begin{vmatrix} a_1 & b_1 & c_1 \\ a_2 & b_2 & c_2 \\ a_3 & b_3 & c_3 \end{vmatrix} = (a_1b_2c_3 + a_2b_3c_1 + a_3b_1c_2) - (a_1b_3c_2 + a_2b_1c_3 + a_3b_2c_1)$$

$$= a_1(b_2c_3 - b_3c_2) - b_1(a_2c_3 - a_3c_2) + c_1(a_2b_3 - a_3b_2),$$

再用二阶行列式记括号内的表达式，便得

$$\begin{vmatrix} a_1 & b_1 & c_1 \\ a_2 & b_2 & c_2 \\ a_3 & b_3 & c_3 \end{vmatrix} = a_1\begin{vmatrix} b_2 & c_2 \\ b_3 & c_3 \end{vmatrix} - b_1\begin{vmatrix} a_2 & c_2 \\ a_3 & c_3 \end{vmatrix} + c_1\begin{vmatrix} a_2 & b_2 \\ a_3 & b_3 \end{vmatrix}, \tag{7.6}$$

其中三个二阶行列式$\begin{vmatrix} b_2 & c_2 \\ b_3 & c_3 \end{vmatrix}$，$\begin{vmatrix} a_2 & c_2 \\ a_3 & c_3 \end{vmatrix}$，$\begin{vmatrix} a_2 & b_2 \\ a_3 & b_3 \end{vmatrix}$是三阶行列式$\begin{vmatrix} a_1 & b_1 & c_1 \\ a_2 & b_2 & c_2 \\ a_3 & b_3 & c_3 \end{vmatrix}$中第一行元素 a_1，b_1，c_1 所对应的余子式，而式(7.6)右端是第一行元素 a_1，b_1，c_1 与其对应的代数余子式的乘积之和. 于是得到三阶行列式等于它的第一行元素与其对应的代数余子式的乘积之和，也称为按第一行的展开式. 同时这个方法可推广到按任一行或任一列元素的展开式，即有：

三阶行列式等于它的任一行(或任一列)的各元素与对应于它的代数余子式的乘积之和.

另外，上述方法还可推广到三阶以上的行列式.

例 5　用按行展开法求$\begin{vmatrix} 2 & -3 & 1 \\ 1 & 1 & 1 \\ 3 & 1 & -2 \end{vmatrix}$.

解　按第一行展开，有

$$\begin{vmatrix} 2 & -3 & 1 \\ 1 & 1 & 1 \\ 3 & 1 & -2 \end{vmatrix} = 2\times\begin{vmatrix} 1 & 1 \\ 1 & -2 \end{vmatrix} - (-3)\times\begin{vmatrix} 1 & 1 \\ 3 & -2 \end{vmatrix} + 1\times\begin{vmatrix} 1 & 1 \\ 3 & 1 \end{vmatrix}$$

$$= 2\times(-3) + 3\times(-5) + 1\times(-2)$$

$$= -6 - 15 - 2 = -23;$$

按第二行展开，有

$$\begin{vmatrix} 2 & -3 & 1 \\ 1 & 1 & 1 \\ 3 & 1 & -2 \end{vmatrix} = -1\times\begin{vmatrix} -3 & 1 \\ 1 & -2 \end{vmatrix} + 1\times\begin{vmatrix} 2 & 1 \\ 3 & -2 \end{vmatrix} - 1\times\begin{vmatrix} 2 & -3 \\ 3 & 1 \end{vmatrix}$$

$$= (-1)\times 5 + 1\times(-7) - 1\times 11 = -5 - 7 - 11 = -23.$$

习题 7-1

1. 分别用对角线法则和按行展开法计算下列行列式：

（1）$\begin{vmatrix} 2 & 2 & 1 \\ 5 & 0 & 5 \\ 5 & 2 & 3 \end{vmatrix}$；　（2）$\begin{vmatrix} 1 & -4 & -1 \\ -1 & 8 & 3 \\ 2 & 0 & 1 \end{vmatrix}$；　（3）$\begin{vmatrix} 2 & 3 & 1 \\ 2 & 1 & 3 \\ 3 & 1 & 2 \end{vmatrix}$；　（4）$\begin{vmatrix} 1 & 1 & 1 \\ a & b & c \\ a^2 & b^2 & c^2 \end{vmatrix}$.

2. 解方程 $\begin{vmatrix} 1 & 3 & 1 \\ x & 4 & 1 \\ x^2 & 0 & -2 \end{vmatrix} = 0.$

3. 用克拉默法则解下列线性方程组：

（1）$\begin{cases} 3x+5y=19, \\ 2x+3y=12; \end{cases}$　（2）$\begin{cases} 2x-y+z=6, \\ 3x+2y-5z=-13, \\ x+3y-2z=1. \end{cases}$

4. 验证

$$\begin{vmatrix} a_1 & a_2 & a_3 \\ b_1 & b_2 & b_3 \\ kb_1 & kb_2 & kb_3 \end{vmatrix} = 0.$$

§2　矢量概念及矢量的线性运算

§2.1　矢量概念

人们在日常生活和生产实践中常遇到两类量，一类如温度、距离、体积、质量等，这种只有大小没有方向的量称为数量，也称为纯量或标量. 另一类如力、位移、速度、加速度等，它们不但有大小而且有方向，这种具有大小和方向的量称为矢量，也称为向量. 如何来表示矢量呢？在几何上，可用空间的一个带有方向的线段即有向线段来表示，在选定长度单位后，这个有向线段的长度表示矢量的大小，它的方向表示矢量的方向.

如图 7-2 所示，以 A 为起点，B 为终点的矢量记作 $\overrightarrow{AB}$. 为简便起见，常用一个粗体字母表示矢量，如 $\overrightarrow{AB}$ 也可记作 $\boldsymbol{a}$.

矢量的大小叫做矢量的模或长度，记作 $|\overrightarrow{AB}|$ 或 $|\boldsymbol{a}|$. 起点与终点重合的矢量，即长度等于零的矢量称为**零矢量**，记作 $\mathbf{0}$，零矢量的方向不确定，或说它的方向是任意的.

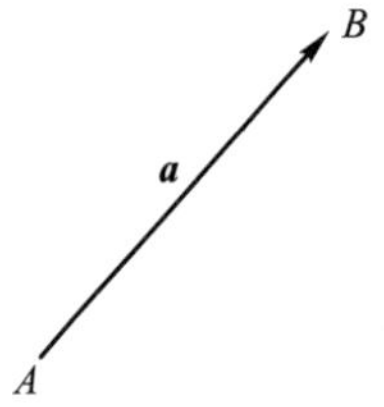

图 7-2

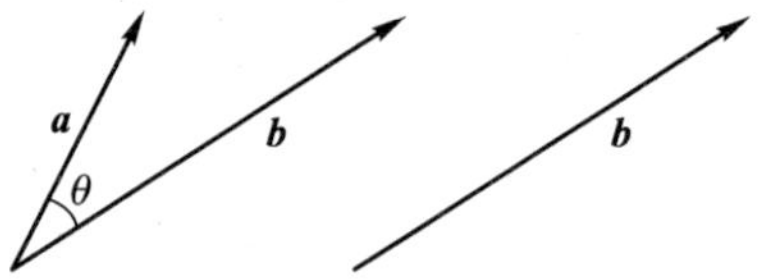

图 7-3

两个矢量 $\boldsymbol{a}$ 与 $\boldsymbol{b}$，如果它们的方向相同且模相等，则称这两个矢量相等，记作 $\boldsymbol{a}=\boldsymbol{b}$. 根据这个规定，一个矢量和它经过平行移动(方向不变，起终点位置改变)所得的矢量是相等的，这种矢量称为**自由矢量**. 以后如无特别说明，我们所讨论的矢量都是自由矢量. 由于自由矢量只考虑其大小和方向，因此用有向线段表示矢量时，其起点位置可以任意取，这样在讨论矢量的几何运算时将更加方便.

记两矢量 $\boldsymbol{a}$ 与 $\boldsymbol{b}$ 之间的夹角为 θ(图 7-3)，我们规定 $0\leqslant\theta\leqslant\pi$. 特别地，当 $\boldsymbol{a}$ 与 $\boldsymbol{b}$ 同向时，$\theta=0$；当 $\boldsymbol{a}$ 与 $\boldsymbol{b}$ 反向时，$\theta=\pi$.

注　矢量的大小和方向是组成矢量的不可分割的部分，也是矢量与数量的根本区别所在. 因此，在讨论矢量的运算时，必须把它的大小和方向统一起来考虑.

下面我们介绍矢量的线性运算，包括矢量的加法、减法和数乘.

§2.2　矢量的加法

由力学知识，作用在一质点上的两个力 $\boldsymbol{f}_1$ 与 $\boldsymbol{f}_2$ 的合力 $\boldsymbol{f}$ 可按平行四边形法则求得(图 7-4)，对于速度也有同样的结论. 一般地，两矢量的加法可定义如下：

定义 7.3 设有两矢量 $\boldsymbol{a}$，$\boldsymbol{b}$，作$\overrightarrow{OA}=\boldsymbol{a}$，$\overrightarrow{OB}=\boldsymbol{b}$，以这两个矢量为邻边作平行四边形，其对角线矢量$\overrightarrow{OC}$称为矢量 $\boldsymbol{a}$ 与 $\boldsymbol{b}$ 的和(图 7-5)，记作 $\boldsymbol{c}=\boldsymbol{a}+\boldsymbol{b}$.

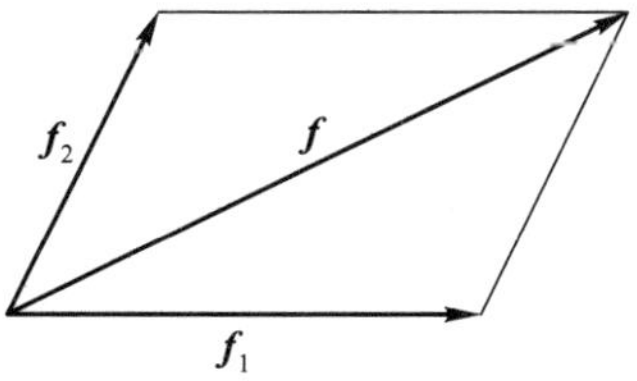

图 7-4

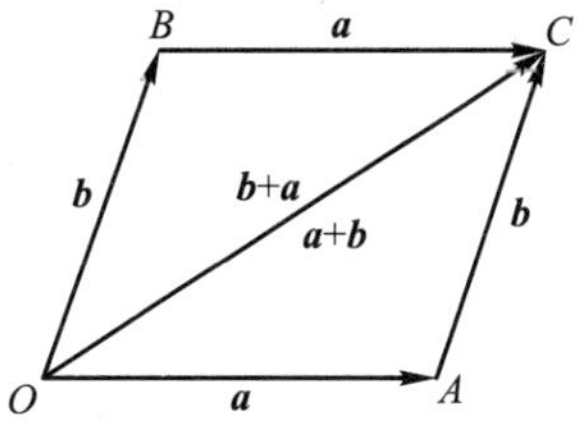

图 7-5

这种求和法则叫做平行四边形法则. 因为$\overrightarrow{OB}=\overrightarrow{AC}$，所以$\overrightarrow{OC}=\overrightarrow{OA}+\overrightarrow{OB}=\overrightarrow{OA}+\overrightarrow{AC}$. 由此可得，两矢量 $\boldsymbol{a}$ 与 $\boldsymbol{b}$ 的和，可以矢量 $\boldsymbol{a}$ 的终点作为矢量 $\boldsymbol{b}$ 的起点，从 $\boldsymbol{a}$ 的起点到 $\boldsymbol{b}$ 的终点所作的矢量即为 $\boldsymbol{a}$ 与 $\boldsymbol{b}$ 的和矢量. 这种方法称为三角形法则.

三个矢量 $\boldsymbol{a}$，$\boldsymbol{b}$，$\boldsymbol{c}$ 相加，只需用三角形法则(或平行四边形法则)，先作出 $\boldsymbol{a}+\boldsymbol{b}$，然后再将$\boldsymbol{a}+\boldsymbol{b}$与 $\boldsymbol{c}$ 相加，作出 $\boldsymbol{a}+\boldsymbol{b}+\boldsymbol{c}$(图 7-6)，即只要把三个矢量中前一个矢量的终点作为下一个矢量的起点，再从最初的矢量的起点到第三个矢量的终点所作的矢量，就是它们的和. 这种方法可推广到三个以上的矢量相加的情况(图 7-7).

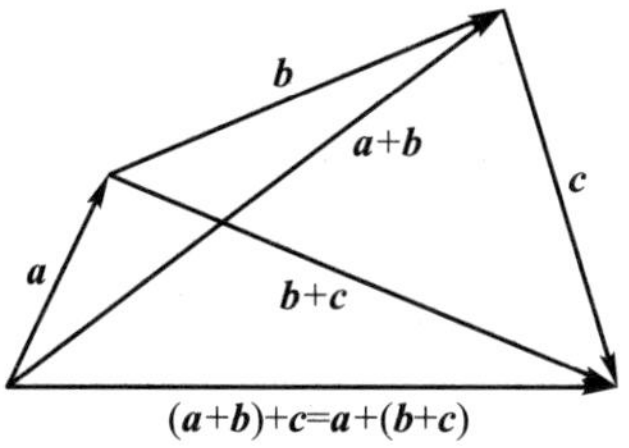

图 7-6

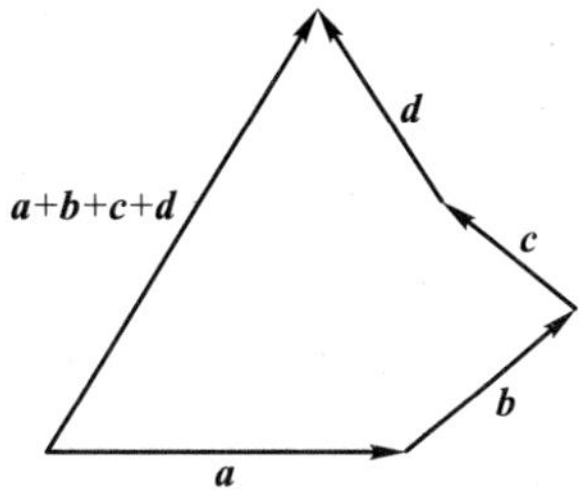

图 7-7

据定义，由图 7-5 及图 7-6 可以得出，矢量的加法服从交换律和结合律：

1. **交换律** $\boldsymbol{a}+\boldsymbol{b}=\boldsymbol{b}+\boldsymbol{a}$；
2. **结合律** $(\boldsymbol{a}+\boldsymbol{b})+\boldsymbol{c}=\boldsymbol{a}+(\boldsymbol{b}+\boldsymbol{c})$.

§2.3 矢量的减法

如同数的减法是加法的逆运算一样，矢量的减法也是加法的逆运算，矢量的减法定义如下：

定义 7.4　已知矢量 $\boldsymbol{a}$ 与 $\boldsymbol{b}$，若矢量 $\boldsymbol{c}$ 满足 $\boldsymbol{b}+\boldsymbol{c}=\boldsymbol{a}$，则矢量 $\boldsymbol{c}$ 称为 $\boldsymbol{a}$ 与 $\boldsymbol{b}$ 的差，记作 $\boldsymbol{c}=\boldsymbol{a}-\boldsymbol{b}$.

以某一点 O 为共同起点引矢量 $\boldsymbol{a}=\overrightarrow{OP}$，$\boldsymbol{b}=\overrightarrow{OQ}$(图 7-8)．由定义 $\boldsymbol{b}+\overrightarrow{QP}=\boldsymbol{a}$，所以，$\boldsymbol{c}=\overrightarrow{QP}=\boldsymbol{a}-\boldsymbol{b}$.于是，我们得到矢量 $\boldsymbol{a}-\boldsymbol{b}$ 的作图法：过空间同一点引矢量 $\boldsymbol{a}$ 与 $\boldsymbol{b}$，则以减矢量 $\boldsymbol{b}$ 的终点为起点，以被减矢量 $\boldsymbol{a}$ 的终点为终点的矢量就是 $\boldsymbol{a}$ 与 $\boldsymbol{b}$ 的差.

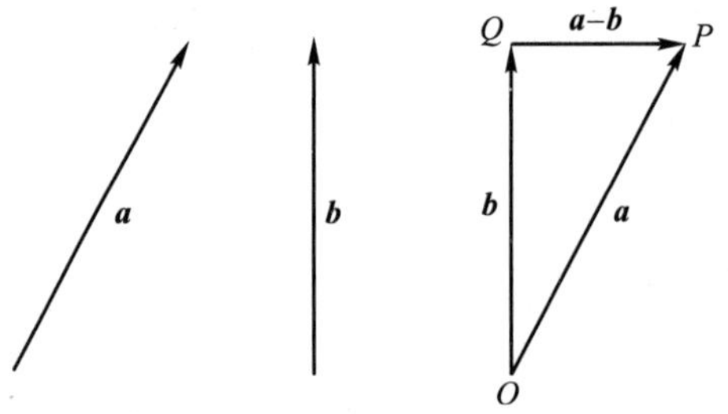

图 7-8

§2.4　数量与矢量的乘法

在力学中，如果有三个大小和方向都相同的力 $\boldsymbol{f}$ 作用于同一质点，那么其合力 $\boldsymbol{F}=3\boldsymbol{f}$. 为此，我们定义数量与矢量的乘法如下：

定义 7.5　数量 m 与矢量 $\boldsymbol{a}$ 的乘积是一个矢量，记为 $m\boldsymbol{a}$，它按下面规定所确定：$m\boldsymbol{a}$ 的模是 $\boldsymbol{a}$ 的模的 $|m|$ 倍，即 $|m\boldsymbol{a}|=|m||\boldsymbol{a}|$. 当 $m>0$ 时，$m\boldsymbol{a}$ 与 $\boldsymbol{a}$ 的方向相同；当 $m<0$ 时，$m\boldsymbol{a}$ 与 $\boldsymbol{a}$ 的方向相反；当 $m=0$ 时，$0\boldsymbol{a}=\boldsymbol{0}$，为零矢量.

由定义可知：$1\boldsymbol{a}=\boldsymbol{a}$，$(-1)\boldsymbol{a}=-\boldsymbol{a}$.

当 m 为正整数时，$m\boldsymbol{a}=\underbrace{\boldsymbol{a}+\boldsymbol{a}+\cdots+\boldsymbol{a}}_{m个}$，即 m 个相同的矢量 $\boldsymbol{a}$ 相加. 从几何上看，当$m>0$时，$m\boldsymbol{a}$ 的大小是 $\boldsymbol{a}$ 的大小的 m 倍，方向不变；当 $m<0$ 时，$m\boldsymbol{a}$ 的大小是 $\boldsymbol{a}$ 的大小的 $|m|$倍，方向相反(图 7-9).

图 7-10 中的矢量依次为 $\boldsymbol{a}$，$\dfrac{3}{2}\boldsymbol{a}$，$-\boldsymbol{a}$，$-\dfrac{3}{2}\boldsymbol{a}$，$-\dfrac{1}{2}\boldsymbol{a}$.

由加法和减法定义，我们可得 $\boldsymbol{a}+(-\boldsymbol{a})=\boldsymbol{0}$，$\boldsymbol{a}+(-\boldsymbol{b})=\boldsymbol{a}-\boldsymbol{b}$(图 7-11).

数量与矢量的乘法满足以下运算规律：

1. **分配律**　$(m+n)\boldsymbol{a}=m\boldsymbol{a}+n\boldsymbol{a}$，$m(\boldsymbol{a}+\boldsymbol{b})=m\boldsymbol{a}+m\boldsymbol{b}$；
2. **结合律**　$m(n\boldsymbol{a})=(mn)\boldsymbol{a}$.

读者可从图 7-12 看出分配律、结合律的几何表示(设 $m>0$，$n>0$).

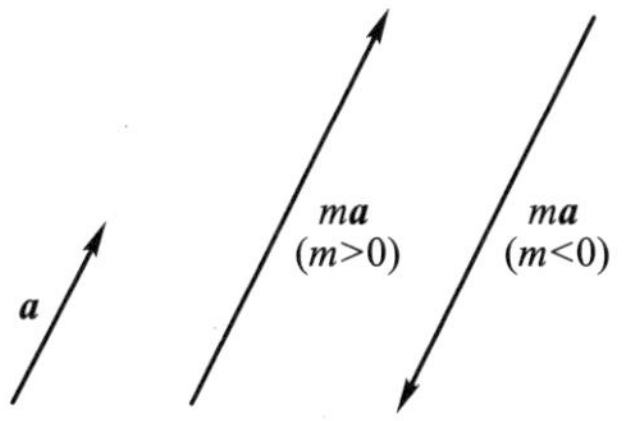

图 7-9

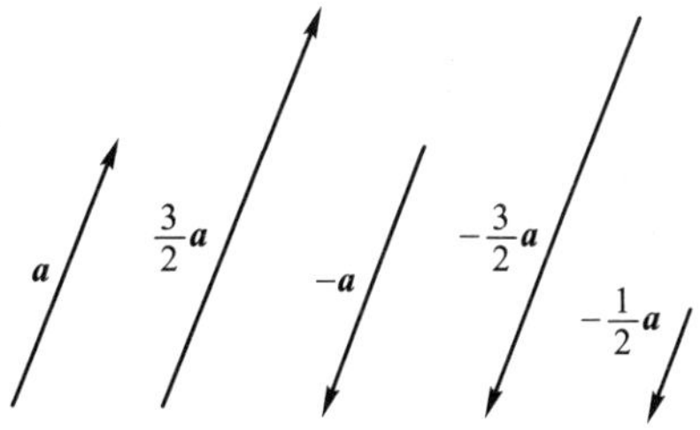

图 7-10

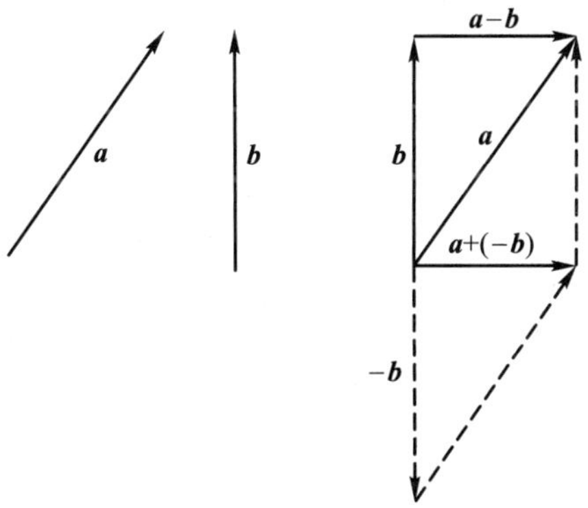

图 7-11

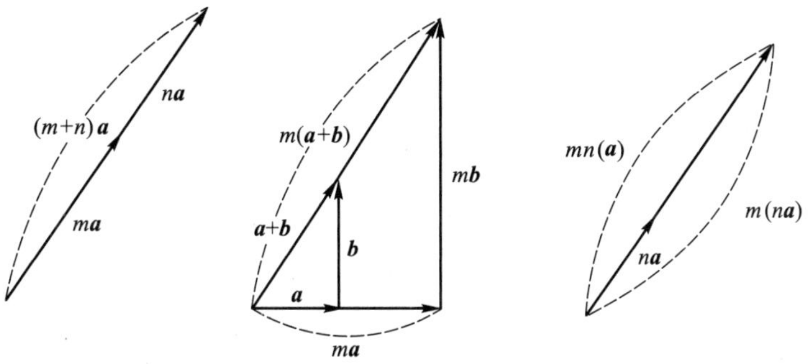

图 7-12

模为 1 的矢量叫做**单位矢量**. 设 $\boldsymbol{a}$ 为非零矢量，我们把与 $\boldsymbol{a}$ 同方向的单位矢量叫做 $\boldsymbol{a}$ 的单位矢量，记为 $\boldsymbol{e}_a$(图 7-13).

由数量与矢量的乘积定义，有

$$\boldsymbol{a} = |\boldsymbol{a}| \cdot \boldsymbol{e}_a, \quad \boldsymbol{e}_a = \frac{\boldsymbol{a}}{|\boldsymbol{a}|}.$$

这样，与某非零矢量同方向的单位矢量，可以由该矢量模的倒数与该矢量的乘积得到.

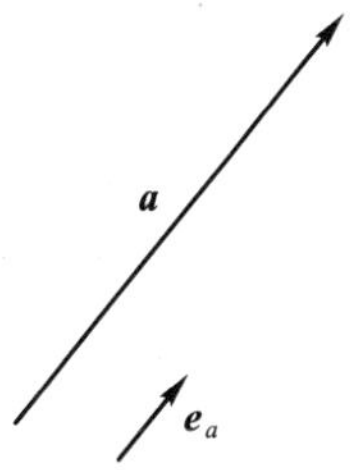

图 7-13

§2.5 矢量的线性组合与矢量的分解

以上所定义的两矢量的加法、减法以及数量与矢量的乘法运算统称为矢量的线性运算. 这类运算还可以推广到两个以上矢量的情形.

设 m_1, m_2, …, m_n 为 n 个实数, 则表达式 $m_1\boldsymbol{a}_1+m_2\boldsymbol{a}_2+\cdots+m_n\boldsymbol{a}_n$ 叫做矢量 $\boldsymbol{a}_1$, $\boldsymbol{a}_2$, …, $\boldsymbol{a}_n$ 的线性组合, 其结果是一个矢量.

在实际问题中我们常常遇到线性组合的反问题, 即有时需要把一个矢量分解成 n 个矢量之和, 也称矢量的分解.

先来看看最简单的情形, 互相平行的矢量称为共线矢量. 共线矢量经过平行移动, 就会落在同一条直线上, 所以可以用落在一条直线上的矢量来表示. 设 $\boldsymbol{b}$ 为一非零矢量, 那么与 $\boldsymbol{b}$ 共线的矢量 $\boldsymbol{a}$ 都可以表示成 m 与 $\boldsymbol{b}$ 的乘积: $\boldsymbol{a}=m\boldsymbol{b}$, 其中 $m=\pm\dfrac{|\boldsymbol{a}|}{|\boldsymbol{b}|}$, 当 $\boldsymbol{a}$ 与 $\boldsymbol{b}$ 同向时取正号; 反向时取负号. 这时我们称 $\boldsymbol{a}$ 可用 $\boldsymbol{b}$ 线性表示, 其中 m 由 $\boldsymbol{a}$, $\boldsymbol{b}$ 唯一确定. 假若不然, 还有一个 $m_1(m_1\neq m)$ 使得 $\boldsymbol{a}=m_1\boldsymbol{b}$, 则由 $\boldsymbol{a}=m\boldsymbol{b}$, $\boldsymbol{a}=m_1\boldsymbol{b}$ 两式相减, 得 $(m-m_1)\boldsymbol{b}=\boldsymbol{0}$. 因为 $m-m_1\neq 0$, 则必有 $\boldsymbol{b}=\boldsymbol{0}$, 这与题设矛盾, 所以 m 唯一. 由此我们得到如下结论:

定理 7.1 设 $\boldsymbol{b}$ 为非零矢量, 矢量 $\boldsymbol{a}$ 和矢量 $\boldsymbol{b}$ 共线的充分必要条件是, 存在唯一的实数 m, 使得 $\boldsymbol{a}=m\boldsymbol{b}$ 成立.

空间中平行于同一平面的矢量称为共面矢量, 它们经平行移动后可以落在同一平面上. 显然, 任意两个矢量共面, 但并不是空间中的任意三个矢量都共面. 假定矢量 $\boldsymbol{a}$, $\boldsymbol{b}$, $\boldsymbol{c}$ 共面, 而 $\boldsymbol{b}$, $\boldsymbol{c}$ 不共线, 则矢量 $\boldsymbol{a}$ 可以用 $\boldsymbol{b}$, $\boldsymbol{c}$ 的线性组合来表示, 且这种表示是唯一的. 即分别存在唯一的实数 m_1, m_2, 使得 $\boldsymbol{a}=m_1\boldsymbol{b}+m_2\boldsymbol{c}$.

事实上, 若矢量 $\boldsymbol{a}$, $\boldsymbol{b}$, $\boldsymbol{c}$ 共面, 将矢量 $\boldsymbol{a}$, $\boldsymbol{b}$, $\boldsymbol{c}$ 的起点移到同一点 O, 过 $\boldsymbol{a}$ 的终点分别作平行于矢量 $\boldsymbol{b}$ 和 $\boldsymbol{c}$ 的直线, 设它们分别交 $\boldsymbol{b}$, $\boldsymbol{c}$ 所在直线于 P, Q(图 7-14). 因为 $\overrightarrow{OP}$ 与 $\boldsymbol{b}$ 共线, $\overrightarrow{OQ}$ 与 $\boldsymbol{c}$ 共线, 由定理 7.1, 分别存在唯一的实数 m_1 和 m_2, 使得 $\overrightarrow{OP}=m_1\boldsymbol{b}$, $\overrightarrow{OQ}=m_2\boldsymbol{c}$, 即有 $\boldsymbol{a}=\overrightarrow{OP}+\overrightarrow{OQ}=m_1\boldsymbol{b}+m_2\boldsymbol{c}$. 反之, 设 $\boldsymbol{a}=m_1\boldsymbol{b}+m_2\boldsymbol{c}$ 成立, 由平行四边形法则, 矢量 $\boldsymbol{a}$ 与 $m_1\boldsymbol{b}$, $m_2\boldsymbol{c}$ 共面. 而 $m_1\boldsymbol{b}$ 与 $\boldsymbol{b}$ 共线, $m_2\boldsymbol{c}$ 与 $\boldsymbol{c}$ 共线, 从而 $\boldsymbol{a}$ 与 $\boldsymbol{b}$, $\boldsymbol{c}$ 共面. 因此我们有如下结论:

定理 7.2 设矢量 $\boldsymbol{b}$, $\boldsymbol{c}$ 不共线, 则矢量 $\boldsymbol{a}$ 与矢量 $\boldsymbol{b}$, $\boldsymbol{c}$ 共面的充分必要条件是, 分别存在唯一的实数 m_1, m_2, 使得 $\boldsymbol{a}=m_1\boldsymbol{b}+m_2\boldsymbol{c}$ 成立.

这时我们称 $\boldsymbol{a}=m_1\boldsymbol{b}+m_2\boldsymbol{c}$ 为(与 $\boldsymbol{b}$, $\boldsymbol{c}$ 共面的)矢量 $\boldsymbol{a}$ 关于矢量 $\boldsymbol{b}$, $\boldsymbol{c}$ 的分解, 此时矢量 $\boldsymbol{b}$, $\boldsymbol{c}$ 可称为该平面上的一组基. 一般若记 $\boldsymbol{b}=\boldsymbol{e}_1$, $\boldsymbol{c}=\boldsymbol{e}_2$, 则 $\boldsymbol{a}=m_1\boldsymbol{e}_1+m_2\boldsymbol{e}_2$.

从以上分析我们可以看到: 当 $\boldsymbol{e}_1$, $\boldsymbol{e}_2$ 不共线时, 与 $\boldsymbol{e}_1$, $\boldsymbol{e}_2$ 共面的任一矢量

$\boldsymbol{x}$ 均可分解成 $\boldsymbol{e}_1$，$\boldsymbol{e}_2$ 的线性组合，即 $\boldsymbol{x}=m_1\boldsymbol{e}_1+m_2\boldsymbol{e}_2$，且其中 m_1，m_2 是唯一的.

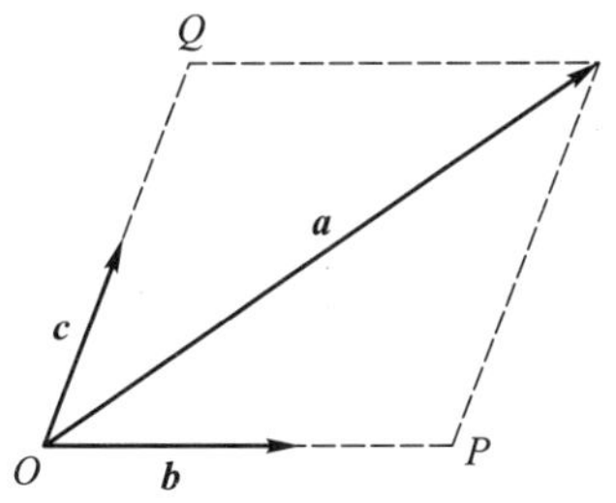

图 7-14

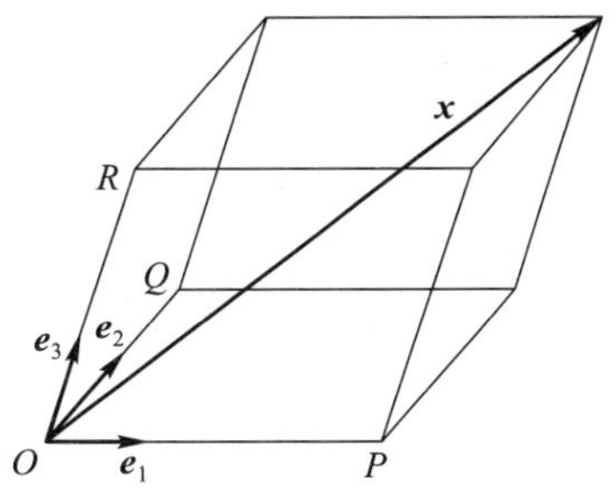

图 7-15

下面我们设 $\boldsymbol{e}_1$，$\boldsymbol{e}_2$，$\boldsymbol{e}_3$ 是空间中不共面的三个矢量，则空间中的任一矢量 $\boldsymbol{x}$ 都可分解成 $\boldsymbol{e}_1$，$\boldsymbol{e}_2$，$\boldsymbol{e}_3$ 的线性组合，即有如下结论：

定理 7.3　设三个矢量 $\boldsymbol{e}_1$，$\boldsymbol{e}_2$，$\boldsymbol{e}_3$ 不共面，则对于空间任一矢量 $\boldsymbol{x}$，总分别存在唯一的实数 m_1，m_2，m_3，使得 $\boldsymbol{x}=m_1\boldsymbol{e}_1+m_2\boldsymbol{e}_2+m_3\boldsymbol{e}_3$ 成立.

事实上，把以上四个矢量移到同一点 O，过 $\boldsymbol{x}$ 的终点分别作 $\boldsymbol{e}_1$，$\boldsymbol{e}_2$；$\boldsymbol{e}_2$，$\boldsymbol{e}_3$；$\boldsymbol{e}_3$，$\boldsymbol{e}_1$ 所在平面的平行平面，设它们分别交矢量 $\boldsymbol{e}_1$，$\boldsymbol{e}_2$，$\boldsymbol{e}_3$ 所在直线于 P，Q，R（图 7-15），则 $\boldsymbol{x}=\overrightarrow{OP}+\overrightarrow{OQ}+\overrightarrow{OR}$. 因为 $\overrightarrow{OP}$ 与 $\boldsymbol{e}_1$ 共线，$\overrightarrow{OQ}$ 与 $\boldsymbol{e}_2$ 共线，$\overrightarrow{OR}$ 与 $\boldsymbol{e}_3$ 共线，由定理 7.1，分别存在唯一的实数 m_1，m_2，m_3，使得 $\overrightarrow{OP}=m_1\boldsymbol{e}_1$，$\overrightarrow{OQ}=m_2\boldsymbol{e}_2$，$\overrightarrow{OR}=m_3\boldsymbol{e}_3$，即有 $\boldsymbol{x}=m_1\boldsymbol{e}_1+m_2\boldsymbol{e}_2+m_3\boldsymbol{e}_3$.

这是矢量 $\boldsymbol{x}$ 关于矢量 $\boldsymbol{e}_1$，$\boldsymbol{e}_2$，$\boldsymbol{e}_3$ 的分解，即矢量 $\boldsymbol{x}$ 可由矢量 $\boldsymbol{e}_1$，$\boldsymbol{e}_2$，$\boldsymbol{e}_3$ 线性表示，此时矢量 $\boldsymbol{e}_1$，$\boldsymbol{e}_2$，$\boldsymbol{e}_3$ 称为空间的一组基. 有关矢量线性表示和矢量分解的理论在线性代数课程中将有详实的研究和讨论，读者可参阅相关教材.

习题 7-2

1. 若已知矢量 $\boldsymbol{a}$ 和 $\boldsymbol{b}$，画出下列矢量：

（1）$\boldsymbol{a}+\boldsymbol{b}$；　（2）$\boldsymbol{b}+\boldsymbol{a}$；　（3）$\boldsymbol{a}-\boldsymbol{b}$；　（4）$\boldsymbol{b}-\boldsymbol{a}$.

2. 若已知矢量 $\boldsymbol{a}$ 和 $\boldsymbol{b}$，画出下列矢量：（1）$3\boldsymbol{a}$；　（2）$-\dfrac{1}{2}\boldsymbol{b}$；　（3）$3\boldsymbol{a}+\dfrac{1}{2}\boldsymbol{b}$.

3. 设矢量 $\boldsymbol{a}$ 与 $\boldsymbol{b}$ 的夹角为 60°，且 $|\boldsymbol{a}|=2$，$|\boldsymbol{b}|=1$，试用几何作图法求下列矢量，并利用余弦定理计算它们的模：

（1）$\boldsymbol{p}=3\boldsymbol{a}+2\boldsymbol{b}$；　（2）$\boldsymbol{q}=2\boldsymbol{a}-3\boldsymbol{b}$.

4. 设平行四边形 $ABCD$ 的对角线 AC 与 BD 的交点为 M，并设 $\overrightarrow{AB}=\boldsymbol{m}$，$\overrightarrow{AD}=\boldsymbol{n}$. 试用矢量 $\boldsymbol{m}$，$\boldsymbol{n}$ 表示矢量 $\overrightarrow{AC}$，$\overrightarrow{BD}$，$\overrightarrow{MA}$，$\overrightarrow{MB}$，$\overrightarrow{MC}$，$\overrightarrow{MD}$.

5. 设 $\boldsymbol{m}$，$\boldsymbol{n}$ 是两个非零矢量，试求它们夹角的平分线上的单位矢量.

6. 设 $\boldsymbol{a}=2\boldsymbol{e}_1-3\boldsymbol{e}_2+\boldsymbol{e}_3$，$\boldsymbol{b}=3\boldsymbol{e}_1-2\boldsymbol{e}_2+3\boldsymbol{e}_3$，$\boldsymbol{c}=\boldsymbol{e}_1+\boldsymbol{e}_2+2\boldsymbol{e}_3$，其中 $\boldsymbol{e}_1$，$\boldsymbol{e}_2$，$\boldsymbol{e}_3$ 为三个不共面的矢量，试判定 $\boldsymbol{b}-\boldsymbol{a}$ 与 $\boldsymbol{c}$ 是否共线？

7. 设 $\boldsymbol{a}=4\boldsymbol{e}_1+2\boldsymbol{e}_2-3\boldsymbol{e}_3$，$\boldsymbol{b}=3\boldsymbol{e}_1-\boldsymbol{e}_2-\boldsymbol{e}_3$，$\boldsymbol{c}=\boldsymbol{e}_1+\boldsymbol{e}_2-\boldsymbol{e}_3$，其中 $\boldsymbol{e}_1$，$\boldsymbol{e}_2$，$\boldsymbol{e}_3$ 为三个不共面的矢量，试判断 $\boldsymbol{a}$，$\boldsymbol{b}$，$\boldsymbol{c}$ 是否共面？若共面，写出它们的线性组合式.

§3 空间直角坐标系与矢量的坐标表达式

本节将建立空间的点及矢量与有序实数组的对应关系，引进研究矢量的代数方法，从而建立代数方法与几何直观的联系.

§3.1 空间直角坐标系

在平面解析几何中，我们建立了平面直角坐标系，并通过平面直角坐标系，把平面上任一点与有序实数组(即点的坐标(x,y))对应起来. 同样，为了把空间的任一点与有序实数组对应起来，我们建立空间直角坐标系如下：

从空间某一点 O 引三条互相垂直的直线 Ox，Oy，Oz，并取定长度单位和方向(图 7-16)，这样就建立了空间直角坐标系 $Oxyz$，其中 O 点称为坐标原点，数轴 Ox，Oy，Oz 称为坐标轴，每两个坐标轴所在的平面 Oxy，Oyz，Ozx 叫做坐标平面.

空间直角坐标系有右手系和左手系两种. 本书采用的是右手系(图 7-16)，它的坐标轴的正向按如下规定：按右手法则，即伸出右手掌，四指指向 Ox 轴方向，握拳从 Ox 轴正向转过 $\pi/2$ 即为 Oy 轴正向，这时大拇指伸出的方向为 Oz 轴正向. 同时，三个坐标平面 Oxy，Oyz，Ozx 把空间分成 8 个部分，每个部分称为一个卦限，共 8 个卦限. 例如 $x>0$，$y>0$，$z>0$ 部分为第 Ⅰ 卦限，其余卦限的编号如图 7-17 所示 .

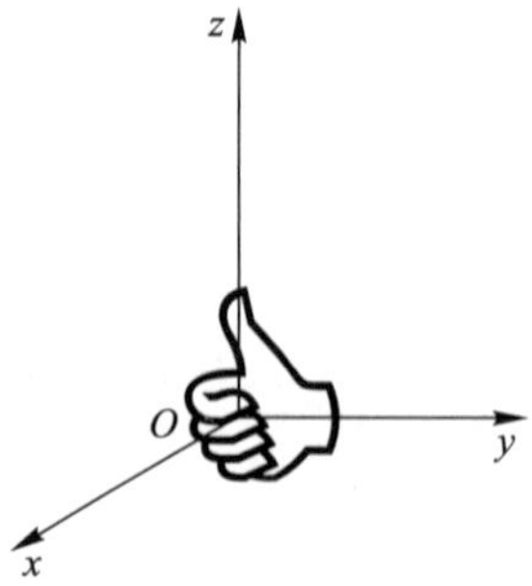

图 7-16

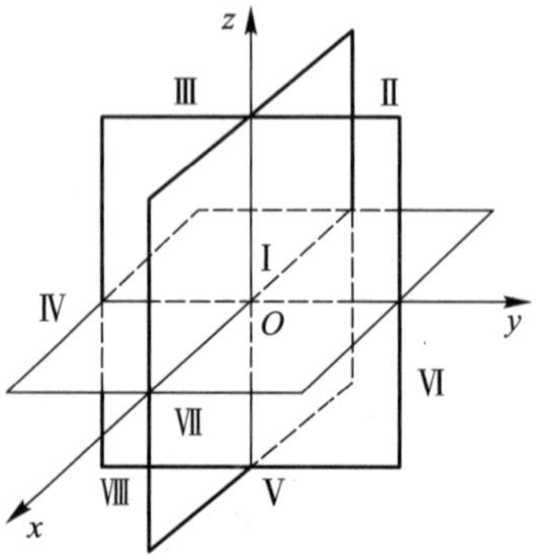

图 7-17

有了空间直角坐标系后，就可以用一组有序实数组(x,y,z)来确定空间点的位置. 设M为空间任意一点(图 7-18)，过M分别作垂直于Ox轴、Oy轴、Oz轴的平面，它们与Ox轴、Oy轴、Oz轴分别交于P，Q，R三点，这三个点在各自数轴上的坐标分别为x，y，z. 这样M就确定了一有序实数组(x,y,z). 反之，若给定一有序实数组(x,y,z)，就可以分别在三个坐标轴上找到相应的点，过这三个点分别作垂直于坐标轴的平面，这三张平面的交点就是由数x，y，z所确定的点.

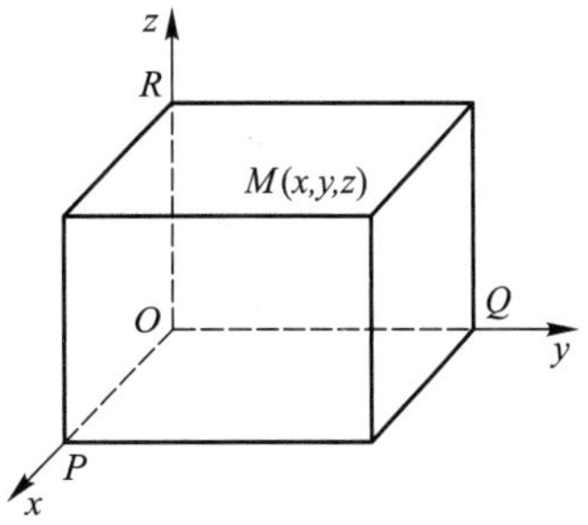

图 7-18

于是，空间直角坐标系建立后，空间的点M与一有序实数组(x,y,z)之间就建立起了一一对应关系. 我们称有序实数组(x,y,z)为点M的直角坐标，其中x称为点M的横坐标，y称为点M的纵坐标，z称为点M的竖坐标，这时点M可记作$M(x,y,z)$.

根据点的直角坐标的定义，对Ox轴上的点，其纵坐标$y=0$，竖坐标$z=0$，于是坐标是$(x,0,0)$. 同理，Oy轴上的点的坐标是$(0,y,0)$，Oz轴上的点的坐标是$(0,0,z)$，原点O的坐标是$(0,0,0)$.

Oxy平面上的点，竖坐标$z=0$，于是坐标为$(x,y,0)$；同理，Oyz平面上点的坐标为$(0,y,z)$，Ozx平面上点的坐标为$(x,0,z)$.

设点$M(x,y,z)$为空间内一点，则M关于坐标平面Oxy的对称点坐标为$(x,y,-z)$，关于Ox轴的对称点坐标为$(x,-y,-z)$，关于原点的对称点坐标为$(-x,-y,-z)$.

§3.2 空间两点间的距离

在平面直角坐标系中，任意两点$M_1(x_1,y_1)$，$M_2(x_2,y_2)$之间的距离，可由下式

$$|M_1M_2|=\sqrt{(x_2-x_1)^2+(y_2-y_1)^2}$$

得到.

在空间直角坐标系中，利用点的坐标，可以计算空间任意两点之间的距离. 设$M_1(x_1,y_1,z_1)$，$M_2(x_2,y_2,z_2)$是空间内的两已知点，过M_1，M_2各作三张平面分别垂直于三个坐标轴，这六个平面围成一个以M_1M_2为对角线的长方体(假设连线M_1M_2与三坐标轴既不平行也不垂直)，如图 7-19 所示. 在直角三角形$\triangle M_1PM_2$中，有

$$|M_1M_2|^2=|M_1P|^2+|PM_2|^2=|M_1'M_2'|^2+|PM_2|^2.$$

因为

$$|M_1'M_2'|^2=(x_2-x_1)^2+(y_2-y_1)^2,$$

$$|PM_2|^2=(z_2-z_1)^2,$$

于是，便得空间两点间的距离公式：

$$\boxed{|M_1M_2|=\sqrt{(x_2-x_1)^2+(y_2-y_1)^2+(z_2-z_1)^2}.}$$

特别地，$M(x, y, z)$与坐标原点$O(0, 0, 0)$的距离为

$$|OM|=\sqrt{x^2+y^2+z^2}.$$

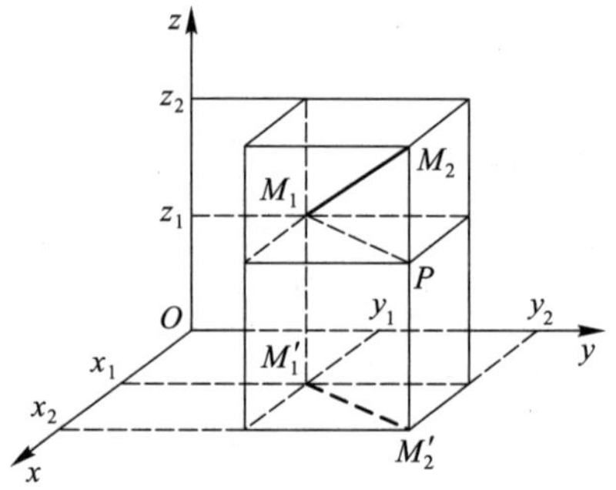

图 7-19

§3.3　矢量的坐标表达式

前面已讨论的矢量的各种运算，称为几何运算，只能在图形上表示，计算起来不方便，我们需要将几何运算化为代数运算，以便于计算．在§2.5中我们曾得到：空间中的任一矢量可以用空间的一组基进行分解．利用这一点，下面我们将空间任一矢量沿直角坐标系的坐标轴的方向进行分解．

设空间直角坐标系 $Oxyz$ 中有一矢量 $\boldsymbol{a}$，将 $\boldsymbol{a}$ 平行移动，使其起点与坐标原点重合，终点记为 M，M 的坐标记为(a_1, a_2, a_3)．过 M 点作三坐标轴的垂直平面，与 Ox 轴、Oy 轴、Oz 轴的交点分别为 P，Q，R(图 7-20)．根据矢量的加法法则，可得 $\boldsymbol{a}=\overrightarrow{OM}=\overrightarrow{OS}+\overrightarrow{SM}$．由于$\overrightarrow{OS}=\overrightarrow{OP}+\overrightarrow{OQ}$，$\overrightarrow{SM}=\overrightarrow{OR}$，所以

$$\boldsymbol{a}=\overrightarrow{OM}=\overrightarrow{OP}+\overrightarrow{OQ}+\overrightarrow{OR}.$$

设 $\boldsymbol{i}$，$\boldsymbol{j}$，$\boldsymbol{k}$ 分别是 Ox 轴、Oy 轴、Oz 轴正向的单位矢量．由于 M 的坐标为(a_1,a_2,a_3)，因此，

$$\overrightarrow{OP}=a_1\boldsymbol{i},\quad \overrightarrow{OQ}=a_2\boldsymbol{j},\quad \overrightarrow{OR}=a_3\boldsymbol{k}.$$

于是我们得到

$$\boxed{\boldsymbol{a}=\overrightarrow{OM}=a_1\boldsymbol{i}+a_2\boldsymbol{j}+a_3\boldsymbol{k}\quad \text{或}\quad \boldsymbol{a}=(a_1,a_2,a_3)\quad \text{或}\quad \boldsymbol{a}=\{a_1,a_2,a_3\}.}$$

上式称为矢量 $\boldsymbol{a}$ 在直角坐标系中的坐标表达式，或称矢量 $\boldsymbol{a}$ 在直角坐标系中的分解式，其中 a_1，a_2，a_3 称为矢量 $\boldsymbol{a}$ 的坐标，$\boldsymbol{i}$，$\boldsymbol{j}$，$\boldsymbol{k}$ 称为直角坐标系的一

组基.

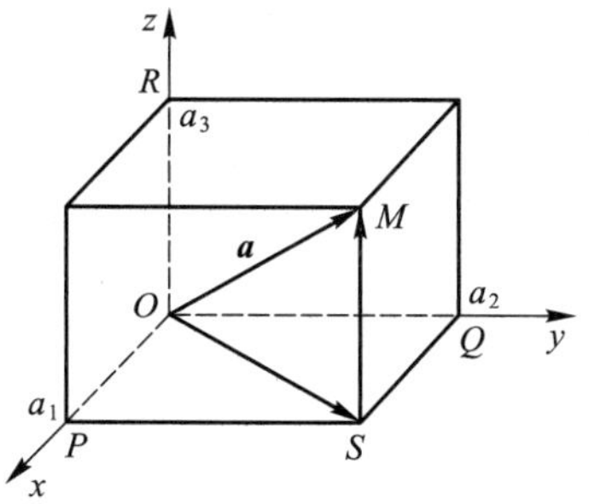

图 7-20

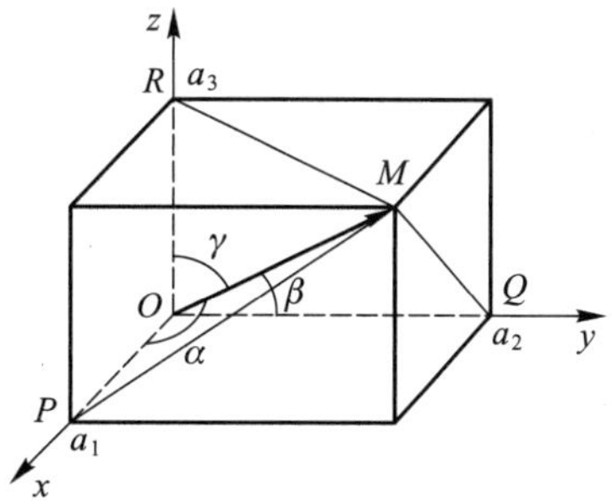

图 7-21

如果已知矢量 $\boldsymbol{a}$ 的坐标表达式:

$$\boldsymbol{a}=\overrightarrow{OM}=a_1\boldsymbol{i}+a_2\boldsymbol{j}+a_3\boldsymbol{k},$$

就可以确定矢量 $\boldsymbol{a}$ 的模 $|\boldsymbol{a}|$，由两点间的距离公式可得:

$$|\boldsymbol{a}|=|\overrightarrow{OM}|=\sqrt{a_1^2+a_2^2+a_3^2}.$$

为了表示矢量 $\boldsymbol{a}$ 的方向，我们把矢量 $\boldsymbol{a}$ 与 Ox 轴、Oy 轴、Oz 轴正向的夹角分别记为 α，β，γ，称为矢量 $\boldsymbol{a}$ 的方向角，由此方向角可确定矢量 $\boldsymbol{a}$ 的方向(图 7-21). 同时，我们称 $\cos\alpha$，$\cos\beta$，$\cos\gamma$ 为矢量 $\boldsymbol{a}$ 的方向余弦.

在 $\triangle OPM$，$\triangle OQM$，$\triangle ORM$ 中，有

$$\cos\alpha=\frac{a_1}{|\boldsymbol{a}|}=\frac{a_1}{\sqrt{a_1^2+a_2^2+a_3^2}},$$

$$\cos\beta=\frac{a_2}{|\boldsymbol{a}|}=\frac{a_2}{\sqrt{a_1^2+a_2^2+a_3^2}},$$

$$\cos\gamma=\frac{a_3}{|\boldsymbol{a}|}=\frac{a_3}{\sqrt{a_1^2+a_2^2+a_3^2}}.$$

注意到 $\cos\alpha$，$\cos\beta$，$\cos\gamma$ 满足如下关系式

$$\cos^2\alpha+\cos^2\beta+\cos^2\gamma=\frac{a_1^2}{a_1^2+a_2^2+a_3^2}+\frac{a_2^2}{a_1^2+a_2^2+a_3^2}+\frac{a_3^2}{a_1^2+a_2^2+a_3^2}=1,$$

这说明方向余弦 $\cos\alpha$，$\cos\beta$，$\cos\gamma$(或方向角 α，β，γ)不是相互独立的.

由于 $\boldsymbol{e}_a=\dfrac{\boldsymbol{a}}{|\boldsymbol{a}|}=\dfrac{1}{\sqrt{a_1^2+a_2^2+a_3^2}}(a_1\boldsymbol{i}+a_2\boldsymbol{j}+a_3\boldsymbol{k})$，所以，可以得到与矢量 $\boldsymbol{a}$ 同方向的单位矢量 $\boldsymbol{e}_a$ 的坐标表达式为

$$\boldsymbol{e}_a=\cos\alpha\boldsymbol{i}+\cos\beta\boldsymbol{j}+\cos\gamma\boldsymbol{k}\quad\text{或}\quad\boldsymbol{e}_a=\{\cos\alpha,\cos\beta,\cos\gamma\}.$$

§3.4　矢量的代数运算

利用矢量在直角坐标系中的坐标表达式，可以把矢量的几何运算化为代数运算. 设 $\boldsymbol{a}=a_1\boldsymbol{i}+a_2\boldsymbol{j}+a_3\boldsymbol{k}$，$\boldsymbol{b}=b_1\boldsymbol{i}+b_2\boldsymbol{j}+b_3\boldsymbol{k}$，矢量的线性运算有如下运算公式：

$$\boldsymbol{a}+\boldsymbol{b}=(a_1+b_1)\boldsymbol{i}+(a_2+b_2)\boldsymbol{j}+(a_3+b_3)\boldsymbol{k},$$

$$\boldsymbol{a}-\boldsymbol{b}=(a_1-b_1)\boldsymbol{i}+(a_2-b_2)\boldsymbol{j}+(a_3-b_3)\boldsymbol{k},$$

$$m\boldsymbol{a}=(ma_1)\boldsymbol{i}+(ma_2)\boldsymbol{j}+(ma_3)\boldsymbol{k}\ (m \text{ 为常数}).$$

事实上，由矢量运算的规律即可证明上述各式成立，例如

$$\begin{aligned}\boldsymbol{a}+\boldsymbol{b}&=(a_1\boldsymbol{i}+a_2\boldsymbol{j}+a_3\boldsymbol{k})+(b_1\boldsymbol{i}+b_2\boldsymbol{j}+b_3\boldsymbol{k})\\&=(a_1+b_1)\boldsymbol{i}+(a_2+b_2)\boldsymbol{j}+(a_3+b_3)\boldsymbol{k}.\end{aligned}$$

例 1　求 $M_1(0,-2,-1)$ 和 $M_2(3,2,-4)$ 两点间的距离.

解　由两点间的距离公式，有

$$\begin{aligned}|M_1M_2|&=\sqrt{(3-0)^2+(2-(-2))^2+(-4-(-1))^2}\\&=\sqrt{3^2+4^2+3^2}=\sqrt{34}.\end{aligned}$$

例 2　已知 $\boldsymbol{a}=2\boldsymbol{i}+3\boldsymbol{j}+4\boldsymbol{k}$，$\boldsymbol{b}=3\boldsymbol{i}-\boldsymbol{j}-2\boldsymbol{k}$，求

(1) $\boldsymbol{a}+\boldsymbol{b}$；　(2) $\boldsymbol{a}-\boldsymbol{b}$；　(3) $3\boldsymbol{a}+2\boldsymbol{b}$.

解　(1) $\boldsymbol{a}+\boldsymbol{b}=(2+3)\boldsymbol{i}+(3-1)\boldsymbol{j}+(4-2)\boldsymbol{k}=5\boldsymbol{i}+2\boldsymbol{j}+2\boldsymbol{k}$；

(2) $\boldsymbol{a}-\boldsymbol{b}=(2-3)\boldsymbol{i}+(3-(-1))\boldsymbol{j}+(4-(-2))\boldsymbol{k}=-\boldsymbol{i}+4\boldsymbol{j}+6\boldsymbol{k}$；

(3) $3\boldsymbol{a}+2\boldsymbol{b}=(3\times2+2\times3)\boldsymbol{i}+(3\times3+2\times(-1))\boldsymbol{j}+(3\times4+2\times(-2))\boldsymbol{k}$

$=12\boldsymbol{i}+7\boldsymbol{j}+8\boldsymbol{k}$.

例 3　在连接点 $M_1(x_1,y_1,z_1)$ 和点 $M_2(x_2,y_2,z_2)$ 的线段上求一点 M，使

$$\overrightarrow{M_1M}=\frac{m}{n}\overrightarrow{MM_2}.$$

这叫做线段的定比 $\frac{m}{n}$ 分割.

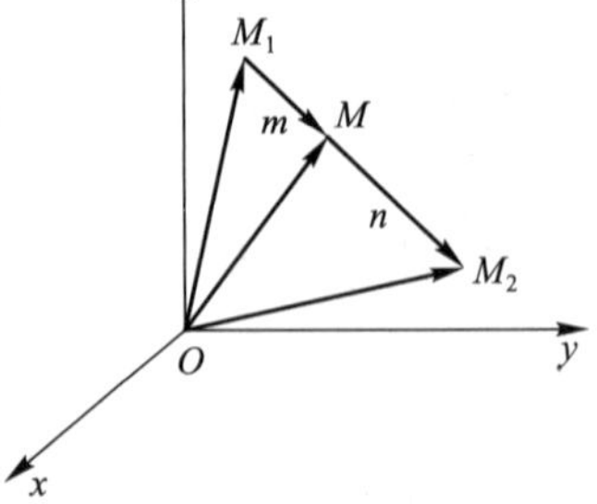

图 7-22

解　如图 7-22，将点用它的位置矢量表示，就可以用矢量的方法求解. 记

$$\boldsymbol{r}_1=\overrightarrow{OM_1}=x_1\boldsymbol{i}+y_1\boldsymbol{j}+z_1\boldsymbol{k},$$

$$\boldsymbol{r}_2=\overrightarrow{OM_2}=x_2\boldsymbol{i}+y_2\boldsymbol{j}+z_2\boldsymbol{k},$$

并设

$$\boldsymbol{r}=\overrightarrow{OM}=x\boldsymbol{i}+y\boldsymbol{j}+z\boldsymbol{k}.$$

由于

$$\overrightarrow{M_1M_2}=\boldsymbol{r}_2-\boldsymbol{r}_1,$$

$$\overrightarrow{M_1M}=\frac{m}{m+n}\overrightarrow{M_1M_2}=\frac{m}{m+n}(\boldsymbol{r}_2-\boldsymbol{r}_1),$$

所以

$$\begin{aligned}\boldsymbol{r}=\overrightarrow{OM}&=\boldsymbol{r}_1+\overrightarrow{M_1M}\\&=\boldsymbol{r}_1+\frac{m}{m+n}(\boldsymbol{r}_2-\boldsymbol{r}_1)=\frac{n\boldsymbol{r}_1+m\boldsymbol{r}_2}{m+n}.\end{aligned}$$

由等式两端的对应分量相等，得到分点 M 的坐标

$$x=\frac{nx_1+mx_2}{m+n},\quad y=\frac{ny_1+my_2}{m+n},\quad z=\frac{nz_1+mz_2}{m+n}.$$

这个结果可用来求质心的坐标，因为两质点的质心在连接这两点的直线上，并分此线段为与质量成反比的两部分.

例 4 已知矢量 $\boldsymbol{a}$ 的模为 3，且其方向角 $\alpha=\gamma=60°$，$\beta=45°$，求矢量 $\boldsymbol{a}$.

解 已知矢量 $\boldsymbol{a}$ 的方向余弦为 $\cos\alpha=\frac{1}{2}$，$\cos\beta=\frac{\sqrt{2}}{2}$，$\cos\gamma=\frac{1}{2}$. 由于

$$\cos\alpha=\frac{a_1}{|\boldsymbol{a}|},\quad \cos\beta=\frac{a_2}{|\boldsymbol{a}|},\quad \cos\gamma=\frac{a_3}{|\boldsymbol{a}|},$$

所以

$$\begin{aligned}\boldsymbol{a}&=a_1\boldsymbol{i}+a_2\boldsymbol{j}+a_3\boldsymbol{k}=|\boldsymbol{a}|\cos\alpha\boldsymbol{i}+|\boldsymbol{a}|\cos\beta\boldsymbol{j}+|\boldsymbol{a}|\cos\gamma\boldsymbol{k}\\&=\frac{3}{2}\boldsymbol{i}+\frac{3\sqrt{2}}{2}\boldsymbol{j}+\frac{3}{2}\boldsymbol{k}.\end{aligned}$$

习题 7-3

1. 求空间直角坐标系中两点 $M_1(1,3,2)$，$M_2(2,-1,3)$ 间的距离.

2. 写出点 $P(a,b,c)$ 关于三个坐标平面、关于三条坐标轴和关于原点的对称点.

3. 试证以 $A(4,1,9)$，$B(10,-1,6)$，$C(2,4,3)$ 为顶点的三角形是等腰直角三角形.

4. 已知点 M 为第三卦限中的一点，且已知它到 Ox 轴、Oy 轴、Oz 轴的距离分别为 5、$3\sqrt{5}$、$2\sqrt{13}$. 求 M 点的坐标.

5. 已知两点 $M_1(1,\sqrt{2},4)$ 和 $M_2(2,0,3)$，求矢量 $\overrightarrow{M_1M_2}$ 的模、方向余弦和方向角.

6. 设 $\boldsymbol{a}=\boldsymbol{i}+\boldsymbol{j}$，$\boldsymbol{b}=-2\boldsymbol{j}+\boldsymbol{k}$，求以 $\boldsymbol{a}$，$\boldsymbol{b}$ 为邻边所构成的平行四边形的两对角线的长.

7. 求方向与矢量 $\boldsymbol{a}=-3\boldsymbol{j}+4\boldsymbol{k}$ 和 $\boldsymbol{b}=\boldsymbol{i}+2\boldsymbol{j}-2\boldsymbol{k}$ 的角平分线平行的单位矢量.

8. 设有三个力 $\boldsymbol{f}_1=\boldsymbol{i}+\boldsymbol{j}+\boldsymbol{k}$，$\boldsymbol{f}_2=2\boldsymbol{i}-2\boldsymbol{j}-3\boldsymbol{k}$，$\boldsymbol{f}_3=3\boldsymbol{i}+5\boldsymbol{k}$ 作用于同一物体上，求合力的大小和方向余弦.

9. 设 α，β，γ 是一个矢量的三个方向角，证明：$\sin^2\alpha+\sin^2\beta+\sin^2\gamma=2$.

10. 设有两点 $A(3,-1,2)$，$B(4,2,-5)$，试求线段 AB 的（1）中点 M 的坐标；（2）三等分点 P_1，P_2 的坐标.

11. 已知两点 $A(3,-2,7)$ 和 $B(5,0,5)$，试求方向与 $\overrightarrow{AB}$ 一致、模为 4 的矢量 $\boldsymbol{c}$ 的坐标表达式.

12. 求以 $A(x_1,y_1,z_1)$，$B(x_2,y_2,z_2)$，$C(x_3,y_3,z_3)$ 为顶点的三角形的质心坐标.

§4 两矢量的数量积与矢量积

§4.1 两矢量的数量积

一、两矢量的数量积概念

在中学物理中，我们已经知道，若物体沿着某一直线移动，其位移为 $\boldsymbol{s}$（图 7-23），则作用在物体上的常力 $\boldsymbol{f}$（即它在每一时刻的大小与方向保持不变）所做的功 W 等于力 $\boldsymbol{f}$ 在位移方向上的分力 $|\boldsymbol{f}|\cdot\cos\theta$（设力的方向与位移间的夹角为 θ）乘位移的大小 $|\boldsymbol{s}|$，即功

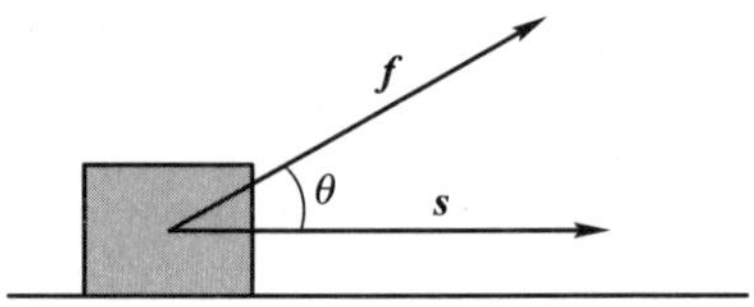

图 7-23

$$W=|\boldsymbol{f}||\boldsymbol{s}|\cos\theta.$$

可见功这个数量，由常力 $\boldsymbol{f}$ 与位移 $\boldsymbol{s}$ 这两个矢量所唯一确定. 在物理学和力学的其他问题中，常常会遇到类似于两个矢量 $\boldsymbol{f}$，$\boldsymbol{s}$ 所确定的乘积 $|\boldsymbol{f}||\boldsymbol{s}|\cos\theta$. 为此在数学中，我们把这种运算抽象成两个矢量的数量积概念. 下面给出定义：

定义 7.6 已知矢量 $\boldsymbol{a}$，$\boldsymbol{b}$，设其夹角为 θ，乘积 $|\boldsymbol{a}||\boldsymbol{b}|\cos\theta$ 称为矢量 $\boldsymbol{a}$ 与 $\boldsymbol{b}$ 的数量积，记为 $\boldsymbol{a}\cdot\boldsymbol{b}$，即 $\boldsymbol{a}\cdot\boldsymbol{b}=|\boldsymbol{a}||\boldsymbol{b}|\cos\theta$.

以上定义了两矢量间的一种乘法运算，其结果是个数量，所以称为**数量积**（或称**内积**），又因为以“·”作乘号，也称为**点积**.

这样，常力做功，就是力 $\boldsymbol{f}$ 与位移 $\boldsymbol{s}$ 的数量积，即功 $W=\boldsymbol{f}\cdot\boldsymbol{s}$.

二、数量积的运算规律

根据数量积的定义，可以证明数量积满足以下运算规律：

1. **交换律** $\boldsymbol{a}\cdot\boldsymbol{b}=\boldsymbol{b}\cdot\boldsymbol{a}$；

2. **结合律** $m(\boldsymbol{a}\cdot\boldsymbol{b})=(m\boldsymbol{a})\cdot\boldsymbol{b}=\boldsymbol{a}\cdot(m\boldsymbol{b})$；

3. **分配律** $\boldsymbol{a}\cdot(\boldsymbol{b}+\boldsymbol{c})=\boldsymbol{a}\cdot\boldsymbol{b}+\boldsymbol{a}\cdot\boldsymbol{c}$.

三、数量积的性质

为方便起见，有时我们将矢量 $\boldsymbol{a}$ 与矢量 $\boldsymbol{b}$ 的夹角 θ 记作 $(\boldsymbol{a},\boldsymbol{b})$，即有

$\cos(\boldsymbol{a},\boldsymbol{b})=\cos\theta$.

两非零矢量 $\boldsymbol{a}$，$\boldsymbol{b}$，若它们的夹角 $\theta=\frac{\pi}{2}$，则称两矢量垂直，记为 $\boldsymbol{a}\perp\boldsymbol{b}$. 当 $\boldsymbol{a}\perp\boldsymbol{b}$ 时，有

$$\boldsymbol{a}\cdot\boldsymbol{b}=|\boldsymbol{a}|\ |\boldsymbol{b}|\cos(\boldsymbol{a},\ \boldsymbol{b})=|\boldsymbol{a}|\ |\boldsymbol{b}|\cos\frac{\pi}{2}=0,$$

反之，若 $\boldsymbol{a}$，$\boldsymbol{b}$ 为非零矢量，且 $\boldsymbol{a}\cdot\boldsymbol{b}=|\boldsymbol{a}||\boldsymbol{b}|\cos\theta=0$. 因 $|\boldsymbol{a}|\neq0$，$|\boldsymbol{b}|\neq0$，则必定 $\cos\theta=0$，从而 $\theta=\frac{\pi}{2}$，即 $\boldsymbol{a}\perp\boldsymbol{b}$. 并且，如果注意到零矢量可以与任意矢量垂直，则有如下定理：

定理 7.4　两矢量 $\boldsymbol{a}$，$\boldsymbol{b}$ 相互垂直的充分必要条件是它们的数量积等于零，即

$$\boldsymbol{a}\perp\boldsymbol{b}\Leftrightarrow\boldsymbol{a}\cdot\boldsymbol{b}=0.$$

四、数量积的坐标表达式

下面我们利用数量积的性质和运算规律来推导数量积的坐标表达式. 设 $\boldsymbol{a}=a_1\boldsymbol{i}+a_2\boldsymbol{j}+a_3\boldsymbol{k}$，$\boldsymbol{b}=b_1\boldsymbol{i}+b_2\boldsymbol{j}+b_3\boldsymbol{k}$，则

$$\begin{aligned}\boldsymbol{a}\cdot\boldsymbol{b}&=(a_1\boldsymbol{i}+a_2\boldsymbol{j}+a_3\boldsymbol{k})\cdot(b_1\boldsymbol{i}+b_2\boldsymbol{j}+b_3\boldsymbol{k})\\&=a_1b_1\boldsymbol{i}\cdot\boldsymbol{i}+a_1b_2\boldsymbol{i}\cdot\boldsymbol{j}+a_1b_3\boldsymbol{i}\cdot\boldsymbol{k}+a_2b_1\boldsymbol{j}\cdot\boldsymbol{i}+a_2b_2\boldsymbol{j}\cdot\boldsymbol{j}+\\&\quad a_2b_3\boldsymbol{j}\cdot\boldsymbol{k}+a_3b_1\boldsymbol{k}\cdot\boldsymbol{i}+a_3b_2\boldsymbol{k}\cdot\boldsymbol{j}+a_3b_3\boldsymbol{k}\cdot\boldsymbol{k}.\end{aligned}$$

因为 $\boldsymbol{i}$，$\boldsymbol{j}$，$\boldsymbol{k}$ 是互相垂直的单位矢量，所以有

$$\begin{cases}\boldsymbol{i}\cdot\boldsymbol{j}=\boldsymbol{j}\cdot\boldsymbol{k}=\boldsymbol{k}\cdot\boldsymbol{i}=0,\\\boldsymbol{i}\cdot\boldsymbol{i}=\boldsymbol{j}\cdot\boldsymbol{j}=\boldsymbol{k}\cdot\boldsymbol{k}=1.\end{cases}$$

从而

$$\boxed{\boldsymbol{a}\cdot\boldsymbol{b}=a_1b_1+a_2b_2+a_3b_3.}$$

这就是利用矢量的坐标表达式求两矢量数量积的公式，也称为两矢量数量积的坐标表达式，它表明两矢量的数量积等于它们对应坐标的乘积之和.

由定理 7.4 及两矢量数量积的坐标表达式，可得

$$\boldsymbol{a}\perp\boldsymbol{b}\Leftrightarrow\boldsymbol{a}\cdot\boldsymbol{b}=a_1b_1+a_2b_2+a_3b_3=0,$$

由两矢量数量积的定义及其坐标表达式，可得

$$\boldsymbol{a}\cdot\boldsymbol{a}=|\boldsymbol{a}|^2\cos(\boldsymbol{a},\ \boldsymbol{a})=|\boldsymbol{a}|^2\cos0=|\boldsymbol{a}|^2,$$

所以

$$|\boldsymbol{a}|=\sqrt{\boldsymbol{a}\cdot\boldsymbol{a}}=\sqrt{a_1^2+a_2^2+a_3^2};$$

由于 $\boldsymbol{a}\cdot\boldsymbol{b}=|\boldsymbol{a}||\boldsymbol{b}|\cos(\boldsymbol{a},\ \boldsymbol{b})$，所以当 $\boldsymbol{a}$，$\boldsymbol{b}$ 都不是零矢量时，有

$$\cos(\boldsymbol{a},\ \boldsymbol{b})=\frac{\boldsymbol{a}\cdot\boldsymbol{b}}{|\boldsymbol{a}||\boldsymbol{b}|},$$

再由两矢量的数量积的坐标表达式，可得

$$\cos(\boldsymbol{a},\ \boldsymbol{b})=\frac{\boldsymbol{a}\cdot\boldsymbol{b}}{|\boldsymbol{a}||\boldsymbol{b}|}=\frac{a_1b_1+a_2b_2+a_3b_3}{\sqrt{a_1^2+a_2^2+a_3^2}\cdot\sqrt{b_1^2+b_2^2+b_3^2}}.$$

矢量 $\boldsymbol{a}$ 与一单位矢量 $\boldsymbol{e}$ 的数量积 $\boldsymbol{a}\cdot\boldsymbol{e}$ 称为矢量 $\boldsymbol{a}$ 在单位矢量 $\boldsymbol{e}$ 方向上的投影，或称矢量 $\boldsymbol{a}$ 在以 $\boldsymbol{e}$ 为方向的轴上的投影. 即

$$\boldsymbol{a}\cdot\boldsymbol{e}=|\boldsymbol{a}|\ |\boldsymbol{e}|\cos(\boldsymbol{a},\ \boldsymbol{e})=|\boldsymbol{a}|\cos(\boldsymbol{a},\ \boldsymbol{e})\overset{\text{def}}{=\!=}(\boldsymbol{a})_{\boldsymbol{e}}.$$

这样，矢量 $\boldsymbol{a}$ 在矢量 $\boldsymbol{b}$ 上的投影就是

$$(\boldsymbol{a})_{\boldsymbol{b}}=|\boldsymbol{a}|\cos(\boldsymbol{a},\ \boldsymbol{b})=|\boldsymbol{a}||\boldsymbol{e}_b|\cos(\boldsymbol{a},\ \boldsymbol{b})=\boldsymbol{a}\cdot\boldsymbol{e}_b,$$

亦即 $(\boldsymbol{a})_{\boldsymbol{b}}=\boldsymbol{a}\cdot\boldsymbol{e}_b$. 同样，矢量 $\boldsymbol{b}$ 在矢量 $\boldsymbol{a}$ 上的投影是 $(\boldsymbol{b})_{\boldsymbol{a}}=\boldsymbol{b}\cdot\boldsymbol{e}_a$.

例 1 设 $|\boldsymbol{a}|=3$，$|\boldsymbol{b}|=5$，且两矢量的夹角 $\theta=\dfrac{\pi}{3}$，试求 $(\boldsymbol{a}-2\boldsymbol{b})\cdot(3\boldsymbol{a}+2\boldsymbol{b})$.

解
$$\begin{aligned}(\boldsymbol{a}-2\boldsymbol{b})\cdot(3\boldsymbol{a}+2\boldsymbol{b})&=3\boldsymbol{a}\cdot\boldsymbol{a}-6\boldsymbol{b}\cdot\boldsymbol{a}+2\boldsymbol{a}\cdot\boldsymbol{b}-4\boldsymbol{b}\cdot\boldsymbol{b}\\&=3|\boldsymbol{a}|^2-4|\boldsymbol{a}||\boldsymbol{b}|\cdot\cos\frac{\pi}{3}-4|\boldsymbol{b}|^2\\&=3\times9-4\times3\times5\times\frac{1}{2}-4\times25\\&=-103.\end{aligned}$$

例 2 设力 $\boldsymbol{f}=2\boldsymbol{i}-3\boldsymbol{j}+5\boldsymbol{k}$ 作用在一质点上，质点由 $M_1(1,1,2)$ 沿直线移动到 $M_2(3,4,5)$，求此力所做的功(设力的单位为 N,位移的单位为 m).

解 位移矢量

$$\boldsymbol{s}=\overrightarrow{M_1M_2}=(3-1)\boldsymbol{i}+(4-1)\boldsymbol{j}+(5-2)\boldsymbol{k}=2\boldsymbol{i}+3\boldsymbol{j}+3\boldsymbol{k},$$

则所求功为

$$W=\boldsymbol{f}\cdot\boldsymbol{s}=2\times2+(-3)\times3+5\times3=10(\text{N}\cdot\text{m}).$$

例 3 设 $\boldsymbol{a}=\boldsymbol{i}-2\boldsymbol{j}+2\boldsymbol{k}$，$\boldsymbol{b}=3\boldsymbol{j}-4\boldsymbol{k}$. 试求：

(1) $\boldsymbol{a}$ 与 $\boldsymbol{b}$ 的夹角；

(2) 与 $\boldsymbol{a}$，$\boldsymbol{b}$ 共面的矢量 $\boldsymbol{c}$，使得 $(\boldsymbol{c})_{\boldsymbol{a}}=2$，$(\boldsymbol{c})_{\boldsymbol{b}}=2$.

解 (1) $\cos(\boldsymbol{a},\ \boldsymbol{b})=\dfrac{\boldsymbol{a}\cdot\boldsymbol{b}}{|\boldsymbol{a}||\boldsymbol{b}|}=\dfrac{1\times0+(-2)\times3+2\times(-4)}{\sqrt{1^2+(-2)^2+2^2}\cdot\sqrt{3^2+(-4)^2}}=\dfrac{-14}{15}$，则 $\boldsymbol{a}$ 与 $\boldsymbol{b}$ 的夹角

$$\theta=\arccos\left(-\frac{14}{15}\right)\approx158°57'38'';$$

(2) 因为 $\boldsymbol{a}\neq m\boldsymbol{b}$，所以 $\boldsymbol{a}$ 与 $\boldsymbol{b}$ 不共线. 由 §2 定理 7.2，可设

$$\boldsymbol{c}=m\boldsymbol{a}+n\boldsymbol{b}=m\boldsymbol{i}+(-2m+3n)\boldsymbol{j}+(2m-4n)\boldsymbol{k}.$$

又由题意知

$$(\boldsymbol{c})_{\boldsymbol{a}}=\boldsymbol{c}\cdot\boldsymbol{e}_a=\frac{\boldsymbol{c}\cdot\boldsymbol{a}}{|\boldsymbol{a}|}=\frac{1}{3}(m+4m-6n+4m-8n)=2,$$

$$(\boldsymbol{c})_{\boldsymbol{b}}=\boldsymbol{c}\cdot\boldsymbol{e}_{\boldsymbol{b}}=\frac{\boldsymbol{c}\cdot\boldsymbol{b}}{|\boldsymbol{b}|}=\frac{1}{5}(-6m+9n-8m+16n)=2,$$

将上两式联立，得方程组

$$\begin{cases}9m-14n=6,\\14m-25n=-10.\end{cases}$$

解得 $m=10$，$n=6$. 从而所求矢量 $\boldsymbol{c}=10\boldsymbol{i}-2\boldsymbol{j}-4\boldsymbol{k}$.

例 4 用矢量方法证明三角形的余弦定理.

证 任作$\triangle ABC$(图 7-24)，设$\angle BCA=\theta$，$|BC|=a$，$|CA|=b$，$|AB|=c$. 要证余弦定理，即证 $c^2=a^2+b^2-2ab\cos\theta$. 记

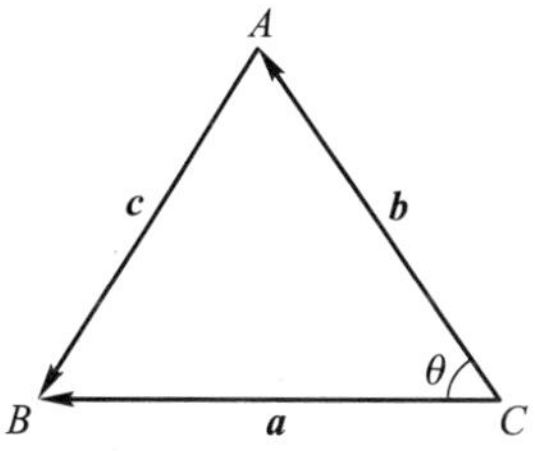

图 7-24

$$\overrightarrow{CB}=\boldsymbol{a},\quad \overrightarrow{CA}=\boldsymbol{b},\quad \overrightarrow{AB}=\boldsymbol{c},$$

则有 $\boldsymbol{c}=\boldsymbol{a}-\boldsymbol{b}$，从而

$$\begin{aligned}|\boldsymbol{c}|^2=\boldsymbol{c}\cdot\boldsymbol{c}&=(\boldsymbol{a}-\boldsymbol{b})\cdot(\boldsymbol{a}-\boldsymbol{b})=\boldsymbol{a}\cdot\boldsymbol{a}+\boldsymbol{b}\cdot\boldsymbol{b}-2\boldsymbol{a}\cdot\boldsymbol{b}\\&=|\boldsymbol{a}|^2+|\boldsymbol{b}|^2-2|\boldsymbol{a}||\boldsymbol{b}|\cos(\boldsymbol{a},\boldsymbol{b}).\end{aligned}$$

由于$|\boldsymbol{a}|=a$，$|\boldsymbol{b}|=b$，$|\boldsymbol{c}|=c$ 及 $\cos(\boldsymbol{a},\boldsymbol{b})=\cos\theta$，所以有

$$c^2=a^2+b^2-2ab\cos\theta.\quad\square$$

§4.2 两矢量的矢量积

一、两矢量的矢量积概念

如同两矢量的数量积一样，两矢量的矢量积概念也是从力学及物理学中的某些概念抽象出来的. 例如，由力学知识，力 $\boldsymbol{f}$ 对于 O 点的力矩是一个矢量 $\boldsymbol{m}$，其大小等于力的大小$|\boldsymbol{f}|$和力臂 P 的乘积，即$|\boldsymbol{m}|=P|\boldsymbol{f}|$. 若用 $\boldsymbol{r}$ 表示起点为 O，终点为 A(力的作用线上的一点)的矢量(图 7-25)，则力臂$P=|\boldsymbol{r}|\sin(\boldsymbol{r},\boldsymbol{f})$. 从而

$$|\boldsymbol{m}|=P|\boldsymbol{f}|=|\boldsymbol{r}||\boldsymbol{f}|\sin(\boldsymbol{r},\boldsymbol{f}).$$

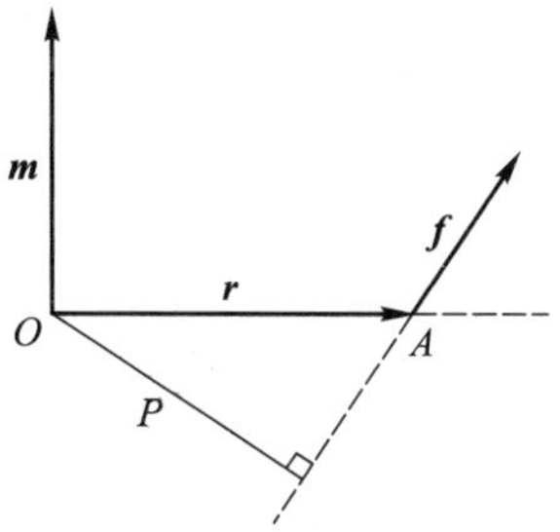

图 7-25

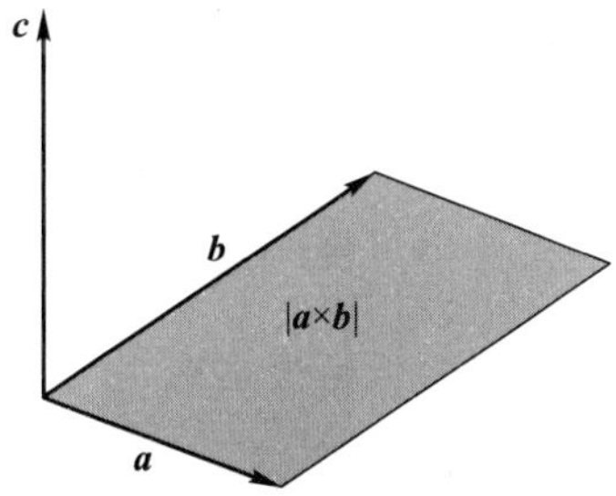

图 7-26

力矩矢量 $\boldsymbol{m}$ 的方向垂直于 $\boldsymbol{r}$ 与 $\boldsymbol{f}$ 所在的平面，其方向按右手定则确定. 即伸出右手掌，四指指向 $\boldsymbol{r}$ 的方向，再握掌转向 $\boldsymbol{f}$ 方向，这时大拇指的方向就是力矩方向. 由此，在数学中我们根据这种运算抽象出两矢量的矢量积的概念.

定义 7.7 若由矢量 $\boldsymbol{a}$ 与 $\boldsymbol{b}$ 所确定的一个矢量 $\boldsymbol{c}$ 满足下列条件：

(1) $\boldsymbol{c}$ 与 $\boldsymbol{a}$，$\boldsymbol{b}$ 都垂直，其方向按从 $\boldsymbol{a}$ 经角 $(\boldsymbol{a}, \boldsymbol{b})$ 到 $\boldsymbol{b}$ 的右手定则所确定(图 7-26)；

(2) $\boldsymbol{c}$ 的大小为 $|\boldsymbol{c}|=|\boldsymbol{a}||\boldsymbol{b}|\sin(\boldsymbol{a}, \boldsymbol{b})$，

则称矢量 $\boldsymbol{c}$ 为矢量 $\boldsymbol{a}$ 与 $\boldsymbol{b}$ 的矢量积，记为 $\boldsymbol{c}=\boldsymbol{a}\times\boldsymbol{b}$.

矢量积也称为外积或叉积，由此，由两矢量的矢量积的定义可知，$\boldsymbol{c}$ 的模 $|\boldsymbol{c}|$ 在数值上等于以 $\boldsymbol{a}$，$\boldsymbol{b}$ 为两个邻边的平行四边形的面积(图 7-26)，即 $|\boldsymbol{a}\times\boldsymbol{b}|=|\boldsymbol{a}||\boldsymbol{b}|\sin(\boldsymbol{a}, \boldsymbol{b})$，这也是矢量积的几何意义.

二、矢量积的运算规律

可以证明两矢量的矢量积满足以下运算规律：

1. **结合律** $m(\boldsymbol{a}\times\boldsymbol{b})=(m\boldsymbol{a})\times\boldsymbol{b}=\boldsymbol{a}\times(m\boldsymbol{b})$；

2. **分配律** $\boldsymbol{a}\times(\boldsymbol{b}+\boldsymbol{c})=\boldsymbol{a}\times\boldsymbol{b}+\boldsymbol{a}\times\boldsymbol{c}$，$(\boldsymbol{a}+\boldsymbol{b})\times\boldsymbol{c}=\boldsymbol{a}\times\boldsymbol{c}+\boldsymbol{b}\times\boldsymbol{c}$.

三、矢量积的性质

由矢量积的定义可知，$\boldsymbol{a}\times\boldsymbol{b}$ 和 $\boldsymbol{b}\times\boldsymbol{a}$ 的模相等，但方向相反. 即

$$\boldsymbol{a}\times\boldsymbol{b}=-(\boldsymbol{b}\times\boldsymbol{a}).$$

由此可知，两矢量的矢量积不满足交换律.

设 $\boldsymbol{a}$，$\boldsymbol{b}$ 为两非零矢量，若 $\boldsymbol{a}$ 与 $\boldsymbol{b}$ 的夹角 $\theta=0$ 或 π，则称 $\boldsymbol{a}$ 与 $\boldsymbol{b}$ 平行，记为 $\boldsymbol{a}/\!/\boldsymbol{b}$.

当 $\boldsymbol{a}/\!/\boldsymbol{b}$ 时，由定义知 $\theta=0$ 或 $\theta=\pi$，因而 $\sin(\boldsymbol{a}, \boldsymbol{b})=0$，所以有 $\boldsymbol{a}\times\boldsymbol{b}=\boldsymbol{0}$. 反之，若 $\boldsymbol{a}\times\boldsymbol{b}=\boldsymbol{0}$，即 $|\boldsymbol{a}||\boldsymbol{b}|\sin(\boldsymbol{a}, \boldsymbol{b})=0$，但因 $|\boldsymbol{a}|\neq 0$，$|\boldsymbol{b}|\neq 0$，则必有 $\sin(\boldsymbol{a},\boldsymbol{b})=0$，可得 $\theta=0$ 或 $\theta=\pi$，从而有 $\boldsymbol{a}/\!/\boldsymbol{b}$. 并且，如果注意到零矢量方向的任意性，它可看成与任何矢量平行，那么可得如下定理：

定理 7.5 两矢量 $\boldsymbol{a}$，$\boldsymbol{b}$ 互相平行的充分必要条件是，它们的矢量积等于零矢量，即

$$\boldsymbol{a}/\!/\boldsymbol{b}\Leftrightarrow\boldsymbol{a}\times\boldsymbol{b}=\boldsymbol{0}.$$

利用这个性质可得任何矢量与自身的矢量积为零矢量，即 $\boldsymbol{a}\times\boldsymbol{a}=\boldsymbol{0}$.

四、矢量积的坐标表达式

下面我们利用矢量积的性质和运算规律来推导矢量积的坐标表达式. 设 $\boldsymbol{a}=a_1\boldsymbol{i}+a_2\boldsymbol{j}+a_3\boldsymbol{k}$，$\boldsymbol{b}=b_1\boldsymbol{i}+b_2\boldsymbol{j}+b_3\boldsymbol{k}$，则

$$\boldsymbol{a}\times\boldsymbol{b}=(a_1\boldsymbol{i}+a_2\boldsymbol{j}+a_3\boldsymbol{k})\times(b_1\boldsymbol{i}+b_2\boldsymbol{j}+b_3\boldsymbol{k})$$

$$= a_1b_1(\boldsymbol{i}\times\boldsymbol{i}) + a_1b_2(\boldsymbol{i}\times\boldsymbol{j}) + a_1b_3(\boldsymbol{i}\times\boldsymbol{k}) + a_2b_1(\boldsymbol{j}\times\boldsymbol{i}) + a_2b_2(\boldsymbol{j}\times\boldsymbol{j}) + a_2b_3(\boldsymbol{j}\times\boldsymbol{k}) + a_3b_1(\boldsymbol{k}\times\boldsymbol{i}) + a_3b_2(\boldsymbol{k}\times\boldsymbol{j}) + a_3b_3(\boldsymbol{k}\times\boldsymbol{k}).$$

因为 $\boldsymbol{i}$, $\boldsymbol{j}$, $\boldsymbol{k}$ 是互相垂直的单位矢量且 $\boldsymbol{i}$, $\boldsymbol{j}$, $\boldsymbol{k}$ 的顺序按右手定则确定，所以有

$$\begin{cases} \boldsymbol{i}\times\boldsymbol{j}=\boldsymbol{k},\ \boldsymbol{j}\times\boldsymbol{k}=\boldsymbol{i},\ \boldsymbol{k}\times\boldsymbol{i}=\boldsymbol{j}, \\ \boldsymbol{j}\times\boldsymbol{i}=-\boldsymbol{k},\ \boldsymbol{k}\times\boldsymbol{j}=-\boldsymbol{i},\ \boldsymbol{i}\times\boldsymbol{k}=-\boldsymbol{j}, \\ \boldsymbol{i}\times\boldsymbol{i}=\boldsymbol{j}\times\boldsymbol{j}=\boldsymbol{k}\times\boldsymbol{k}=\boldsymbol{0}. \end{cases}$$

将以上关系式代入 $\boldsymbol{a}\times\boldsymbol{b}$，便得

$$\boxed{\boldsymbol{a}\times\boldsymbol{b}=(a_2b_3-a_3b_2)\boldsymbol{i}-(a_1b_3-a_3b_1)\boldsymbol{j}+(a_1b_2-a_2b_1)\boldsymbol{k}.}$$

这就是矢量积的坐标表达式. 为了便于记忆和计算，我们把上式改写成行列式的形式：

$$\boldsymbol{a}\times\boldsymbol{b}=\begin{vmatrix} a_2 & a_3 \\ b_2 & b_3 \end{vmatrix}\boldsymbol{i}-\begin{vmatrix} a_1 & a_3 \\ b_1 & b_3 \end{vmatrix}\boldsymbol{j}+\begin{vmatrix} a_1 & a_2 \\ b_1 & b_2 \end{vmatrix}\boldsymbol{k}\overset{\text{def}}{=\!=}\begin{vmatrix} \boldsymbol{i} & \boldsymbol{j} & \boldsymbol{k} \\ a_1 & a_2 & a_3 \\ b_1 & b_2 & b_3 \end{vmatrix}.$$

上式中间部分就可形式地看成 $\begin{vmatrix} \boldsymbol{i} & \boldsymbol{j} & \boldsymbol{k} \\ a_1 & a_2 & a_3 \\ b_1 & b_2 & b_3 \end{vmatrix}$ 按第一行展开的结果. 注意，这仅仅是一种利用行列式的记忆方式.

由前面讨论矢量积的性质可得，两矢量平行的充分必要条件是 $\boldsymbol{a}\times\boldsymbol{b}=\boldsymbol{0}$. 现设非零矢量 $\boldsymbol{a}=a_1\boldsymbol{i}+a_2\boldsymbol{j}+a_3\boldsymbol{k}$，$\boldsymbol{b}=b_1\boldsymbol{i}+b_2\boldsymbol{j}+b_3\boldsymbol{k}$. 由 $\boldsymbol{a}\times\boldsymbol{b}=\boldsymbol{0}$ 可得

$$\begin{vmatrix} a_2 & a_3 \\ b_2 & b_3 \end{vmatrix}=a_2b_3-a_3b_2=0,$$

$$\begin{vmatrix} a_1 & a_3 \\ b_1 & b_3 \end{vmatrix}=a_1b_3-a_3b_1=0,$$

$$\begin{vmatrix} a_1 & a_2 \\ b_1 & b_2 \end{vmatrix}=a_1b_2-a_2b_1=0,$$

或写成

$$\frac{a_1}{b_1}=\frac{a_2}{b_2}=\frac{a_3}{b_3}\text{（其中 } b_1,b_2,b_3 \text{ 全不为零）}.$$

上式说明，两个非零矢量平行的充分必要条件是它们对应坐标成比例，即有

$$\boldsymbol{a}\ /\!/\ \boldsymbol{b}\Leftrightarrow\frac{a_1}{b_1}=\frac{a_2}{b_2}=\frac{a_3}{b_3}.$$

若 b_1，b_2，b_3 中有一个为零，例如 $b_1=0$，上式因分母为零而失去意义，但为保持形式上的一致，我们仍把它写成 $\frac{a_1}{0}=\frac{a_2}{b_2}=\frac{a_3}{b_3}$ 的形式. 但是，这时应理解为 $a_1=0$，

$\frac{a_2}{b_2}=\frac{a_3}{b_3}$，其余情况类推.

例 5　设 $\boldsymbol{a}=3\boldsymbol{i}+2\boldsymbol{j}-2\boldsymbol{k}$，$\boldsymbol{b}=2\boldsymbol{i}+3\boldsymbol{j}+\boldsymbol{k}$. 求（1）$\boldsymbol{a}\times\boldsymbol{b}$；（2）同时垂直于 $\boldsymbol{a}$，$\boldsymbol{b}$ 的单位矢量.

解　（1）

$$\boldsymbol{a}\times\boldsymbol{b}=\begin{vmatrix}\boldsymbol{i} & \boldsymbol{j} & \boldsymbol{k}\\ 3 & 2 & -2\\ 2 & 3 & 1\end{vmatrix}=\begin{vmatrix}2 & -2\\ 3 & 1\end{vmatrix}\boldsymbol{i}-\begin{vmatrix}3 & -2\\ 2 & 1\end{vmatrix}\boldsymbol{j}+\begin{vmatrix}3 & 2\\ 2 & 3\end{vmatrix}\boldsymbol{k}$$

$$=8\boldsymbol{i}-7\boldsymbol{j}+5\boldsymbol{k}\overset{\text{def}}{=\!=}\boldsymbol{c}.$$

（2）由两矢量的矢量积定义可知 $\boldsymbol{c}\perp\boldsymbol{a}$，即有 $\boldsymbol{c}\cdot\boldsymbol{a}=8\times3+(-7)\times2+5\times(-2)=0$；$\boldsymbol{c}\perp\boldsymbol{b}$,即有 $\boldsymbol{c}\cdot\boldsymbol{b}=8\times2+(-7)\times3+5\times1=0$. 所以，所求同时垂直于 $\boldsymbol{a}$，$\boldsymbol{b}$ 的单位矢量

$$\boldsymbol{e}_c=\pm\frac{\boldsymbol{c}}{|\boldsymbol{c}|}=\pm\frac{1}{\sqrt{138}}(8\boldsymbol{i}-7\boldsymbol{j}+5\boldsymbol{k}).$$

重难点讲解
矢量积

重难点讲解
矢量积的
代数运算

例 6　求以三点 $M_1(1,1,1)$，$M_2(2,2,2)$，$M_3(4,3,5)$为顶点的三角形的面积.

解　$\triangle M_1M_2M_3$ 的面积等于以$\overrightarrow{M_1M_2}$，$\overrightarrow{M_1M_3}$为邻边的平行四边形面积的一半(图 7-27). 由于

$$\overrightarrow{M_1M_2}=(2-1)\boldsymbol{i}+(2-1)\boldsymbol{j}+(2-1)\boldsymbol{k}=\boldsymbol{i}+\boldsymbol{j}+\boldsymbol{k},$$

$$\overrightarrow{M_1M_3}=(4-1)\boldsymbol{i}+(3-1)\boldsymbol{j}+(5-1)\boldsymbol{k}=3\boldsymbol{i}+2\boldsymbol{j}+4\boldsymbol{k},$$

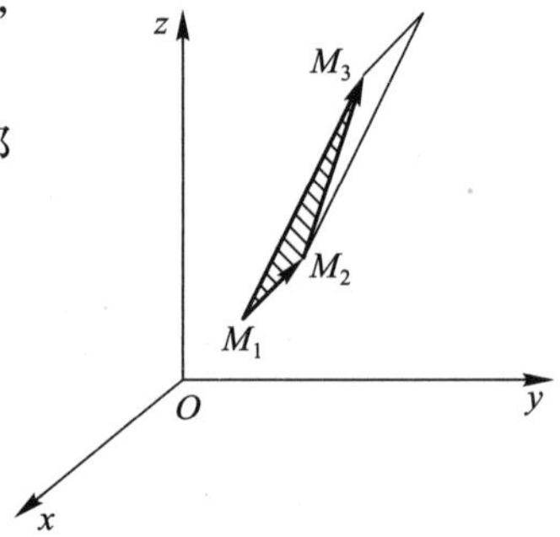

图 7-27

所以

$$\overrightarrow{M_1M_2}\times\overrightarrow{M_1M_3}=\begin{vmatrix}\boldsymbol{i} & \boldsymbol{j} & \boldsymbol{k}\\ 1 & 1 & 1\\ 3 & 2 & 4\end{vmatrix}=2\boldsymbol{i}-\boldsymbol{j}-\boldsymbol{k}.$$

再由矢量积的几何意义知

$$S_{\triangle M_1M_2M_3}=\frac{1}{2}\left|\overrightarrow{M_1M_2}\times\overrightarrow{M_1M_3}\right|=\frac{1}{2}\sqrt{2^2+(-1)^2+(-1)^2}=\frac{\sqrt{6}}{2}.$$

习题 7-4

1. 设矢量 $\boldsymbol{p}=\boldsymbol{a}+2\boldsymbol{b}$，$\boldsymbol{q}=2\boldsymbol{a}-3\boldsymbol{b}$，其中 $|\boldsymbol{a}|=1$，$|\boldsymbol{b}|=2$，$\boldsymbol{a}$，$\boldsymbol{b}$ 的夹角为$\frac{\pi}{3}$，试求：

（1）$\boldsymbol{p}\cdot\boldsymbol{q}$；

（2）$\boldsymbol{p}$，$\boldsymbol{q}$ 的模；

（3）$\boldsymbol{p}$ 与 $\boldsymbol{q}$ 的夹角的余弦.

2. 已知 $\boldsymbol{a}$，$\boldsymbol{b}$，$\boldsymbol{c}$ 两两成 60°角，且 $|\boldsymbol{a}|=4$，$|\boldsymbol{b}|=2$，$|\boldsymbol{c}|=6$，求 $|\boldsymbol{a}+\boldsymbol{b}+\boldsymbol{c}|$.

3. 用矢量方法证明三角形的三条高交于一点.

4. 证明矢量 $\boldsymbol{p}=(\boldsymbol{a}\cdot\boldsymbol{c})\boldsymbol{b}-(\boldsymbol{b}\cdot\boldsymbol{c})\boldsymbol{a}$ 与矢量 $\boldsymbol{c}$ 垂直.

5. 已知矢量 $\boldsymbol{a}=3\boldsymbol{i}-\boldsymbol{j}+4\boldsymbol{k}$，$\boldsymbol{b}=\boldsymbol{i}+\boldsymbol{j}-2\boldsymbol{k}$，$\boldsymbol{c}=3\boldsymbol{j}+\boldsymbol{k}$，求：

（1）$\boldsymbol{a}\cdot\boldsymbol{b}$；（2）$\boldsymbol{a}\cdot\boldsymbol{c}$；（3）$(2\boldsymbol{a})\cdot(\boldsymbol{b}-3\boldsymbol{c})$.

6. 设力 $\boldsymbol{f}=2\boldsymbol{i}-3\boldsymbol{j}+4\boldsymbol{k}$ 作用在一质点上，质点从 $M_1(2,4,-5)$ 沿直线移动到 $M_2(4,3,-2)$，求此力所做的功(力的单位为 N,位移的单位为 m).

7. 求两矢量 $\boldsymbol{a}=2\boldsymbol{j}-\boldsymbol{k}$，$\boldsymbol{b}=\boldsymbol{i}+2\boldsymbol{j}-2\boldsymbol{k}$ 的夹角余弦.

8. 已知 $A(2,2,2)$，$B(3,3,2)$，$C(3,2,3)$，求矢量 $\overrightarrow{AB}$ 与 $\overrightarrow{AC}$ 的夹角 θ，以及 $\overrightarrow{AB}$ 在 $\overrightarrow{AC}$ 上的投影.

9. 已知 $\boldsymbol{a}=4\boldsymbol{i}-\boldsymbol{j}+2\boldsymbol{k}$，$\boldsymbol{b}=3\boldsymbol{i}-\boldsymbol{k}$，$\boldsymbol{c}=\boldsymbol{i}-2\boldsymbol{j}+2\boldsymbol{k}$，求矢量 $\boldsymbol{a}$，$\boldsymbol{b}$ 及 $\boldsymbol{a}+\boldsymbol{b}+\boldsymbol{c}$ 在矢量 $\boldsymbol{c}$ 上的投影.

10. 已知 $|\boldsymbol{a}|=1$，$|\boldsymbol{b}|=2$，$\boldsymbol{a}$ 与 $\boldsymbol{b}$ 的夹角为 $\dfrac{2\pi}{3}$，求 $|\boldsymbol{a}\times\boldsymbol{b}|$.

11. 已知 $\boldsymbol{a}=\boldsymbol{i}-\boldsymbol{j}+2\boldsymbol{k}$，$\boldsymbol{b}=4\boldsymbol{i}+2\boldsymbol{j}+\boldsymbol{k}$，求：（1）$\boldsymbol{a}\times\boldsymbol{b}$；（2）$(3\boldsymbol{a}+2\boldsymbol{b})\times\boldsymbol{a}$.

12. 试求与矢量 $\boldsymbol{a}=2\boldsymbol{i}+2\boldsymbol{j}+\boldsymbol{k}$，$\boldsymbol{b}=-\boldsymbol{i}+5\boldsymbol{j}+3\boldsymbol{k}$ 都垂直的单位矢量.

13. 求以矢量 $\boldsymbol{a}=\boldsymbol{i}+2\boldsymbol{j}+3\boldsymbol{k}$，$\boldsymbol{b}=4\boldsymbol{i}-\boldsymbol{k}$ 为邻边的平行四边形的面积.

14. 设一三角形的三顶点为 $A(2,2,2)$，$B(4,3,1)$，$C(3,5,2)$，求该三角形的面积.

15. 判定下列各对矢量中，哪些是相互垂直的，哪些是相互平行的？

（1）$\boldsymbol{a}=2\boldsymbol{i}-\boldsymbol{j}-\boldsymbol{k}$，$\boldsymbol{b}=2\boldsymbol{i}+\boldsymbol{j}+3\boldsymbol{k}$；

（2）$\boldsymbol{a}=5\boldsymbol{i}+\boldsymbol{j}-7\boldsymbol{k}$，$\boldsymbol{b}=\dfrac{1}{3}(10\boldsymbol{i}+2\boldsymbol{j}-14\boldsymbol{k})$；

（3）$\boldsymbol{a}=-\boldsymbol{i}+3\boldsymbol{j}+2\boldsymbol{k}$，$\boldsymbol{b}=3\boldsymbol{i}+\boldsymbol{j}+\boldsymbol{k}$.

16. 下列命题是否正确？若不正确，请举例说明.

（1）若 $\boldsymbol{a}\cdot\boldsymbol{b}=0$，则必有 $\boldsymbol{a}=\boldsymbol{0}$ 或 $\boldsymbol{b}=\boldsymbol{0}$；（2）若 $\boldsymbol{a}\cdot\boldsymbol{b}=\boldsymbol{a}\cdot\boldsymbol{c}$，则必有 $\boldsymbol{b}=\boldsymbol{c}$；

（3）若 $\boldsymbol{a}\times\boldsymbol{b}=\boldsymbol{a}\times\boldsymbol{c}$，则必有 $\boldsymbol{b}=\boldsymbol{c}$；（4）若 $\boldsymbol{a}+\boldsymbol{b}=\boldsymbol{a}+\boldsymbol{c}$，则必有 $\boldsymbol{b}=\boldsymbol{c}$.

17. 求以矢量 $\boldsymbol{a}=2\boldsymbol{i}+\boldsymbol{j}-\boldsymbol{k}$，$\boldsymbol{b}=\boldsymbol{i}-2\boldsymbol{j}+\boldsymbol{k}$ 为邻边的平行四边形的两对角线夹角的正弦.

§5 矢量的混合积与二重矢积

§5.1 三矢量的混合积

定义 7.8 设有三矢量 $\boldsymbol{a}$，$\boldsymbol{b}$，$\boldsymbol{c}$，由 $\boldsymbol{a}\cdot(\boldsymbol{b}\times\boldsymbol{c})$ 所得的数，称为 $\boldsymbol{a}$，$\boldsymbol{b}$，$\boldsymbol{c}$ 的混合积.

下面我们利用矢量的坐标表达式求混合积 $\boldsymbol{a}\cdot(\boldsymbol{b}\times\boldsymbol{c})$. 设

$$\boldsymbol{a}=a_1\boldsymbol{i}+a_2\boldsymbol{j}+a_3\boldsymbol{k},\quad \boldsymbol{b}=b_1\boldsymbol{i}+b_2\boldsymbol{j}+b_3\boldsymbol{k},\quad \boldsymbol{c}=c_1\boldsymbol{i}+c_2\boldsymbol{j}+c_3\boldsymbol{k}.$$

先求出

$$\boldsymbol{b}\times\boldsymbol{c}=\begin{vmatrix}\boldsymbol{i} & \boldsymbol{j} & \boldsymbol{k}\\ b_1 & b_2 & b_3\\ c_1 & c_2 & c_3\end{vmatrix}=\begin{vmatrix}b_2 & b_3\\ c_2 & c_3\end{vmatrix}\boldsymbol{i}-\begin{vmatrix}b_1 & b_3\\ c_1 & c_3\end{vmatrix}\boldsymbol{j}+\begin{vmatrix}b_1 & b_2\\ c_1 & c_2\end{vmatrix}\boldsymbol{k},$$

再求 $\boldsymbol{a}$ 与 $\boldsymbol{b}\times\boldsymbol{c}$ 的数量积

$$\boldsymbol{a}\cdot(\boldsymbol{b}\times\boldsymbol{c})=a_1\begin{vmatrix}b_2 & b_3\\ c_2 & c_3\end{vmatrix}-a_2\begin{vmatrix}b_1 & b_3\\ c_1 & c_3\end{vmatrix}+a_3\begin{vmatrix}b_1 & b_2\\ c_1 & c_2\end{vmatrix}=\begin{vmatrix}a_1 & a_2 & a_3\\ b_1 & b_2 & b_3\\ c_1 & c_2 & c_3\end{vmatrix},$$

这就是混合积 $\boldsymbol{a}\cdot(\boldsymbol{b}\times\boldsymbol{c})$ 的坐标表达式.

下面我们给出三矢量 $\boldsymbol{a}$，$\boldsymbol{b}$，$\boldsymbol{c}$ 共面与混合积 $\boldsymbol{a}\cdot(\boldsymbol{b}\times\boldsymbol{c})$ 之间的关系，有如下定理：

定理 7.6　三矢量 $\boldsymbol{a}$，$\boldsymbol{b}$，$\boldsymbol{c}$ 共面的充分必要条件是它们的混合积

$$\boldsymbol{a}\cdot(\boldsymbol{b}\times\boldsymbol{c})=0,$$

亦即

$$\begin{vmatrix}a_1 & a_2 & a_3\\ b_1 & b_2 & b_3\\ c_1 & c_2 & c_3\end{vmatrix}=0.$$

证　因为

$$\boldsymbol{a}\cdot(\boldsymbol{b}\times\boldsymbol{c})=|\boldsymbol{a}|\,|\boldsymbol{b}\times\boldsymbol{c}|\cos(\boldsymbol{a},\boldsymbol{b}\times\boldsymbol{c}),$$

若 $\boldsymbol{a}\cdot(\boldsymbol{b}\times\boldsymbol{c})=0$，则 $\boldsymbol{a}=\boldsymbol{0}$，或 $\boldsymbol{b}\times\boldsymbol{c}=\boldsymbol{0}$，或 $\cos(\boldsymbol{a},\boldsymbol{b}\times\boldsymbol{c})=0$.

1. 若 $\boldsymbol{a}=\boldsymbol{0}$，则 $\boldsymbol{a}$，$\boldsymbol{b}$，$\boldsymbol{c}$ 共面；

2. 若 $\boldsymbol{b}\times\boldsymbol{c}=\boldsymbol{0}$，则 $\boldsymbol{b}$，$\boldsymbol{c}$ 共线，即 $\boldsymbol{a}$，$\boldsymbol{b}$，$\boldsymbol{c}$ 共面；

3. 若 $\cos(\boldsymbol{a},\boldsymbol{b}\times\boldsymbol{c})=0$，则 $\boldsymbol{a}$ 与 $\boldsymbol{b}\times\boldsymbol{c}$ 的夹角 $\theta=\dfrac{\pi}{2}$，即 $\boldsymbol{a}$ 垂直于 $\boldsymbol{b}\times\boldsymbol{c}$，亦即 $\boldsymbol{a}$，$\boldsymbol{b}$，$\boldsymbol{c}$ 共面. 反之亦然. □

如果 $\boldsymbol{a}$，$\boldsymbol{b}$，$\boldsymbol{c}$ 不共面，将它们的起点移到一起，并以三矢量为棱作成一个平行六面体(图 7-28).

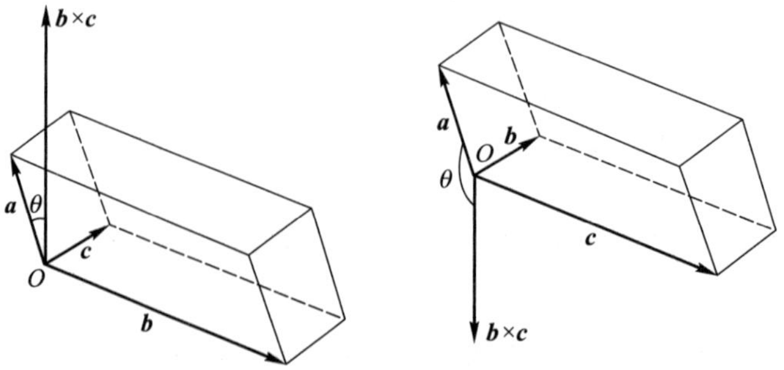

图 7-28

若 $\boldsymbol{a}$ 与 $\boldsymbol{b}\times\boldsymbol{c}$ 的夹角为锐角$\left(0\leqslant\theta<\dfrac{\pi}{2}\right)$，由于

$$\boldsymbol{a}\cdot(\boldsymbol{b}\times\boldsymbol{c})=|\boldsymbol{a}||\boldsymbol{b}\times\boldsymbol{c}|\cos(\boldsymbol{a},\boldsymbol{b}\times\boldsymbol{c}),$$

其中，$|\boldsymbol{b}\times\boldsymbol{c}|$等于平行六面体的底面面积，$|\boldsymbol{a}|\cos(\boldsymbol{a},\boldsymbol{b}\times\boldsymbol{c})=(\boldsymbol{a})_{\boldsymbol{b}\times\boldsymbol{c}}$为 $\boldsymbol{a}$ 在 $\boldsymbol{b}\times\boldsymbol{c}$ 上的投影，亦即$|\boldsymbol{a}|\cos(\boldsymbol{a},\boldsymbol{b}\times\boldsymbol{c})$等于这个平行六面体的高，所以，$\boldsymbol{a}\cdot(\boldsymbol{b}\times\boldsymbol{c})$等于平行六面体的体积.

若 $\boldsymbol{a}$ 与 $\boldsymbol{b}\times\boldsymbol{c}$ 的夹角为钝角$\left(\dfrac{\pi}{2}<\theta\leqslant\pi\right)$，由于 $\cos(\boldsymbol{a},\boldsymbol{b}\times\boldsymbol{c})<0$，所以 $-\boldsymbol{a}\cdot(\boldsymbol{b}\times\boldsymbol{c})$等于平行六面体的体积.

重难点讲解
混合积的
几何意义

这样，我们得到以 $\boldsymbol{a}$，$\boldsymbol{b}$，$\boldsymbol{c}$ 为棱的平行六面体的体积

$$V=|\boldsymbol{a}\cdot(\boldsymbol{b}\times\boldsymbol{c})|,$$

这也是三矢量 $\boldsymbol{a}$，$\boldsymbol{b}$，$\boldsymbol{c}$ 的混合积的几何意义.

例 1 已知 $\boldsymbol{a}=2\boldsymbol{i}-\boldsymbol{j}+3\boldsymbol{k}$，$\boldsymbol{b}=3\boldsymbol{i}+\boldsymbol{j}-\boldsymbol{k}$，$\boldsymbol{c}=\boldsymbol{i}+2\boldsymbol{j}-3\boldsymbol{k}$，求 $\boldsymbol{a}\cdot(\boldsymbol{b}\times\boldsymbol{c})$.

解 由三矢量混合积的坐标表达式，有

$$\boldsymbol{a}\cdot(\boldsymbol{b}\times\boldsymbol{c})=\begin{vmatrix}2&-1&3\\3&1&-1\\1&2&-3\end{vmatrix}=2\begin{vmatrix}1&-1\\2&-3\end{vmatrix}-(-1)\begin{vmatrix}3&-1\\1&-3\end{vmatrix}+3\begin{vmatrix}3&1\\1&2\end{vmatrix}$$

$$=2\times(-1)-(-1)\times(-8)+3\times5=5.$$

例 2 试求以 $A(0,0,0)$，$B(2,3,1)$，$C(1,2,2)$，$D(3,-1,4)$为顶点的四面体的体积(图 7-29).

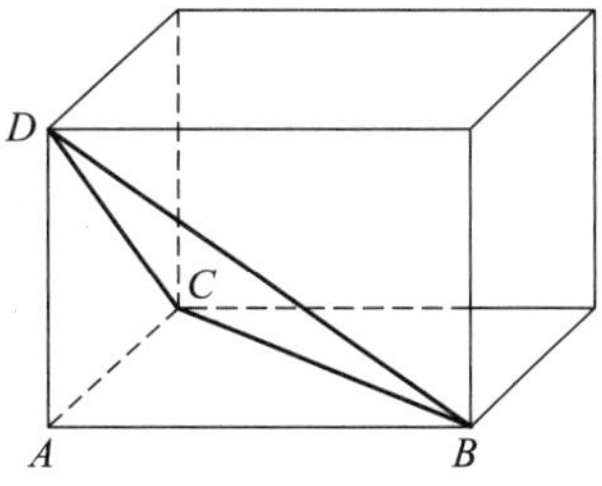

图 7-29

解 由几何知识可知

$$V_{四面体}=\frac{1}{6}V_{六面体}=\frac{1}{6}|\overrightarrow{AB}\cdot(\overrightarrow{AC}\times\overrightarrow{AD})|,$$

其中

$$\overrightarrow{AB}=2\boldsymbol{i}+3\boldsymbol{j}+\boldsymbol{k},\quad\overrightarrow{AC}=\boldsymbol{i}+2\boldsymbol{j}+2\boldsymbol{k},$$
$$\overrightarrow{AD}=3\boldsymbol{i}-\boldsymbol{j}+4\boldsymbol{k}.$$

于是

$$\overrightarrow{AB}\cdot(\overrightarrow{AC}\times\overrightarrow{AD})=\begin{vmatrix}2&3&1\\1&2&2\\3&-1&4\end{vmatrix}=20+6-7=19.$$

从而，所求四面体的体积 $V_{四面体}=\dfrac{1}{6}\times|19|=\dfrac{19}{6}$.

下面讨论三矢量 $\boldsymbol{a}$，$\boldsymbol{b}$，$\boldsymbol{c}$ 所确定的混合积的性质.

1. **顺次轮换混合积中的三个矢量，所得混合积不变，即**

$$\boldsymbol{a}\cdot(\boldsymbol{b}\times\boldsymbol{c})=\boldsymbol{b}\cdot(\boldsymbol{c}\times\boldsymbol{a})=\boldsymbol{c}\cdot(\boldsymbol{a}\times\boldsymbol{b}).$$

设 $\boldsymbol{a}=a_1\boldsymbol{i}+a_2\boldsymbol{j}+a_3\boldsymbol{k}$，$\boldsymbol{b}=b_1\boldsymbol{i}+b_2\boldsymbol{j}+b_3\boldsymbol{k}$，$\boldsymbol{c}=c_1\boldsymbol{i}+c_2\boldsymbol{j}+c_3\boldsymbol{k}$. 我们知道，三阶行列式具有下列性质：交换行列式任意两行的元素，行列式要改变符号.

于是

$$\boldsymbol{a}\cdot(\boldsymbol{b}\times\boldsymbol{c})=\begin{vmatrix}a_1 & a_2 & a_3\\ b_1 & b_2 & b_3\\ c_1 & c_2 & c_3\end{vmatrix}=-\begin{vmatrix}b_1 & b_2 & b_3\\ a_1 & a_2 & a_3\\ c_1 & c_2 & c_3\end{vmatrix}=\begin{vmatrix}b_1 & b_2 & b_3\\ c_1 & c_2 & c_3\\ a_1 & a_2 & a_3\end{vmatrix}.$$

$$=\boldsymbol{b}\cdot(\boldsymbol{c}\times\boldsymbol{a}),$$

同理可证 $\boldsymbol{b}\cdot(\boldsymbol{c}\times\boldsymbol{a})=\boldsymbol{c}\cdot(\boldsymbol{a}\times\boldsymbol{b})$.

由上述行列式的性质还可得：

2. **任意对调混合积中两矢量的位置所得混合积的绝对值不变，但符号相反，即有**

$$\boldsymbol{a}\cdot(\boldsymbol{b}\times\boldsymbol{c})=-\boldsymbol{a}\cdot(\boldsymbol{c}\times\boldsymbol{b}),\ \boldsymbol{a}\cdot(\boldsymbol{b}\times\boldsymbol{c})=-\boldsymbol{b}\cdot(\boldsymbol{a}\times\boldsymbol{c}),$$
$$\boldsymbol{a}\cdot(\boldsymbol{b}\times\boldsymbol{c})=-\boldsymbol{c}\cdot(\boldsymbol{b}\times\boldsymbol{a}).$$

§5.2 三矢量的二重矢积

定义 7.9 由三矢量 $\boldsymbol{a}$，$\boldsymbol{b}$，$\boldsymbol{c}$ 的乘积 $\boldsymbol{a}\times(\boldsymbol{b}\times\boldsymbol{c})$ 所确定的矢量称为三矢量的二重矢积.

当 $\boldsymbol{b}$，$\boldsymbol{c}$ 共线或 $\boldsymbol{a}$ 垂直于 $\boldsymbol{b}$ 和 $\boldsymbol{c}$ 时，有 $\boldsymbol{a}\times(\boldsymbol{b}\times\boldsymbol{c})=\boldsymbol{0}$. 由于 $\boldsymbol{a}\times(\boldsymbol{b}\times\boldsymbol{c})$ 垂直于 $\boldsymbol{b}\times\boldsymbol{c}$，所以它是与 $\boldsymbol{b}$，$\boldsymbol{c}$ 共面的矢量，$(\boldsymbol{a}\times\boldsymbol{b})\times\boldsymbol{c}$ 的意义可以类似地说明. 但一般说来，两个矢积 $\boldsymbol{a}\times(\boldsymbol{b}\times\boldsymbol{c})$ 与 $(\boldsymbol{a}\times\boldsymbol{b})\times\boldsymbol{c}$ 并不相等.

定理 7.7 设 $\boldsymbol{a}$，$\boldsymbol{b}$，$\boldsymbol{c}$ 是三个任意矢量，则

$$\boldsymbol{a}\times(\boldsymbol{b}\times\boldsymbol{c})=(\boldsymbol{a}\cdot\boldsymbol{c})\boldsymbol{b}-(\boldsymbol{a}\cdot\boldsymbol{b})\boldsymbol{c}.$$

证 设 $\boldsymbol{a}=a_1\boldsymbol{i}+a_2\boldsymbol{j}+a_3\boldsymbol{k}$，$\boldsymbol{b}=b_1\boldsymbol{i}+b_2\boldsymbol{j}+b_3\boldsymbol{k}$，$\boldsymbol{c}=c_1\boldsymbol{i}+c_2\boldsymbol{j}+c_3\boldsymbol{k}$，有

$$\begin{aligned}\boldsymbol{a}\times(\boldsymbol{b}\times\boldsymbol{c})&=[(b_1c_2-b_2c_1)a_2-(b_3c_1-b_1c_3)a_3]\boldsymbol{i}+\\&\quad[(b_2c_3-b_3c_2)a_3-(b_1c_2-b_2c_1)a_1]\boldsymbol{j}+\\&\quad[(b_3c_1-b_1c_3)a_1-(b_2c_3-b_3c_2)a_2]\boldsymbol{k}\\&=[(a_1c_1+a_2c_2+a_3c_3)b_1-(a_1b_1+a_2b_2+a_3b_3)c_1]\boldsymbol{i}+\\&\quad[(a_1c_1+a_2c_2+a_3c_3)b_2-(a_1b_1+a_2b_2+a_3b_3)c_2]\boldsymbol{j}+\\&\quad[(a_1c_1+a_2c_2+a_3c_3)b_3-(a_1b_1+a_2b_2+a_3b_3)c_3]\boldsymbol{k}\\&=(a_1c_1+a_2c_2+a_3c_3)(b_1\boldsymbol{i}+b_2\boldsymbol{j}+b_3\boldsymbol{k})-\\&\quad(a_1b_1+a_2b_2+a_3b_3)(c_1\boldsymbol{i}+c_2\boldsymbol{j}+c_3\boldsymbol{k})\\&=(\boldsymbol{a}\cdot\boldsymbol{c})\boldsymbol{b}-(\boldsymbol{a}\cdot\boldsymbol{b})\boldsymbol{c}.\ \square\end{aligned}$$

而

$$(\boldsymbol{a}\times\boldsymbol{b})\times\boldsymbol{c}=-\boldsymbol{c}\times(\boldsymbol{a}\times\boldsymbol{b})=(\boldsymbol{c}\cdot\boldsymbol{a})\boldsymbol{b}-(\boldsymbol{c}\cdot\boldsymbol{b})\boldsymbol{a}.$$

习题 7-5

1. 已知矢量 $\boldsymbol{a}=3\boldsymbol{i}+\boldsymbol{k}$，$\boldsymbol{b}=-\boldsymbol{i}+4\boldsymbol{j}+2\boldsymbol{k}$，$\boldsymbol{c}=3\boldsymbol{j}-2\boldsymbol{k}$，求：

(1) $\boldsymbol{a}\cdot(\boldsymbol{b}\times\boldsymbol{c})$；(2) $\boldsymbol{a}\times(\boldsymbol{b}\times\boldsymbol{c})$；(3) 以 $\boldsymbol{a}$，$\boldsymbol{b}$，$\boldsymbol{c}$ 为棱的平行六面体的体积.

2. 求以 $A(1,1,1)$，$B(3,6,8)$，$C(5,10,3)$，$D(1,-1,7)$ 为顶点的四面体的体积.

3. 证明 $A(1,1,0)$，$B(4,4,5)$，$C(11,9,8)$，$D(8,6,3)$ 四点在同一平面上.

4. 设 $\boldsymbol{a}+\boldsymbol{b}+\boldsymbol{c}=\boldsymbol{0}$，证明 $\boldsymbol{a}\times\boldsymbol{b}=\boldsymbol{b}\times\boldsymbol{c}=\boldsymbol{c}\times\boldsymbol{a}$.

5. 判断下列结论是否成立？若不成立，请举例说明.

(1) $(\boldsymbol{a}\cdot\boldsymbol{b})\boldsymbol{c}=\boldsymbol{a}(\boldsymbol{b}\cdot\boldsymbol{c})$；　　(2) $(\boldsymbol{a}\times\boldsymbol{b})\cdot\boldsymbol{c}=\boldsymbol{a}\times(\boldsymbol{b}\cdot\boldsymbol{c})$；

(3) $(\boldsymbol{a}+\boldsymbol{b})\times(\boldsymbol{a}+\boldsymbol{b})=\boldsymbol{a}\times\boldsymbol{a}+2\boldsymbol{a}\times\boldsymbol{b}+\boldsymbol{b}\times\boldsymbol{b}$.

§6 平面与直线方程

在前几节我们已经介绍了矢量及其运算，从本节开始介绍空间解析几何. 本节我们以矢量代数为工具，在空间直角坐标系中建立平面和直线方程，并讨论有关平面和直线的一些基本性质.

§6.1 平面及平面方程

平面可以看成满足一定条件的点的集合. 在建立了空间直角坐标系后，平面作为点集，当其位置确定之后，平面可以用其上任一点坐标所满足的方程来表示，就是指平面上任一点的坐标都满足该方程，不在该平面上的点的坐标都不满足该方程，这样的方程叫做该平面的方程. 下面我们介绍平面方程的几种形式.

一、平面的方程表示

1. 平面的点法式方程

平面在空间中的位置是由一定的几何条件所决定的. 例如，通过某定点的平面有无穷多个，如果再限定平面与一已知非零矢量垂直，那么这个平面就可完全确定. 这个与平面垂直的非零矢量就称为该平面的**法矢量**. 下面我们给出这样的平面方程.

已知一平面过点 $P_0(x_0,y_0,z_0)$，且垂直于非零矢量 $\boldsymbol{n}=A\boldsymbol{i}+B\boldsymbol{j}+C\boldsymbol{k}$(图 7-30)，试求该平面方程.

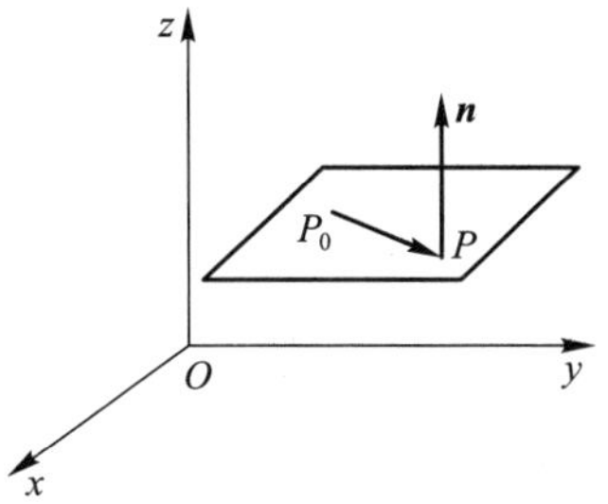

图 7-30

在平面上任取一点 P，设其坐标为 $P(x,y,z)$，作矢量

$$\overrightarrow{P_0P}=(x-x_0)\boldsymbol{i}+(y-y_0)\boldsymbol{j}+(z-z_0)\boldsymbol{k},$$

因为 $\boldsymbol{n}\perp\overrightarrow{P_0P}$，由两矢量垂直的条件知 $\boldsymbol{n}\cdot\overrightarrow{P_0P}=0$，即有

$$A(x-x_0)+B(y-y_0)+C(z-z_0)=0.$$

由 P 的任意性可知平面上的任一点的坐标都满足上述方程. 反之，不在该平面上的点的坐标都不满足该方程，因为这样的点与 P_0 所连成的矢量与法矢量不垂直. 因此，上述方程就是所求平面方程. 因为该平面过已知点 P_0 且其法矢量为 $\boldsymbol{n}$，所以，称为平面的点法式方程. 注意，一个平面方程的法矢量不是唯一的，这是因为任何一个与该平面垂直的非零矢量都是该平面的法矢量.

2. 平面的一般式方程

平面的点法式方程是关于 x，y，z 的一次方程，而任何平面都可以在其上任取一点 $P_0(x_0,y_0,z_0)$，还可以任意取一垂直于该平面的非零矢量作为法矢量，这样，任何平面都可以用点法式方程来表示. 所以，任何平面方程都是关于 x，y，z 的一次方程. 于是，我们可将平面的点法式方程 $A(x-x_0)+B(y-y_0)+C(z-z_0)=0$ 改写成

$$Ax+By+Cz+D=0,$$

其中 A，B，C 是不全为零的常数，$D=-(Ax_0+By_0+Cz_0)$. 从而，任何一个关于 x，y，z 的一次方程 $Ax+By+Cz+D=0$ 一定表示一个平面. 这是因为，如果 $P_0(x_0,y_0,z_0)$是适合上述方程的一组解，即满足 $Ax_0+By_0+Cz_0+D=0$，将 $Ax+By+Cz+D=0$，$Ax_0+By_0+Cz_0+D=0$ 两式相减，得 $A(x-x_0)+B(y-y_0)+C(z-z_0)=0$，那么，这就是过 $P_0(x_0,y_0,z_0)$，且法矢量 $\boldsymbol{n}=A\boldsymbol{i}+B\boldsymbol{j}+C\boldsymbol{k}$ 的平面的点法式方程. 于是我们得到：

定理 7.8　任何平面都可用关于 x，y，z 的一次方程 $Ax+By+Cz+D=0$(其中 A，B，C 不全为零)来表示，而任意一个一次方程 $Ax+By+Cz+D=0$ 表示一张以 $\boldsymbol{n}=A\boldsymbol{i}+B\boldsymbol{j}+C\boldsymbol{k}$ 为法矢量的平面.

方程 $Ax+By+Cz+D=0$ 称为平面的一般式方程.

在上述方程中，如果系数 A，B，C 及常数 D 有部分为零，则方程有缺项，此时它所表示的平面在空间直角坐标系中具有特殊的位置.

(1) 若 $D=0$，则方程为 $Ax+By+Cz=0$，该平面过原点；

(2) 若 $C=0$，则方程为 $Ax+By+D=0$，这时法矢量 $\boldsymbol{n}=A\boldsymbol{i}+B\boldsymbol{j}$. 因为 $\boldsymbol{n}\cdot\boldsymbol{k}=0$，所以该法矢量垂直于 Oz 轴，从而平面平行于 Oz 轴(图 7-31). 同样地，当 $B=0$ 时，平面$Ax+Cz+D=0$平行于 Oy 轴；当 $A=0$ 时，平面 $By+Cz+D=0$ 平行于 Ox 轴；

(3) 若 $B=0$，$C=0$，则方程变为 $Ax+D=0$，这时该平面的法矢量 $\boldsymbol{n}=A\boldsymbol{i}$，与 Ox 轴平行，所以平面 $Ax+D=0$ 与坐标平面 Oyz 平行，且在 Ox 轴上的截距为 $-\dfrac{D}{A}$(图 7-32). 同样，当 $A=0$，$C=0$ 或 $B=0$，$C=0$ 时，可类似讨论；

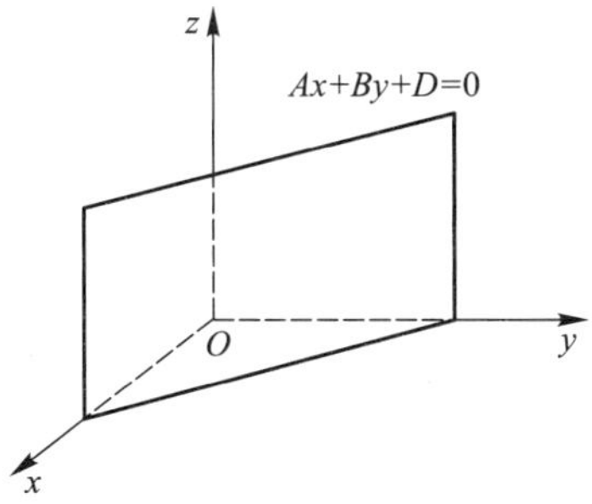

图 7-31

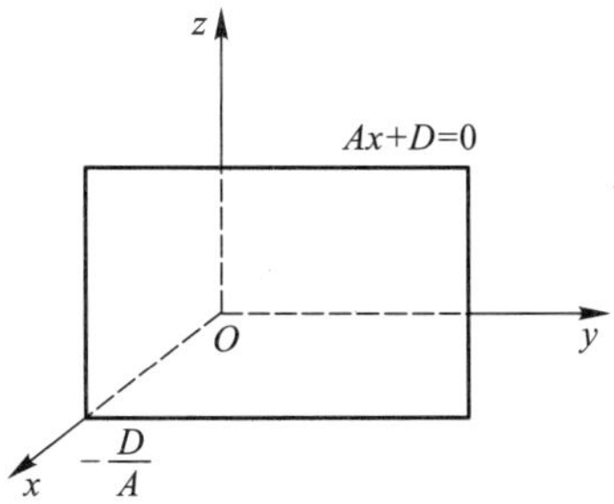

图 7-32

（4）特别地，若 $A=0$，$B=0$，$D=0$，则方程变为 $z=0$，它表示与 Oxy 平面重合的平面. 同样地，$x=0$，$y=0$ 分别表示 Oyz，Ozx 平面.

注 在平面解析几何中，一次方程表示一条直线；在空间解析几何中，一次方程表示一张平面. 例如 $x+y=1$ 在平面解析几何中表示一条直线，而在空间解析几何中则表示一张平面.

3. 平面的截距式方程

对平面方程 $Ax+By+Cz+D=0$，当 A，B，C，D 都不等于零时，方程可化为

$$\frac{x}{-\frac{D}{A}}+\frac{y}{-\frac{D}{B}}+\frac{z}{-\frac{D}{C}}=1,$$

令 $y=0$，$z=0$，得到平面与 Ox 轴的交点为$\left(-\frac{D}{A},0,0\right)$，同样可得到平面与 Oy 轴、Oz 轴的交点分别为$\left(0,-\frac{D}{B},0\right)$，$\left(0,0,-\frac{D}{C}\right)$. 数$-\frac{D}{A}$，$-\frac{D}{B}$，$-\frac{D}{C}$分别称为平面在 Ox 轴、Oy 轴、Oz 轴上的截距，所以上式也称为平面的截距式方程.

若设 $a=-\frac{D}{A}$，$b=-\frac{D}{B}$，$c=-\frac{D}{C}$，则方程可化简为$\frac{x}{a}+\frac{y}{b}+\frac{z}{c}=1$，其中 a，b，c 分别是 Ox，Oy，Oz 轴上的截距. 因为不在同一条直线上的三点可确定一个平面，所以利用平面的截距式方程可方便地作出平面的图形（图 7-33）.

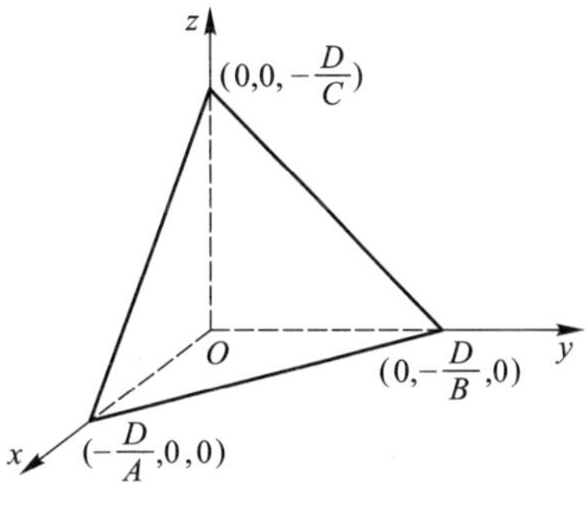

图 7-33

例 1 求过点 $M(2,4,-3)$ 且与平面 $2x+3y-5z=5$ 平行的平面方程.

解 因为所求平面和已知平面平行，而已知平面的法矢量 $\boldsymbol{n}=2\boldsymbol{i}+3\boldsymbol{j}-5\boldsymbol{k}$. 设

所求平面的法矢量为 $\boldsymbol{n}_1$，则有 $\boldsymbol{n}_1 /\!/ \boldsymbol{n}$，故可设 $\boldsymbol{n}_1=\boldsymbol{n}$. 于是，所求平面方程为：

$$2(x-2)+3(y-4)-5(z+3)=0,$$

即

$$2x+3y-5z=31.$$

例 2 求过三点 $M_1(1,1,2)$，$M_2(3,2,3)$，$M_3(2,0,3)$ 的平面方程.

解法一 先求平面的法矢量 $\boldsymbol{n}$，因为 $\overrightarrow{M_1M_2}=2\boldsymbol{i}+\boldsymbol{j}+\boldsymbol{k}$，$\overrightarrow{M_1M_3}=\boldsymbol{i}-\boldsymbol{j}+\boldsymbol{k}$，故所求平面的法矢量为

$$\boldsymbol{n}=\overrightarrow{M_1M_2}\times\overrightarrow{M_1M_3}=\begin{vmatrix}\boldsymbol{i} & \boldsymbol{j} & \boldsymbol{k}\\ 2 & 1 & 1\\ 1 & -1 & 1\end{vmatrix}=2\boldsymbol{i}-\boldsymbol{j}-3\boldsymbol{k},$$

又平面过点 $M_1(1,1,2)$，从而所求平面方程为

$$2(x-1)-(y-1)-3(z-2)=0 \quad 或 \quad 2x-y-3z+5=0.$$

解法二 设 $M(x,y,z)$ 为所求平面上的任一点，则由三矢量 $\overrightarrow{M_1M}=(x-1)\boldsymbol{i}+(y-1)\boldsymbol{j}+(z-2)\boldsymbol{k}$，$\overrightarrow{M_1M_2}=2\boldsymbol{i}+\boldsymbol{j}+\boldsymbol{k}$，$\overrightarrow{M_1M_3}=\boldsymbol{i}-\boldsymbol{j}+\boldsymbol{k}$ 共面的性质，有

$$\begin{vmatrix}x-1 & y-1 & z-2\\ 2 & 1 & 1\\ 1 & -1 & 1\end{vmatrix}=0,$$

可得 $2(x-1)-(y-1)-3(z-2)=0$，即 $2x-y-3z+5=0$.

解法三 设所求平面方程为 $Ax+By+Cz+D=0$，因为 M_1，M_2，M_3 三点在平面上，所以它们的坐标一定满足方程. 将它们代入方程，得方程组

$$\begin{cases}A+B+2C+D=0,\\ 3A+2B+3C+D=0,\\ 2A+0B+3C+D=0.\end{cases}$$

解之，得

$$A=\frac{2}{5}D,\quad B=-\frac{1}{5}D,\quad C=-\frac{3}{5}D,$$

代入方程 $Ax+By+Cz+D=0$ 并消去 D，得所求平面方程为

$$2x-y-3z+5=0.$$

二、两平面的夹角及点到平面的距离

1. 两平面的夹角

两平面法矢量的夹角 θ 或它们的补角 $\pi-\theta$ 称为该两平面的夹角，也称为二面角(图 7-34).

设有两平面：

平面 π_1：$A_1x+B_1y+C_1z+D_1=0$，法矢量 $\boldsymbol{n}_1=A_1\boldsymbol{i}+B_1\boldsymbol{j}+C_1\boldsymbol{k}$；

平面 π_2：$A_2x+B_2y+C_2z+D_2=0$，法矢量 $\boldsymbol{n}_2=A_2\boldsymbol{i}+B_2\boldsymbol{j}+C_2\boldsymbol{k}$.
则该两平面的夹角的余弦为

$$\cos\theta=\cos(\boldsymbol{n}_1,\ \boldsymbol{n}_2)=\frac{A_1A_2+B_1B_2+C_1C_2}{\sqrt{A_1^2+B_1^2+C_1^2}\sqrt{A_2^2+B_2^2+C_2^2}}.$$

若两法矢量垂直，即 $\boldsymbol{n}_1\perp\boldsymbol{n}_2$，则有 $\boldsymbol{n}_1\cdot\boldsymbol{n}_2=0$. 由两矢量垂直的充要条件可得两平面垂直的充要条件是 $A_1A_2+B_1B_2+C_1C_2=0$. 若两法矢量平行，即 $\boldsymbol{n}_1/\!/\boldsymbol{n}_2$，则有 $\boldsymbol{n}_1\times\boldsymbol{n}_2=\boldsymbol{0}$. 由两矢量平行的充要条件可得两平面平行的充要条件是 $\dfrac{A_1}{A_2}=\dfrac{B_1}{B_2}=\dfrac{C_1}{C_2}$.

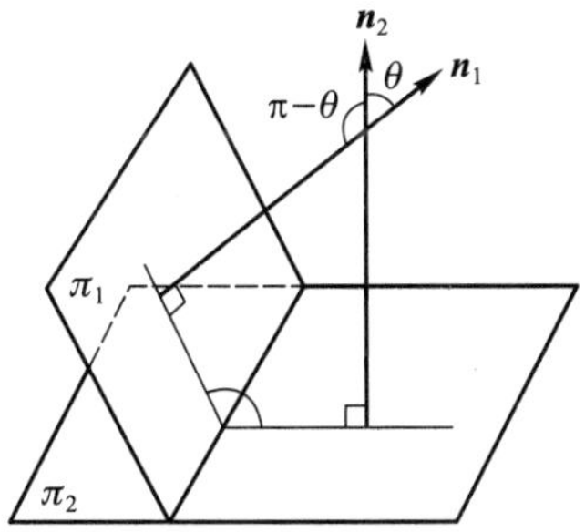

图 7-34

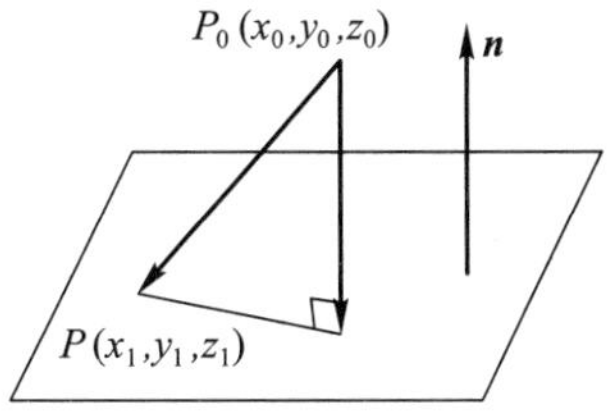

图 7-35

2. 点到平面的距离

求空间一点 $P_0(x_0,y_0,z_0)$ 到平面 $Ax+By+Cz+D=0$ 的距离. 设 $P(x_1,y_1,z_1)$ 为平面 $Ax+By+Cz+D=0$ 上的任一点，则有 $Ax_1+By_1+Cz_1+D=0$，作矢量

$$\overrightarrow{P_0P}=(x_1-x_0)\boldsymbol{i}+(y_1-y_0)\boldsymbol{j}+(z_1-z_0)\boldsymbol{k},$$

则该矢量在平面法矢量上的投影的绝对值就是点 P_0 到平面的距离(图 7-35)：

$$d=|\overrightarrow{P_0P}|\cdot|\cos(\overrightarrow{P_0P},\ \boldsymbol{n})|=|\overrightarrow{P_0P}\cdot\boldsymbol{e}_n|,$$

由 $\boldsymbol{n}=A\boldsymbol{i}+B\boldsymbol{j}+C\boldsymbol{k}$，得

$$d=\frac{|A(x_1-x_0)+B(y_1-y_0)+C(z_1-z_0)|}{\sqrt{A^2+B^2+C^2}}$$

$$=\frac{|Ax_0+By_0+Cz_0+D|}{\sqrt{A^2+B^2+C^2}}\ (\text{注意：}Ax_1+By_1+Cz_1=-D).$$

例 3 求点 $P(2,\ 3,\ 1)$ 到平面 $x+2y+z+5=0$ 的距离.

解 由 $d=\dfrac{|Ax_0+By_0+Cz_0+D|}{\sqrt{A^2+B^2+C^2}}$，得

$$d=\frac{|1\times2+2\times3+1\times1+5|}{\sqrt{1^2+2^2+1^2}}=\frac{14}{\sqrt6}=\frac{7}{3}\sqrt6.$$

§6.2　空间直线方程

和平面一样，直线也可以看作满足一定条件的点的集合. 在空间直角坐标系中，直线作为点集，当其位置确定之后可以用其上任一点的坐标所满足的方程来表示，这个方程就称为**直线方程**.

一、直线的方程表示

1. 直线的点向式方程

空间直线的位置可由其上一点及它的方向完全确定. 设 L 是过点 $P_0(x_0, y_0, z_0)$ 且与一非零矢量 $\boldsymbol{v}=l\boldsymbol{i}+m\boldsymbol{j}+n\boldsymbol{k}$ 平行的直线，求其方程.

设 $P(x,y,z)$ 是直线上任一点，引矢量 $\overrightarrow{P_0P}=(x-x_0)\boldsymbol{i}+(y-y_0)\boldsymbol{j}+(z-z_0)\boldsymbol{k}$，由题设 $\overrightarrow{P_0P}/\!/\boldsymbol{v}$，得

$$\frac{x-x_0}{l}=\frac{y-y_0}{m}=\frac{z-z_0}{n}.$$

可见凡是直线上的点，其坐标一定满足上述方程，反之，凡坐标不满足上述方程的点 P 一定不在直线 L 上，因为这样的点 P 与 P_0 所连的矢量与 $\boldsymbol{v}$ 不平行. 上述方程称为直线的**点向式方程**或**对称式方程**，其中 $\boldsymbol{v}=l\boldsymbol{i}+m\boldsymbol{j}+n\boldsymbol{k}$ 叫做直线的**方向矢量**，l，m，n 称为**方向数**.

如果 l，m，n 中有一个为零，例如 $l=0$，上述方程可写成 $\frac{x-x_0}{0}=\frac{y-y_0}{m}=\frac{z-z_0}{n}$ 的形式，此时 $\frac{x-x_0}{0}$ 并不表示除式，这时应理解为直线的方向矢量在 Ox 轴上的投影为零，即直线垂直于 Ox 轴. 所以上述方程也应理解为：

$$\begin{cases}\dfrac{y-y_0}{m}=\dfrac{z-z_0}{n},\\ x=x_0.\end{cases}$$

2. 直线的参数式方程

若令直线的点向式方程为 $\frac{x-x_0}{l}=\frac{y-y_0}{m}=\frac{z-z_0}{n}=t$，则直线方程可写成

$$\begin{cases}x=x_0+lt,\\ y=y_0+mt,\\ z=z_0+nt\end{cases}\quad(-\infty<t<+\infty),$$

其中 t 为参数，称为直线的**参数式方程**.

3. 直线的两点式方程

若已知直线上两点 $P_1(x_1,y_1,z_1)$ 和 $P_2(x_2,y_2,z_2)$，则直线唯一确定，此时

引矢量$\overrightarrow{P_1P_2}=(x_2-x_1)\boldsymbol{i}+(y_2-y_1)\boldsymbol{j}+(z_2-z_1)\boldsymbol{k}$作为直线的方向矢量，由点向式方程可得

$$\frac{x-x_1}{x_2-x_1}=\frac{y-y_1}{y_2-y_1}=\frac{z-z_1}{z_2-z_1}.$$

上式称为直线的**两点式方程**.

4. 直线的一般式方程

空间直线可以看成通过该直线的任意两张平面的交线，即在空间直角坐标系中，直线可以用不平行的两张平面的交线来表示. 设有两张不平行平面的方程，

$$A_1x+B_1y+C_1z+D_1=0,\quad A_2x+B_2y+C_2z+D_2=0,$$

将它们联立成方程组

$$\begin{cases}A_1x+B_1y+C_1z+D_1=0,\\A_2x+B_2y+C_2z+D_2=0\end{cases}\text{（其中 }A_1,B_1,C_1\text{ 与 }A_2,B_2,C_2\text{ 不成比例），}$$

称为直线的**一般式方程**.

特别地，$\begin{cases}y=0,\\z=0;\end{cases}\begin{cases}x=0,\\z=0;\end{cases}\begin{cases}x=0,\\y=0\end{cases}$ 分别表示与 Ox 轴、Oy 轴、Oz 轴重合的直线.

利用直线的一般式方程中两平面的法矢量与直线的方向矢量之间的关系，可以将直线的一般式方程化为点向式方程. 设直线的一般式方程中的

平面 π_1：$A_1x+B_1y+C_1z+D_1=0$ 的法矢量为 $\boldsymbol{n}_1$；

平面 π_2：$A_2x+B_2y+C_2z+D_2=0$ 的法矢量为 $\boldsymbol{n}_2$.

设直线的方向矢量为 $\boldsymbol{v}$，则有 $\boldsymbol{v}\perp\boldsymbol{n}_1$，$\boldsymbol{v}\perp\boldsymbol{n}_2$，故可取 $\boldsymbol{v}=\boldsymbol{n}_1\times\boldsymbol{n}_2$. 再在直线上取一点即可得该直线的点向式方程.

例 4 将$\begin{cases}2x-y-3z+2=0,\\x+2y-z-6=0\end{cases}$化为点向式方程和参数式方程.

解 设直线的方向矢量为 $\boldsymbol{v}$，由$\begin{cases}2x-y-3z+2=0,\\x+2y-z-6=0\end{cases}$得 $\boldsymbol{n}_1=2\boldsymbol{i}-\boldsymbol{j}-3\boldsymbol{k}$，$\boldsymbol{n}_2=\boldsymbol{i}+2\boldsymbol{j}-\boldsymbol{k}$. 取

$$\boldsymbol{v}=\boldsymbol{n}_1\times\boldsymbol{n}_2=\begin{vmatrix}\boldsymbol{i}&\boldsymbol{j}&\boldsymbol{k}\\2&-1&-3\\1&2&-1\end{vmatrix}=7\boldsymbol{i}-\boldsymbol{j}+5\boldsymbol{k}.$$

再在直线上取一点. 为此可令 $z=0$，得$\begin{cases}2x-y+2=0,\\x+2y-6=0,\end{cases}$解得 $x=\frac{2}{5}$，$y=\frac{14}{5}$，故直线的点向式方程为：

$$\frac{x-\frac{2}{5}}{7}=\frac{y-\frac{14}{5}}{-1}=\frac{z-0}{5}.$$

写成参数式方程，为

$$\begin{cases} x = 7t + \dfrac{2}{5}, \\ y = -t + \dfrac{14}{5}, \\ z = 5t. \end{cases}$$

二、点、直线、平面间的相互位置关系

1. 两直线的夹角

称两直线的方向矢量的夹角 θ 或它们的补角 $\pi-\theta$ 为该两直线的夹角. 设

直线 L_1: $\dfrac{x-x_1}{l_1}=\dfrac{y-y_1}{m_1}=\dfrac{z-z_1}{n_1}$, 方向矢量 $\boldsymbol{v}_1=l_1\boldsymbol{i}+m_1\boldsymbol{j}+n_1\boldsymbol{k}$;

直线 L_2: $\dfrac{x-x_2}{l_2}=\dfrac{y-y_2}{m_2}=\dfrac{z-z_2}{n_2}$, 方向矢量 $\boldsymbol{v}_2=l_2\boldsymbol{i}+m_2\boldsymbol{j}+n_2\boldsymbol{k}$,

则

$$\cos\theta=\frac{\boldsymbol{v}_1\cdot\boldsymbol{v}_2}{|\boldsymbol{v}_1||\boldsymbol{v}_2|}=\frac{l_1l_2+m_1m_2+n_1n_2}{\sqrt{l_1^2+m_1^2+n_1^2}\sqrt{l_2^2+m_2^2+n_2^2}}.$$

若 $L_1\perp L_2$, 则 $\boldsymbol{v}_1\perp\boldsymbol{v}_2$, 即有 $l_1l_2+m_1m_2+n_1n_2=0$; 若 $L_1/\!/L_2$, 则 $\boldsymbol{v}_1/\!/\boldsymbol{v}_2$, 即有 $\dfrac{l_1}{l_2}=\dfrac{m_1}{m_2}=\dfrac{n_1}{n_2}$, 反之亦成立.

2. 直线与平面的交角

设有平面 π: $Ax+By+Cz+D=0$, 其法矢量 $\boldsymbol{n}=A\boldsymbol{i}+B\boldsymbol{j}+C\boldsymbol{k}$; 直线 L: $\dfrac{x-x_0}{l}=\dfrac{y-y_0}{m}=\dfrac{z-z_0}{n}$, 其方向矢量 $\boldsymbol{v}=l\boldsymbol{i}+m\boldsymbol{j}+n\boldsymbol{k}$. 设 $\boldsymbol{v}$ 与 $\boldsymbol{n}$ 的夹角为 θ, 则 $\dfrac{\pi}{2}-\theta$ 或 $\theta-\dfrac{\pi}{2}$ 称为直线 L 与平面 π 的交角(图7-36).

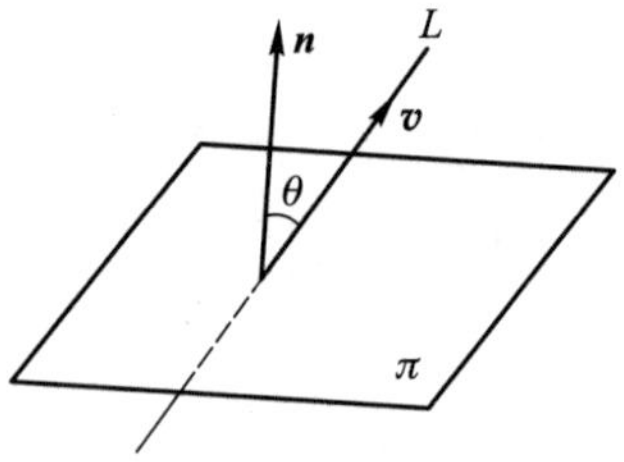

图 7-36

当 $L\perp\pi$ 时, $\boldsymbol{v}/\!/\boldsymbol{n}$, 即有 $\dfrac{A}{l}=\dfrac{B}{m}=\dfrac{C}{n}$; 当 $L/\!/\pi$ 时, $\boldsymbol{v}\perp\boldsymbol{n}$, 即有 $Al+Bm+Cn=0$.

3. 点到直线的距离

例 5　已知点 $P(x_1,y_1,z_1)$ 和直线 L: $\dfrac{x-x_0}{l}=\dfrac{y-y_0}{m}=\dfrac{z-z_0}{n}$, 求点 P 到直线 L 的距离.

解法一　直线 L 的方向矢量 $\boldsymbol{v}=l\boldsymbol{i}+m\boldsymbol{j}+n\boldsymbol{k}$, 在 L 上任取一点, 不妨取 $P_0(x_0,y_0,z_0)$, 引矢量 $\overrightarrow{P_0P}=(x_1-x_0)\boldsymbol{i}+(y_1-y_0)\boldsymbol{j}+(z_1-z_0)\boldsymbol{k}$. 设 $\overrightarrow{P_0M_0}=\boldsymbol{v}$, 如图 7-37 所示. 平行四边形 PP_0M_0M 的面积为

$$|\overrightarrow{P_0P}\times\overrightarrow{P_0M_0}|=|\overrightarrow{P_0P}\times\boldsymbol{v}|=|\overrightarrow{P_0P}||\boldsymbol{v}|\sin(\overrightarrow{P_0P},\ \boldsymbol{v}).$$

设 h 为平行四边形 PP_0M_0M 底边 P_0M_0 上的高，则

$$h=|\overrightarrow{P_0P}|\sin(\overrightarrow{P_0P},\ \boldsymbol{v})=\frac{|\overrightarrow{P_0P}\times\boldsymbol{v}|}{|\boldsymbol{v}|},$$

所以 h 即为所求点 P 到直线 L 的距离.

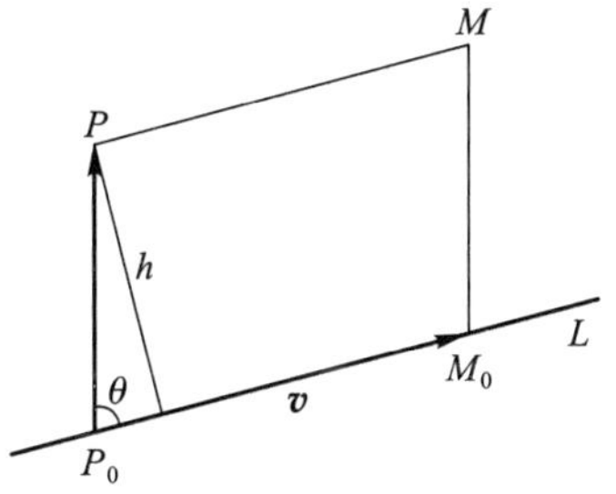

图 7-37

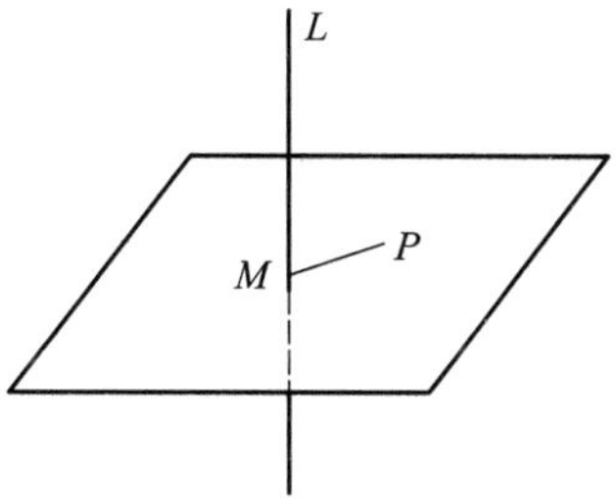

图 7-38

解法二 过点 P 作与直线 L 垂直的平面方程为 $l(x-x_1)+m(y-y_1)+n(z-z_1)=0$，与直线方程联立，得

$$\begin{cases}l(x-x_1)+m(y-y_1)+n(z-z_1)=0,\\ m(x-x_0)=l(y-y_0),\\ n(x-x_0)=l(z-z_0).\end{cases}$$

其解即为平面与直线 L 的交点 M 的坐标，再求两点 P，M 之间的距离即为所求点 P 到直线 L 的距离(图 7-38). 常称点 M 为点 P 在直线 L 上的投影.

例 6 求点 $P_0(1,-4,5)$ 到直线 L：$\dfrac{x}{2}=\dfrac{y+1}{-1}=\dfrac{z}{-1}$ 的距离.

解法一 直线 L 的方向矢量 $\boldsymbol{v}=2\boldsymbol{i}-\boldsymbol{j}-\boldsymbol{k}$，在 L 上取一点 $P(2,-2,-1)$. 作矢量 $\overrightarrow{P_0P}=\boldsymbol{i}+2\boldsymbol{j}-6\boldsymbol{k}$，则距离

$$h=\frac{|\overrightarrow{P_0P}\times\boldsymbol{v}|}{|\boldsymbol{v}|}=\frac{1}{\sqrt{6}}\left\|\begin{matrix}\boldsymbol{i} & \boldsymbol{j} & \boldsymbol{k}\\ 1 & 2 & -6\\ 2 & -1 & -1\end{matrix}\right\|$$

$$=\frac{1}{\sqrt{6}}|-8\boldsymbol{i}-11\boldsymbol{j}-5\boldsymbol{k}|$$

$$=\frac{\sqrt{210}}{\sqrt{6}}=\sqrt{35}.$$

解法二 过 P_0 点且与直线 L 垂直的平面方程是 $2(x-1)-(y+4)-(z-5)=0$，与直线方程 $x=-2y-2$，$x=-2z$ 联立，得

$$\begin{cases}2x-y-z=1,\\ x+2y+2=0,\\ x+2z=0.\end{cases}$$

解得 $x=0$，$y=-1$，$z=0$. 由两点间的距离公式，得

$$h=\sqrt{(1-0)^2+(-4+1)^2+(5-0)^2}=\sqrt{35}.$$

4. 直线在平面上的投影直线方程

例 7　求直线 L：$\begin{cases}x+y-z-1=0,\\x-y+z+1=0\end{cases}$ 在平面 π：$x+y+z=0$ 上的投影直线方程.

解　设 π_1 是过直线 L 且垂直于平面 π 的平面，则 π_1 与 π 的交线即为 L 在 π 上的投影直线，下面求 π_1 的方程.

设 π 的法矢量为 $\boldsymbol{n}$，直线 L 的方向矢量为 $\boldsymbol{v}$，π_1 的法矢量为 $\boldsymbol{n}_1$，则有 $\boldsymbol{n}_1\perp\boldsymbol{n}$，$\boldsymbol{n}_1\perp\boldsymbol{v}$. 故可取

$$\boldsymbol{n}_1=\boldsymbol{n}\times\boldsymbol{v}=\begin{vmatrix}\boldsymbol{i}&\boldsymbol{j}&\boldsymbol{k}\\1&1&1\\0&-2&-2\end{vmatrix}=2\boldsymbol{j}-2\boldsymbol{k},$$

在直线 L 上取一点 $P(0,1,0)$，得平面 π_1 的方程为 $2(y-1)-2z=0$，再把它与平面 $x+y+z=0$ 联立，得 $\begin{cases}y-z=1,\\x+y+z=0,\end{cases}$ 此即为所求投影直线方程.

5. 两异面直线间的距离

例 8　设有两异面直线

$$L_1:\ \frac{x-x_1}{l_1}=\frac{y-y_1}{m_1}=\frac{z-z_1}{n_1},\quad \boldsymbol{v}_1=l_1\boldsymbol{i}+m_1\boldsymbol{j}+n_1\boldsymbol{k};$$

$$L_2:\ \frac{x-x_2}{l_2}=\frac{y-y_2}{m_2}=\frac{z-z_2}{n_2},\quad \boldsymbol{v}_2=l_2\boldsymbol{i}+m_2\boldsymbol{j}+n_2\boldsymbol{k}.$$

求该两直线之间的距离 d.

解　端点分别在两异面直线上的公垂线的长度称为两异面直线之间的距离(图 7-39). 过直线 L_1 作平面 π 平行于直线 L_2，在 L_2 上取一点 M_2，在 L_1 上取一点 M_1，从 M_2 引平面 π 的垂线 M_2M(M 为垂足)，于是 $d=|\overrightarrow{M_2M}|$ 即为 L_1 与 L_2 的距离. 设平面 π 的法矢量为 $\boldsymbol{n}$，则 $\overrightarrow{M_1M_2}$ 在 $\boldsymbol{n}$ 上的投影的绝对值即为所求的距离. 即

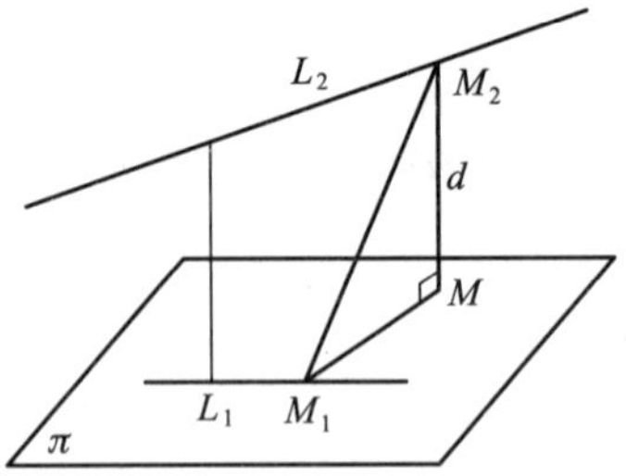

图 7-39

$$d=|(\overrightarrow{M_1M_2})_{\boldsymbol{n}}|=\frac{|\overrightarrow{M_1M_2}\cdot\boldsymbol{n}|}{|\boldsymbol{n}|},$$

而 $\boldsymbol{n}=\boldsymbol{v}_1\times\boldsymbol{v}_2$，所以

$$d=\frac{|\overrightarrow{M_1M_2}\cdot(\boldsymbol{v}_1\times\boldsymbol{v}_2)|}{|\boldsymbol{v}_1\times\boldsymbol{v}_2|}.$$

重难点讲解
两直线的位置关系

§6.3 平面束方程

通过一已知直线 L 的平面有无穷多张，这无穷多张平面组成的集合就叫做过直线 L 的平面束，其中直线 L 称为平面束的轴(图 7-40).

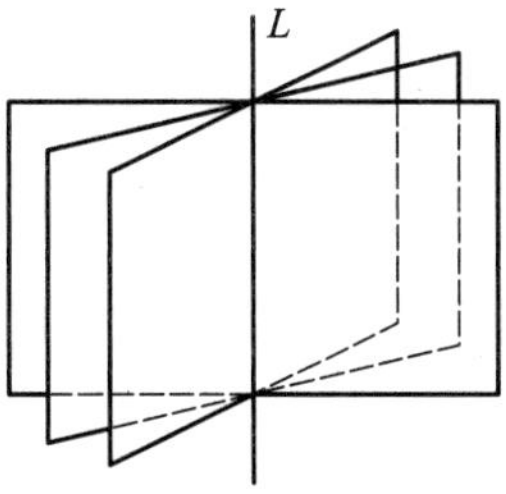

图 7-40

如果直线 L 用一般式方程表示：

$$L:\begin{cases}\text{平面 }\pi_1:\ A_1x+B_1y+C_1z+D_1=0,\\ \text{平面 }\pi_2:\ A_2x+B_2y+C_2z+D_2=0.\end{cases}$$

并设 λ，μ 为不同时为零的任意实数，则

$$\lambda(A_1x+B_1y+C_1z+D_1)+\mu(A_2x+B_2y+C_2z+D_2)=0 \qquad (7.7)$$

就表示以 L 为轴的平面束方程.

事实上，由式(7.7)可得

$$(\lambda A_1+\mu A_2)x+(\lambda B_1+\mu B_2)y+(\lambda C_1+\mu C_2)z+(\lambda D_1+\mu D_2)=0,$$

其中 x，y，z 的系数不同时为零(因为 π_1 与 π_2 不平行，所以$\dfrac{A_1}{A_2}=\dfrac{B_1}{B_2}=\dfrac{C_1}{C_2}=-\dfrac{\mu}{\lambda}$不成立)，且在轴 L 上任取一点(x_0, y_0, z_0)，则必同时满足平面 π_1，π_2，也就满足式(7.7)，所以式(7.7)确定通过直线 L 的任何一平面.

其次，任何通过 L 的平面均可由式(7.7)适当地选取 λ，μ 来确定. 设 $P(x_1,y_1,z_1)$为不在 L 上的空间中的任一点，现在表明经过点 P 和直线 L 的任一平面均可由式(7.7)表示. 要使点 P 的坐标满足式(7.7)，即有

$$\lambda(A_1x_1+B_1y_1+C_1z_1+D_1)+\mu(A_2x_1+B_2y_1+C_2z_1+D_2)=0,$$

并设 $A_1x_1+B_1y_1+C_1z_1+D_1=k_1$，$A_2x_1+B_2y_1+C_2z_1+D_2=k_2$. 由于点 P 不在直线 L 上，所以 k_1，k_2 不同时为零. 不妨设 $k_1\neq 0$，则 $\lambda k_1+\mu k_2=0$，有$\lambda=-\mu\dfrac{k_2}{k_1}$. 于是

$$-\mu\frac{k_2}{k_1}(A_1x+B_1y+C_1z+D_1)+\mu(A_2x+B_2y+C_2z+D_2)=0,$$

即可确定过 $P(x_1,y_1,z_1)$和直线 L 的该平面方程.

例 9 求过直线 $L:\begin{cases}x-y+z+2=0,\\2x+3y-z+1=0\end{cases}$且与已知平面 $4x-2y+3z+5=0$ 垂直的平面方程.

解 设过直线 L 的平面束方程为 $\lambda(x-y+z+2)+\mu(2x+3y-z+1)=0$，其法矢量 $\boldsymbol{n}=(\lambda+2\mu)\boldsymbol{i}+(-\lambda+3\mu)\boldsymbol{j}+(\lambda-\mu)\boldsymbol{k}$. 已知平面的法矢量 $\boldsymbol{n}_1=4\boldsymbol{i}-2\boldsymbol{j}+3\boldsymbol{k}$. 由题意知，$\boldsymbol{n}\perp\boldsymbol{n}_1$，即$(\lambda+2\mu)\cdot 4+(-\lambda+3\mu)\cdot(-2)+(\lambda-\mu)\cdot 3=0$，解得 $\mu=9\lambda$. 代入方程得所求平面方程为

$$19x+26y-8z+11=0.$$

对于平面束方程 $\lambda(A_1x+B_1y+C_1z+D_1)+\mu(A_2x+B_2y+C_2z+D_2)=0$，当 $\lambda\neq0$ 时，可令 $\frac{\mu}{\lambda}=\alpha$，则有

$$(A_1x+B_1y+C_1z+D_1)+\alpha(A_2x+B_2y+C_2z+D_2)=0,$$

上式在计算时较为方便. 但上式漏了 $\lambda=0$ 的情形，即平面 $A_2x+B_2y+C_2z+D_2=0$ 无法表示，计算时应注意.

例 10 试求通过直线 L：$\begin{cases}x+5y+z=0,\\x-z+4=0\end{cases}$ 且与已知平面 $x-4y-8z+12=0$ 的交角为 $\frac{\pi}{4}$ 的平面方程.

解 设过直线 L 的平面束方程为 $(x-z+4)+\alpha(x+5y+z)=0$. 即

$$(1+\alpha)x+5\alpha y+(\alpha-1)z+4=0,$$

其法矢量 $\boldsymbol{n}_1=(1+\alpha)\boldsymbol{i}+5\alpha\boldsymbol{j}+(\alpha-1)\boldsymbol{k}$. 平面 $x-4y-8z+12=0$ 的法矢量 $\boldsymbol{n}=\boldsymbol{i}-4\boldsymbol{j}-8\boldsymbol{k}$，由题意知

$$\cos\frac{\pi}{4}=\frac{\sqrt{2}}{2}=\frac{|\boldsymbol{n}_1\cdot\boldsymbol{n}|}{|\boldsymbol{n}_1||\boldsymbol{n}|}=\frac{|(1+\alpha)-20\alpha-8(\alpha-1)|}{\sqrt{(1+\alpha)^2+25\alpha^2+(\alpha-1)^2}\cdot\sqrt{81}}$$

$$=\frac{|-27\alpha+9|}{\sqrt{27\alpha^2+2}\cdot9}=\frac{|1-3\alpha|}{\sqrt{27\alpha^2+2}}.$$

两边平方得 $\frac{(1-3\alpha)^2}{27\alpha^2+2}=\frac{1}{2}$，即 $9\alpha^2+12\alpha=0$，有 $\alpha=0$，$\alpha=-\frac{4}{3}$. 所对应平面分别为 $x-z+4=0$，$x+20y+7z-12=0$.

注 如果设平面束方程为 $(x+5y+z)+\alpha(x-z+4)=0$，则会遗漏一平面.

习题 7-6

1. 求满足下列条件的平面方程：

(1) 过点 $M(1,3,-2)$ 且平行于平面 $2x+3y-z+5=0$；

(2) 通过 Oy 轴及点 $M(-1,3,2)$；

(3) 过点 $M_1(1,2,3)$ 和 $M_2(2,4,2)$，且垂直于平面 $3x-y+4z+2=0$；

(4) 过 $A(0,1,2)$，$B(-3,5,-4)$，$C(-2,4,1)$ 三点.

2. 求满足下列条件的直线方程：

(1) 过原点且平行于矢量 $\boldsymbol{v}=2\boldsymbol{i}-\boldsymbol{j}+3\boldsymbol{k}$；

(2) 过点 $M(1,-2,0)$ 且平行于直线 $\frac{x-4}{3}=\frac{y+2}{2}=\frac{z-3}{1}$；

(3) 过点 $M(2,1,-4)$ 且同时垂直于矢量 $\boldsymbol{a}=6\boldsymbol{i}+3\boldsymbol{j}+\boldsymbol{k}$ 和 $\boldsymbol{b}=2\boldsymbol{i}+4\boldsymbol{j}+5\boldsymbol{k}$；

(4) 过两点 $M_1(1,-1,2)$ 和 $M_2(2,-1,7)$.

3. 求通过直线 L_1：$\frac{x-1}{2}=\frac{y+2}{3}=\frac{z+3}{4}$且平行于直线 L_2：$\frac{x}{1}=\frac{y}{1}=\frac{z}{2}$的平面方程.

4. 求过点$(1,0,-2)$且与平面 $2x+y-1=0$ 及 $x-4y+2z-3=0$ 均平行的直线方程.

5. 把下列直线的一般式方程化为对称式方程和参数式方程：

（1）$\begin{cases}2x-y+3z-1=0,\\5x+4y-z-7=0;\end{cases}$　　（2）$\begin{cases}5x+y+z=0,\\2x+3y-2z+5=0.\end{cases}$

6. 试决定 λ，使直线 L_1：$\frac{x-1}{1}=\frac{y+1}{2}=\frac{z-1}{\lambda}$与直线 L_2：$\frac{x+1}{1}=\frac{y-1}{1}=\frac{z}{1}$相交于一点，并写出交点的坐标.

7. 求直线$\frac{x+3}{3}=\frac{y+2}{-2}=\frac{z}{1}$与平面 $x+2y+2z+6=0$ 的交点.

8. 证明直线$\frac{x+1}{2}=\frac{y+1}{-1}=\frac{z+3}{3}$落在平面 $2x+y-z=0$ 上.

9. 求过点 $P(-1,2,-3)$，且垂直于矢量 $\boldsymbol{a}=\{6,-2,-3\}$，还与直线$\frac{x-1}{3}=\frac{y+1}{4}=\frac{z-3}{-5}$相交的直线方程.

10. 求过直线$\begin{cases}4x-y+3z-6=0,\\x+5y-z+10=0\end{cases}$且垂直于平面 $2x-y+5z-5=0$ 的平面方程.

11. 求点 $P(1,-4,5)$在直线$\begin{cases}y-z+1=0,\\x+2z=0\end{cases}$上的投影点的坐标.

12. 求点 $M(-1,2,0)$在平面 $x+y+3z+5=0$ 上的投影点的坐标.

13. 求直线$\begin{cases}x+y-z-1=0,\\x-y+z+1=0\end{cases}$在平面 $x+y+z=0$ 上的投影直线的方程.

14. 检验下列各对几何图形的相对位置关系(平行,垂直,不平行也不垂直)：

（1）直线$\frac{x+1}{2}=\frac{y-3}{0}=\frac{z-2}{3}$与直线$\begin{cases}x=3t,\\y=3+5t,\\z=1-2t;\end{cases}$

（2）平面 $x-3y+10z+6=0$ 与平面$\frac{2}{5}x-\frac{6}{5}y+4z+1=0$；

（3）平面 $4x+y+3z-2=0$ 与直线$\begin{cases}x+y+z-1=0,\\2x-y-4=0.\end{cases}$

15. 试证原点到平面$\frac{x}{a}+\frac{y}{b}+\frac{z}{c}=1$ 的距离 d 满足等式：$\frac{1}{d^2}=\frac{1}{a^2}+\frac{1}{b^2}+\frac{1}{c^2}$.

16. 试求通过直线$\begin{cases}x+5y+z=0,\\x-z+4=0\end{cases}$并与平面 $x-4y-8z+12=0$ 构成$\frac{\pi}{4}$角的平面方程.

17. 求两平面 $x-3y+2z-5=0$ 与 $3x-2y-z+3=0$ 的夹角平分面的方程.

18. 求点 $M(3,-1,2)$到直线$\begin{cases}2x-y+z-4=0,\\x+y-z+1=0\end{cases}$的距离.

§7　曲面方程与空间曲线方程

§7.1　曲面方程

上节我们在讨论平面及平面方程时，将平面看成满足一定条件的点的集合.在空间直角坐标系中，将平面上的点与关于 x，y，z 的一次方程相对应，就得到了平面方程. 对于曲面、空间曲线等空间几何图形，在空间直角坐标系中，因为空间的点与有序数组 (x,y,z) 构成了一一对应关系，所以空间曲面与曲线可以看成符合某种规则的点的轨迹（点的集合）. 那么其几何图形就可以用点的坐标 (x,y,z) 所满足的方程式来表示.

一、球面方程及曲面方程概念

设动点 $M(x,y,z)$ 到定点 $C(x_0,y_0,z_0)$ 的距离等于正数 R，则该动点 M 的几何轨迹是球心在点 $C(x_0,y_0,z_0)$，半径为 R 的球面（图 7-41）. 于是，由两点间的距离公式，得 $|CM|=\sqrt{(x-x_0)^2+(y-y_0)^2+(z-z_0)^2}=R$，两边平方，消去根号，得

$$(x-x_0)^2+(y-y_0)^2+(z-z_0)^2=R^2. \tag{7.8}$$

上式就是该球面上的点 M 的坐标 (x,y,z) 所满足的关系式，它是一个关于 x，y，z 的二次方程. 从上述列式过程可以看出：凡是该球面上的点的坐标都满足此方程，而不在该球面上的点的坐标都不满足此方程. 我们称式(7.8)为球面方程.

特别地，当球心是原点，即 $(x_0,y_0,z_0)=(0,0,0)$ 时，球面方程为 $x^2+y^2+z^2=R^2$.

一般地，任意给定一个关于 x，y，z 的方程 $F(x,y,z)=0$，如果将 (x,y,z) 看成空间直角坐标系中点的坐标，则满足上述方程的所有点的集合，通常构成一张曲面（图 7-42）. 这样，我们把代数方程与几何曲面相联系，从而可用代数方法来研究曲面问题. 下面我们给出曲面方程的定义.

定义 7.10　在空间直角坐标系中，如果某个曲面上任意点的坐标都满足方程 $F(x,y,z)=0$，而不在该曲面上的任何点的坐标都不满足该方程，则方程 $F(x,y,z)=0$ 称为该曲面方程.

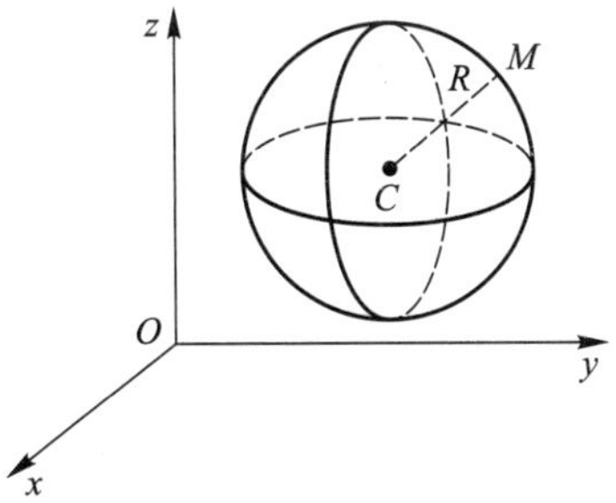

图 7-41

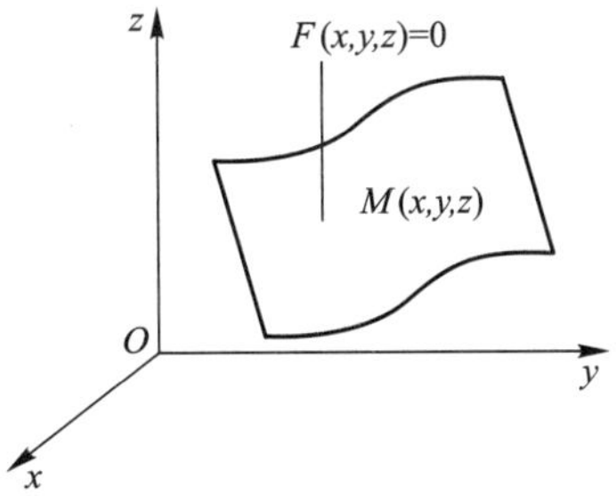

图 7-42

二、柱面方程

由一条动直线 L 沿一定曲线 Γ 平行移动所形成的曲面，称为**柱面**. 并称动直线 L 为该柱面的**母线**，称定曲线 Γ 为该柱面的**准线**(图 7-43).

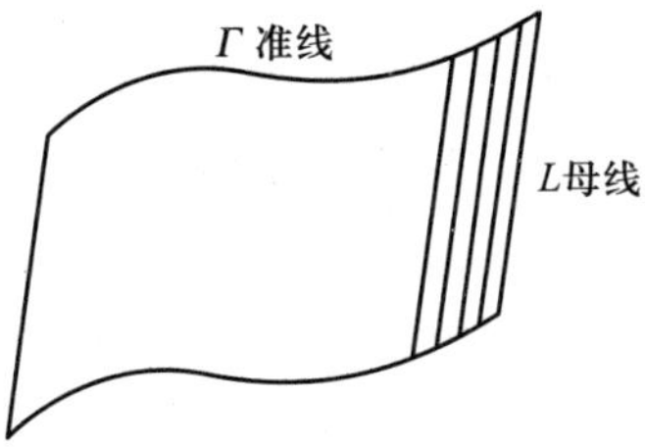

图 7-43

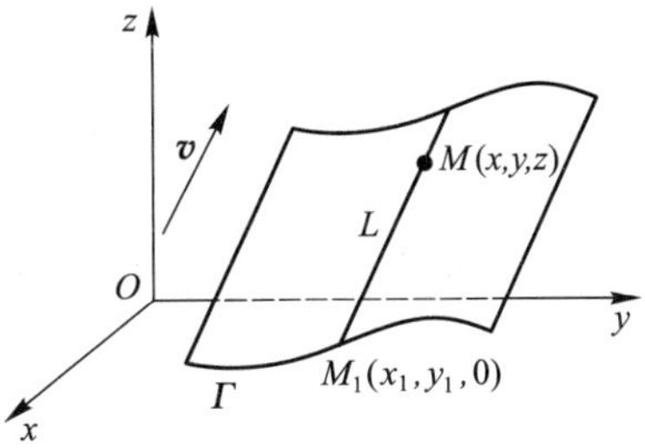

图 7-44

下面我们给出以 Oxy 平面的曲线 Γ：$F(x,y)=0$ 为准线，母线 L 的方向矢量为 $\boldsymbol{v}=a\boldsymbol{i}+b\boldsymbol{j}+c\boldsymbol{k}$(设 $c\neq 0$)的柱面方程.

设 $M(x,y,z)$ 为柱面上任一点，过点 M 的母线与准线交于点 $M_1(x_1,y_1,0)$(图 7-44)，由于 $\overrightarrow{M_1M}\,/\!/\,\boldsymbol{v}$，所以 $\overrightarrow{M_1M}=m\boldsymbol{v}$. 而

$$\overrightarrow{M_1M}=(x-x_1)\boldsymbol{i}+(y-y_1)\boldsymbol{j}+(z-0)\boldsymbol{k},\qquad \boldsymbol{v}=a\boldsymbol{i}+b\boldsymbol{j}+c\boldsymbol{k},$$

于是 $x-x_1=ma$，$y-y_1=mb$，$z=mc$. 消去 m，得

$$x_1=x-\frac{a}{c}z,\qquad y_1=y-\frac{b}{c}z. \tag{7.9}$$

因为点 $M_1(x_1,y_1,0)$ 在准线 Γ 上，将式(7.9)代入 $F(x,y)=0$ 就得所求柱面方程为

$$F\left(x-\frac{a}{c}z,\quad y-\frac{b}{c}z\right)=0.$$

例如，准线 Γ 是 Oxy 平面上的圆 $x^2+y^2=a^2$，母线 L 的方向矢量分别是 $\boldsymbol{v}_1=\boldsymbol{j}+\boldsymbol{k}$ 和 $\boldsymbol{v}_2=\boldsymbol{k}$. 那么，当 $\boldsymbol{v}_1=\boldsymbol{j}+\boldsymbol{k}$ 时，由式(7.9)，有 $x_1=x$，$y_1=y-z$；当 $\boldsymbol{v}_2=\boldsymbol{k}$

时，由式(7.9)，有 $x_1=x$，$y_1=y$. 而 x_1，y_1 满足方程 $x^2+y^2=a^2$，代入该方程，求得柱面方程分别是 $x^2+(y-z)^2=a^2$ 和 $x^2+y^2=a^2$(图 7-45(1)和(2)).

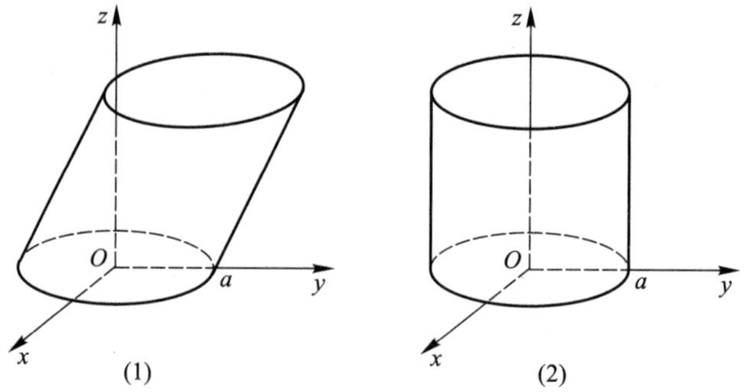

图 7-45

由此我们得到，方程 $x^2+y^2=a^2$ 表示以 Oxy 平面上的曲线 $x^2+y^2=a^2$ 为准线，母线平行于 Oz 轴的圆柱面.

设有方程 $F(x,y)=0$，该方程不含竖坐标 z，在 Oxy 平面上，该方程表示一曲线 Γ，曲线 Γ 上的点的坐标满足该方程. 而由曲面方程的定义，该方程在空间直角坐标系中表示一曲面，只要空间中有关点的坐标满足方程，即点的横坐标和纵坐标与曲线 Γ 上的点的坐标相等即可. 这就是说，把空间的这些点投影到 Oxy 平面，投影点与 Γ 上的点相重合. 这些空间点的全体是一张曲面，它可以看成由平行于 Oz 轴的直线沿曲线 Γ 平行移动所生成，这个曲面称为母线平行于 Oz 轴的柱面.

至此，我们知道 $F(x,y)=0$ 表示一张柱面，其母线平行于 Oz 轴，其准线为 Oxy 平面上的曲线 Γ(图 7-46). 同理，$F(y,z)=0$ 及 $F(x,z)=0$ 都表示柱面，它们的母线分别平行于 Ox 轴与 Oy 轴，它们的准线分别是 Oyz 平面与 Ozx 平面上的曲线.

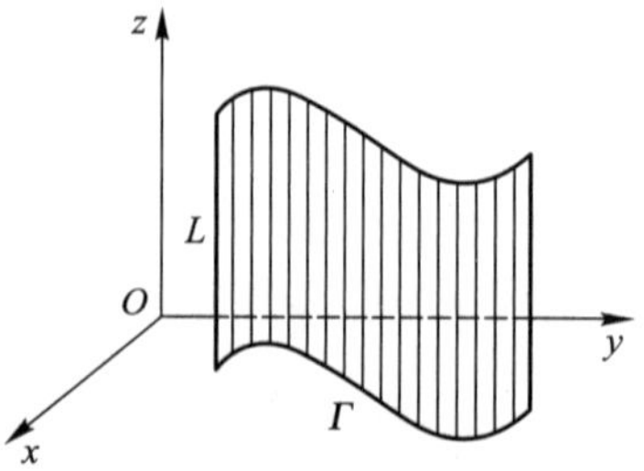

图 7-46

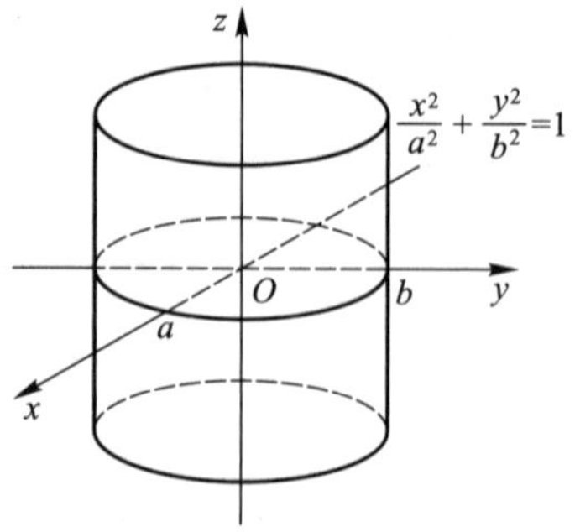

图 7-47

例如$\frac{x^2}{a^2}+\frac{y^2}{b^2}=1$，$y^2=2px$ 分别表示母线平行于 Oz 轴的椭圆柱面(图 7-47)和抛物柱面(图 7-48).

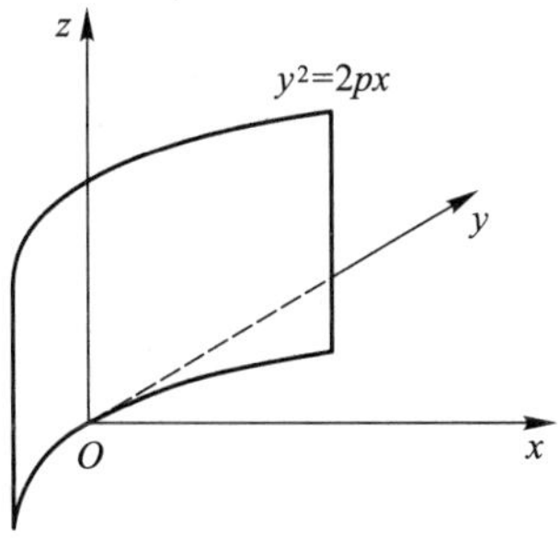

图 7-48

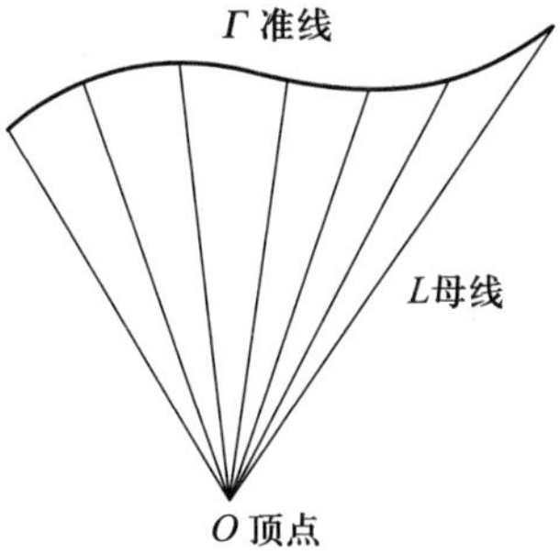

图 7-49

在研究方程所表示的几何图形时，要注意是在平面还是在空间这个前提.例如，在平面直角坐标系中，方程 $x^2+y^2=a^2$ 表示平面上的一个圆，而在空间直角坐标系中，方程 $x^2+y^2=a^2$ 表示准线为 Oxy 平面上的圆$x^2+y^2=a^2$、母线平行于 Oz 轴的圆柱面. 在本书中，我们将主要讨论母线平行于坐标轴的柱面方程.

三、锥面方程

过空间一定点 O 的动直线 L，沿空间曲线 Γ(不过定点 O)移动所生成的曲面称为**锥面**，其中动直线 L 称为该锥面的**母线**，曲线 Γ 称为该锥面的**准线**，定点 O 称为该锥面的**顶点**(图 7-49).

通常，锥面的准线取平面曲线，下面我们给出以 $z=h(h\neq 0)$ 平面上的曲线 Γ：$F(x,\ y)=0$ 为准线、以原点为顶点的锥面方程.

设 $M(x,y,z)$ 是锥面上的任一点，且过 M 的母线与准线 Γ 交于点 $M_1(x_1,y_1,h)$(图 7-50). 由于$\overrightarrow{OM_1}$与$\overrightarrow{OM}$共线，所以有$\overrightarrow{OM_1}=m\overrightarrow{OM}$. 而$\overrightarrow{OM_1}=x_1\boldsymbol{i}+y_1\boldsymbol{j}+h\boldsymbol{k}$，$\overrightarrow{OM}=x\boldsymbol{i}+y\boldsymbol{j}+z\boldsymbol{k}$，从而

$$x_1=mx,\qquad y_1=my,\qquad h=mz,$$

消去 m，得

$$x_1=\frac{h}{z}x,\qquad y_1=\frac{h}{z}y.$$

因为点 M_1 在准线上，有 $F(x_1,y_1)=0$，所以有

$$F\left(\frac{h}{z}x,\ \frac{h}{z}y\right)=0,$$

这就是所求的锥面方程.

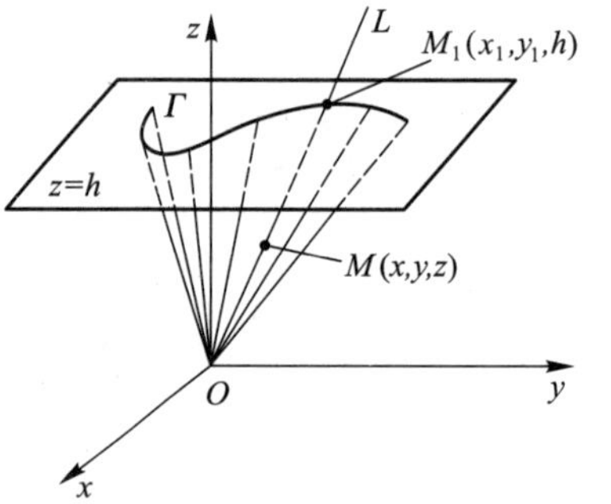

图 7-50

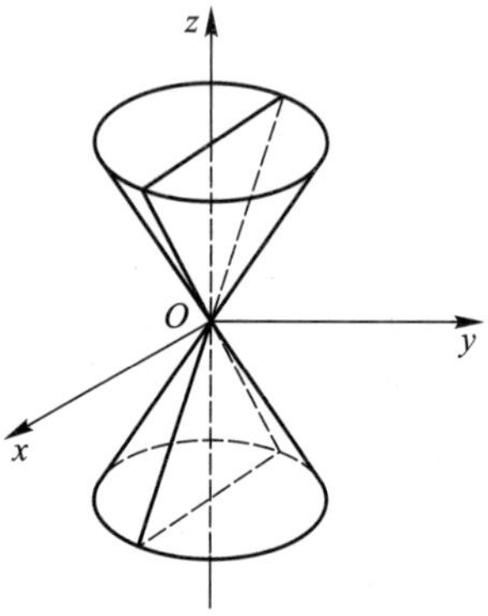

图 7-51

例如，以 $z=c$ 平面上的椭圆 $\frac{x^2}{a^2}+\frac{y^2}{b^2}=1$ 为准线，以原点为顶点的锥面方程为

$$\frac{1}{a^2}\left(\frac{c}{z}x\right)^2+\frac{1}{b^2}\left(\frac{c}{z}y\right)^2=1 \quad \text{或} \quad \frac{x^2}{a^2}+\frac{y^2}{b^2}-\frac{z^2}{c^2}=0,$$

该锥面称为椭圆锥面(图 7-51).

四、旋转曲面方程

一曲线 Γ 绕一定直线 L 旋转而生成的曲面叫做**旋转曲面**，其中定直线 L 称为此旋转曲面的**轴**.

下面我们给出平面上的曲线 Γ 绕坐标轴旋转所得的曲面方程. 设 Γ 是 Oyz 平面上的曲线，其方程为 $F(y,z)=0$，将该曲线绕 Oz 轴旋转，就得到一个以 Oz 轴为轴的旋转曲面，其方程可按以下方法求得：

设 $P(0,y_P,z_P)$ 为曲线 Γ 上的任意一点，当曲线 Γ 绕 Oz 轴旋转一周时，点 P 的轨迹是一个圆，并记 R 为圆心(图 7-52). 设 $Q(x_Q,y_Q,z_Q)$ 为这个圆上的任意一点，则有 $z_P=z_Q$，且点 Q 与 Oz 轴的距离恒等于 $|y_P|$，即有

$$y_P=\pm PR=\pm QR=\pm\sqrt{x_Q^2+y_Q^2},$$

上式中当 $y_P>0$ 时，取“+”号；当 $y_P<0$ 时，取“-”号. 因点 P 的坐标满足方程 $F(y,z)=0$，所以有 $F(y_P,z_P)=0$，从而 Q 点的坐标必满足 $F\left(\pm\sqrt{x_Q^2+y_Q^2},\ z_Q\right)=0$. 因为点 Q 是旋转曲面上的任意一点，于是旋转曲面的方程为 $F\left(\pm\sqrt{x^2+y^2},\ z\right)=0$.

至此，在曲线 Γ 的方程 $F(y,z)=0$ 中将 y 代以 $\pm\sqrt{x^2+y^2}$ 后所得到的

$F\left(\pm\sqrt{x^2+y^2},\ z\right)=0$，即为曲线 Γ 绕 Oz 轴旋转所生成的曲面方程. 同理，Oyz 平面上的曲线 Γ：$F(y,z)=0$，绕 Oy 轴旋转所得的曲面方程为 $F\left(y,\ \pm\sqrt{x^2+z^2}\right)=0$. 读者可自行推出 Oxy 平面上的曲线 Γ：$F(x,y)=0$ 分别绕 Ox 轴和 Oy 轴旋转所得的曲面方程.

重难点讲解
旋转曲面方程(一)

重难点讲解
旋转曲面方程(二)

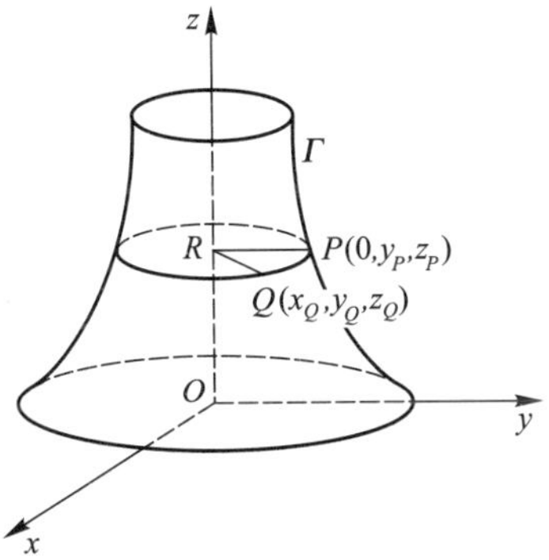

图 7-52

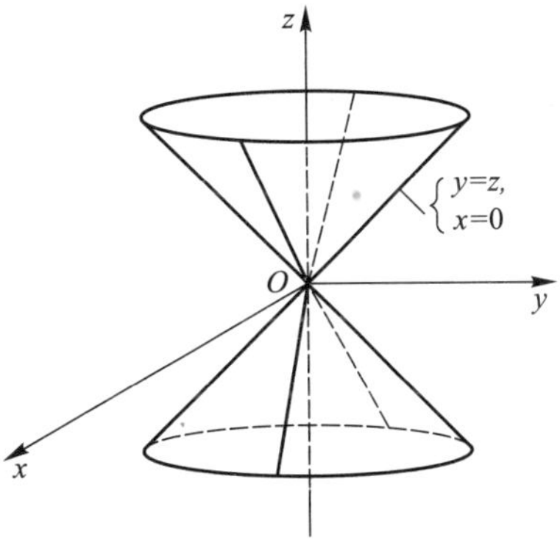

图 7-53

例 1 将 Oyz 平面上的直线 $y=z$ 绕 Oz 轴旋转，得一圆锥面(图 7-53)，其方程为：

$$z=\pm\sqrt{x^2+y^2}\quad 或\quad x^2+y^2-z^2=0.$$

例 2 将 Ozx 平面上的抛物线 $z=x^2$ 绕 Oz 轴旋转所得的旋转抛物面(图 7-54)，其方程为

$$z=\left(\pm\sqrt{y^2+x^2}\right)^2\quad 或\quad z=x^2+y^2.$$

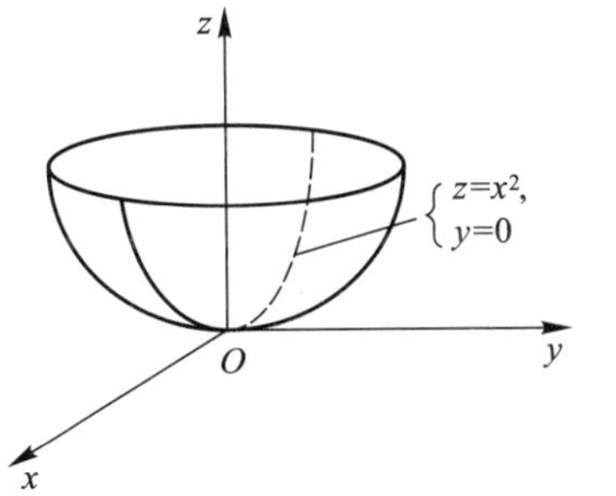

图 7-54

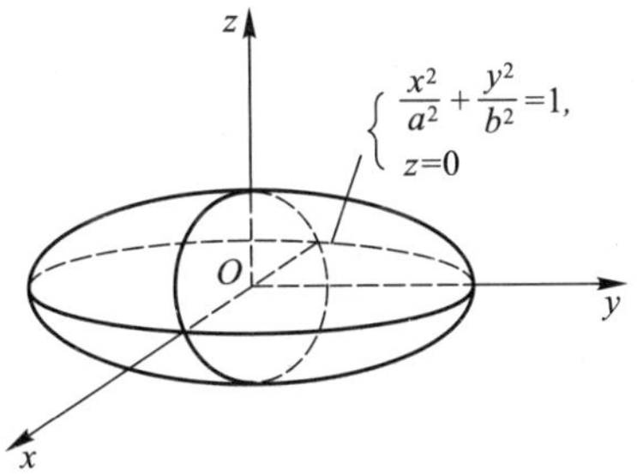

图 7-55

例 3 将 Oxy 平面上的椭圆 $\frac{x^2}{a^2}+\frac{y^2}{b^2}=1$ 绕 Oy 轴旋转生成的曲面(图 7-55)，

其方程为：$\dfrac{x^2}{a^2}+\dfrac{y^2}{b^2}+\dfrac{z^2}{a^2}=1.$

例 4　求由过 $A(1,0,0)$ 和 $B(0,1,1)$ 两点的直线，绕 Oz 轴旋转生成的旋转曲面方程.

解　先分析一般情况，设直线 Γ 的参数方程为$\begin{cases}x=x(t),\\y=y(t),\\z=z(t).\end{cases}$又设 $M(x,y,z)$ 为所求曲面上的任一点，则 M 必是直线 Γ 上某一点 $M_1(x_1,y_1,z_1)$ 绕 Oz 轴旋转某个角度得到的，于是有

$$\begin{cases}x_1=x(t_1),\\y_1=y(t_1),\\z_1=z(t_1),\end{cases}$$

且有 $z=z_1$，$x^2+y^2=x_1^2+y_1^2$. 从 $z=z(t_1)$，解出 $t_1=z^{-1}(z)$（假设 $z=z(t)$ 存在反函数）. 由 $z=z_1$，得

$$x_1=x[z^{-1}(z)],\quad y_1=y[z^{-1}(z)],$$

所以有

$$x^2+y^2=[x(z^{-1}(z))]^2+[y(z^{-1}(z))]^2.$$

这就是所求的旋转曲面方程.

本题过 $A(1,0,0)$，$B(0,1,1)$ 两点的直线的参数方程是$\begin{cases}x=1-t,\\y=t,\\z=t,\end{cases}$消去 t，解出 x，y 得 $x=1-z,y=z.$

于是得

$$x^2+y^2=(1-z)^2+z^2$$

或

$$\frac{x^2+y^2}{\dfrac{1}{2}}-\frac{\left(z-\dfrac{1}{2}\right)^2}{\dfrac{1}{4}}=1.$$

这就是所求的旋转曲面方程(图 7-56).

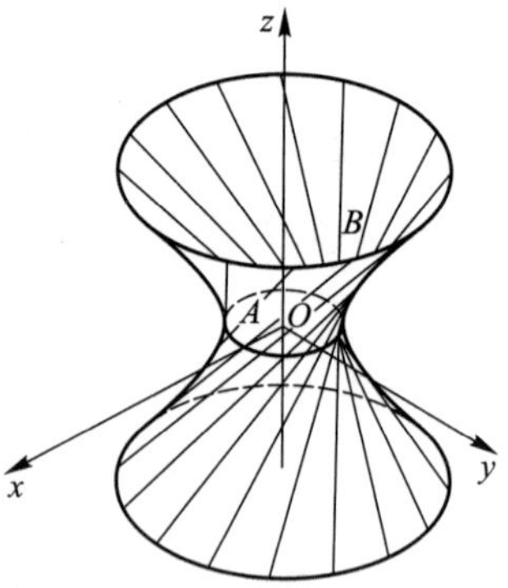

图 7-56

§7.2　空间曲线方程

一、用两曲面交线表示的空间曲线

任何空间曲线总可以看成两曲面的交线. 设 $F(x,y,z)=0$，$G(x,y,z)=0$ 表示两曲面的方程，它们相交，且交线是曲线 Γ. 因为曲线 Γ 上的任意点都同时

在这两个曲面上，所以曲线 Γ 上的所有点的坐标都满足这两个曲面方程. 反过来，坐标同时满足这两个曲面方程的点一定在它们的交线上. 从而把这两个方程联立起来，所得到的方程组

$$\begin{cases} F(x, y, z)=0, \\ G(x, y, z)=0 \end{cases} \tag{7.10}$$

就称为空间曲线 Γ 的方程(图 7-57).

例如，球面方程 $x^2+y^2+z^2=9$ 与平面 $z=2$ 的交线是 $z=2$ 平面上的一个圆 $x^2+y^2=5$.

同时，我们还需指出，空间曲线 Γ 由两张曲面所表示的形式不是唯一的. 换言之，方程(7.10)所表示的曲线 Γ 可以用与方程(7.10)等价的任何两个方程联立所得的方程组来代替.

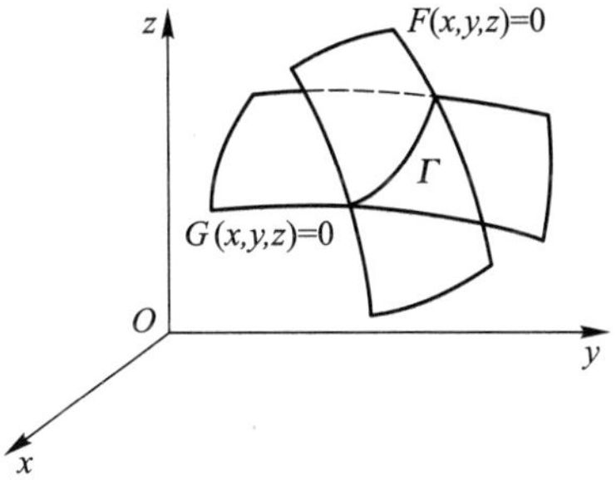

图 7-57

例如，曲线 Γ：$\begin{cases} x^2+y^2+z^2=9, \\ z=2 \end{cases}$ 也可以用方程组 $\begin{cases} x^2+y^2=5, \\ z=2 \end{cases}$ 来表示.

二、用参数方程表示的空间曲线

在平面解析几何中，平面曲线可以用参数方程表示. 同样，在空间直角坐标系中，空间曲线也可以用参数方程来表示. 即把空间曲线上的任何点的直角坐标 x，y，z 分别表示为 t 的函数，其一般形式是

$$\begin{cases} x=\varphi(t), \\ y=\psi(t), \\ z=\omega(t), \end{cases}$$

这一方程组称为空间曲线的参数方程. 下面以螺旋曲线为例进行说明.

例 5 设有一个直角三角形的纸片，它的一锐角为 θ，将其卷在一个直圆柱面上，使角 θ 的一边与圆柱的底圆周重合，斜边在圆柱面上所成的曲线叫做螺旋曲线(图 7-58)，试求其方程.

解 设直圆柱底面圆半径为 R，将圆柱底面取为 Oxy 平面，底面圆的中心取为原点，并取 Ox 轴过三角形的顶点 C. 设 (x,y,z) 表示螺旋曲线上任一点 P 的坐标，点 P 在 Oxy 平面上的投影为 $N(x,y,0)$. 令 $\angle CON=t$ 为参数，则

$$x=ON\cos t, \quad y=ON\sin t, \quad z=PN, \quad ON=R.$$

在直角 $\triangle CPN$ 中，$PN=CN\cdot\tan\theta=Rt\cdot\tan\theta$. 记 $R\cdot\tan\theta=k$，可得螺旋曲线的参数方程为

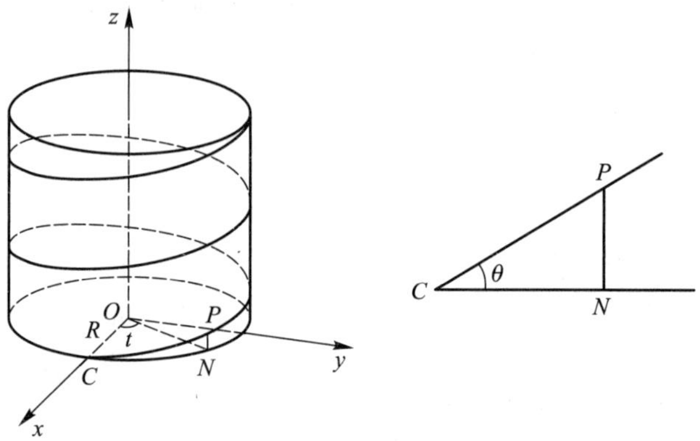

图 7-58

$$\begin{cases} x = R\cos t, \\ y = R\sin t, \\ z = kt. \end{cases}$$

当 $t=2\pi$ 时，$z=2\pi k$，这表示 P 点绕 Oz 轴转边一周后在 Oz 轴方向上所移动的距离，这个距离叫做螺距.

三、空间曲线在坐标平面上的投影

前面我们已经给出空间曲线 Γ 可以用方程组

$$\begin{cases} F_1(x, y, z) = 0, \\ F_2(x, y, z) = 0 \end{cases} \tag{7.11}$$

表示. 现将该方程组中消去一个变量，例如消去 z，所得方程为 $F(x,y)=0$.

由于方程 $F(x,y)=0$ 是由方程组(7.11)中消去 z 后得到的结果，那么当三个数 x，y 和 z 满足方程组(7.11)的两个方程时，前两个数 x，y 必定满足方程 $F(x,y)=0$，这说明曲线 Γ 上的所有点都在由方程 $F(x,y)=0$ 所表示的曲面上. 在 §7.1 中，我们已指出方程 $F(x,y)=0$ 表示一个母线平行于 Oz 轴的柱面，所以该柱面必定包含曲线 Γ. 因此，过曲线 Γ 上的一切点所作的平行于 Oz 轴的所有直线都在该柱面上，该柱面称为投影柱面，而投影柱面与 Oxy 平面的交线就是空间曲线 Γ 投影到 Oxy 平面上所得的曲线，该曲线叫做空间曲线 Γ 在 Oxy 平面上的投影曲线，简称投影，其方程为$\begin{cases} F(x, y)=0, \\ z=0. \end{cases}$

至此，我们已经知道，要求方程组(7.11)所表示的空间曲线 Γ 在 Oxy 平面上的投影曲线，只要在方程组中消去变量 z，得到方程 $F(x, y)=0$，与 $z=0$ 联立，就得到所求的投影曲线

$$\begin{cases} F(x,y) = 0, \\ z = 0. \end{cases}$$

同理，在方程组(7.11)中消去 x(或 y)，得 $G(y,z)=0$(或 $H(x,z)=0$)，与 $x=0$(或 $y=0$)联立，就得到曲线 Γ 在 Oyz 平面(或 Ozx 平面)的投影曲线为

$$\begin{cases} G(y,\ z)=0, \\ x=0 \end{cases} \quad \left(\text{或} \quad \begin{cases} H(x,\ z)=0, \\ y=0 \end{cases} \right).$$

例 6　求曲线

$$\Gamma: \begin{cases} x^2+y^2+z^2=25, & (7.12) \\ x^2+y^2+(z-3)^2=16 & (7.13) \end{cases}$$

在 Oxy 平面上的投影曲线方程.

解　由式(7.12)−式(7.13)得，$6z-9=9$，即 $z=3$. 代入式(7.12)消去 z，得$x^2+y^2=16$，即为投影柱面. 与$z=0$联立，求得在 Oxy 平面上的投影曲线方程

$$\begin{cases} x^2+y^2=16, \\ z=0. \end{cases}$$

例 7　求曲线 Γ：$\begin{cases} x^2+y^2+z^2=R^2, \\ z=\sqrt{x^2+y^2} \end{cases}$ 在 Oxy 平面与 Oyz 平面上的投影曲线方程.

解　在方程组中消去变量 z，得到在 Oxy 平面上的投影柱面方程 $x^2+y^2=\frac{1}{2}R^2$. 与 $z=0$ 联立，得到曲线 Γ 在 Oxy 平面上的投影曲线方程

$$\begin{cases} x^2+y^2=\dfrac{1}{2}R^2, \\ z=0. \end{cases}$$

这是 Oxy 平面上的以原点为圆心，$\frac{\sqrt{2}}{2}R$ 为半径的圆(图 7−59).

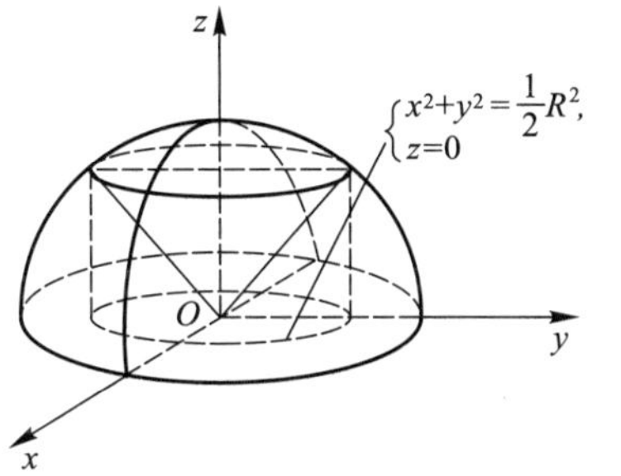

图 7−59

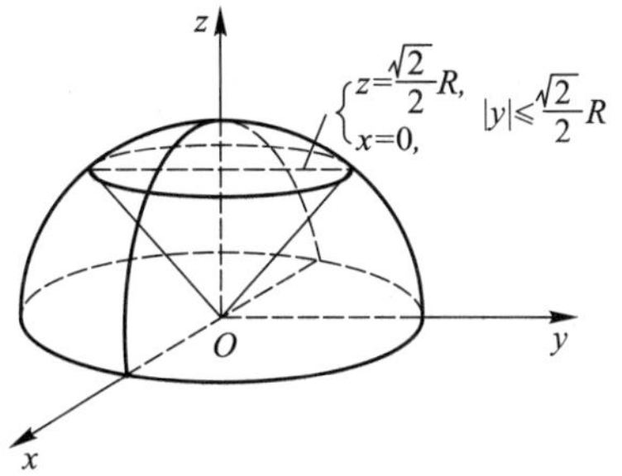

图 7−60

若在方程组中消去 x，得 $2z^2=R^2$，取 $z=\frac{\sqrt{2}}{2}R$(因为 $z=\sqrt{x^2+y^2}\geqslant 0$). 与$x=0$联立，得到曲线 Γ 在 Oyz 平面上的投影曲线方程

$$\begin{cases} z=\dfrac{\sqrt{2}}{2}R, \\ x=0, \end{cases} \quad |y|\leqslant \dfrac{\sqrt{2}}{2}R.$$

这是一条在 Oyz 平面上的水平直线段 $z=\dfrac{\sqrt{2}}{2}R$（图 7-60）.

习题 7-7

1. 球面方程中的 x，y，z 的平方项系数有何特征？判定下列方程是否为球面方程？若是，请求出球心与半径.

（1）$x^2+2y^2-3z^2+2z+2x=0$；　　（2）$x^2+y^2+z^2-2x-4z+2=0$.

2. 求下列球面的方程：

（1）一条直径的两个端点为 $(5,4,2)$ 和 $(1,-2,2)$；

（2）球心在 $(2,-1,3)$ 且与平面 $3x-2y+5z+3=0$ 相切；

（3）球心在 $(6,-8,1)$ 且与 Oz 轴相切.

3. 求通过原点和 $A(0,2,0)$，$B(1,3,0)$ 及 $C(0,0,-4)$ 四点的球面方程.

4. 母线平行于坐标轴的柱面方程有何特征？指出下列曲面哪些是母线平行于坐标轴的柱面，并画出其图形.

（1）$y^2+z^2=2y$；　　（2）$x+y+z=2$；　　（3）$x+z=2$；

（4）$x^2=4z$；　　（5）$x^2+y^2+2z^2-2x=0$；　　（6）$y^2-x^2+2x=0$.

5. 求准线为 Oxy 平面上的圆 $x^2+y^2=4$，母线平行于矢量 $\boldsymbol{v}=\{0,1,1\}$ 的柱面方程.

6. 一直角三角板，绕其一直角边（该边长为 a，且与斜边成 $60°$）转动一周，求斜边所成的圆锥面方程.

7. 求以原点为顶点，以 $z=2$ 平面上的椭圆 $\dfrac{x^2}{25}+\dfrac{y^2}{9}=1$ 为准线的锥面方程.

8. 求以原点为顶点，以柱面 $x^2+\dfrac{y^2}{4}=1$ 和平面 $z=5$ 的交线为准线的锥面方程.

9. 试求 Oyz 平面上的抛物线 $z=\sqrt{y-1}$ 绕 Oy 轴旋转一周所成的旋转曲面方程.

10. 试求 Oxy 平面上的曲线 $x^2+y^2-2x=0$（1）绕 Ox 轴；（2）绕 Oy 轴，旋转一周所生成的旋转曲面方程.

11. 试求通过两曲面 $x^2+y^2+4z^2=1$ 和 $x^2=y^2+z^2$ 的交线 L，且母线平行于 Oz 轴的柱面方程，及 L 在 Oxy 平面上的投影曲线方程.

12. 求下列曲线在 Oxy 平面上的投影曲线方程：

（1）$\begin{cases} x^2+(y-2)^2+(z-1)^2=25, \\ x^2+y^2+z^2=16; \end{cases}$　　（2）$\begin{cases} x^2+y^2=z, \\ z=3; \end{cases}$

（3）在 $x+y+z+1=0$ 平面上作以点 $(1,1,-3)$ 为圆心，2 为半径的圆.

13. 试求直线 L：$\begin{cases} 3x+2y-4z-5=0, \\ 6x-y-2z+4=0 \end{cases}$ 在各坐标平面上的投影直线方程.

14. 试建立下列空间曲线的参数方程：

（1）$\begin{cases} z=x^2+y^2, \\ z=4; \end{cases}$ （2）$\begin{cases} x^2+y^2+z^2=a^2, \\ x-y=0; \end{cases}$

（3）$\begin{cases} x^2+y^2+z^2=a^2, \\ x+z=a. \end{cases}$

§8 二次曲面

上一节我们已经介绍了曲面的概念以及曲面可以用点的直角坐标 x，y，z 的一个方程 $F(x,y,z)=0$ 来表示. 其中一次方程所表示的曲面称为一次曲面（平面），二次方程所表示的曲面称为二次曲面，例如球面、圆柱面等. 在本书中我们较多地涉及二次曲面. 为了对二次曲面有较直观的了解，下面我们将对常见的几个二次曲面作介绍并分析其图形.

在空间直角坐标系中，我们采用一系列平行于坐标平面的平面来截割曲面，从而得到平面与曲面一系列的交线，它们都是平面曲线，称为平面截口. 通过分析这些截口的性质来认识曲面的形状，这种研究方法叫做平面截割法. 用这种方法去认识曲面可以培养一定的空间想象能力. 本节将用平面截割法来研究几个常见的二次曲面.

一、椭球面

由方程

$$\frac{x^2}{a^2}+\frac{y^2}{b^2}+\frac{z^2}{c^2}=1\ (a>0,\ b>0,\ c>0) \tag{7.14}$$

所确定的曲面称为**椭球面**.

由方程(7.14)知 $\frac{x^2}{a^2}\leqslant 1$，$\frac{y^2}{b^2}\leqslant 1$，$\frac{z^2}{c^2}\leqslant 1$，即 $|x|\leqslant a$，$|y|\leqslant b$，$|z|\leqslant c$. 用 Oxy 平面（平面 $z=0$）截割曲面，其交线是

$$\begin{cases} \frac{x^2}{a^2}+\frac{y^2}{b^2}+\frac{z^2}{c^2}=1, \\ z=0, \end{cases} \quad 等价于 \quad \begin{cases} \frac{x^2}{a^2}+\frac{y^2}{b^2}=1, \\ z=0. \end{cases}$$

这是 Oxy 平面上的一个椭圆，其两个半轴分别为 a 和 b（图 7-61）.

同样，在 Oyz 平面和 Ozx 平面上的交线也是椭圆.

再用平面 $z=h(|h|<c)$ 来截割曲面，交线是

$$\begin{cases} \frac{x^2}{a^2}+\frac{y^2}{b^2}+\frac{z^2}{c^2}=1, \\ z=h, \end{cases} \quad 等价于 \quad \begin{cases} \frac{x^2}{a^2}+\frac{y^2}{b^2}=1-\frac{h^2}{c^2}, \\ z=h, \end{cases}$$

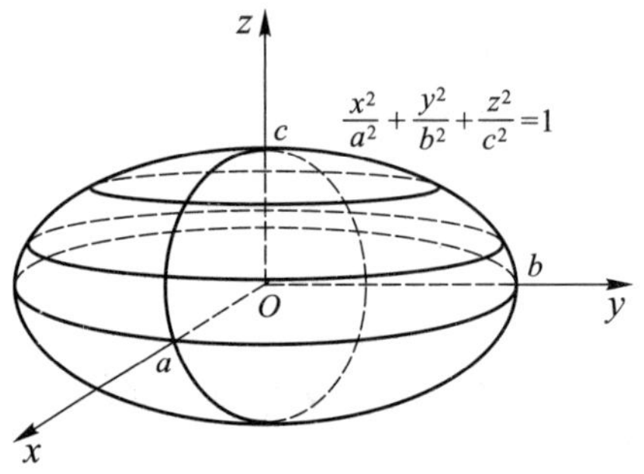

图 7-61

亦即

$$\begin{cases}\dfrac{x^2}{a^2\left(1-\dfrac{h^2}{c^2}\right)}+\dfrac{y^2}{b^2\left(1-\dfrac{h^2}{c^2}\right)}=1,\\ z=h.\end{cases}$$

这是 $z=h$ 平面上的一个椭圆，它的两个半轴分别是

$$a_1=a\sqrt{1-\frac{h^2}{c^2}},\quad b_1=b\sqrt{1-\frac{h^2}{c^2}}.$$

当 $|h|$ 逐渐增大到 c 时，两个半轴 a_1 和 b_1 逐渐减小到 0，即椭圆逐渐缩小到一点.

根据以上这些交线，我们基本上认识了由方程(7.14)所表示的曲面的形状(图 7-61). 特别地，当 $a=b=c$ 时，方程(7.14)变为 $x^2+y^2+z^2=a^2$，即我们熟知的以原点为球心，以 a 为半径的球面；而当 $a=b$ 时，方程(7.14)变为 $\frac{x^2}{b^2}+\frac{y^2}{b^2}+\frac{z^2}{c^2}=1$，这可视为 Oyz 平面上的曲线 $\frac{y^2}{b^2}+\frac{z^2}{c^2}=1$ 绕 Oz 轴旋转而成的旋转曲面.

二、椭圆抛物面

由方程

$$z=\frac{x^2}{a^2}+\frac{y^2}{b^2}\ (a>0,\ b>0) \tag{7.15}$$

所确定的曲面称为**椭圆抛物面**.

首先，因为 $z\geqslant 0$，所以曲面位于 Oxy 平面的上方. 用 Oxy 平面($z=0$)截此曲面，得方程组

$$\begin{cases}z=\dfrac{x^2}{a^2}+\dfrac{y^2}{b^2},\\ z=0.\end{cases}$$

仅有唯一解 $x=0$，$y=0$，$z=0$. 即 Oxy 平面与曲面仅相交于一点 $(0,0,0)$.

用 Oyz 平面 $(x=0)$，Ozx 平面 $(y=0)$ 截此曲面，所得交线分别是

$$\begin{cases} z=\dfrac{y^2}{b^2}, \\ x=0, \end{cases} \qquad \begin{cases} z=\dfrac{x^2}{a^2}, \\ y=0, \end{cases}$$

即 Oyz 平面、Ozx 平面上的两条抛物线.

用平面 $z=h(h>0)$ 截割此曲面，交线是

$$\begin{cases} \dfrac{x^2}{a^2h}+\dfrac{y^2}{b^2h}=1, \\ z=h. \end{cases}$$

这是 $z=h$ 平面上的一个椭圆，当 h 增大时椭圆的两个半轴 $a\sqrt{h}$，$b\sqrt{h}$ 也随之增大.

根据以上这些交线，我们基本上认识了由方程(7.15)所表示的曲面的形状(图 7-62). 特别地，当 $a=b$ 时，方程(7.15)就是旋转抛物面 $z=\dfrac{x^2+y^2}{a^2}$.

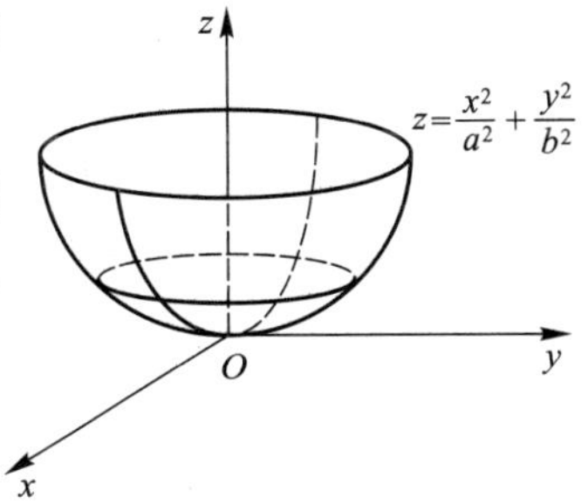

图 7-62

三、二次锥面

由方程

$$\frac{x^2}{a^2}+\frac{y^2}{b^2}-\frac{z^2}{c^2}=0 \tag{7.16}$$

所确定的曲面，称为**二次锥面**.

用平面 $z=h(h\neq 0)$ 截割此曲面，交线是

$$\begin{cases} \dfrac{x^2}{a^2}+\dfrac{y^2}{b^2}-\dfrac{z^2}{c^2}=0, \\ z=h \end{cases} \quad 或 \quad \begin{cases} \dfrac{x^2}{a^2\dfrac{h^2}{c^2}}+\dfrac{y^2}{b^2\dfrac{h^2}{c^2}}=1, \\ z=h, \end{cases} \tag{7.17}$$

这是 $z=h$ 平面上的一个椭圆.

曲面与过 Oz 轴的平面 $y=kx$ 的交线是 $\begin{cases} \left(\dfrac{1}{a^2}+\dfrac{k^2}{b^2}\right)x^2-\dfrac{z^2}{c^2}=0, \\ y=kx, \end{cases}$ 它可分解为下面二式

$$\begin{cases} \sqrt{\dfrac{1}{a^2}+\dfrac{k^2}{b^2}}x+\dfrac{z}{c}=0, \\ y=kx \end{cases} \quad 及 \quad \begin{cases} \sqrt{\dfrac{1}{a^2}+\dfrac{k^2}{b^2}}x-\dfrac{z}{c}=0, \\ y=kx. \end{cases}$$

这是两条过原点的直线. 由 k 值的任意性，说明过 Oz 轴的任一平面和曲面相

截，都得到两条过原点的直线. 于是，我们可把曲面(7.16)看成由过原点的直线(母线)沿椭圆(7.17)(准线)移动所生成的锥面(图 7-63)，此时锥面顶点为原点. 特别地，当 $a=b$ 时，得

$$\frac{x^2}{a^2}+\frac{y^2}{a^2}-\frac{z^2}{c^2}=0,$$

这个曲面为圆锥面.

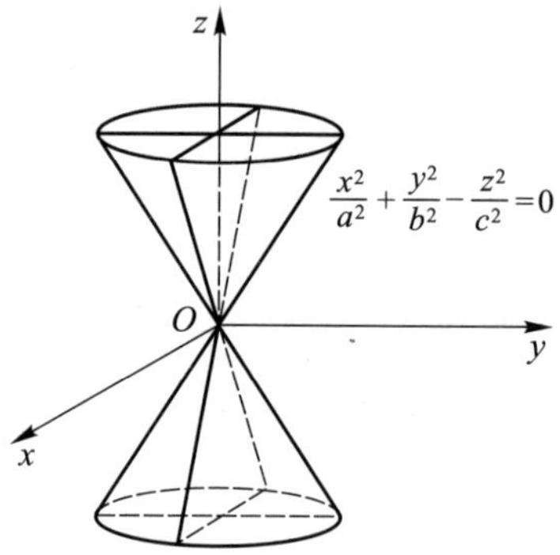

图 7-63

四、双曲抛物面(马鞍面)

由方程

$$z=-\frac{x^2}{a^2}+\frac{y^2}{b^2} \tag{7.18}$$

所确定的曲面，称为**双曲抛物面**，因其形状像马鞍，故又称其为**马鞍面**.

用平面 $z=h(h\neq 0)$ 截割此曲面，所得交线是双曲线

$$\begin{cases}-\dfrac{x^2}{a^2}+\dfrac{y^2}{b^2}=h,\\ z=h,\end{cases}$$

当 $h>0$ 时，双曲线的实轴平行于 Oy 轴；当 $h<0$ 时，双曲线的实轴平行于 Ox 轴.

用 Oxy 平面($z=0$)截割此曲面，所得交线是两条相交的直线

$$\begin{cases}\dfrac{x}{a}-\dfrac{y}{b}=0,\\ z=0\end{cases} \quad 和 \quad \begin{cases}\dfrac{x}{a}+\dfrac{y}{b}=0,\\ z=0.\end{cases}$$

用 Oyz 平面截割此曲面，所得交线是抛物线 $\begin{cases}z=\dfrac{y^2}{b^2},\\ x=0.\end{cases}$ 用 Ozx 平面截割此曲面，所得交线是抛物线 $\begin{cases}z=-\dfrac{x^2}{a^2},\\ y=0.\end{cases}$

根据以上这些交线，我们基本上认识了由方程(7.18)所表示的曲面(图 7-64).

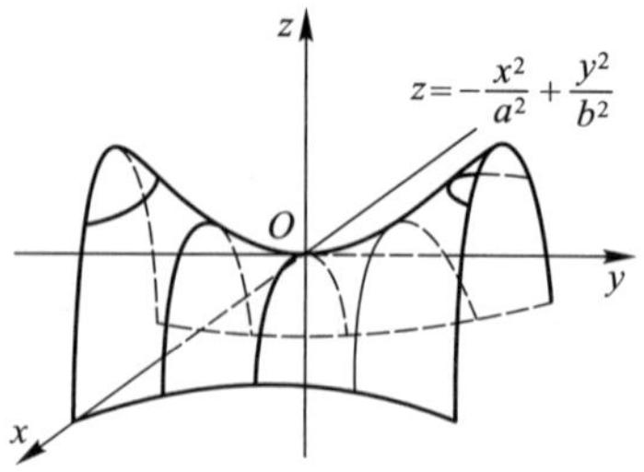

图 7-64

五、单叶双曲面

由方程

$$\frac{x^2}{a^2}+\frac{y^2}{b^2}-\frac{z^2}{c^2}=1$$

所确定的曲面，称为**单叶双曲面**（图 7-65）.

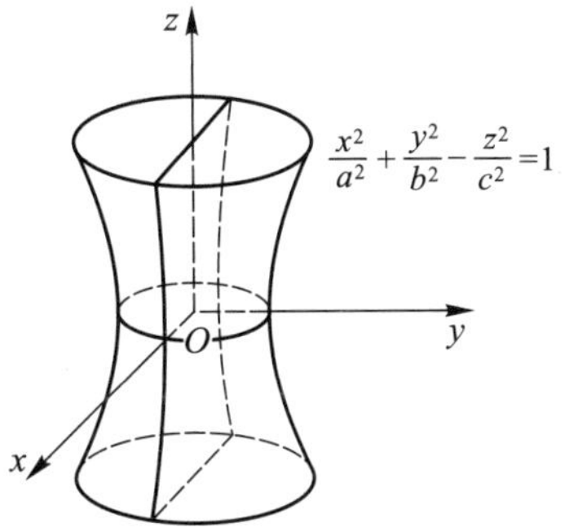

图 7-65

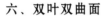

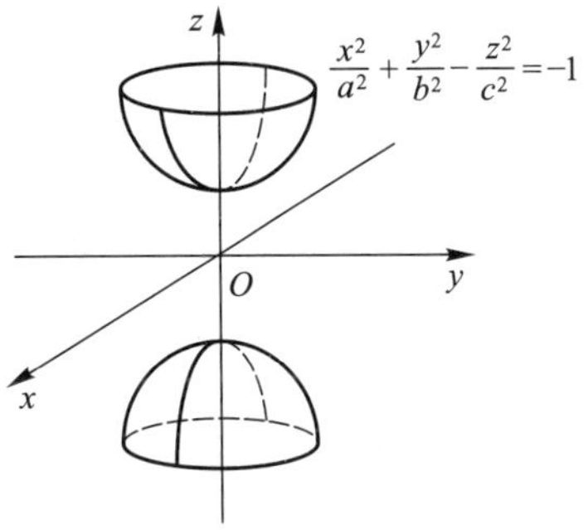

图 7-66

重难点讲解
二次曲面（一）

重难点讲解
二次曲面（二）

重难点讲解
二次曲面（三）

六、双叶双曲面

由方程

$$\frac{x^2}{a^2}+\frac{y^2}{b^2}-\frac{z^2}{c^2}=-1$$

所确定的曲面，称为双叶双曲面（图 7-66）.

有关单叶双曲面与双叶双曲面的截割曲线，读者可仿照前述平面截割法得到.

习题 7-8

1. 指出下列方程所表示的曲面的名称. 若是旋转曲面，指出它是由什么曲线绕什么轴旋转而生成的.

（1）$9x^2+4y^2+4z^2=36$； （2）$x^2-\frac{y^2}{9}+z^2=1$； （3）$x^2-y^2-z^2=1$；

（4）$x^2+y^2-9z=0$； （5）$x^2-y^2=4z$； （6）$z-\sqrt{x^2+y^2}=0$.

2. 指出下列方程表示怎样的曲面，并作出其草图.

（1）$x^2+\frac{y^2}{4}+\frac{z^2}{9}=1$； （2）$36x^2+9y^2-4z=36$；

（3）$x^2+\frac{y^2}{4}-\frac{z^2}{9}=0$； （4）$x^2-\frac{y^2}{4}-\frac{z^2}{4}=1$.

3. 写出曲面$\frac{x^2}{9}-\frac{y^2}{25}+\frac{z^2}{4}=1$分别被平面 $x=2$，$y=0$，$z=2$ 截割后所截得的曲线方程，并

指出它们是什么曲线.

4. 画出下列各组曲面所围成的立体图形：

(1) $x+\frac{y}{3}+\frac{z}{2}=1$，$x=0$，$y=0$，$z=0$；

(2) $z=x^2+y^2$，$x=0$，$y=0$，$z=0$，$x+y=1$；

(3) $x^2+y^2+(z-R)^2=R^2$，$x^2+y^2=z^2(z\geqslant 0)$；

(4) $z=y^2$，$z=1$，$x=0$，$x=2$；

(5) $x^2+y^2=2-z$，$z=0$；

(6) $y+1=x^2+z^2$，$y=2$；

(7) $x^2+y^2=(1-z)^2$，$z=0$；

(8) $x^2+y^2=1-z$，$x^2+y^2=1$，$y-z+2=0$；

(9) $x^2+y^2+z^2=4a^2$，$(x-a)^2+y^2=a^2$，包含 Ox 轴正向部分(只要求画出第Ⅰ卦限部分)；

(10) $y^2+z^2=R^2$，$x^2+z^2=R^2$(只要求画出第Ⅰ卦限部分).

第七章综合题

1. 已知矢量 $\boldsymbol{a}=2\boldsymbol{i}-3\boldsymbol{j}+\boldsymbol{k}$，$\boldsymbol{b}=\boldsymbol{i}-\boldsymbol{j}+3\boldsymbol{k}$，$\boldsymbol{c}=\boldsymbol{i}-2\boldsymbol{j}$，计算：

(1) $(\boldsymbol{a}\cdot\boldsymbol{b})\boldsymbol{c}-(\boldsymbol{a}\cdot\boldsymbol{c})\boldsymbol{b}$；　(2) $(\boldsymbol{a}+\boldsymbol{b})\times(\boldsymbol{b}+\boldsymbol{c})$.

2. 已知两点 $M_1(2,5,-3)$，$M_2(3,-2,5)$，在 M_1M_2 上取一点 M，使 $\overrightarrow{M_1M}=3\overrightarrow{MM_2}$，并求矢量 $\overrightarrow{OM}$ 的坐标表达式(其中 O 为坐标原点).

3. 试确定 p 值，使三矢量 $\boldsymbol{a}=3\boldsymbol{i}+p\boldsymbol{j}-\boldsymbol{k}$，$\boldsymbol{b}=-\boldsymbol{i}+4\boldsymbol{j}+\boldsymbol{k}$，$\boldsymbol{c}=2\boldsymbol{i}+5\boldsymbol{j}+\boldsymbol{k}$ 共面.

4. 设 $(\boldsymbol{a}\times\boldsymbol{b})\cdot\boldsymbol{c}=2$，求 $[(\boldsymbol{a}+\boldsymbol{b})\times(\boldsymbol{b}+\boldsymbol{c})]\cdot(\boldsymbol{c}+\boldsymbol{a})$.

5. 已知点 A，B，C 对于原点 O 的矢径分别为 $\boldsymbol{r}_1$，$\boldsymbol{r}_2$，$\boldsymbol{r}_3$，且 $\boldsymbol{r}_1$，$\boldsymbol{r}_2$，$\boldsymbol{r}_3$ 不共面，试求点 C 在 $\overrightarrow{OA}$ 和 $\overrightarrow{OB}$ 所确定的平面上的投影点 D. 当给出 $A(1,2,3)$，$B(0,-1,2)$，$C(2,1,0)$ 时，求相应的 D 点坐标.

6. 试用 $\triangle ABC$ 的顶点的矢径 $\boldsymbol{r}_1$，$\boldsymbol{r}_2$，$\boldsymbol{r}_3$ 表示三角形的面积，并由此证明：当

$$\boldsymbol{r}_1\times\boldsymbol{r}_2+\boldsymbol{r}_2\times\boldsymbol{r}_3+\boldsymbol{r}_3\times\boldsymbol{r}_1=\boldsymbol{0}$$

时，A，B，C 三点在同一直线上.

7. 已知 $P(1,2,-1)$，$Q(3,-1,4)$，$R(2,6,2)$ 为平行四边形 $PQRS$ 的三个顶点，试求：(1) 第四个顶点 S 的坐标；(2) 平行四边形 $PQRS$ 的面积 A.

8. 证明直线 L_1：$\frac{x+1}{3}=\frac{y-3}{1}=\frac{z}{2}$ 与直线 L_2：$\frac{x-2}{2}=\frac{y-1}{-1}=\frac{z-3}{4}$ 是异面直线，并求它们之间的最短距离.

9. 求直线 L_1：$\frac{x-5}{-4}=\frac{y-1}{1}=\frac{z-2}{1}$ 和直线 L_2：$\frac{x}{2}=\frac{y}{2}=\frac{z-8}{-3}$ 间的距离，并求公垂线与 L_1，L_2 的交点.

10. 求直线 $\begin{cases}x+y+z-1=0,\\x-y+z+1=0\end{cases}$ 在平面 $x+y+z=0$ 上的投影直线方程.

11. 试求点 $P_0(x_0, y_0, z_0)$ 关于已知平面 $ax+by+cz+d=0$ 的对称点 $P_1(x_1, y_1, z_1)$ 的坐标.

12. 试证明直线 $\frac{x+3}{5}=\frac{y+1}{2}=\frac{z-2}{4}$ 和直线 $\frac{x-8}{3}=\frac{y-1}{1}=\frac{z-6}{2}$ 相交，并写出由此两直线所决定的平面方程.

13. 试证：顶点在坐标原点，准线为 $\begin{cases} f(x,y)=0, \\ z=h \end{cases}$ 的锥面方程是 $f\left(\frac{hx}{z}, \frac{hy}{z}\right)=0$.

第七章习题拓展

第八章　多元函数微分学

§1　多元函数的极限与连续性

§1.1　多元函数的概念

定义 8.1　设 A，B 为两个非空实数积集合 $\{(x,y):x\in A,y\in B\}$ 称为 A 与 B 的直积，记作 $A\times B$，特别地 $A\times A\overset{\text{def}}{=\!=}A^2$.

定义 8.2　设 n 个 $\mathbf{R}$ 的直积 $\mathbf{R}\times\mathbf{R}\times\cdots\times\mathbf{R}\overset{\text{def}}{=\!=}\mathbf{R}^n=\{(x_1,x_2,\cdots,x_n):x_i\in\mathbf{R},i=1,2,\cdots,n\}$（称 $\mathbf{R}^n$ 为 n 维欧氏空间），且 $D\subset\mathbf{R}^n$ 是非空集合. 若存在一个对应法则 f，对每一个 $P(x_1,x_2,\cdots,x_n)\in D$，都有唯一的实数 u 与之对应，则称 f 是 D 上的 n 元函数，记作 $u=f(P)=f(x_1,x_2,\cdots,x_n)$，其中 D 称为函数 f 的定义域，$x_1,x_2,\cdots,x_n$ 称为自变量，u 称为因变量.

$R(f)=\{u:u=f(x_1,x_2,\cdots,x_n),\ P(x_1,x_2,\cdots,x_n)\in D\}$ 称为函数的值域. $\{(x_1,x_2,\cdots,x_n,u):u=f(x_1,x_2,\cdots,x_n),\ P(x_1,x_2,\cdots,x_n)\in D\}\subset\mathbf{R}^{n+1}$ 称为 $u=f(x_1,x_2,\cdots,x_n)$ 的图形.

在实际应用中，多元函数的例子举不胜举. 如温度 $T=f(x,y,z,t)$ 是四元函数；圆柱体的体积 $V=\pi r^2h$ 是二元函数；二维欧氏空间的距离 $\rho=\sqrt{(x_1-x_2)^2+(y_1-y_2)^2}$ 是四元函数；三维欧氏空间的距离 $\rho=\sqrt{(x_1-x_2)^2+(y_1-y_2)^2+(z_1-z_2)^2}$ 是六元函数.

一元函数 $y=f(x)$ 与多元函数 $u=f(P)$ 在本质上是相同的，差别仅在于自变量的个数，且在某些性质上略有不同. 从二元函数到三元函数或更多元的函数并无实质性的差别，因此，我们重点研究二元函数，所得的结果可直接推广到更多元函数上去.

设二元函数 $z=f(P)=f(x,y)$，$P(x,y)\in D$，这里 $D\subset\mathbf{R}^2$ 是函数 f 的定义域.

对于解析式给出的函数 $z=f(x,y)$，当没有指明它的定义域时，它的定义域是使 f 有意义的实数对 (x,y) 的全体．若 f 涉及实际问题，还要使实际问题有意义．D 是欧氏平面上某些点组成的非空集合．若 $P_0(x_0,y_0)\in D$，则函数 f 在点 $P_0(x_0,y_0)$ 处的值记为

$$f(x_0,\ y_0)\text{或}f(P_0)\text{或}z\Big|_{\substack{x=x_0\\y=y_0}}\text{或}z\Big|_{P_0}.$$

集合 $\{(x,y,z):z=f(x,y),(x,y)\in D\subset\mathbf{R}^2\}\subset\mathbf{R}^3$ 称为二元函数 $z=f(x,y)$ 的图形，一般来说是欧氏空间中的一张曲面，它与平行于 Oz 轴的直线至多有一个交点(图 8-1)．特别地，图形也可能是空间中的一张平面、一条曲线或一点．

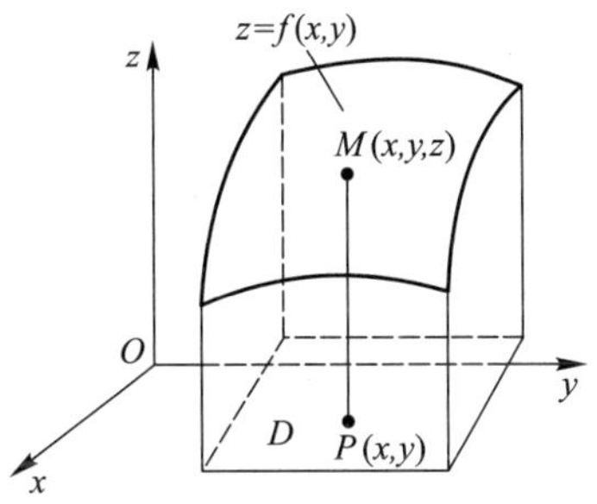

图 8-1

下面我们来求多元函数的定义域．

例 1 求函数 $z=\dfrac{1}{\sqrt{1-x^2-y^2}}$ 的定义域．

解 由题意知 $1-x^2-y^2>0$，即 $x^2+y^2<1$．这是 Oxy 平面上一个以原点为中心，以 1 为半径的圆面的内部，不包括圆周(图 8-2 中阴影部分即为所求定义域)．

注 图形用阴影表示出来，若包括边界，用实线；若不包括，则用虚线．

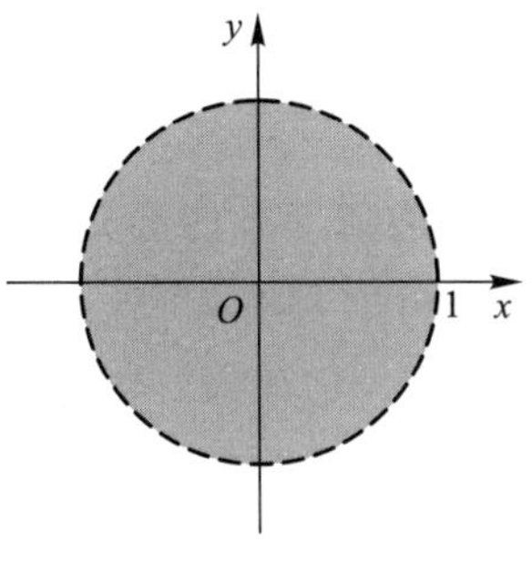

图 8-2

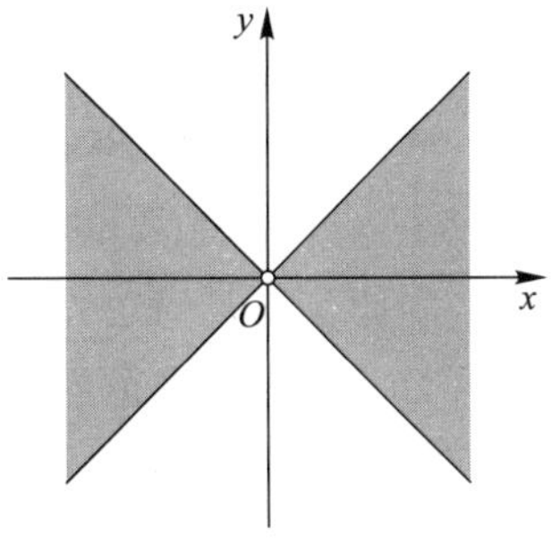

图 8-3

例 2 求函数 $z=\arcsin\dfrac{y}{x}$ 的定义域．

解 要使函数有定义，要求 $\left|\dfrac{y}{x}\right|\leqslant 1$，即 $|y|\leqslant|x|$ $(x\neq 0)$，其图形如图 8-3中阴影部分所示，注意不包括原点．

例 3 求函数 $u=\ln\left(1-x^2-\dfrac{y^2}{4}-z^2\right)$ 的定义域．

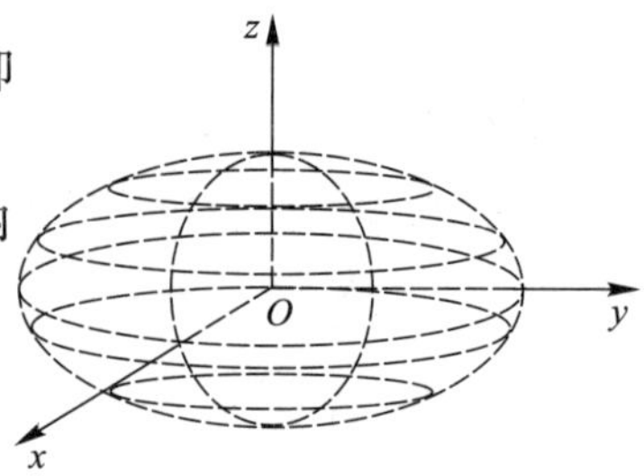

图 8-4

解　要使函数有意义，要求 $1-x^2-\frac{y^2}{4}-z^2>0$，即 $x^2+\frac{y^2}{4}+z^2<1$. 因此，所求定义域是 $x^2+\frac{y^2}{4}+z^2=1$ 的内部，不包括边界曲面(图 8-4).

§1.2　平面点集

定义 8.3　设 $P(x_0,y_0)\in\mathbf{R}^2$，把

$$\mathring{U}(P_0,\ \delta)\overset{\text{def}}{=\!=}\{P(x,y):0<\rho(P_0,P)<\delta\}$$
$$=\{P(x,y):0<(x-x_0)^2+(y-y_0)^2<\delta^2\}$$

称为 P_0 的 δ 空心邻域($\delta>0$)，若 δ 不指明，可写为 $\mathring{U}(P_0)$. 把 $U(P_0,\ \delta)\overset{\text{def}}{=\!=}\{P(x,y):\rho(P_0,P)<\delta\}=\{P(x,y):(x-x_0)^2+(y-y_0)^2<\delta^2\}$ 称为 P_0 的 δ 邻域，若 δ 不指明，可写为 $U(P_0)$.

我们可利用邻域来描述点和点集之间的关系. 任意一点 $P_0\in\mathbf{R}^2$ 与任意一个点集 $E\subset\mathbf{R}^2$ 之间必存在以下三种关系之一：

(1) 内点——若存在点 P_0 的某一邻域 $U(P_0)$，使得 $U(P_0)\subset E$，则称点 P_0 是点集 E 的内点，当然 $P_0\in E$. E 的全体内点构成的集合称为 E 的内部，记作 int E.

(2) 外点——若存在点 P_0 的某一邻域 $U(P_0)$，使得 $U(P_0)\cap E=\varnothing$，则称点 P_0 是点集 E 的外点，显然 $P_0\notin E$.

(3) 边界点——若在点 P_0 的任一邻域内既含有属于 E 的点又含有不属于 E 的点，则称点 P_0 是点集 E 的边界点. 即对任何 $\delta>0$，都有 $U(P_0,\delta)\cap E\neq\varnothing$ 且 $U(P_0,\delta)\cap\complement_E\neq\varnothing$. E 的全体边界点构成 E 的边界，记作 ∂E. 由定义易知，边界点可能属于 E，也可能不属于 E.

根据点集中所属点的特征，我们给点集做以下分类：

(1) 开集——若平面点集 E 中的每一点都是 E 的内点，即 int $E=E$，则称 E 为开集.

(2) 闭集——若平面点集 E 的余集 $\mathbf{R}^2-E$ 是开集，则称 E 为闭集.

例如 $P_0\in\mathbf{R}^2$，$U(P_0,\delta)$，$\mathring{U}(P_0,\delta)$，$\mathbf{R}^2$，$\varnothing$是开集；$\mathbf{R}^2$，$\varnothing$是闭集.

若 E 中任意两点之间都可用一条完全含于 E 的有限条折线(由有限条直线段连接而成的折线)相连接，则称 E 具有连通性.

若 E 既是开集又具有连通性，则称 E 为开区域.

例如$\{(x,y):x^2+y^2<1\}$是一个开区域(图 8-5)，而$\{(x,y):xy>0\}$不是一个开区域(图 8-6).

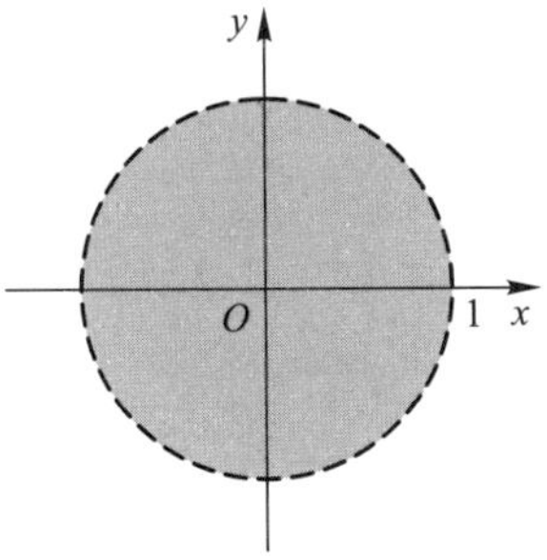

图 8-5

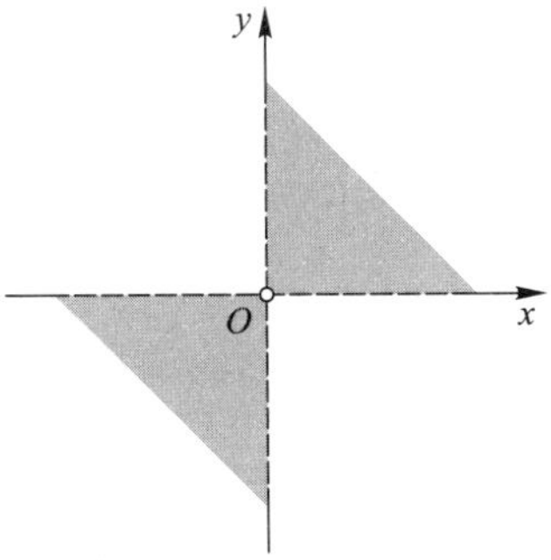

图 8-6

开区域连同其边界所构成的点集称为闭区域.

开区域、闭区域或者开区域连同其一部分边界点组成的点集统称为区域.

设 $E\subset\mathbf{R}^2$，若存在常数 $r>0$，使 $E\subset U(O,r)$，则称 E 是有界集，否则称 E 是无界集，其中 O 可以是坐标原点，也可以是其他点.

§1.3 二元函数的极限与连续

定义 8.4 设二元函数 $z=f(P)=f(x,y)$ 在点 $P_0(x_0,y_0)$ 的某邻域 $\mathring{U}(P_0)$ 内有意义. 若存在常数 A，任给 $\varepsilon>0$，存在 $\delta>0$，当 $0<\rho(P,P_0)<\delta$（即 $0<(x-x_0)^2+(y-y_0)^2<\delta^2$）时，都有

$$|f(P)-A|=|f(x,y)-A|<\varepsilon,$$

则称 A 是函数 $f(P)=f(x,y)$ 当点 $P(x,y)$ 趋于点 $P_0(x_0,y_0)$ 时的极限，记作

$$\lim_{(x,y)\to(x_0,y_0)}f(x,y)=A \quad 或 \quad \lim_{P\to P_0}f(P)=A$$

或

$$\lim_{\substack{x\to x_0\\ y\to y_0}}f(x,y)=A \quad 或 \quad f(x,y)\to A(x\to x_0,y\to y_0).$$

必须注意这个极限值与点 $P(x,y)$ 趋于点 $P_0(x_0,y_0)$ 的方式无关，即不论 P 以什么方向和路径（也可以是跳跃式地,忽上忽下地）趋向 P_0，只要 P 与 P_0 充分接近，就能使 $f(P)$ 与 A 接近到预先任意指定的程度.

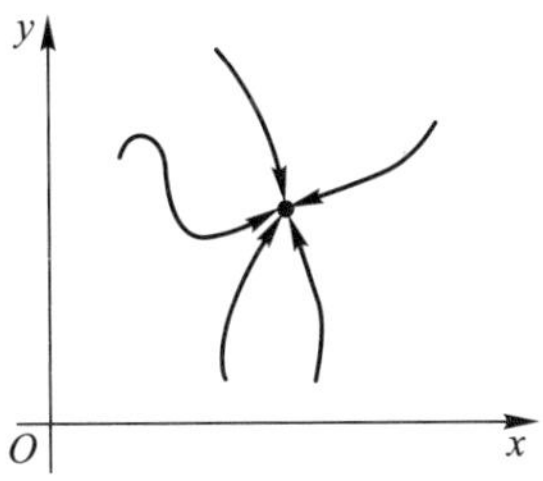

图 8-7

注 点 P 趋于点 P_0 的方式可有无穷多种，比一元函数仅有的左、右两个趋近方式要复杂得多(图 8-7).

同样我们可用归结原则：当发现点 P 按两个特殊的路径趋于点 P_0 时，$f(P)$ 的极限存在但不相等，或点 P 按一个特殊的路径趋于点 P_0 时，$f(P)$ 极限不存在，则可以判定 $f(P)$ 在点 P_0 的极限不存在. 这是判断多元函数极限不存在的重要方法之一.

二元函数中也有$\lim\limits_{\substack{x\to\infty\\y\to\infty}}f(x,y)=A$(或$\infty$)等不同形式的极限定义，请读者参考有关教材. 一元函数极限中除了单调有界定理外，其余的有关性质和结论，在二元函数极限理论中都适用.

例如，若$\lim\limits_{\substack{x\to x_0\\y\to y_0}}f(x,y)=A$($A$为常数)，则$f(x,y)=A+\alpha(x,y)$，其中

$$\lim_{\substack{x\to x_0\\y\to y_0}}\alpha(x,y)=0. \tag{8.1}$$

求多元函数的极限，一般都是转化为一元函数的极限来求，或利用夹逼定理来计算.

例 4 求$\lim\limits_{\substack{x\to\infty\\y\to\infty}}\dfrac{x+y}{x^2-xy+y^2}$.

解 由于

$$0\leqslant\left|\frac{x+y}{x^2-xy+y^2}\right|\leqslant\frac{|x+y|}{2|xy|-xy}\leqslant\frac{|x+y|}{|xy|}\leqslant\frac{1}{|x|}+\frac{1}{|y|},$$

而$\lim\limits_{\substack{x\to\infty\\y\to\infty}}\left(\dfrac{1}{|x|}+\dfrac{1}{|y|}\right)=0$，根据夹逼定理知$\lim\limits_{\substack{x\to\infty\\y\to\infty}}\left|\dfrac{x+y}{x^2-xy+y^2}\right|=0$，所以

$$\lim_{\substack{x\to\infty\\y\to\infty}}\frac{x+y}{x^2-xy+y^2}=0.$$

例 5 求$\lim\limits_{\substack{x\to0\\y\to a}}\dfrac{\sin xy}{x}\ (a\neq0)$[①].

解 $\lim\limits_{\substack{x\to0\\y\to a}}\dfrac{\sin xy}{x}=\lim\limits_{\substack{x\to0\\y\to a}}\dfrac{\sin xy}{xy}\cdot y=1\cdot a=a.$

例 6 求$\lim\limits_{\substack{x\to+\infty\\y\to+\infty}}\left(\dfrac{xy}{x^2+y^2}\right)^{x^2}$.

解 由于$0\leqslant\left(\dfrac{xy}{x^2+y^2}\right)^{x^2}\leqslant\left(\dfrac{1}{2}\right)^{x^2}$，且$\lim\limits_{x\to+\infty}\left(\dfrac{1}{2}\right)^{x^2}=0$，所以根据夹逼定理知

$$\lim_{\substack{x\to+\infty\\y\to+\infty}}\left(\frac{xy}{x^2+y^2}\right)^{x^2}=0.$$

例 7 研究函数$f(x,y)=\begin{cases}\dfrac{2xy}{x^2+y^2}, & x^2+y^2\neq0,\\ 0, & x^2+y^2=0\end{cases}$在点(0,0)处的极限是否存在.

---

① 此处补充一个定义：设$z=f(x,y)$的定义域为D，$P_0(x_0,y_0)\in\mathbf{R}^2$，$A$是一个确定的常数，$\forall\varepsilon>0$，$\exists\delta>0$，当$P\in\mathring{U}(P_0,\delta)\cap D(\neq\varnothing)$时，都有$|f(x,y)-A|<\varepsilon$，称$f(x,y)$当$P\to P_0$时的极限为$A$，记作$\lim\limits_{P\to P_0}f(P)=A$或$\lim\limits_{\substack{x\to x_0\\y\to y_0}}f(x,y)=A$.

解 当 $x^2+y^2\neq 0$ 时，我们研究函数 $f(x,y)$ 沿 $x\to 0$，$y=kx\to 0$ 这一方式趋于(0,0)的极限，有 $\lim\limits_{\substack{x\to 0\\ y=kx}}\dfrac{2x\cdot kx}{x^2+k^2x^2}=\dfrac{2k}{1+k^2}$. 很显然，对于不同的 k 值，可得到不同的极限值，所以极限 $\lim\limits_{\substack{x\to 0\\ y\to 0}}f(x,y)$ 不存在.

注 $\lim\limits_{y\to 0}\lim\limits_{x\to 0}\dfrac{2xy}{x^2+y^2}=\lim\limits_{y\to 0}\dfrac{0}{y^2}=\lim\limits_{y\to 0}0=0$, $\lim\limits_{x\to 0}\lim\limits_{y\to 0}\dfrac{2xy}{x^2+y^2}=\lim\limits_{x\to 0}0=0.$

我们来看 $\lim\limits_{x\to x_0}\lim\limits_{y\to y_0}f(x,y)$，$\lim\limits_{y\to y_0}\lim\limits_{x\to x_0}f(x,y)$ 与 $\lim\limits_{\substack{x\to x_0\\ y\to y_0}}f(x,y)$ 的区别. 前面两个求极限方式的本质是两次求一元函数的极限，我们称为求累次极限，而最后一个是求二元函数的极限，我们称为求二重极限.

例 8 设函数 $f(x,y)=x\sin\dfrac{1}{y}+y\sin\dfrac{1}{x}$，它关于原点的两个累次极限都不存在. 这是因为对任何 $y\neq 0$，当 $x\to 0$ 时，$f(x,y)$ 的第二项不存在极限；同理对任何 $x\neq 0$，当 $y\to 0$ 时，$f(x,y)$ 的第一项也不存在极限. 但是 $0\leqslant|f(x,y)|\leqslant|x|+|y|$，由于 $\lim\limits_{\substack{x\to 0\\ y\to 0}}(|x|+|y|)=0$，因此 $\lim\limits_{\substack{x\to 0\\ y\to 0}}f(x,y)=0$.

例 7 中，两个累次极限存在，但二重极限不存在. 而例 8 中，二重极限存在，但两个累次极限不存在. 我们有下面的结果：

定理 8.1 若累次极限 $\lim\limits_{x\to x_0}\lim\limits_{y\to y_0}f(x,y)$，$\lim\limits_{y\to y_0}\lim\limits_{x\to x_0}f(x,y)$ 和二重极限 $\lim\limits_{\substack{x\to x_0\\ y\to y_0}}f(x,y)$ 都存在，则三者相等(证明略).

推论 若 $\lim\limits_{x\to x_0}\lim\limits_{y\to y_0}f(x,y)$ 与 $\lim\limits_{y\to y_0}\lim\limits_{x\to x_0}f(x,y)$ 存在但不相等，则二重极限 $\lim\limits_{\substack{x\to x_0\\ y\to y_0}}f(x,y)$ 不存在.

定义 8.5 若 $f(P)=f(x,y)$ 在点 $P_0(x_0,y_0)$ 的某邻域 $U(P_0)$ 内有意义，且 $\lim\limits_{\substack{x\to x_0\\ y\to y_0}}f(x,y)=f(x_0,y_0)$，则称函数 $f(P)$ 在点 $P_0(x_0,y_0)$ 处连续. 记

$$\Delta z=f(x,y)-f(x_0,y_0)=f(x_0+\Delta x,y_0+\Delta y)-f(x_0,y_0),$$

上式称为函数(值)的全增量. 则二元函数连续的定义可改写为

$$\lim_{\substack{\Delta x\to 0\\ \Delta y\to 0}}\Delta z=0.$$

定义 8.6 $\Delta_x z\overset{\text{def}}{=\!=}f(x,y_0)-f(x_0,y_0)=f(x_0+\Delta x,y_0)-f(x_0,y_0)$ 为函数(值)对 x 的偏增量. $\Delta_y z\overset{\text{def}}{=\!=}f(x_0,y)-f(x_0,y_0)=f(x_0,y_0+\Delta y)-f(x_0,y_0)$ 为函数(值)对 y 的偏增量.

若 $f(P)$ 在点 $P_0(x_0,y_0)$ 处不连续，则称点 P_0 是 $f(x,y)$ 的间断点. 若 $f(x,y)$ 在某区域 G 上每一点都连续，则称 $f(x,y)$ 在区域 G 上连续. 若 $f(x,y)$ 在闭区域 G 的每一内点都连续，并在 G 的边界点 $P_0(x_0,y_0)$ 处成立

$$\lim_{\substack{P\to P_0\\P\in G}} f(P)=f(P_0),$$

则称 $f(x,y)$ 在闭区域 G 上连续. 闭区域上连续的二元函数的图形称为连续曲面.

关于一元函数连续的有关性质，如最值定理、介值定理，对于二元函数也相应成立. 由自变量为 x 的一元基本初等函数和自变量为 y 的一元基本初等函数经过有限次四则运算或有限次复合运算得到的二元函数，称为初等二元函数. 我们也有初等二元函数在其有定义的区域上的每一点处都连续的结论. 可以证明如下重要结果：

定理 8.2 设 $f(P)=f(x,y)$ 在平面有界闭区域 G 上连续，则 $f(P)$ 必在 G 上取到最大值、最小值及其中间的一切值.

以上关于二元函数的极限和连续的有关性质和结论在 n 元函数中仍然成立.

习题 8-1

1. 给出下列函数的定义域：

(1) $u=\sqrt{1-x^2}+\sqrt{y^2-1}$；　(2) $u=\sqrt{(x^2+y^2-1)(4-x^2-y^2)}$；

(3) $u=\ln(-x-y)$；　(4) $u=\ln(-1-x^2-y^2+z^2)$；　(5) $u=\dfrac{1}{\sqrt{x^2+y^2-1}}$.

2. 若函数 $f\left(x+y,\dfrac{y}{x}\right)=x^2-y^2$，求 $f(x,y)$.

3. 若函数 $z=f(x,y)$ 恒满足 $f(tx,ty)=t^kf(x,y)$，则称该函数为 k 次齐次函数，证明：k 次齐次函数能化为 $z=x^kg\left(\dfrac{y}{x}\right)$ 的形式，其中 $g(x)$ 是 x 的某一表达式.

4. 证明对于函数 $f(x,y)=(x+y)\sin\dfrac{1}{x}\sin\dfrac{1}{y}$，累次极限 $\lim\limits_{x\to0}\lim\limits_{y\to0}f(x,y)$ 和 $\lim\limits_{y\to0}\lim\limits_{x\to0}f(x,y)$ 均不存在，然而二重极限 $\lim\limits_{\substack{x\to0\\y\to0}}f(x,y)=0$.

5. 求下列极限：

(1) $\lim\limits_{\substack{x\to\infty\\y\to\infty}}\dfrac{x^2+y^2}{x^4+y^4}$；　(2) $\lim\limits_{\substack{x\to+\infty\\y\to+\infty}}(x^2+y^2)\mathrm{e}^{-(x+y)}$；

(3) $\lim\limits_{\substack{x\to\infty\\y\to a}}\left(1+\dfrac{1}{x}\right)^{\frac{x^2}{x+y}}$（$a$ 为常数）；(4) $\lim\limits_{\substack{x\to1\\y\to0}}\dfrac{\ln(x+\mathrm{e}^y)}{\sqrt{x^2+y^2}}$.

6. 求下列函数的不连续点：

(1) $u=\dfrac{xy}{x+y}$；　(2) $u=\dfrac{x+y}{x^3+y^3}$.

7. 研究下列函数的连续性：

(1) $f(x,y)=\begin{cases}\dfrac{xy}{\sqrt{x^2+y^2}}, & (x,y)\neq(0,0),\\ 0, & (x,y)=(0,0);\end{cases}$

(2) $f(x,y)=\begin{cases}\dfrac{xy^2}{x^2+y^4}, & (x,y)\neq(0,0),\\ 0, & (x,y)=(0,0).\end{cases}$

§2 偏导数与全微分

§2.1 偏导数

一、偏导数的定义

在自然科学和工程技术涉及的多元函数中，也经常要研究类似于一元函数变化率的问题. 例如温度 $T=f(x,y,z,t)$ 在一点 $P_0(x_0,y_0,z_0,t_0)$ 处对时间 t 的变化率问题. 这样，自然地就提出了多元函数关于某一自变量求导数的问题. 因此，就有必要引入多元函数偏导数的概念. 我们以二元函数为例，更多元函数的偏导数的定义与其完全类似.

定义 8.7 设函数 $z=f(x,y)$ 在点 $P_0(x_0,y_0)$ 的某邻域内有定义，若极限

$$\lim_{\Delta x\to 0}\frac{\Delta_x z}{\Delta x}=\lim_{\Delta x\to 0}\frac{f(x_0+\Delta x,y_0)-f(x_0,y_0)}{\Delta x}=\lim_{x\to x_0}\frac{f(x,y_0)-f(x_0,y_0)}{x-x_0}$$

存在，则称该极限值为函数 $z=f(x,y)$ 在点 $P_0(x_0,y_0)$ 处关于 x 的偏导数，记为

$$f'_x(x_0,y_0)\quad 或\quad \frac{\partial z}{\partial x}\bigg|_{\substack{x=x_0\\ y=y_0}}\quad 或\quad z'_x\bigg|_{\substack{x=x_0\\ y=y_0}}\quad 或\quad \frac{\partial}{\partial x}f(x,y)\bigg|_{\substack{x=x_0\\ y=y_0}}.$$

否则称 $z=f(x,y)$ 在点 $P_0(x_0,y_0)$ 处关于 x 的偏导数不存在.

若 $\dfrac{\mathrm{d}}{\mathrm{d}x}f(x,y_0)\bigg|_{x=x_0}$ 存在，则

$$\frac{\mathrm{d}}{\mathrm{d}x}f(x,y_0)\bigg|_{x=x_0}=\lim_{\Delta x\to 0}\frac{f(x_0+\Delta x,y_0)-f(x_0,y_0)}{\Delta x}=f'_x(x_0,y_0),$$

即

$$f'_x(x_0,y_0)=\frac{\mathrm{d}}{\mathrm{d}x}f(x,y_0)\bigg|_{x=x_0}. \tag{8.2}$$

同理可以定义函数 $z=f(x,y)$ 在点 $P_0(x_0,y_0)$ 处关于 y 的偏导数：

$$f'_y(x_0,y_0)=\frac{\partial z}{\partial y}\bigg|_{\substack{x=x_0\\ y=y_0}}=z'_y\bigg|_{\substack{x=x_0\\ y=y_0}}=\frac{\partial}{\partial y}f(x,y)\bigg|_{\substack{x=x_0\\ y=y_0}}=\lim_{\Delta y\to 0}\frac{\Delta_y z}{\Delta y}$$

$$=\lim_{\Delta y\to 0}\frac{f(x_0,y_0+\Delta y)-f(x_0,y_0)}{\Delta y}$$

$$= \lim_{y \to y_0} \frac{f(x_0, y) - f(x_0, y_0)}{y - y_0} \text{（如果极限存在）},$$

且

$$f'_y(x_0, y_0) = \frac{\mathrm{d}}{\mathrm{d}y} f(x_0, y) \bigg|_{y=y_0}.$$

若对于某一区域 G 上的每一点 (x,y)，极限

$$\lim_{\Delta x \to 0} \frac{\Delta_x z}{\Delta x} = \lim_{\Delta x \to 0} \frac{f(x+\Delta x, y) - f(x, y)}{\Delta x}$$

都存在，它是 x，y 的函数，称为函数 $z=f(x,y)$ 在 G 上关于 x 的偏导函数，简称偏导数，记作

$$f'_x(x,y) = \frac{\partial}{\partial x} f(x,y) = z'_x = \frac{\partial z}{\partial x}.$$

同理可以定义函数 $z=f(x,y)$ 在区域 G 的每一点处关于 y 的偏导函数

$$f'_y(x,y) = \frac{\partial}{\partial y} f(x,y) = z'_y = \frac{\partial z}{\partial y} = \lim_{\Delta y \to 0} \frac{f(x, y+\Delta y) - f(x,y)}{\Delta y}.$$

若 $f'_x(x,y)$ 存在，则

$$f'_x(x, y) \bigg|_{\substack{x=x_0 \\ y=y_0}} = \lim_{\Delta x \to 0} \frac{f(x+\Delta x, y) - f(x, y)}{\Delta x} \bigg|_{\substack{x=x_0 \\ y=y_0}}$$

$$= \lim_{\Delta x \to 0} \frac{f(x_0+\Delta x, y_0) - f(x_0, y_0)}{\Delta x} = f'_x(x_0, y_0).$$

同理，若 $f'_y(x,y)$ 存在，则 $f'_y(x,y) \bigg|_{\substack{x=x_0 \\ y=y_0}} = f'_y(x_0,y_0)$.

由 $f'_x(x_0,y_0) = \frac{\mathrm{d}}{\mathrm{d}x} f(x,y_0) \bigg|_{x=x_0}$ 知，$f'_x(x,y) = \frac{\mathrm{d}}{\mathrm{d}x} f(x,y)$（其中 y 视为常数）；由 $f'_y(x_0,y_0) = \frac{\mathrm{d}}{\mathrm{d}y} f(x_0,y) \bigg|_{y=y_0}$ 知，$f'_y(x,y) = \frac{\mathrm{d}}{\mathrm{d}y} f(x,y)$（其中 x 视为常数）. 这说明：求 $f(x,y)$ 在点 (x,y) 处关于 x 的偏导数，只需把 $f(x,y)$ 中的 y 视为常数，把 f 看成关于 x 的一元函数，对 x 求导数. 同理，求 $f(x,y)$ 在点 (x,y) 处关于 y 的偏导数，只需把 $f(x,y)$ 中的 x 视为常数，把 f 看成关于 y 的一元函数，对 y 求导数.

因此一元函数的求导公式和求导法则，对求多元函数的偏导数仍然适合.

二、偏导数的计算

由上面分析可知，求 $f'_x(x_0,y_0)$ 有三种方法：(1) 按定义；(2) 求导函数 $\frac{\mathrm{d}}{\mathrm{d}x} f(x,y_0)$，然后把 $x=x_0$ 代入；(3) 求偏导函数 $f'_x(x,y)$，然后把 $x=x_0$，$y=y_0$ 代入. 类似地，求 $f'_y(x_0,y_0)$ 也有三种方法. 读者可以根据具体的题目，灵活运用.

例 1 设函数$f(x,y)=x+(y-1)\arcsin\sqrt{\dfrac{x}{y}}$，求$f'_x\left(\dfrac{1}{2},1\right)$，$f'_y\left(\dfrac{1}{2},1\right)$.

解法一 先求出偏导函数

$$f'_x(x,y)=1+\frac{1}{2}(y-1)\frac{1}{\sqrt{1-\dfrac{x}{y}}}\frac{1}{\sqrt{\dfrac{x}{y}}}\frac{1}{y},$$

$$f'_y(x,y)=\arcsin\sqrt{\frac{x}{y}}-\frac{1}{2}(y-1)\frac{1}{\sqrt{1-\dfrac{x}{y}}}\frac{1}{\sqrt{\dfrac{x}{y}}}\frac{x}{y^2},$$

于是

$$f'_x\left(\frac{1}{2},1\right)=1,\quad f'_y\left(\frac{1}{2},1\right)=\arcsin\frac{\sqrt{2}}{2}=\frac{\pi}{4}.$$

解法二 用偏导数定义

$$f'_x\left(\frac{1}{2},1\right)=\lim_{x\to\frac{1}{2}}\frac{f(x,1)-f\left(\dfrac{1}{2},1\right)}{x-\dfrac{1}{2}}=\lim_{x\to\frac{1}{2}}\frac{x-\dfrac{1}{2}}{x-\dfrac{1}{2}}=1,$$

$$f'_y\left(\frac{1}{2},1\right)=\lim_{y\to1}\frac{f\left(\dfrac{1}{2},y\right)-f\left(\dfrac{1}{2},1\right)}{y-1}$$

$$=\lim_{y\to1}\frac{\dfrac{1}{2}+(y-1)\arcsin\sqrt{\dfrac{1}{2y}}-\dfrac{1}{2}}{y-1}=\lim_{y\to1}\arcsin\sqrt{\frac{1}{2y}}=\frac{\pi}{4}.$$

解法三

$$f'_x\left(\frac{1}{2},1\right)=\frac{\mathrm{d}}{\mathrm{d}x}f(x,1)\Big|_{x=\frac{1}{2}}=x'\Big|_{x=\frac{1}{2}}=1,$$

$$f'_y\left(\frac{1}{2},1\right)=\frac{\mathrm{d}}{\mathrm{d}y}f\left(\frac{1}{2},y\right)\Big|_{y=1}=\left[\frac{1}{2}+(y-1)\arcsin\sqrt{\frac{1}{2y}}\right]'\Big|_{y=1}$$

$$=\left[\arcsin\sqrt{\frac{1}{2y}}+(y-1)\frac{1}{\sqrt{1-\dfrac{1}{2y}}}\cdot\left(-\frac{1}{2\sqrt{2}}\right)y^{-\frac{3}{2}}\right]\Bigg|_{y=1}=\frac{\pi}{4}.$$

例 2 设函数 $u=x^y$，求$\dfrac{\partial u}{\partial x}$，$\dfrac{\partial u}{\partial y}$.

解 把 y 看成常数，这时 u 是关于 x 的幂函数，对 x 求偏导数得$\dfrac{\partial u}{\partial x}=yx^{y-1}$.

把 x 看成常数，这时 u 是关于 y 的指数函数，对 y 求偏导数得$\dfrac{\partial u}{\partial y}=x^y\ln x$.

例 3 设函数 $u=(x^2+y^2)^{xy}$，求$\dfrac{\partial u}{\partial x}$，$\dfrac{\partial u}{\partial y}$.

解 把 y 看成常数，对 x 求偏导数，这时 u 是关于 x 的幂指函数. 宜把 u 改写为 $u=e^{xy\ln(x^2+y^2)}$，有

$$\frac{\partial u}{\partial x}=e^{xy\ln(x^2+y^2)}y\left[\ln(x^2+y^2)+x\cdot\frac{2x}{x^2+y^2}\right]=(x^2+y^2)^{xy}y\left[\ln(x^2+y^2)+\frac{2x^2}{x^2+y^2}\right].$$

由于 x 与 y 地位一样，因此利用轮换，把 x 换成 y，y 换成 x，有

$$\frac{\partial u}{\partial y}=(x^2+y^2)^{xy}x\left[\ln(x^2+y^2)+\frac{2y^2}{x^2+y^2}\right].$$

例 4 设函数 $u=x^{y^z}$，求$\dfrac{\partial u}{\partial x},\dfrac{\partial u}{\partial y},\dfrac{\partial u}{\partial z}$及$\left.\dfrac{\partial u}{\partial z}\right|_{(1,1,1)}$.

解 把 y，z 看成常数，这时 u 是关于 x 的幂函数，对 x 求偏导数，有

$$\frac{\partial u}{\partial x}=y^z x^{y^z-1}=\frac{uy^z}{x}.$$

把 x，z 看成常数，这时 u 是关于 y 的指数复合函数. 可把 y^z 看成关于 y 的幂函数，对 y 求偏导数，有

$$\frac{\partial u}{\partial y}=zx^{y^z}y^{z-1}\ln x=zuy^{z-1}\ln x.$$

把 x，y 看成常数，这时 u 是关于 z 的指数复合函数. 可把 y^z 看成关于 z 的指数函数，对 z 求偏导数，有

$$\frac{\partial u}{\partial z}=x^{y^z}\cdot\ln x\cdot y^z\ln y=uy^z\ln x\cdot\ln y,$$

把点(1,1,1)代入上式，得

$$\left.\frac{\partial u}{\partial z}\right|_{(1,1,1)}=0.$$

例 5 设函数 $z=yf(x^2-y^2)$，其中 f 是存在一阶导数的一元函数，证明：函数 z 满足方程

$$\frac{1}{x}\frac{\partial z}{\partial x}+\frac{1}{y}\frac{\partial z}{\partial y}=\frac{z}{y^2}.$$

证

$$\frac{\partial z}{\partial x}=\frac{\partial}{\partial x}[yf(x^2-y^2)]=y\frac{\partial}{\partial x}f(x^2-y^2)=yf'(x^2-y^2)2x,$$

$$\frac{\partial z}{\partial y}=\frac{\partial}{\partial y}[yf(x^2-y^2)]=f(x^2-y^2)+yf'(x^2-y^2)(-2y),$$

于是

$$\frac{1}{x}\frac{\partial z}{\partial x}+\frac{1}{y}\frac{\partial z}{\partial y}=2yf'(x^2-y^2)+\frac{1}{y}f(x^2-y^2)-2yf'(x^2-y^2)=\frac{z}{y^2}.$$

三、偏导数的几何意义

我们已经知道，$z=f(x,y)$在空间表示一张曲面. 设$M_0(x_0,y_0,z_0)$是曲面上一点，作平面$y=y_0$，它与曲面$z=f(x,y)$的交线是平面$y=y_0$上的曲线$z=f(x,y_0)$，此曲线在点M_0处的切线的斜率即为一元函数$z=f(x,y_0)$在$x=x_0$时的导数

$$\frac{\mathrm{d}}{\mathrm{d}x}f(x,y_0)\bigg|_{x=x_0}=f'_x(x_0,y_0).$$

所以偏导数$f'_x(x_0,y_0)$的几何意义是：曲面$z=f(x,y)$与平面$y=y_0$的交线在点M_0处的切线对Ox轴的斜率(图 8-8).

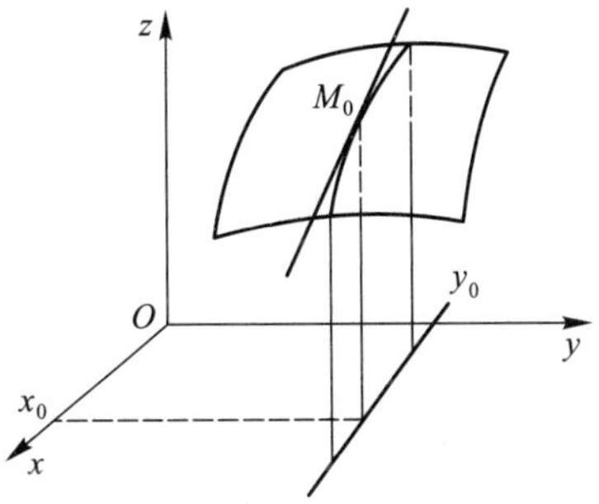

图 8-8

我们知道，对一元函数来说，若函数在某点的导数存在，则它在该点处连续. 但对于多元函数，即使它在某点的各个偏导数都存在，也不能保证函数在该点连续.

今后本章出现的一元或多元抽象函数f，及用其他符号表示的多元函数，我们都假定问题中所要求的导数或偏导数均存在.

例 6 讨论函数$f(x,y)=\begin{cases}\dfrac{2xy}{x^2+y^2}, & x^2+y^2\neq 0,\\ 0, & x^2+y^2=0\end{cases}$在点(0,0)处的偏导数是否存在，函数$f$是否连续?

解 按定义求函数在点(0,0)处的偏导数，有

$$\lim_{x\to 0}\frac{f(x,\ 0)\ -f(0,\ 0)}{x}=\lim_{x\to 0}\frac{0}{x}=0=f'_x(0,\ 0),$$

$$\lim_{y\to 0}\frac{f(0,\ y)\ -f(0,\ 0)}{y}=\lim_{y\to 0}\frac{0}{y}=0=f'_y(0,\ 0).$$

因此，$f(x,y)$在点(0,0)处的偏导数都存在. 但由上节例 7 知，此函数在点(0,0)处的极限不存在，当然也不连续.

实际上，出现这个难以想象的结果，是因为偏导数只是刻画了函数沿Ox轴或Oy轴方向的变化特征. 例 6 说明了f只能在原点“单独”对x或对y连续，但作为二元函数在原点却不连续.

四、高阶偏导数

与一元函数的高阶导数一样，可以定义多元函数的高阶偏导数.

若函数$z=f(x,y)$的偏导数$\dfrac{\partial z}{\partial x}$，$\dfrac{\partial z}{\partial y}$存在，称为一阶偏导数，它们仍是$x$，$y$的函数. 如果它们对$x$，$y$的偏导数：$\dfrac{\partial}{\partial x}\left(\dfrac{\partial z}{\partial x}\right)$，$\dfrac{\partial}{\partial y}\left(\dfrac{\partial z}{\partial x}\right)$，$\dfrac{\partial}{\partial x}\left(\dfrac{\partial z}{\partial y}\right)$，$\dfrac{\partial}{\partial y}\left(\dfrac{\partial z}{\partial y}\right)$仍存

在，则称为 $z=f(x,y)$ 的二阶偏导数，依次记作

$$\frac{\partial^2 z}{\partial x^2},\frac{\partial^2 z}{\partial x\partial y},\frac{\partial^2 z}{\partial y\partial x},\frac{\partial^2 z}{\partial y^2}\text{或}f''_{xx}(x,y),f''_{xy}(x,y),f''_{yx}(x,y),f''_{yy}(x,y)\text{或}z''_{xx},z''_{xy},z''_{yx},z''_{yy},$$

即

$$\frac{\partial}{\partial y}\left(\frac{\partial z}{\partial x}\right)=\frac{\partial^2 z}{\partial x\partial y}=f''_{xy}(x,y)=z''_{xy},$$

其中 $f''_{xy}(x,y)$ 和 $f''_{yx}(x,y)$ 称为二阶混合偏导数. 类似可定义三阶及三阶以上的偏导数，如

$$\frac{\partial}{\partial x}\left(\frac{\partial^2 z}{\partial x^2}\right)=\frac{\partial^3 z}{\partial x^3}=f'''_{xxx}(x,y),\ \frac{\partial}{\partial y}\left(\frac{\partial^2 z}{\partial x^2}\right)=f'''_{xxy}(x,y),\text{ 等等.}$$

二阶及二阶以上的偏导数，统称为高阶偏导数.

例 7 设函数 $z=\arctan\dfrac{y}{x}$，求 z 的所有一阶及二阶偏导数.

解 先求出 $\dfrac{\partial z}{\partial x}=\dfrac{1}{1+\left(\dfrac{y}{x}\right)^2}\left(-\dfrac{y}{x^2}\right)=-\dfrac{y}{x^2+y^2}$，$\dfrac{\partial z}{\partial y}=\dfrac{1}{1+\left(\dfrac{y}{x}\right)^2}\dfrac{1}{x}=\dfrac{x}{x^2+y^2}$. 有

$$\frac{\partial^2 z}{\partial x^2}=\frac{\partial}{\partial x}\left(-\frac{y}{x^2+y^2}\right)=-\frac{-y\cdot 2x}{(x^2+y^2)^2}=\frac{2xy}{(x^2+y^2)^2},$$

$$\frac{\partial^2 z}{\partial y^2}=\frac{\partial}{\partial y}\left(\frac{x}{x^2+y^2}\right)=-\frac{2xy}{(x^2+y^2)^2},$$

$$\frac{\partial^2 z}{\partial x\partial y}=\frac{\partial}{\partial y}\left(\frac{\partial z}{\partial x}\right)=\frac{\partial}{\partial y}\left(-\frac{y}{x^2+y^2}\right)=-\frac{x^2+y^2-y\cdot 2y}{(x^2+y^2)^2}=\frac{y^2-x^2}{(x^2+y^2)^2},$$

$$\frac{\partial^2 z}{\partial y\partial x}=\frac{\partial}{\partial x}\left(\frac{\partial z}{\partial y}\right)=\frac{\partial}{\partial x}\left(\frac{x}{x^2+y^2}\right)=\frac{x^2+y^2-2x^2}{(x^2+y^2)^2}=\frac{y^2-x^2}{(x^2+y^2)^2}.$$

例 8 设函数 $z=x^3+x^2y-y^2$，求 $\dfrac{\partial^2 z}{\partial x\partial y}$，$\dfrac{\partial^2 z}{\partial y\partial x}$.

解 $\dfrac{\partial z}{\partial x}=3x^2+2xy$，$\dfrac{\partial^2 z}{\partial x\partial y}=2x$，$\dfrac{\partial z}{\partial y}=x^2-2y$，$\dfrac{\partial^2 z}{\partial y\partial x}=2x$.

从以上两个例题中我们均看到，两个不同顺序的混合偏导数 $\dfrac{\partial^2 z}{\partial x\partial y}$，$\dfrac{\partial^2 z}{\partial y\partial x}$ 相等，这并不是巧合，这一结论在一定条件下是成立的. 即

定理 8.3 **若函数 $z=f(x,y)$ 的二阶偏导(函)数 $f''_{xy}(x,y)$，$f''_{yx}(x,y)$ 都在点 $P_0(x_0,y_0)$ 处连续，则 $f''_{xy}(x_0,y_0)=f''_{yx}(x_0,y_0)$.**

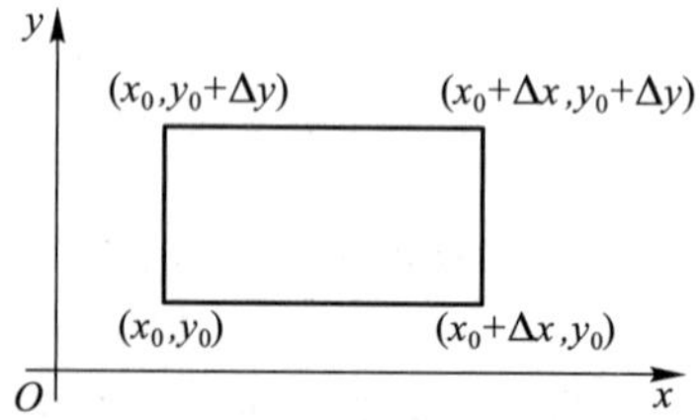

图 8-9

*证 由于 $f''_{xy}(x,y)$，$f''_{yx}(x,y)$ 都在点 $P_0(x_0,y_0)$ 处连续，所以 $f''_{xy}(x,y)$，$f''_{yx}(x,y)$ 在点 $P_0(x_0,y_0)$ 的某邻域 $U(P_0)$ 内有定义. 任给 $\Delta x\neq 0$，$\Delta y\neq 0$，并取 $|\Delta x|$，

$|\Delta y|$充分小，使$(x_0+\Delta x,y_0),(x_0,y_0+\Delta y)$，$(x_0+\Delta x,y_0+\Delta y)\in U(P_0)$，如图 8-9 所示. 令

$$\varphi(x)=f(x,y_0+\Delta y)-f(x,y_0),\qquad \psi(y)=f(x_0+\Delta x,y)-f(x_0,y),$$

并令

$$W=f(x_0+\Delta x,y_0+\Delta y)-f(x_0,y_0+\Delta y)-f(x_0+\Delta x,y_0)+f(x_0,y_0),$$

有 $W=\varphi(x_0+\Delta x)-\varphi(x_0)$，由一元函数中值定理知

$W=\varphi'(x_0+\theta_1\Delta x)\Delta x=[f'_x(x_0+\theta_1\Delta x,\ y_0+\Delta y)-f'_x(x_0+\theta_1\Delta x,\ y_0)]\Delta x,\quad 0<\theta_1<1$. 又由于$f'_x$存在关于 y 的偏导数，故对以 y 为自变量的函数$f'_x(x_0+\theta_1\Delta x,\ y)$，应用一元函数微分中值定理，有

$$W=f''_{xy}(x_0+\theta_1\Delta x,\ y_0+\theta_2\Delta y)\Delta y\Delta x,\quad 0<\theta_2<1.$$

同理有

$$\begin{aligned}W&=\psi(y_0+\Delta y)-\psi(y_0)=\psi'(y_0+\theta_3\Delta y)\Delta y\\&=[f'_y(x_0+\Delta x,y_0+\theta_3\Delta y)-f'_y(x_0,y_0+\theta_3\Delta y)]\Delta y\\&=f''_{yx}(x_0+\theta_4\Delta x,y_0+\theta_3\Delta y)\Delta x\Delta y,\ 0<\theta_3,\ \theta_4<1.\end{aligned}$$

于是

$$f''_{xy}(x_0+\theta_1\Delta x,\ y_0+\theta_2\Delta y)\Delta y\Delta x=f''_{yx}(x_0+\theta_4\Delta x,\ y_0+\theta_3\Delta y)\Delta x\Delta y,$$

由于 $\Delta x\Delta y\neq 0$，两边同除以 $\Delta x\Delta y$，有

$$f''_{xy}(x_0+\theta_1\Delta x,\ y_0+\theta_2\Delta y)=f''_{yx}(x_0+\theta_4\Delta x,\ y_0+\theta_3\Delta y),\ 0<\theta_1,\ \theta_2,\ \theta_3,\ \theta_4<1.$$

由$f''_{xy}(x,y)$，$f''_{yx}(x,y)$在点 $P_0(x_0,y_0)$处连续，在等式两边令 $\Delta x\to 0$，$\Delta y\to 0$，有

$$f''_{xy}(x_0,y_0)=f''_{yx}(x_0,y_0).\ \square$$

这个定理的结论对 n 元函数的混合偏导数也成立，如三元函数 $u=f(x,y,z)$，若下述六个三阶混合偏导数

$$f'''_{xyz}(x,y,z),f'''_{yzx}(x,y,z),f'''_{zxy}(x,y,z),f'''_{xzy}(x,y,z),f'''_{zyx}(x,y,z),f'''_{yxz}(x,y,z)$$

在某一点都连续，则在该点这六个不同顺序的混合偏导数都相等. 同样地，对在一点存在直到 m 阶连续偏导数的 n 元函数，在该点的 $k(\leqslant m)$阶混合偏导数与求偏导数的顺序无关.

例 9 设函数 $u=\dfrac{1}{r}$，$r=\sqrt{x^2+y^2+z^2}$. 求证 u 满足方程$\dfrac{\partial^2 u}{\partial x^2}+\dfrac{\partial^2 u}{\partial y^2}+\dfrac{\partial^2 u}{\partial z^2}=0$.

证 $$\frac{\partial u}{\partial x}=-\frac{1}{r^2}\frac{\partial r}{\partial x}=-\frac{1}{r^2}\frac{x}{\sqrt{x^2+y^2+z^2}}=-\frac{x}{r^3},$$

$$\frac{\partial^2 u}{\partial x^2}=-\frac{1}{r^3}+\frac{3x}{r^4}\cdot\frac{\partial r}{\partial x}=-\frac{1}{r^3}+\frac{3x}{r^4}\cdot\frac{x}{r}=\frac{1}{r^5}(-r^2+3x^2).$$

由于 x,y,z 的地位完全相同，利用轮换(图 8-10)，即把 x 换成 y，y 换成 z，z 换成 x，可得

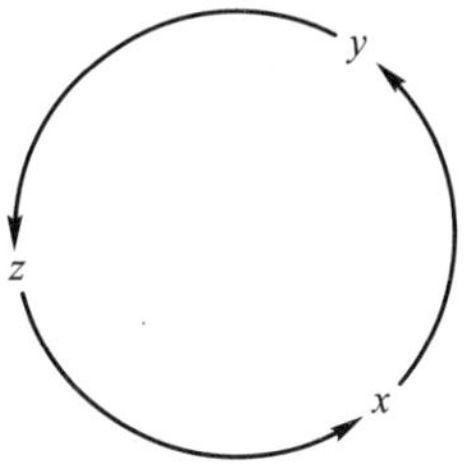

图 8-10

$$\frac{\partial^2 u}{\partial y^2}=\frac{1}{r^5}(-r^2+3y^2),$$

$$\frac{\partial^2 u}{\partial z^2}=\frac{1}{r^5}(-r^2+3z^2),$$

从而

$$\frac{\partial^2 u}{\partial x^2}+\frac{\partial^2 u}{\partial y^2}+\frac{\partial^2 u}{\partial z^2}=\frac{1}{r^5}(-3r^2+3x^2+3y^2+3z^2)=0. \quad \square$$

注 以后遇到类似情况，我们将不加说明地直接同理得结论.

例 10 设函数 $u=yf\left(\frac{x}{y}\right)+xg\left(\frac{y}{x}\right)$，其中 f，g 二阶可导. 求 $\frac{\partial^2 u}{\partial x^2}$, $\frac{\partial^2 u}{\partial x\partial y}$.

解

$$\begin{aligned}\frac{\partial u}{\partial x}&=yf'\left(\frac{x}{y}\right)\frac{1}{y}+g\left(\frac{y}{x}\right)+xg'\left(\frac{y}{x}\right)\left(-\frac{y}{x^2}\right)\\&=f'\left(\frac{x}{y}\right)+g\left(\frac{y}{x}\right)-\frac{y}{x}g'\left(\frac{y}{x}\right),\end{aligned}$$

$$\begin{aligned}\frac{\partial^2 u}{\partial x^2}&=\frac{1}{y}f''\left(\frac{x}{y}\right)+g'\left(\frac{y}{x}\right)\left(-\frac{y}{x^2}\right)+\frac{y}{x^2}g'\left(\frac{y}{x}\right)-\frac{y}{x}g''\left(\frac{y}{x}\right)\left(-\frac{y}{x^2}\right)\\&=\frac{1}{y}f''\left(\frac{x}{y}\right)+\frac{y^2}{x^3}g''\left(\frac{y}{x}\right),\end{aligned}$$

$$\begin{aligned}\frac{\partial^2 u}{\partial x\partial y}&=f''\left(\frac{x}{y}\right)\left(-\frac{x}{y^2}\right)+g'\left(\frac{y}{x}\right)\frac{1}{x}-\frac{1}{x}g'\left(\frac{y}{x}\right)-\frac{y}{x}g''\left(\frac{y}{x}\right)\frac{1}{x}\\&=-f''\left(\frac{x}{y}\right)\frac{x}{y^2}-\frac{y}{x^2}g''\left(\frac{y}{x}\right).\end{aligned}$$

§2.2 全微分

一、全微分的概念

在一元函数里，我们看到了微分的作用. 所以，我们也需要定义多元函数的微分.

定义 8.8 若二元函数 $z=f(x,y)$ 在点 (x,y) 处的全增量 $\Delta z=f(x+\Delta x,y+\Delta y)-f(x,y)$ 可以表示为

$$\Delta z = A\Delta x + B\Delta y + o(\rho) \quad (\rho=\sqrt{(\Delta x)^2+(\Delta y)^2}\to 0),$$

其中 A，B 与变量 x，y 的增量 Δx，Δy 无关，而仅与 x，y 有关，则称函数 $f(x,y)$ 在点 (x,y) 处可微. 其中 $A\Delta x+B\Delta y$ 称为函数 $f(x,y)$ 在点 (x,y) 处的全微分，记作 $\mathrm{d}z$，即 $\mathrm{d}z=A\Delta x+B\Delta y$.

由全微分的定义可知：

定理 8.4 **若 $z=f(x,y)$ 在点 (x,y) 处可微，则 $f(x,y)$ 在点 (x,y) 处连续.**

证 由 $z=f(x,y)$ 在点 (x,y) 处可微，有

$$\Delta z=A\Delta x+B\Delta y+o(\rho)\quad(\rho\to 0),$$

其中A，B是与 Δx，Δy 无关的常数.

$$\lim_{\substack{\Delta x\to 0\\ \Delta y\to 0}}\Delta z=\lim_{\substack{\Delta x\to 0\\ \Delta y\to 0}}(A\Delta x+B\Delta y+o(\rho))=0,$$

所以 $z=f(x,y)$ 在点 (x,y) 处连续. □

注 连续的多元函数不一定可微.

定理 8.5 **若** $z=f(x,y)$ **在点** (x,y) **处可微，则** $z=f(x,y)$ **在点** (x,y) **处的两个偏导数** $f'_x(x,y)$，$f'_y(x,y)$ **都存在，且** $A=f'_x(x,y)$，$B=f'_y(x,y)$.

证 由 $z=f(x,y)$ 在点 (x,y) 处可微，有 $\Delta z=A\Delta x+B\Delta y+o(\rho)$.令 $\Delta y=0$，有

$$\Delta_x z=A\Delta x+o(|\Delta x|).$$

于是

$$f'_x(x,y)=\lim_{\Delta x\to 0}\frac{\Delta_x z}{\Delta x}=\lim_{\Delta x\to 0}\left(A+\frac{o(|\Delta x|)}{\Delta x}\right)=A.$$

同理，在 $\Delta z=A\Delta x+B\Delta y+o(\rho)$ 中，令 $\Delta x=0$，有 $\Delta_y z=B\Delta y+o(|\Delta y|)$. 于是

$$f'_y(x,y)=\lim_{\Delta y\to 0}\frac{\Delta_y z}{\Delta y}=\lim_{\Delta y\to 0}\left(B+\frac{o(|\Delta y|)}{\Delta y}\right)=B. \ \square$$

因此，若 $z=f(x,y)$ 在点 (x,y) 处可微，则

$$\mathrm{d}z=f'_x(x,y)\Delta x+f'_y(x,y)\Delta y,$$

由于

$$\mathrm{d}x=1\cdot\Delta x+0\cdot\Delta y=\Delta x,\quad \mathrm{d}y=0\cdot\Delta x+1\cdot\Delta y=\Delta y,$$

所以

$$\mathrm{d}z=f'_x(x,y)\,\mathrm{d}x+f'_y(x,y)\,\mathrm{d}y=\frac{\partial z}{\partial x}\mathrm{d}x+\frac{\partial z}{\partial y}\mathrm{d}y.$$

若函数 f 在区域 D 上每点 (x,y) 处都可微，则称函数 f 在区域 D 上可微，且 f 在 D 上的全微分为

$$\mathrm{d}z=f'_x(x,y)\,\mathrm{d}x+f'_y(x,y)\,\mathrm{d}y.$$

例 11 研究函数 $f(x,y)=\begin{cases}\dfrac{2xy}{\sqrt{x^2+y^2}}, & x^2+y^2\neq 0,\\ 0, & x^2+y^2=0\end{cases}$ 在原点的可微性.

解 $f'_x(0,0)=\lim\limits_{x\to 0}\dfrac{f(x,0)-f(0,0)}{x}=\lim\limits_{x\to 0}\dfrac{0}{x}=0$，同理 $f'_y(0,0)=0$. 要验证函数在原点是否可微，只需看极限 $\lim\limits_{\substack{\Delta x\to 0\\ \Delta y\to 0}}\dfrac{\Delta z-(A\Delta x+B\Delta y)}{\rho}$ 是否为 0. 由于

$$\lim_{\substack{\Delta x\to 0\\ \Delta y\to 0}}\frac{\Delta z-(A\Delta x+B\Delta y)}{\rho}=\lim_{\substack{\Delta x\to 0\\ \Delta y\to 0}}\frac{\dfrac{2\Delta x\Delta y}{\sqrt{(\Delta x)^2+(\Delta y)^2}}-(0\cdot\Delta x+0\cdot\Delta y)}{\sqrt{(\Delta x)^2+(\Delta y)^2}}$$

$$= \lim_{\substack{\Delta x \to 0 \\ \Delta y \to 0}} \frac{2\Delta x \Delta y}{(\Delta x)^2 + (\Delta y)^2},$$

由本章§1例7知此极限不存在，所以函数 f 在原点不可微.

这个例子说明，偏导数即使都存在，函数也不一定可微. 验证多元函数不可微有下述方法：

(1) 若 $f(x,y)$ 在点 (x,y) 处不连续，则 $f(x,y)$ 在点 (x,y) 处不可微；

(2) 若 $f(x,y)$ 在点 (x,y) 处至少有一个偏导数不存在，则 $f(x,y)$ 在点 (x,y) 处不可微；

(3) 若 $f(x,y)$ 在点 (x,y) 处的两个偏导数都存在，但极限 $\lim\limits_{\substack{\Delta x \to 0 \\ \Delta y \to 0}} \frac{\Delta z-(A\Delta x+B\Delta y)}{\rho}$ 不存在或极限虽存在但不为零，则 $f(x,y)$ 在点 (x,y) 处不可微.

验证多元函数在一点是否可微，我们还有下列更实用的方法：

定理 8.6(可微的充分条件) **若函数 $z=f(x,y)$ 的偏导数 $f'_x(x,y)$，$f'_y(x,y)$ 在点 (x_0,y_0) 处连续，则函数 $z=f(x,y)$ 在点 (x_0,y_0) 处可微.**

证 全增量

$$\begin{aligned}\Delta z &= f(x_0+\Delta x, y_0+\Delta y) - f(x_0,y_0) \\ &= [f(x_0+\Delta x,y_0+\Delta y) - f(x_0,y_0+\Delta y)] + [f(x_0,y_0+\Delta y) - f(x_0,y_0)],\end{aligned}$$

在上面两个中括号中分别应用一元函数微分中值定理，有

$$\Delta z = f'_x(x_0+\theta_1\Delta x,\ y_0+\Delta y)\Delta x + f'_y(x_0,\ y_0+\theta_2\Delta y)\Delta y,\quad 0<\theta_1,\ \theta_2<1.$$

由所给条件知

$$\lim_{\substack{\Delta x \to 0 \\ \Delta y \to 0}} f'_x(x_0+\theta_1\Delta x,\ y_0+\Delta y) = f'_x(x_0,\ y_0),$$

由本章§1.3式(8.1)的结果，有

$$f'_x(x_0+\theta_1\Delta x,\ y_0+\Delta y) = f'_x(x_0,\ y_0) + \varepsilon_1,\ 其中 \lim_{\substack{\Delta x \to 0 \\ \Delta y \to 0}} \varepsilon_1 = 0.$$

同理

$$f'_y(x_0,\ y_0+\theta_2\Delta y) = f'_y(x_0,\ y_0) + \varepsilon_2,\ 其中 \lim_{\substack{\Delta x \to 0 \\ \Delta y \to 0}} \varepsilon_2 = 0.$$

于是

$$\Delta z = f'_x(x_0,\ y_0)\Delta x + f'_y(x_0,\ y_0)\Delta y + \varepsilon_1\Delta x + \varepsilon_2\Delta y.$$

而

$$\begin{aligned}\lim_{\substack{\Delta x \to 0 \\ \Delta y \to 0}} \frac{\varepsilon_1\Delta x + \varepsilon_2\Delta y}{\rho} &= \lim_{\substack{\Delta x \to 0 \\ \Delta y \to 0}} \left(\varepsilon_1 \frac{\Delta x}{\sqrt{(\Delta x)^2+(\Delta y)^2}} + \varepsilon_2 \frac{\Delta y}{\sqrt{(\Delta x)^2+(\Delta y)^2}}\right) \\ &= 0+0=0,\end{aligned}$$

即

$$\varepsilon_1\Delta x + \varepsilon_2\Delta y = o(\rho) \quad (\rho \to 0),$$

从而

$$\Delta z=f'_x(x_0,y_0)\Delta x+f'_y(x_0,y_0)\Delta y+o(\rho)\quad(\rho\to 0).$$

因此，$z=f(x,y)$在点(x_0,y_0)处可微. □

注 $o(\rho)$也可写成$o(\rho)=\varepsilon_1\Delta x+\varepsilon_2\Delta y$，这里

$$\lim_{\substack{\Delta x\to 0\\ \Delta y\to 0}}\varepsilon_1=0,\qquad \lim_{\substack{\Delta x\to 0\\ \Delta y\to 0}}\varepsilon_2=0.$$

事实上，

$$o(\rho)=\frac{o(\rho)\rho^2}{\rho^2}=\frac{o(\rho)}{\rho}\frac{\Delta x}{\rho}\Delta x+\frac{o(\rho)}{\rho}\frac{\Delta y}{\rho}\Delta y.$$

设$\varepsilon_1=\dfrac{o(\rho)}{\rho}\dfrac{\Delta x}{\rho}$，$\varepsilon_2=\dfrac{o(\rho)}{\rho}\dfrac{\Delta y}{\rho}$，由$\lim\limits_{\substack{\Delta x\to 0\\ \Delta y\to 0}}\dfrac{o(\rho)}{\rho}=0$，$\left|\dfrac{\Delta x}{\rho}\right|\leqslant 1$，$\left|\dfrac{\Delta y}{\rho}\right|\leqslant 1$，得

$$\lim_{\substack{\Delta x\to 0\\ \Delta y\to 0}}\varepsilon_1=0,\qquad \lim_{\substack{\Delta x\to 0\\ \Delta y\to 0}}\varepsilon_2=0.$$

重难点讲解
多元函数可微定义分析

于是Δz也可写成

$$\Delta z=f'_x(x_0,\ y_0)\Delta x+f'_y(x_0,\ y_0)\Delta y+\varepsilon_1\Delta x+\varepsilon_2\Delta y,$$

其中$\lim\limits_{\substack{\Delta x\to 0\\ \Delta y\to 0}}\varepsilon_1=0$，$\lim\limits_{\substack{\Delta x\to 0\\ \Delta y\to 0}}\varepsilon_2=0$. 这个等式我们又称为全增量公式.

因此，验证一个多元函数$z=f(x,y)$在点(x_0,y_0)处是否可微，只要求出偏导数$f'_x(x,y)$，$f'_y(x,y)$，若$f'_x(x,y)$，$f'_y(x,y)$在点(x_0,y_0)处连续，则$z=f(x,y)$在点(x_0,y_0)处可微.

例 12 设$u=\sqrt{x^2+y^2+z^2}$，求$\mathrm{d}u$.

重难点讲解
多元函数可微的充分条件

解 $\dfrac{\partial u}{\partial x}=\dfrac{1}{2}(x^2+y^2+z^2)^{-\frac{1}{2}}2x=\dfrac{x}{\sqrt{x^2+y^2+z^2}}$，

由于x,y,z地位相同，有

$$\frac{\partial u}{\partial y}=\frac{y}{\sqrt{x^2+y^2+z^2}},\qquad \frac{\partial u}{\partial z}=\frac{z}{\sqrt{x^2+y^2+z^2}}.$$

于是

$$\mathrm{d}u=\frac{x\mathrm{d}x}{\sqrt{x^2+y^2+z^2}}+\frac{y\mathrm{d}y}{\sqrt{x^2+y^2+z^2}}+\frac{z\mathrm{d}z}{\sqrt{x^2+y^2+z^2}}.$$

注 三个偏导数在$x^2+y^2+z^2\neq 0$的点处连续，因此，函数u在$x^2+y^2+z^2\neq 0$的点处可微.

同样，全微分也有四则运算法则. 设u，v都是多元函数，且具有连续的偏导数，则

（1）$\mathrm{d}(u\pm v)=\mathrm{d}u\pm\mathrm{d}v$；

（2）$\mathrm{d}(uv)=v\mathrm{d}u+u\mathrm{d}v$，特别地，$\mathrm{d}(cu)=c\mathrm{d}u$（$c$是常数）；

（3）$\mathrm{d}\left(\dfrac{u}{v}\right)=\dfrac{v\mathrm{d}u-u\mathrm{d}v}{v^2}\ (v\neq 0)$.

我们只证(2)，可类似证明(1)和(3). 设$u=u(x,y)$，$v=v(x,y)$，由条件

知，uv 可微，且

$$d(uv)=\frac{\partial}{\partial x}(uv)dx+\frac{\partial}{\partial y}(uv)dy=\left(\frac{\partial u}{\partial x}v+u\frac{\partial v}{\partial x}\right)dx+\left(\frac{\partial u}{\partial y}v+u\frac{\partial v}{\partial y}\right)dy$$

$$=\left(\frac{\partial u}{\partial x}dx+\frac{\partial u}{\partial y}dy\right)v+\left(\frac{\partial v}{\partial x}dx+\frac{\partial v}{\partial y}dy\right)u=vdu+udv.$$

*二、全微分在近似计算和误差估算中的应用

由全微分的定义，当 $|\Delta x|$，$|\Delta y|$ 很小时，有

$$\Delta z\approx dz=f'_x(x,y)\Delta x+f'_y(x,y)\Delta y.$$

而

$$\Delta z=f(x+\Delta x,y+\Delta y)-f(x,y),$$

于是

$$f(x+\Delta x,y+\Delta y)\approx f(x,y)+f'_x(x,y)\Delta x+f'_y(x,y)\Delta y.$$

以上两个式子可计算 Δz 与 $f(x+\Delta x,y+\Delta y)$ 的近似值.

设函数 $z=f(x,y)$，若测得 x 的近似值为 x_0，y 的近似值为 y_0. 若用近似值 x_0，y_0 分别代替 x，y 来计算函数值 z，就会引起绝对误差

$$\begin{aligned}|\Delta z|&=|f(x,y)-f(x_0,y_0)|\approx|dz|=|f'_x(x_0,y_0)\Delta x+f'_y(x_0,y_0)\Delta y|\\&\leqslant|f'_x(x_0,y_0)||\Delta x|+|f'_y(x_0,y_0)||\Delta y|\\&\leqslant|f'_x(x_0,y_0)|\delta_1+|f'_y(x_0,y_0)|\delta_2,\end{aligned}$$

其中 $|x-x_0|\leqslant\delta_1$，$|y-y_0|\leqslant\delta_2$. 而

$$\left|\frac{\Delta z}{z_0}\right|\approx\left|\frac{dz}{z_0}\right|\leqslant\left|\frac{f'_x(x_0,y_0)}{f(x_0,y_0)}\right|\delta_1+\left|\frac{f'_y(x_0,y_0)}{f(x_0,y_0)}\right|\delta_2,$$

即用 $f(x_0,y_0)$ 代替 $f(x,y)$ 所产生的最大绝对误差为

$$|f'_x(x_0,y_0)|\delta_1+|f'_y(x_0,y_0)|\delta_2,$$

最大相对误差为

$$\frac{|f'_x(x_0,y_0)|}{|f(x_0,y_0)|}\delta_1+\frac{|f'_y(x_0,y_0)|}{|f(x_0,y_0)|}\delta_2.$$

例 13　计算 $1.007^{2.98}$.

解　设 $f(x,y)=x^y$，于是

$$f'_x(x,y)=yx^{y-1},\ f'_y(x,y)=x^y\ln x,\ f'_x(1,3)=3,\ f'_y(1,3)=0,$$

有

$$\begin{aligned}1.007^{2.98}&=f(1.007,2.98)\\&=f(1+0.007,3-0.02)\\&\approx f(1,3)+f'_x(1,3)\times0.007+f'_y(1,3)\times(-0.02)\\&=1+3\times0.007+0\times(-0.02)=1.021.\end{aligned}$$

例 14　由欧姆定律，电流 I、电压 V 及电阻 R 有关系式 $R=\frac{V}{I}$. 若测得 $V_0=110$ V，测量的最大绝对误差为 2 V；测得 $I_0=20$ A，测量的最大绝对误差为 0.5 A. 问由此计算所得到的

R 的最大绝对误差和最大相对误差是多少？

解 $\mathrm{d}R=\frac{\partial R}{\partial V}\mathrm{d}V+\frac{\partial R}{\partial I}\mathrm{d}I=\frac{1}{I}\mathrm{d}V-\frac{V}{I^2}\mathrm{d}I$，于是

$$|\Delta R|\approx|\mathrm{d}R|\leqslant\left|\frac{1}{I_0}\mathrm{d}V\right|+\left|\frac{-V_0}{I_0^2}\mathrm{d}I\right|\leqslant\frac{1}{|I_0|}\delta_1+\left|\frac{V_0}{I_0^2}\right|\delta_2,$$

其中，δ_1 和 δ_2 分别表示测量电压和电流的最大绝对误差. 把 $V_0=110$，$\delta_1=2$，$I_0=20$，$\delta_2=0.5$代入上式，得

$$|\mathrm{d}R|\leqslant\frac{1}{20}\times 2+\frac{110}{20^2}\times 0.5=0.2375\approx 0.24(\Omega).$$

又 $R_0=\frac{V_0}{I_0}=\frac{110}{20}=5.5(\Omega)$. 于是有

$$\left|\frac{\mathrm{d}R}{R_0}\right|\leqslant\frac{0.24}{5.5}\approx 0.044=4.4\%,$$

即以 5.5 Ω 作为电阻 R 的值时，最大绝对误差为 0.24 Ω，最大相对误差为 4.4%.

习题 8-2

1. 设函数 $f(x,y)=\begin{cases}(x^2+y^2)\sin\frac{1}{x^2+y^2}, & (x,y)\neq(0,0),\\ 0, & (x,y)=(0,0),\end{cases}$ 求 $f'_x(0,0)$，$f'_y(0,0)$，$f'_x(x,y)$，$f'_y(x,y)$.

2. 求下列函数关于各自变量的偏导数：

(1) $u=\frac{x}{y^2}$； (2) $u=\frac{x}{\sqrt{x^2+y^2}}$； (3) $u=\ln(x+y^2)$；

(4) $u=\arctan\frac{x+y}{1-xy}$； (5) $u=\left(\frac{x}{y}\right)^z$； (6) $u=x^{\frac{y}{z}}$；

(7) $f(x,\ y)=y|x|+x|y|$； (8) $u=\int_{xy}^{x^2+y^2}\mathrm{e}^{t^2}\mathrm{d}t$.

3. 设函数 $z=xf(x^2+y^2)$，其中 f 为可导函数，求$\frac{\partial z}{\partial x},\frac{\partial z}{\partial y}$.

4. 设函数 $z=f(\mathrm{e}^{xy}-y^2)$，其中 f 为可导函数，求$\frac{\partial z}{\partial x},\frac{\partial z}{\partial y}$.

5. 证明：

(1) 函数 $z=f(x+ay)$满足方程$\frac{\partial z}{\partial y}=a\frac{\partial z}{\partial x}$，其中 f 可导；

(2) 函数 $z=xy+xf\left(\frac{y}{x}\right)$满足方程 $x\frac{\partial z}{\partial x}+y\frac{\partial z}{\partial y}=xy+z$，其中 f 可导.

6. 求下列函数的所有二阶偏导数：

(1) $u=xy+\frac{x}{y}$；　(2) $u=\arctan\frac{y}{x}$；　(3) $u=x^y$；

(4) $u=\frac{\cos x^2}{y}$；　(5) $u=x\sin(x+y)$.

7. 设函数 $u=\mathrm{e}^{xyz}$，求$\frac{\partial^3 u}{\partial x\partial y\partial z}$.

8. 设函数 $u=f(x^2+y^2+z^2)$，其中 f 有三阶连续导数，求$\frac{\partial^3 u}{\partial x\partial y\partial z}$.

9. 证明：函数 $u=\ln\sqrt{(x-a)^2+(y-b)^2}$ (a,b 为常数)满足拉普拉斯方程

$$\frac{\partial^2 u}{\partial x^2}+\frac{\partial^2 u}{\partial y^2}=0.$$

10. 证明：函数 $u=\frac{1}{2a\sqrt{\pi t}}\mathrm{e}^{-\frac{(x-b)^2}{4a^2t}}$ (a,b 为常数)满足热传导方程$\frac{\partial u}{\partial t}=a^2\frac{\partial^2 u}{\partial x^2}$.

11. 求下列函数的全微分：

(1) $u=\sqrt{x^2+y^2+z^2}$；　(2) $u=\sin(x^2+y^2)$；

(3) $u=\left(xy+\frac{x}{y}\right)^z$；　(4) $u=f\left(\frac{y}{x}\right)$，其中 f 可导.

12. 设函数 $f(x,y,z)=\sqrt[z]{\frac{x}{y}}$，求 $\mathrm{d}f(1,1,1)$.

13. 当 $|x|$，$|y|$很小时，证明：$\arctan\frac{x+y}{1+xy}\approx x+y$.

14. 求下列各式的近似值：

(1) $\sqrt{1.02^3+1.97^3}$；　(2) $0.97^{1.05}$.

15. 设矩形的两边长分别 $x=6$ m 和 $y=8$ m，若第一条边增加 2 mm，而第二条边减少 5 mm，问矩形的对角线和面积变化大约是多少？

16. 证明：函数 $f(x,y)=\sqrt{|xy|}$ 在点(0,0)处的两个偏导数存在，但在点(0,0)处不可微.

17. 证明：函数 $f(x,y)=\begin{cases}(x^2+y^2)\sin\frac{1}{x^2+y^2}, & (x,y)\neq(0,0),\\ 0, & (x,y)=(0,0)\end{cases}$ 在点(0,0)处可微.

18. 证明：函数 $z=x^n f\left(\frac{y}{x^2}\right)$ 满足方程 $x\frac{\partial z}{\partial x}+2y\frac{\partial z}{\partial y}=nz$，其中 f 可导.

§3 复合函数微分法

§3.1 复合函数的偏导数

若 $z=f(u,v)$，而 $u=\varphi(x,y)$，$v=\psi(x,y)$，于是 z 是 x 与 y 的复合函数：

$$z=f[\varphi(x,y),\psi(x,y)].$$

现在我们来求多元复合函数的偏导公式.

定理 8.7 若函数 $u=\varphi(x,y)$，$v=\psi(x,y)$ 在点 (x,y) 处的偏导数都存在，$z=f(u,v)$ 在点 $(u,v)=(\varphi(x,y),\psi(x,y))$ 处可微，则复合函数 $z=f[\varphi(x,y),\psi(x,y)]$ 在点 (x,y) 处的偏导数存在，并有下列的求偏导数公式

$$\boxed{\frac{\partial z}{\partial x}=\frac{\partial z}{\partial u}\cdot\frac{\partial u}{\partial x}+\frac{\partial z}{\partial v}\cdot\frac{\partial v}{\partial x},\quad \frac{\partial z}{\partial y}=\frac{\partial z}{\partial u}\cdot\frac{\partial u}{\partial y}+\frac{\partial z}{\partial v}\cdot\frac{\partial v}{\partial y}.}\tag{8.3}$$

证 设 $\Delta y=0$，$\Delta x\neq 0$，得到 u，v 对 x 的偏增量

$$\Delta_x u=\varphi(x+\Delta x,y)-\varphi(x,y),\qquad \Delta_x v=\psi(x+\Delta x,y)-\psi(x,y).$$

由于 $z=f(u,v)$ 在点 (u,v) 处可微，所以由全增量公式，有

$$\Delta z=\frac{\partial z}{\partial u}\Delta u+\frac{\partial z}{\partial v}\Delta v+\varepsilon_1\Delta u+\varepsilon_2\Delta v,$$

其中 $\lim\limits_{\substack{\Delta u\to 0\\ \Delta v\to 0}}\varepsilon_1=0$，$\lim\limits_{\substack{\Delta u\to 0\\ \Delta v\to 0}}\varepsilon_2=0$. 把 $\Delta_x u$，$\Delta_x v$ 代入上式，得到 z 对 x 的偏增量，有

$$\Delta_x z=\frac{\partial z}{\partial u}\Delta_x u+\frac{\partial z}{\partial v}\Delta_x v+\varepsilon_1\Delta_x u+\varepsilon_2\Delta_x v.$$

等式两边同除以 $\Delta x(\neq 0)$，得

$$\frac{\Delta_x z}{\Delta x}=\frac{\partial z}{\partial u}\cdot\frac{\Delta_x u}{\Delta x}+\frac{\partial z}{\partial v}\cdot\frac{\Delta_x v}{\Delta x}+\varepsilon_1\frac{\Delta_x u}{\Delta x}+\varepsilon_2\frac{\Delta_x v}{\Delta x},$$

由 $\frac{\partial u}{\partial x}$，$\frac{\partial v}{\partial x}$ 存在，知

$$\lim_{\Delta x\to 0}\frac{\Delta_x u}{\Delta x}=\frac{\partial u}{\partial x},\qquad \lim_{\Delta x\to 0}\frac{\Delta_x v}{\Delta x}=\frac{\partial v}{\partial x}.$$

所以，当 $\Delta x\to 0$ 时，有 $\Delta_x u\to 0$，$\Delta_x v\to 0$，从而 $\varepsilon_1\to 0$，$\varepsilon_2\to 0$. 于是

$$\lim_{\Delta x\to 0}\frac{\Delta_x z}{\Delta x}=\frac{\partial z}{\partial x}=\frac{\partial z}{\partial u}\cdot\frac{\partial u}{\partial x}+\frac{\partial z}{\partial v}\cdot\frac{\partial v}{\partial x},$$

同理可得

$$\frac{\partial z}{\partial y}=\frac{\partial z}{\partial u}\cdot\frac{\partial u}{\partial y}+\frac{\partial z}{\partial v}\cdot\frac{\partial v}{\partial y}.\ \square$$

由于直接验证 $z=f(u,v)$ 可微不容易，因此，我们常常假设 $f(u,v)$ 具有连续的偏导数(从而,由可微的充分条件知 $f(u,v)$ 可微).

特别地，若 $z=f(u,v)$，$u=\varphi(x)$，$v=\psi(x)$，即 z 是一个自变量 x 的复合函数，则有

$$\boxed{\frac{\mathrm{d}z}{\mathrm{d}x}=\frac{\partial z}{\partial u}\cdot\frac{\mathrm{d}u}{\mathrm{d}x}+\frac{\partial z}{\partial v}\cdot\frac{\mathrm{d}v}{\mathrm{d}x},}$$

这里，导数 $\frac{\mathrm{d}z}{\mathrm{d}x}$ 是一个一元函数的导数，也称为全导数.

同样，还可以导出自变量或中间变量多于两个的复合函数的偏导数公式.

例如 $z=f(u,v,w)$，其中 $u=u(x,y)$，$v=v(x,y,t)$，$w=w(x,y,t)$，则在相应的条件下，有

$$\frac{\partial z}{\partial x}=\frac{\partial z}{\partial u}\cdot\frac{\partial u}{\partial x}+\frac{\partial z}{\partial v}\cdot\frac{\partial v}{\partial x}+\frac{\partial z}{\partial w}\cdot\frac{\partial w}{\partial x};$$

$$\frac{\partial z}{\partial y}=\frac{\partial z}{\partial u}\cdot\frac{\partial u}{\partial y}+\frac{\partial z}{\partial v}\cdot\frac{\partial v}{\partial y}+\frac{\partial z}{\partial w}\cdot\frac{\partial w}{\partial y};$$

$$\frac{\partial z}{\partial t}=\frac{\partial z}{\partial v}\cdot\frac{\partial v}{\partial t}+\frac{\partial z}{\partial w}\cdot\frac{\partial w}{\partial t}.$$

从上面的公式，我们可以总结出求复合偏导数的法则：就是对每一个中间变量施行链导法则，再相加. 这一过程可用复合结构图(图 8-11)帮助我们掌握. 结构图可根据具体问题绘制.

例如，设 $z=f(x,y,u)$，$u=u(x,y)$，复合结构如图 8-12 所示. 偏导数

$$\frac{\partial z}{\partial x}=\frac{\partial f}{\partial x}\cdot\frac{\mathrm{d}x}{\mathrm{d}x}+\frac{\partial f}{\partial y}\cdot\frac{\partial y}{\partial x}+\frac{\partial f}{\partial u}\cdot\frac{\partial u}{\partial x}=\frac{\partial f}{\partial x}+\frac{\partial f}{\partial u}\cdot\frac{\partial u}{\partial x},$$

同理

$$\frac{\partial z}{\partial y}=\frac{\partial f}{\partial y}+\frac{\partial f}{\partial u}\cdot\frac{\partial u}{\partial y}.$$

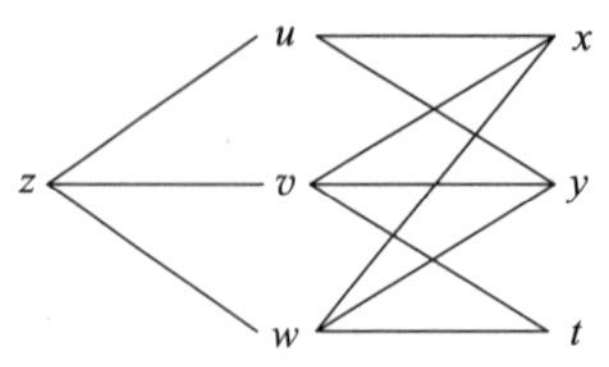

图 8-11

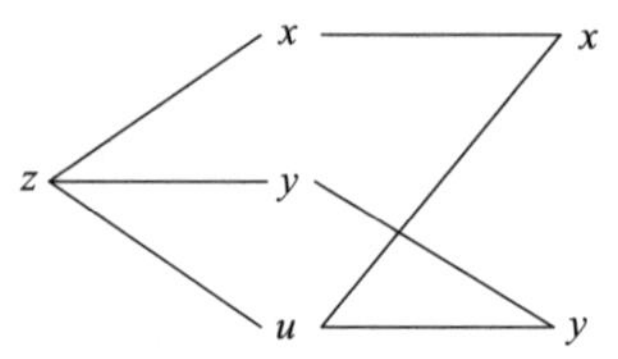

图 8-12

注　(1) 这个复合函数的自变量是 x，y，中间变量是 x，y，u. x 仅是 x 的函数，有 $\frac{\mathrm{d}x}{\mathrm{d}x}=1$，相对于 y 来说是常数，有 $\frac{\partial x}{\partial y}=0$. 同理，$y$ 仅是 y 的函数，有 $\frac{\partial y}{\partial x}=0$.

（2）这里$\frac{\partial z}{\partial x}$与$\frac{\partial f}{\partial x}$是两个不同的概念，其中$\frac{\partial z}{\partial x}$表示复合函数$z=f[x,y,u(x,y)]$对自变量$x$的偏导数；而$\frac{\partial f}{\partial x}$是外函数$z=f(x,y,u)$对中间变量$x$求偏导数，这时$y$，$u$都应看成常数. 因此，右边的$\frac{\partial f}{\partial x}$不要写成$\frac{\partial z}{\partial x}$，以免引起混淆.

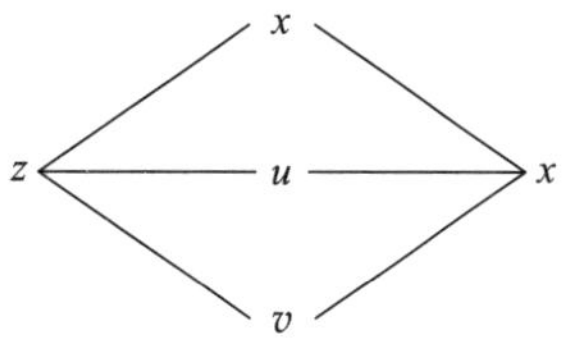

图 8-13

又设$z=f(x,u,v)$，$u=u(x)$，$v=v(x)$. 复合结构图如图 8-13所示，这里z通过三个中间变量是x的一元复合函数，有

$$\frac{\mathrm{d}z}{\mathrm{d}x}=\frac{\partial f}{\partial x}+\frac{\partial f}{\partial u}\cdot\frac{\mathrm{d}u}{\mathrm{d}x}+\frac{\partial f}{\partial v}\cdot\frac{\mathrm{d}v}{\mathrm{d}x}.$$

待熟练以后，结构图就不必画出来了.

重难点讲解
多元复合函数
偏导数引入

例 1 设$z=(x^2+y^2)^{xy}$，求$\frac{\partial z}{\partial x}$，$\frac{\partial z}{\partial y}$.

解 设$z=u^v$，$u=x^2+y^2$，$v=xy$，于是

$$\begin{aligned}\frac{\partial z}{\partial x}&=\frac{\partial z}{\partial u}\cdot\frac{\partial u}{\partial x}+\frac{\partial z}{\partial v}\cdot\frac{\partial v}{\partial x}=vu^{v-1}\cdot 2x+u^v\ln u\cdot y\\&=xy(x^2+y^2)^{xy-1}2x+y(x^2+y^2)^{xy}\ln(x^2+y^2)\\&=(x^2+y^2)^{xy-1}y[2x^2+(x^2+y^2)\ln(x^2+y^2)].\end{aligned}$$

重难点讲解
多元复合函数
求偏导法则

$$\begin{aligned}\frac{\partial z}{\partial y}&=\frac{\partial z}{\partial u}\cdot\frac{\partial u}{\partial y}+\frac{\partial z}{\partial v}\cdot\frac{\partial v}{\partial y}=vu^{v-1}\cdot 2y+u^v\ln u\cdot x\\&=xy(x^2+y^2)^{xy-1}2y+x(x^2+y^2)^{xy}\ln(x^2+y^2)\\&=x(x^2+y^2)^{xy-1}[2y^2+(x^2+y^2)\ln(x^2+y^2)].\end{aligned}$$

例 2 设$z=f(x^2-y^2,\ xy)$，其中f有二阶连续偏导数，求$\frac{\partial^2 z}{\partial x\partial y}$.

解 设$u=x^2-y^2$，$v=xy$，$z=f(u,v)$，于是

$$\frac{\partial z}{\partial x}=f'_u(u,v)2x+f'_v(u,v)y.$$

由于$f'_u(u,v)$，$f'_v(u,v)$仍是以u，v为中间变量，x，y为自变量的复合函数，所以

$$\begin{aligned}\frac{\partial^2 z}{\partial x\partial y}&=\frac{\partial}{\partial y}\left(\frac{\partial z}{\partial x}\right)=\frac{\partial}{\partial y}(f'_u(u,v)2x+f'_v(u,v)y)\\&=2x\left(\frac{\partial}{\partial y}f'_u(u,v)\right)+\frac{\partial}{\partial y}(f'_v(u,v)y)\\&=2x[f''_{uu}(u,v)(-2y)+f''_{uv}(u,v)x]+[f''_{vu}(u,v)(-2y)+f''_{vv}(u,v)x]y+f'_v(u,v)\\&=-4xyf''_{uu}(u,v)+2x^2f''_{uv}(u,v)-2y^2f''_{vu}(u,v)+xyf''_{vv}(u,v)+f'_v(u,v)\\&=-4xyf''_{uu}(u,v)+2(x^2-y^2)f''_{uv}(u,v)+xyf''_{vv}(u,v)+f'_v(u,v).\end{aligned}$$

这种写法显得很烦琐. 当我们熟悉了多元复合函数的求导法则之后，为简便起见，就不再引入中间变量 u，v 的记号，并约定 f'_1 表示对第一个中间变量求偏导，f'_2 表示对第二个中间变量求偏导，而 f''_{12} 表示先对第一个中间变量求偏导后再对第二个中间变量求偏导. 这样一来，上式我们就可改写为：

$$\frac{\partial z}{\partial x}=f'_1 2x+f'_2 y;$$

$$\begin{aligned}\frac{\partial^2 z}{\partial x\partial y}&=\frac{\partial}{\partial y}\left(\frac{\partial z}{\partial x}\right)=\frac{\partial}{\partial y}(f'_1 2x+f'_2 y)=2x\left(\frac{\partial}{\partial y}f'_1\right)+\frac{\partial}{\partial y}(f'_2 y)\\&=2x[f''_{11}(-2y)+f''_{12}x]+[f''_{21}(-2y)+f''_{22}x]y+f'_2\\&=-4xyf''_{11}+2(x^2-y^2)f''_{12}+xyf''_{22}+f'_2.\end{aligned}$$

注 这里 $f''_{12}=f''_{21}$.

例 3 设 $u=f(x+y+z,x^2+y^2+z^2)$，其中 f 有二阶连续偏导数，求

$$\Delta u=\frac{\partial^2 u}{\partial x^2}+\frac{\partial^2 u}{\partial y^2}+\frac{\partial^2 u}{\partial z^2}.$$

解 $\frac{\partial u}{\partial x}=f'_1+2f'_2 x$,

$$\frac{\partial^2 u}{\partial x^2}=f''_{11}+f''_{12}2x+2(f''_{21}+f''_{22}2x)x+2f'_2=f''_{11}+4xf''_{12}+4x^2f''_{22}+2f'_2,$$

由对称性得

$$\frac{\partial^2 u}{\partial y^2}=f''_{11}+4yf''_{12}+4y^2f''_{22}+2f'_2,$$

$$\frac{\partial^2 u}{\partial z^2}=f''_{11}+4zf''_{12}+4z^2f''_{22}+2f'_2,$$

于是

$$\Delta u=3f''_{11}+4(x+y+z)f''_{12}+4(x^2+y^2+z^2)f''_{22}+6f'_2.$$

例 4 设 $z=x^3f\left(xy,\frac{y}{x}\right)$，求 $\frac{\partial z}{\partial y}$，$\frac{\partial^2 z}{\partial y^2}$，$\frac{\partial^2 z}{\partial x\partial y}$.

解 $\frac{\partial z}{\partial y}=x^3\left(f'_1 x+\frac{1}{x}f'_2\right)=x^4f'_1+x^2f'_2$,

$$\frac{\partial^2 z}{\partial y^2}=x^4\left(f''_{11}x+\frac{1}{x}f''_{12}\right)+x^2\left(f''_{21}x+\frac{1}{x}f''_{22}\right)=x^5f''_{11}+2x^3f''_{12}+xf''_{22},$$

$$\begin{aligned}\frac{\partial^2 z}{\partial x\partial y}&=\frac{\partial^2 z}{\partial y\partial x}=\frac{\partial}{\partial x}(x^4f'_1+x^2f'_2)=\frac{\partial}{\partial x}(x^4f'_1)+\frac{\partial}{\partial x}(x^2f'_2)\\&=4x^3f'_1+x^4\left[f''_{11}y+\left(-\frac{y}{x^2}\right)f''_{12}\right]+2xf'_2+x^2\left[f''_{21}y+\left(\frac{-y}{x^2}\right)f''_{22}\right]\\&=x^4yf''_{11}-yf''_{22}+4x^3f'_1+2xf'_2.\end{aligned}$$

例 5 设变换 $\begin{cases}u=x-2y,\\v=x+ay\end{cases}$ 可把方程 $6\frac{\partial^2 z}{\partial x^2}+\frac{\partial^2 z}{\partial x\partial y}-\frac{\partial^2 z}{\partial y^2}=0$ 简化为 $\frac{\partial^2 z}{\partial u\partial v}=0$，且 z 具有

连续的二阶偏导数，求常数 a.

解　把 $z=z(x,y)$ 看成复合函数 $z=z(u,v)$，$u=x-2y$，$v=x+ay$，于是

$$\frac{\partial z}{\partial x}=\frac{\partial z}{\partial u}+\frac{\partial z}{\partial v},\quad \frac{\partial z}{\partial y}=-2\frac{\partial z}{\partial u}+a\frac{\partial z}{\partial v}$$

$$\frac{\partial^2 z}{\partial x^2}=\frac{\partial^2 z}{\partial u^2}+\frac{\partial^2 z}{\partial u\partial v}+\frac{\partial^2 z}{\partial v\partial u}+\frac{\partial^2 z}{\partial v^2}=\frac{\partial^2 z}{\partial u^2}+2\frac{\partial^2 z}{\partial u\partial v}+\frac{\partial^2 z}{\partial v^2},$$

$$\begin{aligned}\frac{\partial^2 z}{\partial x\partial y}&=\frac{\partial^2 z}{\partial u^2}(-2)+\frac{\partial^2 z}{\partial u\partial v}a+\frac{\partial^2 z}{\partial v\partial u}(-2)+\frac{\partial^2 z}{\partial v^2}a\\&=-2\frac{\partial^2 z}{\partial u^2}+(a-2)\frac{\partial^2 z}{\partial u\partial v}+a\frac{\partial^2 z}{\partial v^2},\end{aligned}$$

$$\begin{aligned}\frac{\partial^2 z}{\partial y^2}&=-2\frac{\partial^2 z}{\partial u^2}(-2)-2\frac{\partial^2 z}{\partial u\partial v}a+a\frac{\partial^2 z}{\partial v\partial u}(-2)+a^2\frac{\partial^2 z}{\partial v^2}\\&=4\frac{\partial^2 z}{\partial u^2}-4a\frac{\partial^2 z}{\partial u\partial v}+a^2\frac{\partial^2 z}{\partial v^2},\end{aligned}$$

把上述结果代入原方程，经整理后得

$$(10+5a)\frac{\partial^2 z}{\partial u\partial v}+(6+a-a^2)\frac{\partial^2 z}{\partial v^2}=0.$$

由题意知，a 应满足$\begin{cases}6+a-a^2=0,\\10+5a\neq 0,\end{cases}$ 由此解得 $a=3$.

例 6　设函数 $u=u(x,y)$ 可微，在极坐标变换 $x=r\cos\theta$，$y=r\sin\theta$ 下，证明

$$\left(\frac{\partial u}{\partial r}\right)^2+\frac{1}{r^2}\left(\frac{\partial u}{\partial \theta}\right)^2=\left(\frac{\partial u}{\partial x}\right)^2+\left(\frac{\partial u}{\partial y}\right)^2.$$

证　u 可以看成 r，θ 的复合函数，即 $u=u(r\cos\theta,r\sin\theta)$，于是

$$\frac{\partial u}{\partial r}=\frac{\partial u}{\partial x}\frac{\partial x}{\partial r}+\frac{\partial u}{\partial y}\frac{\partial y}{\partial r}=\frac{\partial u}{\partial x}\cos\theta+\frac{\partial u}{\partial y}\sin\theta,$$

$$\frac{\partial u}{\partial \theta}=\frac{\partial u}{\partial x}\frac{\partial x}{\partial \theta}+\frac{\partial u}{\partial y}\frac{\partial y}{\partial \theta}=\frac{\partial u}{\partial x}(-r\sin\theta)+\frac{\partial u}{\partial y}r\cos\theta,$$

因此

$$\begin{aligned}\left(\frac{\partial u}{\partial r}\right)^2+\frac{1}{r^2}\left(\frac{\partial u}{\partial \theta}\right)^2&=\left(\frac{\partial u}{\partial x}\cos\theta+\frac{\partial u}{\partial y}\sin\theta\right)^2+\frac{1}{r^2}\left(-\frac{\partial u}{\partial x}r\sin\theta+\frac{\partial u}{\partial y}r\cos\theta\right)^2\\&=\left(\frac{\partial u}{\partial x}\right)^2+\left(\frac{\partial u}{\partial y}\right)^2.\end{aligned}$$ □

§3.2　复合函数的全微分

我们知道一元函数具有一阶微分形式不变性，那么多元函数是否也具有此类性质呢？

设 $z=f(x,y)$，x,y 是自变量，且 $z=f(x,y)$ 可微，则其全微分为

$$\mathrm{d}z=\frac{\partial z}{\partial x}\mathrm{d}x+\frac{\partial z}{\partial y}\mathrm{d}y.$$

若设 $z=f(x,y)$，$x=x(s,t)$，$y=y(s,t)$ 都具有连续的偏导数，则复合函数 $z=f(x(s,t),y(s,t))$ 具有连续的偏导数，从而可微，且

$$\mathrm{d}z=\frac{\partial z}{\partial s}\mathrm{d}s+\frac{\partial z}{\partial t}\mathrm{d}t,$$

由于

$$\frac{\partial z}{\partial s}=\frac{\partial z}{\partial x}\frac{\partial x}{\partial s}+\frac{\partial z}{\partial y}\frac{\partial y}{\partial s},\quad \frac{\partial z}{\partial t}=\frac{\partial z}{\partial x}\frac{\partial x}{\partial t}+\frac{\partial z}{\partial y}\frac{\partial y}{\partial t},$$

所以

$$\begin{aligned}\mathrm{d}z&=\left(\frac{\partial z}{\partial x}\frac{\partial x}{\partial s}+\frac{\partial z}{\partial y}\frac{\partial y}{\partial s}\right)\mathrm{d}s+\left(\frac{\partial z}{\partial x}\frac{\partial x}{\partial t}+\frac{\partial z}{\partial y}\frac{\partial y}{\partial t}\right)\mathrm{d}t\\&=\frac{\partial z}{\partial x}\left(\frac{\partial x}{\partial s}\mathrm{d}s+\frac{\partial x}{\partial t}\mathrm{d}t\right)+\frac{\partial z}{\partial y}\left(\frac{\partial y}{\partial s}\mathrm{d}s+\frac{\partial y}{\partial t}\mathrm{d}t\right)\\&=\frac{\partial z}{\partial x}\mathrm{d}x+\frac{\partial z}{\partial y}\mathrm{d}y.\end{aligned}$$

这表明虽然 x，y 不是自变量，但全微分的形式与 x，y 是自变量时是一样的，这就是全微分的一阶微分形式不变性. 换句话说，若 $z=z(u,v)$ 可微，且

$$\mathrm{d}z=\varphi(u,v)\mathrm{d}u+\psi(u,v)\mathrm{d}v,$$

则

$$\frac{\partial z}{\partial u}=\varphi(u,v),\quad \frac{\partial z}{\partial v}=\psi(u,v).$$

同一元函数一样，多元函数不具有高阶微分形式不变性.

必须指出，当 x,y 是自变量时，$\mathrm{d}x$ 和 $\mathrm{d}y$ 各自独立取值；当 x,y 是 s,t 的函数，即是中间变量时，它们的取值由 s,t，$\mathrm{d}s,\mathrm{d}t$ 确定.

利用全微分的一阶微分形式不变性和全微分的四则运算法则，能更有条理地计算较复杂函数的全微分及偏导数.

重难点讲解
全微分的一阶微分形式不变性

例 7 设 $z=f(r\cos\theta,r\sin\theta)$，其中 f 具有连续的偏导数，求 $\mathrm{d}z$，并由此求 $\frac{\partial z}{\partial r},\frac{\partial z}{\partial \theta}$.

解

$$\begin{aligned}\mathrm{d}z&=\mathrm{d}f(r\cos\theta,r\sin\theta)=f_1'\mathrm{d}(r\cos\theta)+f_2'\mathrm{d}(r\sin\theta)\\&=f_1'(\cos\theta\mathrm{d}r+r\mathrm{d}\cos\theta)+f_2'(\sin\theta\mathrm{d}r+r\mathrm{d}\sin\theta)\\&=f_1'(\cos\theta\mathrm{d}r-r\sin\theta\mathrm{d}\theta)+f_2'(\sin\theta\mathrm{d}r+r\cos\theta\mathrm{d}\theta)\\&=(f_1'\cos\theta+f_2'\sin\theta)\mathrm{d}r+(-f_1'r\sin\theta+f_2'r\cos\theta)\mathrm{d}\theta,\end{aligned}$$

由此得到

$$\frac{\partial z}{\partial r}=f_1'\cos\theta+f_2'\sin\theta,\quad \frac{\partial z}{\partial \theta}=-f_1'r\sin\theta+f_2'r\cos\theta.$$

习题 8-3

1. 设函数 $z=xyf(x^2+y^2)+x^2\varphi(x+y,xy)$，其中 f 可导，φ 具有连续的偏导数，求 $\frac{\partial z}{\partial x}$，$\frac{\partial z}{\partial y}$.

2. 设函数 $W=F(x,y,z)$，$z=f(x,y)$，$y=\varphi(x)$，其中 F，f 具有连续的偏导数，φ 可导，求 $\frac{\mathrm{d}W}{\mathrm{d}x}$.

3. 设函数 $u=f(x,y,z)$，$x=r\sin\psi\cos\theta$，$y=r\sin\psi\sin\theta$，$z=r\cos\psi$，其中 f 具有连续偏导数，证明：

（1）如果 $x\frac{\partial u}{\partial x}+y\frac{\partial u}{\partial y}+z\frac{\partial u}{\partial z}=0$，则 u 仅是 θ 和 ψ 的函数；

（2）如果 $\frac{\frac{\partial u}{\partial x}}{x}=\frac{\frac{\partial u}{\partial y}}{y}=\frac{\frac{\partial u}{\partial z}}{z}$，则 u 仅是 r 的函数.

4. 设函数 $u=f\left(x,\frac{x}{y}\right)$，其中 f 具有连续的二阶偏导数，求 $\frac{\partial^2 u}{\partial x^2}$，$\frac{\partial^2 u}{\partial y^2}$，$\frac{\partial^2 u}{\partial x\partial y}$.

5. 设函数 $u=f(x+y,xy)$，其中 f 具有连续的二阶偏导数，求 $\frac{\partial^2 u}{\partial x\partial y}$.

6. 设函数 $u=f(x+y+z,x^2+y^2+z^2)$，其中 f 具有连续的二阶偏导数，求 $\Delta u=\frac{\partial^2 u}{\partial x^2}+\frac{\partial^2 u}{\partial y^2}+\frac{\partial^2 u}{\partial z^2}$.

7. 设函数 $z=f(2x-y)+g(x,xy)$，其中 f 二阶可导，g 具有连续的二阶偏导数，求 $\frac{\partial^2 z}{\partial x\partial y}$.

8. 设函数 $z=f(u,x,y)$，$u=xe^y$，其中 f 具有连续的二阶偏导数，求 $\frac{\partial^2 z}{\partial x\partial y}$.

9. 设函数 $u=f(xyz)$，其中 f 可导，求 $\mathrm{d}u$.

10. 设函数 $u=f\left(\frac{x}{y},\frac{y}{z}\right)$，其中 f 具有连续的偏导数，求 $\mathrm{d}u$.

11. 设函数 $u=f(y-z,z-x,x-y)$，其中 f 具有连续的二阶偏导数，证明：$\frac{\partial u}{\partial x}+\frac{\partial u}{\partial y}+\frac{\partial u}{\partial z}=0$.

12. 设函数 $u=f\left(\frac{y}{x}\right)+x\psi\left(\frac{y}{x}\right)$，其中 f，ψ 存在二阶导数，证明：$x^2\frac{\partial^2 u}{\partial x^2}+2xy\frac{\partial^2 u}{\partial x\partial y}+y^2\frac{\partial^2 u}{\partial y^2}=0$.

13. 取 $u=\ln\sqrt{x^2+y^2}$，$v=\arctan\frac{y}{x}$，变换方程

$$(x+y)\frac{\partial z}{\partial x}-(x-y)\frac{\partial z}{\partial y}=0.$$

14. 取 x 作为函数，而 $u=y-z$，$v=y+z$ 作为自变量，变换方程

$$(y-z)\frac{\partial z}{\partial x}+(y+z)\frac{\partial z}{\partial y}=0.$$

15. 引用新的自变量 $\xi=x-at$，$\eta=x+at$ 化简方程

$$\frac{\partial^2 u}{\partial t^2}=a^2\frac{\partial^2 u}{\partial x^2}.$$

§4　隐函数的偏导数

§4.1　隐函数的偏导数

与方程 $F(x,y)=0$ 确定隐函数 $y=y(x)$ 类似，若方程 $F(x,y,z)=0$ 在点 (x_0,y_0) 的某一邻域内确定隐函数 $z=z(x,y)$，即将 $z=z(x,y)$ 代入方程，有

$$F(x,y,z(x,y))\equiv 0.$$

我们有下面的定理.

定理 8.8(隐函数存在定理)　设 $F(x,y,z)$ 在点 $P_0(x_0,y_0,z_0)$ 的某一邻域内具有连续的偏导数，且 $F(x_0,y_0,z_0)=0$，$F'_z(x_0,y_0,z_0)\neq 0$，则方程 $F(x,y,z)=0$ 在 $P_0(x_0,y_0,z_0)$ 的某一邻域内恒能唯一确定一个连续且具有连续偏导数的函数 $z=f(x,y)$，它满足条件 $z_0=f(x_0,y_0)$，并有

$$\frac{\partial z}{\partial x}=-\frac{F'_x}{F'_z},\quad \frac{\partial z}{\partial y}=-\frac{F'_y}{F'_z}. \tag{8.4}$$

这个定理我们不证，仅就公式(8.4)作如下推导.

由 F 在点 $P_0(x_0,y_0,z_0)$ 的某一邻域内有连续偏导数，且 $F'_z(x_0,y_0,z_0)\neq 0$. 由保号性知，F'_z 在点 (x_0,y_0,z_0) 的某邻域内均不为 0. 应用复合函数求偏导数公式，将 $F(x,y,z(x,y))\equiv 0$ 两边关于 x 求偏导数，有

$$F'_x\cdot 1+F'_z\cdot\frac{\partial z}{\partial x}=0,$$

解得

$$\frac{\partial z}{\partial x}=-\frac{F'_x}{F'_z}.$$

同理，对 $F(x,y,z(x,y))\equiv 0$ 两边关于 y 求偏导数，有

$$F'_y\cdot 1+F'_z\cdot\frac{\partial z}{\partial y}=0,$$

解得

$$\frac{\partial z}{\partial y}=-\frac{F'_y}{F'_z}.$$

注　这里 F'_x 是对中间变量 x 求偏导数. F 对中间变量 x 求偏导数时，y，z 应视为常数；F'_y 是对中间变量 y 求偏导数，x，z 应视为常数；F'_z 是对中间变

量 z 求偏导数，x，y 应视为常数. 关于方程确定多元隐函数，以及偏导数存在的条件与证明，读者可参看相关数学分析教材.

在实际应用中求方程所确定的多元隐函数的偏导数时，不一定非得套用公式，尤其在方程中含有抽象函数时，利用方程确定多元函数求偏导数的过程更为清楚.

例 1 设方程 $z^3-3xyz=a^3$ 确定隐函数 $z=z(x,y)$，求$\frac{\partial z}{\partial x}$，$\frac{\partial^2 z}{\partial x\partial y}$.

解 把 z 看成 $z=z(x,y)$. 方程两边关于 x 求偏导数，得

$$3z^2\cdot\frac{\partial z}{\partial x}-3y\left(z+x\frac{\partial z}{\partial x}\right)=0,$$

从而

$$\frac{\partial z}{\partial x}=\frac{yz}{z^2-xy}.$$

方程两边关于 y 求偏导数，得

$$3z^2\cdot\frac{\partial z}{\partial y}-3x\left(z+y\frac{\partial z}{\partial y}\right)=0,$$

从而

$$\frac{\partial z}{\partial y}=\frac{xz}{z^2-xy}.$$

于是

$$\frac{\partial^2 z}{\partial x\partial y}=\frac{\partial}{\partial y}\left(\frac{yz}{z^2-xy}\right)=\frac{\left(z+y\frac{\partial z}{\partial y}\right)(z^2-xy)-\left(2z\frac{\partial z}{\partial y}-x\right)yz}{(z^2-xy)^2},$$

将$\frac{\partial z}{\partial y}=\frac{xz}{z^2-xy}$代入上式,经化简整理,得

$$\frac{\partial^2 z}{\partial x\partial y}=\frac{z(z^4-2xyz^2-x^2y^2)}{(z^2-xy)^3}.$$

例 2 设 $F(x+y+z,x^2+y^2+z^2)=0$ 确定 $y=y(x,z)$，且 F 具有连续偏导数，求$\frac{\partial y}{\partial x}$，$\frac{\partial y}{\partial z}$.

解 把 y 看成 $y=y(x,z)$，方程两边关于 x 求偏导数，得

$$F_1'\left(1+\frac{\partial y}{\partial x}\right)+F_2'\left(2x+2y\frac{\partial y}{\partial x}\right)=0,$$

解得

$$\frac{\partial y}{\partial x}=-\frac{F_1'+2xF_2'}{F_1'+2yF_2'}.$$

由 x,z 的对称性，得

$$\frac{\partial y}{\partial z}=-\frac{F_1'+2zF_2'}{F_1'+2yF_2'}.$$

例 3　设 $F(x-y,y-z,z-x)=0$，其中 F 具有连续偏导数，且 $F'_2-F'_3\neq 0$. 求证

$$\frac{\partial z}{\partial x}+\frac{\partial z}{\partial y}=1.$$

解　由题意知方程确定 $z=z(x,y)$. 方程两边取微分，得

$$\mathrm{d}F(x-y,y-z,z-x)=\mathrm{d}0=0,$$

有

$$F'_1\mathrm{d}(x-y)+F'_2\mathrm{d}(y-z)+F'_3\mathrm{d}(z-x)=0.$$

根据微分运算，有

$$F'_1(\mathrm{d}x-\mathrm{d}y)+F'_2(\mathrm{d}y-\mathrm{d}z)+F'_3(\mathrm{d}z-\mathrm{d}x)=0.$$

合并同类项

$$(F'_1-F'_3)\mathrm{d}x+(F'_2-F'_1)\mathrm{d}y=(F'_2-F'_3)\mathrm{d}z,$$

两边同除以 $F'_2-F'_3$，得

$$\mathrm{d}z=\frac{F'_1-F'_3}{F'_2-F'_3}\mathrm{d}x+\frac{F'_2-F'_1}{F'_2-F'_3}\mathrm{d}y,$$

从而

$$\frac{\partial z}{\partial x}=\frac{F'_1-F'_3}{F'_2-F'_3},\quad \frac{\partial z}{\partial y}=\frac{F'_2-F'_1}{F'_2-F'_3},$$

于是

$$\frac{\partial z}{\partial x}+\frac{\partial z}{\partial y}=\frac{F'_2-F'_3}{F'_2-F'_3}=1.$$

从上面几个例题可知，我们在求方程所确定的隐函数的偏导数时，可灵活选用公式，或采用求偏导数的方法，或采用求微分的方法.

§4.2　隐函数组的偏导数

设方程组

$$\begin{cases}F(x,y,u,v)=0,\\ G(x,y,u,v)=0\end{cases}$$

确定隐函数组 $u=u(x,y)$，$v=v(x,y)$，即

$$F(x,y,u(x,y),v(x,y))\equiv 0,\quad G(x,y,u(x,y),v(x,y))\equiv 0.$$

同样，我们有下面的定理.

定理 8.9（隐函数组存在定理）　设 $F(x,y,u,v)=0$，$G(x,y,u,v)=0$ 在点 $P_0(x_0,y_0,u_0,v_0)$ 的某一邻域内具有对各个变量的连续偏导数，又 $F(x_0,y_0,u_0,v_0)=0$，$G(x_0,y_0,u_0,v_0)=0$，且偏导数所组成的函数行列式（或称二阶雅可比（Jacobi）行列式）

$$J=\frac{\partial(F,G)}{\partial(u,v)}=\begin{vmatrix}\frac{\partial F}{\partial u} & \frac{\partial F}{\partial v}\\ \frac{\partial G}{\partial u} & \frac{\partial G}{\partial v}\end{vmatrix}$$

在点 $P_0(x_0,y_0,u_0,v_0)$ 不等于零，则方程组 $\begin{cases}F(x,y,u,v)=0,\\ G(x,y,u,v)=0\end{cases}$ **在点 $P_0(x_0,y_0,u_0,v_0)$ 的某一邻域内恒能唯一确定一组连续且具有连续偏导数的函数组 $u=u(x,y)$，$v=v(x,y)$，它们满足条件 $u_0=u(x_0,y_0)$，$v_0=v(x_0,y_0)$，并有**

$$\begin{aligned}
\frac{\partial u}{\partial x}&=-\frac{1}{J}\frac{\partial(F,G)}{\partial(x,v)}=-\frac{\begin{vmatrix}F'_x & F'_v\\ G'_x & G'_v\end{vmatrix}}{\begin{vmatrix}F'_u & F'_v\\ G'_u & G'_v\end{vmatrix}},\\
\frac{\partial v}{\partial x}&=-\frac{1}{J}\frac{\partial(F,G)}{\partial(u,x)}=-\frac{\begin{vmatrix}F'_u & F'_x\\ G'_u & G'_x\end{vmatrix}}{\begin{vmatrix}F'_u & F'_v\\ G'_u & G'_v\end{vmatrix}},\\
\frac{\partial u}{\partial y}&=-\frac{1}{J}\frac{\partial(F,G)}{\partial(y,v)}=-\frac{\begin{vmatrix}F'_y & F'_v\\ G'_y & G'_v\end{vmatrix}}{\begin{vmatrix}F'_u & F'_v\\ G'_u & G'_v\end{vmatrix}},\\
\frac{\partial v}{\partial y}&=-\frac{1}{J}\frac{\partial(F,G)}{\partial(u,y)}=-\frac{\begin{vmatrix}F'_u & F'_y\\ G'_u & G'_y\end{vmatrix}}{\begin{vmatrix}F'_u & F'_v\\ G'_u & G'_v\end{vmatrix}}.
\end{aligned}\tag{8.5}$$

这个定理我们不证，下面仅就公式(8.5)作如下推导.

由于

$$F(x,y,u(x,y),v(x,y))\equiv 0,\quad G(x,y,u(x,y),v(x,y))\equiv 0.$$

上式两边对 x 求偏导数，得

$$F'_x+F'_u\cdot\frac{\partial u}{\partial x}+F'_v\cdot\frac{\partial v}{\partial x}=0,\quad G'_x+G'_u\cdot\frac{\partial u}{\partial x}+G'_v\cdot\frac{\partial v}{\partial x}=0.$$

将上面两式联立，解方程组，得

$$\frac{\partial u}{\partial x}=-\frac{\begin{vmatrix}F'_x & F'_v\\ G'_x & G'_v\end{vmatrix}}{\begin{vmatrix}F'_u & F'_v\\ G'_u & G'_v\end{vmatrix}},\quad \frac{\partial v}{\partial x}=-\frac{\begin{vmatrix}F'_u & F'_x\\ G'_u & G'_x\end{vmatrix}}{\begin{vmatrix}F'_u & F'_v\\ G'_u & G'_v\end{vmatrix}}.$$

$\begin{vmatrix} F'_u & F'_v \\ G'_u & G'_v \end{vmatrix}$称为函数 F，G 的雅可比行列式，记为$\dfrac{\partial(F,G)}{\partial(u,v)}=\begin{vmatrix} F'_u & F'_v \\ G'_u & G'_v \end{vmatrix}$，则

$$\frac{\partial u}{\partial x}=-\frac{\dfrac{\partial(F,G)}{\partial(x,v)}}{\dfrac{\partial(F,G)}{\partial(u,v)}},\quad \frac{\partial v}{\partial x}=-\frac{\dfrac{\partial(F,G)}{\partial(u,x)}}{\dfrac{\partial(F,G)}{\partial(u,v)}}.$$

同理可证另外两个公式成立．

从上面两式我们发现，$\dfrac{\partial u}{\partial x}$的值是一个分式，前面是负号，分母是$\dfrac{\partial(F,G)}{\partial(u,v)}$，分子是把$\dfrac{\partial(F,G)}{\partial(u,v)}$中的 u 换成 x，即$\dfrac{\partial(F,G)}{\partial(x,v)}$. 而$\dfrac{\partial v}{\partial x}$的分子恰好是把$\dfrac{\partial(F,G)}{\partial(u,v)}$中的 v 换成 x. 同理，我们可发现$\dfrac{\partial u}{\partial y}$，$\dfrac{\partial v}{\partial y}$也符合这样的规律，即

$$\frac{\partial u}{\partial y}=-\frac{\dfrac{\partial(F,G)}{\partial(y,v)}}{\dfrac{\partial(F,G)}{\partial(u,v)}},\quad \frac{\partial v}{\partial y}=-\frac{\dfrac{\partial(F,G)}{\partial(u,y)}}{\dfrac{\partial(F,G)}{\partial(u,v)}}.$$

如果方程组确定 $u=u(x,v)$，$y=y(x,v)$，你能写出$\dfrac{\partial u}{\partial x}$，$\dfrac{\partial y}{\partial x}$，$\dfrac{\partial u}{\partial v}$，$\dfrac{\partial y}{\partial v}$吗？试一试，并且验证是否正确. 当然在实际计算时，可以不必直接套用这些公式，关键是要掌握求隐函数组偏导数的方法.

例 4　设$\begin{cases} u^2+v^2-x^2-y=0, \\ -u+v-xy+1=0, \end{cases}$求$\dfrac{\partial x}{\partial u}$，$\dfrac{\partial y}{\partial u}$.

解　由题意知，方程组确定隐函数组 $x=x(u,v)$，$y=y(u,v)$. 方程组两边对 u 求偏导数，得

$$2u-2x\frac{\partial x}{\partial u}-\frac{\partial y}{\partial u}=0,\quad -1-\frac{\partial x}{\partial u}y-x\frac{\partial y}{\partial u}=0.$$

利用克拉默(Cramer)法则，解出

$$\frac{\partial x}{\partial u}=\frac{2xu+1}{2x^2-y},\quad \frac{\partial y}{\partial u}=-\frac{2x+2yu}{2x^2-y}.$$

例 5　设$\begin{cases} xu-yv=0, \\ yu+xv=1, \end{cases}$求$\dfrac{\partial u}{\partial x},\dfrac{\partial u}{\partial y},\dfrac{\partial v}{\partial x},\dfrac{\partial v}{\partial y}$.

解　由题意知，方程组确定隐函数 $u=u(x,y)$，$v=v(x,y)$.方程组两边取微分，有

$$\begin{cases} x\mathrm{d}u+u\mathrm{d}x-y\mathrm{d}v-v\mathrm{d}y=0, \\ y\mathrm{d}u+u\mathrm{d}y+x\mathrm{d}v+v\mathrm{d}x=0. \end{cases}$$

把 $\mathrm{d}u,\mathrm{d}v$ 看成未知的，解得

$$\mathrm{d}u=\frac{1}{x^2+y^2}[-(xu+yv)\mathrm{d}x+(xv-yu)\mathrm{d}y],$$

有

$$\frac{\partial u}{\partial x}=-\frac{xu+yv}{x^2+y^2},\quad \frac{\partial u}{\partial y}=\frac{xv-yu}{x^2+y^2}.$$

同理，我们还可求出 $\mathrm{d}v$，从而得到

$$\frac{\partial v}{\partial x}=\frac{yu-xv}{x^2+y^2},\quad \frac{\partial v}{\partial y}=-\frac{xu+yv}{x^2+y^2}.$$

例 6 设 $u=f(x,y,z)$，$\psi(x^2,\mathrm{e}^y,z)=0$，$y=\sin x$，其中 f，ψ 具有连续的偏导数且 $\psi'_3\neq 0$，求 $\frac{\mathrm{d}u}{\mathrm{d}x}$.

解法一 由题意知，$y=y(x)$，$z=z(x)$，因此

$$\frac{\mathrm{d}u}{\mathrm{d}x}=f'_x+f'_y\frac{\mathrm{d}y}{\mathrm{d}x}+f'_z\frac{\mathrm{d}z}{\mathrm{d}x},\tag{8.6}$$

且

$$\frac{\mathrm{d}y}{\mathrm{d}x}=\cos x.\tag{8.7}$$

方程 $\psi(x^2,\mathrm{e}^y,z)=0$ 两边对 x 求导，有

$$\psi'_1 2x+\psi'_2\mathrm{e}^y\frac{\mathrm{d}y}{\mathrm{d}x}+\psi'_3\frac{\mathrm{d}z}{\mathrm{d}x}=0,$$

解得

$$\frac{\mathrm{d}z}{\mathrm{d}x}=-\frac{1}{\psi'_3}(2x\psi'_1+\mathrm{e}^y\psi'_2\cos x).\tag{8.8}$$

把式(8.7)、式(8.8)代入式(8.6)，有

$$\frac{\mathrm{d}u}{\mathrm{d}x}=f'_x+f'_y\cos x-\frac{f'_z}{\psi'_3}(2x\psi'_1+\psi'_2\mathrm{e}^y\cos x).$$

如果我们利用多元函数的一阶微分形式不变性及四则运算法则更方便，只要求出 $\mathrm{d}u=$式子 · $\mathrm{d}x$，这个式子就是 $\frac{\mathrm{d}u}{\mathrm{d}x}$.

解法二 求 $\mathrm{d}u$：

$$\mathrm{d}u=f'_x\mathrm{d}x+f'_y\mathrm{d}y+f'_z\mathrm{d}z,\tag{8.9}$$

由题意知 $\mathrm{d}y=\cos x\mathrm{d}x$，而

$$\mathrm{d}\psi(x^2,\mathrm{e}^y,z)=0\quad 或\quad \psi'_1\mathrm{d}(x^2)+\psi'_2\mathrm{d}\mathrm{e}^y+\psi'_3\mathrm{d}z=0,\tag{8.10}$$

得

$$2\psi'_1 x\mathrm{d}x+\psi'_2\mathrm{e}^y\mathrm{d}y+\psi'_3\mathrm{d}z=0,$$

即

$$\psi'_1 2x\mathrm{d}x+\psi'_2\mathrm{e}^y\cos x\mathrm{d}x+\psi'_3\mathrm{d}z=0,$$

解得

$$dz=-\frac{1}{\psi_3'}(\psi_1' 2x+\psi_2' e^y\cos x)\,dx. \tag{8.11}$$

把式(8.10)、式(8.11)代入式(8.9)，有

$$du=\left[f_x'+f_y'\cos x-\frac{f_z'}{\psi_3'}(\psi_1' 2x+\psi_2' e^y\cos x)\right]dx,$$

因此

$$\frac{du}{dx}=f_x'+f_y'\cos x-\frac{f_z'}{\psi_3'}(2x\psi_1'+\psi_2' e^y\cos x).$$

*§4.3 反函数组的偏导数

对于物理学中一些问题的解释以及重积分的计算，通常都要选择适当的坐标系．这样就提出了坐标变换的概念，即研究一种坐标(x,y)与另一种坐标(u,v)之间的关系，如

$$\begin{cases}x=x(u,v),\\ y=y(u,v)\end{cases}$$

或

$$\begin{cases}x-x(u,v)\equiv 0,\\ y-y(u,v)\equiv 0.\end{cases} \tag{8.12}$$

方程组(8.12)可确定函数组 $u=u(x,y)$，$v=v(x,y)$，称为$\begin{cases}x=x(u,v),\\ y=y(u,v)\end{cases}$的反函数组．从方程组(8.12)出发，可利用求由方程组所确定隐函数组的偏导数的方法，来求反函数组的偏导数．

下面我们来研究函数的雅可比行列式与反函数组的雅可比行列式之间的关系．将 $u=u(x,y)$, $v=v(x,y)$代入方程组(8.12)，有

$$\begin{cases}x-x[u(x,y),v(x,y)]\equiv 0,\\ y-y[u(x,y),v(x,y)]\equiv 0.\end{cases}$$

设 $x(u,v)$，$y(u,v)$，$u(x,y)$，$v(x,y)$具有连续的偏导数，将上式分别对 x 和 y 求偏导数，有

$$\begin{cases}1-x_u'u_x'-x_v'v_x'=0,\\ 0-y_u'u_x'-y_v'v_x'=0\end{cases} \quad 和 \quad \begin{cases}0-x_u'u_y'-x_v'v_y'=0,\\ 1-y_u'u_y'-y_v'v_y'=0,\end{cases}$$

即

$$\begin{cases}x_u'u_x'+x_v'v_x'=1,\\ y_u'u_x'+y_v'v_x'=0\end{cases} \quad 和 \quad \begin{cases}x_u'u_y'+x_v'v_y'=0,\\ y_u'u_y'+y_v'v_y'=1.\end{cases}$$

由

$$\begin{vmatrix}u_x' & v_x'\\ u_y' & v_y'\end{vmatrix}\cdot\begin{vmatrix}x_u' & y_u'\\ x_v' & y_v'\end{vmatrix}=\begin{vmatrix}u_x'x_u'+v_x'x_v' & u_x'y_u'+v_x'y_v'\\ u_y'x_u'+v_y'x_v' & u_y'y_u'+v_y'y_v'\end{vmatrix}=\begin{vmatrix}1 & 0\\ 0 & 1\end{vmatrix}=1,$$

知

$$\frac{\partial(u,v)}{\partial(x,y)}\cdot\frac{\partial(x,y)}{\partial(u,v)}=1.$$

这个结果与一元函数的反函数的导数公式$\frac{\mathrm{d}x}{\mathrm{d}y}\cdot\frac{\mathrm{d}y}{\mathrm{d}x}=1$是类似的. 这一结果可推广到三维及以上空间的坐标变换. 例如，函数组 $x=x(u,v,w)$，$y=y(u,v,w)$，$z=z(u,v,w)$确定反函数组 $u=u(x,y,z)$，$v=v(x,y,z)$，$w=w(x,y,z)$. 在满足一定条件下，有

$$\frac{\partial(x,y,z)}{\partial(u,v,w)}\cdot\frac{\partial(u,v,w)}{\partial(x,y,z)}=1.$$

例 7 设$\begin{cases}x=\mathrm{e}^u+u\sin v,\\ y=\mathrm{e}^u-u\cos v\end{cases}$确定反函数组$\begin{cases}u=u(x,y),\\ v=v(x,y),\end{cases}$求$\frac{\partial u}{\partial x}$，$\frac{\partial u}{\partial y}$，$\frac{\partial v}{\partial x}$，$\frac{\partial v}{\partial y}$.

解 由$\begin{cases}u=u(x,y),\\ v=v(x,y),\end{cases}$方程组两边对 x 求偏导数，有

$$\begin{cases}1=\mathrm{e}^u\dfrac{\partial u}{\partial x}+\dfrac{\partial u}{\partial x}\sin v+u\cos v\dfrac{\partial v}{\partial x},\\ 0=\mathrm{e}^u\dfrac{\partial u}{\partial x}-\dfrac{\partial u}{\partial x}\cos v+u\sin v\dfrac{\partial v}{\partial x},\end{cases}$$

解得

$$\frac{\partial u}{\partial x}=\frac{\sin v}{\mathrm{e}^u(\sin v-\cos v)+1},\quad \frac{\partial v}{\partial x}=\frac{-\mathrm{e}^u+\cos v}{u[\mathrm{e}^u(\sin v-\cos v)+1]}.$$

同理，方程两边对 y 求偏导数，可得

$$\frac{\partial u}{\partial y}=-\frac{\cos v}{\mathrm{e}^u(\sin v-\cos v)+1},\quad \frac{\partial v}{\partial y}=\frac{\mathrm{e}^u+\sin v}{u[\mathrm{e}^u(\sin v-\cos v)+1]}.$$

例 8 设$\begin{cases}x=-u^2+v,\\ y=u+v^2\end{cases}$确定反函数组$\begin{cases}u=u(x,y),\\ v=v(x,y),\end{cases}$求$\frac{\partial u}{\partial x},\frac{\partial v}{\partial x},\frac{\partial u}{\partial y},\frac{\partial v}{\partial y}$.

解 由$\begin{cases}u=u(x,y),\\ v=v(x,y),\end{cases}$方程组两边对 x 求偏导数，得

$$\begin{cases}1=-2u\dfrac{\partial u}{\partial x}+\dfrac{\partial v}{\partial x},\\ 0=\dfrac{\partial u}{\partial x}+2v\dfrac{\partial v}{\partial x},\end{cases}$$

解得

$$\frac{\partial u}{\partial x}=\frac{-2v}{4uv+1},\quad \frac{\partial v}{\partial x}=\frac{1}{4uv+1}.$$

同理，方程组两边对 y 求偏导数，可得

$$\frac{\partial u}{\partial y}=\frac{1}{4uv+1},\quad \frac{\partial v}{\partial y}=\frac{2u}{4uv+1}.$$

习题 8-4

1. 设 $x^2+y^2+z^2-3xyz=0$ 及 $f(x,y,z)=xy^2z^3$. 求

$$\frac{\partial}{\partial x}f[x,y,z(x,y)]\Big|_{(1,1,1)},\quad \frac{\partial}{\partial x}f[x,y(x,z),z]\Big|_{(1,1,1)}.$$

2. 设方程 $x^2+2y^2+3z^2+xy-z-9=0$ 确定 $z=z(x,y)$，求 $\left.\frac{\partial^2 z}{\partial x^2}\right|_{(1,-2,1)}$，$\left.\frac{\partial^2 z}{\partial x\partial y}\right|_{(1,-2,1)}$，$\left.\frac{\partial^2 z}{\partial y^2}\right|_{(1,-2,1)}$.

3. 设方程 $\frac{x}{z}=\ln\frac{z}{y}$ 确定 $z=z(x,y)$，求 $\mathrm{d}z$.

4. 设函数 $F(x+y+z,x^2+y^2+z^2)=0$ 确定 $z=z(x,y)$，其中 F 具有连续的偏导数，求 $\frac{\partial z}{\partial x}$，$\frac{\partial z}{\partial y}$.

5. 设函数 $F(x,x+y,x+y+z)=0$ 确定 $z=z(x,y)$，其中 F 具有连续的二阶偏导数，求 $\frac{\partial z}{\partial x}$，$\frac{\partial z}{\partial y}$，$\frac{\partial^2 z}{\partial x^2}$.

6. 设函数 $F(x,y,z)=0$，其中 F 具有连续的偏导数，证明：$\frac{\partial x}{\partial y}\cdot\frac{\partial y}{\partial z}\cdot\frac{\partial z}{\partial x}=-1$.

7. 已知 $xy=xf(z)+yg(z)$，$xf'(z)+yg'(z)\neq 0$，证明：$[x-g(z)]\frac{\partial z}{\partial x}=[y-f(z)]\frac{\partial z}{\partial y}$.

8. 设函数 $z=f(x,y)$ 是由方程 $z-y-x+xe^{z-y-x}=0$ 所确定的二元函数，求 $\mathrm{d}z$.

9. 函数 $z=z(x,y)$ 由方程 $F(x+zy^{-1},y+zx^{-1})=0$ 所给出，其中 F 具有连续的偏导数，证明：

$$x\frac{\partial z}{\partial x}+y\frac{\partial z}{\partial y}=z-xy.$$

10. 设 $x=u\cos v$，$y=u\sin v$，$z=v$，求 $\frac{\partial^2 z}{\partial x\partial y}$.

11. 设 $z=x^2+y^2$，其中 $y=y(x)$ 由方程 $x^2-xy+y^2=1$ 确定，求 $\frac{\mathrm{d}z}{\mathrm{d}x}$，$\frac{\mathrm{d}^2 z}{\mathrm{d}x^2}$.

12. 设 $x+y+z=0$，$x^2+y^2+z^2=1$，求 $\frac{\mathrm{d}x}{\mathrm{d}z}$，$\frac{\mathrm{d}y}{\mathrm{d}z}$.

13. 设 $xu-yv=0$，$yu+xv=1$，求 $\frac{\partial u}{\partial x}$，$\frac{\partial u}{\partial y}$，$\frac{\partial v}{\partial x}$，$\frac{\partial v}{\partial y}$.

14. 设函数 $z=z(x,y)$ 满足方程组 $f(x,y,z,t)=0$，$g(x,y,z,t)=0$，其中 f，g 具有连续的偏导数，求 $\mathrm{d}z$.

15. 设函数 $u=f(x,y,z,t)$，其中 z，t 是由方程组 $\begin{cases}y+z+t=0,\\ y^2+z^2+t^2=1\end{cases}$ 确定的函数，求 $\frac{\partial u}{\partial x}$，$\frac{\partial u}{\partial y}$.

16. 设函数 $y=y(x)$，$z=z(x)$ 是由方程 $z=xf(x+y)$ 和 $F(x,y,z)=0$ 所确定的，其中 f 可导，F 具有连续的偏导数，求 $\frac{\mathrm{d}z}{\mathrm{d}x}$.

§5　场的方向导数与梯度

§5.1　场的概念

场是物理学中的概念，例如在真空中点 P_0 处放置一点电荷 $+q$，则在点 P_0 周围产生一个静电场. 再在异于点 P_0 的任一点 P 处放置一单位正电荷，物理学告诉我们，在点 P 处这个单位正电荷上所受到的力 $\boldsymbol{E}$，称为此静电场在点 P 处的电场强度(简称场强)，上述静电场内每一点都有一个确定的场强 $\boldsymbol{E}$，静电场不仅可以用场强这个量来描述，也可以用单位正电荷从点 P 处移到无穷远时，场强 $\boldsymbol{E}$ 所做的功 V 来描述，V 称为静电场的电位或电势.

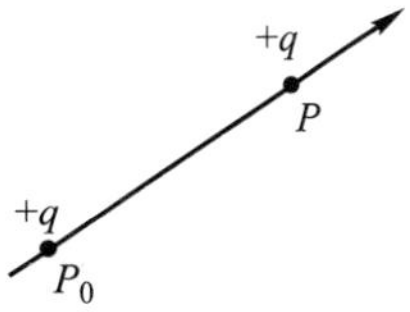

由上例可知，所谓静电场，是客观存在的，其特征可以通过场强或场电位来刻画. 数学中所研究的场，是考察客观存在的场的量的侧面. 设空间区域 V 上确定了该物理量的场. 研究场论的目的在于阐明场中物理量的一般变化规律. 由于物理量有数量与矢量之分，所以场也可分为两类：如果这个量是数量，则这样的场就称为数量场，例如，静电位场、温度场等都是数量场；如果这个量是矢量，则这样的场就称为矢量场，例如，静电场、引力场、磁场等都是矢量场. 如果场不随时间而变化，则称这类场为稳定场；反之，称为不稳定场. 我们只讨论稳定场.

根据数量场与矢量场的定义，可知数量场可用点 $P(x,y,z)$ 的数量函数

$$u=u(P) \quad 或 \quad u=u(x,y,z),\quad P(x,y,z)\in V$$

来表示，这里 V 是某个空间区域；矢量场可用点 $P(x,y,z)$ 的矢量函数 $\boldsymbol{A}=\boldsymbol{A}(P)$ 或

$$\boldsymbol{A}=A_x(P)\boldsymbol{i}+A_y(P)\boldsymbol{j}+A_z(P)\boldsymbol{k},\quad P(x,y,z)\in V$$

来表示，这里 V 是某个空间区域，A_x，A_y，A_z 表示 $\boldsymbol{A}$ 在直角坐标轴上的投影.

设给定一数量场 $u(P)=u(x,y,z)$，$P\in V$，u 是单值的连续函数，且具有连续偏导数. 具有同一函数值 C(C 是常数)的点 P 的集合所形成的曲面：$u(P)=C$ 称为等值面或等位面. 由(x,y,z)的单值性知，对于 V 中任一点，有且只有一张等值面通过.

例如，由物理学知，放置在坐标原点的点电荷 q 所产生的电位场为

$$v=\frac{q}{4\pi\varepsilon_0 r},\quad 其中\ r=\sqrt{x^2+y^2+z^2},$$

它的等位面方程为

$$\frac{q}{4\pi\varepsilon_0 r}=C\quad 或\quad x^2+y^2+z^2=\left(\frac{q}{4\pi\varepsilon_0 C}\right)^2.$$

这是一族以原点为球心的球面.

若数量场 $u(P)$ 给定在平面区域上，即 $u(P)=u(x,y)$，则一般说来，$u(P)=C$ 为一曲线，它称为等值线或等位线.

§5.2 场的方向导数

我们知道，偏导数 $\frac{\partial u}{\partial x}$，$\frac{\partial u}{\partial y}$，$\frac{\partial u}{\partial z}$ 能表示 $u(P)$ 沿三个坐标轴方向的变化大小，但仅知道这一点，在实际应用中是不够的. 例如用混凝土来浇筑水坝时，水坝中各点的温度就不一样，由于热胀冷缩，产生了温度应力，会使水坝发生裂缝. 在点 P_0 处，如果温度沿某一方向变化得太大，那么裂缝就很可能在这个方向发生. 对于静电位也是如此，如果在某一点沿某一方向的电位变化大，在这一方向就可能会引起放电现象.

由此可见，对于函数 $u(P)$，需要研究 $u(P)$ 在一点沿某一方向的变化率.

定义 8.9 设数量场三元函数 u 在点 $P_0(x_0,y_0,z_0)$ 的某邻域 $U(P_0)\subset\mathbf{R}^3$ 内有定义，$\boldsymbol{l}$ 为从点 P_0 出发的射线，$P(x,y,z)$ 为 $\boldsymbol{l}$ 上且含于 $U(P_0)$ 内的任一点，以 ρ 表示 P 与 P_0 两点的距离，若极限

$$\lim_{\rho\to 0}\frac{u(P)-u(P_0)}{\rho}=\lim_{\rho\to 0}\frac{\Delta_l u}{\rho}$$

存在，则称此极限为函数 u 在点 P_0 沿方向 $\boldsymbol{l}$ 的方向导数，记作 $\left.\frac{\partial u}{\partial \boldsymbol{l}}\right|_{P_0}$.

容易看到，若 u 在点 P_0 处存在对 x 的偏导数，则 u 在点 P_0 处沿 x 轴正方向的方向导数就是 $\left.\frac{\partial u}{\partial \boldsymbol{l}}\right|_{P_0}=\left.\frac{\partial u}{\partial x}\right|_{P_0}$. 当 $\boldsymbol{l}$ 方向为 x 轴负向时，则有 $\left.\frac{\partial u}{\partial \boldsymbol{l}}\right|_{P_0}=-\left.\frac{\partial u}{\partial x}\right|_{P_0}$. 一般情形下，方向导数与 $\frac{\partial u}{\partial x}$，$\frac{\partial u}{\partial y}$，$\frac{\partial u}{\partial z}$ 有什么关系呢？

定理 8.10 **若函数 u 在点 $P_0(x_0,y_0,z_0)$ 处可微，则 u 在点 P_0 处沿任一方向 $\boldsymbol{l}$ 的方向导数都存在，且**

$$\boxed{\left.\frac{\partial u}{\partial \boldsymbol{l}}\right|_{P_0}=\left.\frac{\partial u}{\partial x}\right|_{P_0}\cos\alpha+\left.\frac{\partial u}{\partial y}\right|_{P_0}\cos\beta+\left.\frac{\partial u}{\partial z}\right|_{P_0}\cos\gamma,}$$

其中，方向 $\boldsymbol{l}$ 上的单位矢量：

$$e_l=(\cos\alpha,\cos\beta,\cos\gamma). \tag{8.13}$$

证 设 $P(x,y,z)$ 为 $\boldsymbol{l}$ 上任一点，由

$\overrightarrow{P_0P}=(x-x_0,y-y_0,z-z_0)=(\Delta x,\Delta y,\Delta z)$,

$e_{\overrightarrow{P_0P}}=\left(\dfrac{\Delta x}{\rho},\dfrac{\Delta y}{\rho},\dfrac{\Delta z}{\rho}\right)=e_l$，其中 $\rho=\sqrt{(x-x_0)^2+(y-y_0)^2+(z-z_0)^2}$，

得

$$\frac{\Delta x}{\rho}=\cos\alpha,\qquad \frac{\Delta y}{\rho}=\cos\beta,\qquad \frac{\Delta z}{\rho}=\cos\gamma. \tag{8.14}$$

由于 $u(P)$ 在点 P_0 处可微，所以

$$\begin{aligned}u(P)-u(P_0)&=u(x_0+\Delta x,y_0+\Delta y,z_0+\Delta z)-u(x_0,y_0,z_0)\\&=\left.\frac{\partial u}{\partial x}\right|_{P_0}\Delta x+\left.\frac{\partial u}{\partial y}\right|_{P_0}\Delta y+\left.\frac{\partial u}{\partial z}\right|_{P_0}\Delta z+o(\rho),\end{aligned}$$

上式两端同除以 ρ，并结合式(8.14)，有

$$\begin{aligned}\lim_{\rho\to0}\frac{u(P)-u(P_0)}{\rho}&=\lim_{\rho\to0}\left(\left.\frac{\partial u}{\partial x}\right|_{P_0}\frac{\Delta x}{\rho}+\left.\frac{\partial u}{\partial y}\right|_{P_0}\frac{\Delta y}{\rho}+\left.\frac{\partial u}{\partial z}\right|_{P_0}\frac{\Delta z}{\rho}+\frac{o(\rho)}{\rho}\right)\\&=\left.\frac{\partial u}{\partial x}\right|_{P_0}\cos\alpha+\left.\frac{\partial u}{\partial y}\right|_{P_0}\cos\beta+\left.\frac{\partial u}{\partial z}\right|_{P_0}\cos\gamma,\end{aligned}$$

于是

$$\left.\frac{\partial u}{\partial \boldsymbol{l}}\right|_{P_0}=\left.\frac{\partial u}{\partial x}\right|_{P_0}\cos\alpha+\left.\frac{\partial u}{\partial y}\right|_{P_0}\cos\beta+\left.\frac{\partial u}{\partial z}\right|_{P_0}\cos\gamma.\square$$

对于二元函数 $z=f(x,y)$，相应于式(8.13)的结果是

$$\left.\frac{\partial z}{\partial \boldsymbol{l}}\right|_{P_0}=f'_x(x_0,y_0)\cos\alpha+f'_y(x_0,y_0)\cos\beta,$$

其中 α，β 是平面向量 $\boldsymbol{l}$ 分别与 x 轴、y 轴正向的夹角.

例 1 求函数 $u=\ln(x+\sqrt{y^2+z^2})$ 在点 $A(1,0,1)$ 处沿点 A 指向点 $B(3,-2,2)$ 方向的方向导数.

解 由 $\boldsymbol{l}=\overrightarrow{AB}=(2,-2,1)$，$e_{\overrightarrow{AB}}=\left(\dfrac{2}{3},\dfrac{-2}{3},\dfrac{1}{3}\right)=e_l=(\cos\alpha,\cos\beta,\cos\gamma)$，得

$$\cos\alpha=\frac{2}{3},\qquad \cos\beta=-\frac{2}{3},\qquad \cos\gamma=\frac{1}{3}.$$

又

$$\frac{\partial u}{\partial x}=\frac{1}{x+\sqrt{y^2+z^2}},\ \frac{\partial u}{\partial y}=\frac{1}{x+\sqrt{y^2+z^2}}\frac{y}{\sqrt{y^2+z^2}},\ \frac{\partial u}{\partial z}=\frac{1}{x+\sqrt{y^2+z^2}}\frac{z}{\sqrt{y^2+z^2}},$$

所以

$$\left.\frac{\partial u}{\partial x}\right|_A=\frac{1}{2},\ \left.\frac{\partial u}{\partial y}\right|_A=0,\ \left.\frac{\partial u}{\partial z}\right|_A=\frac{1}{2}.$$

于是

$$\left.\frac{\partial u}{\partial \boldsymbol{l}}\right|_A=\frac{1}{2}\times\frac{2}{3}+0\times\left(-\frac{2}{3}\right)+\frac{1}{2}\times\frac{1}{3}=\frac{1}{2}.$$

例 2　设 $f(x,\ y)=\begin{cases}1, & 0<y<x^2,\ -\infty<x<+\infty,\\ 0, & 其他,\end{cases}$ 如图 8-14 所示. 这个函数在原点不连续，这是因为

$$\lim_{\substack{(x,y)\to(0,0)\\ 0<y<x^2}} f(x,y)=1,\quad \lim_{\substack{(x,y)\to(0,0)\\ y>x^2}} f(x,y)=0,$$

所以 $f(x,y)$ 在原点 $(0,0)$ 处不可微.

但在始于原点的任何射线上，都存在包含原点的充分小的一段，在这一段上函数 f 的值恒为零. 于是，由方向导数定义，在原点处沿任何方向 $\boldsymbol{l}$，都有

$$\left.\frac{\partial f}{\partial \boldsymbol{l}}\right|_{(0,0)}=0\ .$$

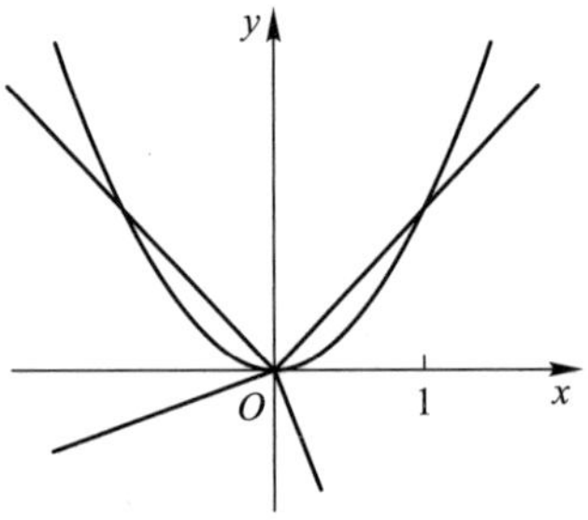

图 8-14

这个例子说明：(1) 函数在一点可微是方向导数存在的充分条件而不是必要条件；(2) 函数在一点连续同样不是方向导数存在的必要条件，当然更不是充分条件；(3) 我们还可以说明偏导数存在也不是方向导数存在的充分条件. 对此，读者可举例子来说明.

§5.3　梯度

研究了函数 $u=u(P)$ 在点 P_0 处沿 $\boldsymbol{l}$ 方向的变化率之后，我们还需进一步研究，当点 P 取定之后，$\boldsymbol{l}$ 取什么方向时，$\frac{\partial u}{\partial \boldsymbol{l}}$ 取到最大值，最大值是多少？因为

$$\begin{aligned}\left.\frac{\partial u}{\partial \boldsymbol{l}}\right|_{P_0}&=\left.\frac{\partial u}{\partial x}\right|_{P_0}\cos\alpha+\left.\frac{\partial u}{\partial y}\right|_{P_0}\cos\beta+\left.\frac{\partial u}{\partial z}\right|_{P_0}\cos\gamma\\&=\left.\left(\frac{\partial u}{\partial x},\frac{\partial u}{\partial y},\frac{\partial u}{\partial z}\right)\right|_{P_0}\cdot(\cos\alpha,\cos\beta,\cos\gamma),\end{aligned}$$

所以可把 $\left.\frac{\partial u}{\partial \boldsymbol{l}}\right|_{P_0}$ 看成两矢量的数量积. 由于 $(\cos\alpha,\cos\beta,\cos\gamma)=\boldsymbol{e}_l$，所以，可把 $\left(\frac{\partial u}{\partial x},\frac{\partial u}{\partial y},\frac{\partial u}{\partial z}\right)$ 定义成一个矢量. 因此有

定义 8.10　矢量 $\frac{\partial u}{\partial x}\boldsymbol{i}+\frac{\partial u}{\partial y}\boldsymbol{j}+\frac{\partial u}{\partial z}\boldsymbol{k}=\left(\frac{\partial u}{\partial x},\frac{\partial u}{\partial y},\frac{\partial u}{\partial z}\right)$ 称为函数 $u(P)$ 在点 P 处的梯度，记为 **grad** u（**grad** 是 gradient 的缩写），即

$$\mathbf{grad}\ u=\frac{\partial u}{\partial x}\boldsymbol{i}+\frac{\partial u}{\partial y}\boldsymbol{j}+\frac{\partial u}{\partial z}\boldsymbol{k}=\left(\frac{\partial u}{\partial x},\frac{\partial u}{\partial y},\frac{\partial u}{\partial z}\right).$$

于是

$$\mathbf{grad}\ u(P_0)=\left(\left.\frac{\partial u}{\partial x}\right|_{P_0},\left.\frac{\partial u}{\partial y}\right|_{P_0},\left.\frac{\partial u}{\partial z}\right|_{P_0}\right)=\left.\mathbf{grad}\ u\right|_{P_0}=\left.\left(\frac{\partial u}{\partial x},\frac{\partial u}{\partial y},\frac{\partial u}{\partial z}\right)\right|_{P_0},$$

$$|\mathbf{grad}\ u(P_0)|=\left.\sqrt{\left(\frac{\partial u}{\partial x}\right)^2+\left(\frac{\partial u}{\partial y}\right)^2+\left(\frac{\partial u}{\partial z}\right)^2}\right|_{P_0},$$

从而

$$\begin{aligned}\left.\frac{\partial u}{\partial \boldsymbol{l}}\right|_{P_0}&=\mathbf{grad}\ u(P_0)\cdot\boldsymbol{e}_l\\&=|\mathbf{grad}\ u(P_0)|\cdot|\boldsymbol{e}_l|\cos\theta\\&=|\mathbf{grad}\ u(P_0)|\cos\theta,\end{aligned}$$

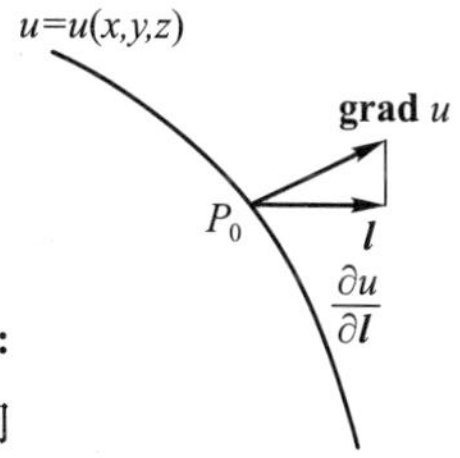

图 8-15

其中 θ 是矢量 $\mathbf{grad}\ u(P_0)$ 与 $\boldsymbol{l}$ 的夹角. 由此得出下面的结论:

(1) u 在点 P_0 处沿方向 $\boldsymbol{l}$ 的方向导数, 等于梯度在方向 $\boldsymbol{l}$ 上的投影(图 8-15). 即

$$\left.\frac{\partial u}{\partial \boldsymbol{l}}\right|_{P_0}=\mathbf{grad}\ u(P_0)\cdot\boldsymbol{e}_l.$$

(2) 当 $\theta=0$, 即 $\boldsymbol{e}_l$ 的方向与梯度方向 $\mathbf{grad}\ u(P_0)$ 一致时, 函数 $u(P)$ 在点 P_0 沿梯度方向的方向导数 $\frac{\partial u}{\partial \boldsymbol{l}}$ 取到最大值, 最大值等于梯度的模 $|\mathbf{grad}\ u(P_0)|$, 即

$$\max\left(\left.\frac{\partial u}{\partial \boldsymbol{l}}\right|_{P_0}\right)=|\mathbf{grad}\ u(P_0)|.$$

这就是说, 当 u 在点 P_0 可微时, u 在点 P_0 的梯度方向是 u 值增长得最快的方向. 当 $\theta=\pi$, 即 $\boldsymbol{e}_l$ 的方向与梯度方向 $\mathbf{grad}\ u(P_0)$ 相反, 或者说, 函数 $u(P)$ 在点 P_0 沿梯度的反方向 $-\mathbf{grad}\ u(P_0)$ 时, 方向导数取得最小值 $-|\mathbf{grad}\ u(P_0)|$. 当 $\theta=\frac{\pi}{2}$ 时, 方向导数为零.

综上所述, 函数的梯度描述了函数变化最大的方向和最小的方向的变化率, 虽然上述结果是在直角坐标系下讨论的, 但实质上是和坐标系的选择无关的.

例 3 求函数 $u=xy^2+z^3-xyz$ 在点 $P_0(1,1,1)$ 处沿哪个方向的方向导数最大? 最大值是多少?

解 由 $\frac{\partial u}{\partial x}=y^2-yz,\frac{\partial u}{\partial y}=2xy-xz,\frac{\partial u}{\partial z}=3z^2-xy$, 得

$$\left.\frac{\partial u}{\partial x}\right|_{P_0}=0,\quad \left.\frac{\partial u}{\partial y}\right|_{P_0}=1,\quad \left.\frac{\partial u}{\partial z}\right|_{P_0}=2.$$

从而

$$\mathbf{grad}\, u(P_0)=(0,1,2),\qquad |\mathbf{grad}\, u(P_0)|=\sqrt{0+1+4}=\sqrt{5}.$$

于是 u 在点 P_0 处沿方向 $(0,1,2)$ 的方向导数最大，最大值是 $\sqrt{5}$.

设 u，v 可微，α，β 为常数. 梯度运算具有以下运算法则：

(1) $\mathbf{grad}(\alpha u+\beta v)=\alpha\mathbf{grad}\, u+\beta\mathbf{grad}\, v$;

(2) $\mathbf{grad}(u\cdot v)=u\mathbf{grad}\, v+v\mathbf{grad}\, u$;

(3) $\mathbf{grad}\, f(u)=f'(u)\mathbf{grad}\, u$.

(请读者自证.)

例 4　求 $\mathbf{grad}\, f(r)$，其中 $f(r)$ 为可微函数，$r=|\boldsymbol{r}|$，$\boldsymbol{r}=x\boldsymbol{i}+y\boldsymbol{j}+z\boldsymbol{k}$.

解　由公式(3)知

$$\mathbf{grad}\, f(r)=f'(r)\mathbf{grad}\, r=f'(r)\left(\frac{\partial r}{\partial x}\boldsymbol{i}+\frac{\partial r}{\partial y}\boldsymbol{j}+\frac{\partial r}{\partial z}\boldsymbol{k}\right).$$

因为 $\dfrac{\partial r}{\partial x}=\dfrac{x}{r}$，$\dfrac{\partial r}{\partial y}=\dfrac{y}{r}$，$\dfrac{\partial r}{\partial z}=\dfrac{z}{r}$，所以

$$\mathbf{grad}\, f(r)=f'(r)\left(\frac{x}{r}\boldsymbol{i}+\frac{y}{r}\boldsymbol{j}+\frac{z}{r}\boldsymbol{k}\right)=f'(r)\frac{\boldsymbol{r}}{|\boldsymbol{r}|}=f'(r)\boldsymbol{e}_r.$$

习题 8-5

1. 求函数 $z=x^2-y^2$ 在点 $M(1,1)$ 沿与 Ox 轴的正向组成角 $\alpha=60°$ 的方向 $\boldsymbol{l}$ 上的方向导数.

2. 求函数 $z=x^2-xy+y^2$ 在点 $M(1,1)$ 沿与 Ox 轴的正向组成 α 角的方向 $\boldsymbol{l}$ 上的方向导数，在怎样的方向上，此方向导数有：(1) 最大值；(2) 最小值；(3) 等于 0.

3. 求函数 $u=xyz$ 在点 $M(1,1,1)$ 沿方向 $\boldsymbol{l}=\{\cos\alpha,\cos\beta,\cos\gamma\}$ 上的方向导数，函数在该点的梯度的大小等于多少?

4. 求函数 $u=x^2+y^2-z^2$ 在点 $A(1,0,0)$ 及 $B(0,1,0)$ 两点梯度之间的角度.

5. 求函数 $u=\ln(x+\sqrt{y^2+z^2})$ 在点 $A(1,0,1)$ 处沿点 A 指向点 $B(3,-2,2)$ 方向的方向导数.

6. 求函数 $u=\ln(x^2+y^2+z^2)$ 在点 $M(1,2,-2)$ 处的梯度.

7. 证明梯度具有下列运算法则 ($u(x,y,z)$, $v(x,y,z)$ 具有连续的偏导数)：

(1) $\mathbf{grad}(\alpha u+\beta v)=\alpha\mathbf{grad}\, u+\beta\mathbf{grad}\, v$，其中 α，β 为常数；

(2) $\mathbf{grad}(uv)=u\mathbf{grad}\, v+v\mathbf{grad}\, u$；

(3) $\mathbf{grad}\, f(u)=f'(u)\mathbf{grad}\, u$ ($f(u)$ 具有连续的导数).

§6 多元函数的极值及应用

§6.1 多元函数的泰勒公式

我们知道用一元函数泰勒公式逼近函数的效果可以按给定的精度要求，用多项式逼近一个多元函数，也具有类似的结果. 我们可模仿一元函数泰勒公式的结论，得到

定理 8.11(泰勒(Taylor)定理) **若函数 f 在点 $P_0(x_0,y_0)$ 的某邻域 $U(P_0)$ 内有直到 $n+1$ 阶的连续偏导数，则对 $U(P_0)$ 内任一点 (x_0+h,y_0+k)，存在 $\theta\in(0,1)$，使得**

$$\begin{aligned}f(x_0+h,y_0+k)=&f(x_0,y_0)+\left(h\frac{\partial}{\partial x}+k\frac{\partial}{\partial y}\right)f(x_0,y_0)+\\&\frac{1}{2!}\left(h\frac{\partial}{\partial x}+k\frac{\partial}{\partial y}\right)^2f(x_0,y_0)+\cdots+\\&\frac{1}{n!}\left(h\frac{\partial}{\partial x}+k\frac{\partial}{\partial y}\right)^nf(x_0,y_0)+\\&\frac{1}{(n+1)!}\left(h\frac{\partial}{\partial x}+k\frac{\partial}{\partial y}\right)^{n+1}f(x_0+\theta h,y_0+\theta k).\end{aligned}\tag{8.15}$$

式(8.15)称为二元函数 f 在点 P_0 处的 n 阶泰勒公式.

*证　作函数 $\psi(t)=f(x_0+th,y_0+tk)$，由定理条件知一元函数 $\psi(t)$ 在 $[0,1]$ 上满足一元函数的泰勒定理条件. 由 $\psi(t)$ 的定义知

$$\psi'(t)=h\frac{\partial f}{\partial x}+k\frac{\partial f}{\partial y}=\left(h\frac{\partial}{\partial x}+k\frac{\partial}{\partial y}\right)f(x_0+th,y_0+tk),$$

$$\begin{aligned}\psi''(t)&=h^2\frac{\partial^2 f}{\partial x^2}+hk\frac{\partial^2 f}{\partial x\partial y}+kh\frac{\partial^2 f}{\partial x\partial y}+k^2\frac{\partial^2 f}{\partial y^2}\\&=h^2\frac{\partial^2 f}{\partial x^2}+2hk\frac{\partial^2 f}{\partial x\partial y}+k^2\frac{\partial^2 f}{\partial y^2}\\&=\left(h^2\frac{\partial^2}{\partial x^2}+2hk\frac{\partial^2}{\partial x\partial y}+k^2\frac{\partial^2}{\partial y^2}\right)f\\&\xlongequal{\text{def}}\left(h\frac{\partial}{\partial x}+k\frac{\partial}{\partial y}\right)^2f(x_0+th,y_0+tk),\end{aligned}$$

由数学归纳法可得

$$\psi^{(m)}(t)=\left(h\frac{\partial}{\partial x}+k\frac{\partial}{\partial y}\right)^mf(x_0+th,y_0+tk)\quad(m=1,2,\cdots,n+1),$$

所以

$$\psi(t)=\psi(0)+\frac{\psi'(0)}{1!}t+\frac{\psi''(0)}{2!}t^2+\cdots+\frac{\psi^{(n)}(0)}{n!}t^n+\frac{\psi^{(n+1)}(\theta t)}{(n+1)!}t^{n+1}.$$

取 $t=1$，有

$$\psi(1)=\psi(0)+\frac{\psi'(0)}{1!}+\frac{\psi''(0)}{2!}+\cdots+\frac{\psi^{(n)}(0)}{n!}+\frac{\psi^{(n+1)}(\theta)}{(n+1)!}\quad(0<\theta<1),$$

由

$$\begin{aligned}
\psi(1)&=f(x_0+h,y_0+k),\\
\psi(0)&=f(x_0,y_0),\\
\psi'(0)&=\left(h\frac{\partial}{\partial x}+k\frac{\partial}{\partial y}\right)f(x_0,y_0),\\
\psi''(0)&=\left(h\frac{\partial}{\partial x}+k\frac{\partial}{\partial y}\right)^2 f(x_0,y_0),\\
&\cdots\\
\psi^{(n)}(0)&=\left(h\frac{\partial}{\partial x}+k\frac{\partial}{\partial y}\right)^n f(x_0,y_0),\\
\psi^{(n+1)}(\theta)&=\left(h\frac{\partial}{\partial x}+k\frac{\partial}{\partial y}\right)^{n+1} f(x_0+\theta h,y_0+\theta k),
\end{aligned}$$

知

$$f(x_0+h,y_0+k)=f(x_0,y_0)+\left(h\frac{\partial}{\partial x}+k\frac{\partial}{\partial y}\right)f(x_0,y_0)+\frac{1}{2!}\left(h\frac{\partial}{\partial x}+k\frac{\partial}{\partial y}\right)^2 f(x_0,y_0)+\cdots+\frac{1}{n!}\left(h\frac{\partial}{\partial x}+k\frac{\partial}{\partial y}\right)^n f(x_0,y_0)+R_n,$$

其中，$R_n=\dfrac{1}{(n+1)!}\left(h\dfrac{\partial}{\partial x}+k\dfrac{\partial}{\partial y}\right)^{n+1}f(x_0+\theta h,y_0+\theta k)$，$0<\theta<1$. □

R_n 称为泰勒公式的拉格朗日(Lagrange)余项. 如果用公式中关于 h 及 k 的 n 次多项式作为$f(x_0+h,y_0+k)$的近似值，由此产生的误差 R_n 会怎样呢？

若$f(x,y)$在 $U(P_0)$内所有 1 至 $n+1$ 阶偏导数的绝对值不超过某一个确定的正数 M，则

$$\begin{aligned}
|R_n|&\leqslant\frac{M}{(n+1)!}(|h|+|k|)^{n+1}=\frac{M}{(n+1)!}\rho^{n+1}\left(\frac{|h|}{\rho}+\frac{|k|}{\rho}\right)^{n+1}\\
&\leqslant\frac{2^{n+1}M}{(n+1)!}\rho^{n+1},\qquad \rho=\sqrt{h^2+k^2}.
\end{aligned}$$

这表明 R_n 当 $\rho\to0$ 时是一个比 ρ^n 高阶的无穷小，即有 $R_n=o(\rho^n)$ $(\rho\to0)$.

特别地，当$(x_0,y_0)=(0,0)$时，称式(8.15)为二元函数的麦克劳林公式.

在二元函数的泰勒公式中，当 $n=0$ 时，有

$$f(x_0+h,y_0+k)=f(x_0,y_0)+\left(h\frac{\partial}{\partial x}+k\frac{\partial}{\partial y}\right)f(x_0+\theta h,y_0+\theta k),$$

或

$$f(x_0+h,y_0+k)-f(x_0,y_0)=\left(h\frac{\partial}{\partial x}+k\frac{\partial}{\partial y}\right)f(x_0+\theta h,y_0+\theta k)$$

$$= hf'_x(x_0+\theta h, y_0+\theta k)+kf'_y(x_0+\theta h, y_0+\theta k).$$

这就是二元函数的拉格朗日中值公式，我们有下面的推论.

推论 设 $f(x,y)$ 在区域 G 上具有连续的一阶偏导数，

(1) 若 $f'_x(x,y)\equiv 0$，$(x,y)\in G$，则 $f(x,y)$ 在 G 上仅是 y 的函数；

(2) 若 $f'_y(x,y)\equiv 0$，$(x,y)\in G$，则 $f(x,y)$ 在 G 上仅是 x 的函数；

(3) 若 $f'_x(x,y)\equiv 0$，$f'_y(x,y)\equiv 0$，$(x,y)\in G$，则 $f(x,y)$ 在 G 上是常值函数.

证 (1) 我们只要证明，任给 (x_1,y_0)，$(x_2,y_0)\in G$，有 $f(x_1,y_0)=f(x_2,y_0)$. 设

$$\psi(x)=f(x,y_0),\qquad \psi'(x)=f'_x(x,y_0),$$

对 $\psi(x)$ 在区间 $[x_1,x_2]$ (不妨设 $x_1<x_2$) 上利用拉格朗日定理，有

$$\begin{aligned}f(x_2,y_0)-f(x_1,y_0)&=\psi(x_2)-\psi(x_1)=\psi'(\xi)(x_2-x_1)\\&=f'_x(\xi,y_0)(x_2-x_1)=0,\ x_1<\xi<x_2,\end{aligned}$$

得证. 同理可证(2)成立.

(3) 任给 (x_1,y_1)，$(x_2,y_2)\in G$，利用二元函数的拉格朗日中值公式，有

$$\begin{aligned}f(x_2,y_2)-f(x_1,y_1)&=f[x_1+(x_2-x_1),y_1+(y_2-y_1)]-f(x_1,y_1)\\&=(x_2-x_1)f'_x[x_1+\theta(x_2-x_1),y_1+\theta(y_2-y_1)]+\\&\quad (y_2-y_1)f'_y[x_1+\theta(x_2-x_1),y_1+\theta(y_2-y_1)]\\&=0,\end{aligned}$$

因此，$f(x,y)$ 在 G 上是常值函数. □

例 1 写出函数 $f(x,y)=x^y$ 在点 $P_0(1,1)$ 的邻域内的展开式，到二次项为止.

解 由于

$$\frac{\partial f}{\partial x}=yx^{y-1},\ \frac{\partial f}{\partial y}=x^y\ln x,$$

$$\frac{\partial^2 f}{\partial x^2}=y(y-1)x^{y-2},\ \frac{\partial^2 f}{\partial x\partial y}=yx^{y-1}\ln x+x^{y-1},\frac{\partial^2 f}{\partial y^2}=x^y\ln^2 x,$$

由题意有 $h=x-1$，$k=y-1$，于是，按二元函数的泰勒公式，有

$$x^y=f(x,\ y)=f[1+(x-1),1+(y-1)]=1+(x-1)+(x-1)(y-1)+o(\rho^2).$$

§6.2 多元函数的极值

一、多元函数的极值概念

在实际应用中，我们经常遇到涉及最大值、最小值的问题. 有时，函数的自变量往往不止一个，因此，就需要求多元函数的最大值、最小值. 而最大值、

最小值与极值有着密切的联系. 首先我们给出多元函数极值的概念，并类比一元函数极值的性质，推断出多元函数极值的性质.

定义 8.11 设函数 $z=f(x,y)$ 在点 $P_0(x_0,y_0)$ 的某邻域 $U(P_0)$ 内有定义，若对任何点 $P(x,y)\in U(P_0)$，都有 $f(P)\leqslant f(P_0)$（或 $f(P)\geqslant f(P_0)$），则称函数 f 在点 P_0 处取到极大(或极小)值，点 P_0 称为 f 的极大(或极小)值点. 极大值、极小值统称为极值，极大值点、极小值点统称为极值点.

由定义知，若 f 在点 (x_0,y_0) 处取到极值，则当固定 $y=y_0$ 时，一元函数 $f(x,y_0)$ 必定在 $x=x_0$ 处取相同的极值，若 $f'_x(x_0,y_0)$ 也存在，即 $\left.\frac{\mathrm{d}}{\mathrm{d}x}f(x,y_0)\right|_{x=x_0}$ 存在，利用一元函数取极值的必要条件知 $\left.\frac{\mathrm{d}}{\mathrm{d}x}f(x,y_0)\right|_{x=x_0}=0$，亦即 $f'_x(x_0,y_0)=0$. 同理，一元函数 $f(x_0,y)$ 在 $y=y_0$ 处也取相同的极值，若 $f'_y(x_0,y_0)$ 也存在，则 $f'_y(x_0,y_0)=0$，因此，有

定理 8.12(极值的必要条件) **若函数 f 在点 $P_0(x_0,y_0)$ 存在偏导数且在点 P_0 处取极值，则有**

$$f'_x(x_0,y_0)=0,\ f'_y(x_0,y_0)=0. \tag{8.16}$$

若函数 f 在点 P_0 满足式(8.16)，则称点 P_0 为 f 的稳定点或驻点.

定理 8.12 指出，若 f 存在偏导数，则其极值点必是稳定点，但反之不一定成立. 例如，$f(x,y)=xy$，有 $f'_x(x,y)=y$，$f'_y(x,y)=x$，在点 $(x,y)=(0,0)$ 处，$f'_x(0,0)=f'_y(0,0)=0$，但 $f(x,y)$ 在点 $O(0,0)$ 处不取极值. 这是因为在点 $O(0,0)$ 的任何一个邻域 $U(O)$ 中，若 $P\in U(O)$，当 P 在第一、三象限时，$f(P)>0$；当 P 在第二、四象限时，$f(P)<0$. 因此，$f(0,0)$ 不是极值.

若 $f(x,y)$ 在点 $P_0(x_0,y_0)$ 处取极值，则 $f(x,y)$ 在点 $P_0(x_0,y_0)$ 处的偏导数只有两种情形：

(1) $f'_x(x_0,y_0)$，$f'_y(x_0,y_0)$ 都存在，且 $f'_x(x_0,y_0)=0$，$f'_y(x_0,y_0)=0$. 即点 $P_0(x_0,y_0)$ 为稳定点；

(2) $f'_x(x_0,y_0)$，$f'_y(x_0,y_0)$ 至少有一个不存在.

因此，$f(x,y)$ 的极值点一定包含在稳定点或偏导数不存在的点(统称为极值点的怀疑点)之中.

例 2 设 $f(x,y)=\sqrt{x^2+y^2}$，$f(x,y)$ 在点 $(0,0)$ 处的偏导数不存在，但 $(x,y)\in\mathbf{R}^2$ 时，有 $f(x,y)\geqslant f(0,0)=0$，因此，$f(0,0)$ 为极小值.

极值点的怀疑点找出来后，若是偏导数不存在的点 (x_0,y_0)，可用函数值不等式来检验点 (x_0,y_0) 是否为极值点；若是稳定点，我们有下面的定理.

定理 8.13(极值的充分条件) **设函数 $z=f(x,y)$ 在点 $P_0(x_0,y_0)$ 的某邻域 $U(P_0)$ 内连续，且有二阶连续偏导数，如果 $f'_x(x_0,y_0)=0$，$f'_y(x_0,y_0)=0$，设 $A=f''_{xx}(x_0,y_0)$，$B=f''_{xy}(x_0,y_0)$，$C=f''_{yy}(x_0,y_0)$，则**

(1) 当 $B^2-AC<0$ 时，$f(x_0,y_0)$ 一定为极值，并且当 A（或 C）>0 时，$f(x_0,y_0)$ 为极小值；当 A（或 C）<0 时，$f(x_0,y_0)$ 为极大值；

(2) 当 $B^2-AC>0$ 时，$f(x_0,y_0)$ 不是极值；

(3) 当 $B^2-AC=0$ 时，还不能断定 $f(x_0,y_0)$ 是否为极值，需作进一步研究.

证法一 设 $P(x_0+h,y_0+k)$ 是 $U(P_0)$ 内任意一点，且 $P\neq P_0$，即 h，k 不同时为 0. 由二元函数 $f(x,y)$ 在点 (x_0,y_0) 处的一阶泰勒公式，且

$$f'_x(x_0,y_0)h+f'_y(x_0,y_0)k=0,$$

得
$$f(P)-f(P_0)=\frac{1}{2!}[f''_{xx}(x_0+\theta h,y_0+\theta k)h^2+2f''_{xy}(x_0+\theta h,y_0+\theta k)hk+f''_{yy}(x_0+\theta h,y_0+\theta k)k^2],$$

设

$$f''_{xx}(x_0+\theta h,y_0+\theta k)=f''_{xx}(x_0,y_0)+\varepsilon_1,$$
$$f''_{xy}(x_0+\theta h,y_0+\theta k)=f''_{xy}(x_0,y_0)+\varepsilon_2,$$
$$f''_{yy}(x_0+\theta h,y_0+\theta k)=f''_{yy}(x_0,y_0)+\varepsilon_3,$$

其中，ε_1，ε_2，ε_3 当 $h\to 0$，$k\to 0$ 时是无穷小量，于是

$$f(P)-f(P_0)=\frac{1}{2!}[f''_{xx}(x_0,y_0)h^2+2f''_{xy}(x_0,y_0)hk+f''_{yy}(x_0,y_0)k^2]+\frac{1}{2!}[\varepsilon_1h^2+2\varepsilon_2hk+\varepsilon_3k^2],$$

因此，上式左端差值的符号当 h，k 的绝对值充分小时（h,k 不同时为 0），取决于右端第一个式子的符号. 记

$$W=f''_{xx}(x_0,y_0)h^2+2f''_{xy}(x_0,y_0)hk+f''_{yy}(x_0,y_0)k^2=Ah^2+2Bhk+Ck^2. \quad (8.17)$$

(1) 当 $B^2-AC<0$ 时，A，C 都不为 0，并且 A，C 同号. 从而

$$W=\frac{1}{A}[(Ah+Bk)^2+k^2(AC-B^2)]=\frac{1}{C}[(Bh+Ck)^2+h^2(AC-B^2)]. \quad (8.18)$$

不论 h，k 取什么值（h,k 不同时为零），上式方括号内总是正数. 由于 A，C 同号，所以

当 $A>0$（或 $C>0$），有 $W>0$，知 $f(P)-f(P_0)>0$，即 $f(P)>f(P_0)$，所以 $f(P_0)$ 为极小值.

当 $A<0$（或 $C<0$），有 $W<0$，知 $f(P)-f(P_0)<0$，即 $f(P)<f(P_0)$，所以 $f(P_0)$ 为极大值.

(2) 当 $B^2-AC>0$，且 A，C 有一个不为 0 时，不妨设 $A\neq 0$. 由 h，k 不同时为 0（不妨设 $k\neq 0$），经配方得

$$W=k^2\left[A\left(\frac{h}{k}\right)^2+2B\left(\frac{h}{k}\right)+C\right]\ \left(设\ t=\frac{h}{k}\right)$$
$$=k^2(At^2+2Bt+C),$$

令 $f(t)=At^2+2Bt+C$，它是一个抛物线. 若 $A>0$，抛物线开口向上，由于 $(2B)^2-$

$4AC=4(B^2-AC)>0$，所以抛物线与 t 轴相交，有两个实根. $t=\dfrac{h}{k}$ 的取值范围是 $(-\infty,+\infty)$，当 t 在两根之间时，$f(t)<0$；t 在两根之外时，$f(t)>0$，因此 $f(P)-f(P_0)$ 的符号时正时负. 若 $A<0$，同理可得相同结论.

当 A，C 同时为 0 时，由式(8.17)知 $W=2Bhk$，且 $B^2-AC>0$，则 $B\neq 0$. 显然 W 随 h，k 的变动时正时负，因此，函数 $f(x,y)$ 在点 (x_0,y_0) 处不取极值.

(3) 当 $B^2-AC=0$ 时，若 $A\neq 0$，则从式(8.18)的第一个多项式看到，当 $Ah+Bk=0$ 时，有 $W=0$，这时无法判断 $f(x_0+h,y_0+k)-f(x_0,y_0)$ 的符号，而函数 $f(x,y)$ 在点 (x_0,y_0) 处可能取极值，也可能不取极值，需进一步研究.

例如取 $f_1(x,y)=x^2+y^4$，$f_2(x,y)=-x^2-y^4$，$f_3(x,y)=x^2+y^3$，容易验证点 $(0,0)$ 是这三个函数的驻点，并且三个函数在点 $(0,0)$ 处都满足 $B^2-AC=0$，但 $f_1(x,y)$ 在点 $(0,0)$ 处取极小值，$f_2(x,y)$ 在点 $(0,0)$ 处取极大值，而 $f_3(x,y)$ 在点 $(0,0)$ 处取不到极值. □

* **证法二**　在判断符号时，若用线性代数中二次型中的定理来判断就更方便.

令 $W(h,k)=(h\quad k)\begin{pmatrix}A & B\\ B & C\end{pmatrix}\begin{pmatrix}h\\ k\end{pmatrix}$，$h$，$k$ 不同时为 0，W 对应的矩阵为 $\begin{pmatrix}A & B\\ B & C\end{pmatrix}$.

(1) 当 $B^2-AC<0$ 时，

若 $A>0$（或 $C>0$），$\begin{vmatrix}A & B\\ B & C\end{vmatrix}>0$，即 $AC-B^2>0$，有 $W>0$，即 $f(P_0)$ 为极小值.

若 $A<0$（或 $C<0$），$\begin{vmatrix}A & B\\ B & C\end{vmatrix}>0$，即 $AC-B^2>0$，有 $W<0$，即 $f(P_0)$ 为极大值.

(2) 当 $B^2-AC>0$ 时，W 为不定的，即 W 可正可负，从而 $f(P)-f(P_0)$ 也不定.

(3) 当 $B^2-AC=0$ 时，对于某些 h，k，$W=0$，从而也不能判定 $f(P)-f(P_0)$ 的符号，还需进一步讨论. □

例 3　求函数 $f(x,y)=x^3+y^3-3xy$ 的极值.

解　由题意知，$f(x,y)$ 具有二阶连续偏导数，解方程组

$$\begin{cases}\dfrac{\partial f}{\partial x}=3x^2-3y=0,\\[2mm] \dfrac{\partial f}{\partial y}=3y^2-3x=0,\end{cases}$$

得 $P_0(0,0)$ 及 $P_1(1,1)$. 由

$$\frac{\partial^2 f}{\partial x^2}=6x,\quad \frac{\partial^2 f}{\partial x\partial y}=-3,\quad \frac{\partial^2 f}{\partial y^2}=6y$$

知，在 P_0 点，$A=0$，$B=-3$，$C=0$，$B^2-AC>0$，所以 $f(0,0)$ 不是极值. 在 P_1 点，$A=6$，$B=-3$，$C=6$，$B^2-AC<0$，且 $A>0$，所以 $f(1,1)=-1$ 为极小值.

二、多元函数的最大值和最小值

由前述定理知，若 $f(P)$ 在有界闭区域 G 上连续，则 $f(P)$ 在 G 上一定能取到最大值和最小值. 即存在 P_1，$P_2\in G$，有 $f(P_1)=m$，$f(P_2)=M$，对一切 $P\in G$，有 $m\leqslant f(P)\leqslant M$.

最大值、最小值可以在边界点上取到，也可以在内部取到. 当在内部取到时，最大值、最小值点一定是稳定点或偏导数不存在之点.

因此，最大值、最小值点一定包含在区域内部的稳定点、偏导数不存在的点及边界点(边界函数值最大值与最小值点)之中(注意与一元函数中区间端点不同的是，闭区域 G 的边界点有无数多个，若 $G\subset\mathbf{R}^2$，边界点是边界曲线上的点，若 $G\subset\mathbf{R}^3$，边界点是曲面上的点)，这些点统称为最值的怀疑点，其中的最大者即为函数的最大值，最小者即为函数的最小值.

若根据实际问题一定有最大值(或最小值)，而内部有唯一的怀疑点，则该点的函数值无需判断，一定是最大值(或最小值).

例 4　设 D 是由 x 轴，y 轴及直线 $x+y=2\pi$ 所围成的三角形区域(图 8-16)，求函数 $u=\sin x+\sin y-\sin(x+y)$ 在区域 D 上的最大值.

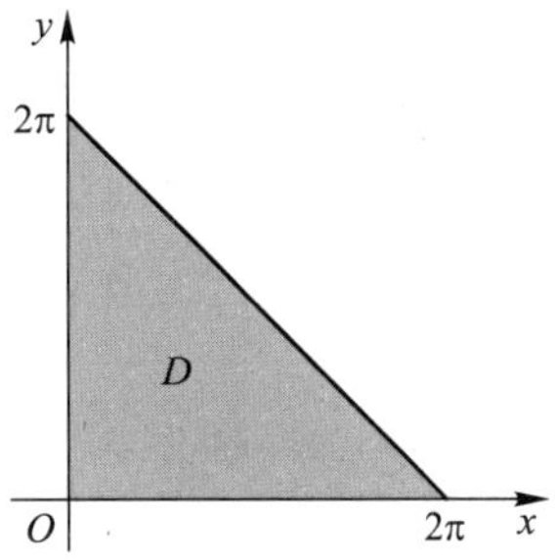

图 8-16

解　根据必要条件，解方程组

$$\begin{cases}\dfrac{\partial u}{\partial x}=\cos x-\cos(x+y)=0,\\[2ex]\dfrac{\partial u}{\partial y}=\cos y-\cos(x+y)=0,\end{cases}$$

得 $x=\dfrac{2\pi}{3}$，$y=\dfrac{2\pi}{3}$，而在边界 $x=0$ 或 $y=0$ 或 $x+y=2\pi$ 上，

$u=0$. 因此 $\left(\dfrac{2\pi}{3},\dfrac{2\pi}{3}\right)$ 是唯一的怀疑点，所以 $u\left(\dfrac{2\pi}{3},\dfrac{2\pi}{3}\right)=\dfrac{3\sqrt{3}}{2}$ 为最大值.

三、条件极值

前面我们讨论的极值问题，其极值点的搜索范围是目标函数的定义域. 但在实际问题中还有另外一种类型的极值问题，其极值点的搜索范围还受到许多条件的限制.

例如要设计一个容量为 V 的长方体无上盖水箱，试问水箱长、宽、高各等于多少时，其所用的材料最少(即表面积最小).

设水箱的长、宽、高分别为 x，y，z，则表面积为

$$S(x,y,z)=2(xz+yz)+xy. \tag{8.19}$$

而目标函数 $S(x,y,z)$ 的定义域是 $x>0$，$y>0$，$z>0$，而且必须满足条件

$$xyz=V. \tag{8.20}$$

像这类附有约束条件的极值问题称为条件极值问题，相对应的，不带约束条件的极值问题称为无条件极值问题.

条件极值问题的一般形式是在条件组

$$\psi_k(x_1,x_2,\cdots,x_n)=0,\ k=1,2,\cdots,m\ (m<n) \tag{8.21}$$

的限制下，求目标函数

$$y=f(x_1,x_2,\cdots,x_n) \tag{8.22}$$

的极值. 以前求这类极值时，只能用消元法化为无条件极值问题.

比如上面的例子，由条件(8.20)，解出 $z=\dfrac{V}{xy}$，代入式(8.19)，有

$$f(x,y)=S\left(x,y,\frac{V}{xy}\right)=2V\left(\frac{1}{y}+\frac{1}{x}\right)+xy\quad(x>0,y>0).$$

由于 $f(x,y)$ 在定义域内无偏导数不存在的点，解方程组

$$\begin{cases}\dfrac{\partial f}{\partial x}=-2V\dfrac{1}{x^2}+y=0,\\[2ex]\dfrac{\partial f}{\partial y}=-2V\dfrac{1}{y^2}+x=0\end{cases}$$

得

$$x=y=\sqrt[3]{2V},\ z=\frac{1}{2}\sqrt[3]{2V}.$$

由实际问题知表面积无最大值，只有最小值，因此，当 $x=y=\sqrt[3]{2V}$，$z=\dfrac{1}{2}\sqrt[3]{2V}$ 时，表面积 $S=3\sqrt[3]{4V^2}$ 最小.

然而，在一般情形下，要从条件组(8.21)中解出 m 个变元并非易事，有时甚至解不出来. 因此，我们要开辟解决问题的新途径，一种不直接依赖消元而求解条件极值问题的有效方法，这就是拉格朗日乘数法. 为了便于理解，我们先看一个比较简单的情形.

在所给条件

$$G(x,y,z)=0 \tag{8.23}$$

下，求目标函数

$$u=f(x,y,z) \tag{8.24}$$

的极值.

设 f 和 G 具有连续的偏导数，且 $\dfrac{\partial G}{\partial z}\neq 0$. 由隐函数存在定理，方程(8.23)确定一个隐函数 $z=z(x,y)$，且它的偏导数为 $\dfrac{\partial z}{\partial x}=-\dfrac{G'_x}{G'_z}$，$\dfrac{\partial z}{\partial y}=-\dfrac{G'_y}{G'_z}$，于是所求条件极

值问题可以化为求函数

$$u=f[x,y,z(x,y)] \tag{8.25}$$

的无条件极值问题. 前面已说过，要从方程(8.23)中解出 z 来，往往是很困难的，这时就可用下面介绍的拉格朗日乘数法. 设 (x_0,y_0) 为函数(8.24)的极值点，$z_0=z(x_0,y_0)$，由必要条件知，极值点 (x_0,y_0) 必须满足条件：

$$\begin{cases}\dfrac{\partial u}{\partial x}=0,\\[2mm]\dfrac{\partial u}{\partial y}=0.\end{cases} \tag{8.26}$$

应用复合函数求导法则以及式(8.26)，得

$$\begin{cases}\dfrac{\partial u}{\partial x}=f'_x+f'_z\dfrac{\partial z}{\partial x}=f'_x-\dfrac{G'_x}{G'_z}f'_z=0,\\[2mm]\dfrac{\partial u}{\partial y}=f'_y+f'_z\dfrac{\partial z}{\partial y}=f'_y-\dfrac{G'_y}{G'_z}f'_z=0.\end{cases}$$

即所求问题的解 $(x_0,\ y_0,\ z_0)$ 必须满足关系式

$$\frac{f'_x(x_0,\ y_0,\ z_0)}{G'_x(x_0,\ y_0,\ z_0)}=\frac{f'_y(x_0,\ y_0,\ z_0)}{G'_y(x_0,\ y_0,\ z_0)}=\frac{f'_z(x_0,\ y_0,\ z_0)}{G'_z(x_0,\ y_0,\ z_0)},$$

若将上式的公共比值记为 $-\lambda$，则 $(x_0,\ y_0,\ z_0)$ 必须满足：

$$\begin{cases}f'_x+\lambda G'_x=0,\\f'_y+\lambda G'_y=0,\\f'_z+\lambda G'_z=0.\end{cases} \tag{8.27}$$

因此，(x_0,y_0,z_0) 除了应满足约束条件(8.23)外，还应满足方程组(8.27). 换句话说，函数 $u=f(x,y,z)$ 在约束条件 $G(x,y,z)=0$ 下的极值点 (x_0,y_0,z_0) 是下列方程组

$$\begin{cases}f'_x+\lambda G'_x=0,\\f'_y+\lambda G'_y=0,\\f'_z+\lambda G'_z=0,\\G(x,y,z)=0\end{cases} \tag{8.28}$$

的解. 容易看到，式(8.28)恰好是四个独立变量 x，y，z，λ 的函数

$$L(x,y,z,\lambda)=f(x,y,z)+\lambda G(x,y,z) \tag{8.29}$$

取到极值的必要条件. 这里引进的函数 $L(x,y,z,\lambda)$ 称为拉格朗日函数，它将有约束条件的极值问题化为普通的无条件的极值问题. 通过解方程组(8.28)，得 x，y，z，λ，然后再研究相应的 (x,y,z) 是否真是问题的极值点. 这种方法，即所谓拉格朗日乘数法. 它可以推广到多个变量与多个约束条件的情形，对于(8.21)，(8.22)两式所表示的一般约束条件极值的拉格朗日函数为

$$L(x_1,x_2,\cdots,x_n,\lambda_1,\lambda_2,\cdots,\lambda_m)=f(x_1,x_2,\cdots,x_n)+\sum_{k=1}^{m}\lambda_k\psi_k(x_1,x_2,\cdots,x_n),$$

其中 $\lambda_1,\lambda_2,\cdots,\lambda_m$ 称为拉格朗日乘数.

若 $(x_1^0,x_2^0,\cdots,x_n^0)$ 是函数 $f(x_1,x_2,\cdots,x_n)$ 的极值点，则一定存在 m 个常数 $(\lambda_1^0,\lambda_2^0,\cdots,\lambda_m^0)$，使 $(x_1^0,x_2^0,\cdots,x_n^0,\lambda_1^0,\lambda_2^0,\cdots,\lambda_m^0)$ 是函数 L 的稳定点. 因此函数 f 极值点的怀疑点，一定包含在拉格朗日函数 L 的稳定点前 n 个坐标所构成的点之中，在具体应用时，往往可以借助于物理意义或者实际经验判断所得点是否为极值点.

例 5　现在，我们用拉格朗日乘数法再来求前文所提到的长方体水箱长、宽、高各为多少时，其所用材料最少.

重难点讲解
拉格朗日乘数法

解　根据题意，设拉格朗日函数为

$$L(x,y,z,\lambda)=2(xz+yz)+xy+\lambda(xyz-V),$$

解方程组

$$\begin{cases}\dfrac{\partial L}{\partial x}=2z+y+\lambda yz=0,\\[2mm]\dfrac{\partial L}{\partial y}=2z+x+\lambda xz=0,\\[2mm]\dfrac{\partial L}{\partial z}=2(x+y)+\lambda xy=0,\\[2mm]\dfrac{\partial L}{\partial \lambda}=xyz-V=0,\end{cases}$$

解得

$$x=y=2z=\sqrt[3]{2V},\quad \lambda=-\frac{4}{\sqrt[3]{2V}}.$$

根据题意，所求水箱的表面积在条件(8.20)下确实存在最小值，所以当高为 $\sqrt[3]{\dfrac{V}{4}}$，长与宽为高的 2 倍时，表面积最小，最小值为 $S=3\sqrt[3]{4V^2}$.

例 6　求内接于椭球面 $\dfrac{x^2}{a^2}+\dfrac{y^2}{b^2}+\dfrac{z^2}{c^2}=1$ 的体积最大的长方体.

解　设该内接长方体的体积为 V，$P(x,y,z)\,(x>0,y>0,z>0)$ 是长方体的一个顶点且位于椭球面上，由于椭球面关于三个坐标平面对称，所以

$$V=8xyz,\ x>0,\ y>0,\ z>0,$$

且满足条件

$$\frac{x^2}{a^2}+\frac{y^2}{b^2}+\frac{z^2}{c^2}=1,$$

因此，需要求出 $V=8xyz$ 在约束条件$\frac{x^2}{a^2}+\frac{y^2}{b^2}+\frac{z^2}{c^2}=1$ 下的条件极值.

现用拉格朗日乘数法求解，设

$$L(x,y,z,\lambda)=8xyz+\lambda\left(\frac{x^2}{a^2}+\frac{y^2}{b^2}+\frac{z^2}{c^2}-1\right),$$

求出 L 的所有偏导数，并令它们都等于 0，有

$$\begin{cases} L'_x=8yz+\dfrac{2\lambda x}{a^2}=0, & (8.30) \\ L'_y=8xz+\dfrac{2\lambda y}{b^2}=0, & (8.31) \\ L'_z=8xy+\dfrac{2\lambda z}{c^2}=0, & (8.32) \\ L'_\lambda=\dfrac{x^2}{a^2}+\dfrac{y^2}{b^2}+\dfrac{z^2}{c^2}-1=0. & (8.33) \end{cases}$$

式(8.30)，式(8.31)，式(8.32)分别乘 x，y，z，有

$$8xyz=-\frac{2\lambda x^2}{a^2},\ 8xyz=-\frac{2\lambda y^2}{b^2},\ 8xyz=-\frac{2\lambda z^2}{c^2},$$

得

$$\frac{2\lambda x^2}{a^2}=\frac{2\lambda y^2}{b^2}=\frac{2\lambda z^2}{c^2},$$

于是

$$\frac{x^2}{a^2}=\frac{y^2}{b^2}=\frac{z^2}{c^2} \quad 或 \quad \lambda=0\ (当\ \lambda=0\ 时,8xyz=0,不合题意,舍去),$$

把$\frac{x^2}{a^2}=\frac{y^2}{b^2}=\frac{z^2}{c^2}$代入式(8.33)，有$\frac{3z^2}{c^2}-1=0$，解得 $z=\frac{c}{\sqrt{3}}$，从而

$$x=\frac{a}{\sqrt{3}},\ y=\frac{b}{\sqrt{3}}.$$

由题意知，内接于椭球面的长方体的体积没有最小值，而存在最大值，因而以点$\left(\frac{a}{\sqrt{3}},\frac{b}{\sqrt{3}},\frac{c}{\sqrt{3}}\right)$为顶点所作对称于坐标平面的长方体即为所求的最大长方体，体积为 $V=\frac{8abc}{3\sqrt{3}}$.

注 λ 是辅助参数，如果不用求出 λ 就能求出怀疑极值点(x_0,y_0,z_0)当然最好，否则就要求出 λ，才能求出(x_0,y_0,z_0).

例 7　求函数 $z=x^2+y^2+2x+y$ 在区域 D：$x^2+y^2\leqslant 1$ 上的最大值与最小值.

解　由于 $x^2+y^2\leqslant 1$ 是有界闭区域，$z=x^2+y^2+2x+y$ 在该区域上连续，因此一定能取到最大值与最小值.

（1）解方程组

$$\begin{cases}\dfrac{\partial z}{\partial x}=2x+2=0,\\[2ex]\dfrac{\partial z}{\partial y}=2y+1=0,\end{cases}$$

得

$$\begin{cases}x=-1,\\[1ex]y=-\dfrac{1}{2}.\end{cases}$$

由于$(-1)^2+\left(-\dfrac{1}{2}\right)^2>1$，即$\left(-1,\ -\dfrac{1}{2}\right)$不在区域 D 内，舍去.

（2）函数在区域内部无偏导数不存在的点.

（3）再求函数在边界上的最大值与最小值点，即求 $z=x^2+y^2+2x+y$ 满足约束条件 $x^2+y^2=1$ 的极值点. 此时，$z=1+2x+y$.

用拉格朗日乘数法，作拉格朗日函数

$$L(x,y,\lambda)=1+2x+y+\lambda(x^2+y^2-1),$$

解方程组

$$\begin{cases}L'_x=2+2\lambda x=0, & (8.34)\\ L'_y=1+2\lambda y=0, & (8.35)\\ L'_\lambda=x^2+y^2-1=0. & (8.36)\end{cases}$$

由式(8.34)，式(8.35)解得 $x=-\dfrac{1}{\lambda}$，$y=-\dfrac{1}{2\lambda}$. 把它们代入式(8.36)，有$\dfrac{1}{\lambda^2}+\dfrac{1}{4\lambda^2}-1=0$，解得

$$\lambda=-\frac{\sqrt{5}}{2}\quad \text{或}\quad \lambda=\frac{\sqrt{5}}{2}.$$

代入式(8.34)，式(8.35)，得

$$\begin{cases}x=\dfrac{2}{\sqrt{5}},\\[2ex] y=\dfrac{1}{\sqrt{5}},\end{cases}\quad \text{或}\quad \begin{cases}x=-\dfrac{2}{\sqrt{5}},\\[2ex] y=-\dfrac{1}{\sqrt{5}}.\end{cases}$$

所有三类最值怀疑点仅有两个. 由于 $z\left(\frac{2}{\sqrt{5}},\frac{1}{\sqrt{5}}\right)=1+\sqrt{5}$，$z\left(-\frac{2}{\sqrt{5}},-\frac{1}{\sqrt{5}}\right)=1-\sqrt{5}$，所以最小值 $m=1-\sqrt{5}$，最大值 $M=1+\sqrt{5}$.

*四、数学建模初步(三)

例 8 已知在平面上的 n 个质点 $P_1(x_1,y_1)$，$P_2(x_2,y_2)$，…，$P_n(x_n,y_n)$，其质量分别为 $m_1,m_2,\cdots,m_n$，点 $P(x_0,y_0)$ 在怎样的位置，才能使这一体系对于此点的转动惯量为最小.

解 设 $f(x,y)=\sum\limits_{i=1}^{n}m_i[(x-x_i)^2+(y-y_i)^2]$，解方程组

$$\begin{cases}f'_x=2\sum\limits_{i=1}^{n}m_i(x-x_i)=0,\\ f'_y=2\sum\limits_{i=1}^{n}m_i(y-y_i)=0,\end{cases}$$

得

$$x_0=\frac{1}{M}\sum_{i=1}^{n}m_ix_i,\quad y_0=\frac{1}{M}\sum_{i=1}^{n}m_iy_i,$$

由物理意义可知，转动惯量最小的点必定存在，又驻点唯一，因此所求驻点即为最小值点. 于是 $f(x_0,y_0)$ 为最小值，其中 $M=\sum\limits_{i=1}^{n}m_i$.

物理意义：当该点在这 n 个质点质心位置的时候，这一体系对于此点转动惯量最小.

例 9 已知矩形的周长为 $2p$，将它绕其一边旋转而构成一旋转体，求所得体积为最大的那个矩形(图 8-17).

解 设矩形的边长为 x 与 y，设旋转体体积为 V，即求目标函数 $V=\pi x^2y$ 在约束条件 $x+y=p$ 下的极值. 作拉格朗日函数

$$L(x,y,\lambda)=\pi x^2y+\lambda(x+y-p),$$

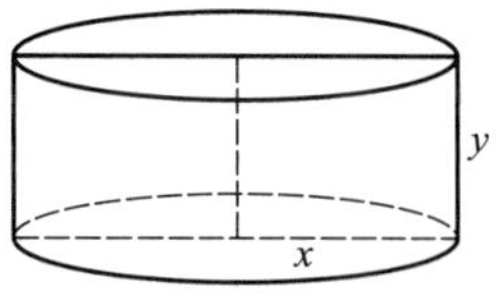

图 8-17

解方程组

$$\begin{cases}L'_x=2\pi xy+\lambda=0,\\ L'_y=\pi x^2+\lambda=0,\\ L'_\lambda=x+y-p=0,\end{cases}$$

得

$$x=\frac{2p}{3},\ y=\frac{p}{3}\quad 或\quad x=0,\ y=p\quad 或\quad x=p,\ y=0.$$

若矩形的一边的边长为零，一边的边长为 p，则 $V=0$（舍去）. 于是，当矩形的两边分别为 $\frac{p}{3}$ 及 $\frac{2p}{3}$，并且绕其短边旋转所成的旋转体的体积最大.

例 10 最小二乘法

数理统计中常用到回归分析，也就是根据实际测量得到的一组数据来找出函数关系，通常也叫做配曲线或找经验公式. 这是一种广泛采用的数据处理方法，并由此可以作出某些预测. 现在我们将介绍一种找直线经验公式，也就是通过配直线的方法来描述这个偏差(图8-18). 因为 ε_i(每一点的偏差)可正可负，所以用 $\sum_{i=1}^{n}\varepsilon_i$ 反映这组数据与直线$y=ax+b$的总偏差并不合适，比如 $|\varepsilon_1|=|\varepsilon_2|$ 很大，但$\varepsilon_1=-\varepsilon_2$，虽然 $\sum_{i=1}^{n}\varepsilon_i$ 可能很小，实际上偏差却很大. 所以我们改用

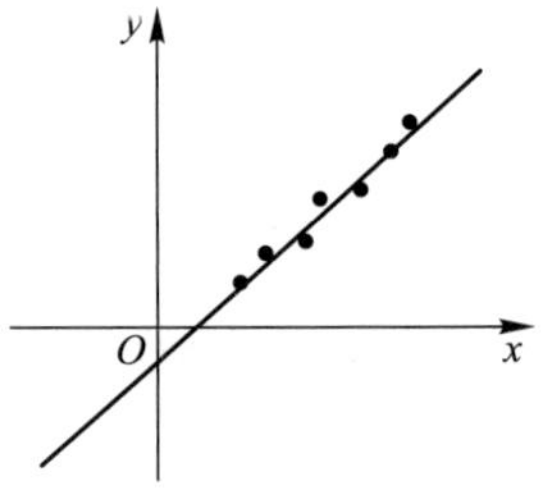

图 8-18

$$\varepsilon=\sum_{i=1}^{n}\varepsilon_i^2=\sum_{i=1}^{n}(y_i-ax_i-b)^2 \tag{8.37}$$

作为衡量这组数据偏离直线 $y=ax+b$ 的尺度，ε 与 a，b 有关，记作 $\varepsilon=\varepsilon(a,b)$，就是希望找到使式(8.37)中 ε 达到最小值的参数 a，b. 因此，这是一个求无条件极值的问题. 解方程组

$$\begin{cases}\dfrac{\partial\varepsilon}{\partial a}=2\sum\limits_{i=1}^{n}(y_i-ax_i-b)(-x_i)=0,\\[2ex]\dfrac{\partial\varepsilon}{\partial b}=-2\sum\limits_{i=1}^{n}(y_i-ax_i-b)=0,\end{cases}$$

化简得

$$\begin{cases}a\sum\limits_{i=1}^{n}x_i^2+b\sum\limits_{i=1}^{n}x_i=\sum\limits_{i=1}^{n}x_iy_i,\\[2ex]a\sum\limits_{i=1}^{n}x_i+nb=\sum\limits_{i=1}^{n}y_i.\end{cases}$$

解得

$$\begin{cases}a=\dfrac{n\sum\limits_{i=1}^{n}x_iy_i-\left(\sum\limits_{i=1}^{n}x_i\right)\left(\sum\limits_{i=1}^{n}y_i\right)}{n\sum\limits_{i=1}^{n}x_i^2-\left(\sum\limits_{i=1}^{n}x_i\right)^2},\\[4ex]b=\dfrac{\left(\sum\limits_{i=1}^{n}y_i\right)\left(\sum\limits_{i=1}^{n}x_i^2\right)-\left(\sum\limits_{i=1}^{n}x_i\right)\left(\sum\limits_{i=1}^{n}x_iy_i\right)}{n\sum\limits_{i=1}^{n}x_i^2-\left(\sum\limits_{i=1}^{n}x_i\right)^2}.\end{cases}$$

由题意知，没有最大值而有最小值，故将 a，b 值代入 $y=ax+b$ 就得所求的最佳直线.

例 11 某厂家生产的一种产品同时在两个市场销售，售价分别为 p_1 和 p_2，销售量分别为 $q_1=24-0.2p_1$ 和 $q_2=10-0.05p_2$，总成本函数 $C=35+40(q_1+q_2)$. 试问：厂家如何确定两个市场的售价，才能使其获得的总利润最大？最大总利润为多少？

解 总收入函数 $R=p_1q_1+p_2q_2=24p_1-0.2p_1^2+10p_2-0.05p_2^2$，总利润函数

$$L=R-C=32p_1-0.2p_1^2-0.05p_2^2-1\ 395+12p_2.$$

解方程组

$$\begin{cases}L'_{p_1}=32-0.4p_1=0,\\ L'_{p_2}=12-0.1p_2=0,\end{cases}$$

解得 $p_1=80$，$p_2=120$.

由问题的实际含义可知，当 $p_1=80$，$p_2=120$ 时，厂家获得利润最大，其最大总利润为

$$L\bigg|_{p_1=80,p_2=120}=605.$$

求多个自变量的线性函数在一组线性不等式约束条件下的最大值最小值问题，是一类完全不同的问题，这类问题叫做线性规划问题. 我们通过例题来说明这类问题.

例 12 一份简化的食物由粮和肉两种食品组成，每一份粮价值 3 元，其中含有 4 单位糖、5 单位维生素和 2 单位蛋白质；每一份肉价值 5 元，其中含有 1 单位糖、4 单位维生素和 4 单位蛋白质. 对一份食物的最低要求是它至少要由 8 单位糖、20 单位维生素和 10 单位蛋白质组成，问应当选择什么样的食物，才能使价钱最便宜.

解 设食物由 x 份粮和 y 份肉组成，它的价钱 C 是

$$C=3x+5y.$$

由食物的最低要求得到三个不等式约束条件，即：

为了有足够的糖，应有 $4x+y\geqslant 8$；为了有足够的维生素，应有 $5x+4y\geqslant 20$；为了有足够的蛋白质，应有 $2x+4y\geqslant 10$. 并且当然有 $x\geqslant 0$，$y\geqslant 0$.

这五个不等式把问题的解限制在平面上的阴影区域(图 8-19)中，现在考虑直线族 $C=3x+5y$. 当 C 逐渐增加时，与阴影区域相交的第一条直线是通过顶点 S 的直线，S 是两条直线 $5x+4y=20$ 和 $2x+4y=10$ 的交点. 所以点 S 对应于 C 的最小值的坐标是 $\left(\frac{10}{3},\frac{5}{6}\right)$，即这种食物是由 $\frac{10}{3}$ 份粮和 $\frac{5}{6}$ 份肉组成. 代入 $C=3x+5y$ 即得所要求的食物的最低价格

$$C_{\min}=3\times\frac{10}{3}+5\times\frac{5}{6}=\frac{85}{6}\approx 14.17(\text{元}).$$

更一般的线性规划问题是求 $x_1,x_2,\cdots,x_n$，使得

$$z=\sum_{i=1}^{n}c_ix_i$$

在 m 个不等式

$$\sum_{j=1}^{n}a_{ij}x_j\geqslant b_i,i=1,2,\cdots,m \quad 和 \quad x_j\geqslant 0,\ j=1,2,\cdots,m$$

的约束条件下取得最大值或最小值. 在社会科学中，m 大到 1 000，n 大到2 000的问题是很普遍的，这类问题一般用一些特殊的方法通过计算机来解决.

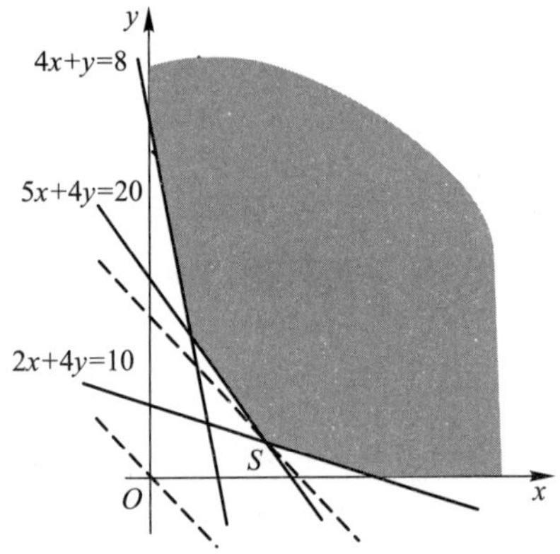

图 8-19

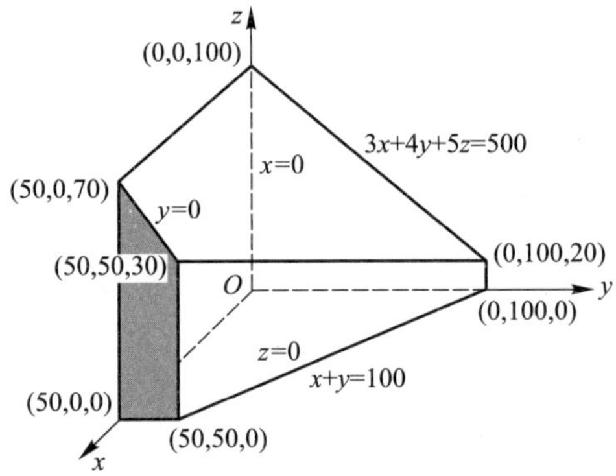

图 8-20

下面的例子是用几何方法来解决的.

例 13　一个糖果制造商有 500 g 巧克力，100 g 核桃和 50 g 果料. 他用这些原料生产三种类型的糖果. A 类每盒用 3 g 巧克力，1 g 核桃和 1 g 果料，售价 10 元；B 类每盒用 4 g 巧克力和 1 g 核桃，售价 6 元；C 类每盒用 5 g 巧克力，售价 4 元. 问每类糖果各应做多少盒，才能使总收入最大(假设做出的糖果都能出售)？

解　设制造商出售 A，B，C 三类糖果各 x，y，z 盒，总收入是

$$R=10x+6y+4z(\text{元}).$$

不等式约束条件由巧克力、核桃和果料的存货限额给出，依次为

$$3x+4y+5z\leqslant 500,\ x+y\leqslant 100,\ x\leqslant 50.$$

由问题的性质知，x，y 和 z 也是非负的，所以

$$x\geqslant 0,\ y\geqslant 0,\ z\geqslant 0.$$

于是，问题是求 R 的满足这些不等式的最大值，这些不等式把允许的解限制在 $Oxyz$ 空间中的一个多面体区域之内(很像图 8-20 中所示的变了形的盒子). 在平行平面族 $10x+6y+4z=R$ 中只有一部分平面和这个区域相交，随着 R 增大，平面离原点越来越远. 显然，R 的最大值一定出现在这样的平面上，这种平面正好经过允许值所在多面体区域的一个顶点，所求的解对应于 R 取最大值的那个顶点，计算结果列在下表中. R 的最大值是 920 元，相应的点是(50,50,30)，所以出售 A 类 50 盒，B 类 50 盒，C 类 30 盒时收入最多.

顶点	R 值
(0,0,0)	0
(50,0,0)	500
(50,50,0)	800
(50,50,30)	920
(50,0,70)	780
(0,0,100)	400
(0,100,20)	680
(0,100,0)	600

习题 8-6

1. 在点 $A(1,-2)$ 的邻域内根据泰勒公式展开函数

$$f(x,y)=2x^2-xy-y^2-6x-3y+5.$$

2. 根据麦克劳林公式展开函数 $f(x,y)=\sqrt{1-x^2-y^2}$ 到四次项为止.

3. 求函数 $f(x,y)=\ln(1+x+y)$ 的二阶麦克劳林公式.

4. 求下列函数的极值：

(1) $z=xy+\dfrac{50}{x}+\dfrac{20}{y}\ (x>0,y>0)$；　　(2) $z=x^4+y^4-x^2-2xy-y^2$.

5. 求下列函数的条件极值：

(1) $u=x-2y+2z$，若 $x^2+y^2+z^2=1$；

(2) $u=xyz$，若 $x^2+y^2+z^2=1$，$x+y+z=0$.

6. 求下列函数在指定区域上的最大值与最小值：

(1) $z=x-2y-3$，若 $0\leqslant x\leqslant 1$，$0\leqslant y\leqslant 1$，$0\leqslant x+y\leqslant 1$；

(2) $u=x^2-xy+y^2$，若 $|x|+|y|\leqslant 1$；

(3) $u=x^2+2y^2+3z^2$，若 $x^2+y^2+z^2\leqslant 100$；

7. 分解已知正数 a 为 n 个相加数，使得它们的平方和为最小.

8. 如何在半径为 R 的半球内嵌入有最大体积的长方体.

9. 如何在已知的直圆锥内嵌入有最大体积的长方体.

10. 在椭圆 $x^2+4y^2=4$ 上求一点，使其到直线 $2x+3y-6=0$ 的距离最短.

11. 求球面 $x^2+y^2+z^2=1$ 上到点 $(1,2,3)$ 的距离最短与最长的点.

12. 求从原点到曲面 $x^2+y^2-z^2=1$ 与平面 $2x-y-z=1$ 的交线的最短距离.

13. 试确定常数 u，v，使得 $\int_0^1[f(x)-(u+vx)]^2\mathrm{d}x$ 为最小.

§7 偏导数在几何上的应用

§7.1 矢值函数的微分法

一、矢值函数的概念

我们知道，当质点运动时，它的轨迹是直线的情况并不多，一般情况下是一条曲线，而且往往是一条空间曲线. 设在空间中取定了一个直角坐标系 $Oxyz$，动点 P 在时刻 t 的坐标为(x,y,z)，它的运动方程为

$$x=x(t),\ y=y(t),\ z=z(t), \tag{8.38}$$

这里 $x(t)$，$y(t)$，$z(t)$是时间 t 的连续函数.

如果把动点 P 与原点 O 连接起来(图 8-21)就得到一个以原点为起点，动点为终点的矢量：$\boldsymbol{r}=\overrightarrow{OP}$(矢径)，其终点坐标为 $x(t)$，$y(t)$，$z(t)$，而动点的运动方程为

$$\boldsymbol{r}(t)=x(t)\boldsymbol{i}+y(t)\boldsymbol{j}+z(t)\boldsymbol{k}. \tag{8.39}$$

当 t 变动时，$\boldsymbol{r}$ 的模与方向一般都随之变动，即对每一个 $t\in[\alpha,\beta]$，按式(8.39)都有唯一的矢量 $\boldsymbol{r}$ 与之对应，这个对应规律称为矢值函数，记为 $\boldsymbol{r}=\boldsymbol{r}(t)$. 动点 $P(x,y,z)$画出的曲线，叫做矢值函数 $\boldsymbol{r}=\boldsymbol{r}(t)$的矢端曲线. 一般情况下 t 并不一定代表时间，而是在某一变化范围内的取值.

二、矢值函数的导数

设矢值函数 $\boldsymbol{r}=\boldsymbol{r}(t)=x(t)\boldsymbol{i}+y(t)\boldsymbol{j}+z(t)\boldsymbol{k}$，若给 t 以增量 Δt，矢量 $\boldsymbol{r}$ 相应的增量为 $\Delta\boldsymbol{r}=\boldsymbol{r}(t+\Delta t)-\boldsymbol{r}(t)=\Delta x\boldsymbol{i}+\Delta y\boldsymbol{j}+\Delta z\boldsymbol{k}$.

定义 8.12 *若极限 $\lim\limits_{\Delta t\to 0}\dfrac{\Delta x}{\Delta t}$，$\lim\limits_{\Delta t\to 0}\dfrac{\Delta y}{\Delta t}$，$\lim\limits_{\Delta t\to 0}\dfrac{\Delta z}{\Delta t}$都存在，则极限*

$$\lim_{\Delta t\to 0}\frac{\Delta\boldsymbol{r}}{\Delta t}=x'(t)\boldsymbol{i}+y'(t)\boldsymbol{j}+z'(t)\boldsymbol{k}$$

称为矢值函数 $\boldsymbol{r}=\boldsymbol{r}(t)$在 t 处的导数(称为矢量导数)，记作 $\boldsymbol{r}'(t)$或$\dfrac{\mathrm{d}\boldsymbol{r}}{\mathrm{d}t}$，即

$$\boldsymbol{r}'(t)=\frac{\mathrm{d}\boldsymbol{r}}{\mathrm{d}t}=x'(t)\boldsymbol{i}+y'(t)\boldsymbol{j}+z'(t)\boldsymbol{k}=(x'(t),\ y'(t),\ z'(t)).$$

物理意义：设 $\boldsymbol{r}=\boldsymbol{r}(t)$表示质点 P 的运动方程，其运动轨迹是一条曲线(图 8-22). 在时间间隔$[t,t+\Delta t]$内，质点 P 的位移为 $\Delta\boldsymbol{r}=\boldsymbol{r}(t+\Delta t)-\boldsymbol{r}(t)$，平均速

度$\dfrac{\Delta \boldsymbol{r}}{\Delta t}=\dfrac{\boldsymbol{r}(t+\Delta t)-\boldsymbol{r}(t)}{\Delta t}$. 平均速度的极限

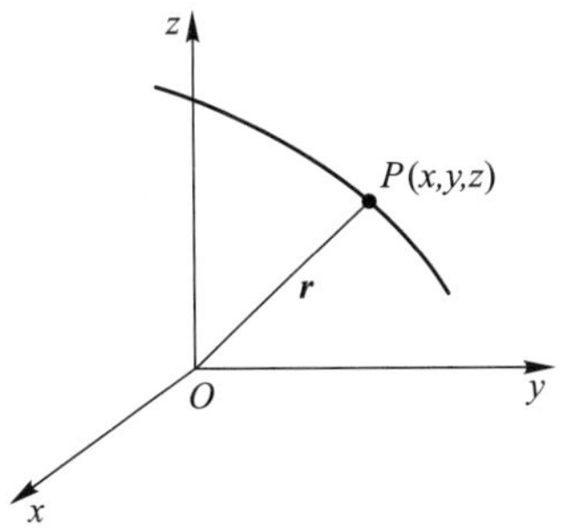

图 8-21

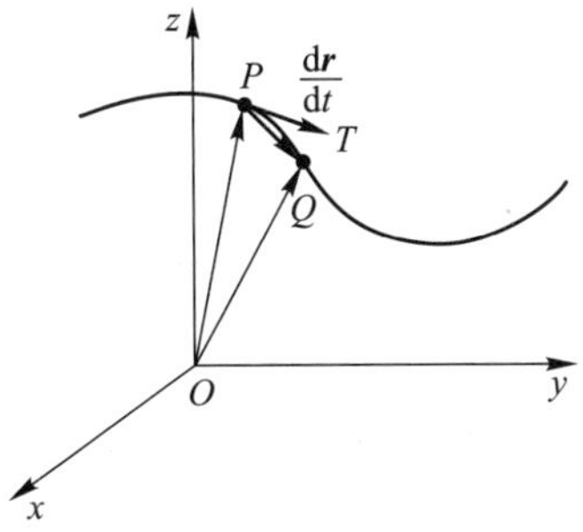

图 8-22

$$\lim_{\Delta t\to 0}\frac{\Delta \boldsymbol{r}}{\Delta t}=\lim_{\Delta t\to 0}\frac{\boldsymbol{r}(t+\Delta t)-\boldsymbol{r}(t)}{\Delta t}=\frac{\mathrm{d}\boldsymbol{r}}{\mathrm{d}t},$$

即质点在时刻 t 的瞬时速度 $\boldsymbol{v}(t)$，或表示为

$$\frac{\mathrm{d}\boldsymbol{r}}{\mathrm{d}t}=\boldsymbol{v}(t)=x'(t)\boldsymbol{i}+y'(t)\boldsymbol{j}+z'(t)\boldsymbol{k}=\frac{\mathrm{d}x}{\mathrm{d}t}\boldsymbol{i}+\frac{\mathrm{d}y}{\mathrm{d}t}\boldsymbol{j}+\frac{\mathrm{d}z}{\mathrm{d}t}\boldsymbol{k}.$$

速度 $\boldsymbol{v}(t)$是一个矢量，它的方向是质点 P 在时刻 t 时的运动方向，其大小为

$$|\boldsymbol{v}(t)|=\left|\frac{\mathrm{d}\boldsymbol{r}}{\mathrm{d}t}\right|=\sqrt{\left(\frac{\mathrm{d}x}{\mathrm{d}t}\right)^2+\left(\frac{\mathrm{d}y}{\mathrm{d}t}\right)^2+\left(\frac{\mathrm{d}z}{\mathrm{d}t}\right)^2}.$$

进一步可得

$$\frac{\mathrm{d}\boldsymbol{v}}{\mathrm{d}t}=\frac{\mathrm{d}^2\boldsymbol{r}}{\mathrm{d}t^2}$$

是质点运动的加速度.

几何意义：若$\dfrac{\mathrm{d}\boldsymbol{r}}{\mathrm{d}t}\neq 0$，$\dfrac{\Delta \boldsymbol{r}}{\Delta t}/\!/\overrightarrow{PQ}$，由于曲线在点 P 处的切线存在，则割线 PQ 当 $Q\to P$ 时的极限位置就是切线 PT，从而

$$\lim_{\Delta t\to 0}\frac{\Delta \boldsymbol{r}}{\Delta t}=\frac{\mathrm{d}\boldsymbol{r}}{\mathrm{d}t}=\frac{\mathrm{d}x}{\mathrm{d}t}\boldsymbol{i}+\frac{\mathrm{d}y}{\mathrm{d}t}\boldsymbol{j}+\frac{\mathrm{d}z}{\mathrm{d}t}\boldsymbol{k}$$

是平行于切线的矢量，即$\dfrac{\mathrm{d}\boldsymbol{r}}{\mathrm{d}t}$就是切线的方向向量，我们称$\dfrac{\mathrm{d}\boldsymbol{r}}{\mathrm{d}t}$为曲线在 P 点的切矢量.

§7.2 空间曲线的切线与法平面

设空间曲线的参数方程为

$$x=x(t),\quad y=y(t),\quad z=z(t),\tag{8.40}$$

$x'(t_0)$，$y'(t_0)$，$z'(t_0)$存在且不同时为零，则由§7.1知曲线上一点$P_0(x_0,y_0,z_0)$（对应参数值为$t=t_0$）处的切矢量是$\left.\frac{\mathrm{d}\boldsymbol{r}}{\mathrm{d}t}\right|_{t=t_0}=(x'(t_0),y'(t_0),z'(t_0))$，即为切线的方向向量. 因此曲线上点$P_0(x_0,y_0,z_0)$处的切线方程为

$$\frac{x-x_0}{x'(t_0)}=\frac{y-y_0}{y'(t_0)}=\frac{z-z_0}{z'(t_0)}.$$

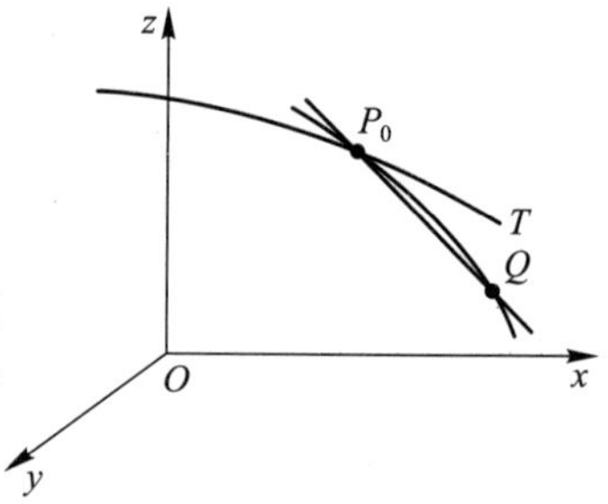

图 8-23

我们还可以用另外一种形式来导出曲线上点$P_0(x_0,y_0,z_0)$处的切线方程，过P_0作一直线P_0Q与曲线交于Q点，设Q的坐标为

$Q(x(t_0+\Delta t),y(t_0+\Delta t),z(t_0+\Delta t))$（图 8-23），

则割线P_0Q的方程为

$$\frac{x-x_0}{\Delta x}=\frac{y-y_0}{\Delta y}=\frac{z-z_0}{\Delta z}, \tag{8.41}$$

即

$$\frac{x-x_0}{\frac{\Delta x}{\Delta t}}=\frac{y-y_0}{\frac{\Delta y}{\Delta t}}=\frac{z-z_0}{\frac{\Delta z}{\Delta t}} \quad (\Delta t\neq 0). \tag{8.42}$$

当$\Delta t\to 0$时，割线P_0Q的极限位置是切线P_0T，即$\Delta t\to 0$时直线方程(8.42)的极限就是切线P_0T的方程，有

$$\boxed{\frac{x-x_0}{x'(t_0)}=\frac{y-y_0}{y'(t_0)}=\frac{z-z_0}{z'(t_0)}.} \tag{8.43}$$

过点P_0且与该直线垂直的平面称为曲线在P_0点处的法平面. 它的法矢量就是在点P_0的切矢量$\{x'(t_0),y'(t_0),z'(t_0)\}$，于是法平面方程为

$$\boxed{x'(t_0)(x-x_0)+y'(t_0)(y-y_0)+z'(t_0)(z-z_0)=0.} \tag{8.44}$$

例 1　求曲线$x=t$，$y=-t^2$，$z=t^3$与平面$x+2y+z=4$平行的切线方程.

解　由题意知，平面法矢量为$\boldsymbol{n}=(1,2,1)$，且曲线在参数所对应点处的切矢量为$\boldsymbol{l}=(1,-2t,3t^2)$，因为切线与已知平面平行，有

$$\boldsymbol{n}\cdot\boldsymbol{l}=0,\quad 即\quad 1-4t+3t^2=0,$$

解得

$$t=1,\ t=\frac{1}{3}.$$

当$t=1$时，切矢量为$\boldsymbol{l}=(1,-2,3)$，对应曲线上的点是$(1,-1,1)$，故切线方程为

$$\frac{x-1}{1}=\frac{y+1}{-2}=\frac{z-1}{3};$$

当 $t=\frac{1}{3}$ 时，切矢量 $\boldsymbol{l}=\left(1,-\frac{2}{3},\frac{1}{3}\right)$, $\boldsymbol{l}/\!/(3,-2,1)$，对应曲线上的点是 $\left(\frac{1}{3},-\frac{1}{9},\frac{1}{27}\right)$，故切线方程为

$$\frac{x-\frac{1}{3}}{3}=\frac{y+\frac{1}{9}}{-2}=\frac{z-\frac{1}{27}}{1}.$$

§7.3 空间曲面的切平面与法线

设已知曲面的方程为

$$F(x,y,z)=0,$$

$M_0(x_0,y_0,z_0)$ 是曲面上的一点，过点 M_0 在曲面上可以作无数条曲线. 设这些曲线在该点分别都有切线，我们可证明这无数条切线都在同一个平面上.

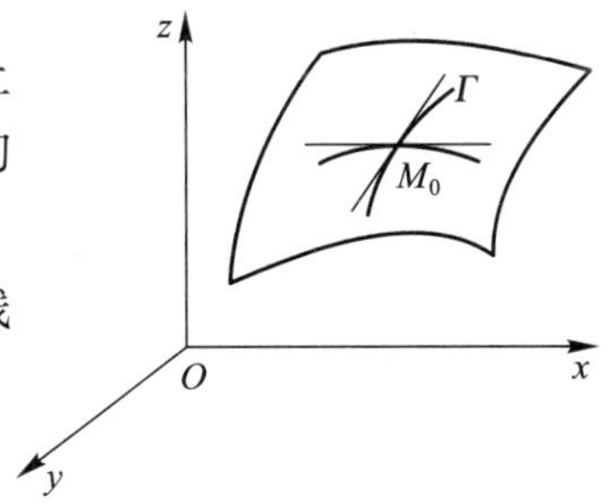

图 8-24

过点 M_0 在曲面(图 8-24)上任意作一条曲线 Γ，设其方程为:

$$x=x(t),\quad y=y(t),\quad z=z(t),$$

且当 $t=t_0$ 时，

$$x_0=x(t_0),\quad y_0=y(t_0),\quad z_0=z(t_0).$$

由于曲线 Γ 在曲面上，因此有

$$F(x(t),y(t),z(t))\equiv 0.$$

若 F 具有连续的偏导数，方程两边对 t 求导，有

$$F'_x(x(t),y(t),z(t))x'(t)+F'_y(x(t),y(t),z(t))y'(t)+F'_z(x(t),y(t),z(t))z'(t)=0,$$

把 $t=t_0$ 代入上式，有

$$F'_x(x_0,y_0,z_0)x'(t_0)+F'_y(x_0,y_0,z_0)y'(t_0)+F'_z(x_0,y_0,z_0)z'(t_0)=0.$$

Γ 在点 M_0 处的切矢量为 $\boldsymbol{l}=(x'(t_0),y'(t_0),z'(t_0))$，设矢量

$$\boldsymbol{n}=(F'_x(x_0,y_0,z_0),F'_y(x_0,y_0,z_0),F'_z(x_0,y_0,z_0)),$$

有

$$\boldsymbol{n}\cdot\boldsymbol{l}=0.$$

这说明，曲面上过点 M_0 的任意一条曲线的切线都与矢量 $\boldsymbol{n}$ 垂直，这就证明了曲面上过点 M_0 的任一曲线在 M_0 点的切线都落在以矢量 $\boldsymbol{n}$ 为法矢量且经过 M_0 的平面上，这张平面称为曲面在点 M_0 处的切平面. 因此切平面的方程为

$$\boxed{F'_x(x_0,y_0,z_0)(x-x_0)+F'_y(x_0,y_0,z_0)(y-y_0)+F'_z(x_0,y_0,z_0)(z-z_0)=0.}$$

称曲面在点 M_0 处切平面的法矢量为曲面在点 M_0 的法线矢量，简称法矢

量. 过点 M_0 垂直于曲面在该点切平面的直线，称为曲面在点 M_0 的法线. 由于该线经过 M_0 点，方向向量平行于 $\boldsymbol{n}$，因此法线的方程为

$$\boxed{\frac{x-x_0}{F'_x(x_0,y_0,z_0)}=\frac{y-y_0}{F'_y(x_0,y_0,z_0)}=\frac{z-z_0}{F'_z(x_0,y_0,z_0)}.}$$

由分析过程可知，曲面在点 M_0 处存在切平面的充分条件是：$F(x,y,z)$ 在点 M_0 处具有连续的偏导数，且 $F'_x(x_0,y_0,z_0)$，$F'_y(x_0,y_0,z_0)$，$F'_z(x_0,y_0,z_0)$ 不同时为零.

若曲面方程 $z=f(x,y)$，且 f 具有连续的偏导数，求曲面上的点 $P_0(x_0,y_0,z_0)$ 处的切平面方程与法线方程. 由于

$$F(x,y,z)=f(x,y)-z=0,$$

$$F'_x=f'_x(x,y),F'_y=f'_y(x,y),F'_z=-1,$$

所以在点 P_0 处的法矢量 $\boldsymbol{n}=(f'_x(x_0,y_0),f'_y(x_0,y_0),-1)$. 因此曲面在点 P_0 处的切平面方程为

$$\boxed{f'_x(x_0,y_0)(x-x_0)+f'_y(x_0,y_0)(y-y_0)-(z-z_0)=0.}$$

法线方程为

$$\boxed{\frac{x-x_0}{f'_x(x_0,y_0)}=\frac{y-y_0}{f'_y(x_0,y_0)}=\frac{z-z_0}{-1}.}$$

例 2 求曲面 $x^2+y^2+z^2-xy-3=0$ 的切平面，使该切平面同时垂直于平面 $z=0$ 与 $x+y+z+1=0$.

解 令 $F(x,y,z)=x^2+y^2+z^2-xy-3=0$，有 $F'_x=2x-y$，$F'_y=2y-x$，$F'_z=2z$，设所求切点是 $P_0(x_0,y_0,z_0)$，则

$$x_0^2+y_0^2+z_0^2-x_0y_0-3=0. \tag{8.45}$$

切平面的法矢量 $\boldsymbol{n}=(2x_0-y_0,2y_0-x_0,2z_0)$. 而平面 $z=0$ 的法矢量 $\boldsymbol{n}_1=(0,0,1)$，平面 $x+y+z+1=0$ 的法矢量 $\boldsymbol{n}_2=(1,1,1)$，由

$$\boldsymbol{n}\cdot\boldsymbol{n}_1=0,\ \boldsymbol{n}\cdot\boldsymbol{n}_2=0,$$

知

$$\begin{cases}2z_0=0,\\2x_0-y_0+2y_0-x_0+2z_0=0,\end{cases} \tag{8.46}$$

即

$$x_0+y_0+2z_0=0. \tag{8.47}$$

从式(8.45)、式(8.46)、式(8.47)中解出切点坐标为(1,-1,0)与(-1,1,0). 在点(1,-1,0)处法矢量为(3,-3,0)，切平面方程为

$$(x-1)-(y+1)=0,\quad 即\quad x-y-2=0.$$

在点(-1,1,0)处的法矢量为(3,-3,0)，切平面方程为

$$(x+1)-(y-1)=0,\quad 即\quad x-y+2=0.$$

例 3 证明：曲面 $F(nx-lz,ny-mz)=0$ 在任意一点处的切平面都平行于直线

$$\frac{x-1}{l}=\frac{y-2}{m}=\frac{z-3}{n},$$

其中 F 具有连续的偏导数.

证 设曲面方程为 $G(x,y,z)=F(nx-lz,ny-mz)=0$，设 $P_0(x_0,y_0,z_0)$ 是曲面上任意一点，则

$$F(nx_0-lz_0,ny_0-mz_0)=0.$$

由于

$$G'_x=F'_1n,\ G'_y=F'_2n,\ G'_z=-F'_1l-F'_2m,$$

所以在点 P_0 处的法矢量为 $\boldsymbol{n}=(F'_1n,F'_2n,-F'_1l-F'_2m)$. 设 $\boldsymbol{v}=(l,m,n)$，由于

$$\boldsymbol{n}\cdot\boldsymbol{v}=F'_1nl+F'_2mn-F'_1nl-F'_2mn=0,$$

即直线平行于切平面，所以曲面在任一点的切平面都平行于所给直线. □

有了曲面的切平面方程，我们可以求曲线 Γ：

$$\begin{cases}F(x,y,z)=0,\\G(x,y,z)=0\end{cases}$$

在曲线上点 $P_0(x_0,y_0,z_0)$ 处的切线方程.

因为曲线 Γ 在曲面 S_1：$F(x,y,z)=0$ 上且经过曲面 S_1 上的点 P_0，所以 Γ 在点 P_0 的切线必在曲面 S_1 在点 P_0 的切平面上，同样曲线 Γ 在曲面 S_2：$G(x,y,z)=0$ 上且经过曲面 S_2 上的点 P_0，所以 Γ 在点 P_0 的切线必在曲面 S_2 在点 P_0 的切平面上，于是曲线 Γ 在点 P_0 处的切线方程为

$$\boxed{\begin{cases}F'_x(P_0)(x-x_0)+F'_y(P_0)(y-y_0)+F'_z(P_0)(z-z_0)=0,\\G'_x(P_0)(x-x_0)+G'_y(P_0)(y-y_0)+G'_z(P_0)(z-z_0)=0.\end{cases}}$$

从而也可以求出 Γ 在曲线点 P_0 处的法平面方程.

例 4 已知曲线 $\begin{cases}z=x^2+2y^2,\\z=2x^2-3y^2+1\end{cases}$ 上的点 $P_0(2,1,6)$，过点 P_0 作曲线的切线，证明该切线在平面 $4x+4y-z-6=0$ 上.

证 设 $\begin{cases}F(x,y,z)=x^2+2y^2-z,\\G(x,y,z)=2x^2-3y^2-z+1.\end{cases}$ 由于

$$F'_x=2x,\ F'_y=4y,\ F'_z=-1,$$

$$G'_x=4x,\ G'_y=-6y,\ G'_z=-1,$$

$$F'_x(P_0)=4,\ F'_y(P_0)=4,\ F'_z(P_0)=-1,$$

$$G'_x(P_0)=8,\ G'_y(P_0)=-6,\ G'_z(P_0)=-1,$$

所以 $\boldsymbol{l}=(-10,-4,-56)\,/\!/\,(5,2,28)$，故切线方程为

$$\frac{x-2}{5}=\frac{y-1}{2}=\frac{z-6}{28}.$$

由于平面的法矢量 $\boldsymbol{n}=(4,4,-1)$，且

$$\boldsymbol{l}\cdot\boldsymbol{n}=5\times4+2\times4+28\times(-1)=0.$$

故切线与已知平面平行，又切线上的点 $P_0(2,1,6)$ 满足平面方程 $4x+4y-z-6=0$（因为 $4\times2+4\times1-6-6=0$），因此，曲线在点 P_0 的切线在平面 $4x+4y-z-6=0$ 上. □

习题 8-7

1. 求下列曲面在指定点的切平面方程与法线方程：

(1) $z=\arctan\dfrac{y}{x}$ 在点 $M_0\left(1,1,\dfrac{\pi}{4}\right)$；

(2) $ax^2+by^2+cz^2=1$ 在点 $M_0(x_0,y_0,z_0)$.

2. 在椭球面 $\dfrac{x^2}{a^2}+\dfrac{y^2}{b^2}+\dfrac{z^2}{c^2}=1$ 上怎样的点，使椭球面的法线与坐标轴成等角.

3. 求曲面 $x^2+2y^2+3z^2=21$ 的平行于平面 $x+4y+6z=0$ 的各切平面.

4. 设直线 $l:\begin{cases}x+y+b=0,\\x+ay-z-3=0\end{cases}$ 在平面 π 上，而平面 π 与曲面：$z=x^2+y^2$ 相切于点 $(1,-2,5)$，求常数 a，b 之值.

5. 过直线 $l:\begin{cases}10x+2y-2z=27,\\x+y-z=0,\end{cases}$ 作曲面 $3x^2+y^2-z^2=27$ 的切平面，求此切平面方程.

6. 证明：锥面 $z=xf\left(\dfrac{y}{x}\right)$ 的切平面经过原点，其中 f 可导.

7. 证明：曲面 $xyz=a^3(a>0)$ 的切平面与坐标平面形成体积为一定值的四面体.

8. 设曲面 S：$\dfrac{x^2}{2}+y^2+\dfrac{z^2}{4}=1$，平面 π：$2x+2y+z+5=0$，

(1) 在曲面 S 上求平行于平面 π 的切平面方程；

(2) 求在曲面 S 上与平面 π 之间的最短距离.

9. 求下列曲线在指定点的切线与法平面方程：

(1) $x=a\sin^2 t$，$y=b\sin t\cos t$，$z=c\cos^2 t$ 在点 $t=\dfrac{\pi}{4}$；

(2) $y=x$，$z=x^2$ 在点 $M(1,1,1)$；

(3) $x^2+y^2+z^2=6$，$x+y+z=0$ 在点 $M(1,-2,1)$.

第八章综合题

1. 设函数 $f(x,y)=\begin{cases}\dfrac{xy(x^2-y^2)}{x^2+y^2}, & \text{当}(x,y)\neq(0,0)\text{时},\\ 0, & \text{当}(x,y)=(0,0)\text{时},\end{cases}$ 求 $f''_{yx}(0,0)$，$f''_{xy}(0,0)$.

2. 证明函数 $f(x,y)=\begin{cases}\dfrac{xy}{x^2+y^2}, & 当\ x^2+y^2\neq 0\ 时,\\ 0, & 当\ x^2+y^2=0\ 时\end{cases}$ 在点 $(0,0)$ 处的两个偏导数存在，但 $f(x,y)$ 在点 $(0,0)$ 处不连续.

3. 证明函数 $f(x,y)=\sqrt[3]{x^3+y^3}$ 在点 $(0,0)$ 处沿任意方向的方向导数都存在，但在点 $(0,0)$ 处的全微分不存在.

4. 证明函数 $f(x,y)=\begin{cases}(x^2+y^2)\sin\dfrac{1}{x^2+y^2}, & 当\ (x,y)\neq(0,0)\ 时,\\ 0, & 当\ (x,y)=(0,0)\ 时\end{cases}$ 在点 $(0,0)$ 的邻域中有偏导数 $f'_x(x,y)$ 和 $f'_y(x,y)$. 这些偏导数在点 $(0,0)$ 处是不连续的，且在此点的任何邻域中是无界的，但此函数在点 $(0,0)$ 处可微.

5. 已知函数 $z=f(u)$ 有一阶连续导数，而 $u=u(x,y)$ 由方程 $u=\varphi(u)+\int_y^x p(t)\,\mathrm{d}t$ 确定，其中 $\varphi(u)$ 有连续导数且 $\varphi'(u)\neq 1$，$p(t)$ 连续，求 $p(x)\dfrac{\partial z}{\partial y}+p(y)\dfrac{\partial z}{\partial x}$.

6. 设 $z=f\left(xy,\dfrac{x}{y}\right)+g\left(\dfrac{y}{x}\right)$，其中 f 具有二阶连续偏导数，g 具有二阶连续导数，求 $\dfrac{\partial^2 z}{\partial x\partial y}$.

7. 取 x 作为函数，而 y 和 z 作为自变量，变换方程 $(x-z)\dfrac{\partial z}{\partial x}+y\dfrac{\partial z}{\partial y}=0$.

8. 设 $x=r\cos\varphi$，$y=r\sin\varphi$，变换 $W=\left(\dfrac{\partial u}{\partial x}\right)^2+\left(\dfrac{\partial u}{\partial y}\right)^2$.

9. 设 $u=f(x,y,z,t)$, $g(y,z,t)=0$, $h(z,t)=0$，求 $\dfrac{\partial u}{\partial x}$，$\dfrac{\partial u}{\partial y}$.

10. 求常数 a，b，使线性变换 $u=x+ay$，$v=x+by$ 将方程

$$\frac{\partial^2 z}{\partial x^2}+4\frac{\partial^2 z}{\partial x\partial y}+3\frac{\partial^2 z}{\partial y^2}=0 \quad 化成 \quad \frac{\partial^2 z}{\partial u\partial v}=0.$$

11. 求二元函数 $z=f(x,y)=x^2y(4-x-y)$ 在由直线 $x+y=6$，x 轴和 y 轴所围成的闭区域 D 上的极值、最大值与最小值.

12. 求平面 $Ax+By+Cz=0$ $(C\neq 0)$ 与椭圆柱面 $\dfrac{x^2}{a^2}+\dfrac{y^2}{b^2}=1$ 相交所形成的椭圆的面积.

13. 在第 I 卦限内作椭球面 $\dfrac{x^2}{a^2}+\dfrac{y^2}{b^2}+\dfrac{z^2}{c^2}=1$ 的切平面，使切平面与三坐标平面所围成的四面体的体积最小，并求切点坐标.

14. 试证：曲面 $F(x,y,z)=0$，$G(x,y,z)=0$，$H(x,y,z)=0$ 切同一直线 $\dfrac{x-x_0}{l}=\dfrac{y-y_0}{m}=\dfrac{z-z_0}{n}$ 于点 $P_0(x_0,\ y_0,\ z_0)$ 的充要条件是：

$$\begin{vmatrix} F'_x & F'_y & F'_z \\ G'_x & G'_y & G'_z \\ H'_x & H'_y & H'_z \end{vmatrix}=0,$$

其中 F，G，H 具有连续的偏导数.

15. 求函数 $u=x+y+z$ 在沿球面 $x^2+y^2+z^2=1$ 上的点 $P_0(x_0,y_0,z_0)$ 处的外法线方向上的导数$\frac{\partial u}{\partial \boldsymbol{n}}$，问球面上哪点使$\frac{\partial u}{\partial \boldsymbol{n}}$最大、最小、等于零？

第八章习题拓展

第九章　多元函数积分学

二重积分、三重积分、第一类曲线积分、第一类曲面积分的概念也是从实践中抽象出来的数学概念，它们是定积分的推广，其中的数学思想与定积分一样，也是一种“和式的极限”．不同的是：定积分的被积函数是一元函数，积分范围是一个区间；而二重积分的被积函数是二元函数，积分范围是平面上的一个区域；三重积分的被积函数是三元函数，积分范围是空间中的一个区域，第一类曲线积分的积分区域是一条曲线段，第一类曲面积分的积分区域是一个曲面块．它们之间存在着密切的联系，二重积分、三重积分、第一类曲线积分、第一类曲面积分可通过定积分来计算．

本章将介绍二重积分、三重积分、第一类曲线积分、第一类曲面积分的概念，以及它们的计算方法和应用．

§1　二重积分的概念

§1.1　二重积分的概念

我们知道，柱体的体积等于底面积乘高．如顶部不是平面而是曲面，即所谓的曲顶柱体，如何计算它的体积呢？

问题 1　曲顶柱体的体积

设一曲顶柱体 V，它的底面是 Oxy 平面上的一个有界闭区域 σ，它的顶面是曲面 $z=f(x,y)$，其中 $f(x,y)$ 在 σ 上连续，$f(x,y)\geqslant 0$，侧面是一个母线平行于 Oz 轴的柱面，求它的体积 V(图 9-1)．

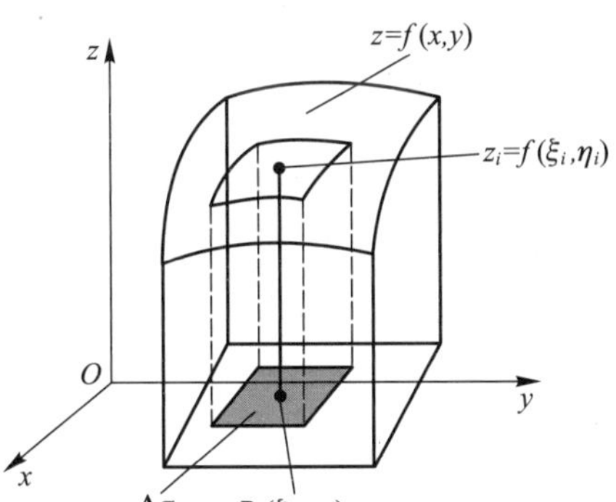

图 9-1

有了求曲边梯形面积的经验，我们仍然采用分割、近似、作和、取极限这四个步骤．

第一步：分割. 用若干条分段光滑曲线(称为曲线网)将区域 σ 分成 n 个小区域 $\Delta\sigma_1,\Delta\sigma_2,\cdots,\Delta\sigma_n$，仍以 $\Delta\sigma_i(i=1,2,\cdots,n)$ 表示小区域 $\Delta\sigma_i$ 的面积. 过每一小区域的边界线作母线平行于 Oz 轴的柱面，这样柱体 V 就被这些小柱面划分成 n 个小柱体(图 9-1 中只画出一个小区域 $\Delta\sigma_i$ 上的小曲顶柱体 $\Delta V_i(i=1,2,\cdots,n)$，为了便于考察，我们画得稍大一些，实际上当 n 很大时，这些小柱体看上去像一条线段一样).

第二步：近似. 由于 $f(P)$ 在有界闭区域 σ 上连续，当 $\Delta\sigma_i$ 很小时，区域 $\Delta\sigma_i$ 上的函数值相差很小，几乎一样. 从而 ΔV_i 几乎是一个柱体，这个柱体的底面积是 $\Delta\sigma_i$，把 $P_i(\xi_i,\eta_i)$ 点的竖坐标 $z_i=f(\xi_i,\eta_i)\geqslant 0$ 作为这个柱体的高，于是

$$\Delta V_i\approx f(\xi_i,\eta_i)\Delta\sigma_i\quad(i=1,2,\cdots,n),$$

上式称为积分元.

第三步：作和. $V=\sum\limits_{i=1}^{n}\Delta V_i\approx\sum\limits_{i=1}^{n}f(\xi_i,\eta_i)\Delta\sigma_i$ 称为积分和式.

第四步：取极限. 设 λ_i[①]表示 $\Delta\sigma_i$ 的直径，令 $\lambda=\max\{\lambda_i:1\leqslant i\leqslant n\}$. 当 λ 越小，$\sum\limits_{i=1}^{n}f(\xi_i,\eta_i)\Delta\sigma_i$ 就越无限地接近于立体 V 的体积，于是

$$V=\lim_{\lambda\to 0}\sum_{i=1}^{n}f(\xi_i,\eta_i)\Delta\sigma_i.\tag{9.1}$$

问题 2　平面薄板的质量

定义 9.1　设 σ 是一个平面薄板，$\forall P_0(x_0,y_0)\in\sigma$，取包围 P_0 的小区域 $\Delta\sigma$，质量为 Δm，若 $\lim\limits_{\Delta\sigma\to P_0}\dfrac{\Delta m}{\Delta\sigma}$ 存在，则该极限值称为在 P_0 处的面密度，简称为密度.

设平面薄板的密度函数为连续函数 $\rho=f(x,y)$，$(x,y)\in\sigma$，σ 为有界闭区域，求平面薄板的质量 M(实际上 σ 就是平面薄板在 Oxy 平面上的投影区域). 与求曲顶柱体体积 V 的过程完全一样，在这个过程中只要把 V 换成 M，ΔV_i 换成 ΔM_i，把立体体积换成质量，小曲顶柱体换成小平面薄板，其余不变，将得到

$$M=\lim_{\lambda\to 0}\sum_{i=1}^{n}f(\xi_i,\eta_i)\Delta\sigma_i.$$

实际上，物理学、力学、电学等学科中的一些量的计算，都可归结为求形如式(9.1)这样的和式极限. 为了使得定义适合更多的函数，在定义中把函数连续及非负这些条件去掉，一般有如下定义：

定义 9.2　设二元函数 $f(P)=f(x,y)$ 在平面有界闭区域 σ 上有界，用曲线网将区域 σ 任意分成 n 个(彼此无公共内点的)小闭区域 $\Delta\sigma_1,\Delta\sigma_2,\cdots,\Delta\sigma_n$，仍

---

①　设有界闭区域 $D\subset\mathbf{R}^2$，$d=\max\{\rho(P_1,P_2):P_1,P_2\in D\}$ 称为点集 D 的直径.

以 $\Delta\sigma_i(i=1,2,\cdots,n)$ 记为小区域 $\Delta\sigma_i$ 的面积. $\forall P_i(\xi_i,\eta_i)\in\Delta\sigma_i$, $f(\xi_i,\eta_i)\Delta\sigma_i$ 称为积分元，而 $\sum_{i=1}^{n}f(\xi_i,\eta_i)\Delta\sigma_i$ 称为积分和式. 设 λ_i 是小区域 $\Delta\sigma_i$ 的直径，令 $\lambda=\max\{\lambda_i:1\leqslant i\leqslant n\}$. 若极限

$$\lim_{\lambda\to 0}\sum_{i=1}^{n}f(\xi_i,\eta_i)\Delta\sigma_i$$

存在且此极限与区域 σ_i 的分法及点 P_i 的取法无关，则称这个极限值为函数 $f(x,y)$ 在区域 σ 上的二重积分，记作

$$\iint_{\sigma}f(x,y)\,\mathrm{d}\sigma \quad 或 \quad \iint_{\sigma}f(P)\,\mathrm{d}\sigma,$$

即

$$\iint_{\sigma}f(x,y)\,\mathrm{d}\sigma=\lim_{\lambda\to 0}\sum_{i=1}^{n}f(\xi_i,\eta_i)\Delta\sigma_i. \tag{9.2}$$

这里的 $f(P)=f(x,y)$ 称为被积函数，σ 称为积分区域，$f(x,y)\mathrm{d}\sigma$ 称为被积表达式，x, y 称为积分变量，$\mathrm{d}\sigma$ 称为面积元素(注意:元素是没有大小的).

二重积分又称为函数 $f(x,y)$ 在 σ 上的黎曼积分，若这个积分存在，称函数 $f(x,y)$ 在 σ 上黎曼可积，或简称可积.

定理 9.1　若 $f(x,y)$ 在有界闭区域 σ 上连续，则 $f(x,y)$ 在 σ 上可积.

注　本章中，除特别声明外，总是假定被积函数 $f(x,y)$ 在 σ 上是连续的. 因此，问题 1 中的体积 $V=\iint_{\sigma}f(x,y)\,\mathrm{d}\sigma$，问题 2 中的质量 $M=\iint_{\sigma}f(x,y)\,\mathrm{d}\sigma$. 特别地，若问题 1 的曲顶柱体中的曲面方程 $f(x,y)\equiv 1$，则

$$V=\iint_{\sigma}1\,\mathrm{d}\sigma\xlongequal{\text{def}}\iint_{\sigma}\mathrm{d}\sigma.$$

由实际问题知，这时曲顶柱体是一个柱体，其体积 V=底面积×高=σ，因此

$$\iint_{\sigma}\mathrm{d}\sigma=\sigma.$$

所以利用二重积分可计算平面图形的面积.

如果二重积分存在，则二重积分值与区域的分法无关. 为了计算方便，我们作特殊的分法，用若干条平行于 x 轴、y 轴的直线网将 σ 分成 n 个小区域，其中，中间有规则的小区域都是矩形，其余的是靠在 σ 边界上的非矩形小区域(图 9-2). 矩形小区域的面积

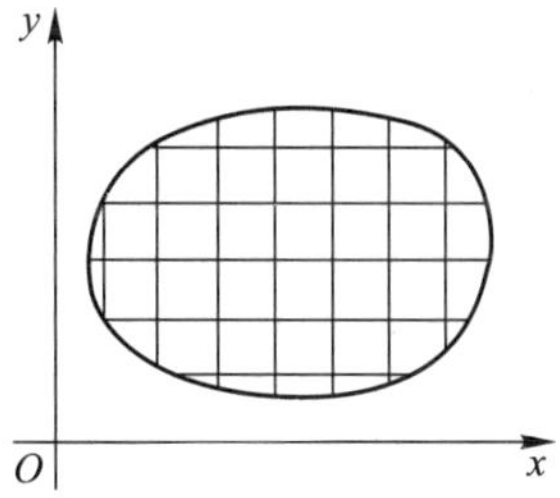

图 9-2

$$\Delta\sigma=\Delta x\Delta y,\qquad 即\quad \mathrm{d}\sigma=\mathrm{d}x\mathrm{d}y.$$

由 $f(x,y)$ 在 σ 上可积，知 $f(x,y)$ 在 σ 上有界. 即存在常数 $M>0$，对一切 $(x,y)\in D$，有 $|f(x,y)|\leqslant M$. 于是

$$\iint_{\sigma} f(x,y)\,d\sigma = \lim_{\lambda\to 0}\sum f(x,y)\Delta\sigma = \lim_{\lambda\to 0}\Big(\sum^{(1)} f(x,y)\Delta\sigma + \sum^{(2)} f(x,y)\Delta\sigma\Big)$$

$$= \lim_{\lambda\to 0}\Big(\sum^{(1)} f(x,y)\Delta x\Delta y + \sum^{(2)} f(x,y)\Delta\sigma\Big).$$

注　$\sum\limits^{(1)}$ 代表对矩形小区域求和，$\sum\limits^{(2)}$ 代表对非矩形小区域求和.

由于

$$0\leqslant \Big|\sum^{(2)} f(x,y)\Delta\sigma\Big| \leqslant M\sum^{(2)}\Delta\sigma,$$

而当 $\lambda\to 0$ 时，边界上的不完整的非矩形小区域面积之和趋于区域边界曲线的面积，由于边界曲线面积为 0，所以

$$\lim_{\lambda\to 0} M\sum^{(2)}\Delta\sigma = 0,\quad 从而\quad \lim_{\lambda\to 0}\sum^{(2)} f(x,y)\Delta\sigma = 0.$$

于是

$$\iint_{\sigma} f(x,y)\,d\sigma = \lim_{\lambda\to 0}\sum^{(1)} f(x,y)\Delta x\Delta y = \iint_{\sigma} f(x,y)\,dx dy.\ \square$$

几何意义：若 $f(x,y)$ 在有界闭区域 σ 上可积，且 $f(x,y)\geqslant 0$，则 $\iint\limits_{\sigma} f(x,y)\,d\sigma$ 表示一个以区域 σ 为底，以曲面 $z=f(x,y)$ 为顶，侧面是一个柱面(它的准线是 σ 的边界，母线平行于 Oz 轴)的曲顶柱体的体积.

§1.2　二重积分的性质

类比一元函数定积分的性质，可以证明二重积分具有如下一些基本性质.

设 $f(x,y)$，$g(x,y)$ 在有界闭区域 σ 上的二重积分存在.

性质 1　$\iint\limits_{\sigma}[f(x,y)\pm g(x,y)]\,d\sigma = \iint\limits_{\sigma} f(x,y)\,d\sigma \pm \iint\limits_{\sigma} g(x,y)\,d\sigma.$

性质 2　$\iint\limits_{\sigma} kf(x,y)\,d\sigma = k\iint\limits_{\sigma} f(x,y)\,d\sigma$（$k$ **为任意常数**）.

性质 3　$\iint\limits_{\sigma} 1\,d\sigma = \iint\limits_{\sigma} d\sigma = \sigma$（**其中 σ 表示区域 σ 的面积**）.

由性质 3 知，利用二重积分可计算平面图形的面积.

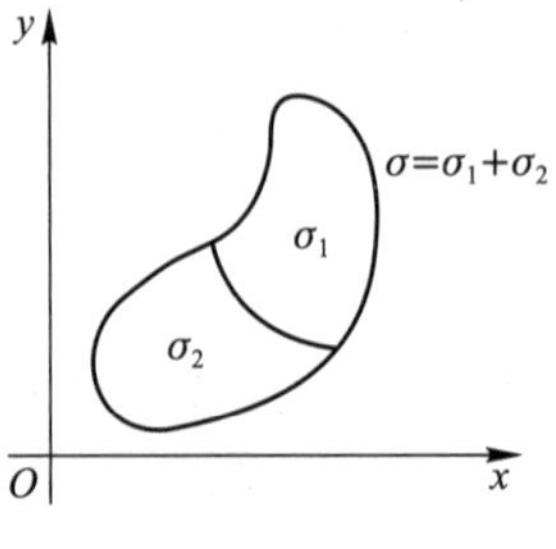

图 9-3

性质 4　**若 σ 可分解为两个不共内点的区域 σ_1，σ_2，记作 $\sigma=\sigma_1+\sigma_2$(图 9-3)，则有**

$$\iint_{\sigma} f(x,y)\,d\sigma = \iint_{\sigma_1} f(x,y)\,d\sigma + \iint_{\sigma_2} f(x,y)\,d\sigma.$$

性质 5 若 $\iint\limits_{\sigma} f(x,y)\,\mathrm{d}\sigma$ 存在，$f(x,y)\geqslant 0$，则 $\iint\limits_{\sigma} f(x,y)\,\mathrm{d}\sigma \geqslant 0$.

若 $f(x,y)\leqslant g(x,y)$，$(x,y)\in\sigma$，则 $\iint\limits_{\sigma} f(x,y)\,\mathrm{d}\sigma \leqslant \iint\limits_{\sigma} g(x,y)\,\mathrm{d}\sigma$.

性质 6 若 $f(x,y)\geqslant 0$，$f(x,y)\not\equiv 0$，$(x,y)\in\sigma$ 且 $f(x,y)$ 连续，则 $\iint\limits_{\sigma} f(x,y)\,\mathrm{d}\sigma > 0$.

若 $f(x,y)\leqslant g(x,y)$，$f(x,y)\not\equiv g(x,y)$，$(x,y)\in\sigma$ 且 $f(x,y)$，$g(x,y)$ 连续，则

$$\iint\limits_{\sigma} f(x,y)\,\mathrm{d}\sigma < \iint\limits_{\sigma} g(x,y)\,\mathrm{d}\sigma.$$

性质 7 $\left|\iint\limits_{\sigma} f(x,y)\,\mathrm{d}\sigma\right| \leqslant \iint\limits_{\sigma} |f(x,y)|\,\mathrm{d}\sigma$.

性质 8（二重积分中值定理） 若 $f(x,y)$ 在有界闭区域 σ 上连续，则在 σ 上至少存在一点 $P(x^*,y^*)$，使得

$$\iint\limits_{\sigma} f(x,y)\,\mathrm{d}\sigma = f(x^*,y^*)\sigma.$$

证 由于 $f(x,y)$ 在有界闭区域 σ 上连续，所以 $f(x,y)$ 必在 σ 上取到它的最大值 M 和最小值 m，即有 $m\leqslant f(x,y)\leqslant M,(x,y)\in\sigma$. 分别由性质 5、性质 2、性质 3，有

$$m\sigma = \iint\limits_{\sigma} m\,\mathrm{d}\sigma \leqslant \iint\limits_{\sigma} f(x,y)\,\mathrm{d}\sigma \leqslant \iint\limits_{\sigma} M\,\mathrm{d}\sigma = M\sigma,$$

除以面积 σ，得

$$m \leqslant \frac{1}{\sigma}\iint\limits_{\sigma} f(x,y)\,\mathrm{d}\sigma \leqslant M.$$

即 $\frac{1}{\sigma}\iint\limits_{\sigma} f(x,y)\,\mathrm{d}\sigma$ 是介于连续函数 $f(x,y)$ 在 σ 上的最小值 m 与最大值 M 之间的一个数. 由介值定理知，至少存在一点 $P(x^*,y^*)\in\sigma$，使得

$$\frac{1}{\sigma}\iint\limits_{\sigma} f(x,y)\,\mathrm{d}\sigma = f(x^*,y^*),$$

于是

$$\iint\limits_{\sigma} f(x,y)\,\mathrm{d}\sigma = f(x^*,y^*)\sigma. \square$$

上述函数值 $f(x^*,y^*)$ 称为函数 $f(x,y)$ 在区域 σ 上的平均值或中值.

推论 $m\sigma \leqslant \iint\limits_{\sigma} f(x,y)\,\mathrm{d}\sigma \leqslant M\sigma$.

几何意义：若 $f(x,y)\geqslant 0$，则二重积分 $\iint\limits_{\sigma} f(x,y)\,\mathrm{d}\sigma$ 所表示的曲顶柱体的体积，等于以 σ 为底，$f(x^*,y^*)$ 为高的一个柱体的体积.

利用几何意义，可得到底部是 Oxy 平面上的有界闭区域 σ_{xy}，顶部曲面方程为 $z=f(x,y)$，侧面是以 σ_{xy} 的边界为准线，母线平行于 Oz 轴的柱面(特殊情形下，柱面可退化为曲面与 Oxy 平面的交线)的曲顶柱体体积 $V=\iint\limits_{\sigma_{xy}}|f(x,y)|\mathrm{d}\sigma$.

例 1 判断积分 $\iint\limits_{\frac{1}{2}\leqslant x^2+y^2\leqslant 1}\ln(x^2+y^2)\mathrm{d}x\mathrm{d}y$ 的符号.

解 由于 $\frac{1}{2}\leqslant x^2+y^2\leqslant 1$，所以 $\ln(x^2+y^2)\leqslant 0$. 且当 $x^2+y^2<1$ 时，$\ln(x^2+y^2)<0$，于是，由性质 6 知

$$\iint\limits_{\frac{1}{2}\leqslant x^2+y^2\leqslant 1}\ln(x^2+y^2)\mathrm{d}x\mathrm{d}y<0.$$

习题 9-1

1. 判断下列积分的符号：

(1) $\iint\limits_{|x|+|y|\leqslant 1}\ln(x^2+y^2)\mathrm{d}x\mathrm{d}y$；　(2) $\iint\limits_{x^2+y^2\leqslant 4}\sqrt[3]{4-x^2-y^2}\mathrm{d}x\mathrm{d}y$.

2. 证明：$\frac{200}{102}\leqslant\iint\limits_{|x|+|y|\leqslant 10}\frac{\mathrm{d}x\mathrm{d}y}{100+\cos^2 x+\cos^2 y}\leqslant\frac{200}{100}$.

3. 设 $f(x,y)$ 为连续函数，求 $\lim\limits_{\rho\to 0}\frac{1}{\pi\rho^2}\iint\limits_{x^2+y^2\leqslant\rho^2}f(x,y)\mathrm{d}x\mathrm{d}y$.

4. 比较下列二重积分的大小：

(1) $\iint\limits_{D}xy\mathrm{d}x\mathrm{d}y$ 与 $\iint\limits_{D}(x^2+y^2)\mathrm{d}x\mathrm{d}y$；

(2) $\iint\limits_{1\leqslant x^2+y^2\leqslant 2}x^2y^4\sin\frac{1}{y^2}\mathrm{d}x\mathrm{d}y$ 与 $\iint\limits_{1\leqslant x^2+y^2\leqslant 2}2x^2\mathrm{d}x\mathrm{d}y$.

§2 二重积分的计算

§2.1 在直角坐标系中计算二重积分

一、x-型区域与 y-型区域

若垂直于 x 轴的直线 $x=x_0$ 至多与区域 D 的边界交于两点(垂直于 x 轴的边

界除外)，则称 D 为 x-型区域，且 x-型区域 D 一定可表示为平面点集

$$D=\{(x,y):\varphi_1(x)\leqslant y\leqslant\varphi_2(x),a\leqslant x\leqslant b\}.$$

如图 9-4 所示，即由曲线 $y=\varphi_1(x)$，$y=\varphi_2(x)$ 及直线 $x=a$，$x=b$ 所围成的区域.

若垂直于 y 轴的直线 $y=y_0$ 至多与区域 D 的边界交于两点(垂直于 y 轴的边界除外)，则称 D 为 y-型区域，且 y-型区域 D 一定可表示为平面点集

$$D=\{(x,y):\psi_1(y)\leqslant x\leqslant\psi_2(y),c\leqslant y\leqslant d\}.$$

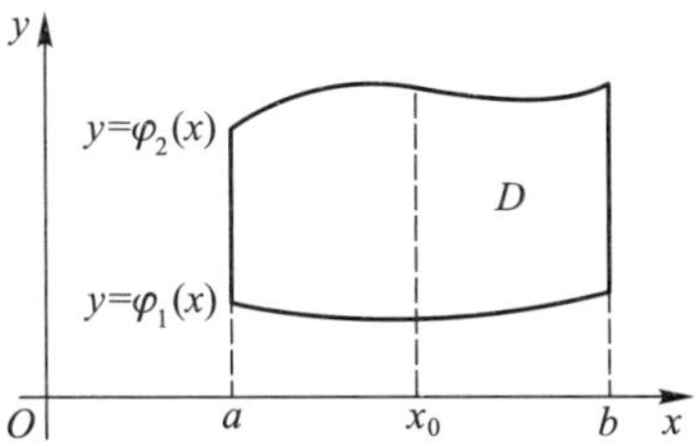

图 9-4

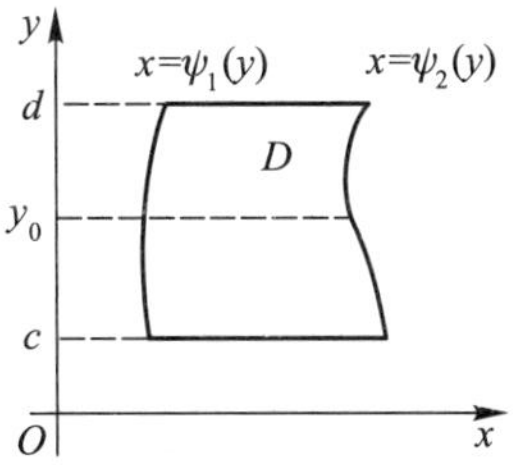

图 9-5

重难点讲解
x-型区域

如图 9-5 所示，即由曲线 $x=\psi_1(y)$，$x=\psi_2(y)$ 及直线 $y=c$，$y=d$ 所围成.

许多常见的区域都可分割为有限个无公共内点的 x-型区域或 y-型区域. 如图 9-6 所示的区域 D 既不是 x-型区域，也不是 y-型区域，但可分割为三个区域，其中 σ_1，σ_3 为 x-型区域，σ_2 为 y-型区域. 因此，解决了 x-型区域和 y-型区域上二重积分的计算方法，一般区域上的二重积分计算问题也就得到了解决.

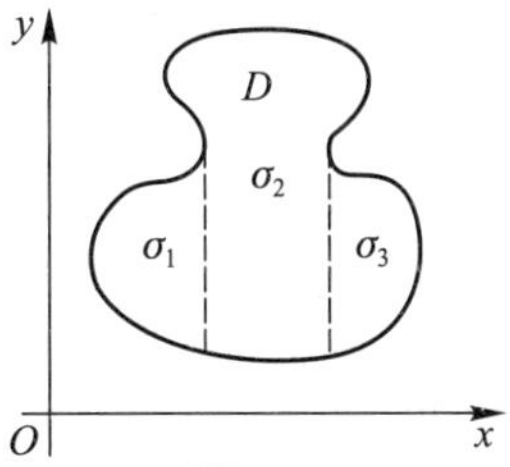

图 9-6

重难点讲解
y-型区域

二、在直角坐标系中计算二重积分

设二重积分 $\iint\limits_{\sigma}f(x,y)\mathrm{d}\sigma$ 存在，其中积分区域为 x-型区域：

$$\sigma=\{(x,y):\varphi_1(x)\leqslant y\leqslant\varphi_2(x),a\leqslant x\leqslant b\}.$$

不妨设 $f(x,y)\geqslant 0$，则二重积分 $\iint\limits_{\sigma}f(x,y)\mathrm{d}\sigma$ 的值在几何上可以表示为一曲顶柱体的体积. 设该曲顶柱体的体积为 V(图 9-7)，它的顶部曲面是 $z=f(x,y)$，$(x,y)\in\sigma$，底面是 σ，侧面是柱面，且准线是 σ 的边界，母线平行于 z 轴，该曲顶柱体可以看成是夹在两平行平面 $x=a$，$x=b$ 之间的立体. 设 $a\leqslant x_0\leqslant b$，过点 $(x_0,0,0)$ 处作垂直于 x 轴的平面 $x=x_0$ 与立体相截，

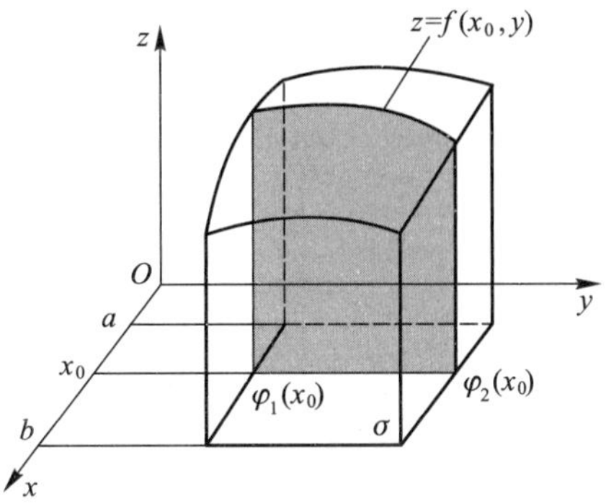

图 9-7

设截面积为 $A(x_0)$，平面 $x=x_0$ 与区域 σ 的边界交于两点 $(x_0,\varphi_1(x_0),0)$，$(x_0,\varphi_2(x_0),0)$，截面可看成平面 $x=x_0$ 上的曲边梯形(如图 9-7 中阴影所示). 在此曲边梯形内，$y\in[\varphi_1(x_0),\varphi_2(x_0)]$，曲线 $z=f(x_0,y)$，截面积

$$A(x_0)=\int_{\varphi_1(x_0)}^{\varphi_2(x_0)} f(x_0,y)\,\mathrm{d}y,\quad x_0\in[a,b],$$

从而

$$A(x)=\int_{\varphi_1(x)}^{\varphi_2(x)} f(x,y)\,\mathrm{d}y,\quad x\in[a,b].$$

由夹在两平行平面间立体体积的公式知

$$V=\iint\limits_{\sigma} f(x,y)\,\mathrm{d}\sigma=\int_a^b A(x)\,\mathrm{d}x=\int_a^b\left[\int_{\varphi_1(x)}^{\varphi_2(x)} f(x,y)\,\mathrm{d}y\right]\mathrm{d}x$$

$$\overset{\text{def}}{=\!=}\int_a^b \mathrm{d}x\int_{\varphi_1(x)}^{\varphi_2(x)} f(x,y)\,\mathrm{d}y. \tag{9.3}$$

上式右边是一个先对 y(这时把 x 看成常数)积分后，再对 x 积分的两次积分，称之为累次积分.

去掉 $f(x,y)\geqslant 0$，$(x,y)\in\sigma$ 的限制，仍然可以证明公式(9.3)成立，只不过证明过程要复杂得多(在此从略).

由于二重积分是一元函数定积分的直接推广，所以常把定积分叫做一重积分或单积分. 式(9.3)把二重积分转化为两次单积分，即先固定 x(看成常数)，对 y 从 $\varphi_1(x)$ 到 $\varphi_2(x)$ 积分，然后对 x 从 a 到 b 积分（注意：这里积分限的确定应从小到大). 如在对 y 积分时，应顺着平行于 Oy 轴并沿该轴正向穿过区域 σ 的直线(如图 9-8 中虚线所示)，以穿入点的纵坐标 $\varphi_1(x)$ 为下限(简称下曲线)，穿出点的纵坐标 $\varphi_2(x)$ 为上限(简称上曲线)(图 9-8).

设积分区域 σ 为 y-型区域 $\sigma=\{(x,y):\psi_1(y)\leqslant x\leqslant\psi_2(y),c\leqslant y\leqslant d\}$. 不妨设 $f(x,y)\geqslant 0$. 在区间 $[c,d]$ 内取一点 y_0，作平面 $y=y_0$ 与曲顶柱体相截，设截面积为 $B(y_0)$，截面是平面 $y=y_0$ 上的曲边梯形(如图 9-9 中阴影部分所示). 在此曲边梯形内，$x\in[\psi_1(y_0),\psi_2(y_0)]$，曲线 $z=f(x,y_0)$(图 9-9)，截面积

$$B(y_0)=\int_{\psi_1(y_0)}^{\psi_2(y_0)} f(x,y_0)\,\mathrm{d}x,\quad y_0\in[c,d],$$

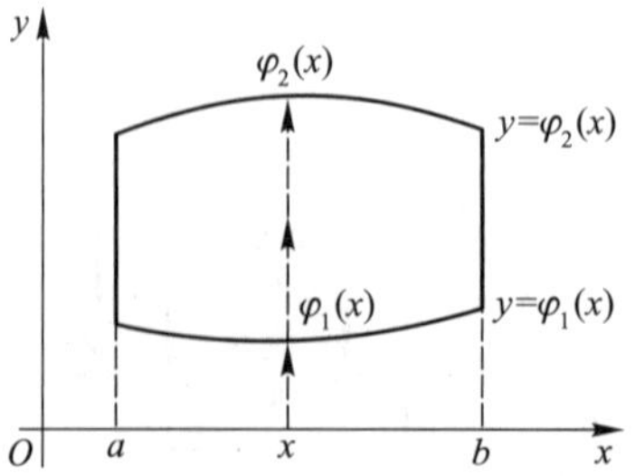

图 9-8

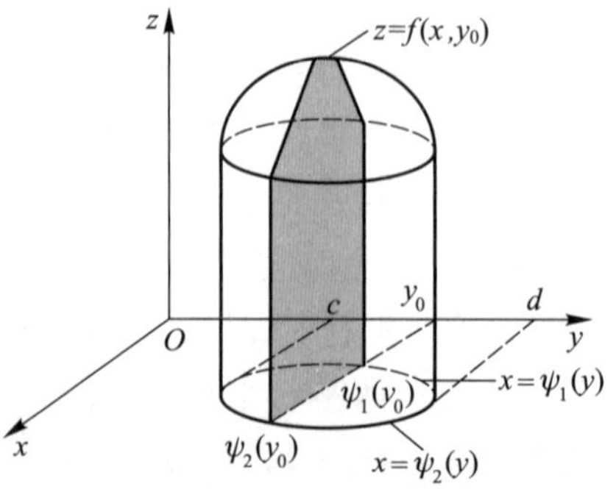

图 9-9

从而

$$B(y)=\int_{\psi_1(y)}^{\psi_2(y)} f(x,y)\,\mathrm{d}x,\quad y\in[c,d],$$

于是

$$V=\iint_{\sigma} f(x,\ y)\,\mathrm{d}\sigma=\int_c^d B(y)\,\mathrm{d}y=\int_c^d\left[\int_{\psi_1(y)}^{\psi_2(y)} f(x,\ y)\,\mathrm{d}x\right]\mathrm{d}y$$

$$\overset{\text{def}}{=\!=}\int_c^d \mathrm{d}y\int_{\psi_1(y)}^{\psi_2(y)} f(x,y)\,\mathrm{d}x. \tag{9.4}$$

上式右边是一个先对 x(这时把 y 看成常数)积分，后对 y 积分的两次积分，又称为累次积分. 计算时，先固定 y(看成常数)对 x 积分，这时，应顺着平行于 Ox 轴正向的直线(如图 9-10 中虚线所示)，以穿入点的横坐标 $\psi_1(y)$ 为下限(简称左曲线)，穿出点的横坐标 $\psi_2(y)$ 为上限(简称右曲线)积分，然后再以 c 为下限，d 为上限($c<d$)(图 9-10)对 y 积分.

上面的积分是用平行于坐标轴的直线去分割区域 σ，有 $\mathrm{d}\sigma=\mathrm{d}x\mathrm{d}y$，因此，式(9.3)又可写成

$$\boxed{\iint_{\sigma} f(x,y)\,\mathrm{d}\sigma=\iint_{\sigma} f(x,y)\,\mathrm{d}x\mathrm{d}y=\int_a^b \mathrm{d}x\int_{\varphi_1(x)}^{\varphi_2(x)} f(x,y)\,\mathrm{d}y.}$$

式(9.4)又可写成

$$\boxed{\iint_{\sigma} f(x,y)\,\mathrm{d}\sigma=\iint_{\sigma} f(x,y)\,\mathrm{d}x\mathrm{d}y=\int_c^d \mathrm{d}y\int_{\psi_1(y)}^{\psi_2(y)} f(x,y)\,\mathrm{d}x.}$$

$\int_{\varphi_1(x)}^{\varphi_2(x)} f(x,y)\,\mathrm{d}y$ 的几何意义：当 $f(x,y)\geqslant 0$ 时，$\int_{\varphi_1(x)}^{\varphi_2(x)} f(x,y)\,\mathrm{d}y$ 表示平面 $x=x_0$(固定 x)与立体 V 相截所得的截面面积.

$\int_{\psi_1(y)}^{\psi_2(y)} f(x,y)\,\mathrm{d}x$ 的几何意义：当 $f(x,y)\geqslant 0$ 时，$\int_{\psi_1(y)}^{\psi_2(y)} f(x,y)\,\mathrm{d}x$ 表示平面 $y=y_0$(固定 y)与立体 V 相截所得的截面面积.

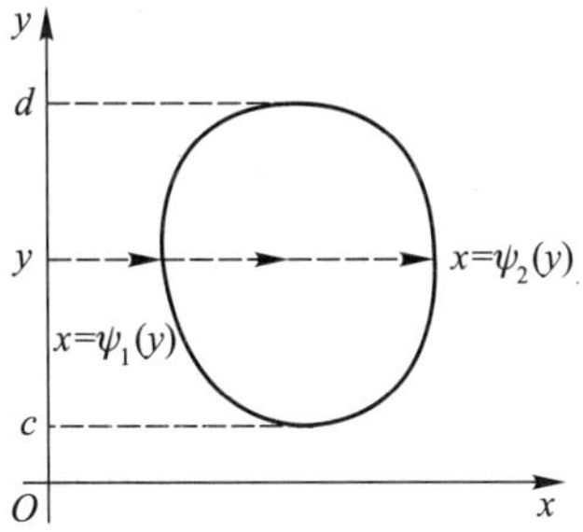

图 9-10

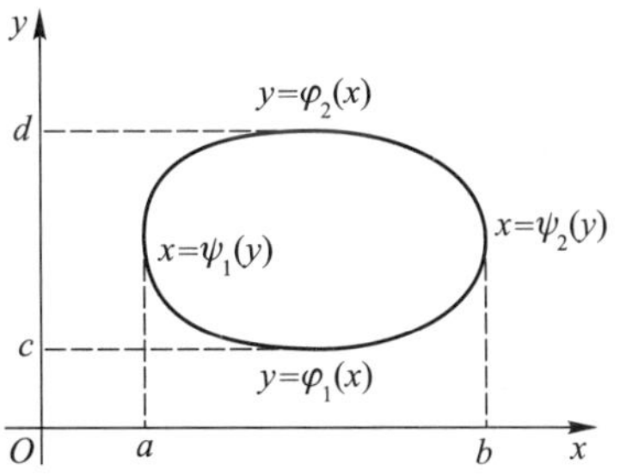

图 9-11

若积分区域

$$\sigma=\{(x,y):\varphi_1(x)\leqslant y\leqslant\varphi_2(x),a\leqslant x\leqslant b\}$$
$$=\{(x,y):\psi_1(y)\leqslant x\leqslant\psi_2(y),c\leqslant y\leqslant d\},$$

即 σ 既是 x-型区域又是 y-型区域(图 9-11)时，则

$$\int_a^b\mathrm{d}x\int_{\varphi_1(x)}^{\varphi_2(x)}f(x,y)\,\mathrm{d}y=\iint_\sigma f(x,y)\,\mathrm{d}\sigma$$
$$=\int_c^d\mathrm{d}y\int_{\psi_1(y)}^{\psi_2(y)}f(x,y)\,\mathrm{d}x.$$

如果平行于坐标轴的直线与 σ 的边界线相交多于两点(不包括边界线垂直于坐标轴的情形)，则可以将 σ 适当分割成几个部分区域，使这些部分区域或者是 x-型区域或者是 y-型区域. 例如图 9-6 所示的区域 $\sigma=\sigma_1+\sigma_2+\sigma_3$，其中 σ_1，σ_3 是 x-型区域，σ_2 是 y-型区域. 利用二重积分的性质，有

$$\iint_\sigma f(x,y)\,\mathrm{d}\sigma=\iint_{\sigma_1}f(x,y)\,\mathrm{d}\sigma+\iint_{\sigma_2}f(x,y)\,\mathrm{d}\sigma+\iint_{\sigma_3}f(x,y)\,\mathrm{d}\sigma.$$

根据以上分析，可得计算二重积分的步骤如下：

(1) 画出积分区域 σ 的边界曲线，确定是哪一类型的区域；

(2) 若 σ 是 x-型区域，按公式(9.3)计算；若 σ 是 y-型区域，则按公式(9.4)计算；若 σ 既是 x-型又是 y-型区域，则选择较方便的一种；

(3) 若 σ 是一般区域，可以将 σ 分割成几个部分区域，使得每一个部分区域或是 x-型区域或是 y-型区域，然后化成部分区域上的积分之和.

重难点讲解
x-型区域的计算

例 1　求函数 $f(x,y)=\sin^2x\ \sin^2y$ 在正方形：$0\leqslant x\leqslant\pi$，$0\leqslant y\leqslant\pi$ 内的平均值.

解　设平均值为 I_0，则

$$I_0=\frac{1}{\pi^2}\iint_{\substack{0\leqslant x\leqslant\pi\\0\leqslant y\leqslant\pi}}\sin^2x\ \sin^2y\mathrm{d}x\mathrm{d}y$$
$$=\frac{1}{\pi^2}\left[\int_0^\pi\sin^2x\mathrm{d}x\right]^2=\frac{1}{\pi^2}\left[\left(\frac{x}{2}-\frac{1}{4}\sin 2x\right)\Big|_0^\pi\right]^2=\frac{1}{4}.$$

重难点讲解
y-型区域的计算

例 2　计算 $\displaystyle\iint_\sigma\frac{x^2}{y^2}\mathrm{d}\sigma$，其中 σ 是由 $y=\dfrac{1}{x}$，$x=2$，$y=x$ 所围成的区域.

解　由于 σ：$\dfrac{1}{x}\leqslant y\leqslant x$，$1\leqslant x\leqslant 2$ 为 x-型区域(图 9-12 所示)，所以，由式(9.3)得

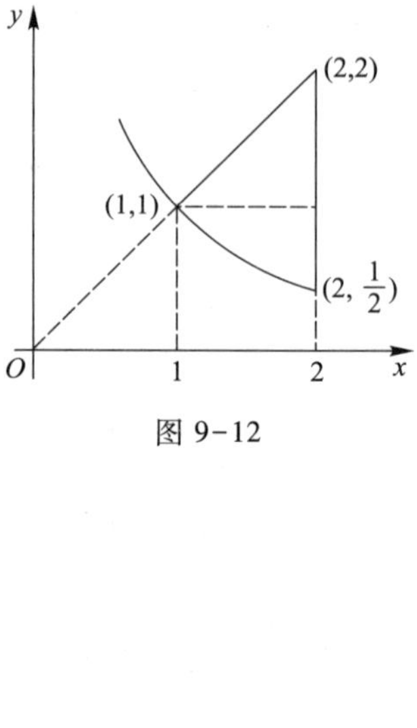

图 9-12

$$\iint_\sigma\frac{x^2}{y^2}\mathrm{d}\sigma=\int_1^2\mathrm{d}x\int_{\frac{1}{x}}^{x}\frac{x^2}{y^2}\mathrm{d}y=\int_1^2x^2\mathrm{d}x\int_{\frac{1}{x}}^{x}\frac{1}{y^2}\mathrm{d}y$$
$$=\int_1^2x^2\left(-\frac{1}{y}\Big|_{\frac{1}{x}}^{x}\right)\mathrm{d}x=\int_1^2x^2\left(-\frac{1}{x}+x\right)\mathrm{d}x$$
$$=\int_1^2(-x+x^3)\,\mathrm{d}x=\left(-\frac{1}{2}x^2+\frac{x^4}{4}\right)\Big|_1^2=\frac{9}{4}.$$

虽然 σ 也是 y-型区域，但左曲线是一个分段函数

$$\psi_1(y)=\begin{cases}\dfrac{1}{y}, & \dfrac{1}{2}\leqslant y\leqslant 1,\\ y, & 1\leqslant y\leqslant 2.\end{cases}$$

因此需要把区域 σ 分成两个 y-型区域 σ_1，σ_2，其中 $\sigma_1:\dfrac{1}{y}\leqslant x\leqslant 2$，$\dfrac{1}{2}\leqslant y\leqslant 1$；$\sigma_2:y\leqslant x\leqslant 2$，$1\leqslant y\leqslant 2$，有

$$\begin{aligned}\iint_\sigma \frac{x^2}{y^2}\mathrm{d}\sigma &= \iint_{\sigma_1}\frac{x^2}{y^2}\mathrm{d}\sigma+\iint_{\sigma_2}\frac{x^2}{y^2}\mathrm{d}\sigma=\int_{\frac{1}{2}}^1\mathrm{d}y\int_{\frac{1}{y}}^2\frac{x^2}{y^2}\mathrm{d}x+\int_1^2\mathrm{d}y\int_y^2\frac{x^2}{y^2}\mathrm{d}x\\ &=\int_{\frac{1}{2}}^1\left(\frac{x^3}{3y^2}\right)\Bigg|_{\frac{1}{y}}^2\mathrm{d}y+\int_1^2\left(\frac{x^3}{3y^2}\right)\Bigg|_y^2\mathrm{d}y\\ &=\int_{\frac{1}{2}}^1\left(\frac{8}{3y^2}-\frac{1}{3y^5}\right)\mathrm{d}y+\int_1^2\left(\frac{8}{3y^2}-\frac{y}{3}\right)\mathrm{d}y=\frac{9}{4}.\end{aligned}$$

这个例子说明，二重积分计算的繁简与积分的次序有关. 有的二重积分，如果不更换成恰当的积分次序，将无法进行计算，所以在计算二重积分时，必须适当地选取积分次序.

例 3 计算积分 $\int_0^1 x^2\mathrm{d}x\int_x^1 \mathrm{e}^{-y^2}\mathrm{d}y$.

分析 显然这个累次积分不能直接计算出来，因为 e^{-y^2} 的原函数不能用初等函数表示. 因此，有必要把它还原成二重积分，转化为另一顺序的累次积分进行求解.

解 由题意知，$\sigma=\{(x,y):x\leqslant y\leqslant 1,0\leqslant x\leqslant 1\}$，画出 σ 的图形(图 9-13). 由于 σ 可写成 y-型区域：$0\leqslant x\leqslant y$，$0\leqslant y\leqslant 1$，所以

$$\begin{aligned}\int_0^1 x^2\mathrm{d}x\int_x^1\mathrm{e}^{-y^2}\mathrm{d}y &= \iint_\sigma x^2\mathrm{e}^{-y^2}\mathrm{d}x\mathrm{d}y=\int_0^1\mathrm{d}y\int_0^y x^2\mathrm{e}^{-y^2}\mathrm{d}x\\ &=\int_0^1\left[\left(\mathrm{e}^{-y^2}\frac{1}{3}x^3\right)\Bigg|_0^y\right]\mathrm{d}y=\frac{1}{3}\int_0^1\mathrm{e}^{-y^2}y^3\mathrm{d}y\\ &=\frac{1}{6}\int_0^1\mathrm{e}^{-y^2}y^2\mathrm{d}y^2 \xlongequal{令\ y^2=t}\frac{1}{6}\int_0^1\mathrm{e}^{-t}t\mathrm{d}t,\end{aligned}$$

由分部积分法，可得

$$原式=\frac{1}{6}-\frac{1}{3\mathrm{e}}.$$

例 4 计算 $\iint_\Omega y^2\mathrm{d}x\mathrm{d}y$，其中 Ω 是由 Ox 轴和摆线 $x=a(t-\sin t)$，$y=a(1-\cos t)$ $(0\leqslant t\leqslant 2\pi)$ 的第一拱所围成的区域.

解 由于 Ω 为 x-型区域：$0\leqslant y\leqslant y(x)$，$0\leqslant x\leqslant 2\pi a$(图 9-14)，所以

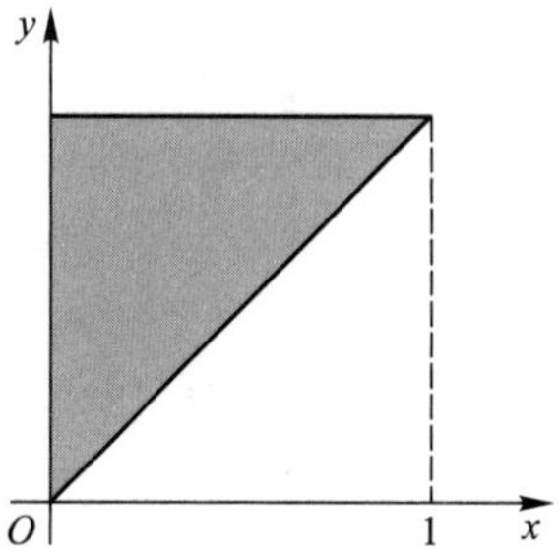

图 9-13

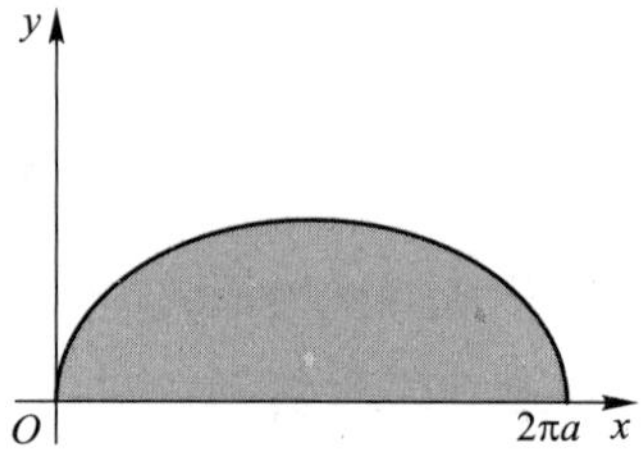

图 9-14

$$\begin{aligned}\iint\limits_{\Omega} y^2\mathrm{d}x\mathrm{d}y &= \int_0^{2\pi a}\mathrm{d}x\int_0^{y(x)} y^2\mathrm{d}y \\ &= \int_0^{2\pi a}\left(\frac{1}{3}y^3\Big|_0^{y(x)}\right)\mathrm{d}x = \frac{1}{3}\int_0^{2\pi a} y^3(x)\mathrm{d}x \\ &\xlongequal{令\ x=a(t-\sin t)} \frac{1}{3}\int_0^{2\pi} a^3(1-\cos t)^3 a(1-\cos t)\mathrm{d}t \\ &= \frac{a^4}{3}\int_0^{2\pi} 16\sin^8\frac{t}{2}\mathrm{d}t \xlongequal{令\frac{t}{2}=u} \frac{16a^4}{3}\int_0^{\pi}\sin^8 u\cdot 2\mathrm{d}u \\ &= \frac{32a^4}{3}\cdot 2\int_0^{\frac{\pi}{2}}\sin^8 u\mathrm{d}u = \frac{64a^4}{3}\times\frac{7}{8}\times\frac{5}{6}\times\frac{3}{4}\times\frac{1}{2}\times\frac{\pi}{2} = \frac{35}{12}\pi a^4.\end{aligned}$$

例 5　求曲线 $(x-y)^2+x^2=a^2(a>0)$ 所围成的平面图形的面积.

解　由于所求面积的区域为

$$\sigma: x-\sqrt{a^2-x^2}\leqslant y\leqslant x+\sqrt{a^2-x^2},\quad -a\leqslant x\leqslant a,$$

于是所求面积为

$$\begin{aligned}S &= \iint\limits_{\sigma}\mathrm{d}\sigma = \int_{-a}^{a}\mathrm{d}x\int_{x-\sqrt{a^2-x^2}}^{x+\sqrt{a^2-x^2}}\mathrm{d}y \\ &= \int_{-a}^{a} 2\sqrt{a^2-x^2}\mathrm{d}x = 4\int_0^a\sqrt{a^2-x^2}\mathrm{d}x \\ &\xlongequal{令\ x=a\sin t} 4\int_0^{\frac{\pi}{2}} a^2\cos^2 t\mathrm{d}t = 4a^2\,\frac{1}{2}\cdot\frac{\pi}{2} = \pi a^2.\end{aligned}$$

例 6　求由曲面 $z=x^2+y^2$，$y=x^2$，$y=1$，$z=0$ 所围立体的体积 V.

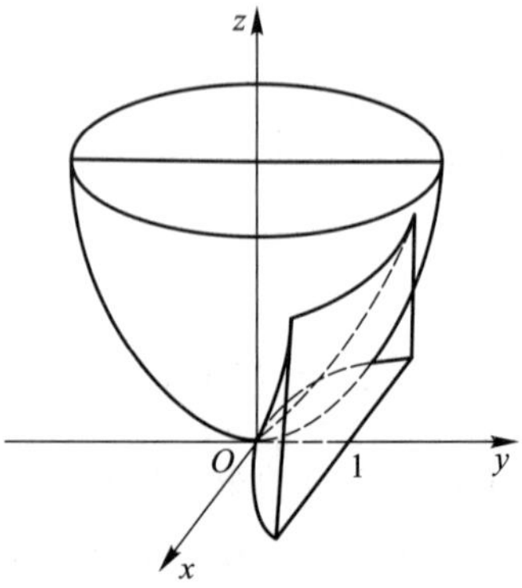

图 9-15

解　由于所围立体的底部为区域 $\sigma: x^2\leqslant y\leqslant 1$，$-1\leqslant x\leqslant 1$，顶部是曲面 $z=x^2+y^2$(图 9-15)，所以

$$\begin{aligned}V &= \int_{-1}^{1}\mathrm{d}x\int_{x^2}^{1}(x^2+y^2)\mathrm{d}y \\ &= \int_{-1}^{1}\left[\left(x^2 y+\frac{1}{3}y^3\right)\Big|_{x^2}^{1}\right]\mathrm{d}x\end{aligned}$$

$$=\int_{-1}^{1}\left(x^2+\frac{1}{3}-x^4-\frac{1}{3}x^6\right)\mathrm{d}x$$

$$=2\int_{0}^{1}\left(\frac{1}{3}+x^2-x^4-\frac{1}{3}x^6\right)\mathrm{d}x=\frac{88}{105}.$$

§2.2　在极坐标系中计算二重积分

在一元函数定积分中可利用变量代换来简化定积分的计算，在二重积分的计算中也有类似方法，我们称为坐标变换.

由于圆 $x^2+y^2=R^2$ 在极坐标 $x=r\cos\theta$，$y=r\sin\theta$ 变换下为 $r=R$，而 x^2+y^2 为 r^2，有时可使被积函数简单化. 因此，我们想到可利用极坐标变换来简化二重积分的计算.

设 $f(x,y)$ 在有界闭区域 σ 上连续，则

$$\iint_{\sigma} f(x,y)\,\mathrm{d}\sigma=\lim_{\lambda\to 0}\sum f(x,y)\ \Delta\sigma.$$

极坐标与直角坐标之间的关系为 $x=r\cos\theta$，$y=r\sin\theta$，于是

$$f(x,y)=f(r\cos\theta,r\sin\theta),$$

现用一族以原点 O 为中心的圆 $r=r_i$ 和一族以原点为起点的射线 $\theta=\theta_i$ 将区域 σ 分割成若干个小区域(图 9-16)，其中有规则的小区域为曲边扇环(图 9-17)：

$$\begin{aligned}\Delta\sigma&=\frac{1}{2}(r+\Delta r)^2\Delta\theta-\frac{1}{2}r^2\Delta\theta\\&=\frac{1}{2}\Delta\theta[r^2+2r\Delta r+(\Delta r)^2]-\frac{1}{2}r^2\Delta\theta\\&=r\Delta\theta\Delta r+\frac{1}{2}(\Delta r)^2\Delta\theta.\end{aligned}$$

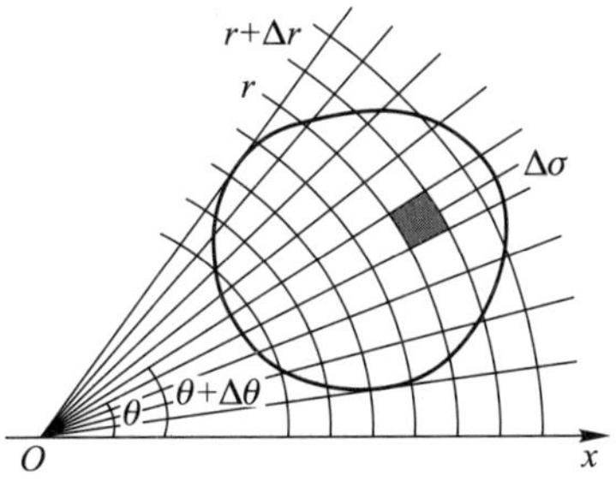

图 9-16

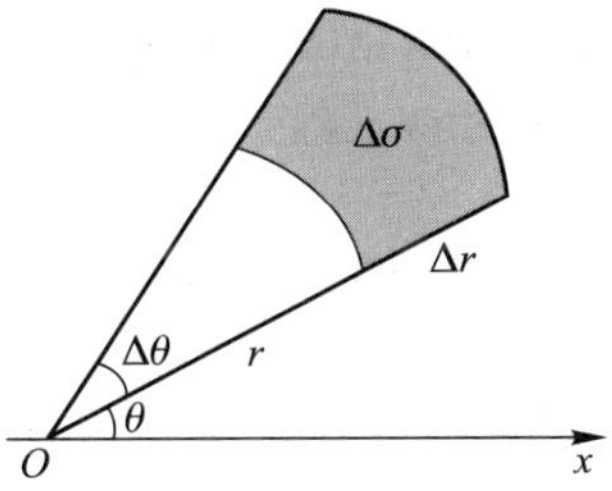

图 9-17

由于 $\frac{1}{2}(\Delta r)^2\Delta\theta$ 是 $\Delta\theta\Delta r$ 的高阶无穷小 $(\Delta r\to 0,\Delta\theta\to 0)$，所以有 $\mathrm{d}\sigma=r\mathrm{d}\theta\mathrm{d}r$，于是

$$\iint_{\sigma} f(x,y)\,d\sigma = \lim_{\lambda\to 0}\sum f(x,y)\ \Delta\sigma$$

$$= \lim_{\lambda\to 0}\Big(\sum_{\text{扇环小区域}} f(r\cos\theta, r\sin\theta)\, r\Delta\theta\Delta r + \sum_{\text{非扇环小区域}} f(x,y)\,\Delta\sigma\Big),$$

可以证明 $\lim\limits_{\lambda\to 0}\sum\limits_{\text{非扇环小区域}} f(x,y)\Delta\sigma = 0$，由 $f(r\cos\theta, r\sin\theta)r$ 是连续函数，知

$$\boxed{\iint_{\sigma} f(x,y)\,d\sigma = \iint_{\sigma} f(r\cos\theta, r\sin\theta)\, r\,dr\,d\theta.} \tag{9.5}$$

这就是把二重积分从直角坐标变换为极坐标的变换公式. 在极坐标系中面积元素 $d\sigma = r\,dr\,d\theta$，在式(9.5)右边的二重积分中，点 $(r,\ \theta)$ 看作在同一平面上的点 (x,y) 的极坐标表示，所以积分区域仍记为 σ，而这时 σ 的边界曲线需用极坐标 r，θ 的方程表示.

利用前面讲过的二重积分化为累次积分的方法，就可以将它化成关于 r，θ 的累次积分，一般都采用 θ-型区域来计算.

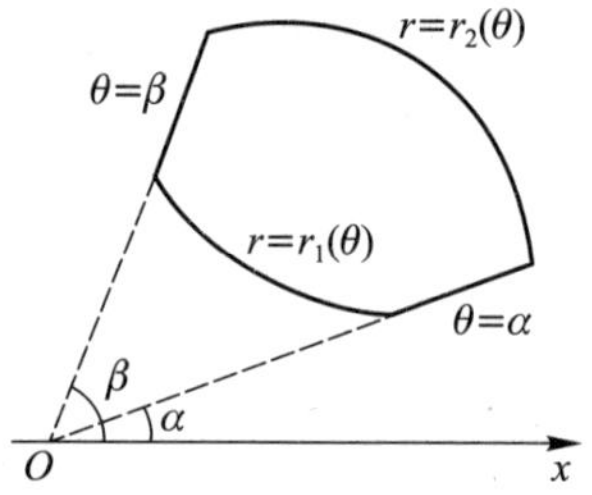

图 9-18

1. 若 σ 是 θ-型区域：$r_1(\theta)\leqslant r\leqslant r_2(\theta)$，$\alpha\leqslant\theta\leqslant\beta$，即由曲线 $r=r_1(\theta)$（简称下曲线），$r=r_2(\theta)$（简称上曲线），及射线 $\theta=\alpha$，$\theta=\beta$ 所围成的区域（图 9-18），则

$$\iint_{\sigma} f(x,y)\,d\sigma = \int_{\alpha}^{\beta} d\theta \int_{r_1(\theta)}^{r_2(\theta)} f(r\cos\theta, r\sin\theta)\, r\,dr.$$

（1）若极点 O 在区域 σ 外部，σ 可表示为：$r_1(\theta)\leqslant r\leqslant r_2(\theta)$，$\alpha\leqslant\theta\leqslant\beta$（图 9-18），则有

$$\boxed{\iint_{\sigma} f(x,y)\,d\sigma = \int_{\alpha}^{\beta} d\theta \int_{r_1(\theta)}^{r_2(\theta)} f(r\cos\theta, r\sin\theta)\, r\,dr.}$$

（2）若极点 O 在区域 σ 的边界上，σ 可表示为：$0\leqslant r\leqslant r(\theta)$，$\alpha\leqslant\theta\leqslant\beta$ 的边界，下曲线为退化曲线 $r=0$，上曲线为边界封闭曲线 $r=r(\theta)$，$[\alpha,\beta]$ 为 $r(\theta)$ 的定义域（图 9-19），则

$$\boxed{\iint_{\sigma} f(x,y)\,d\sigma = \int_{\alpha}^{\beta} d\theta \int_{0}^{r(\theta)} f(r\cos\theta, r\sin\theta)\, r\,dr.}$$

（3）若极点 O 在区域 σ 内部，σ 可表示为：$0\leqslant r\leqslant r(\theta)$，$0\leqslant\theta\leqslant 2\pi$ 内部（因为是从极点出发的射线，下曲线依然是 $r=0$，上曲线为边界封闭曲线 $r=r(\theta)$，如图 9-20），则

$$\boxed{\iint_{\sigma} f(x,y)\,d\sigma = \int_{0}^{2\pi} d\theta \int_{0}^{r(\theta)} f(r\cos\theta, r\sin\theta)\, r\,dr.}$$

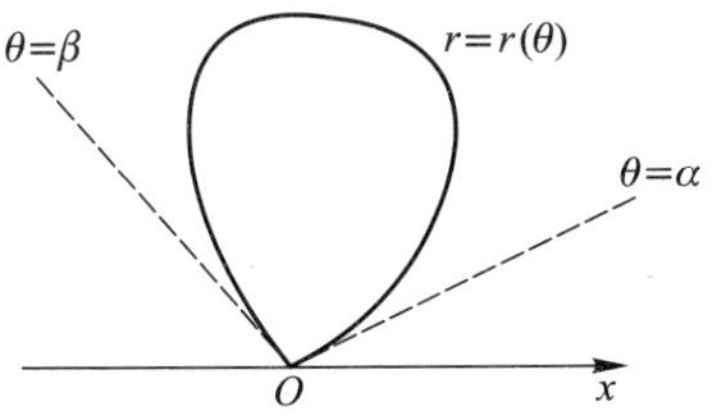

图 9-19

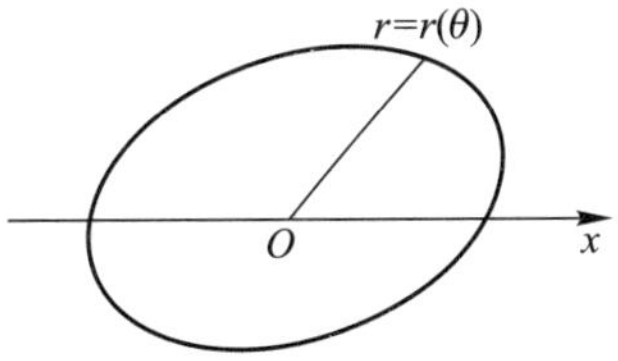

图 9-20

注 在 θ 的变化区间 $[\alpha,\beta]$ 内，过极点作射线，此射线穿过区域 σ，穿入点的极径 $r=r_1(\theta)$ 为下限(下曲线)，穿出点的极径 $r=r_2(\theta)$ 为上限(上曲线).

2. 有时也可以把 σ 表示为 r-型区域：$\theta_1(r)\leqslant\theta\leqslant\theta_2(r)$，$r_1\leqslant r\leqslant r_2$，即由曲线 $\theta=\theta_1(r)$，$\theta=\theta_2(r)$ 与圆 $r=r_1$，$r=r_2$ 所围成的区域. 在 r 的变化区间 $[r_1,r_2]$，以 O 为圆心，以 r 为半径作圆，曲线按逆时针方向穿过区域 σ(图 9-21)，穿入点的极角 $\theta=\theta_1(r)$ 为下限(称为小角曲线)，穿出点的极角 $\theta=\theta_2(r)$ 为上限(称为大角曲线)，有

$$\iint\limits_{\sigma}f(x,y)\,\mathrm{d}\sigma=\int_{r_1}^{r_2}\mathrm{d}r\int_{\theta_1(r)}^{\theta_2(r)}f(r\cos\theta,r\sin\theta)r\mathrm{d}\theta.$$

特别地，若区域 σ 为：$\alpha\leqslant\theta\leqslant\beta$，$r_1\leqslant r\leqslant r_2$，其中 α，β，r_1，r_2 均为常数，则

$$\begin{aligned}\iint\limits_{\sigma}f(x,y)\,\mathrm{d}\sigma&=\int_{\alpha}^{\beta}\mathrm{d}\theta\int_{r_1}^{r_2}f(r\cos\theta,r\sin\theta)r\mathrm{d}r\\&=\int_{r_1}^{r_2}\mathrm{d}r\int_{\alpha}^{\beta}f(r\cos\theta,r\sin\theta)r\mathrm{d}\theta.\end{aligned}$$

3. (1) 若 σ 是由曲线 $x^2+y^2=R^2$ 所围成的区域(图 9-22). 经极坐标变换，方程为：$r=R$，属于 1(3)情形，有

$$\boxed{\iint\limits_{\sigma}f(x,y)\,\mathrm{d}\sigma=\int_0^{2\pi}\mathrm{d}\theta\int_0^{R}f(r\cos\theta,r\sin\theta)r\mathrm{d}r.}$$

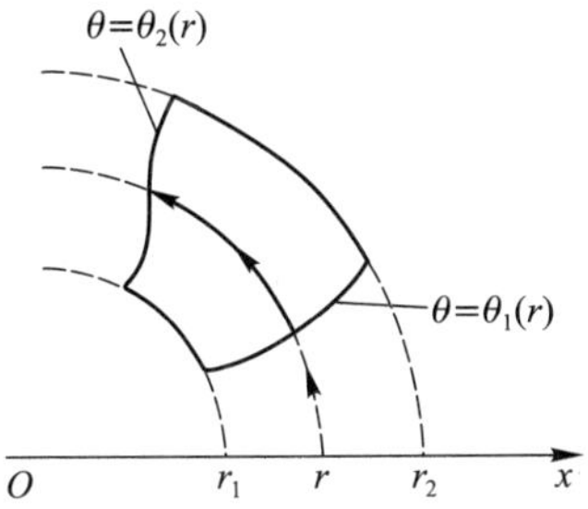

图 9-21

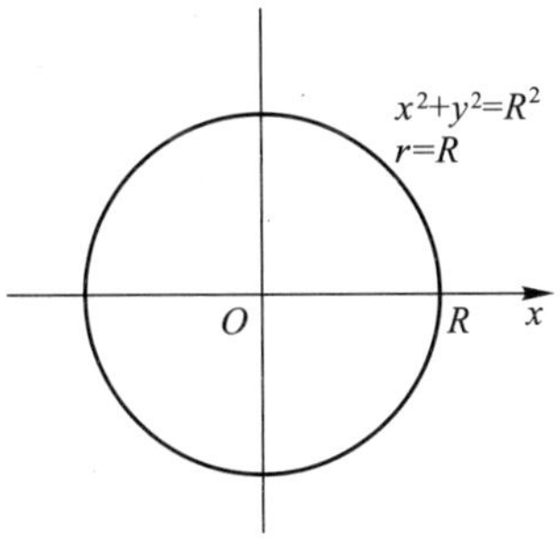

图 9-22

(2) 若 σ 是由曲线 $x^2+y^2=2xR$ 所围成的区域(图 9-23). 经极坐标变换，

方程为：$r=2R\cos\theta$，属于 1(2)情形，由 σ：$0\leqslant r\leqslant 2R\cos\theta$，$-\dfrac{\pi}{2}\leqslant\theta\leqslant\dfrac{\pi}{2}$，知

$$\boxed{\iint\limits_{\sigma}f(x,y)\,\mathrm{d}\sigma=\int_{-\frac{\pi}{2}}^{\frac{\pi}{2}}\mathrm{d}\theta\int_{0}^{2R\cos\theta}f(r\cos\theta,r\sin\theta)r\mathrm{d}r.}$$

(3) 若 σ 是由曲线 $x^2+y^2=2Ry$ 所围成的区域(图 9-24)．经极坐标变换，曲线方程为：$r=2R\sin\theta$，属于 1(2)情形，由 σ：$0\leqslant r\leqslant 2R\sin\theta$，$0\leqslant\theta\leqslant\pi$，知

$$\boxed{\iint\limits_{\sigma}f(x,y)\,\mathrm{d}\sigma=\int_{0}^{\pi}\mathrm{d}\theta\int_{0}^{2R\sin\theta}f(r\cos\theta,r\sin\theta)r\mathrm{d}r.}$$

从上面分析可以看出，当被积函数中含有 x^2+y^2 的表达式和积分区域是圆域或圆域的一部分时，利用极坐标变换可以简化计算．

重难点讲解
极坐标区域分类（一）

重难点讲解
极坐标区域分类（二）

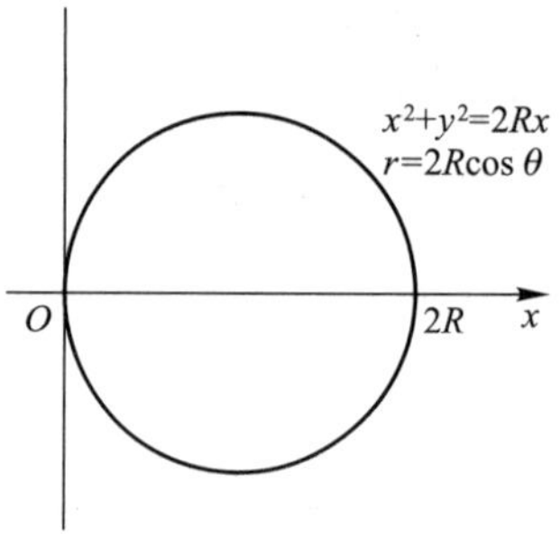

图 9-23

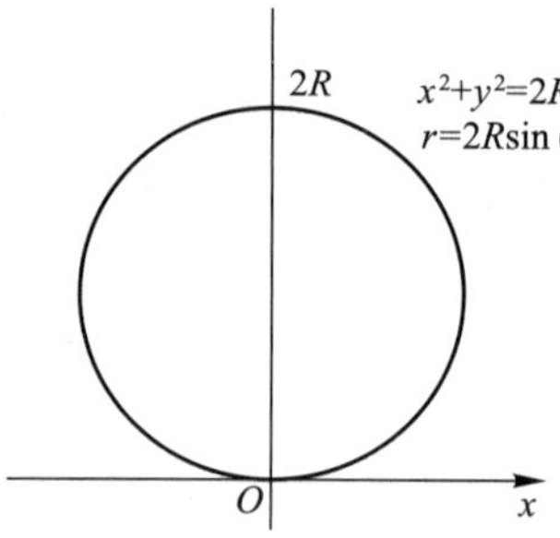

图 9-24

例 7　计算积分 $\iint\limits_{\sigma}\mathrm{e}^{-(x^2+y^2)}\mathrm{d}\sigma$，其中 σ 是由圆 $x^2+y^2=R^2$ 所围成的区域．

解　经极坐标变换 $x=r\cos\theta$，$y=r\sin\theta$ 得 σ：$0\leqslant\theta\leqslant 2\pi$，$0\leqslant r\leqslant R$，于是

$$\begin{aligned}\iint\limits_{\sigma}\mathrm{e}^{-(x^2+y^2)}\mathrm{d}\sigma&=\int_0^{2\pi}\mathrm{d}\theta\int_0^R\mathrm{e}^{-r^2}r\mathrm{d}r\\&=2\pi\cdot\int_0^R\mathrm{e}^{-r^2}r\mathrm{d}r=-\pi\int_0^R\mathrm{e}^{-r^2}\mathrm{d}(-r^2)\\&=-\pi\left(\mathrm{e}^{-r^2}\Big|_0^R\right)=\pi(1-\mathrm{e}^{-R^2}).\end{aligned}$$

例 8　计算 $\iint\limits_{D}\sin\sqrt{x^2+y^2}\,\mathrm{d}x\mathrm{d}y$，其中 D 为第一象限内由 $x^2+y^2=\pi^2$，$x^2+y^2=4\pi^2$，$y=x$，$y=2x$ 所围成的区域(图 9-25)．

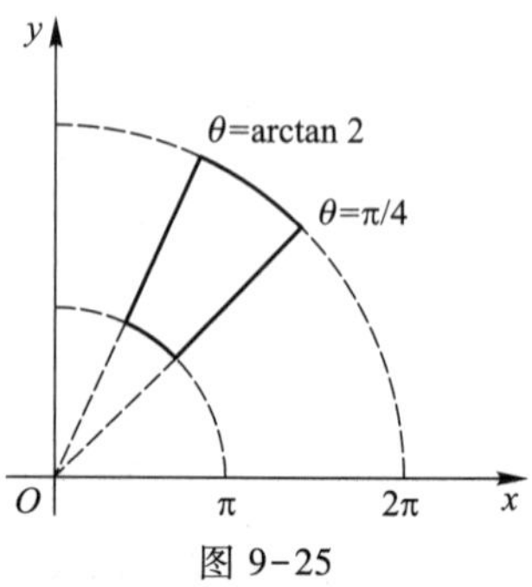

图 9-25

解　经极坐标变换，边界曲线方程为 $r=\pi$，$r=2\pi$，$\theta=\dfrac{\pi}{4}$，$\theta=\arctan 2$，有

$$\sigma:\ \frac{\pi}{4}\leqslant\theta\leqslant\arctan 2,\quad \pi\leqslant r\leqslant 2\pi,$$

于是

$$\begin{aligned}\iint_{\sigma}\sin\sqrt{x^2+y^2}\,\mathrm{d}\sigma &= \int_{\frac{\pi}{4}}^{\arctan 2}\mathrm{d}\theta\int_{\pi}^{2\pi}r\sin r\mathrm{d}r\\ &=\left(\arctan 2-\frac{\pi}{4}\right)\cdot\int_{\pi}^{2\pi}r\mathrm{d}(-\cos r)\\ &=\left(\arctan 2-\frac{\pi}{4}\right)\cdot\left(-r\cos r\Big|_{\pi}^{2\pi}+\int_{\pi}^{2\pi}\cos r\mathrm{d}r\right)\\ &=-3\pi\left(\arctan 2-\frac{\pi}{4}\right).\end{aligned}$$

例 9 求球面 $z=\sqrt{4a^2-x^2-y^2}$、圆柱面 $x^2+y^2=2ax$ 及平面 $z=0$ 所围成立体的体积(在圆柱体内部的部分).

解 由于两个曲面关于 Ozx 平面对称，所以，所围空间立体 V 关于坐标平面 Ozx 对称. 因此，只需求第 I 卦限内的体积再乘 2 即可(图 9-26)，这一部分是以曲面 $z=\sqrt{4a^2-x^2-y^2}$ 为顶，以半圆区域 σ(图 9-27)为底的曲顶柱体体积 V_1.

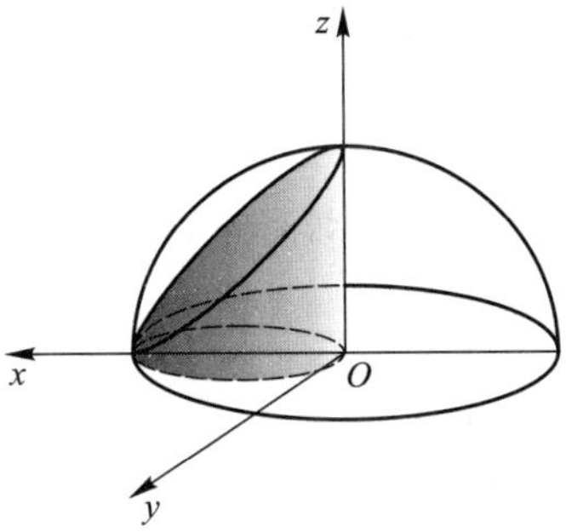

图 9-26

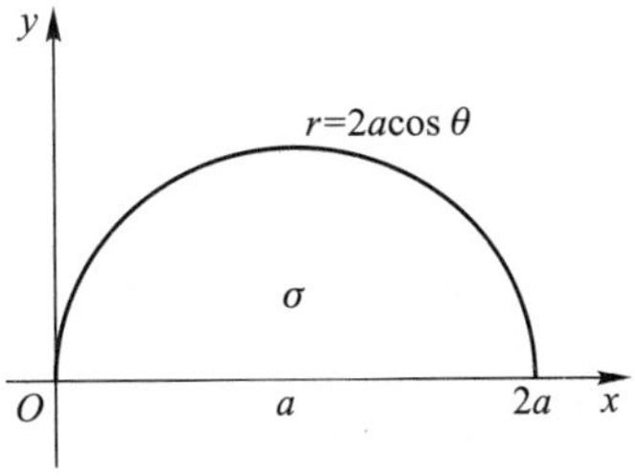

图 9-27

由于 σ：$0\leqslant r\leqslant 2a\cos\theta$，$0\leqslant\theta\leqslant\dfrac{\pi}{2}$，所以

$$\begin{aligned}V_1&=\iint_{\sigma}\sqrt{4a^2-x^2-y^2}\,\mathrm{d}\sigma=\int_0^{\frac{\pi}{2}}\mathrm{d}\theta\int_0^{2a\cos\theta}\sqrt{4a^2-r^2}\,r\mathrm{d}r\\ &=-\frac{1}{3}\int_0^{\frac{\pi}{2}}(4a^2-r^2)^{3/2}\Big|_0^{2a\cos\theta}\mathrm{d}\theta\\ &=\frac{8}{3}a^3\int_0^{\frac{\pi}{2}}(1-\sin^3\theta)\mathrm{d}\theta=\frac{8}{3}a^3\left(\frac{\pi}{2}-\frac{2}{3}\right).\end{aligned}$$

于是，$V=2V_1=\dfrac{16}{3}a^3\left(\dfrac{\pi}{2}-\dfrac{2}{3}\right)$.

例 10 计算概率积分 $\displaystyle\int_0^{+\infty}\mathrm{e}^{-x^2}\mathrm{d}x$.

解　这是一个反常积分，由于 e^{-x^2} 的原函数不能用初等函数表示，因此，利用一元函数反常积分无法计算. 现利用二重反常积分来计算，其思想与一元函数的反常积分一样.

设 $I(R)=\int_0^R e^{-x^2}\mathrm{d}x$，其平方

$$I^2(R)=\int_0^R e^{-x^2}\mathrm{d}x\cdot\int_0^R e^{-x^2}\mathrm{d}x=\int_0^R e^{-x^2}\mathrm{d}x\cdot\int_0^R e^{-y^2}\mathrm{d}y$$
$$=\iint\limits_{\substack{0\leqslant x\leqslant R\\0\leqslant y\leqslant R}} e^{-(x^2+y^2)}\mathrm{d}x\mathrm{d}y,$$

区域 σ 为：$0\leqslant x\leqslant R$，$0\leqslant y\leqslant R$，设 σ_1，σ_2 分别表示圆域 $x^2+y^2\leqslant R^2$ 与 $x^2+y^2\leqslant 2R^2$ 位于第一象限的两个扇形(图 9-28). 由于

$$\iint\limits_{\sigma_1} e^{-(x^2+y^2)}\mathrm{d}\sigma\leqslant I^2(R)\leqslant\iint\limits_{\sigma_2} e^{-(x^2+y^2)}\mathrm{d}\sigma,$$

由例 7 的计算过程可知

$$\frac{\pi}{4}(1-e^{-R^2})\leqslant I^2(R)\leqslant\frac{\pi}{4}(1-e^{-2R^2}).$$

当 $R\to\infty$ 时，上式两端都以 $\frac{\pi}{4}$ 为极限，由夹逼定理知

$$\left(\int_0^{+\infty} e^{-x^2}\mathrm{d}x\right)^2=[\lim_{R\to+\infty}I(R)]^2=\lim_{R\to+\infty}I^2(R)=\frac{\pi}{4},$$

因此 $I=\frac{\sqrt{\pi}}{2}$，即 $\int_0^{+\infty} e^{-x^2}\mathrm{d}x=\frac{\sqrt{\pi}}{2}$.

这一结果在概率论与数理统计中经常要用到.

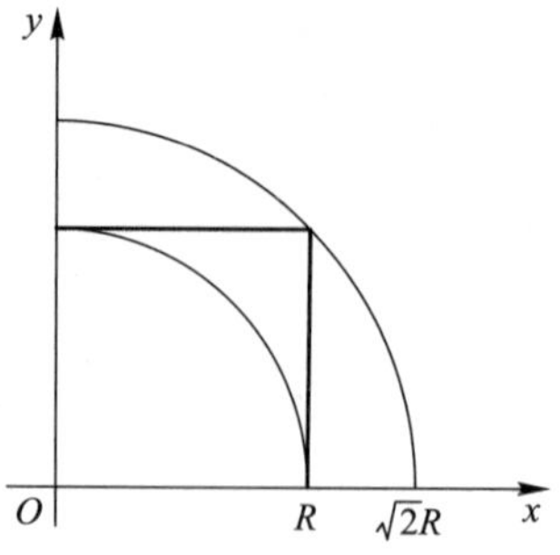

图 9-28

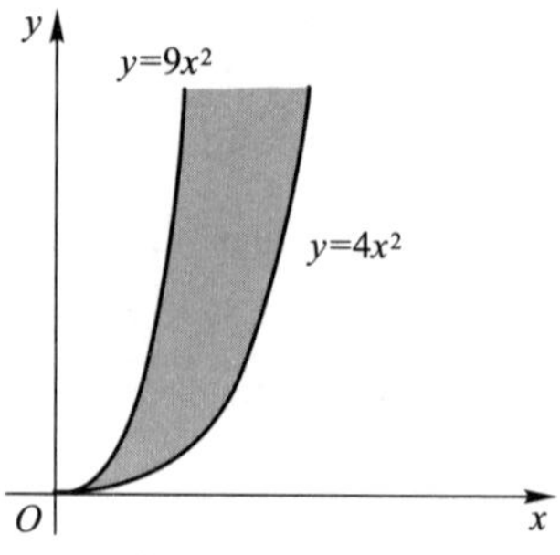

图 9-29

例 11　计算二重积分 $\iint\limits_D x e^{-y^2}\mathrm{d}x\mathrm{d}y$，其中 D 是曲线 $y=4x^2$ 和 $y=9x^2$ 在第一象限所围成的区域(图 9-29).

解　由于当先积分 y 时，e^{-y^2} 的原函数求不出来，因此把 D 表示成 y-型

区域

$$D:\ \frac{1}{3}\sqrt{y}\leqslant x\leqslant\frac{1}{2}\sqrt{y},\ 0\leqslant y\leqslant+\infty,$$

有

重难点讲解
对称区域上的积分

$$\begin{aligned}\iint\limits_D x\mathrm{e}^{-y^2}\mathrm{d}x\mathrm{d}y&=\int_0^{+\infty}\mathrm{e}^{-y^2}\mathrm{d}y\int_{\frac{1}{3}\sqrt{y}}^{\frac{1}{2}\sqrt{y}}x\mathrm{d}x\\&=\frac{1}{2}\int_0^{+\infty}\left(\frac{1}{4}y-\frac{1}{9}y\right)\mathrm{e}^{-y^2}\mathrm{d}y=\frac{5}{72}\int_0^{+\infty}y\mathrm{e}^{-y^2}\mathrm{d}y\\&=-\frac{5}{144}\int_0^{+\infty}\mathrm{e}^{-y^2}\mathrm{d}(-y^2)=-\frac{5}{144}\left(\mathrm{e}^{-y^2}\Big|_0^{+\infty}\right)=\frac{5}{144}.\end{aligned}$$

*§2.3 在一般曲线坐标中计算二重积分

仅用直角坐标和极坐标来计算二重积分是不够的，我们还需要更一般的坐标变换. 设有坐标变换函数组$\begin{cases}x=x(u,v),\\y=y(u,v),\end{cases}$具有连续的偏导数且

$$\frac{\partial(x,y)}{\partial(u,v)}=\begin{vmatrix}\dfrac{\partial x}{\partial u}&\dfrac{\partial x}{\partial v}\\\dfrac{\partial y}{\partial u}&\dfrac{\partial y}{\partial v}\end{vmatrix}\neq 0,$$

则有二重积分的一般换元公式

$$\boxed{\iint\limits_{\sigma}f(x,y)\mathrm{d}\sigma=\iint\limits_{\sigma'}f(x(u,v),y(u,v))\left|\frac{\partial(x,y)}{\partial(u,v)}\right|\mathrm{d}u\mathrm{d}v,}\tag{9.6}$$

其中记号 $\mathrm{d}\sigma=\left|\dfrac{\partial(x,y)}{\partial(u,v)}\right|\mathrm{d}u\mathrm{d}v$ 表示曲线坐标下的面积元素. 右边的区域 σ'是在新坐标系下的区域，边界曲线要用 u，v 来表示.

利用这一公式，我们来验证一下极坐标变换 $x=r\cos\theta$，$y=r\sin\theta$. 由

$$\frac{\partial(x,y)}{\partial(r,\theta)}=\begin{vmatrix}\cos\theta&-r\sin\theta\\\sin\theta&r\cos\theta\end{vmatrix}=r$$

知 $\left|\dfrac{\partial(x,y)}{\partial(r,\theta)}\right|=r$，所以

$$\iint\limits_{\sigma}f(x,y)\mathrm{d}\sigma=\iint\limits_{\sigma'}f(r\cos\theta,r\sin\theta)r\mathrm{d}r\mathrm{d}\theta.$$

注 这里 σ'是 σ 在平面(r,θ)上对应的区域，公式(9.5)右边用的是 σ 而不是 σ'，当积分区域 σ 用极坐标表示时，其形式就与上式右端完全相同.

例 12 求椭球体$\dfrac{x^2}{a^2}+\dfrac{y^2}{b^2}+\dfrac{z^2}{c^2}\leqslant 1$ 的体积.

解 由对称性知，所求体积为

$$V=8\iint_{\sigma}c\sqrt{1-\frac{x^2}{a^2}-\frac{y^2}{b^2}}\,d\sigma，\text{其中 }\sigma：\frac{x^2}{a^2}+\frac{y^2}{b^2}\leqslant 1，\ x\geqslant 0，\ y\geqslant 0.$$

令 $x=ar\cos\theta$，$y=br\sin\theta$(称为广义极坐标变换)，有 σ：$\begin{cases}0\leqslant\theta\leqslant\dfrac{\pi}{2},\\0\leqslant r\leqslant 1,\end{cases}$ 且

$$J=\frac{\partial(x,y)}{\partial(r,\theta)}=\begin{vmatrix}a\cos\theta & -ar\sin\theta\\ b\sin\theta & br\cos\theta\end{vmatrix}=abr,$$

得到 $|J|=abr$，于是

$$V=8abc\int_0^{\frac{\pi}{2}}d\theta\int_0^1\sqrt{1-r^2}\,r\,dr=8abc\cdot\frac{\pi}{2}\left(-\frac{1}{2}\right)\int_0^1\sqrt{1-r^2}\,d(1-r^2)=\frac{4}{3}\pi abc.$$

特别地，当 $a=b=c$ 时，球体的体积为 $\frac{4}{3}\pi a^3$.

例 13　求曲线 $xy=a^2$，$xy=2a^2$，$y=x$，$y=2x(x>0,y>0)$ 所围平面图形的面积.

分析　如果在直角坐标系下计算，需要求曲线的交点，并画出平面图形，还需分割成几块小区域来计算面积，很麻烦，现在可巧妙地作曲线坐标变换.

解　作变换 $xy=u$，$\frac{y}{x}=v$，则有 $a^2\leqslant u\leqslant 2a^2$，$1\leqslant v\leqslant 2$. 由于

$$\frac{\partial(u,v)}{\partial(x,y)}=\begin{vmatrix}y & x\\ -\dfrac{y}{x^2} & \dfrac{1}{x}\end{vmatrix}=2\frac{y}{x}=2v,$$

而 $\frac{\partial(x,y)}{\partial(u,v)}\frac{\partial(u,v)}{\partial(x,y)}=1$，有

$$\left|\frac{\partial(x,y)}{\partial(u,v)}\right|=\left|\frac{1}{2v}\right|=\frac{1}{2v}.$$

于是

$$\iint_{\sigma}d\sigma=\int_{a^2}^{2a^2}du\int_1^2\frac{1}{2v}dv=\frac{a^2}{2}\int_1^2\frac{1}{v}dv=\frac{a^2}{2}\ln 2.$$

注　这里求 $\frac{\partial(x,y)}{\partial(u,v)}$，避免从 $\begin{cases}xy=u,\\ \dfrac{y}{x}=v\end{cases}$ 中解 $x=x(u,v)$，$y=y(u,v)$. 当然也可解出来，再求 $J=\left|\frac{\partial(x,y)}{\partial(u,v)}\right|$.

习题 9-2

1. 设 $f(x,y)=F''_{xy}(x,y)$ 连续，计算 $I=\int_a^A dx\int_b^B f(x,y)\,dy$.

2. 设 $f(x)$ 在闭区间 $[a,b]$ 上连续，试证明：

(1) $\int_a^b dy\int_y^b f(x)dx=\int_a^b(x-a)f(x)dx$； (2) $\iint\limits_{\substack{a\leqslant x\leqslant b\\ a\leqslant y\leqslant b}} f(x)f(y)dxdy=\left[\int_a^b f(x)dx\right]^2$；

(3) $\left[\int_a^b f(x)dx\right]^2\leqslant(b-a)\int_a^b f^2(x)dx$； (4) $\int_a^b f(x)dx\int_a^b\frac{dx}{f(x)}\geqslant(b-a)^2$，其中$f(x)>0$；

(5) $\int_a^b dy\int_y^b f(x)f(y)dx=\frac{1}{2}\left[\int_a^b f(x)dx\right]^2$.

3. 在下列积分中改变积分的顺序：

(1) $\int_0^2 dx\int_x^{2x} f(x,y)dy$； (2) $\int_0^1 dx\int_{x^3}^{x^2} f(x,y)dy$；

(3) $\int_0^{2a} dx\int_{\sqrt{2ax-x^2}}^{\sqrt{2ax}} f(x,y)dy\ (a>0)$； (4) $\int_0^{\pi} dx\int_0^{\sin x} f(x,y)dy$.

4. 计算下列二重积分：

(1) $\iint\limits_D x^2y\,dxdy$，其中 D 是由双曲线 $x^2-y^2=1$ 及直线 $y=0$，$y=1$ 所围成的平面区域；

(2) $\iint\limits_D e^{x^2}dxdy$，其中 D 是第一象限中由直线 $y=x$ 和曲线 $y=x^3$ 所围成的平面区域；

(3) $\iint\limits_D y\,dxdy$，其中 D 是由 x 轴、y 轴及曲线$\sqrt{\frac{x}{a}}+\sqrt{\frac{y}{b}}=1$ 所围成的区域($a>0,b>0$)；

(4) $\iint\limits_D y\,dxdy$，其中 D 是由直线 $x=-2$，$y=0$，$y=2$ 及曲线 $x=-\sqrt{2y-y^2}$ 所围成的平面区域.

5. 计算 $\int_0^{\frac{\pi}{6}}dy\int_y^{\frac{\pi}{6}}\frac{\cos x}{x}dx$.

6. 计算 $\int_1^2 dx\int_{\sqrt{x}}^x\sin\frac{\pi x}{2y}dy+\int_2^4 dx\int_{\sqrt{x}}^2\sin\frac{\pi x}{2y}dy$.

7. 利用极坐标计算下列积分：

(1) $\iint\limits_D\sqrt{1-x^2-y^2}\,dxdy$，$D=\{(x,y):x^2+y^2\leqslant x\}$；

(2) $\iint\limits_D\sqrt{x^2+y^2}\,dxdy$，$D=\{(x,y):0\leqslant y\leqslant x,x^2+y^2\leqslant 2x\}$；

(3) $\iint\limits_D(x+y)dxdy$，$D=\{(x,y):x^2+y^2\leqslant x+y+1\}$；

(4) $\iint\limits_D\sqrt{x}\,dxdy$，$D=\{(x,y):x^2+y^2\leqslant x\}$；

(5) $\iint\limits_D\frac{1-x^2-y^2}{1+x^2+y^2}dxdy$，其中 D 是 $x^2+y^2=1$，$x=0$ 及 $y=0$ 所围区域在第一象限的部分.

8. 用适当方法计算下列积分：

(1) $\iint\limits_{\substack{0\leqslant x\leqslant 1\\ 0\leqslant y\leqslant 1}}|y-x^2|\max\{x,y\}dxdy$；

(2) $\iint\limits_D\sqrt{\frac{2x-x^2-y^2}{x^2+y^2-2x+2}}dxdy$，其中 D 为第一象限内由 $x^2+y^2=2x$，$y=x-1$，$y=0$ 围成的区域；

(3) $\iint\limits_D \left(\dfrac{x^2}{a^2}+\dfrac{y^2}{b^2}\right)\mathrm{d}x\mathrm{d}y$，$D$：$x^2+y^2\leqslant R^2$；

(4) $\iint\limits_D (x^2+y^2)\mathrm{d}\sigma$，$D$：$1\leqslant\dfrac{x^2}{a^2}+\dfrac{y^2}{b^2}\leqslant 4$.

9. 求由曲线 $y=2px+p^2$，$y^2=-2qx+q^2(p>0,q>0)$ 所围平面区域的面积.

10. 求抛物线 $y=x^2$ 与直线 $y=x+2$ 所围的平面图形的面积.

11. 求由心形线 $r=a(1-\cos\theta)$ 及圆 $r=a$ 所围成(在心形线外部)的平面图形的面积.

12. 求曲线 $(x^2+y^2)^2=2a^2(x^2-y^2)$，$x^2+y^2\geqslant a^2$ 所围平面区域的面积.

13. 求曲线 $\sqrt[4]{\dfrac{x}{a}}+\sqrt[4]{\dfrac{y}{b}}=1$ 与直线 $x=0$，$y=0(a>0,b>0)$ 所围平面图形的面积.

14. 求下列曲面所围成立体的体积：

(1) $z=1+x+y$，$z=0$，$x+y=1$，$x=0$，$y=0$；

(2) $z=xy$，$x+y+z=1$，$z=0$；

(3) $z=x^2+y^2$，$x^2+y^2=x$，$x^2+y^2=2x$，$z=0$；

(4) $z=x^2+y^2$，$z=1$.

§3 三重积分

§3.1 三重积分的概念

定义 9.3 设 V 为一空间立体，$P_0(x_0,y_0,z_0)\in V$，取包含 P_0 的 ΔV，质量为 Δm，若 $\lim\limits_{\Delta V\to P_0}\dfrac{\Delta m}{\Delta V}$ 存在，则该极限值称为在 P_0 处的体密度，简称密度.

读者同样可给出曲线线密度与曲面面密度的定义.

与求平面薄板的质量类似，求密度为连续函数 $u=f(x,y,z)$ 的空间立体 V 的质量 M 可表示为

$$M=\lim_{\lambda\to 0}\sum_{i=1}^{n}f(\xi_i,\eta_i,\zeta_i)\Delta V_i.$$

由此引入三重积分的定义如下：

定义 9.4 设 $f(x,y,z)$ 是空间有界闭区域 V 上的有界函数，将 V 任意分成 n 个小闭区域

$$\Delta V_1,\Delta V_2,\cdots,\Delta V_n,$$

其中 ΔV_i 是第 i 个小闭区域，也表示它的体积. 在每个 ΔV_i 上任意取一点(ξ_i,η_i,ζ_i)，作乘积 $f(\xi_i,\eta_i,\zeta_i)\Delta V_i(i=1,2,\cdots,n)$，再求和 $\sum\limits_{i=1}^{n}f(\xi_i,\eta_i,\zeta_i)\Delta V_i$. 如

果当各小闭区域直径中的最大值 λ 趋于零时该和式的极限总存在，则称此极限值为函数 $f(x,y,z)$ 在有界闭区域 V 上的三重积分. 记作 $\iiint\limits_V f(x,y,z)\mathrm{d}V$，或

$$\iiint\limits_V f(x,y,z)\mathrm{d}V=\lim_{\lambda\to 0}\sum_{i=1}^{n} f(\xi_i,\eta_i,\zeta_i)\Delta V_i, \tag{9.7}$$

其中 $\mathrm{d}V$ 叫做体积元素.

在直角坐标系中，如果用平行于坐标面的平面来划分 V，那么除了包含 V 的边界点的一些不规则小闭区域外，得到的小闭区域 ΔV_i 为长方体. 设小长方体 ΔV_i 的边长为 Δx_i，Δy_i，Δz_i，则 $\Delta V_i=\Delta x_i\Delta y_i\Delta z_i$. 因此在直角坐标系中，有时也把体积元素 $\mathrm{d}V$ 记作 $\mathrm{d}x\mathrm{d}y\mathrm{d}z$，而把三重积分记作

$$\iiint\limits_V f(x,y,z)\mathrm{d}x\mathrm{d}y\mathrm{d}z,$$

其中 $\mathrm{d}x\mathrm{d}y\mathrm{d}z$ 叫做直角坐标系中的体积元素.

三重积分也具有二重积分的八条性质(略).

§3.2 在直角坐标系中计算三重积分

一、投影法

设 $u=f(x,y,z)$ 在有界闭区域立体 V 上连续，则 $\iiint\limits_V f(x,y,z)\mathrm{d}V$ 存在. 不妨设 $f(x,y,z)\geqslant 0$，由三重积分的物理意义可知，密度为 $f(x,y,z)$ 的空间立体 V 的质量为

$$M=\iiint\limits_V f(x,y,z)\mathrm{d}V.$$

(1) 若平行于 Oz 轴的直线与立体 V 的边界曲面至多有两个交点(母线平行于 Oz 轴的侧面除外)，设 V 在 Oxy 平面上的投影区域为 σ_{xy}，在 σ_{xy} 内的点作平行 Oz 轴的直线，此直线沿 Oz 轴正向穿过区域 V，穿入边界曲面点的竖坐标为 $z=z_1(x,y)$，穿出边界曲面点的竖坐标为 $z=z_2(x,y)$，有 $z_1(x,y)\leqslant z\leqslant z_2(x,y)$，$(x,y)\in\sigma_{xy}$. 即积分区域 V 可表示为：

$$V=\{(x,y,z):z_1(x,y)\leqslant z\leqslant z_2(x,y),(x,y)\in\sigma_{xy}\}.$$

这时 V 的边界面有上面 $z=z_2(x,y)$，下面 $z=z_1(x,y)$，$(x,y)\in\sigma_{xy}$(此外还可能有一部分是以 σ_{xy} 的边界为准线且母线平行于 Oz 轴的侧面)，如图 9-30、图 9-31所示两种情况.

这时立体 V 的质量可看成密度不均匀平面薄板 σ_{xy} 的质量 M，我们只要求出 σ_{xy} 的面密度函数 μ 即可. $\forall(x,y)\in\sigma_{xy}$，$\mu(x,y)=\int_{z_1(x,y)}^{z_2(x,y)} f(x,y,z)\mathrm{d}z$，有

$$
\begin{aligned}
M &= \iiint_V f(x,y,z)\,\mathrm{d}V = \iint_{\sigma_{xy}} \mu(x,y)\,\mathrm{d}\sigma \\
&= \iint_{\sigma_{xy}} \left[\int_{z_1(x,y)}^{z_2(x,y)} f(x,y,z)\,\mathrm{d}z \right] \mathrm{d}\sigma \\
&\xlongequal{\text{def}} \iint_{\sigma_{xy}} \mathrm{d}\sigma \int_{z_1(x,y)}^{z_2(x,y)} f(x,y,z)\,\mathrm{d}z.
\end{aligned}
$$

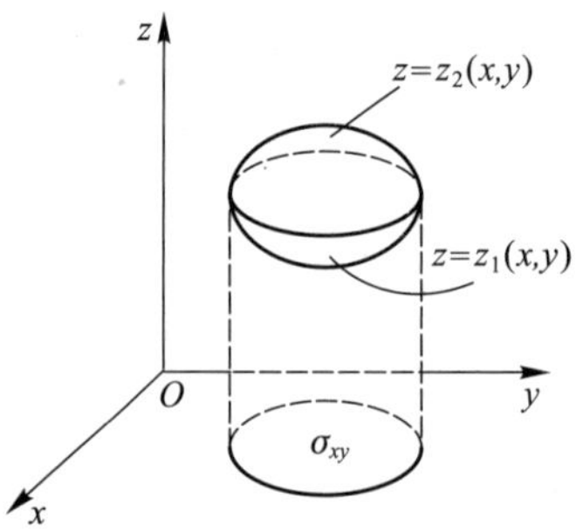

图 9-30

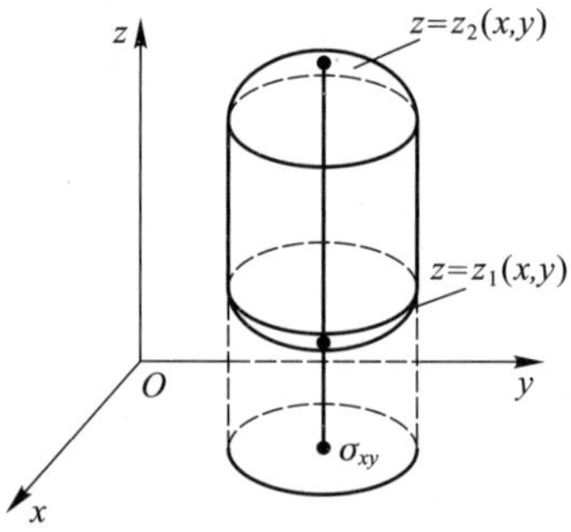

图 9-31

若 σ_{xy} 为 x-型区域：$\varphi_1(x) \leqslant y \leqslant \varphi_2(x)$，$a \leqslant x \leqslant b$，则有

$$
\boxed{\iiint_V f(x,y,z)\,\mathrm{d}V = \int_a^b \mathrm{d}x \int_{\varphi_1(x)}^{\varphi_2(x)} \mathrm{d}y \int_{z_1(x,y)}^{z_2(x,y)} f(x,y,z)\,\mathrm{d}z.}
$$

若 σ_{xy} 为 y-型区域：$\psi_1(y) \leqslant x \leqslant \psi_2(y)$，$c \leqslant y \leqslant d$，则有

$$
\boxed{\iiint_V f(x,y,z)\,\mathrm{d}V = \int_c^d \mathrm{d}y \int_{\psi_1(y)}^{\psi_2(y)} \mathrm{d}x \int_{z_1(x,y)}^{z_2(x,y)} f(x,y,z)\,\mathrm{d}z.}
$$

重难点讲解
三重积分计算引入

（2）若立体 V 在 Ozx 平面上的投影区域为有界闭区域 σ_{zx}，则立体 V 的边界曲面有左曲面 $y=y_1(x,z)$，右曲面 $y=y_2(x,z)$，$y_1(x,z) \leqslant y \leqslant y_2(x,z)$，$(x,z) \in \sigma_{zx}$（也可能还包括以 σ_{zx} 的边界为准线，母线平行于 y 轴的侧面），即 $V=\{(x,y,z): y_1(x,z) \leqslant y \leqslant y_2(x,z), (x,z) \in \sigma_{zx}\}$，有

$$
\iiint_V f(x,y,z)\,\mathrm{d}V = \iint_{\sigma_{zx}} \mathrm{d}\sigma \int_{y_1(x,z)}^{y_2(x,z)} f(x,y,z)\,\mathrm{d}y.
$$

重难点讲解
三重积分的计算

若 σ_{zx} 为 x-型区域：$z_1(x) \leqslant z \leqslant z_2(x)$，$a \leqslant x \leqslant b$，则有

$$
\boxed{\iiint_V f(x,y,z)\,\mathrm{d}V = \int_a^b \mathrm{d}x \int_{z_1(x)}^{z_2(x)} \mathrm{d}z \int_{y_1(x,z)}^{y_2(x,z)} f(x,y,z)\,\mathrm{d}y.}
$$

（3）若立体 V 在 Oyz 平面上的投影区域为 σ_{yz}，且立体 V 的边界面有后曲面 $x=x_1(y,z)$，前曲面 $x=x_2(y,z)$，$x_1(y,z) \leqslant x \leqslant x_2(y,z)$，$(y,z) \in \sigma_{yz}$（还可能包括以 σ_{yz} 的边界为准线，母线平行于 x 轴的侧面），即 $V=\{(x,y,z): x_1(y,z) \leqslant x \leqslant x_2(y,z), (y,z) \in \sigma_{yz}\}$，则有

$$\iiint\limits_V f(x,y,z)\,\mathrm{d}V=\iint\limits_{\sigma_{yz}}\mathrm{d}\sigma\int_{x_1(y,z)}^{x_2(y,z)}f(x,y,z)\,\mathrm{d}x.$$

以上化累次积分的方法，我们称为投影法.

例 1　计算 $\iiint\limits_V xyz\mathrm{d}V$，其中 V 是由曲面 $x^2+y^2+z^2=1$ 与第 Ⅰ 卦限内的三个坐标平面所围成的立体区域(图 9-32).

解　由于区域 $V:0\leqslant z\leqslant\sqrt{1-x^2-y^2}$，$(x,y)\in\sigma_{xy}:0\leqslant y\leqslant\sqrt{1-x^2}$，$0\leqslant x\leqslant 1$，所以

$$\begin{aligned}\iiint\limits_V xyz\mathrm{d}V&=\int_0^1 x\mathrm{d}x\int_0^{\sqrt{1-x^2}}y\mathrm{d}y\int_0^{\sqrt{1-x^2-y^2}}z\mathrm{d}z\\&=\frac{1}{2}\int_0^1 x\mathrm{d}x\int_0^{\sqrt{1-x^2}}y(1-x^2-y^2)\mathrm{d}y\\&=\frac{1}{8}\int_0^1 x(1-x^2)^2\mathrm{d}x=\frac{1}{48}.\end{aligned}$$

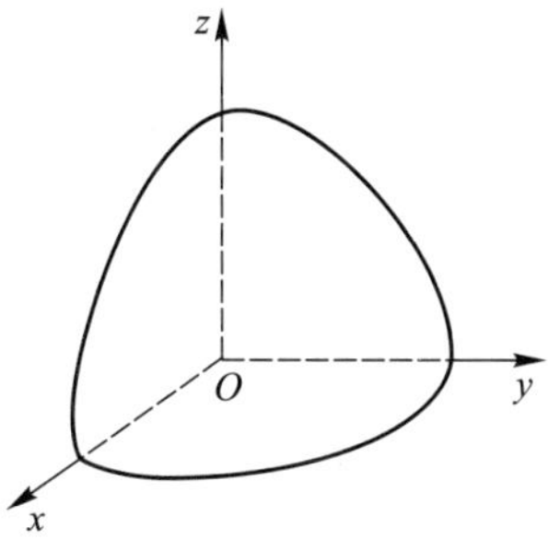

图 9-32

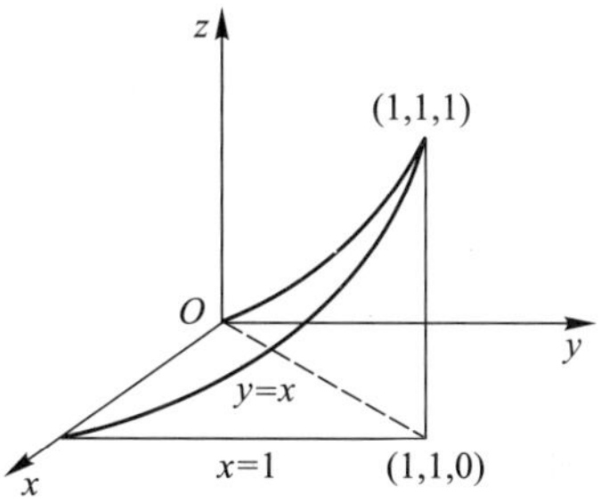

图 9-33

例 2　$\iiint\limits_V xy^2z^3\mathrm{d}V$，其中 V 是由曲面 $z=xy$，$y=x$，$x=1$，$z=0$ 所围成的区域(图 9-33).

解　由于区域 $V:0\leqslant z\leqslant xy$，$(x,y)\in\sigma_{xy}:0\leqslant y\leqslant x$，$0\leqslant x\leqslant 1$，所以

$$\begin{aligned}\iiint\limits_V xy^2z^3\mathrm{d}V&=\int_0^1 x\mathrm{d}x\int_0^x y^2\mathrm{d}y\int_0^{xy}z^3\mathrm{d}z=\int_0^1 x\mathrm{d}x\int_0^x\frac{1}{4}y^2\cdot x^4y^4\mathrm{d}y\\&=\frac{1}{4}\int_0^1 x^5\mathrm{d}x\int_0^x y^6\mathrm{d}y=\frac{1}{4}\times\frac{1}{7}\int_0^1 x^5\cdot x^7\mathrm{d}x=\frac{1}{28}\int_0^1 x^{12}\mathrm{d}x\\&=\frac{1}{28}\times\frac{1}{13}=\frac{1}{364}.\end{aligned}$$

注　对有些较难画的曲面，关键是要画出曲面与曲面的交线，交线与交线的交点，并确定投影区域及上曲面、下曲面方程.

例 3　求由曲面 $z=x^2+y^2$，$z=2x^2+2y^2$，$y=x$，$y=x^2$ 所围立体的体积.

解　由于投影区域为 $\sigma_{xy}:x^2\leqslant y\leqslant x$，$0\leqslant x\leqslant 1$，如图 9-34 所示. 下曲面为 $z=x^2+y^2$，上曲面为 $z=2x^2+2y^2$，即

$$V:x^2+y^2\leqslant z\leqslant 2x^2+2y^2,\ (x,y)\in\sigma_{xy}:x^2\leqslant y\leqslant x,\ 0\leqslant x\leqslant 1,$$

于是

$$\begin{aligned}V&=\iiint\limits_V \mathrm{d}V=\int_0^1\mathrm{d}x\int_{x^2}^{x}\mathrm{d}y\int_{x^2+y^2}^{2x^2+2y^2}\mathrm{d}z\\&=\int_0^1\mathrm{d}x\int_{x^2}^{x}(x^2+y^2)\,\mathrm{d}y\\&=\int_0^1\left(\frac{4}{3}x^3-x^4-\frac{1}{3}x^6\right)\mathrm{d}x=\frac{3}{35}.\end{aligned}$$

重难点讲解
xy-型区域
计算例题

注　对较难画的区域，只要画出投影区域，并确定上曲面、下曲面方程.

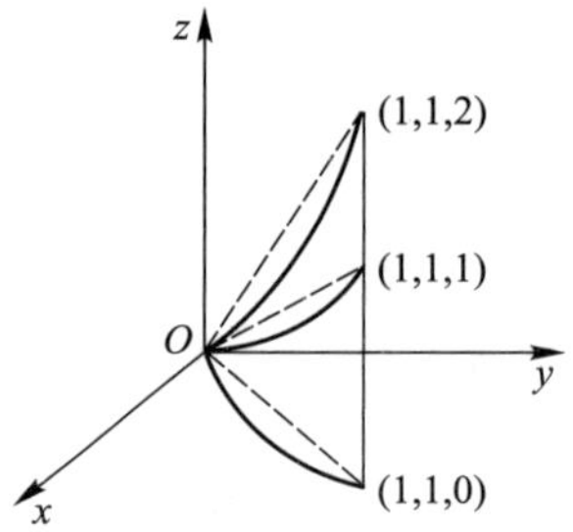

图 9-34

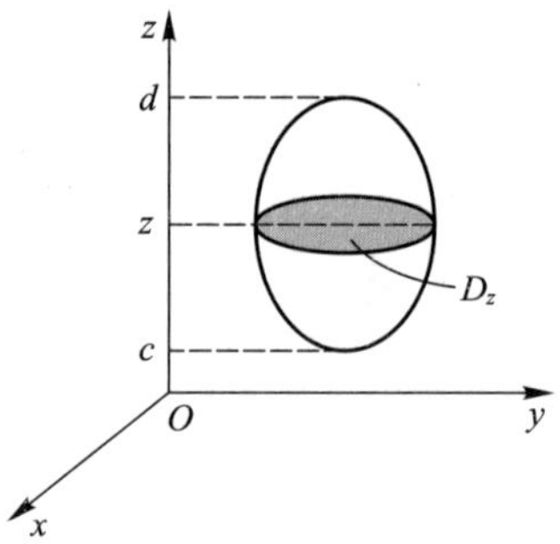

图 9-35

二、平面截割法

设 $f(x,y,z)$ 在 V 上连续，$f(x,y,z)\geqslant 0$，由三重积分的物理意义可知，密度为 $f(x,y,z)$ 的空间立体 V 的质量 M 为 $\iiint\limits_V f(x,y,z)\,\mathrm{d}V=M$.

（1）设立体 V 介于两平面 $z=c$，$z=d$ 之间（$c<d$）. 过 $(0,0,z)$，$z\in[c,d]$，作垂直于 Oz 轴的平面与立体相截，截面区域为 D_z. 即区域 $V=\{(x,y,z):(x,y)\in D_z,c\leqslant z\leqslant d\}$（图 9-35）. 我们把立体 V 看成区间 $[c,d]$ 上的一根密度不均匀的细棒，只要能求出 $[c,d]$ 上任意一点 z 处的线密度 $\mu(z)$，就可求出 V 的质量. 由 $\mu(z)=\iint\limits_{D_z}f(x,y,z)\,\mathrm{d}\sigma$，得

$$M=\iiint\limits_V f(x,y,z)\,\mathrm{d}V=\int_c^d\mu(z)\,\mathrm{d}z=\int_c^d\left[\iint\limits_{D_z}f(x,y,z)\,\mathrm{d}\sigma\right]\mathrm{d}z=\int_c^d\mathrm{d}z\iint\limits_{D_z}f(x,y,z)\,\mathrm{d}\sigma.$$

即

$$\boxed{\iiint\limits_V f(x,y,z)\,\mathrm{d}V=\int_c^d\mathrm{d}z\iint\limits_{D_z}f(x,y,z)\,\mathrm{d}\sigma\,.}$$

在二重积分 $\iint\limits_{D_z} f(x,y,z)\,\mathrm{d}\sigma$ 中，应把 z 视为常数，确定 D_z 是 x-型区域还是 y-型区域，再化成累次积分. 若 D_z 为 x-型区域：$y_1(x,z)\leqslant y\leqslant y_2(x,z)$，$x_1(z)\leqslant x\leqslant x_2(z)$，则

$$\iiint\limits_V f(x,y,z)\,\mathrm{d}V=\int_c^d \mathrm{d}z\int_{x_1(z)}^{x_2(z)}\mathrm{d}x\int_{y_1(x,z)}^{y_2(x,z)}f(x,y,z)\,\mathrm{d}y.$$

当 $f(x,y,z)$ 仅是 z 的表达式，而 D_z 的面积又容易计算时，可使用这种方法. 因为这时 $f(x,y,z)=g(z)$，有

$$\begin{aligned}\iiint\limits_V f(x,y,z)\,\mathrm{d}V&=\iiint\limits_V g(z)\,\mathrm{d}V=\int_c^d \mathrm{d}z\iint\limits_{D_z} g(z)\,\mathrm{d}x\mathrm{d}y\\&=\int_c^d g(z)\,\mathrm{d}z\iint\limits_{D_z}\mathrm{d}x\mathrm{d}y=\int_c^d g(z)S_{D_z}\mathrm{d}z.\end{aligned}$$

这里 S_{D_z} 表示 D_z 的面积，一般是 z 的函数，从而简化计算.

（2）若区域 $V=\{(x,y,z):(x,z)\in D_y,c\leqslant y\leqslant d\}$，则

$$\iiint\limits_V f(x,y,z)\,\mathrm{d}V=\int_c^d \mathrm{d}y\iint\limits_{D_y} f(x,y,z)\,\mathrm{d}\sigma=\int_c^d \mathrm{d}y\iint\limits_{D_y} f(x,y,z)\,\mathrm{d}z\mathrm{d}x.$$

（3）若区域 $V=\{(x,y,z):(y,z)\in D_x,a\leqslant x\leqslant b\}$，则

$$\iiint\limits_V f(x,y,z)\,\mathrm{d}V=\int_a^b \mathrm{d}x\iint\limits_{D_x} f(x,y,z)\,\mathrm{d}\sigma=\int_a^b \mathrm{d}x\iint\limits_{D_x} f(x,y,z)\,\mathrm{d}y\mathrm{d}z.$$

重难点讲解
平面截割法

例 4 求 $I=\iiint\limits_V\left(\frac{x^2}{a^2}+\frac{y^2}{b^2}+\frac{z^2}{c^2}\right)\mathrm{d}V$，其中 V 是椭球体 $\frac{x^2}{a^2}+\frac{y^2}{b^2}+\frac{z^2}{c^2}\leqslant 1$（图 9-36）.

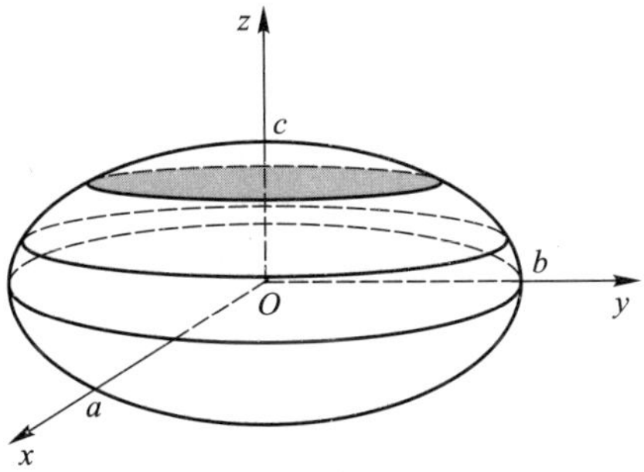

图 9-36

解 用投影法计算较复杂，应改用平面截割法. 由于

$$I=\iiint\limits_V\frac{x^2}{a^2}\mathrm{d}V+\iiint\limits_V\frac{y^2}{b^2}\mathrm{d}V+\iiint\limits_V\frac{z^2}{c^2}\mathrm{d}V=I_1+I_2+I_3,$$

所以，下面我们先计算 I_3. 由 V:$(x,y)\in D_z$，$-c\leqslant z\leqslant c$，且 $\frac{x^2}{a^2}+\frac{y^2}{b^2}\leqslant 1-\frac{z^2}{c^2}$，有

$$\frac{x^2}{\left(a\sqrt{1-\frac{z^2}{c^2}}\right)^2}+\frac{y^2}{\left(b\sqrt{1-\frac{z^2}{c^2}}\right)^2}\leqslant 1.$$

D_z 的面积为

$$\pi\left(a\sqrt{1-\frac{z^2}{c^2}}\right)\left(b\sqrt{1-\frac{z^2}{c^2}}\right)=\pi ab\left(1-\frac{z^2}{c^2}\right),$$

于是

$$\begin{aligned}I_3&=\int_{-c}^{c}\mathrm{d}z\iint\limits_{D_z}\frac{z^2}{c^2}\mathrm{d}x\mathrm{d}y=\int_{-c}^{c}\frac{z^2}{c^2}\pi ab\left(1-\frac{z^2}{c^2}\right)\mathrm{d}z\\&=\frac{2\pi ab}{c^2}\int_0^c\left(z^2-\frac{z^4}{c^2}\right)\mathrm{d}z=\frac{4}{15}\pi abc.\end{aligned}$$

同理，$I_1=\frac{4}{15}\pi abc$，$I_2=\frac{4}{15}\pi abc$，故 $I=\frac{4}{5}\pi abc$.

§3.3　在柱面坐标系、球面坐标系及一般曲面坐标系中计算三重积分

一、柱面坐标变换

在计算三重积分 $\iiint\limits_V f(x,y,z)\mathrm{d}V$ 时，若 $f(x,y,z)$ 中含有 x^2+y^2，V 在 Oxy 平面上的投影区域是圆域或圆域的一部分时，联系平面上二重积分的极坐标变换，使我们想到对这一类的积分可以作适当的坐标变换，即柱面坐标变换.

1. 柱面坐标系

设 $M(x,y,z)$ 为空间一点，并设 M 在 Oxy 平面上的投影 M' 的极坐标为 (r,θ)，则数组 (r,θ,z) 就叫做点 M 的柱坐标(图 9-37)，其中 r 是 M 到 z 轴的距离，θ 是通过 Oz 轴与点 M 的半平面与包含 x 轴正向的半平面 Ozx 所成的二面角，r，θ，z 的变化范围分别为：

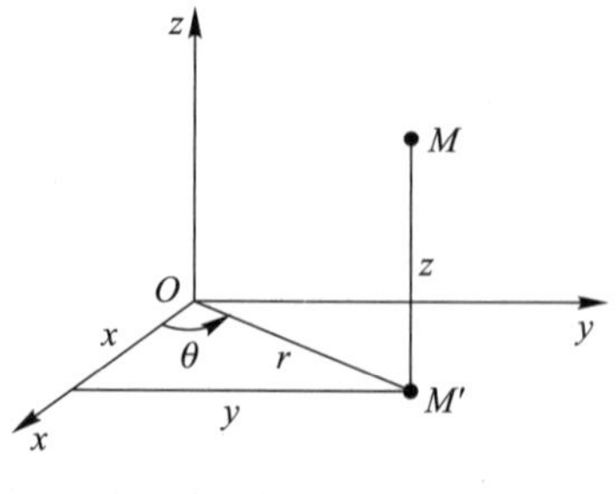

图 9-37

$$0\leqslant r<+\infty,\ 0\leqslant\theta\leqslant 2\pi\ (或-\pi\leqslant\theta\leqslant\pi),\ -\infty<z<+\infty.$$

2. 柱面坐标变换

容易得出，点 M 的直角坐标 (x,y,z) 与柱坐标 (r,θ,z) 之间的关系为：

$$x=r\cos\theta,\quad y=r\sin\theta,\quad z=z.$$

下述三族曲面，称为柱面坐标系中的坐标曲面：

（1）一族以 Oz 轴为对称轴的圆柱面：$r=r_i$（常数），即 $x^2+y^2=r_i^2$；

（2）一族通过 Oz 轴的半平面：$\theta=\theta_i$（常数），即

$$y=x\tan\theta_i;$$

（3）一族垂直 Oz 轴的平面 $z=z_i$（常数），

若用这三族坐标曲面把空间区域 V 分成若干个小区域，这样所得到的小区域中，规则的小区域（图 9-38）的体积为

$$\Delta V\approx S_{扇环}\cdot\Delta z.$$

由平面极坐标变换知，$S_{扇环}\approx r\Delta\theta\Delta r$，有 $\Delta V\approx r\Delta\theta\Delta r\Delta z$，而 $f(x,y,z)=f(r\cos\theta,r\sin\theta,z)$，于是

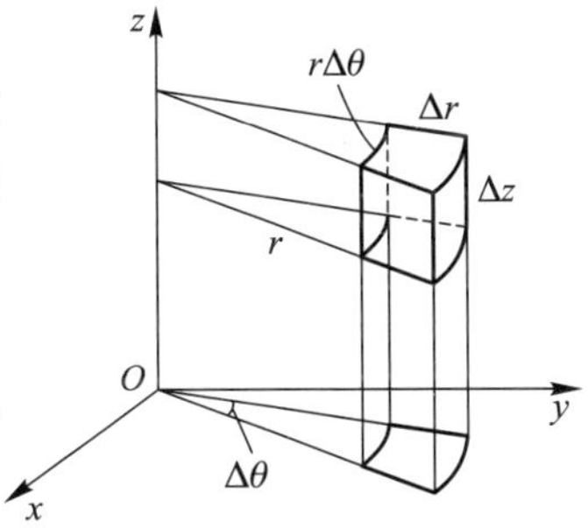

图 9-38

$$\iiint\limits_V f(x,y,z)\,\mathrm{d}V=\lim_{\lambda\to0}\sum f(x,y,z)\Delta V$$

$$=\lim_{\lambda\to0}\Big(\sum_{规则区域}f(r\cos\theta,r\sin\theta,z)r\Delta\theta\Delta r\Delta z+\sum_{不规则区域}f(x,y,z)\Delta V\Big),$$

且 $\lim\limits_{\lambda\to0}\sum\limits_{不规则区域}f(x,y,z)\Delta V=0$，因此

$$\boxed{\iiint\limits_V f(x,y,z)\,\mathrm{d}V=\iiint\limits_V f(r\cos\theta,r\sin\theta,z)\,r\mathrm{d}r\mathrm{d}\theta\mathrm{d}z.}\qquad(9.8)$$

这就是三重积分从直角坐标变换为柱面坐标的换元公式，等式右边的 V 与式（9.5）右边的 σ 解释的原理相同. 柱面坐标系中的体积元素为 $r\mathrm{d}r\mathrm{d}\theta\mathrm{d}z$. 为了把上式右端化成累次积分，设平行于 Oz 轴的直线与区域 V 的边界最多只有两个交点. 设 V 在 Oxy 平面上的投影区域为 σ_{xy}，区域 σ_{xy} 用 r，θ 表示. 区域 V 关于 Oxy 平面的投影柱面将 V 的边界曲面分为上、下两部分，其方程表示为 z 是 r，θ 的函数，即上曲面：$z=z_2(r,\theta)$，下曲面：$z=z_1(r,\theta)$，$z_1(r,\theta)\leqslant z\leqslant z_2(r,\theta)$，$(r,\theta)\in\sigma_{xy}$，于是

重难点讲解
柱面坐标计算

$$\boxed{\iiint\limits_V f(r\cos\theta,r\sin\theta,z)\,r\mathrm{d}r\mathrm{d}\theta\mathrm{d}z=\iint\limits_{\sigma_{xy}}r\mathrm{d}r\mathrm{d}\theta\int_{z_1(r,\theta)}^{z_2(r,\theta)}f(r\cos\theta,r\sin\theta,z)\,\mathrm{d}z.}$$

注 在这里可以看到，采用柱面坐标按上述公式计算三重积分，实际上是对 z 采用直角坐标进行积分，而对另外两个变量采用平面极坐标交换进行积分.

例 5 计算 $\iiint\limits_V z\mathrm{d}V$，其中 V 是由球面 $x^2+y^2+z^2=4$ 及抛物面 $3z=x^2+y^2$ 所围成（在抛物面内的那一部分）的立体区域（图 9-39）.

解法一　按直角坐标系计算，两曲面交线的方程为：

$$\begin{cases}x^2+y^2+z^2=4,\\3z=x^2+y^2.\end{cases}$$

该曲线在 Oxy 平面上的投影曲线方程为$\begin{cases}x^2+y^2=3,\\z=0.\end{cases}$

由此可知 V 在 Oxy 平面的投影区域为圆域.

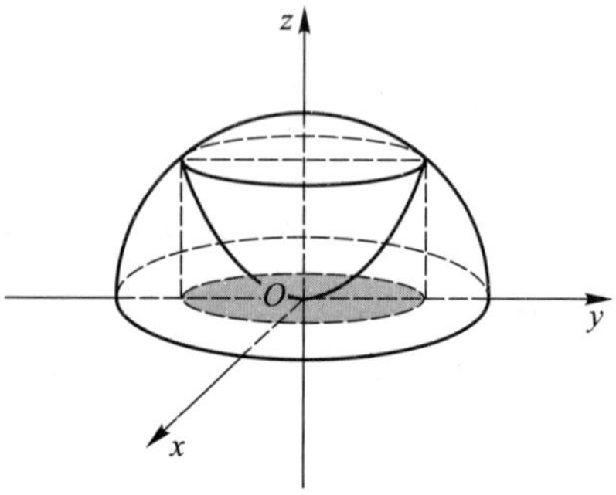

图 9-39

$$\text{下曲面：}z=\frac{x^2+y^2}{3},$$

$$\text{上曲面：}z=\sqrt{4-x^2-y^2},$$

有

$$V:\frac{x^2+y^2}{3}\leqslant z\leqslant\sqrt{4-x^2-y^2},\ (x,y)\in\sigma_{xy}:x^2+y^2\leqslant 3,$$

于是

$$\begin{aligned}\iiint_V z\mathrm{d}V&=\iint_{x^2+y^2\leqslant 3}\mathrm{d}\sigma\int_{\frac{x^2+y^2}{3}}^{\sqrt{4-x^2-y^2}}z\mathrm{d}z\\&=\iint_{x^2+y^2\leqslant 3}\frac{1}{2}\left[4-x^2-y^2-\left(\frac{x^2+y^2}{3}\right)^2\right]\mathrm{d}\sigma\\&=\int_0^{2\pi}\mathrm{d}\theta\int_0^{\sqrt{3}}\frac{1}{2}\left[4-r^2-\frac{r^4}{9}\right]r\mathrm{d}r=\pi\int_0^{\sqrt{3}}\left(4r-r^3-\frac{r^5}{9}\right)\mathrm{d}r\\&=\pi\left(2r^2-\frac{r^4}{4}-\frac{r^6}{54}\right)\Bigg|_0^{\sqrt{3}}=\frac{13}{4}\pi.\end{aligned}$$

解法二　经柱面坐标变换，上曲面方程为 $r^2+z^2=4$，即 $z=\sqrt{4-r^2}$. 下曲面方程为 $3z=r^2$，即 $z=\frac{r^2}{3}$. 有

$$V:\frac{r^2}{3}\leqslant z\leqslant\sqrt{4-r^2},\ (r,\theta)\in\sigma_{xy}:0\leqslant\theta\leqslant 2\pi,\ 0\leqslant r\leqslant\sqrt{3},$$

于是

$$\begin{aligned}\iiint_V z\mathrm{d}V&=\int_0^{2\pi}\mathrm{d}\theta\int_0^{\sqrt{3}}r\mathrm{d}r\int_{\frac{1}{3}r^2}^{\sqrt{4-r^2}}z\mathrm{d}z=\int_0^{2\pi}\mathrm{d}\theta\int_0^{\sqrt{3}}\frac{1}{2}r\left(4-r^2-\frac{r^4}{9}\right)\mathrm{d}r.\\&=\pi\int_0^{\sqrt{3}}\left(4r-r^3-\frac{r^5}{9}\right)\mathrm{d}r=\frac{13}{4}\pi.\end{aligned}$$

通常利用柱面坐标变换时，首先求出 V 在 Oxy 平面上的投影区域 σ_{xy}，确定上曲面、下曲面. 然后用柱面坐标变换，把上曲面、下曲面表示成 r，θ 的函数，投影区域用 r，θ 的不等式来表示.

若被积函数中含有 y^2+z^2，V 在 Oyz 平面上的投影区域是圆域或部分圆域时，可用柱面坐标变换：$y=r\cos\theta$，$z=r\sin\theta$，$x=x$.

若被积函数中含有 z^2+x^2，V 在 Ozx 平面上的投影区域是圆域或部分圆域时，可用柱面坐标变换：$z=r\cos\theta$，$x=r\sin\theta$，$y=y$.

二、球面坐标变换

利用微元法知

$$Q=\iiint_V f(x,y,z)\,\mathrm{d}V \Leftrightarrow \mathrm{d}Q=f(x,y,z)\,\mathrm{d}V.$$

注　这里 Q 既代表一个所求的量，又代表该量的值.

由柱面坐标变换，我们想到若三重积分被积函数中含有 $x^2+y^2+z^2$，可对这一类积分作适当的坐标变换，如下面的球面坐标变换.

1. 球面坐标系

设 M 为空间一点，球面坐标 (θ,φ,ρ) 规定如下：ρ 为原点到 M 点的距离，φ 是矢量 $\overrightarrow{OM}$ 与 Oz 轴的正向所夹的角，θ 是过 Oz 轴及点 M 的半平面与包含 Ox 轴正向的半平面 Ozx 所成的角（其实 θ 就是 M 在 Oxy 平面上的投影点 M' 的极角 θ），ρ，φ，θ 的变化范围（图 9-40）分别是

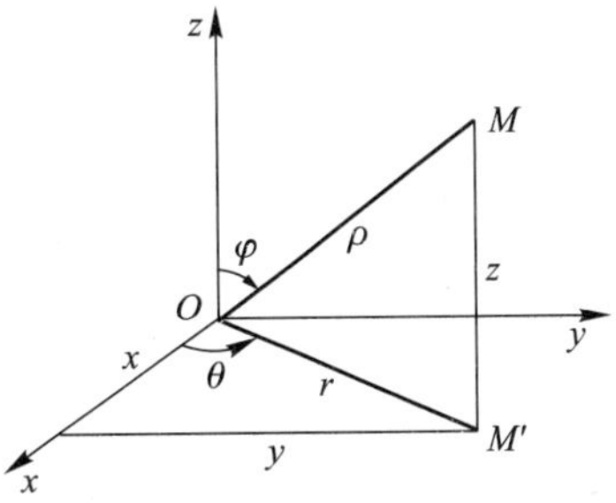

图 9-40

$$0\leqslant\rho<+\infty,\quad 0\leqslant\varphi\leqslant\pi,\quad 0\leqslant\theta\leqslant 2\pi\ (\text{或}-\pi\leqslant\theta\leqslant\pi).$$

2. 球面坐标变换

从图 9-40 上容易看出，点 M 的直角坐标 (x,y,z) 与球面坐标 (θ,φ,ρ) 之间的关系为

$$\begin{cases}x=OM'\cos\theta=\rho\sin\varphi\cos\theta,\\ y=OM'\sin\theta=\rho\sin\varphi\sin\theta,\\ z=\rho\cos\varphi.\end{cases}$$

下述三族曲面称为球面坐标系中的坐标曲面：

（1）一族中心在原点的球面 $\rho=r_i$（常数），即

$$x^2+y^2+z^2=r_i^2.$$

（2）一族顶点在原点而对称轴与 Oz 轴重合的圆锥面 $\varphi=\varphi_i$（常数），即

$$x^2+y^2-z^2\tan^2\varphi_i=0.$$

（3）一族通过 Oz 轴的半平面 $\theta=\theta_i$（常数），即 $y=x\tan\theta_i$.

若这三族坐标曲面把一个空间区域 V 分成几个小区域，这样得到的小区域中，规则的小区域（图 9-41）的体积 ΔV 近似地为

$$\Delta V\approx AB\cdot AD\cdot\Delta\rho\approx\rho\Delta\varphi\cdot\rho\sin\varphi\Delta\theta\cdot\Delta\rho=\rho^2\sin\varphi\cdot\Delta\rho\Delta\theta\Delta\varphi,$$

$$\mathrm{d}V=\rho^2\sin\varphi\,\mathrm{d}\rho\mathrm{d}\varphi\mathrm{d}\theta.$$

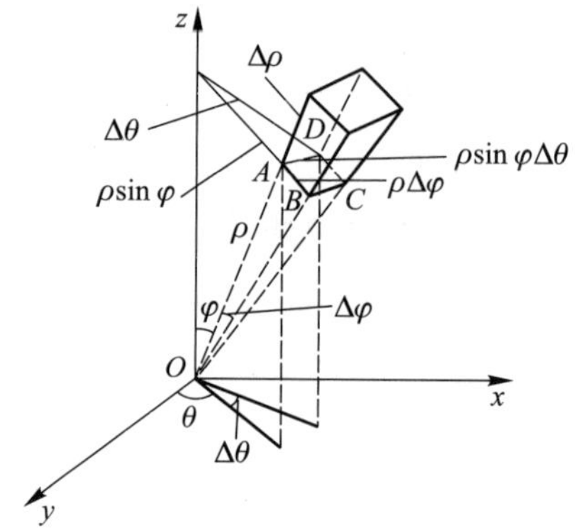

图 9-41

由于

$$f(x,y,z)=f(\rho\sin\varphi\cos\theta,\rho\sin\varphi\sin\theta,\rho\cos\varphi),$$

而 $Q=\iiint\limits_V f(x,y,z)\,\mathrm{d}V$，有

$$\mathrm{d}Q=f(x,y,z)\,\mathrm{d}V=f(\rho\sin\varphi\cos\theta,\rho\sin\varphi\sin\theta,\rho\cos\varphi)\rho^2\sin\varphi\,\mathrm{d}\rho\,\mathrm{d}\varphi\,\mathrm{d}\theta,$$

从而

$$\boxed{\iiint\limits_V f(x,y,z)\,\mathrm{d}V=\iiint\limits_V f(\rho\sin\varphi\cos\theta,\rho\sin\varphi\sin\theta,\rho\cos\varphi)\rho^2\sin\varphi\,\mathrm{d}\rho\,\mathrm{d}\varphi\,\mathrm{d}\theta.}\tag{9.9}$$

上式可化为先对 ρ，再对 φ，后对 θ 的累次积分来进行计算.

这就是三重积分从直角坐标变换为球面坐标的换元公式. 球面坐标系中的体积元素为

$$\mathrm{d}V=\rho^2\sin\varphi\,\mathrm{d}\rho\,\mathrm{d}\varphi\,\mathrm{d}\theta,$$

我们还可以利用二次柱面坐标变换来证明球面坐标变换公式.

为了得到从直角坐标系的三重积分化为球面坐标系的三重积分公式，只要从直角坐标化为球面坐标

$$\begin{cases}x=\rho\sin\varphi\cos\theta,\\ y=\rho\sin\varphi\sin\theta,\\ z=\rho\cos\varphi,\end{cases}$$

看作两次直角坐标化为柱面坐标

$$\begin{cases}x=r\cos\theta,\\ y=r\sin\theta,\\ z=z,\end{cases}\qquad\begin{cases}z=\rho\cos\varphi,\\ r=\rho\sin\varphi,\\ \theta=\theta\end{cases}$$

的复合，于是

$$\iiint\limits_V f(x,y,z)\,\mathrm{d}x\mathrm{d}y\mathrm{d}z=\iiint\limits_V f(r\cos\theta,r\sin\theta,z)\,r\,\mathrm{d}r\,\mathrm{d}\theta\,\mathrm{d}z.$$

再把(z,r,θ)看作直角坐标，而把(θ,φ,ρ)看成对应的柱面坐标，有

$$\iiint_V f(r\cos\theta,r\sin\theta,z)\,r\mathrm{d}r\mathrm{d}\theta\mathrm{d}z$$

$$=\iiint_V f(\rho\sin\varphi\cos\theta,\rho\sin\varphi\sin\theta,\rho\cos\varphi)\rho^2\sin\varphi\mathrm{d}\rho\mathrm{d}\varphi\mathrm{d}\theta.$$

从而利用直角坐标系的三重积分化为柱面坐标系的三重积分，得到从直角坐标系的三重积分化为球面坐标系的三重积分的公式为

$$\iiint_V f(x,y,z)\,\mathrm{d}x\mathrm{d}y\mathrm{d}z=\iiint_V f(\rho\sin\varphi\cos\theta,\rho\sin\varphi\sin\theta,\rho\cos\varphi)\rho^2\sin\varphi\mathrm{d}\rho\mathrm{d}\varphi\mathrm{d}\theta.$$

等式右边的 V 与式（9.5）右边的 σ 的解释的原理相同. 当被积函数含有 $x^2+y^2+z^2$ 或积分区域是球面围成的区域或由球面及锥面围成的区域，或其他在球面坐标变换下，区域用 ρ，φ，θ 表示比较简单时，用球面坐标变换.

化成球面坐标系下的三重积分，然后再化成累次积分，一般都化成先积 ρ，后积 φ，最后积 θ，即把立体 V 用球面坐标系下的不等式表示：

$$\rho_1(\theta,\varphi)\leqslant\rho\leqslant\rho_2(\theta,\varphi),$$
$$\varphi_1(\theta)\leqslant\varphi\leqslant\varphi_2(\theta),$$
$$\alpha\leqslant\theta\leqslant\beta.$$

如何把如图 9-42 所示的立体 V 表示成上面的不等式，即立体中任意一点，$M(\theta,\varphi,\rho)$所满足的不等式？设 $M(\theta,\varphi,\rho)\in V$，首先找出立体 V 在 Oxy 平面上的投影区域 σ_{xy}，然后找出 σ_{xy}在平面极坐标系下 θ 的范围$[\alpha,\beta]$，有

$$\alpha\leqslant\theta\leqslant\beta;$$

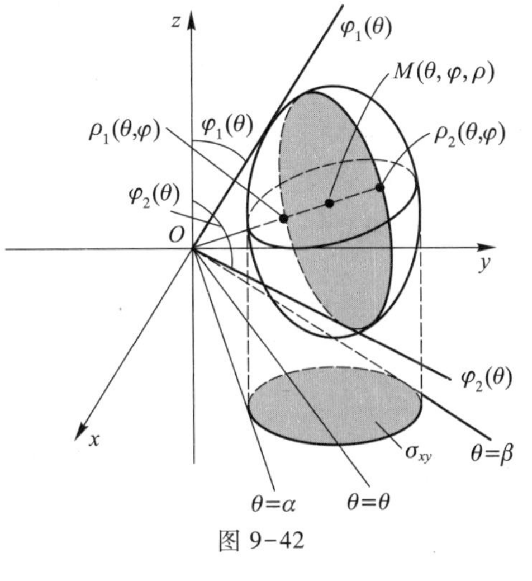

图 9-42

重难点讲解
球面坐标
变换（一）

重难点讲解
球面坐标
变换（二）

其次在 Oxy 平面上射线 $\theta=\theta$ 与 Oz 轴组成的半平面与立体 V 相交有一个截面区域，设为 S，找出 S 的最小 φ 值 $\varphi_1(\theta)$与最大 φ 值 $\varphi_2(\theta)$，有

$$\varphi_1(\theta)\leqslant\varphi\leqslant\varphi_2(\theta);$$

如果 θ 不论在 $[\alpha,\beta]$ 上的任何一点，Oxy 平面上的射线 $\theta=\theta$ 与 Oz 轴组成的半平面与立体的截面形状都完全相同，则知 $\varphi_1(\theta)$ 和 $\varphi_2(\theta)$ 与 θ 的位置无关均是常数. 选特殊的 θ，若 $\alpha\leqslant\dfrac{\pi}{2}\leqslant\beta$，取 $\theta=\dfrac{\pi}{2}$ 与 Oz 轴组成的半平面（Oyz 右半平面正对着我们，观察起来更清楚）与立体的截面，这时，最小的 φ 值 φ_1 与 θ 无关是常数，最大的 φ 值 φ_2 也与 θ 无关是常数，有

$$\varphi_1\leqslant\varphi\leqslant\varphi_2;$$

连接 OM 与截面区域 S 的边界有两个交点.

极径小的交点若落在同一个曲面上，这个曲面方程表示为 $\rho=\rho_1(\theta,\varphi)$，称为下曲面；极径大的交点若落在同一个曲面上，这个曲面方程表示为 $\rho=\rho_2(\theta,\varphi)$，称为上曲面，有

$$\rho_1(\theta,\varphi)\leqslant\rho\leqslant\rho_2(\theta,\varphi).$$

若极径小的点是原点，有 $\rho_1(\theta,\varphi)=0$，即

$$0\leqslant\rho\leqslant\rho_2(\theta,\varphi),$$

则

$$\rho_1(\theta,\varphi)\leqslant\rho\leqslant\rho_2(\theta,\varphi),$$
$$\varphi_1(\theta)\leqslant\varphi\leqslant\varphi_2(\theta),$$
$$\alpha\leqslant\theta\leqslant\beta.$$

重难点讲解
球面坐标系下的计算（一）

重难点讲解
球面坐标系下的计算（二）

例 6　计算密度函数为 $\rho=x^2+y^2+z^2$ 的立体 V 的质量 M，V 是由球面 $x^2+y^2+z^2=R^2$ 与锥面 $z=\sqrt{x^2+y^2}$ 所围成的区域（锥面的内部）（图9-43）.

解　由题意知 $M=\iiint\limits_V(x^2+y^2+z^2)\,\mathrm{d}V$. 用球面坐标变换，$V:0\leqslant\rho\leqslant R,0\leqslant\varphi\leqslant\dfrac{\pi}{4},0\leqslant\theta\leqslant2\pi$，于是

$$\begin{aligned}M&=\int_0^{2\pi}\mathrm{d}\theta\int_0^{\frac{\pi}{4}}\sin\varphi\,\mathrm{d}\varphi\int_0^R\rho^4\,\mathrm{d}\rho\\&=\int_0^{2\pi}\mathrm{d}\theta\cdot\int_0^{\frac{\pi}{4}}\sin\varphi\,\mathrm{d}\varphi\cdot\int_0^R\rho^4\,\mathrm{d}\rho\\&=2\pi\cdot\left(-\cos\varphi\Big|_0^{\frac{\pi}{4}}\right)\cdot\left(\frac{1}{5}\rho^5\Big|_0^R\right)=\frac{2\pi R^5}{5}\left(1-\frac{\sqrt{2}}{2}\right).\end{aligned}$$

重难点讲解
球面坐标系下的计算例题

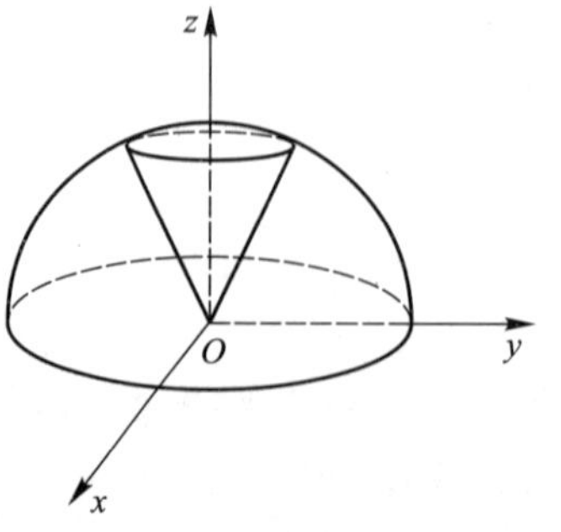

图 9-43

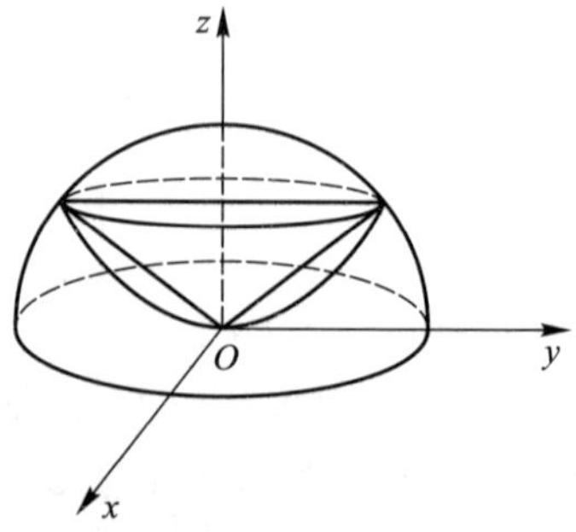

图 9-44

例 7 计算 $\iiint\limits_V z^2\mathrm{d}V$，$V$ 是由曲面 $x^2+y^2+z^2=R^2(z\geqslant 0)$ 与 $x^2+y^2+z^2=2Rz$ 所围成的立体区域(图 9-44).

解法一 用球面坐标变换. 由

$$\begin{cases}x^2+y^2+z^2=R^2,\\x^2+y^2+z^2=2Rz\end{cases}\Leftrightarrow\begin{cases}z=\dfrac{R}{2},\\x^2+y^2=\left(\dfrac{\sqrt{3}}{2}R\right)^2,\end{cases}$$

且 $\cos\varphi=\dfrac{\frac{1}{2}R}{R}=\dfrac{1}{2}$，得 $\varphi=\dfrac{\pi}{3}$. 以锥面 $\varphi=\dfrac{\pi}{3}$ 为分界面，分上、下两个立体，上面的立体为 V_1，下面的立体为 V_2. 有

$$V=V_1+V_2,$$

$$V_1:0\leqslant\rho\leqslant R,\ 0\leqslant\varphi\leqslant\frac{\pi}{3},\ 0\leqslant\theta\leqslant 2\pi,$$

$$V_2:0\leqslant\rho\leqslant 2R\cos\varphi,\ \frac{\pi}{3}\leqslant\varphi\leqslant\frac{\pi}{2},\ 0\leqslant\theta\leqslant 2\pi.$$

于是

$$\begin{aligned}\iiint\limits_V z^2\mathrm{d}V&=\iiint\limits_{V_1}z^2\mathrm{d}V+\iiint\limits_{V_2}z^2\mathrm{d}V\\&=\int_0^{2\pi}\mathrm{d}\theta\int_0^{\frac{\pi}{3}}\mathrm{d}\varphi\int_0^R\rho^4\sin\varphi\cos^2\varphi\mathrm{d}\rho+\int_0^{2\pi}\mathrm{d}\theta\int_{\frac{\pi}{3}}^{\frac{\pi}{2}}\mathrm{d}\varphi\int_0^{2R\cos\varphi}\rho^2\cos^2\varphi\rho^2\sin\varphi\mathrm{d}\rho\\&=\int_0^{2\pi}\mathrm{d}\theta\cdot\int_0^{\frac{\pi}{3}}\cos^2\varphi\sin\varphi\mathrm{d}\varphi\cdot\int_0^R\rho^4\mathrm{d}\rho+\int_0^{2\pi}\mathrm{d}\theta\cdot\int_{\frac{\pi}{3}}^{\frac{\pi}{2}}\cos^2\varphi\sin\varphi\mathrm{d}\varphi\int_0^{2R\cos\varphi}\rho^4\mathrm{d}\rho\\&=2\pi\left(-\frac{1}{3}\cos^3\varphi\Bigg|_0^{\frac{\pi}{3}}\right)\cdot\frac{1}{5}R^5+2\pi\cdot\int_{\frac{\pi}{3}}^{\frac{\pi}{2}}\cos^2\varphi\sin\varphi\,\frac{1}{5}(2R)^5\cos^5\varphi\mathrm{d}\varphi\\&=\frac{7}{60}\pi R^5+\frac{2^6}{5}\pi R^5\left(-\frac{1}{8}\cos^8\varphi\right)\Bigg|_{\frac{\pi}{3}}^{\frac{\pi}{2}}\\&=\frac{7}{60}\pi R^5+\frac{\pi R^5}{160}=\frac{59}{480}\pi R^5.\end{aligned}$$

解法二(平面截割法) 以平面 $z=\dfrac{R}{2}$ 为界，上面的立体为 V_3，下面的立体为 V_4，有

$$\begin{aligned}\iiint\limits_V z^2\mathrm{d}V&=\iiint\limits_{V_3}z^2\mathrm{d}V+\iiint\limits_{V_4}z^2\mathrm{d}V\\&=\int_{\frac{R}{2}}^R z^2\mathrm{d}z\iint\limits_{D_z}\mathrm{d}x\mathrm{d}y+\int_0^{\frac{R}{2}}z^2\mathrm{d}z\iint\limits_{D_z}\mathrm{d}x\mathrm{d}y\end{aligned}$$

$$=\int_{\frac{R}{2}}^{R} z^2(R^2-z^2)\pi\,dz+\int_0^{\frac{R}{2}} z^2(2Rz-z^2)\pi\,dz$$

$$=\pi\left(\frac{1}{3}z^3R^2-\frac{1}{5}z^5\right)\Bigg|_{\frac{R}{2}}^{R}+\pi\left(\frac{1}{2}Rz^4-\frac{1}{5}z^5\right)\Bigg|_0^{\frac{R}{2}}$$

$$=\frac{59}{480}\pi R^5.$$

读者也可用柱面坐标变换去计算，比较哪一种方法更简便.

*三、三重积分的一般曲面坐标变换

求 $\iiint\limits_V f(x,y,z)\,dV$，其中 $f(x,y,z)$ 连续. 设变换 $x=x(u,v,w)$，$y=y(u,v,w)$，$z=z(u,v,w)$ 具有连续的偏导数，且

$$|J|=\left|\frac{\partial(x,y,z)}{\partial(u,v,w)}\right|\neq 0,$$

则

$$\boxed{\iiint\limits_V f(x,y,z)\,dV=\iiint\limits_{V'} f(x(u,v,w),y(u,v,w),z(u,v,w))\left|\frac{\partial(x,y,z)}{\partial(u,v,w)}\right|du\,dv\,dw.}\quad(9.10)$$

令 $dV=\left|\frac{\partial(x,y,z)}{\partial(u,v,w)}\right|du\,dv\,dw$ 表示曲面坐标下的体积元素. 右边的区域 V 是新坐标系下的区域，边界曲面要用变量 u，v，w 表示. 我们可以验证在柱面坐标变换下：$|J|=r$，在球面坐标变换下：$|J|=\rho^2\sin\varphi$，与我们分析的结果一致.

例 8 计算 $\iiint\limits_V\left(\frac{x^2}{a^2}+\frac{y^2}{b^2}+\frac{z^2}{c^2}\right)dV$，其中 V：$\frac{x^2}{a^2}+\frac{y^2}{b^2}+\frac{z^2}{c^2}\leqslant 1$.

解 用广义球面坐标变换

$$\begin{cases}x=a\rho\sin\varphi\cos\theta,\\ y=b\rho\sin\varphi\sin\theta,\\ z=c\rho\cos\varphi,\end{cases}$$

有

$$|J|=abc\rho^2\sin\varphi,\qquad V:\begin{cases}0\leqslant\rho\leqslant 1,\\ 0\leqslant\varphi\leqslant\pi,\\ 0\leqslant\theta\leqslant 2\pi.\end{cases}$$

于是

$$\text{原式}=abc\int_0^{2\pi}d\theta\cdot\int_0^{\pi}\sin\varphi\,d\varphi\cdot\int_0^1\rho^4\,d\rho=\frac{4}{5}\pi abc.$$

比我们前面的解决方法要简单得多.

例 9 求曲面 $\left(\frac{x^2}{a^2}+\frac{y^2}{b^2}+\frac{z^2}{c^2}\right)^2=\frac{x^2}{a^2}+\frac{y^2}{b^2}$ 所围立体的体积.

解 显然这个曲面我们不容易画出来，但是该曲面关于三个坐标平面对称. 因此，该立体也关于三个坐标平面对称，只需计算第 I 卦限的体积，乘 8 便得所求，即

$$V=8\iiint\limits_{V_1}\mathrm{d}V,$$

其中 V_1 是第 I 卦限的立体. 用广义球面坐标变换：

$$\begin{cases}x=a\rho\sin\varphi\cos\theta,\\ y=b\rho\sin\varphi\sin\theta,\\ z=c\rho\cos\varphi,\end{cases}$$

则 $|J|=abc\rho^2\sin\varphi$. 经广义球面坐标变换，曲面方程为 $\rho=\sin\varphi$. 因此

$$V_1:\ 0\leqslant\rho\leqslant\sin\varphi,\ 0\leqslant\varphi\leqslant\frac{\pi}{2},\ 0\leqslant\theta\leqslant\frac{\pi}{2},$$

于是

$$\begin{aligned}V&=8\int_0^{\frac{\pi}{2}}\mathrm{d}\theta\int_0^{\frac{\pi}{2}}\mathrm{d}\varphi\int_0^{\sin\varphi}abc\rho^2\sin\varphi\,\mathrm{d}\rho\\&=8abc\int_0^{\frac{\pi}{2}}\mathrm{d}\theta\cdot\int_0^{\frac{\pi}{2}}\sin\varphi\,\mathrm{d}\varphi\int_0^{\sin\varphi}\rho^2\mathrm{d}\rho=\frac{8}{3}abc\cdot\frac{\pi}{2}\int_0^{\frac{\pi}{2}}\sin^4\varphi\,\mathrm{d}\varphi\\&=\frac{4}{3}\pi abc\cdot\frac{3}{4}\cdot\frac{1}{2}\cdot\frac{\pi}{2}=\frac{\pi^2}{4}abc.\end{aligned}$$

*四、重积分换元公式的证明

1. 二重积分的换元公式

在平面上，设由函数组 $u=u(x,y)$，$v=v(x,y)$（$u(x,y)$，$v(x,y)$ 是单值函数且有连续的偏导数）可以唯一地确定一对单值反函数

$$x=x(u,v),\ y=y(u,v).\tag{9.11}$$

因此，变数 (x,y) 与变数 (u,v) 构成一一对应，平面上的点 $M(x,y)$ 的位置就可用一对新变数 (u,v) 来确定，这对 (u,v) 叫做 M 的曲线坐标.

分别给 u，v 以所有可能的常数量值，在 Oxy 平面上就得到两族曲线 $u(x,y)=$ 常数，$v(x,y)=$ 常数（图 9-45），这两族曲线叫做坐标曲线.

极坐标是最常见的一种曲线坐标，在这里 $u=r$，$v=\theta$，极坐标与直角坐标的关系是

$$x=r\cos\theta,\ y=r\sin\theta.$$

极坐标的两族坐标曲线是 $r=$ 常数（一族以原点为中心的同心圆），$\theta=$ 常数（一族以原点为起点的射线）.

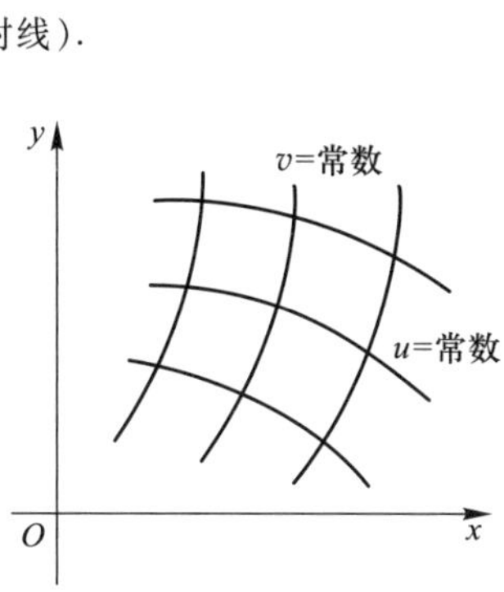

图 9-45

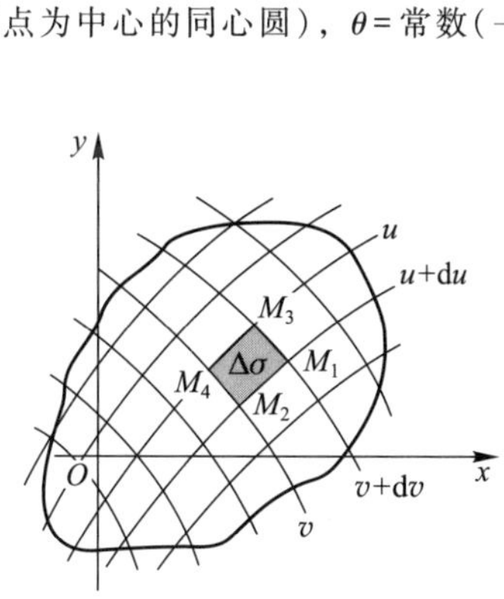

图 9-46

现在来考虑二重积分 $\iint\limits_{\sigma} f(x,y)\,\mathrm{d}\sigma$ 在曲线坐标(u,v)下的表达式.

用两族坐标曲线将区域 σ 分成若干个小区域，再求其中规则的小区域的面积(图9-46).设小区域 $M_1M_2M_4M_3$ 是由两对邻近坐标线所围成，因 $\mathrm{d}u$，$\mathrm{d}v$ 很小，所以可将该小区域看成是一个平行四边形. 这个平行四边形的顶点 M_4，M_2，M_3 的坐标(不计高阶无穷小)分别是

$$M_4:\begin{cases}x_1=x(u,v),\\ y_1=y(u,v);\end{cases}$$

$$M_2:\begin{cases}x_2=x(u+\mathrm{d}u,v)=x(u,v)+\dfrac{\partial x}{\partial u}\mathrm{d}u,\\[2ex] y_2=y(u+\mathrm{d}u,v)=y(u,v)+\dfrac{\partial y}{\partial u}\mathrm{d}u;\end{cases}$$

$$M_3:\begin{cases}x_3=x(u,v+\mathrm{d}v)=x(u,v)+\dfrac{\partial x}{\partial v}\mathrm{d}v,\\[2ex] y_3=y(u,v+\mathrm{d}v)=y(u,v)+\dfrac{\partial y}{\partial v}\mathrm{d}v;\end{cases}$$

因此，

$$\overrightarrow{M_4M_2}=\left(\frac{\partial x}{\partial u}\mathrm{d}u\right)\boldsymbol{i}+\left(\frac{\partial y}{\partial u}\mathrm{d}u\right)\boldsymbol{j},\quad \overrightarrow{M_4M_3}=\left(\frac{\partial x}{\partial v}\mathrm{d}v\right)\boldsymbol{i}+\left(\frac{\partial y}{\partial v}\mathrm{d}v\right)\boldsymbol{j},$$

$$\overrightarrow{M_4M_2}\times\overrightarrow{M_4M_3}=\begin{vmatrix}\boldsymbol{i} & \boldsymbol{j} & \boldsymbol{k}\\ \dfrac{\partial x}{\partial u} & \dfrac{\partial y}{\partial u} & 0\\ \dfrac{\partial x}{\partial v} & \dfrac{\partial y}{\partial v} & 0\end{vmatrix}\mathrm{d}u\mathrm{d}v=\begin{vmatrix}\dfrac{\partial x}{\partial u} & \dfrac{\partial y}{\partial u}\\ \dfrac{\partial x}{\partial v} & \dfrac{\partial y}{\mathrm{d}v}\end{vmatrix}\mathrm{d}u\mathrm{d}v\boldsymbol{k}.$$

通常记

$$\frac{\partial(x,y)}{\partial(u,v)}=\begin{vmatrix}\dfrac{\partial x}{\partial u} & \dfrac{\partial x}{\partial v}\\ \dfrac{\partial y}{\partial u} & \dfrac{\partial y}{\partial v}\end{vmatrix},$$

叫做 x，y 关于 u，v 的雅可比(Jacobi)行列式. 于是，小区域 $M_1M_2M_4M_3$ 的面积取为

$$|\overrightarrow{M_4M_2}\times\overrightarrow{M_4M_3}|=\left|\frac{\partial(x,y)}{\partial(u,v)}\right|\mathrm{d}u\mathrm{d}v.$$

又由 $f(x,y)=f(x(u,v),y(u,v))$，得

$$\boxed{\iint\limits_{\sigma} f(x,y)\,\mathrm{d}\sigma=\iint\limits_{\sigma'} f(x(u,v),y(u,v))\left|\frac{\partial(x,y)}{\partial(u,v)}\right|\mathrm{d}u\mathrm{d}v,}\tag{9.12}$$

其中右边的 σ' 用 u，v 的不等式来表示.

这就是二重积分从直角坐标(x,y)变换为曲线坐标(u,v)的换元公式，曲线坐标下的面积元素为

$$\left|\frac{\partial(x,y)}{\partial(u,v)}\right|\mathrm{d}u\mathrm{d}v.$$

例如极坐标的情况，$x=r\cos\theta$，$y=r\sin\theta$(在这里 $u=r,v=\theta$)，有

$$\frac{\partial(x,y)}{\partial(u,v)}=\frac{\partial(x,y)}{\partial(r,\theta)}=\begin{vmatrix}\dfrac{\partial x}{\partial r} & \dfrac{\partial x}{\partial\theta}\\ \dfrac{\partial y}{\partial r} & \dfrac{\partial y}{\partial\theta}\end{vmatrix}=\begin{vmatrix}\cos\theta & -r\sin\theta\\ \sin\theta & r\cos\theta\end{vmatrix}=r.$$

由式(9.12)得

$$\iint_{\sigma} f(x,y)\,\mathrm{d}\sigma=\iint_{\sigma} f(r\cos\theta,r\sin\theta)\,r\mathrm{d}r\mathrm{d}\theta.$$

又如对于广义极坐标：$x=ar\cos\theta$，$y=br\sin\theta$，有

$$\frac{\partial(x,y)}{\partial(u,v)}=\frac{\partial(x,y)}{\partial(r,\theta)}=\begin{vmatrix}\dfrac{\partial x}{\partial r} & \dfrac{\partial x}{\partial\theta}\\ \dfrac{\partial y}{\partial r} & \dfrac{\partial y}{\partial\theta}\end{vmatrix}=\begin{vmatrix}a\cos\theta & -ar\sin\theta\\ b\sin\theta & br\cos\theta\end{vmatrix}=abr,$$

从而

$$\iint_{\sigma} f(x,y)\,\mathrm{d}\sigma=\iint_{\sigma'} f(ar\cos\theta,br\sin\theta)\,abr\mathrm{d}r\mathrm{d}\theta.$$

这就是二重积分从直角坐标变换为广义极坐标的换元公式.

2. 三重积分的换元公式

在空间中，设由函数组

$$u=u(x,y,z),\quad v=v(x,y,z),\quad w=w(x,y,z) \tag{9.13}$$

($u(x,y,z)$,$v(x,y,z)$,$w(x,y,z)$是单值函数,且具有连续偏导数)可以唯一地确定一组单值反函数

$$x=x(u,v,w),\quad y=y(u,v,w),\quad z=z(u,v,w). \tag{9.14}$$

通过上述关系，空间中点 $M(x,y,z)$ 的位置就可以用新的一组数(u,v,w)来确定，这组数(u,v,w)叫做点 M 的曲面坐标. 给 u，v，w 以所有可能的常数值，在空间中就得到三族曲面：$u(x,y,z)=$常数，$v(x,y,z)=$常数，$w(x,y,z)=$常数，这三族曲面叫做坐标曲面，它们两两的交线叫做坐标曲线. 柱面坐标及球面坐标是最常见的二种曲面坐标. 如柱面坐标中的三族坐标曲面是：

$r=$常数(一族以 Oz 轴为对称轴的圆柱面)，

$\theta=$常数(一族与 Ozx 正半平面($x>0$)夹角为定值的半平面)，

$z=$常数(一族垂直于 Oz 轴的半平面).

球面坐标中的三族坐标曲面是：

$\rho=$常数(一族以原点为球心的球面)，

$\theta=$常数(一族与 Ozx 正半平面($x>0$)夹角为定值的半平面)，

$\varphi=$常数(一族以 O 为顶点,以 Oz 轴为对称轴的锥面).

现在来考虑三重积分 $\iiint\limits_V f(x,y,z)\,\mathrm{d}V$ 在曲面坐标(u,v,w)下的表达式.

用三族坐标曲面将立体 V 分成若干个小立体区域，再求其中规则小立体区域的体积(图 9-47).

设立体小区域是由三对相邻的坐标曲面所围成.

因 $\mathrm{d}u$，$\mathrm{d}v$，$\mathrm{d}w$ 很小，故可将该小区域看成一个平行六面体，这个平行六面体的顶点 M_1 与相邻的三个顶点 M_2，M_4，M_5 的坐标(不计高阶无穷小)分别是

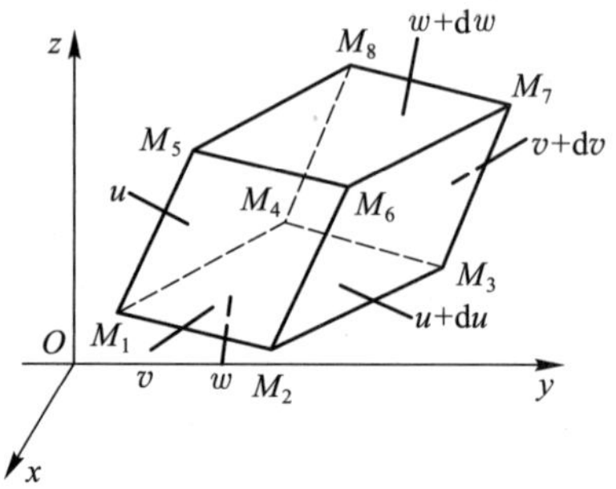

图 9-47

$$M_1:\begin{cases}x_1=x(u,v,w),\\ y_1=y(u,v,w),\\ z_1=z(u,v,w);\end{cases}$$

$$M_2:\begin{cases}x_2=x(u+\mathrm{d}u,v,w)=x(u,v,w)+\dfrac{\partial x}{\partial u}\mathrm{d}u,\\ y_2=y(u+\mathrm{d}u,v,w)=y(u,v,w)+\dfrac{\partial y}{\partial u}\mathrm{d}u,\\ z_2=z(u+\mathrm{d}u,v,w)=z(u,v,w)+\dfrac{\partial z}{\partial u}\mathrm{d}u;\end{cases}$$

$$M_4:\begin{cases}x_4=x(u,v+\mathrm{d}v,w)=x(u,v,w)+\dfrac{\partial x}{\partial v}\mathrm{d}v,\\ y_4=y(u,v+\mathrm{d}v,w)=y(u,v,w)+\dfrac{\partial y}{\partial v}\mathrm{d}v,\\ z_4=z(u,v+\mathrm{d}v,w)=z(u,v,w)+\dfrac{\partial z}{\partial v}\mathrm{d}v;\end{cases}$$

$$M_5:\begin{cases}x_5=x(u,v,w+\mathrm{d}w)=x(u,v,w)+\dfrac{\partial x}{\partial w}\mathrm{d}w,\\ y_5=y(u,v,w+\mathrm{d}w)=y(u,v,w)+\dfrac{\partial y}{\partial w}\mathrm{d}w,\\ z_5=z(u,v,w+\mathrm{d}w)=z(u,v,w)+\dfrac{\partial z}{\partial w}\mathrm{d}w,\end{cases}$$

因此，

$$\overrightarrow{M_1M_2}=\left(\frac{\partial x}{\partial u}\mathrm{d}u\right)\boldsymbol{i}+\left(\frac{\partial y}{\partial u}\mathrm{d}u\right)\boldsymbol{j}+\left(\frac{\partial z}{\partial u}\mathrm{d}u\right)\boldsymbol{k},$$

$$\overrightarrow{M_1M_4}=\left(\frac{\partial x}{\partial v}\mathrm{d}v\right)\boldsymbol{i}+\left(\frac{\partial y}{\partial v}\mathrm{d}v\right)\boldsymbol{j}+\left(\frac{\partial z}{\partial v}\mathrm{d}v\right)\boldsymbol{k},$$

$$\overrightarrow{M_1M_5}=\left(\frac{\partial x}{\partial w}\mathrm{d}w\right)\boldsymbol{i}+\left(\frac{\partial y}{\partial w}\mathrm{d}w\right)\boldsymbol{j}+\left(\frac{\partial z}{\partial w}\mathrm{d}w\right)\boldsymbol{k},$$

$$(\overrightarrow{M_1M_2}\times\overrightarrow{M_1M_4})\cdot\overrightarrow{M_1M_5}=\begin{vmatrix}\frac{\partial x}{\partial u}&\frac{\partial y}{\partial u}&\frac{\partial z}{\partial u}\\\frac{\partial x}{\partial v}&\frac{\partial y}{\partial v}&\frac{\partial z}{\partial v}\\\frac{\partial x}{\partial w}&\frac{\partial y}{\partial w}&\frac{\partial z}{\partial w}\end{vmatrix}\mathrm{d}u\mathrm{d}v\mathrm{d}w=\begin{vmatrix}\frac{\partial x}{\partial u}&\frac{\partial x}{\partial v}&\frac{\partial x}{\partial w}\\\frac{\partial y}{\partial u}&\frac{\partial y}{\partial v}&\frac{\partial y}{\partial w}\\\frac{\partial z}{\partial u}&\frac{\partial z}{\partial v}&\frac{\partial z}{\partial w}\end{vmatrix}\mathrm{d}u\mathrm{d}v\mathrm{d}w.$$

我们把

$$\frac{\partial(x,y,z)}{\partial(u,v,w)}\overset{\text{def}}{=\!=}\begin{vmatrix}\frac{\partial x}{\partial u}&\frac{\partial x}{\partial v}&\frac{\partial x}{\partial w}\\\frac{\partial y}{\partial u}&\frac{\partial y}{\partial v}&\frac{\partial y}{\partial w}\\\frac{\partial z}{\partial u}&\frac{\partial z}{\partial v}&\frac{\partial z}{\partial w}\end{vmatrix}$$

称为 x，y，z 关于 u，v，w 的三阶雅可比(Jacobi)行列式，于是规则小立体区域的体积

$$\mathrm{d}V=|(\overrightarrow{M_1M_2}\times\overrightarrow{M_1M_4})\cdot\overrightarrow{M_1M_5}|=\left|\frac{\partial(x,y,z)}{\partial(u,v,w)}\mathrm{d}u\mathrm{d}v\mathrm{d}w\right|=\left|\frac{\partial(x,y,z)}{\partial(u,v,w)}\right|\mathrm{d}u\mathrm{d}v\mathrm{d}w.$$

又 $f(x,y,z)=f(x(u,v,w),y(u,v,w),z(u,v,w))$，于是可以得到三重积分从直角坐标$(x,y,z)$变换为曲面坐标$(u,v,w)$的换元公式

$$\iiint\limits_V f(x,y,z)\,\mathrm{d}V=\iiint\limits_{V'}f(x(u,v,w),y(u,v,w),z(u,v,w))\left|\frac{\partial(x,y,z)}{\partial(u,v,w)}\right|\mathrm{d}u\mathrm{d}v\mathrm{d}w,\tag{9.15}$$

其中右边的立体 V' 用含 u，v，w 的不等式来表示区域.

习题 9-3

1. 计算下列三重积分：

(1) $\iiint\limits_V xy^2z^3\mathrm{d}x\mathrm{d}y\mathrm{d}z$，其中 V 是由曲面 $z=xy$，$y=x$，$x=1$，$z=0$ 所围成的立体；

(2) $\iiint\limits_V \dfrac{\mathrm{d}x\mathrm{d}y\mathrm{d}z}{(1+x+y+z)^3}$，其中 V 是由曲面 $x+y+z=1$，$z=0$，$y=0$，$x=0$ 所围成的立体；

(3) $\iiint\limits_V xyz\mathrm{d}x\mathrm{d}y\mathrm{d}z$，其中 V 是由曲面 $x^2+y^2+z^2=1$，$x=0$，$y=0$，$z=0$ 所围成的第Ⅰ卦限内的立体；

(4) $\iiint\limits_V \sqrt{x^2+y^2}\,\mathrm{d}x\mathrm{d}y\mathrm{d}z$，其中 V 是由曲面 $z^2=x^2+y^2$，$z=1$ 所围成的立体.

2. 利用适当方法计算下列三重积分：

(1) $\iiint\limits_V (x^2+y^2)\mathrm{d}x\mathrm{d}y\mathrm{d}z$，其中 V 是由曲面 $x^2+y^2=2z$，$z=2$ 所围成的立体；

(2) $\iiint\limits_V (x^2+y^2+z^2)\mathrm{d}V$，其中 V：$a^2\leqslant x^2+y^2+z^2\leqslant b^2$，$z\geqslant 0$；

(3) $\iiint\limits_{V}(x^2+y^2+z)\,\mathrm{d}V$，其中 V 是由曲线 $\begin{cases} y^2=2z, \\ x=0 \end{cases}$ 绕 Oz 轴旋转一周所成的曲面与平面 $z=4$ 所围成的立体；

(4) $\iiint\limits_{\Omega}(x+z)\,\mathrm{d}V$，其中 Ω 是由曲面 $z=\sqrt{x^2+y^2}$ 与 $z=\sqrt{1-x^2-y^2}$ 所围成的区域；

(5) $\iiint\limits_{V}(x^2+y^2+z^2)\,\mathrm{d}V$，其中 V：$\dfrac{x^2}{a^2}+\dfrac{y^2}{b^2}+\dfrac{z^2}{c^2}\leqslant 1$.

3. 求函数 $f(x,y,z)=x^2+y^2+z^2$ 在区域 $x^2+y^2+z^2\leqslant x+y+z$ 内的平均值.

4. 证明：若函数 $f(x,y,z)$ 于域 V 内是连续的且对于任何区域 $W\subset V$，都有

$$\iiint\limits_{W} f(x,y,z)\,\mathrm{d}V=0,$$

则当 $(x,y,z)\in V$ 时，$f(x,y,z)\equiv 0$.

5. $F(t)=\iiint\limits_{x^2+y^2+z^2\leqslant t^2} f(x^2+y^2+z^2)\,\mathrm{d}x\mathrm{d}y\mathrm{d}z$，其中 f 为可微函数，$t>0$，求 $F'(t)$.

6. 求由下列曲面所界的体积：

(1) $z=x^2+y^2$，$z=2x^2+2y^2$，$y=x$，$y=x^2$；

(2) $x^2+y^2+z^2=a^2$，$x^2+y^2+z^2=b^2$，$x^2+y^2=z^2\,(z\geqslant 0,\ 0<a<b)$；

(3) $x^2+y^2+z^2=2az$，$x^2+y^2\leqslant z^2$ $(a>0)$.

7. 计算积分 $\iiint\limits_{\Omega}(x+y+z)^2\,\mathrm{d}V$，其中 Ω：$x^2+y^2+z^2\leqslant R^2$.

§4　第一类曲线积分与第一类曲面积分

§4.1　第一类曲线积分

由已知曲线 Γ 的线密度，求曲线 Γ 的质量可引入第一类曲线积分的定义（请读者自己分析）.

定义 9.5　*设函数 $f(P)$ 是定义在以 A，B 为端点的光滑曲线 Γ 上的有界函数，在曲线 Γ 上任意取点：*

$$A=M_0,M_1,M_2,\cdots,M_n=B,$$

将曲线分成 n 个部分. 记弧 $\widehat{M_{i-1}M_i}$ 的长度为 Δs_i，并在 $\widehat{M_{i-1}M_i}$ 上任取一点 $P_i(\xi_i,\eta_i,\zeta_i)$，作和

$$\sum_{i=1}^{n} f(P_i)\,\Delta s_i.$$

记 $\lambda=\max\{\Delta s_i:1\leqslant i\leqslant n\}$. 当 $\lambda\to 0$ 时，若上述和式的极限存在，且此极限值与曲线的分法及点 P_i 的取法无关，则称此极限值为函数 $f(P)$ 沿曲线 Γ 的第一类

曲线积分，记作

$$\int_\Gamma f(P)\,\mathrm{d}s=\lim_{\lambda\to 0}\sum_{i=1}^{n}f(P_i)\Delta s_i.$$

第一类曲线积分也具有二重积分的八条性质.

若 $f(P)\equiv 1$，则显然有

$$\int_\Gamma 1\,\mathrm{d}s \xlongequal{\text{记作}} \int_\Gamma \mathrm{d}s=s,$$

其中 s 是曲线的弧长.

设 Γ 为空间光滑曲线，其方程为：

$$\begin{cases}x=x(t),\\ y=y(t),\ \alpha\leqslant t\leqslant\beta(\text{即 } x'(t),y'(t),z'(t)\text{ 连续且不同时为 } 0).\\ z=z(t),\end{cases}$$

设 $Q=\int_\Gamma f(x,y,z)\,\mathrm{d}s$，则 $\mathrm{d}Q=f(x,y,z)\,\mathrm{d}s$. 在区间 $[t,t+\Delta t]$ 上，由于

$$\begin{aligned}\Delta s&\approx\sqrt{[x(t+\Delta t)-x(t)]^2+[y(t+\Delta t)-y(t)]^2+[z(t+\Delta t)-z(t)]^2}\\&=\sqrt{x'^2(\xi_1)+y'^2(\xi_2)+z'^2(\xi_3)}\,\Delta t\ (t<\xi_1,\xi_2,\xi_3<t+\Delta t)\\&\approx\sqrt{x'^2(t)+y'^2(t)+z'^2(t)}\,\Delta t\quad(\text{与求平面上弧长增量类似}),\end{aligned}$$

所以

$$\mathrm{d}s=\sqrt{x'^2(t)+y'^2(t)+z'^2(t)}\,\mathrm{d}t.$$

从而

$$\mathrm{d}Q=f(x,y,z)\,\mathrm{d}s=f(x(t),y(t),z(t))\sqrt{x'^2(t)+y'^2(t)+z'^2(t)}\,\mathrm{d}t.$$

于是

$$\boxed{\int_\Gamma f(x,y,z)\,\mathrm{d}s=\int_\alpha^\beta f(x(t),y(t),z(t))\sqrt{x'^2(t)+y'^2(t)+z'^2(t)}\,\mathrm{d}t.}$$

若 Ω 是光滑平面曲线 Γ：$\begin{cases}x=x(t),\\ y=y(t)\end{cases}(\alpha\leqslant t\leqslant\beta)$. 设 $Q=\int_\Gamma f(x,y)\,\mathrm{d}s$，$\alpha\leqslant t\leqslant\beta$，则 $\mathrm{d}Q=f(x,y)\,\mathrm{d}s$. 由 $\mathrm{d}s=\sqrt{x'^2(t)+y'^2(t)}\,\mathrm{d}t$，知

$$\mathrm{d}Q=f(x(t),y(t))\sqrt{x'^2(t)+y'^2(t)}\,\mathrm{d}t,$$

则

$$\int_\Gamma f(x,y)\,\mathrm{d}s=\int_\alpha^\beta f(x(t),y(t))\sqrt{x'^2(t)+y'^2(t)}\,\mathrm{d}t.$$

若曲线 Γ 的方程为：$y=\varphi(x)$，$x\in[a,b]$，则

$$\int_\Gamma f(x,y)\,\mathrm{d}s=\int_a^b f(x,\varphi(x))\sqrt{1+\varphi'^2(x)}\,\mathrm{d}x.$$

若曲线 Γ 的方程为：$x=\psi(y),y\in[c,d]$，则

$$\int_{\Gamma} f(x,y)\,\mathrm{d}s = \int_{c}^{d} f(\psi(y),y)\sqrt{1+\psi'^2(y)}\,\mathrm{d}y.$$

若曲线 Γ 的方程为：$r=r(\theta)$，$\theta\in[\alpha,\beta]$，则

$$\int_{\Gamma} f(x,y)\,\mathrm{d}s = \int_{\alpha}^{\beta} f(r\cos\theta, r\sin\theta)\sqrt{r^2(\theta)+r'^2(\theta)}\,\mathrm{d}\theta.$$

第一类曲线积分也具有二重积分的八个性质.

例 1 求 $\int_{C}(x^{\frac{4}{3}}+y^{\frac{4}{3}})\mathrm{d}s$，其中 C 为内摆线 $x^{\frac{2}{3}}+y^{\frac{2}{3}}=a^{\frac{2}{3}}(a>0)$ 的弧.

解 由于曲线 C 关于两坐标轴对称，且被积函数关于 x 是偶函数，关于 y 也是偶函数，所以

$$\int_{C}(x^{\frac{4}{3}}+y^{\frac{4}{3}})\mathrm{d}s = 4\int_{C_1}(x^{\frac{4}{3}}+y^{\frac{4}{3}})\mathrm{d}s,$$

其中，C_1 是第一象限内的曲线，设 C_1：$\begin{cases}x=a\cos^3 t,\\ y=a\sin^3 t\end{cases}\left(0\leqslant t\leqslant\dfrac{\pi}{2}\right)$. 于是

$$\begin{aligned}\int_{C}(x^{\frac{4}{3}}+y^{\frac{4}{3}})\mathrm{d}s &= 4a^{\frac{4}{3}}\int_{0}^{\frac{\pi}{2}}(\cos^4 t+\sin^4 t)3a\cos t\sin t\mathrm{d}t\\ &=12a^{\frac{7}{3}}\left(\int_{0}^{\frac{\pi}{2}}\sin t\cos^5 t\mathrm{d}t+\int_{0}^{\frac{\pi}{2}}\sin^5 t\cos t\mathrm{d}t\right)\\ &=24a^{\frac{7}{3}}\int_{0}^{\frac{\pi}{2}}\sin^5 t\cos t\mathrm{d}t=24a^{\frac{7}{3}}\int_{0}^{\frac{\pi}{2}}\sin^5 t\mathrm{d}\sin t\\ &=4a^{\frac{7}{3}}.\end{aligned}$$

例 2 计算 $\int_{L}x^2\mathrm{d}s$，其中 L 为球面 $x^2+y^2+z^2=a^2$ 被平面 $x+y+z=0$ 所截得的圆周.

解 由对称性知

$$\int_{L}x^2\mathrm{d}s=\int_{L}y^2\mathrm{d}s=\int_{L}z^2\mathrm{d}s,$$

所以

$$\int_{L}x^2\mathrm{d}s=\frac{1}{3}\int_{L}(x^2+y^2+z^2)\mathrm{d}s=\frac{a^2}{3}\int_{L}\mathrm{d}s=\frac{2}{3}\pi a^3.$$

§4.2 第一类曲面积分

由已知曲面的面密度，求曲面的质量可引入第一类曲面积分的定义（请读者自己分析）.

定义 9.6 设 $f(P)=f(x,y,z)$ 是定义在有界光滑曲面 S 上的有界函数. 用曲线网将 S 任意分成 n 部分：

$$\Delta S_1,\Delta S_2,\cdots,\Delta S_n,$$

仍用 ΔS_i 记 ΔS_i 的面积. 在 ΔS_i 上任取点 $P_i(\xi_i,\eta_i,\zeta_i)$，作和

$$\sum_{i=1}^{n} f(P_i)\Delta S_i.$$

以 λ 表示 ΔS_i 直径中的最大者. 当 $\lambda\to 0$ 时，若上述和式的极限存在，且此极限值与曲面的分法及点 P_i 的取法无关，则称此极限值为函数 $f(P)$ 沿曲面 S 的第一类曲面积分，记作

$$\iint_S f(P)\,\mathrm{d}S=\lim_{\lambda\to 0}\sum_{i=1}^{n} f(P_i)\Delta S_i.$$

第一类曲面积分也具有二重积分的八条性质.

可以证明：若函数 $f(P)=f(x,y,z)$ 在曲面 S 上连续，则曲面积分存在. 若 $f(P)\equiv 1$，则显然有

$$\iint_S 1\,\mathrm{d}S \xlongequal{\text{记作}} \iint_S \mathrm{d}S=S,$$

其中 S 是曲面的面积.

若曲面 S 为光滑曲面：

$$z=z(x,y),\ (x,y)\in\sigma_{xy}(\sigma_{xy}\text{是曲面 } S \text{ 在 } Oxy \text{ 平面上的投影}).$$

设 $Q=\iint\limits_S f(x,y,z)\,\mathrm{d}S$，$(x,y)\in\sigma_{xy}$，则 $\mathrm{d}Q=f(x,y,z)\,\mathrm{d}S$. 在曲面 S 上取微元 $\mathrm{d}S$，设点 $P(x,y,z(x,y))\in\mathrm{d}S$，则在该点处曲面 S 的法矢量为 $\boldsymbol{n}=\pm\{z_x',z_y',-1\}$，$\boldsymbol{n}$ 与 Oz 轴正向的夹角 γ 的余弦为

$$\cos\gamma=\pm\frac{1}{\sqrt{1+z_x'^2+z_y'^2}}.$$

由图 9-48 知

$$\mathrm{d}\sigma=|\cos\gamma|\cdot\mathrm{d}S\quad\text{或}\quad \mathrm{d}S=\frac{1}{|\cos\gamma|}\mathrm{d}\sigma=\sqrt{1+z_x'^2+z_y'^2}\,\mathrm{d}\sigma,\tag{9.16}$$

所以

$$\mathrm{d}Q=f(x,y,z(x,y))\sqrt{1+z_x'^2+z_y'^2}\,\mathrm{d}\sigma,$$

于是

$$\boxed{\iint_S f(x,y,z)\,\mathrm{d}S=Q=\iint_{\sigma_{xy}} f(x,y,z(x,y))\sqrt{1+z_x'^2+z_y'^2}\,\mathrm{d}\sigma.}\tag{9.17}$$

特别地，若 $f(x,y,z)\equiv 1$，则 $\iint\limits_S \mathrm{d}S=\iint\limits_{\sigma_{xy}}\sqrt{1+z_x'^2+z_y'^2}\,\mathrm{d}\sigma=S.$

注 现证明式(1.1).

证 由于 $\mathrm{d}S$ 很小，所以可把 $\mathrm{d}S$ 看成一个平面，它的面积仍记为 $\mathrm{d}S$(图 9-48). $\boldsymbol{n}$ 是平面 $\mathrm{d}S$ 的法矢量，平面 σ_{xy} 的法矢量是 Oz 轴，因此，平面 $\mathrm{d}S$ 与平面 σ_{xy} 的夹角(锐角)θ 的余弦为：

$$\cos\theta=\frac{1}{\sqrt{z_x'^2+z_y'^2+1}}=|\cos\gamma| \quad (\theta\text{ 为常数}).$$

如图 9-49 建立坐标系，$\mathrm{d}\sigma$ 中 x 的变化范围是 $x\in[a,b]$. 过 x 作垂直于 Ox 轴的直线交 $\mathrm{d}\sigma$ 于 A_1 与 B_1，设 $|A_1B_1|=h(x)$，有

$$\mathrm{d}\sigma=\int_a^b h(x)\,\mathrm{d}x.$$

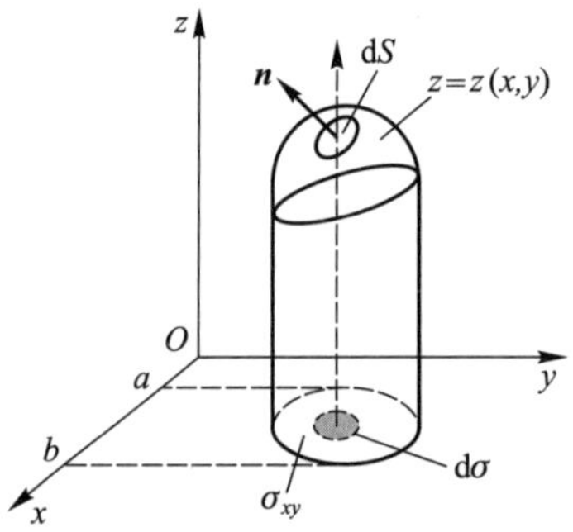

图 9-48

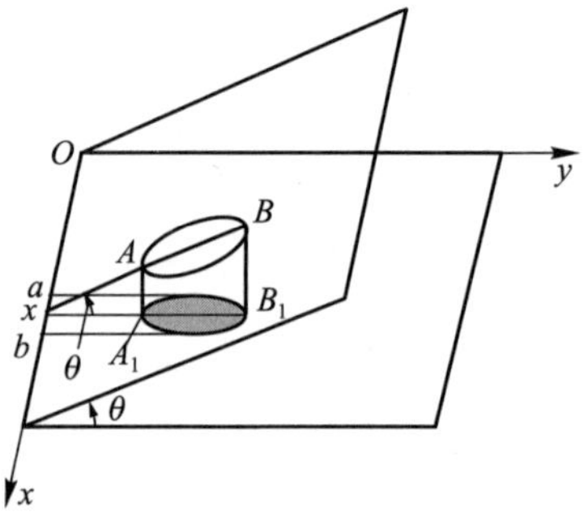

图 9-49

设 A_1 与 B_1 分别是区域 $\mathrm{d}S$ 中两点 A，B 在 $\mathrm{d}\sigma$ 上的投影点，则

$$|AB|\cos\theta=|A_1B_1|, \quad \text{或} \quad |AB|=\frac{1}{\cos\theta}|A_1B_1|=\frac{1}{\cos\theta}h(x).$$

于是

$$\mathrm{d}S=\int_a^b|AB|\,\mathrm{d}x=\int_a^b\frac{1}{\cos\theta}h(x)\,\mathrm{d}x=\frac{1}{\cos\theta}\int_a^b h(x)\,\mathrm{d}x=\frac{1}{\cos\theta}\mathrm{d}\sigma,$$

得 $\cos\theta\mathrm{d}S=\mathrm{d}\sigma$. 即

$$|\cos\gamma|\mathrm{d}S=\mathrm{d}\sigma \quad \text{或} \quad \mathrm{d}S=\frac{1}{|\cos\gamma|}\mathrm{d}\sigma=\sqrt{1+z_x'^2+z_y'^2}\,\mathrm{d}\sigma.\square$$

同理，若曲面 S：$y=y(x,z)$，$(x,z)\in\sigma_{zx}$，则

$$\boxed{\iint\limits_S f(x,y,z)\,\mathrm{d}S=\iint\limits_{\sigma_{zx}}f(x,y(x,z),z)\sqrt{1+\left(\frac{\partial y}{\partial x}\right)^2+\left(\frac{\partial y}{\partial z}\right)^2}\,\mathrm{d}\sigma.} \quad (9.18)$$

特别地，若 $f(x,y,z)\equiv 1$，则 $\iint\limits_S\mathrm{d}S=\iint\limits_{\sigma_{zx}}\sqrt{1+\left(\frac{\partial y}{\partial x}\right)^2+\left(\frac{\partial y}{\partial z}\right)^2}\,\mathrm{d}\sigma=S.$

若曲面 S：$x=x(y,z)$，$(y,z)\in\sigma_{yz}$，则

$$\boxed{\iint\limits_S f(x,y,z)\,\mathrm{d}S=\iint\limits_{\sigma_{yz}}f(x(y,z),y,z)\sqrt{1+\left(\frac{\partial x}{\partial y}\right)^2+\left(\frac{\partial x}{\partial z}\right)^2}\,\mathrm{d}\sigma.} \quad (9.19)$$

特别地，若 $f(x,y,z)\equiv 1$，则 $\iint\limits_S\mathrm{d}S=\iint\limits_{\sigma_{yz}}\sqrt{1+\left(\frac{\partial x}{\partial y}\right)^2+\left(\frac{\partial x}{\partial z}\right)^2}\,\mathrm{d}\sigma.$

若曲面 S 由方程 $F(x,y,z)=0$ 给出，且确定隐函数 $z=z(x,y)$，$(x,y)\in\sigma_{xy}$，并且$\frac{\partial z}{\partial x}=-\frac{F_x'}{F_z'}$，$\frac{\partial z}{\partial y}=-\frac{F_y'}{F_z'}$连续，则

$$\iint_S f(x,y,z)\,\mathrm{d}S=\iint_{\sigma_{xy}} f(x,y,z(x,y))\frac{\sqrt{F_x'^2+F_y'^2+F_z'^2}}{|F_z'|}\mathrm{d}\sigma.$$

而一般曲面可分割成若干块，使得每一块可利用公式(9.17)、(9.18)、(9.19)进行计算.

重难点讲解
第一类曲面积分的计算（一）

重难点讲解
第一类曲面积分的计算（二）

重难点讲解
第一类曲面积分的计算（三）

例 3　计算 $\iint_S (x^2+y^2)\,\mathrm{d}S$，其中 S 为立体$\sqrt{x^2+y^2}\leqslant z\leqslant 1$ 的边界.

解　曲面 S 由两部分组成，一部分为 $S_1: z=\sqrt{x^2+y^2}$，它在 Oxy 平面上的投影为 $x^2+y^2\leqslant 1$；另一部分为 $S_2: z=1$，它在 Oxy 平面上的投影也是 $x^2+y^2\leqslant 1$. 对于这两部分，分别有：

$$S_1:\sqrt{1+\left(\frac{\partial z}{\partial x}\right)^2+\left(\frac{\partial z}{\partial y}\right)^2}=\sqrt{1+\frac{x^2}{x^2+y^2}+\frac{y^2}{x^2+y^2}}=\sqrt{2};$$

$$S_2:\sqrt{1+\left(\frac{\partial z}{\partial x}\right)^2+\left(\frac{\partial z}{\partial y}\right)^2}=\sqrt{1+0+0}=1.$$

在极坐标变换下，$\sigma_{xy}:\begin{cases}0\leqslant\theta\leqslant 2\pi,\\ 0\leqslant r\leqslant 1,\end{cases}$有

$$\begin{aligned}\iint_S (x^2+y^2)\,\mathrm{d}S&=\iint_{S_1}(x^2+y^2)\,\mathrm{d}S+\iint_{S_2}(x^2+y^2)\,\mathrm{d}S\\&=\iint_{x^2+y^2\leqslant 1}\sqrt{2}(x^2+y^2)\,\mathrm{d}\sigma+\iint_{x^2+y^2\leqslant 1}(x^2+y^2)\,\mathrm{d}\sigma\\&=(\sqrt{2}+1)\iint_{x^2+y^2\leqslant 1}(x^2+y^2)\,\mathrm{d}\sigma\\&=(\sqrt{2}+1)\int_0^{2\pi}\mathrm{d}\theta\int_0^1 r^3\,\mathrm{d}r\\&=\frac{\pi}{2}(\sqrt{2}+1).\end{aligned}$$

例 4　计算 $\iint_\Sigma z\,\mathrm{d}S$，其中 Σ 为曲面 $z=\sqrt{x^2+y^2}$ 在柱体 $x^2+y^2\leqslant 2x$ 内的部分(图 9-50).

解　Σ 在 Oxy 平面上的投影区域为 $D: x^2+y^2\leqslant 2x$，有

$$\mathrm{d}S=\sqrt{1+z_x'^2+z_y'^2}=\sqrt{1+\frac{x^2}{x^2+y^2}+\frac{y^2}{x^2+y^2}}\,\mathrm{d}\sigma=\sqrt{2}\,\mathrm{d}\sigma,$$

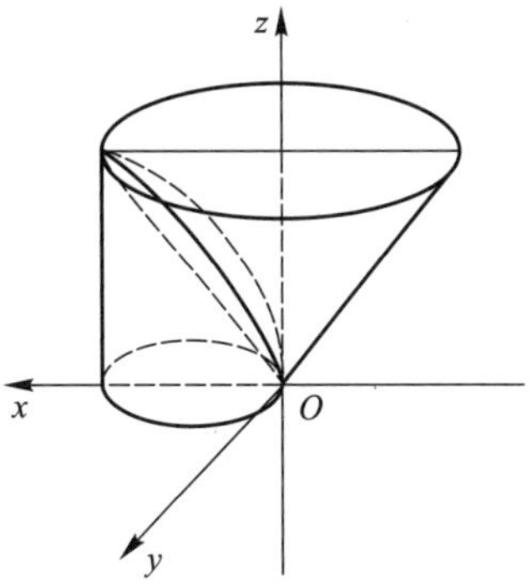

图 9-50

于是

$$\iint_{\Sigma} z\mathrm{d}S = \iint_{D}\sqrt{x^2+y^2}\sqrt{2}\,\mathrm{d}\sigma = \sqrt{2}\int_{-\frac{\pi}{2}}^{\frac{\pi}{2}}\mathrm{d}\theta\int_0^{2\cos\theta} r^2\mathrm{d}r$$

$$=\frac{16}{3}\sqrt{2}\int_0^{\frac{\pi}{2}}\cos^3\theta\mathrm{d}\theta = \frac{16}{3}\cdot\sqrt{2}\cdot\frac{2}{3} = \frac{32}{9}\sqrt{2}.$$

习题 9-4

1. 计算下列第一类曲线积分：

(1) $\int_C y^2\mathrm{d}s$，其中 C 为摆线 $x=a(t-\sin t)$，$y=a(1-\cos t)$ $(0\leqslant t\leqslant 2\pi)$ 的一拱；

(2) $\int_C \mathrm{e}^{\sqrt{x^2+y^2}}\mathrm{d}s$，其中 C 为由曲线 $\gamma=a$，$\varphi=0$，$\varphi=\dfrac{\pi}{4}$（γ 和 φ 是极坐标）所围的凸围线；

(3) $\int_C |y|\mathrm{d}s$，其中 C 为双纽线 $(x^2+y^2)^2=a^2(x^2-y^2)$ 的弧；

(4) $\int_C (x^2+y^2+z^2)\mathrm{d}s$，其中 C 为螺线 $x=a\cos t$，$y=a\sin t$，$z=bt$ $(0\leqslant t\leqslant 2\pi)$；

(5) $\int_C (x^2+y^2+1)\mathrm{d}s$，其中 C 为曲线 $\begin{cases}x^2+y^2+z^2=5,\\ z=x^2+y^2+1.\end{cases}$

2. 计算曲线 $x=3t$，$y=3t^2$，$z=2t^3$ 从 $O(0,0,0)$ 到 $A(3,3,2)$ 的一段弧长.

3. 计算下列第一类曲面积分：

(1) $\iint_S (x+y+z)\mathrm{d}S$，其中 S 为曲面 $x^2+y^2+z^2=a^2$，$z\geqslant 0$；

(2) $\iint_S \dfrac{\mathrm{d}S}{(1+x+y)^2}$，其中 S 为四面体 $x+y+z\leqslant 1$，$x\geqslant 0$，$y\geqslant 0$，$z\geqslant 0$ 的边界；

(3) $\iint_S |xyz|\mathrm{d}S$，其中 S 为曲面 $z=x^2+y^2$ 被平面 $z=1$ 所割下的部分；

(4) $\iint_S (ax+by+cz+d)^2\mathrm{d}S$，其中 S 是球面 $x^2+y^2+z^2=R^2$.

4. 求抛物面壳 $z=\dfrac{1}{2}(x^2+y^2)$ $(0\leqslant z\leqslant 1)$ 的质量，此壳的密度按规律 $\rho=z$ 而变化.

§5 点函数积分的概念、性质及应用

一、点函数积分的概念

我们知道，定积分可看作求密度不均匀线段（棒子）的质量的数学概念，二重积分可看作求密度不均匀平面图形（平面薄板）的质量的数学概念，三重积分可看作求密度不均匀立体的质量的数学概念，那么求空间密度不均匀的曲线或直线段的质量或一张有界曲面或平面的质量会导出什么样的数学形式？

为方便起见，我们把一段直线和曲线，一张有界平面或曲面，一个有界立体(包括边界点)统称为空间的有界闭形体 Ω. Ω 的度量仍记为 Ω，代表它的长度或面积或体积的大小.

设 Ω 是空间有界闭形体，它的密度 $\rho=f(P)$ 为 Ω 上的连续函数，求 Ω 的质量 M.

第一步：分割. 把 Ω 分成 n 个小的有界闭形体 $\Delta\Omega_1,\Delta\Omega_2,\cdots,\Delta\Omega_n$，其中 $\Delta\Omega_i$ 的度量仍记为 $\Delta\Omega_i$. 设 $\lambda_i=\max\{\rho(P_1,P_2):P_1,P_2\in\Delta\Omega_i\}$，称为 $\Delta\Omega_i$ 的直径. 令 $\lambda=\max\{\lambda_i:1\leqslant i\leqslant n\}$.

第二步：近似. $f(P)$ 在有界闭区域 Ω 上连续，所以当 $\Delta\Omega_i$ 的直径很小时，$\Delta\Omega_i$ 上任意两点的密度相差很小，几乎一样. 因此，可近似把 $\Delta\Omega_i$ 看成密度均匀的形体，$\forall P_i\in\Delta\Omega_i$，视 $f(P_i)$ 为 $\Delta\Omega_i$ 的平均密度，从而，$\Delta\Omega_i$ 的质量 M_i 可近似表示为

$$M_i\approx f(P_i)\Delta\Omega_i.$$

第三步：作和. $M=\sum\limits_{i=1}^{n}M_i\approx\sum\limits_{i=1}^{n}f(P_i)\Delta\Omega_i$.

第四步：取极限. 当 λ 越小时，每一个 $\Delta\Omega_i$ 都越小，则 $\sum\limits_{i=1}^{n}f(P_i)\Delta\Omega_i$ 与 M 越无限接近，于是

$$M=\lim_{\lambda\to 0}\sum_{i=1}^{n}f(P_i)\Delta\Omega_i.$$

这个极限值是唯一的，且与 Ω 的分法和点 P_i 的取法无关. 由此，我们得出点函数积分的概念.

定义 9.7　设 $\Omega\subset\mathbf{R}$ 或 $\Omega\subset\mathbf{R}^2$ 或 $\Omega\subset\mathbf{R}^3$，且 Ω 为有界闭区域. 设 $u=f(P)$，$P\in\Omega$ 为 Ω 上的有界点函数. 任用一种分割法将 Ω 分成 n 个子闭形体 $\Delta\Omega_1$，$\Delta\Omega_2,\cdots,\Delta\Omega_n$，这些子闭形体的度量仍记为 $\Delta\Omega_i\ (i=1,2,\cdots,n)$，设 $\lambda_i=\max\{\rho(P_1,P_2):P_1,P_2\in\Delta\Omega_i\}$ 为 $\Delta\Omega_i$ 的直径，令 $\lambda=\max\{\lambda_i:1\leqslant i\leqslant n\}$. $\forall P_i\in\Delta\Omega_i$，称 $f(P_i)\Delta\Omega_i$ 为积分元，称 $\sum\limits_{i=1}^{n}f(P_i)\Delta\Omega_i$ 为积分和式. 若极限 $\lim\limits_{\lambda\to 0}\sum\limits_{i=1}^{n}f(P_i)\Delta\Omega_i$ 存在且与 Ω 的分法和点 P_i 的取法无关，则称该极限值为点函数 $f(P)$ 在 Ω 上的积分，记作 $\int\limits_{\Omega}f(P)\,\mathrm{d}\Omega$，即

$$\int\limits_{\Omega}f(P)\,\mathrm{d}\Omega=\lim_{\lambda\to 0}\sum_{i=1}^{n}f(P_i)\Delta\Omega_i,$$

其中 Ω 称为积分区域，$f(P)$ 称为被积函数，P 称为积分变量，$f(P)\,\mathrm{d}\Omega$ 称为被积表达式，$\mathrm{d}\Omega$ 称为 Ω 的度量元素.

物理意义：当$f(P)\geqslant 0$时，$\int_{\Omega} f(P)\,\mathrm{d}\Omega$表示密度为$\rho=f(P)$的空间形体的质量$M$. 特别地，当$f(P)\equiv 1$时，$\int_{\Omega}\mathrm{d}\Omega=\lim\limits_{\lambda\to 0}\sum\limits_{i=1}^{n}\Delta\Omega_i=\Omega$（度量）.

定理 9.2 若$f(P)$在有界闭区域Ω上连续，则$f(P)$在Ω上可积.

二、点函数积分的性质

设$f(P)$，$g(P)$在有界闭区域Ω上都可积，有

性质 1 $\int_{\Omega}[f(P)\pm g(P)]\,\mathrm{d}\Omega=\int_{\Omega}f(P)\,\mathrm{d}\Omega\pm\int_{\Omega}g(P)\,\mathrm{d}\Omega$.

性质 2 $\int_{\Omega}kf(P)\,\mathrm{d}\Omega=k\int_{\Omega}f(P)\,\mathrm{d}\Omega$（$k$为常数）.

上面两条性质称为线性运算法则.

性质 3 $\int_{\Omega}f(P)\,\mathrm{d}\Omega=\int_{\Omega_1}f(P)\,\mathrm{d}\Omega+\int_{\Omega_2}f(P)\,\mathrm{d}\Omega$，其中$\Omega_1\cup\Omega_2=\Omega$，且$\Omega_1$与$\Omega_2$无公共内点.

性质 4 若$f(P)\geqslant 0$，$P\in\Omega$，则$\int_{\Omega}f(P)\,\mathrm{d}\Omega\geqslant 0$.

若$f(P)$连续，$f(P)\geqslant 0$，$f(P)\not\equiv 0$，$f(P)$连续，$P\in\Omega$，则$\int_{\Omega}f(P)\,\mathrm{d}\Omega>0$.

性质 5 若$f(P)\leqslant g(P)$，$P\in\Omega$，则$\int_{\Omega}f(P)\,\mathrm{d}\Omega\leqslant\int_{\Omega}g(P)\,\mathrm{d}\Omega$.

若$f(P)$，$g(P)$连续，$f(P)\leqslant g(P)$，$f(P)\not\equiv g(P)$，$f(P)$，$g(P)$连续，$P\in\Omega$，则$\int_{\Omega}f(P)\,\mathrm{d}\Omega<\int_{\Omega}g(P)\,\mathrm{d}\Omega$.

性质 6 若$f(P)$连续，$\left|\int_{\Omega}f(P)\,\mathrm{d}\Omega\right|\leqslant\int_{\Omega}|f(P)|\,\mathrm{d}\Omega$.

性质 7 若$f(P)$在积分区域Ω上满足$m\leqslant f(P)\leqslant M$，其中$m$，$M$均为常数，则

$$m\Omega\leqslant\int_{\Omega}f(P)\,\mathrm{d}\Omega\leqslant M\Omega.$$

性质 8（中值定理） 若$f(P)$在有界闭区域Ω上连续，则至少有一点$P^*\in\Omega$，使得

$$\int_{\Omega}f(P)\,\mathrm{d}\Omega=f(P^*)\Omega.$$

$f(P^*)=\dfrac{\int_{\Omega}f(P)\,\mathrm{d}\Omega}{\Omega}$称为函数$f(P)$在$\Omega$上的平均值.

三、点函数积分的分类

(1) 若 $\Omega=[a,b]\subset\mathbf{R}$，这时 $f(P)=f(x)$，$x\in[a,b]$，则

$$\int_{\Omega} f(P)\,\mathrm{d}\Omega=\int_a^b f(x)\,\mathrm{d}x. \tag{9.20}$$

这是一元函数 $f(x)$ 在区间 $[a,b]$ 上的定积分.

(2) 若 $\Omega=s\subset\mathbf{R}^2$，且 s 是平面曲线，这时 $f(P)=f(x,y)$，$(x,y)\in s$，于是

$$\int_{\Omega} f(P)\,\mathrm{d}\Omega=\int_s f(x,y)\,\mathrm{d}s. \tag{9.21}$$

当 $f(P)\equiv 1$ 时，$\int_s \mathrm{d}s=s$ 是曲线的弧长. 式(9.21)称为对弧长 s 的曲线积分或第一类平面曲线积分.

(3) 若 $\Omega=s\subset\mathbf{R}^3$，且 s 是空间曲线，这时 $f(P)=f(x,y,z)$，$(x,y,z)\in s$，则

$$\int_{\Omega} f(P)\,\mathrm{d}\Omega=\int_s f(x,y,z)\,\mathrm{d}s. \tag{9.22}$$

当 $f(P)\equiv 1$ 时，$\int_s \mathrm{d}s=s$ 是曲线的弧长. 式(9.22)称为对弧长 s 的曲线积分或第一类空间曲线积分.

(2)、(3)的特殊情形是 s 为一直线段，而直线段上的点函数积分本质上就是一元函数的定积分，这说明 $\int_s f(x,y)\,\mathrm{d}s$，$\int_s f(x,y,z)\,\mathrm{d}s$ 可用一次定积分计算，因此用了一次积分号.

(4) 若 $\Omega=\sigma\subset\mathbf{R}^2$，且 σ 是平面区域，这时 $f(P)=f(x,y)$，$(x,y)\in\sigma$，则

$$\int_{\Omega} f(P)\,\mathrm{d}\Omega=\iint_{\sigma} f(x,y)\,\mathrm{d}\sigma. \tag{9.23}$$

式(9.23)称为二重积分.

(5) 若 $\Omega=S\subset\mathbf{R}^3$，且 S 是空间曲面，这时 $f(P)=f(x,y,z)$，$(x,y,z)\in S$，则

$$\int_{\Omega} f(P)\,\mathrm{d}\Omega=\iint_{S} f(x,y,z)\,\mathrm{d}S. \tag{9.24}$$

式(9.24)称为对面积 S 的曲面积分或第一类曲面积分. 若 $f(P)\equiv 1$，$\iint_S \mathrm{d}S=S$ 是空间曲面的面积.

由于(5)的特殊情形是平面区域上的二重积分，说明该积分可化为两次定积分的计算，因此用二重积分号.

(6) 若 $\Omega=V\subset\mathbf{R}^3$，且 V 是空间立体，这时 $f(P)=f(x,y,z)$，$(x,y,z)\in V$，则

$$\int_{\Omega} f(P)\,\mathrm{d}\Omega=\iiint_{V} f(x,y,z)\,\mathrm{d}V. \tag{9.25}$$

式(9.25)称为三重积分. 若 $f(P)\equiv 1$, 则 $\iiint\limits_V \mathrm{d}V=V$ 是空间立体的体积.

四、对称区域上点函数的积分

(1) 设 $\Omega\subset\mathbf{R}^3$, Ω 是曲线或曲面或立体.

(i) 若 $\Omega=\Omega_1+\Omega_2$, 且 Ω_1, Ω_2 关于 Oxy 平面对称, 则

$$\int_\Omega f(P)\mathrm{d}\Omega=\begin{cases}0, & \text{当} f(x,y,-z)=-f(x,y,z),\text{即} f \text{关于} z \text{是奇函数},\\ 2\int_{\Omega_1} f(P)\mathrm{d}\Omega, & \text{当} f(x,y,-z)=f(x,y,z),\text{即} f \text{关于} z \text{是偶函数}.\end{cases}$$

(ii) 若 $\Omega=\Omega_3+\Omega_4$, 且 Ω_3, Ω_4 关于 Oyz 平面对称, 则

$$\int_\Omega f(P)\mathrm{d}\Omega=\begin{cases}0, & \text{当} f(-x,y,z)=-f(x,y,z),\text{即} f \text{关于} x \text{是奇函数},\\ 2\int_{\Omega_3} f(P)\mathrm{d}\Omega, & \text{当} f(-x,y,z)=f(x,y,z),\text{即} f \text{关于} x \text{是偶函数}.\end{cases}$$

(iii) 若 $\Omega=\Omega_5+\Omega_6$, 且 Ω_5, Ω_6 关于 Ozx 平面对称, 则

$$\int_\Omega f(P)\mathrm{d}\Omega=\begin{cases}0, & \text{当} f(x,-y,z)=-f(x,y,z),\text{即} f \text{关于} y \text{是奇函数},\\ 2\int_{\Omega_5} f(P)\mathrm{d}\Omega, & \text{当} f(x,-y,z)=f(x,y,z),\text{即} f \text{关于} y \text{是偶函数}.\end{cases}$$

(2) 设 $\Omega\subset\mathbf{R}^2$, Ω 是平面曲线或平面图形.

(i) 若 $\Omega=\Omega_1+\Omega_2$, 且 Ω_1, Ω_2 关于 Ox 轴对称, 则

$$\int_\Omega f(P)\mathrm{d}\Omega=\begin{cases}0, & \text{当} f(x,-y)=-f(x,y),\text{即} f \text{关于} y \text{是奇函数};\\ 2\int_{\Omega_1} f(P)\mathrm{d}\Omega, & \text{当} f(x,-y)=f(x,y),\text{即} f \text{关于} y \text{是偶函数}.\end{cases}$$

(ii) 若 $\Omega=\Omega_3+\Omega_4$, 且 Ω_3, Ω_4 关于 Oy 轴对称, 则

$$\int_\Omega f(P)\mathrm{d}\Omega=\begin{cases}0, & \text{当} f(-x,y)=-f(x,y),\text{即} f \text{关于} x \text{是奇函数},\\ 2\int_{\Omega_3} f(P)\mathrm{d}\Omega, & \text{当} f(-x,y)=f(x,y),\text{即} f \text{关于} x \text{是偶函数}.\end{cases}$$

简单地说,若 $\Omega\subset\mathbf{R}^3$ 关于坐标平面对称,当 $f(P)$ 关于垂直该平面坐标轴的坐标是奇函数时为 0; 是偶函数时, 为平面一侧区域积分的 2 倍.

若 $\Omega\subset\mathbf{R}^2$ 关于坐标轴对称, 当 $f(P)$ 关于垂直该轴的坐标是奇函数时为 0; 是偶函数时, 为该轴一侧区域积分的 2 倍.

事实上, 若两个点函数积分的被积函数与积分区域相同, 则两个点函数积分相同, 至于被积函数用什么字母表示是没有关系的. 下面, 我们给出(1)(i)中当 $\Omega=V$ 时的证明.

证　不妨设立体 $V=V_{上}+V_{下}$, 且 $V_{上}$, $V_{下}$ 关于 Oxy 平面对称, 有

$$\iiint_V f(x,y,z)\,\mathrm{d}V=\iiint_{V_上} f(x,y,z)\,\mathrm{d}V+\iiint_{V_下} f(x,y,z)\,\mathrm{d}V,$$

则 $V_上$，$V_下$ 的边界关于平面 Oxy 对称. 若 $V_下$ 区域中的 z 用 $-z$ 代替，则为 $V_上$，$f(x,y,z)$ 中的 z 用 $-z$ 代替，得 $|J|=1$. 有

$$\begin{aligned}\iiint_{V_下} f(x,y,z)\,\mathrm{d}V&=\iiint_{V_上} f(x,y,-z)\,\mathrm{d}V\\&=\begin{cases}\displaystyle\iiint_{V_上} -f(x,y,z)\,\mathrm{d}V, & 若 f(x,y,-z)=-f(x,y,z),\\ \displaystyle\iiint_{V_上} f(x,y,z)\,\mathrm{d}V, & 若 f(x,y,-z)=f(x,y,z).\end{cases}\end{aligned}$$

于是

$$\iiint_V f(x,y,z)\,\mathrm{d}V=\begin{cases}0, & 若 f(x,y,z)=-f(x,y,z),\\ 2\displaystyle\iiint_{V_上} f(x,y,z)\,\mathrm{d}V, & 若 f(x,y,z)=f(x,y,z).\end{cases}$$

同理可得，若 $\Omega\subset\mathbf{R}^3$ 关于 Oz 轴对称，当 $f(-x,-y,z)=-f(x,y,z)$ 时，积分为 0；当 $f(-x,-y,z)=f(x,y,z)$ 时，积分为 Oz 轴一侧区域上积分的 2 倍. 若 Ω 关于原点对称，当 $f(-x,-y,-z)=-f(x,y,z)$ 时，积分为 0；当 $f(-x,-y,-z)=f(x,y,z)$ 时，积分为原点一侧区域上积分的 2 倍，其他情形读者可自己给出. □

例 1　计算 $\iiint_\Omega (1+2xyz)\,\mathrm{d}V$，其中 Ω 是由曲面 $z=a^2-x^2-y^2$ 与 $z=0$ 所围成的区域(如图 9-51).

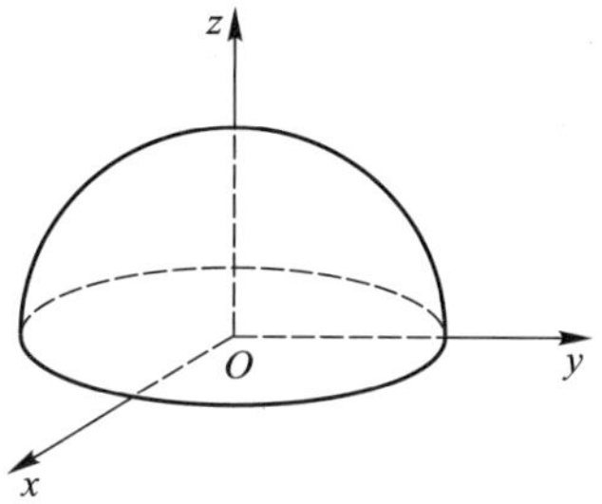

图 9-51

解　由于 $z=a^2-x^2-y^2$ 与 $z=0$ 的交线在 Oxy 平面上的投影曲线为：

$$x^2+y^2=a^2,$$

所以

V：$0\leqslant z\leqslant a^2-x^2-y^2$，$(x,y)\in\sigma_{xy}$：$x^2+y^2\leqslant a^2$，

由于 V 关于 Ozx 平面对称，且 $2xyz$ 关于 y 是奇函数，于是

$$\begin{aligned}\iiint_\Omega (1+2xyz)\,\mathrm{d}V&=\iiint_\Omega \mathrm{d}V+\iiint_\Omega 2xyz\,\mathrm{d}V=\iiint_\Omega \mathrm{d}V\\&=\iint_{\sigma_{xy}}\mathrm{d}\sigma\int_0^{a^2-x^2-y^2}\mathrm{d}z=\iint_{\sigma_{xy}}(a^2-x^2-y^2)\,\mathrm{d}\sigma\\&=\int_0^{2\pi}\mathrm{d}\theta\int_0^a(a^2-r^2)r\,\mathrm{d}r=2\pi\left(\frac{1}{2}a^2r^2-\frac{1}{4}r^4\right)\Bigg|_0^a=\frac{\pi a^4}{2}.\end{aligned}$$

五、质心

设密度函数 $\rho=\mu(P)=\mu(x,y,z)$ 连续，求空间闭形体 $\Omega\subset\mathbf{R}^3$ 的质心坐标（Ω 是曲线、曲面或空间立体），设 Ω 的质心坐标为 $(\bar{x},\bar{y},\bar{z})$.

由中学物理知识：平面上 n 个质点 $(x_1,y_1),(x_2,y_2),\cdots,(x_n,y_n)$，质量分别是 $m_1,m_2,\cdots,m_n$，其构成的质点系的质心坐标 $(\bar{x},\bar{y})$ 为

$$\bar{x}=\frac{x_1m_1+x_2m_2+\cdots+x_nm_n}{m_1+m_2+\cdots+m_n}=\frac{\sum_{i=1}^n x_im_i}{\sum_{i=1}^n m_i},\qquad \bar{y}=\frac{\sum_{i=1}^n y_im_i}{\sum_{i=1}^n m_i}.$$

我们采用下面的方法求 Ω 的质心坐标.

第一步：分割. 把 Ω 分割成 n 个小的闭形体 $\Delta\Omega_1,\Delta\Omega_2,\cdots,\Delta\Omega_n$.

第二步：近似. $\forall P_i(x_i,y_i,z_i)\in\Delta\Omega_i$，把 $\Delta\Omega_i$ 近似看成一个质点，质量近似为 $\mu(P_i)\Delta\Omega_i$，位于 P_i. 求 n 个质点质心坐标的公式为

$$\bar{x}\approx\frac{\sum_{i=1}^n\mu(P_i)\Delta\Omega_ix_i}{\sum_{i=1}^n\mu(P_i)\Delta\Omega_i},\quad \bar{y}\approx\frac{\sum_{i=1}^n\mu(P_i)\Delta\Omega_iy_i}{\sum_{i=1}^n\mu(P_i)\Delta\Omega_i},\quad \bar{z}\approx\frac{\sum_{i=1}^n\mu(P_i)\Delta\Omega_iz_i}{\sum_{i=1}^n\mu(P_i)\Delta\Omega_i}.$$

第三步：取极限.

$$\bar{x}=\lim_{\lambda\to0}\frac{\sum_{i=1}^n\mu(P_i)\Delta\Omega_ix_i}{\sum_{i=1}^n\mu(P_i)\Delta\Omega_i}=\frac{\int_\Omega\mu(P)x\mathrm{d}\Omega}{\int_\Omega\mu(P)\mathrm{d}\Omega}=\frac{\int_\Omega\mu(P)x\mathrm{d}\Omega}{M},$$

同理

$$\bar{y}=\frac{\int_\Omega\mu(P)y\mathrm{d}\Omega}{M},\quad \bar{z}=\frac{\int_\Omega\mu(P)z\mathrm{d}\Omega}{M},$$

$(\bar{x},\bar{y},\bar{z})$ 是 Ω 的质心.

特别地，当 $\rho=$ 常数时，

$$\bar{x}=\frac{\int_\Omega x\mathrm{d}\Omega}{\Omega},\quad \bar{y}=\frac{\int_\Omega y\mathrm{d}\Omega}{\Omega},\quad \bar{z}=\frac{\int_\Omega z\mathrm{d}\Omega}{\Omega},$$

其中 M 是 Ω 的质量，Ω 是 Ω 的度量.

当 $\rho=$ 常数，Ω 关于 Oxy 平面对称时，有 $\int_\Omega z\mathrm{d}\Omega=0$，则 $\bar{z}=0$. 同理，当 $\rho=$ 常数，Ω 关于 Ozx 平面对称时，$\bar{y}=0$. 当 $\rho=$ 常数，Ω 关于 Ozy 平面对称时，$\bar{x}=0$.

同理，当 $\Omega\subset\mathbf{R}^2$（$\Omega$ 是曲线或平面区域），设密度函数 $\rho=\mu(P)=\mu(x,y)$ 连续，设质心坐标为 $(\bar{x},\bar{y})$，有

$$\bar{x}=\frac{\int_{\Omega}\mu(P)x\mathrm{d}\Omega}{M},\quad \bar{y}=\frac{\int_{\Omega}\mu(P)y\mathrm{d}\Omega}{M}.$$

当 $\rho=$ 常数时，

$$\bar{x}=\frac{\int_{\Omega}x\mathrm{d}\Omega}{\Omega},\quad \bar{y}=\frac{\int_{\Omega}y\mathrm{d}\Omega}{\Omega}.$$

当 $\rho=$ 常数，Ω 关于 Ox 轴对称时，有 $\bar{y}=0$；Ω 关于 Oy 轴对称时，有 $\bar{x}=0$.

六、转动惯量

设 $\Omega\subset\mathbf{R}^3$ 或 $\Omega\subset\mathbf{R}^2$ 的密度函数 $\rho=\mu(P)$ 连续，求该物体的动能和关于 L 轴的转动惯量.

利用微元法，取 Ω 的微元 $\mathrm{d}\Omega$，$\forall P\in\mathrm{d}\Omega$. 将 $\mathrm{d}\Omega$ 的质量 $\mathrm{d}M=\mu(P)\mathrm{d}\Omega$ 看成集中在点 P 处，又设点 P 至 L 的距离为 $\overline{PP_L}$，于是 $\mathrm{d}M$ 绕 L 轴旋转的转动惯量为

$$\mathrm{d}I=\overline{PP_L}^2\,\mathrm{d}M=\overline{PP_L}^2\,\mu(P)\mathrm{d}\Omega,$$

于是

$$I=\int_{\Omega}\overline{PP_L}^2\,\mu(P)\mathrm{d}\Omega.$$

若 $\Omega\subset\mathbf{R}^3$（$\Omega$ 是空间曲线或曲面或立体），

当 L 是 Oz 轴时，$I_z=\int_{\Omega}(x^2+y^2)\mu(P)\mathrm{d}\Omega=\int_{\Omega}(x^2+y^2)\mu(x,y,z)\mathrm{d}\Omega.$
当 L 是 Ox 轴时，$I_x=\int_{\Omega}(y^2+z^2)\mu(P)\mathrm{d}\Omega=\int_{\Omega}(y^2+z^2)\mu(x,y,z)\mathrm{d}\Omega.$
当 L 是 Oy 轴时，$I_y=\int_{\Omega}(z^2+x^2)\mu(P)\mathrm{d}\Omega=\int_{\Omega}(z^2+x^2)\mu(x,y,z)\mathrm{d}\Omega.$

若 $\Omega\subset\mathbf{R}^2$（$\Omega$ 是平面曲线或平面区域），

当 L 是 Ox 轴时，$I_x=\int_{\Omega}y^2\mu(P)\mathrm{d}\Omega=\int_{\Omega}y^2\mu(x,y)\mathrm{d}\Omega.$
当 L 是 Oy 轴时，$I_y=\int_{\Omega}x^2\mu(P)\mathrm{d}\Omega=\int_{\Omega}x^2\mu(x,y)\mathrm{d}\Omega.$

七、引力

设 $\Omega\subset\mathbf{R}^3$，$\Omega$ 的密度函数 $\rho=\mu(P)=\mu(x,y,z)$ 连续. $P_0(x_0,y_0,z_0)$ 是一质点，质量为 m，求 Ω 对质点 P_0 的引力.

利用微元法，取 Ω 的微元 $\mathrm{d}\Omega$，$\forall P\in \mathrm{d}\Omega$，将 $\mathrm{d}\Omega$ 的质量 $\mathrm{d}M=\mu(P)\mathrm{d}\Omega$ 看作集中在点 P 处，$\mathrm{d}\Omega$ 对质点 P_0 的引力 $\mathrm{d}\boldsymbol{F}$ 的大小为

$$|\mathrm{d}\boldsymbol{F}|=G\frac{m\mu(P)\mathrm{d}\Omega}{r^2},\quad r=\sqrt{(x-x_0)^2+(y-y_0)^2+(z-z_0)^2}.$$

由 $\mathrm{d}\boldsymbol{F}/\!/\overrightarrow{P_0P}$，且 $\mathrm{d}\boldsymbol{F}$，$\overrightarrow{P_0P}$ 方向相同，有

$$\mathrm{d}\boldsymbol{e}_F=\frac{\overrightarrow{P_0P}}{|\overrightarrow{P_0P}|}=\frac{1}{r}[(x-x_0)\boldsymbol{i}+(y-y_0)\boldsymbol{j}+(z-z_0)\boldsymbol{k}],$$

于是

$$\mathrm{d}\boldsymbol{F}=|\mathrm{d}\boldsymbol{F}|\mathrm{d}\boldsymbol{e}_F=\frac{Gm}{r^3}[\mu(P)(x-x_0)\mathrm{d}\Omega\,\boldsymbol{i}+\mu(P)(y-y_0)\mathrm{d}\Omega\,\boldsymbol{j}+\mu(P)(z-z_0)\mathrm{d}\Omega\,\boldsymbol{k}],$$

从而

$$\boldsymbol{F}=\int_\Omega\frac{Gm\mu(P)(x-x_0)}{r^3}\mathrm{d}\Omega\,\boldsymbol{i}+\int_\Omega\frac{Gm\mu(P)(y-y_0)}{r^3}\mathrm{d}\Omega\,\boldsymbol{j}+\int_\Omega\frac{Gm\mu(P)(z-z_0)}{r^3}\mathrm{d}\Omega\,\boldsymbol{k},$$

即

$$\boldsymbol{F}=F_x\boldsymbol{i}+F_y\boldsymbol{j}+F_z\boldsymbol{k},$$

其中

$$F_x=Gm\int_\Omega\frac{\mu(P)(x-x_0)}{r^3}\mathrm{d}\Omega,$$
$$F_y=Gm\int_\Omega\frac{\mu(P)(y-y_0)}{r^3}\mathrm{d}\Omega,$$
$$F_z=Gm\int_\Omega\frac{\mu(P)(z-z_0)}{r^3}\mathrm{d}\Omega.$$

同理，若 $\Omega\subset\mathbf{R}^2$，$\Omega$ 的密度函数 $\rho=\mu(P)=\mu(x,y)$ 连续，$P_0(x_0,y_0)$ 是一质点，质量为 m，则 Ω 对质点 P_0 的引力为

$$\boldsymbol{F}=F_x\boldsymbol{i}+F_y\boldsymbol{j},$$

其中

$$F_x=Gm\int_\Omega\frac{\mu(P)(x-x_0)}{r^3}\mathrm{d}\Omega=Gm\int_\Omega\frac{\mu(x,y)(x-x_0)}{[(x-x_0)^2+(y-y_0)^2]^{3/2}}\mathrm{d}\Omega,$$
$$F_y=Gm\int_\Omega\frac{\mu(P)(y-y_0)}{r^3}\mathrm{d}\Omega=Gm\int_\Omega\frac{\mu(x,y)(y-y_0)}{[(x-x_0)^2+(y-y_0)^2]^{3/2}}\mathrm{d}\Omega.$$

例 2　已知均匀半球体的半径为 a，在该半球体的底圆的一旁，拼接一个半径与球的半径相等，材料相同的均匀圆柱体，使圆柱体的底圆与半球的底圆相重合，为了使拼接后的整个立体质心恰是球心，问圆柱的高应为多少？

解　如图 9-52 建立坐标系，设所求的圆柱体的高度为 H，圆柱体与半球的底圆在 Oxy 平面上. 圆柱体的中心轴为 Oz 轴，设整个立体为 Ω，其体积为

Ω，质心坐标为$(\bar{x},\bar{y},\bar{z})$．由题意知 $\bar{x}=\bar{y}=\bar{z}=0$．由立体 Ω 均质，且关于 Ozx 平面及 Oyz 平面对称，显然有 $\bar{y}=\bar{x}=0$，且

$$\bar{z}=\frac{1}{\Omega}\iiint_{\Omega} z\mathrm{d}V,$$

由题意知 $\bar{z}=0$，即

$$\iiint_{\Omega} z\mathrm{d}V=0.$$

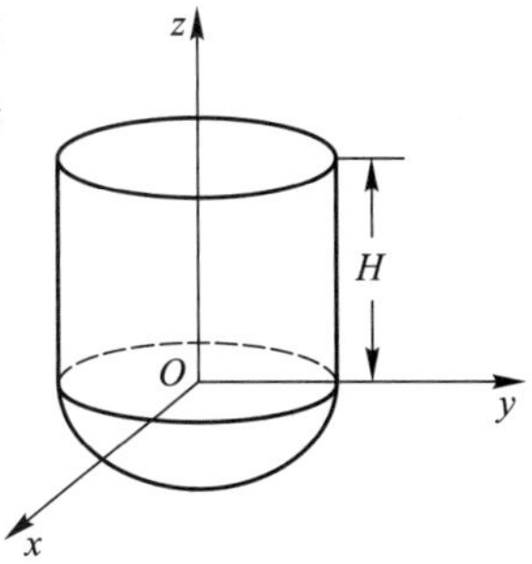

图 9-52

设圆柱体与半球分别为 Ω_1，Ω_2，分别用柱面坐标与球面坐标，得

$$\iiint_{\Omega} z\mathrm{d}V=\int_0^{2\pi}\mathrm{d}\theta\int_0^a\mathrm{d}r\int_0^H zr\mathrm{d}z+\int_0^{2\pi}\mathrm{d}\theta\int_{\frac{\pi}{2}}^{\pi}\mathrm{d}\varphi\int_0^a\rho\cos\varphi\rho^2\sin\varphi\mathrm{d}\rho$$

$$=\int_0^{2\pi}\mathrm{d}\theta\cdot\int_0^a r\mathrm{d}r\cdot\int_0^H z\mathrm{d}z+\int_0^{2\pi}\mathrm{d}\theta\cdot\int_{\frac{\pi}{2}}^{\pi}\cos\varphi\sin\varphi\mathrm{d}\varphi\cdot\int_0^a\rho^3\mathrm{d}\rho$$

$$=2\pi\cdot\frac{1}{2}a^2\cdot\frac{1}{2}H^2+2\pi\left(-\frac{1}{2}\right)\cdot\frac{a^4}{4}=\frac{\pi}{4}a^2(2H^2-a^2)=0,$$

得 $H=\frac{\sqrt{2}}{2}a$，就是所求圆柱的高．

例 3 求高为 h，半顶角为$\frac{\pi}{4}$，密度为μ(常数)的正圆锥体绕对称轴旋转的转动惯量．

解 以对称轴为 Oz 轴，以顶点为原点，如图建立坐标系(图 9-53)，则

$$I_z=\iiint_{\Omega}(x^2+y^2)\mu\mathrm{d}V.$$

利用平面截割法，有

$$\Omega:\ 0\leqslant z\leqslant h,\ (x,y)\in D_z:\ x^2+y^2\leqslant z^2,$$

于是

$$I_z=\int_0^h\mathrm{d}z\iint_{D_z}(x^2+y^2)\mu\mathrm{d}x\mathrm{d}y=\mu\int_0^h\mathrm{d}z\int_0^{2\pi}\mathrm{d}\theta\int_0^z r^2\cdot r\mathrm{d}r$$

$$=\mu\int_0^h\mathrm{d}z\int_0^{2\pi}\frac{1}{4}z^4\mathrm{d}\theta=\frac{\mu}{4}\cdot 2\pi\int_0^h z^4\mathrm{d}z=\frac{\pi\mu}{10}h^5.$$

例 4 一个半径为 R，高为 h 的均匀正圆柱体，在其对称轴上距上底 a 处有一质量为 m 的质点，试求圆柱体对质点的引力．

解 如图建立坐标系(图 9-54)，由于

$$F_x=\iiint_{\Omega}\frac{Gm\mu x}{(x^2+y^2+z^2)^{3/2}}\mathrm{d}V,$$

且 Ω 关于 Oyz 平面对称，被积函数关于 x 为奇函数，有 $F_x=0$，同理 $F_y=0$.

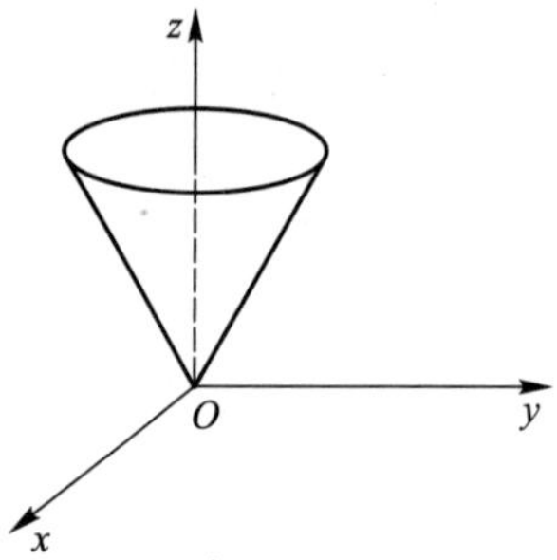

图 9-53

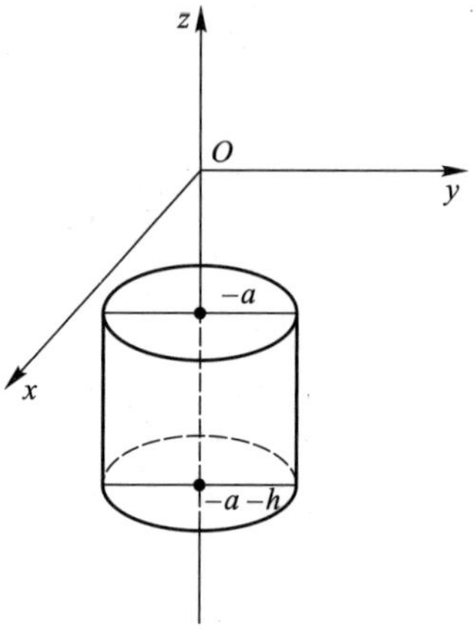

图 9-54

$$F_z=\iiint\limits_{\Omega}\frac{Gm\mu z}{(x^2+y^2+z^2)^{3/2}}\mathrm{d}V,$$

用柱面坐标变换，

$$\begin{aligned}F_z&=Gm\mu\int_0^{2\pi}\mathrm{d}\theta\int_0^R r\mathrm{d}r\int_{-(a+h)}^{-a}\frac{z}{(r^2+z^2)^{3/2}}\mathrm{d}z\\&=-2\pi Gm\mu\int_0^R r\left[(r^2+z^2)^{-\frac{1}{2}}\Big|_{-(a+h)}^{-a}\right]\mathrm{d}r\\&=-2\pi Gm\mu\int_0^R r[(r^2+a^2)^{-\frac{1}{2}}-(r^2+(a+h)^2)^{-\frac{1}{2}}]\mathrm{d}r\\&=2\pi Gm\mu[\sqrt{R^2+(a+h)^2}-\sqrt{R^2+a^2}-h],\end{aligned}$$

则引力 $\boldsymbol{F}=F_z\boldsymbol{k}$.

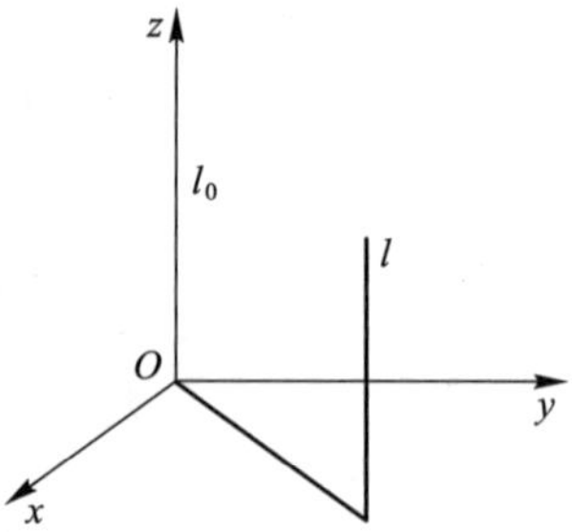

图 9-55

例 5　设 I_l 为物体 Ω 对于某轴 l 的转动惯量，I_{l_0} 为对于平行于 l 并通过物体重心的轴 l_0 的转动惯量，d 为轴 l 与 l_0 之间的距离，M 为物体 Ω 的质量. 证明：

$$I_l=I_{l_0}+Md^2.$$

证　以质心坐标为原点 O，Oz 轴与 l_0 重合，l 与 Oxy 平面的交点为 $(x_0,y_0,0)$，如图 9-55 所示.

$$\begin{aligned}I_l&=\iiint\limits_{\Omega}[(x-x_0)^2+(y-y_0)^2]\mu(x,y,z)\mathrm{d}V\\&=\iiint\limits_{\Omega}(x^2+y^2)\mu(x,y,z)\mathrm{d}V+\iiint\limits_{\Omega}(x_0^2+y_0^2)\mu(x,y,z)\mathrm{d}V-\\&\quad 2x_0\iiint\limits_{\Omega}x\mu(x,y,z)\mathrm{d}V-2y_0\iiint\limits_{\Omega}y\mu(x,y,z)\mathrm{d}V.\end{aligned}\tag{9.26}$$

由于质心在原点，故 $\bar{x}=0$，$\bar{y}=0$，

$$\bar{x}=\frac{1}{M}\iiint_{\Omega} x\mu(x,y,z)\,\mathrm{d}V=0,\ \text{即}\ \iiint_{\Omega} x\mu(x,y,z)\,\mathrm{d}V=0;$$

$$\bar{y}=\frac{1}{M}\iiint_{\Omega} y\mu(x,y,z)\,\mathrm{d}V=0,\ \text{即}\ \iiint_{\Omega} y\mu(x,y,z)\,\mathrm{d}V=0.$$

并且

$$M=\iiint_{\Omega}\mu(x,y,z)\,\mathrm{d}V,\quad d^2=x_0^2+y_0^2,$$

代入式(9.26)，有

$$I_l=I_{l_0}+Md^2.\ \square$$

例 6 求螺旋线 $x=a\cos t$，$y=a\sin t$，$z=bt$ $(0\leqslant t\leqslant 2\pi)$ 对 Oz 轴的转动惯量，设曲线的密度为 μ(常数).

解 $I_z=\int_{\Gamma}(x^2+y^2)\mu\,\mathrm{d}s=\mu\int_0^{2\pi}a^2(a^2\sin^2 t+a^2\cos^2 t+b^2)^{\frac{1}{2}}\mathrm{d}t$

$$=\mu a^2(a^2+b^2)^{\frac{1}{2}}\int_0^{2\pi}\mathrm{d}t=2\pi a^2\sqrt{a^2+b^2}\,\mu.$$

例 7 求密度为 ρ_0 的均匀球壳 $x^2+y^2+z^2=R^2(z\geqslant 0)$ 对 Oz 轴的转动惯量.

解 转动惯量为

$$I_z=\iint_S(x^2+y^2)\rho_0\,\mathrm{d}S$$

$$=\rho_0\iint_{x^2+y^2\leqslant R^2}(x^2+y^2)\frac{R}{\sqrt{R^2-x^2-y^2}}\mathrm{d}\sigma=R\rho_0\int_0^{2\pi}\mathrm{d}\theta\int_0^R\frac{r^3}{\sqrt{R^2-r^2}}\mathrm{d}r$$

$$=2\pi R\rho_0\int_0^R\frac{r^3}{\sqrt{R^2-r^2}}\mathrm{d}r\xlongequal{r=R\sin\theta}2\pi R^4\rho_0\int_0^{\frac{\pi}{2}}\sin^3\theta\,\mathrm{d}\theta=\frac{4}{3}\pi R^2\rho_0.$$

习题 9-5

1. 求圆形均质薄板关于(i) 切线的转动惯量；(ii) 过圆周上一点且垂直于圆平面的轴的转动惯量.

2. 求由抛物线 $y=\sqrt{ax}$ 及 $x=a$ $(a>0)$，$y=0$ 围成的均质薄板的质心.

3. 设有一半径为 R 的均质薄圆片 D，密度为 μ，求此圆片对于中心垂线上到圆片中心距离为 h，质量为 m 的质点的引力.

4. 求曲面 $x^2+z^2=a^2$，$y^2+z^2=a^2(z>0)$ 所围均质立体的质心坐标.

5. 设球在动点 $P(x,y,z)$ 的密度与该点至球心的距离成正比，求质量为 M 的非均质球体 $x^2+y^2+z^2\leqslant R^2$ 对其直径的转动惯量.

6. 求由曲面 $z=\sqrt{x^2+y^2}$，$z=1$，$z=2$ 所围成的均质立体对质量为 m 的质点 $A(0,0,0)$ 的

引力，其中体密度为 μ.

7. 计算球面上的三角形 $x^2+y^2+z^2=a^2(x\geqslant 0,y\geqslant 0,z\geqslant 0)$ 围线的质心坐标.

8. 求螺旋线 $x=a\cos t$，$y=a\sin t$，$z=\dfrac{h}{2\pi}t$（$0\leqslant t\leqslant 2\pi$）的一段对于 Ox 轴及 Oz 轴的转动惯量.

9. 均匀分布在圆 $x^2+y^2=R^2(y\geqslant 0)$ 的上半部的质量 M 以怎样的力吸引质量为 m、位于 $(0,0)$ 的质点.

10. 求密度为 ρ_0 的均匀球壳 $x^2+y^2+z^2=a^2(z\geqslant 0)$ 对于 Oz 轴的转动惯量.

11. 密度为 ρ_0 的均匀锥面 $z^2=x^2+y^2$ 位于 $0<b\leqslant z\leqslant a$ 的部分以怎样的力吸引质量为 m、位于 $O(0,0,0)$ 点的质点.

12. 求均匀曲面 $z=\sqrt{x^2+y^2}$ 被曲面 $x^2+y^2=ax$ 所割下部分的质心坐标.

第九章综合题

1. 计算下列二重积分：

(1) $\iint\limits_{\Omega}(x+y)\,\mathrm{d}x\mathrm{d}y$，其中 Ω 是由曲线 $y^2=2x$，$x+y=4$，$x+y=12$ 所围成的平面图形；

(2) $\iint\limits_{|x|+|y|\leqslant 1}(|x|+|y|)\,\mathrm{d}x\mathrm{d}y$；　　(3) $\iint\limits_{x^4+y^4\leqslant 1}(x^2+y^2)\,\mathrm{d}x\mathrm{d}y$；

(4) $\iint\limits_{\substack{|x|\leqslant 1\\0\leqslant y\leqslant 2}}\sqrt{|y-x^2|}\,\mathrm{d}x\mathrm{d}y$；　　(5) $\iint\limits_{x^2+y^2\leqslant 4}\operatorname{sgn}(x^2-y^2+2)\,\mathrm{d}x\mathrm{d}y$；

(6) $\iint\limits_{|x|+|y|\leqslant 1}|x+y|\,\mathrm{d}x\mathrm{d}y$.

2. 设 $f(x,y)$ 连续，且 $f(x,y)=xy+\iint\limits_{D}f(u,v)\,\mathrm{d}u\mathrm{d}v$，其中 D 是由 $y=0$，$y=x^2$，$x=1$ 所围的平面区域，计算 $\iint\limits_{D}f(x,y)\,\mathrm{d}x\mathrm{d}y$.

3. 物体在椭圆面 $\dfrac{x^2}{a^2}+\dfrac{y^2}{b^2}\leqslant 1$ 上的压力的分布由公式 $p=p_0\left(1-\dfrac{x^2}{a^2}-\dfrac{y^2}{b^2}\right)$ 所给出，求物体在此面上的平均压力.

4. 计算下列三重积分：

(1) $\iiint\limits_{V}xy\,\mathrm{d}V$，其中 V 是由曲面 $z=xy$，$x+y=1$ 及 $z=0$ 所围成的立体；

(2) $\iiint\limits_{V}(x+y+z)\,\mathrm{d}V$，其中 V：$x^2+y^2+z^2\leqslant R^2$ 且 $x\geqslant 0$，$y\geqslant 0$，$z\geqslant 0$.

5. 计算 $I=\int_{-\infty}^{+\infty}\int_{-\infty}^{+\infty}\min\{x,y\}\,\mathrm{e}^{-(x^2+y^2)}\,\mathrm{d}x\mathrm{d}y$.

6. 求曲面 $(x^2+y^2+z^2)^2=a^2(x^2+y^2-z^2)$（$a>0$）所围成立体的体积.

7. 计算下列积分：

(1) $\int_0^1\mathrm{d}x\int_0^{\sqrt{1-x^2}}\mathrm{d}y\int_{\sqrt{x^2+y^2}}^{\sqrt{2-x^2-y^2}}z^2\,\mathrm{d}z$；

(2) $\int_{-1}^{1}\mathrm{d}x\int_{0}^{\sqrt{1-x^2}}\mathrm{d}y\int_{1}^{\sqrt{1-x^2-y^2}+1}\frac{1}{\sqrt{x^2+y^2+z^2}}\mathrm{d}z$.

8. 设函数 $f(x)$ 在区间 $[0,1]$ 上连续，证明：

$$\int_{0}^{1}\mathrm{d}x\int_{x}^{1}\mathrm{d}y\int_{x}^{y}f(x)f(y)f(z)\,\mathrm{d}z=\frac{1}{3!}\left[\int_{0}^{1}f(t)\,\mathrm{d}t\right]^{3}.$$

9. 已知两个球的半径分别为 a 和 $b(a>b)$，且小球球心在大球球面上，试求小球在大球内部部分的体积.

10. 求曲面 $x^2+y^2+az=4a^2$ 将球 $x^2+y^2+z^2\leqslant 4az$ 分成两部分的体积之比 $(a>0)$.

11. 求均匀的圆柱 $x^2+y^2\leqslant a^2$，$0\leqslant z\leqslant h$ 对质点 $P(0,0,b)$ 的引力，设圆柱的质量等于 M，而点的质量为 m.

12. 在高为 H，底面半径为 R 的旋转抛物体内作内接正圆柱体(它们有相同的中心轴)，使此圆柱体对中心轴的转动惯量最大，试求圆柱体的高与半径.

13. 计算下列反常三重积分：

(1) $\iiint\limits_{x^2+y^2+z^2\geqslant 1}\frac{\mathrm{d}x\mathrm{d}y\mathrm{d}z}{(x^2+y^2+z^2)^3}$;

(2) $\int_{-\infty}^{+\infty}\int_{-\infty}^{+\infty}\int_{-\infty}^{+\infty}\mathrm{e}^{-(x^2+y^2+z^2)}\mathrm{d}x\mathrm{d}y\mathrm{d}z$.

第九章习题拓展

第十章　第二类曲线积分与第二类曲面积分

§1　第二类曲线积分

§1.1　第二类曲线积分的概念

一、第二类曲线积分概念的引入

设有一个力场①，场的力为 $\boldsymbol{F}(M)=P(x,y,z)\boldsymbol{i}+Q(x,y,z)\boldsymbol{j}+R(x,y,z)\boldsymbol{k}$，$M(x,y,z)\in\Gamma$.设 $P(x,y,z)$，$Q(x,y,z)$，$R(x,y,z)$在 Γ 上连续. 一质点在力场的作用下，沿着一条光滑曲线 Γ 自 A 点移动到 B 点，试求此力场(图 10-1)所做的功.

第一步：分割. 在 A 与 B 之间，按从 A 到 B 的方向任意插入 $n-1$ 个分点 $M_1,M_2,\cdots,M_{n-1}$，将曲线分割成 n 个部分 $\Delta s_1,\Delta s_2,\cdots,\Delta s_i,\cdots,\Delta s_n$，仍以 Δs_i 记 Δs_i 的长度.

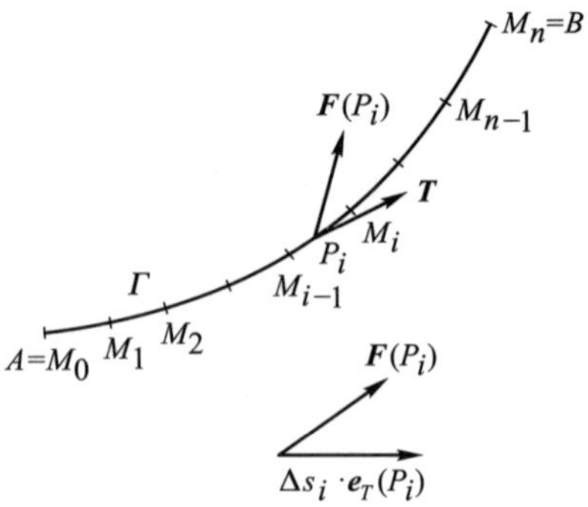

图 10-1

第二步：近似. 由于 Δs_i 的长度很小，可近似地将它看成直线段，在 Δs_i 上任取一点 $P_i(x_i,y_i,z_i)$，设 $\boldsymbol{e}_T(P_i)=(\cos\alpha,\cos\beta,\cos\gamma)\big|_{P_i}$，其中 $\boldsymbol{e}_T=(\cos\alpha,\cos\beta,\cos\gamma)$为点$(x,y,z)$处的单位切矢量(是 x,y,z 的矢量函数)，指向质点运动的方向. 把$\boldsymbol{e}_T(P_i)$看成质点在 Δs_i 上的运动方向，则 $\Delta\boldsymbol{s}_i=\Delta s_i\boldsymbol{e}_T(P_i)$. 由于 Δs_i 很小，且 $\boldsymbol{F}(P)$在 Δs_i 上连续，因此，$\boldsymbol{F}(P)$在 Δs_i 上的变化也很小，在其上每一点所受力近似为 $\boldsymbol{F}(P_i)$. 于是，力场沿 Δs_i 所做的功 ΔW_i 近似地为

① 如果空间(或部分空间)中的每一点都对应着一个力，则称在这个空间中确定了一个力场.

$$\Delta W_i \approx \boldsymbol{F}(P_i)\cdot\Delta\boldsymbol{s}_i=\boldsymbol{F}(P_i)\cdot\Delta s_i\boldsymbol{e}_T(P_i)=(\boldsymbol{F}\cdot\boldsymbol{e}_T)_{P_i}\Delta s_i.$$

第三步：作和. 力场沿 Γ 从 A 到 B 所做的功 W 近似地为

$$W=\sum_{i=1}^{n}\Delta W_i\approx\sum_{i=1}^{n}\boldsymbol{F}(P_i)\cdot\Delta\boldsymbol{s}_i=\sum_{i=1}^{n}(\boldsymbol{F}\cdot\boldsymbol{e}_T)_{P_i}\Delta s_i.$$

第四步：取极限. 设 $\lambda=\max\{\Delta s_i:1\leqslant i\leqslant n\}$，当 λ 越小时，每一个 Δs_i 也越小，则 $\sum\limits_{i=1}^{n}(\boldsymbol{F}\cdot\boldsymbol{e}_T)_{P_i}\Delta s_i$ 越接近于 W. 所以，当 $\lambda\to0$ 时，每一个 $\Delta s_i\to0$，有

$$W=\lim_{\lambda\to0}\sum_{i=1}^{n}\boldsymbol{F}(P_i)\cdot\Delta\boldsymbol{s}_i=\lim_{\lambda\to0}\sum_{i=1}^{n}(\boldsymbol{F}\cdot\boldsymbol{e}_T)_{P_i}\Delta s_i.$$

此极限与曲线 Γ 的分法及点 P_i 的取法无关.

$$\begin{aligned}\boldsymbol{F}\cdot\boldsymbol{e}_T&=(P(x,y,z),Q(x,y,z),R(x,y,z))\cdot(\cos\alpha,\cos\beta,\cos\gamma)\\&=P(x,y,z)\cos\alpha+Q(x,y,z)\cos\beta+R(x,y,z)\cos\gamma\end{aligned}$$

是曲线 Γ 上关于 x,y,z 的连续函数,记作 $G(x,y,z)$. 即

$$W=\lim_{\lambda\to0}\sum_{i=1}^{n}(\boldsymbol{F}\cdot\boldsymbol{e}_T)_{P_i}\Delta s_i=\lim_{\lambda\to0}\sum_{i=1}^{n}G(x_i,y_i,z_i)\Delta s_i.$$

按第一类曲线积分的意义，有

$$W=\int_{\Gamma}G(x,y,z)\,\mathrm{d}s=\int_{\Gamma}(\boldsymbol{F}\cdot\boldsymbol{e}_T)\,\mathrm{d}s.$$

当质点的运动方向相反时，此时 $\boldsymbol{e}_T$ 的方向也相反，故所做的功改变符号，可见这种积分与曲线的方向有关. 此外，这类曲线积分是特殊的第一类曲线积分，一般的第一类曲线积分 $\int_{\Gamma}f(x,y,z)\,\mathrm{d}s$ 中的被积函数是数量函数，而 $\int_{\Gamma}(\boldsymbol{F}\cdot\boldsymbol{e}_T)\,\mathrm{d}s$ 中的被积函数是两个矢量函数的点积形式，且 $\boldsymbol{e}_T$ 是曲线上点 $P(x,y,z)$ 处切线的单位矢量(与指定方向一致)，因此，有别于一般形式的第一类曲线积分，我们称它为第二类曲线积分.

二、第二类曲线积分的定义

定义 10.1 设 Γ 是以 A, B 为端点的光滑曲线，并指定从 A 到 B 的方向为曲线方向，在 Γ 上每一点 M 处作曲线的单位切矢量

$$\boldsymbol{e}_T(M)=\cos\alpha\boldsymbol{i}+\cos\beta\boldsymbol{j}+\cos\gamma\boldsymbol{k}$$

(α,β,γ 分别是 $\boldsymbol{e}_T$ 与 Ox 轴,Oy 轴,Oz 轴正向的夹角)，其方向与指定的曲线方向一致，又设

$$\boldsymbol{A}(M)=\boldsymbol{A}(x,y,z)=P(x,y,z)\boldsymbol{i}+Q(x,y,z)\boldsymbol{j}+R(x,y,z)\boldsymbol{k},$$

其中 P, Q, R 是定义在曲线 Γ 上的有界函数，则函数

$$\boldsymbol{A}\cdot\boldsymbol{e}_T=P\cos\alpha+Q\cos\beta+R\cos\gamma$$

在曲线 Γ 上的第一类曲线积分

$$\int_{\Gamma} \boldsymbol{A} \cdot \boldsymbol{e}_T \mathrm{d}s = \int_{\Gamma} (P\cos \alpha + Q\cos \beta + R\cos \gamma)\mathrm{d}s$$

称为函数 $\boldsymbol{A}(P)=\boldsymbol{A}(x,y,z)$ 沿曲线 Γ 从 A 到 B 的第二类曲线积分.

由于这一类曲线积分的被积函数是一个矢量与单位切矢量的数量积 $\boldsymbol{A} \cdot \boldsymbol{e}_T$，当积分路径的方向改变为相反方向时，即沿 Γ 从 A 到 B 改为从 B 到 A 时，单位切矢量 $\boldsymbol{e}_T$ 的方向与原来切矢量的方向相反，因而第二类曲线积分的数值正好相差一个符号，即有

性质 1 $\int_{\Gamma_{AB}} (\boldsymbol{A} \cdot \boldsymbol{e}_T)\mathrm{d}s = -\int_{\Gamma_{BA}} (\boldsymbol{A} \cdot \boldsymbol{e}_T)\mathrm{d}s$. **或者我们把 Γ_{AB} 看成正方向，记成 Γ^+，则 $\Gamma_{BA}=\Gamma^-$，有**

$$\int_{\Gamma^+} (\boldsymbol{A} \cdot \boldsymbol{e}_T)\mathrm{d}s = -\int_{\Gamma^-} (\boldsymbol{A} \cdot \boldsymbol{e}_T)\mathrm{d}s.$$

注 左、右两端的单位切矢量正好相差一个符号.

性质2 若有向曲线 Γ 是由有向曲线 Γ_1，Γ_2 首尾衔接而成，则

$$\int_{\Gamma} (\boldsymbol{A} \cdot \boldsymbol{e}_T)\mathrm{d}s = \int_{\Gamma_1} (\boldsymbol{A} \cdot \boldsymbol{e}_T)\mathrm{d}s + \int_{\Gamma_2} (\boldsymbol{A} \cdot \boldsymbol{e}_T)\mathrm{d}s.$$

记 $\mathrm{d}\boldsymbol{s}=\boldsymbol{e}_T\mathrm{d}s$，称为曲线的有向弧元素(简称有向弧元)，它是一个矢量，这个矢量在三个坐标轴上的投影分别为 $\Delta x=\mathrm{d}x$，$\Delta y=\mathrm{d}y$，$\Delta z=\mathrm{d}z$. 即

$$\Delta x = \mathrm{d}x = \cos \alpha \mathrm{d}s\left(\text{当 } 0 \leqslant \alpha < \frac{\pi}{2} \text{ 时，} \mathrm{d}x > 0\text{；当 } \alpha = \frac{\pi}{2} \text{ 时，}\right.$$

$$\left.\mathrm{d}x = 0\text{；当} \frac{\pi}{2} < \alpha \leqslant \pi \text{ 时，} \mathrm{d}x < 0\right),$$

$$\Delta y = \mathrm{d}y = \cos \beta \mathrm{d}s\left(\text{当 } 0 \leqslant \beta < \frac{\pi}{2} \text{ 时，} \mathrm{d}y > 0\text{；当 } \beta = \frac{\pi}{2} \text{ 时，}\right.$$

$$\left.\mathrm{d}y = 0\text{；当} \frac{\pi}{2} < \beta \leqslant \pi \text{ 时，} \mathrm{d}y < 0\right),$$

$$\Delta z = \mathrm{d}z = \cos \gamma \mathrm{d}s\left(\text{当 } 0 \leqslant \gamma < \frac{\pi}{2} \text{ 时，} \mathrm{d}z > 0\text{；当 } \gamma = \frac{\pi}{2} \text{ 时，}\right.$$

$$\left.\mathrm{d}z = 0\text{；当} \frac{\pi}{2} < \gamma \leqslant \pi \text{ 时，} \mathrm{d}z < 0\right).$$

$$\begin{aligned}\mathrm{d}\boldsymbol{s} &= \boldsymbol{e}_T\mathrm{d}s = \mathrm{d}s\{\cos \alpha, \cos \beta, \cos \gamma\} \\ &= \{\cos \alpha\mathrm{d}s, \cos \beta\mathrm{d}s, \cos \gamma\mathrm{d}s\} = \{\mathrm{d}x, \mathrm{d}y, \mathrm{d}z\},\end{aligned}$$

于是

$$\begin{aligned}\int_{\Gamma_{AB}} \boldsymbol{A} \cdot \boldsymbol{e}_T\mathrm{d}s &= \int_{\Gamma_{AB}} \boldsymbol{A} \cdot (\boldsymbol{e}_T\mathrm{d}s) = \int_{\Gamma_{AB}} \boldsymbol{A} \cdot \mathrm{d}\boldsymbol{s} \\ &= \int_{\Gamma_{AB}} (P\cos \alpha + Q\cos \beta + R\cos \gamma)\mathrm{d}s = \int_{\Gamma_{AB}} P\mathrm{d}x + Q\mathrm{d}y + R\mathrm{d}z.\end{aligned}$$

所以第二类曲线积分可以以四种形式出现，即

$$\int_{\Gamma_{AB}} \boldsymbol{A} \cdot \boldsymbol{e}_T \mathrm{d}s = \int_{\Gamma_{AB}} \boldsymbol{A} \cdot \mathrm{d}\boldsymbol{s} = \int_{\Gamma_{AB}} (P\cos\alpha + Q\cos\beta + R\cos\gamma)\mathrm{d}s$$

$$= \int_{\Gamma_{AB}} P\mathrm{d}x + Q\mathrm{d}y + R\mathrm{d}z.$$

这是第二类曲线积分的特征，并注意 Γ_{AB}是有方向的. 而最后一个积分显然可以分解成如下三个积分之和

$$\int_{\Gamma_{AB}} P(x,\ y,\ z)\mathrm{d}x = \int_{\Gamma_{AB}} P(x,\ y,\ z)\cos\alpha\mathrm{d}s;$$

$$\int_{\Gamma_{AB}} Q(x,\ y,\ z)\mathrm{d}y = \int_{\Gamma_{AB}} Q(x,\ y,\ z)\cos\beta\mathrm{d}s;$$

$$\int_{\Gamma_{AB}} R(x,\ y,\ z)\mathrm{d}z = \int_{\Gamma_{AB}} R(x,\ y,\ z)\cos\gamma\mathrm{d}s.$$

它们分别称为函数 $P(x,y,z)$，$Q(x,y,z)$，$R(x,y,z)$沿曲线 Γ 从 A 到 B 关于弧长有向投影 $\mathrm{d}x$，$\mathrm{d}y$，$\mathrm{d}z$ 的第二类曲线积分.

三、第二类曲线积分的计算

定理 10.1　设光滑曲线 Γ_{AB}的方程为：$\begin{cases} x=x(t), \\ y=y(t), \\ z=z(t), \end{cases}$点 A 对应的参数为 t_A，点 B 对应的参数为 t_B(t_A,t_B 谁大谁小不受限制)，且函数 $\boldsymbol{A}(x,y,z)=(P(x,y,z)$, $Q(x,y,z)$,$R(x,y,z))$的分量 P，Q，R 在 Γ 上连续，则

$$\int_{\Gamma_{AB}} \boldsymbol{A} \cdot \boldsymbol{e}_T \mathrm{d}s = \int_{\Gamma_{AB}} \boldsymbol{A} \cdot \mathrm{d}\boldsymbol{s}$$

$$= \int_{\Gamma_{AB}} (P\cos\alpha + Q\cos\beta + R\cos\gamma)\mathrm{d}s = \int_{\Gamma_{AB}} P\mathrm{d}x + Q\mathrm{d}y + R\mathrm{d}z$$

$$= \int_{t_A}^{t_B} P(x(t),y(t),z(t))x'(t)\mathrm{d}t + \int_{t_A}^{t_B} Q(x(t),y(t),z(t))y'(t)\mathrm{d}t +$$

$$\int_{t_A}^{t_B} R(x(t),y(t),z(t))z'(t)\mathrm{d}t$$

$$= \int_{t_A}^{t_B} [P(x(t),y(t),z(t))x'(t) + Q(x(t),y(t),z(t))y'(t) +$$

$$R(x(t),y(t),z(t))z'(t)]\mathrm{d}t.$$

***证**　我们只证明

$$\int_{\Gamma_{AB}} P(x,\ y,\ z)\mathrm{d}x = \int_{t_A}^{t_B} P(x(t),\ y(t),\ z(t))x'(t)\mathrm{d}t,$$

其他两个同理可证，从而可得结论成立.

（1）当 $t_A<t_B$ 时，在 t_A 与 t_B 之间插入 $n-1$ 个分点：

$$t_A=t_0<t_1<t_2<\cdots<t_{i-1}<t_i<\cdots<t_{n-1}<t_n=t_B,$$

有 $\Delta t_i=t_i-t_{i-1}>0$，设 $\lambda=\max\{\Delta t_i:1\leqslant i\leqslant n\}$，$(x_i,y_i,z_i)=(x(t_i),y(t_i),z(t_i))$，于是

$$\begin{aligned}\int_{\Gamma_{AB}}P(x,y,z)\mathrm{d}x&=\lim_{\lambda\to0}\sum_{i=1}^{n}P(x_i,y_i,z_i)\Delta x_i\\&=\lim_{\lambda\to0}\sum_{i=1}^{n}P(x_i,y_i,z_i)(x_i-x_{i-1})\\&=\lim_{\lambda\to0}\sum_{i=1}^{n}P(x(t_i),y(t_i),z(t_i))[x(t_i)-x(t_{i-1})]\\&=\lim_{\lambda\to0}\sum_{i=1}^{n}P(x(t_i),y(t_i),z(t_i))x'(\xi_i)(t_i-t_{i-1})\ (t_{i-1}<\xi_i<t_i)\\&=\lim_{\lambda\to0}\sum_{i=1}^{n}P(x(t_i),y(t_i),z(t_i))x'(t_i)\Delta t_i,\ \text{其中}\ \Delta t_i>0.\end{aligned}$$

按一元函数定积分的定义，有

$$\int_{\Gamma_{AB}}P(x,y,z)\mathrm{d}x=\int_{t_A}^{t_B}P(x(t),y(t),z(t))x'(t)\mathrm{d}t.$$

（2）当 $t_A>t_B$ 时，在 t_A 与 t_B 之间插入 $n-1$ 个分点：

$$t_A=t_0>t_1>t_2>\cdots>t_{i-1}>t_i>\cdots>t_{n-1}>t_n=t_B,$$

有 $\Delta t_i=t_i-t_{i-1}<0$，设 $\lambda=\max\{|\Delta t_i|:1\leqslant i\leqslant n\}$，与(1)的证法类似，有

$$\int_{\Gamma_{AB}}P(x,y,z)\mathrm{d}x=\lim_{\lambda\to0}\sum_{i=1}^{n}P(x(t_i),y(t_i),z(t_i))x'(t_i)\Delta t_i,\ \text{这里}\ \Delta t_i<0,$$

从而

$$\int_{\Gamma_{AB}}P(x,y,z)\mathrm{d}x=-\lim_{\lambda\to0}\sum_{i=1}^{n}P(x(t_i),y(t_i),z(t_i))x'(t_i)|\Delta t_i|.$$

按一元函数定积分的定义，有

$$\lim_{\lambda\to0}\sum_{i=1}^{n}P(x(t_i),y(t_i),z(t_i))x'(t_i)|\Delta t_i|=\int_{t_B}^{t_A}P(x(t),y(t),z(t))x'(t)\mathrm{d}t,$$

于是

$$\int_{\Gamma_{AB}}P(x,y,z)\mathrm{d}x=-\int_{t_B}^{t_A}P(x(t),y(t),z(t))x'(t)\mathrm{d}t=\int_{t_A}^{t_B}P(x(t),y(t),z(t))x'(t)\mathrm{d}t.$$

因此，不论 t_A，t_B 谁大谁小，都有

$$\int_{\Gamma_{AB}}P(x,y,z)\mathrm{d}x=\int_{t_A}^{t_B}P(x(t),y(t),z(t))x'(t)\mathrm{d}t.\quad\square$$

从证明过程，我们可以再一次清楚地看到：

$$\int_{\Gamma_{AB}}P(x,y,z)\mathrm{d}x=-\int_{\Gamma_{BA}}P(x,y,z)\mathrm{d}x,$$

即

$$\int_{\Gamma_{AB}}(\boldsymbol{A}\cdot\boldsymbol{e}_T)\,\mathrm{d}s=-\int_{\Gamma_{BA}}(\boldsymbol{A}\cdot\boldsymbol{e}_T)\,\mathrm{d}s.$$

此外，必须注意，公式中的 t_A，t_B 一定要与曲线的起点 A 和终点 B 相对应．即化成关于 t 的函数的定积分时，积分的下限必须是起点 A 对应的参数，积分的上限必须是终点 B 对应的参数，至于上、下限谁大谁小不受限制，这一点与第一类曲线积分的下限必须小于上限的限制是不同的．

同样地，在平面上有平面曲线 Γ 的第二类曲线积分．

定义 10.2　设 Γ 是平面上以 A，B 为端点的光滑曲线，并指定从 A 到 B 的方向为曲线方向．在 $M(x,y)$ 处作曲线的单位切矢量 $\boldsymbol{e}_T(M)=\cos\alpha\boldsymbol{i}+\cos\beta\boldsymbol{j}$（$\alpha,\beta$ 分别是 $\boldsymbol{e}_T$ 与 Ox 轴、Oy 轴正向的夹角），其方向与指定的曲线方向一致．设 $\boldsymbol{A}(M)=P(x,y)\boldsymbol{i}+Q(x,y)\boldsymbol{j}$，其中 $P(x,y)$，$Q(x,y)$ 是在曲线 Γ 上的有界函数，则函数 $\boldsymbol{A}\cdot\boldsymbol{e}_T=P(x,y)\cos\alpha+Q(x,y)\cos\beta$ 在曲线 Γ 上的第一类曲线积分

$$\int_{\Gamma_{AB}}\boldsymbol{A}\cdot\boldsymbol{e}_T\mathrm{d}s=\int_{\Gamma_{AB}}\boldsymbol{A}\cdot\mathrm{d}\boldsymbol{s}=\int_{\Gamma_{AB}}[P(x,\ y)\cos\alpha+Q(x,\ y)\cos\beta]\,\mathrm{d}s$$

$$=\int_{\Gamma_{AB}}P\mathrm{d}x+Q\mathrm{d}y$$

称为函数 $\boldsymbol{A}(M)=\boldsymbol{A}(x,y)$ 沿曲线 Γ_{AB} 从 A 到 B 的第二类曲线积分（或把平面曲线上的第二类曲线积分看作空间曲线上第二类曲线积分的特殊情形）．

若平面曲线 Γ_{AB} 为光滑曲线：$x=x(t)$，$y=y(t)$，起点 A 对应参数 t_A，终点 B 对应参数 t_B，则

$$\boxed{\int_{\Gamma_{AB}}P(x,y)\,\mathrm{d}x+Q(x,y)\,\mathrm{d}y=\int_{t_A}^{t_B}[P(x(t),y(t))x'(t)+Q(x(t),y(t))y'(t)]\,\mathrm{d}t.}$$

例 1　计算 $\int_C(y^2-z^2)\,\mathrm{d}x+2yz\mathrm{d}y-x^2\mathrm{d}z$，设 $x=t$，$y=t^2$，$z=t^3(0\leqslant t\leqslant 1)$，式中 C 的方向依参数增加的方向．

解　原式 $=\int_0^1[(t^4-t^6)+2t^5\cdot 2t-t^2\cdot 3t^2]\,\mathrm{d}t$

$$=\int_0^1(3t^6-2t^4)\,\mathrm{d}t=\frac{1}{35}.$$

例 2　质点 P 沿以 AB 为直径的半圆周，从点 $A(1,2)$ 运动至点 $B(3,4)$ 的过程中受到变力 $\boldsymbol{F}$ 的作用（图 10-2），$\boldsymbol{F}$ 的大小等于点 P 与原点 O 之间的距离，其方向垂直于线段 OP，且与 Oy 轴正向的夹角小于 $\frac{\pi}{2}$，求变力 $\boldsymbol{F}$ 对质点所做的功．

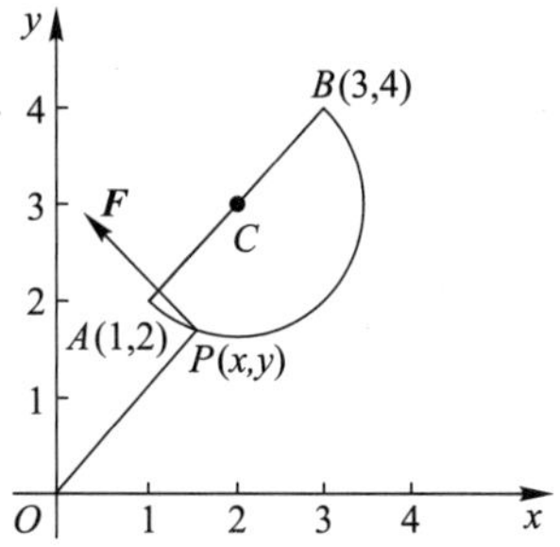

图 10-2

分析　关键是求出变力 $\boldsymbol{F}$ 与曲线 Γ_{AB} 的方程．求

$\boldsymbol{F}$ 时，只要求出 $|\boldsymbol{F}|$ 和 $\boldsymbol{e}_F$，则 $\boldsymbol{F}=|\boldsymbol{F}|\boldsymbol{e}_F$.

解　由题意知，$|\boldsymbol{F}|=\sqrt{x^2+y^2}$，且 $\boldsymbol{e}_F$ 与 Oy 轴正向的夹角 β 小于 $\frac{\pi}{2}$，即 $\cos\beta>0$. 由

$$(-y)\cdot x+x\cdot y=0,\qquad 即\qquad (-y,\ x)\perp\overrightarrow{OP},$$

有

$$\left(\frac{-y}{\sqrt{x^2+y^2}},\ \frac{x}{\sqrt{x^2+y^2}}\right)\perp\overrightarrow{OP},\qquad 且\qquad \frac{x}{\sqrt{x^2+y^2}}=\cos\beta>0,$$

则

$$\boldsymbol{e}_F=\left(\frac{-y}{\sqrt{x^2+y^2}},\ \frac{x}{\sqrt{x^2+y^2}}\right),$$

于是

$$\boldsymbol{F}=|\boldsymbol{F}|\boldsymbol{e}_F=(-y,\ x).$$

设 AB 的中点为 C，则 $C(2,3)$ 为圆心，半径

$$R=\frac{\sqrt{(3-1)^2+(4-2)^2}}{2}=\sqrt{2}.$$

圆弧 Γ_{AB} 的方程为：$\begin{cases}x=2+\sqrt{2}\cos\theta,\\ y=3+\sqrt{2}\sin\theta.\end{cases}$ 起点 A 对应的参数 $\theta_A=-\frac{3}{4}\pi$，简写为 $A\to\theta=-\frac{3\pi}{4}$；终点 B 对应的参数 $\theta_B=\frac{\pi}{4}$，简写为 $B\to\theta=\frac{\pi}{4}$，于是变力 $\boldsymbol{F}$ 所做的功为

$$\begin{aligned}W&=\int_{\Gamma_{AB}}-y\mathrm{d}x+x\mathrm{d}y\\&=\int_{-\frac{3}{4}\pi}^{\frac{\pi}{4}}[\sqrt{2}(3+\sqrt{2}\sin\theta)\sin\theta+\sqrt{2}(2+\sqrt{2}\cos\theta)\cos\theta]\mathrm{d}\theta\\&=2(\pi-1).\end{aligned}$$

例 3　计算：

(1) $\int_L xy\mathrm{d}x+(y-x)\mathrm{d}y$；　(2) $\int_L y\mathrm{d}x+x\mathrm{d}y$，

其中 L 分别为图 10-3 中的路线：(i) 直线段 $\overline{AB}$；(ii) 抛物线 $\widehat{ACB}$：$y=2(x-1)^2+1$；(iii) 封闭三角形 $ADBA$.

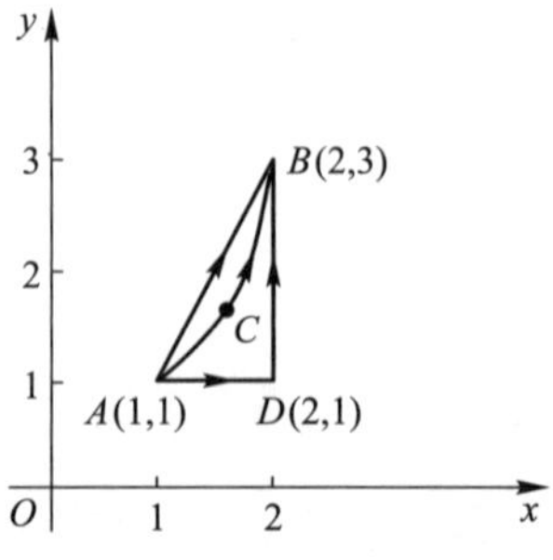

图 10-3

解　(1) (i) 直线段 $\overline{AB}$ 的方程为 $\begin{cases}x=1+t,\\ y=1+2t,\end{cases}$ 有 $A\to t=0$，$B\to t=1$，于是

$$\int_{\overline{AB}} xy\mathrm{d}x + (y-x)\mathrm{d}y = \int_0^1 [(1+t)(1+2t)+2t]\mathrm{d}t = \int_0^1 (1+5t+2t^2)\mathrm{d}t$$

$$= \frac{25}{6}.$$

(ii) 抛物线$\overset{\frown}{ACB}$的方程为 $y=2(x-1)^2+1$，有 $A\to x=1$，$B\to x=2$，于是

$$\int_{\overset{\frown}{ACB}} xy\mathrm{d}x + (y-x)\mathrm{d}y$$

$$= \int_1^2 \{x[2(x-1)^2+1]+[2(x-1)^2+1-x]4(x-1)\}\mathrm{d}x$$

$$= \int_1^2 (10x^3-32x^2+35x-12)\mathrm{d}x = \frac{10}{3}.$$

(iii) 封闭三角形 $ADBA=\overline{AD}+\overline{DB}+\overline{BA}$，其中，

$\overline{AD}$：$x=x$，$y=1$，$A\to x=1$，$D\to x=2$；

$\overline{DB}$：$x=2$，$y=y$，$D\to y=1$，$B\to y=3$，

于是

$$\oint_{\triangle ADBA} xy\mathrm{d}x + (y-x)\mathrm{d}y$$

$$= \int_{\overline{AD}} xy\mathrm{d}x+(y-x)\mathrm{d}y + \int_{\overline{DB}} xy\mathrm{d}x+(y-x)\mathrm{d}y + \int_{\overline{BA}} xy\mathrm{d}x+(y-x)\mathrm{d}y$$

$$= \int_1^2 x\mathrm{d}x + \int_1^3 (y-2)\mathrm{d}y - \int_{\overline{AB}} xy\mathrm{d}x+(y-x)\mathrm{d}y = \frac{3}{2}+0-\frac{25}{6} = -\frac{8}{3}.$$

(2)(i) $\displaystyle\int_{\overline{AB}} y\mathrm{d}x + x\mathrm{d}y = \int_0^1 [(1+2t)+2(1+t)]\mathrm{d}t = \int_0^1 (3+4t)\mathrm{d}t = 5.$

(ii) $\displaystyle\int_{\overset{\frown}{ACB}} y\mathrm{d}x + x\mathrm{d}y = \int_1^2 [2(x-1)^2+1+x\cdot 4(x-1)]\mathrm{d}x$

$$= \int_1^2 (6x^2-8x+3)\mathrm{d}x = (2x^3-4x^2+3x)\Big|_1^2 = 5.$$

(iii) $\displaystyle\oint_{\triangle ADBA} y\mathrm{d}x + x\mathrm{d}y = \int_{\overline{AD}} y\mathrm{d}x+x\mathrm{d}y + \int_{\overline{DB}} y\mathrm{d}x+x\mathrm{d}y + \int_{\overline{BA}} y\mathrm{d}x+x\mathrm{d}y$

$$= \int_1^2 \mathrm{d}x + \int_1^3 2\mathrm{d}y - \int_{\overline{AB}} y\mathrm{d}x+x\mathrm{d}y = 1+4-5=0.$$

注 $\oint$表示封闭曲线上的第二类曲线积分.

§1.2 格林公式

设区域 D 的边界由一条或几条光滑曲线所围成，边界曲线 Γ 的正向规定为：

当人沿边界行走时，区域 D 总在他的左边(图 10-4)，若与上述方向相反，则称为负方向，并记为 $-\Gamma$.

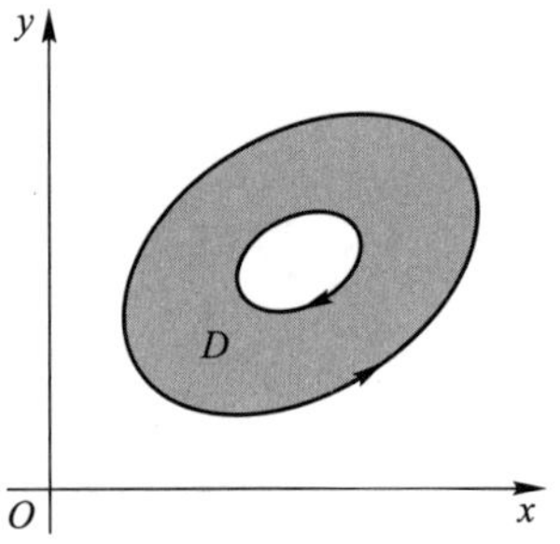

图 10-4

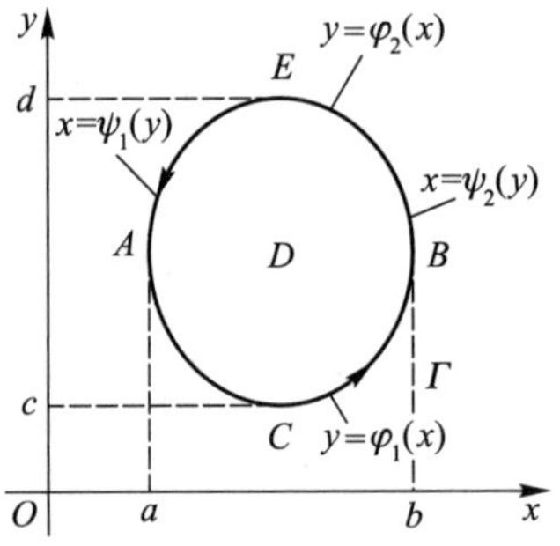

图 10-5

定理 10.2　若函数 P，Q 在有界闭区域 $D\subset\mathbf{R}^2$ 上连续且具有一阶连续偏导数，则

$$\boxed{\iint\limits_D\left(\frac{\partial Q}{\partial x}-\frac{\partial P}{\partial y}\right)\mathrm{d}x\mathrm{d}y=\oint_\Gamma P\mathrm{d}x+Q\mathrm{d}y.}\tag{10.1}$$

这里 Γ 为区域 D 的边界曲线，并取正向. 公式(10.1)称为格林(Green)公式.

证　根据区域 D 的不同形状，分三种情形来证.

(i) 若区域 D 既是 x-型区域又是 y-型区域(图 10-5)，这时区域 D 可表示为

$$\varphi_1(x)\leqslant y\leqslant\varphi_2(x),\ a\leqslant x\leqslant b\quad 或\quad \psi_1(y)\leqslant x\leqslant\psi_2(y),\ c\leqslant y\leqslant d,$$

这里 $y=\varphi_1(x)$ 和 $y=\varphi_2(x)$ 分别是曲线 $\overset{\frown}{ACB}$ 和 $\overset{\frown}{BEA}$ 的方程，而 $x=\psi_1(y)$ 和 $x=\psi_2(y)$ 分别是曲线 $\overset{\frown}{EAC}$ 和 $\overset{\frown}{CBE}$ 的方程，于是

$$\begin{aligned}\iint\limits_D\frac{\partial Q}{\partial x}\mathrm{d}x\mathrm{d}y&=\int_c^d\mathrm{d}y\int_{\psi_1(y)}^{\psi_2(y)}\frac{\partial Q}{\partial x}\mathrm{d}x=\int_c^d Q(\psi_2(y),\ y)\mathrm{d}y-\int_c^d Q(\psi_1(y),\ y)\mathrm{d}y\\&=\int_{\overset{\frown}{CBE}}Q(x,\ y)\mathrm{d}y-\int_{\overset{\frown}{CAE}}Q(x,\ y)\mathrm{d}y=\int_{\overset{\frown}{CBE}}Q(x,\ y)\mathrm{d}y+\int_{\overset{\frown}{EAC}}Q(x,\ y)\mathrm{d}y\\&=\oint_{\overset{\frown}{CBEAC}}Q(x,\ y)\mathrm{d}y=\oint_\Gamma Q(x,\ y)\mathrm{d}y\ (令\ \Gamma=\overset{\frown}{CBEAC}),\end{aligned}$$

$$\begin{aligned}\iint\limits_D\frac{\partial P}{\partial y}\mathrm{d}x\mathrm{d}y&=-\int_a^b\mathrm{d}x\int_{\varphi_1(x)}^{\varphi_2(x)}\frac{\partial P}{\partial y}\mathrm{d}y=-\int_a^b P(x,\ \varphi_2(x))\mathrm{d}x+\int_a^b P(x,\ \varphi_1(x))\mathrm{d}x\\&=-\int_{\overset{\frown}{AEB}}P(x,\ y)\mathrm{d}x+\int_{\overset{\frown}{ACB}}P(x,\ y)\mathrm{d}x=\int_{\overset{\frown}{BEA}}P(x,\ y)\mathrm{d}x+\int_{\overset{\frown}{ACB}}P(x,\ y)\mathrm{d}x\end{aligned}$$

$$= \oint_{\widehat{BEACB}} P(x, y)\,dx = \oint_{\Gamma} P(x, y)\,dx \ (\text{令 } \Gamma = \widehat{BEACB}),$$

因此,

$$\iint_D \left(\frac{\partial Q}{\partial x} - \frac{\partial P}{\partial y}\right) dxdy = \oint_{\Gamma} Pdx + Qdy.$$

(ii) 若区域 D 由一条按段光滑的闭曲线 Γ 围成, 则可用几段光滑曲线将 D 分成有限个既是 x-型区域又是 y-型区域的区域. 然后逐块用(i)中的方法推得它的格林公式, 再相加就得式(10.1)区域的共同边界, 因取向相反, 它们的积分值正好互相抵消. 如图 10-6 所示, 可将 D 分成三个既是 x-型区域又是y-型区域的区域 D_1, D_2, D_3, 于是

$$\begin{aligned}
&\iint_D \left(\frac{\partial Q}{\partial x} - \frac{\partial P}{\partial y}\right) dxdy \\
&= \iint_{D_1} \left(\frac{\partial Q}{\partial x} - \frac{\partial P}{\partial y}\right) dxdy + \iint_{D_2} \left(\frac{\partial Q}{\partial x} - \frac{\partial P}{\partial y}\right) dxdy + \iint_{D_3} \left(\frac{\partial Q}{\partial x} - \frac{\partial P}{\partial y}\right) dxdy \\
&= \oint_{\widehat{EFAE}} Pdx + Qdy + \oint_{\widehat{CDEC}} Pdx + Qdy + \oint_{\widehat{ABCEA}} Pdx + Qdy \\
&= \oint_{\widehat{EFABCDE}} Pdx + Qdy + \int_{\overline{CEA}} Pdx + Qdy + \int_{\overline{AEC}} Pdx + Qdy = \oint_{\Gamma} Pdx + Qdy.
\end{aligned}$$

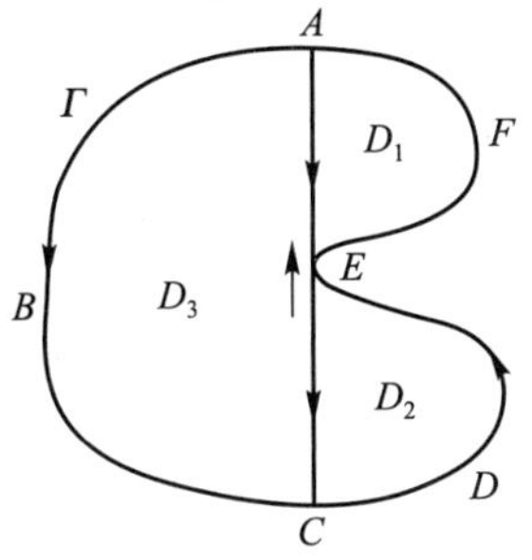

图 10-6

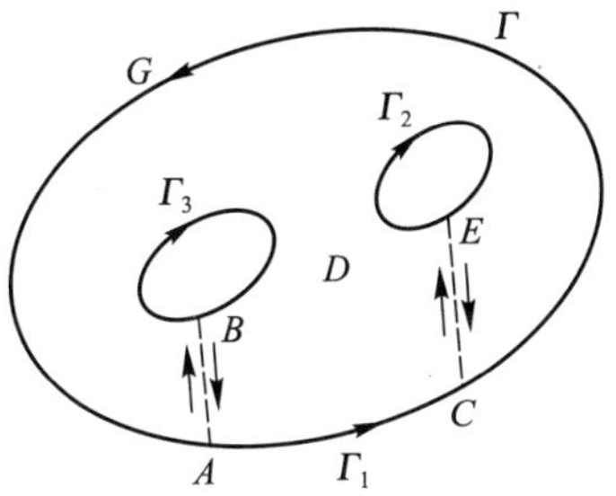

图 10-7

(iii) 若区域 D 由几条曲线所围成(图 10-7). $\Gamma = \Gamma_1 + \Gamma_2 + \Gamma_3$, 连接 AB, CE, 则 D 的边界曲线为$\overline{AB}$, Γ_3, $\overline{BA}$, $\widehat{AC}$, $\overline{CE}$, Γ_2, $\overline{EC}$, $\widehat{CGA}$. 由(ii)知

$$\begin{aligned}
\iint_D \left(\frac{\partial Q}{\partial x} - \frac{\partial P}{\partial y}\right) dxdy &= \int_{\overline{AB} + \Gamma_3 + \overline{BA} + \widehat{AC} + \overline{CE} + \Gamma_2 + \overline{EC} + \widehat{CGA}} Pdx + Qdy \\
&= \oint_{\Gamma_1 + \Gamma_2 + \Gamma_3} Pdx + Qdy = \oint_{\Gamma} Pdx + Qdy. \quad \square
\end{aligned}$$

格林公式也可借助行列式来记忆

$$\iint\limits_D \begin{vmatrix} \dfrac{\partial}{\partial x} & \dfrac{\partial}{\partial y} \\ P & Q \end{vmatrix} \mathrm{d}x\mathrm{d}y = \oint_\Gamma P\mathrm{d}x + Q\mathrm{d}y. \tag{10.2}$$

重难点讲解
格林公式(一)

重难点讲解
格林公式(二)

例 4 求 $\oint_C xy^2\mathrm{d}y - x^2y\mathrm{d}x$，其中 C 为圆周 $x^2+y^2=R^2$ 依逆时针方向(图 10-8).

解 由题意知，$P=-x^2y$，$Q=xy^2$，C 为区域边界曲线正向. 由格林公式知，

$$\oint_C xy^2\mathrm{d}y - x^2y\mathrm{d}x = \iint\limits_D (y^2+x^2)\mathrm{d}x\mathrm{d}y = \int_0^{2\pi}\mathrm{d}\theta\int_0^R r^2 r\mathrm{d}r = \frac{\pi R^4}{2}.$$

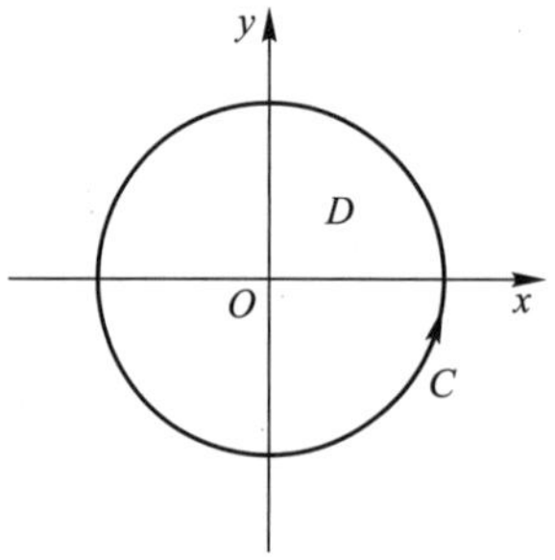

图 10-8

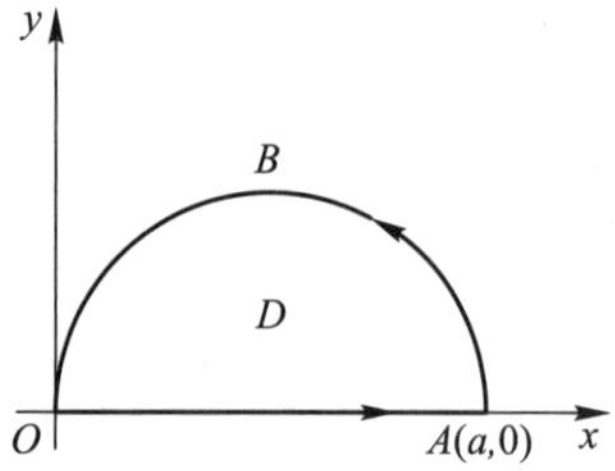

图 10-9

例 5 计算曲线积分

$$\int_{\overset{\frown}{ABO}} (\mathrm{e}^x\sin y - my)\mathrm{d}x + (\mathrm{e}^x\cos y - m)\mathrm{d}y,$$

其中$\overset{\frown}{ABO}$为由点 $A(a,0)$ 到点 $O(0,0)$ 的上半圆周 $x^2+y^2=ax$(图 10-9).

解 在 Ox 轴上连接点 $O(0,0)$ 与点 $A(a,0)$，这样便构成封闭的半圆形$\overset{\frown}{ABOA}$，于是

$$\int_{\overset{\frown}{ABO}} = \oint_{\overset{\frown}{ABOA}} - \int_{\overline{OA}}.$$

由格林公式，有

$$\begin{aligned}&\int_{\overset{\frown}{ABOA}} (\mathrm{e}^x\sin y - my)\mathrm{d}x + (\mathrm{e}^x\cos y - m)\mathrm{d}y\\ &= \iint\limits_D [\mathrm{e}^x\cos y - (\mathrm{e}^x\cos y - m)]\mathrm{d}x\mathrm{d}y\\ &= \iint\limits_D m\mathrm{d}x\mathrm{d}y = m\,\frac{1}{2}\pi\left(\frac{a}{2}\right)^2 = \frac{\pi m a^2}{8}.\end{aligned}$$

由于$\overline{OA}$的方程为 $y=0$，所以

$$\int_{\overline{OA}} (\mathrm{e}^x \sin y - my)\mathrm{d}x + (\mathrm{e}^x \cos y - m)\mathrm{d}y = 0,$$

于是

$$\int_{\widehat{ABO}} (\mathrm{e}^x \sin y - my)\mathrm{d}x + (\mathrm{e}^x \cos y - m)\mathrm{d}y = \frac{\pi m a^2}{8}.$$

注 若加上一个很简单的直线(或曲线)可构成封闭曲线，然后利用格林公式化成二重积分容易计算，便可施行这种方法，即加一个简单直线(或曲线)再减一个简单直线(或曲线).

在格林公式中，令 $P=-y$，$Q=x$，可得到计算平面区域的面积 S 的公式. 若 Γ 是区域D 边界曲线正向，由于

$$\oint_{\Gamma} -y\mathrm{d}x + x\mathrm{d}y = \iint_{D} [1-(-1)]\mathrm{d}x\mathrm{d}y = 2S,$$

因此

$$S = \frac{1}{2}\oint_{\Gamma} -y\mathrm{d}x + x\mathrm{d}y.$$

例 6 求双纽线 $(x^2+y^2)^2 = a^2(x^2-y^2)$ 所围区域的面积(图 10-10).

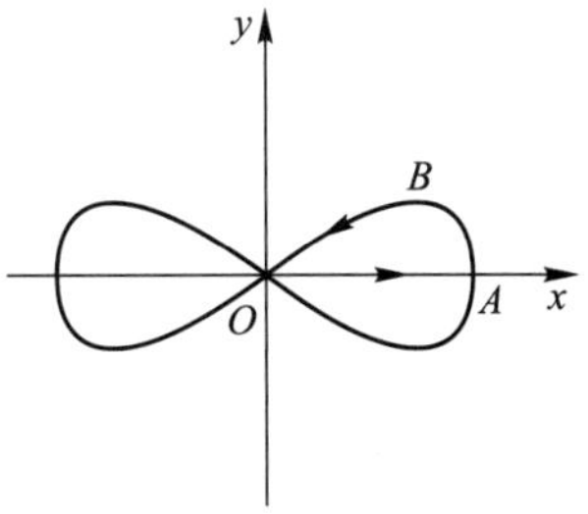

图 10-10

解 由于双纽线关于两个坐标轴对称，因此只需计算第一象限内的面积再乘 4 即得所求面积.

利用极坐标变换 $x=r\cos\varphi$，$y=r\sin\varphi$，则双纽线方程为

$$r^2 = a^2\cos 2\varphi, \quad 或\ r = a\sqrt{\cos 2\varphi},$$

$$x = a\cos\varphi\sqrt{\cos 2\varphi}, \quad y = a\sin\varphi\sqrt{\cos 2\varphi},$$

$\Gamma = \overline{OA} + \widehat{ABO}$，在$\overline{OA}$上，$-y\mathrm{d}x + x\mathrm{d}y = 0$，于是

$$S = 4\cdot\frac{1}{2}\oint_{\Gamma} -y\mathrm{d}x + x\mathrm{d}y = 4\cdot\frac{1}{2}\int_{\widehat{ABO}} -y\mathrm{d}x + x\mathrm{d}y$$

$$= 2\int_0^{\frac{\pi}{4}} a^2\cos 2\varphi\mathrm{d}\varphi = a^2.$$

§1.3 平面曲线积分与路径无关性

回想本章 §1.1 中计算第二类曲线积分例 3 中的两个例子，在（1）中，以 A 为起点、B 为终点的曲线积分，若所沿的路径不同，则其积分值也不同，且封闭曲线$\widehat{ADBA}$（即$\triangle ADB$）上的积分也不为零；在（2）中，以 A 为起点、B 为终点的曲线积分，只与起点和终点有关而与路径无关，且在封闭曲线$\widehat{ADBA}$

（即 $\triangle ADB$）上的积分为 0. 这里面是巧合，还是具有一定的规律？

下面先介绍平面单连通区域.

若平面区域 D 内任一封闭曲线，皆可不经过 D 以外的点而连续收缩于 D 中的一点，通俗地说，若 D 内任一封闭曲线所包围的区域均包含于 D 内，则这个“没有洞”的区域称为平面单连通区域，否则称为平面复连通区域（即“有洞”的区域）.

我们仔细研究例 3 中的（1），（2），并利用格林公式. 在（1）中，

$$P=xy,\quad Q=y-x,\quad \frac{\partial Q}{\partial x}=-1,\quad \frac{\partial P}{\partial y}=x,\quad \frac{\partial Q}{\partial x}\not\equiv\frac{\partial P}{\partial y};$$

而在（2）中，

$$P=y,\quad Q=x,\quad \frac{\partial Q}{\partial x}=1,\quad \frac{\partial P}{\partial y}=1,\quad \frac{\partial Q}{\partial x}\equiv\frac{\partial P}{\partial y},$$

有

$$\oint_{\Gamma}P\mathrm{d}x+Q\mathrm{d}y=\iint_{D}\left(\frac{\partial Q}{\partial x}-\frac{\partial P}{\partial y}\right)\mathrm{d}x\mathrm{d}y=0.$$

而

$$\begin{aligned}&\int_{\overset{\frown}{ACB}}y\mathrm{d}x+x\mathrm{d}y-\int_{\overset{\frown}{ADB}}y\mathrm{d}x+x\mathrm{d}y\\=&\int_{\overset{\frown}{ACB}+\overset{\frown}{BDA}}y\mathrm{d}x+x\mathrm{d}y=\oint_{\overset{\frown}{ACBDA}}y\mathrm{d}x+x\mathrm{d}y\\=&\iint_{D}(1-1)\mathrm{d}x\mathrm{d}y=0.\end{aligned}$$

因此，第二类曲线积分在满足一定的条件下，即满足 $\frac{\partial Q}{\partial x}\equiv\frac{\partial P}{\partial y}$，则该第二类曲线积分与积分路径无关，且在封闭曲线上的积分为 0.

定理 10.3　设 $D\subset\mathbf{R}^2$ 是平面单连通区域，若函数 P，Q 在区域 D 上连续，且有一阶连续偏导数，则以下四个条件等价：

（1）沿 D 中任一按段光滑的闭曲线 L，有 $\oint_{L}P\mathrm{d}x+Q\mathrm{d}y=0$；

（2）对 D 中任一按段光滑曲线 L，曲线积分 $\int_{L}P\mathrm{d}x+Q\mathrm{d}y$ 与路径无关，只与 L 的起点和终点有关；

（3）$P\mathrm{d}x+Q\mathrm{d}y$ 是 D 内某一函数 u 的全微分，即在 D 内存在一个二元函数 $u(x,y)$，使 $\mathrm{d}u=P\mathrm{d}x+Q\mathrm{d}y$，即 $\frac{\partial u}{\partial x}=P$，$\frac{\partial u}{\partial y}=Q$；

（4）在 D 内每一点处，有 $\frac{\partial P}{\partial y}=\frac{\partial Q}{\partial x}$.

证 (1) ⇒ (2). 设$\overset{\frown}{ARB}$与$\overset{\frown}{ASB}$为联结点 A, B 的任意两条光滑曲线(图 10-11), 由(1)推得

$$\int_{\overset{\frown}{ARB}} P\mathrm{d}x + Q\mathrm{d}y - \int_{\overset{\frown}{ASB}} P\mathrm{d}x + Q\mathrm{d}y = \int_{\overset{\frown}{ARB}} P\mathrm{d}x + Q\mathrm{d}y + \int_{\overset{\frown}{BSA}} P\mathrm{d}x + Q\mathrm{d}y$$

$$= \oint_{\overset{\frown}{ARBSA}} P\mathrm{d}x + Q\mathrm{d}y = 0,$$

所以

$$\int_{\overset{\frown}{ARB}} P\mathrm{d}x + Q\mathrm{d}y = \int_{\overset{\frown}{ASB}} P\mathrm{d}x + Q\mathrm{d}y.$$

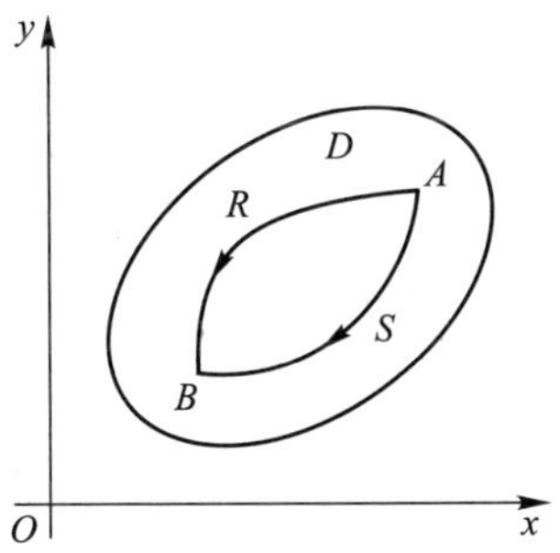

图 10-11

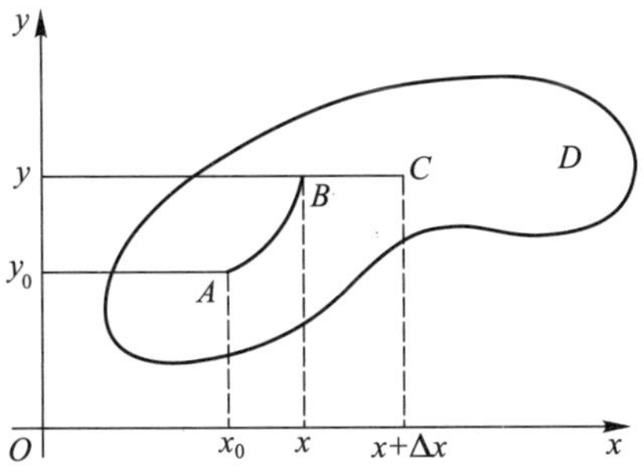

图 10-12

(2)⇒(3). 设 $A(x_0,y_0)$ 为 D 内某定点, $B(x,y)$ 为 D 内任意一点. 由(2), 曲线积分 $\int_{\overset{\frown}{AB}} P\mathrm{d}x + Q\mathrm{d}y$ 与路径的选择无关, 故当 $B(x,y)$ 在 D 内变动时, 其积分值是点 $B(x,y)$ 的函数, 即有

$$u(x,\ y) = \int_{\overset{\frown}{AB}} P\mathrm{d}x + Q\mathrm{d}y.$$

取 Δx 充分小, 使 $C(x+\Delta x,y)\in D$, 则函数 u 对于 x 的偏增量(图 10-12):

$$u(x + \Delta x,\ y) - u(x,\ y) = \int_{\overset{\frown}{AC}} P\mathrm{d}x + Q\mathrm{d}y - \int_{\overset{\frown}{AB}} P\mathrm{d}x + Q\mathrm{d}y.$$

因为在 D 内, 曲线积分与路径无关, 所以

$$\int_{\overset{\frown}{AC}} P\mathrm{d}x + Q\mathrm{d}y = \int_{\overset{\frown}{AB}} P\mathrm{d}x + Q\mathrm{d}y + \int_{\overset{\frown}{BC}} P\mathrm{d}x + Q\mathrm{d}y.$$

由于直线段$\overline{BC}$平行于 x 轴, 所以$\overline{BC}$: $x=t$, $t\in[x,x+\Delta x]$, $y=y$(常数), 因而 $\mathrm{d}y=0$, 且

$$\Delta u = u(x + \Delta x,\ y) - u(x,\ y) = \int_{\overset{\frown}{BC}} P\mathrm{d}x + Q\mathrm{d}y = \int_x^{x+\Delta x} P(t,\ y)\,\mathrm{d}t.$$

对上式右端应用积分中值定理，得

$$\Delta u = P(x + \theta\Delta x,\ y)\Delta x,\quad 0 < \theta < 1.$$

再依 P 在 D 上的连续性，得

$$\frac{\partial u}{\partial x} = \lim_{\Delta x\to 0}\frac{\Delta u}{\Delta x} = \lim_{\Delta x\to 0}P(x + \theta\Delta x,\ y) = P(x,\ y).$$

同理可证$\dfrac{\partial u}{\partial y}=Q(x,\ y)$. 于是有

$$du = Pdx + Qdy.$$

(3)⇒(4). 设存在函数 u，使得

$$du = u'_x(x,\ y)dx + u'_y(x,\ y)dy = Pdx + Qdy,$$

故

$$P(x,\ y) = u'_x(x,\ y),\qquad Q(x,\ y) = u'_y(x,\ y).$$

因此

$$\frac{\partial P}{\partial y} = \frac{\partial^2 u}{\partial x\partial y},\qquad \frac{\partial Q}{\partial x} = \frac{\partial^2 u}{\partial y\partial x}.$$

因为 P，Q 在区域 D 内具有一阶连续偏导数，所以

$$\frac{\partial^2 u}{\partial x\partial y} = \frac{\partial^2 u}{\partial y\partial x}.$$

从而在 D 内每一点都有$\dfrac{\partial P}{\partial y}=\dfrac{\partial Q}{\partial x}$.

(4)⇒(1). 设 L 为 D 中任一按段光滑闭曲线，记 L 所围的区域为 σ. 由于 D 内恒有$\dfrac{\partial P}{\partial y}=\dfrac{\partial Q}{\partial x}$,应用格林公式就得到

$$\oint_L Pdx + Qdy = \pm\iint_\sigma\left(\frac{\partial Q}{\partial x} - \frac{\partial P}{\partial y}\right)dxdy = 0. \square$$

定理 10.3 也告诉我们:

(1) 若计算在封闭按段光滑曲线 Γ 上的第二类曲线积分，P，Q 在以 Γ 为边界曲线包围的连通区域 D 上具有连续的偏导数，且$\dfrac{\partial P}{\partial y}\equiv\dfrac{\partial Q}{\partial x}$，则该积分为 0;

(2) 若 $\int_L Pdx + Qdy$ 是在某一按段光滑曲线 L 上的第二类曲线积分，且 L 的路径比较复杂，如果 P，Q 在区域 D 上具有连续的偏导数，$\dfrac{\partial P}{\partial y}\equiv\dfrac{\partial Q}{\partial x}$，且$L\subset D$，则可化为与 L 起点、终点相同的简单曲线上的第二类曲线积分. 比如可用折线段或直线段，等等;

(3) 我们知道，一元函数 $f(x)$ 只要在区间上连续，必有原函数. 但在二元函数中，$P(x,y)dx+Q(x,y)dy$ 不一定是某一个函数 $u(x,\ y)$ 的全微分. 换句话说，$P(x,y)dx+Q(x,y)dy$ 中的 $P(x,y)$，$Q(x,y)$ 即使连续，也不一定有原函

数. 由定理的证明过程知，如果 P，Q 在某一单连通区域 D 上具有连续的偏导数，且$\dfrac{\partial P}{\partial y}\equiv\dfrac{\partial Q}{\partial x}$，则 $P\mathrm{d}x+Q\mathrm{d}y$ 必有原函数；

重难点讲解
平面曲线积分与路径无关(一)

（4）反过来，一个第二类曲线积分中的 P，Q 若具有连续的偏导数，且满足定理 10.3 中的(1)或(2)或(3)，则必有$\dfrac{\partial P}{\partial y}\equiv\dfrac{\partial Q}{\partial x}$.

重难点讲解
平面曲线积分与路径无关(二)

例 7 若第二类曲线积分 $\int_{A(x_0,\ y_0)}^{B(x_1,\ y_1)}P(x,\ y)\mathrm{d}x+Q(x,\ y)\mathrm{d}y$ 与路径无关，我们可用一元函数的定积分来表示.

为此，取 $C(x_1, y_0)$，可沿折线段 $\overset{\frown}{ACB}$（图 10-13）积分，由于

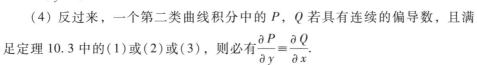

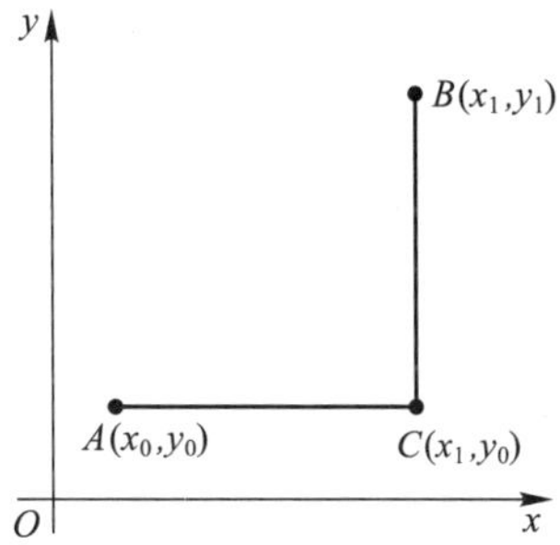

图 10-13

$$\overline{AC}:\begin{cases}x=x,\\ y=y_0,\end{cases}\quad A\to x=x_0,\quad C\to x=x_1,$$

有

$$\int_{\overline{AC}}P(x,\ y)\mathrm{d}x+Q(x,\ y)\mathrm{d}y=\int_{x_0}^{x_1}P(x,\ y_0)\mathrm{d}x.$$

且$\overline{CB}:\begin{cases}x=x_1,\\ y=y,\end{cases}\quad C\to y=y_0,\ B\to y=y_1$，有

$$\int_{\overline{BC}}P(x,\ y)\mathrm{d}x+Q(x,\ y)\mathrm{d}y=\int_{y_0}^{y_1}Q(x_1,\ y)\mathrm{d}y.$$

于是

$$\boxed{\int_{A(x_0,\ y_0)}^{B(x_1,\ y_1)}P(x,\ y)\mathrm{d}x+Q(x,\ y)\mathrm{d}y=\int_{x_0}^{x_1}P(x,\ y_0)\mathrm{d}x+\int_{y_0}^{y_1}Q(x_1,\ y)\mathrm{d}y.}\tag{10.3}$$

由定理证明过程可知，若 P，Q 满足定理的条件，则二元函数

$$u(x,\ y)=\int_{A(x_0,\ y_0)}^{B(x,\ y)}P(x,\ y)\mathrm{d}x+Q(x,\ y)\mathrm{d}y$$

满足 $\mathrm{d}u(x,y)=P\mathrm{d}x+Q\mathrm{d}y$，我们称 $u(x,y)$ 为 $P\mathrm{d}x+Q\mathrm{d}y$ 的一个原函数. 按公式(10.3)，把 x_1 换成 x，y_1 换成 y，有

$$\boxed{u(x,\ y)=\int_{x_0}^{x}P(x,\ y_0)\mathrm{d}x+\int_{y_0}^{y}Q(x,\ y)\mathrm{d}y+C}$$

是 $P\mathrm{d}x+Q\mathrm{d}y$ 的全体原函数.

若$(0,0)\in D$，我们又把 $P\mathrm{d}x+Q\mathrm{d}y$ 的全体原函数写成

$$\boxed{\int_0^x P(x,\ 0)\,\mathrm{d}x + \int_0^y Q(x,\ y)\,\mathrm{d}y + C,}$$

用这个公式计算更方便.

我们还可以证明：若 $\mathrm{d}u(x,y)=P\mathrm{d}x+Q\mathrm{d}y$，其中 P，Q 具有连续的偏导数，则

$$\boxed{\int_{A(x_0,\ y_0)}^{B(x_1,\ y_1)} P\mathrm{d}x + Q\mathrm{d}y = u(x,\ y)\Big|_{A(x_0,\ y_0)}^{B(x_1,\ y_1)} = u(x_1,\ y_1) - u(x_0,\ y_0).}$$

这个公式称为曲线积分的牛顿-莱布尼茨公式.

证 设光滑曲线 Γ 的方程 $x=x(t)$，$y(t)$，$A\to t_0$，$B\to t_1$，由于曲线积分与路径无关，所以

$$\begin{aligned}
&\int_{A(x_0,\ y_0)}^{B(x_1,\ y_1)} P(x,\ y)\,\mathrm{d}x + Q(x,\ y)\,\mathrm{d}y \\
&= \int_{A(x_0,\ y_0)}^{B(x_1,\ y_1)} \frac{\partial u}{\partial x}\mathrm{d}x + \frac{\partial u}{\partial y}\mathrm{d}y = \int_{t_0}^{t_1}\left(\frac{\partial u}{\partial x}\frac{\mathrm{d}x}{\mathrm{d}t} + \frac{\partial u}{\partial y}\frac{\mathrm{d}y}{\mathrm{d}t}\right)\mathrm{d}t \\
&= \int_{t_0}^{t_1}[u(x(t),\ y(t))]'\mathrm{d}t = u(x(t),\ y(t))\Big|_{t_0}^{t_1} \\
&= u(x_1,\ y_1) - u(x_0,\ y_0) = u(B) - u(A). \quad \square
\end{aligned}$$

例 8 计算 $\displaystyle\int_{(0,\ 0)}^{(1,\ 2)} (x^4 + 4xy^3)\,\mathrm{d}x + (6x^2y^2 - 5y^4)\,\mathrm{d}y$.

解 由题意知 $P=x^4+4xy^3$，$Q=6x^2y^2-5y^4$，显然 P，Q 在全平面上具有连续的偏导数且 $\dfrac{\partial Q}{\partial x}=\dfrac{\partial P}{\partial y}=12xy^2$，因此曲线积分与路径无关. 所以

$$原式 = \int_0^1 x^4\,\mathrm{d}x + \int_0^2 (6y^2 - 5y^4)\,\mathrm{d}y = \frac{1}{5} + (2y^3 - y^5)\Big|_0^2 = \frac{1}{5} - 16 = -\frac{79}{5}.$$

例 9 计算 $\displaystyle\int_{(1,\ 0)}^{(6,\ 8)} \frac{x\mathrm{d}x + y\mathrm{d}y}{\sqrt{x^2+y^2}}$，积分沿不通过坐标原点的路径.

解 显然，当 $(x,y)\neq(0,0)$ 时，$\dfrac{x\mathrm{d}x+y\mathrm{d}y}{\sqrt{x^2+y^2}}=\mathrm{d}\sqrt{x^2+y^2}$ 是全微分，于是

$$\int_{(1,\ 0)}^{(6,\ 8)} \frac{x\mathrm{d}x + y\mathrm{d}y}{\sqrt{x^2+y^2}} = \int_{(1,\ 0)}^{(6,\ 8)} \mathrm{d}\sqrt{x^2+y^2} = \sqrt{x^2+y^2}\Big|_{(1,\ 0)}^{(6,\ 8)} = 9.$$

例 10 设函数 $Q(x,y)$ 在 Oxy 平面上具有一阶连续偏导数，曲线积分与路径无关，并且对任意的 t，总有

$$\int_{(0,\ 0)}^{(t,\ 1)} 2xy\,\mathrm{d}x + Q(x,\ y)\,\mathrm{d}y = \int_{(0,\ 0)}^{(1,\ t)} 2xy\,\mathrm{d}x + Q(x,\ y)\,\mathrm{d}y,$$

求 $Q(x,y)$.

解 由曲线积分与路径无关的条件知$\dfrac{\partial Q}{\partial x}=2x$，于是 $Q(x,y)=x^2+C(y)$，其中 $C(y)$为待定函数.

$$\int_{(0,0)}^{(t,1)} 2xy\mathrm{d}x+Q(x,y)\mathrm{d}y=\int_0^1(t^2+C(y))\mathrm{d}y=t^2+\int_0^1 C(y)\mathrm{d}y,$$

$$\int_{(0,0)}^{(1,t)} 2xy\mathrm{d}x+Q(x,y)\mathrm{d}y=\int_0^t(1+C(y))\mathrm{d}y=t+\int_0^t C(y)\mathrm{d}y,$$

由题意可知

$$t^2+\int_0^1 C(y)\mathrm{d}y=t+\int_0^t C(y)\mathrm{d}y.$$

两边对 t 求导，得

$$2t=1+C(t)\quad 或\quad C(t)=2t-1.$$

所以 $Q(x,y)=x^2+2y-1$.

例 11 利用曲线积分，求$(x^2+2xy-y^2)\mathrm{d}x+(x^2-2xy-y^2)\mathrm{d}y$ 的原函数.

解 由题意知

$$P=x^2+2xy-y^2,\ Q=x^2-2xy-y^2,\ \frac{\partial P}{\partial y}=2x-2y=\frac{\partial Q}{\partial x},\ (x,y)\in\mathbf{R}^2.$$

取$(0,0)\in\mathbf{R}^2$，有

$$\begin{aligned} z&=\int_0^x(x^2+0-0)\mathrm{d}x+\int_0^y(x^2-2xy-y^2)\mathrm{d}y+C\\ &=\frac{1}{3}x^3+x^2y-xy^2-\frac{1}{3}y^3+C.\end{aligned}$$

设在复连通区域 D 内，P，Q 具有连续的偏导数且$\dfrac{\partial P}{\partial y}=\dfrac{\partial Q}{\partial x}$，我们来研究曲线积分

$$\oint_l P\mathrm{d}x+Q\mathrm{d}y \tag{10.4}$$

的性质.

(1) 若闭曲线 l 内部“没有洞”(图 10-14)，这时所包围的区域为 σ. 利用格林公式，可知积分(10.4)为 0.

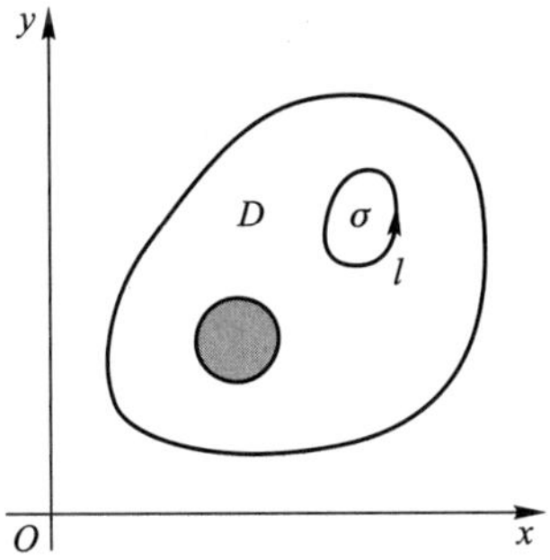

图 10-14

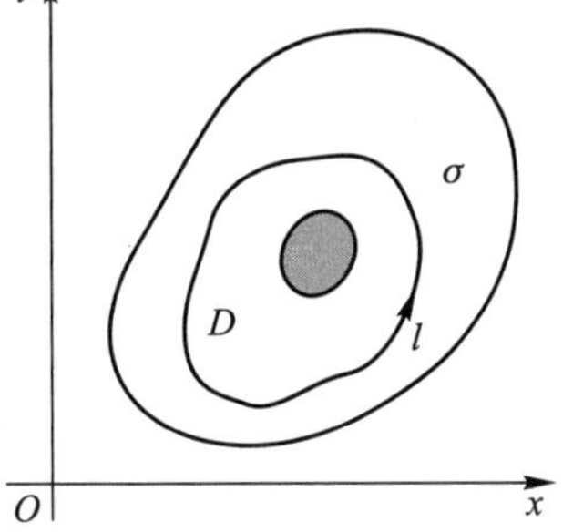

图 10-15

(2) 若 l 内部"有洞"(图 10-15)，这时 l 所包围的区域 σ 不全在 D 内. 因此，对 σ 及 l 不能使用格林公式，从而不能断言积分(10.4)是否为 0，但我们有下面的定理.

定理 10.4　设在复连通区域 D 内，P，Q 具有连续的偏导数且 $\frac{\partial P}{\partial y}\equiv\frac{\partial Q}{\partial x}$，则环绕同一些洞(图 10-16)的任何两条闭曲线(取同方向)上的曲线积分都相等.

证　如图 10-16 所示，设 l_1，l_2 是环绕同一些洞(图中画出了两个洞)的两条闭曲线，得到闭曲线 $\Gamma=\Gamma_1^{+}+\Gamma_2^{-}$，在闭曲线 Γ 所包围的区域 σ 上，格林公式仍然成立，即

$$\oint_{\Gamma}P\mathrm{d}x+Q\mathrm{d}y=\iint_{\sigma}\left(\frac{\partial Q}{\partial x}-\frac{\partial P}{\partial y}\right)\mathrm{d}z=0,$$

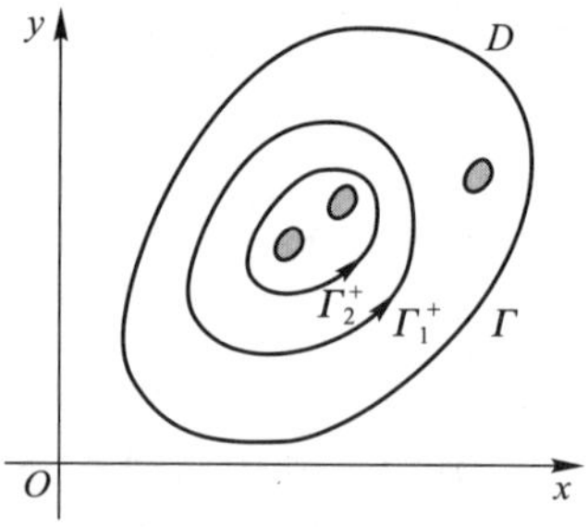

图 10-16

得到

$$\oint_{\Gamma_1^+}+\oint_{\Gamma_2^-}=0,\quad 有\oint_{\Gamma_1^+}-\oint_{\Gamma_2^+}=0,$$

即

$$\oint_{\Gamma_1^+}=\oint_{\Gamma_2^+}.$$

这就是说，环绕同一些洞的闭曲线(取正向)的积分是一个确定的常数(叫做环绕这个洞的循环常数)；若取负向，积分是循环常数的相反数. 利用这一结论，我们可以简化第二类曲线积分的计算. □

例 12　计算 $I=\oint_C\frac{(x+4y)\mathrm{d}y+(x-y)\mathrm{d}x}{x^2+4y^2}$，其中 C 为单位圆周 $x^2+y^2=1$ 的正向.

解　由于 C 所包围的区域中有洞(0,0)，因此不能用格林公式，如果直接用曲线 C 的参数方程 $x=\cos\theta$，$y=\sin\theta$，则积分比较烦琐. 利用定理 10.4，环绕同一些洞的闭曲线(同方向)的积分相同进行计算就比较方便.

取椭圆 C_1：$x^2+4y^2=1$，取正向. 由于

$$\frac{\partial P}{\partial y}=\frac{\partial Q}{\partial x}=\frac{-x^2+4y^2-8xy}{(x^2+4y^2)^2},$$

所以

$$\int_C\frac{(x+4y)\mathrm{d}y+(x-y)\mathrm{d}x}{x^2+4y^2}$$

$$=\int_{C_1}\frac{(x+4y)\mathrm{d}y+(x-y)\mathrm{d}x}{x^2+4y^2}$$

$$=\int_{C_1}(x+4y)\mathrm{d}y+(x-y)\mathrm{d}x$$

$$= \iint\limits_{x^2+4y^2\leqslant 1} (1+1)\,\mathrm{d}\sigma$$

$$= 2\cdot 1\cdot \frac{1}{2}\pi = \pi.$$

例 13 计算 $I=\oint_C \frac{y\mathrm{d}x-(x-1)\mathrm{d}y}{(x-1)^2+y^2}$，其中 C 为

（1）圆周 $x^2+y^2=2y$ 的正向（图 10-17）；

（2）曲线 $|x|+|y|=2$ 的正向（图 10-18）.

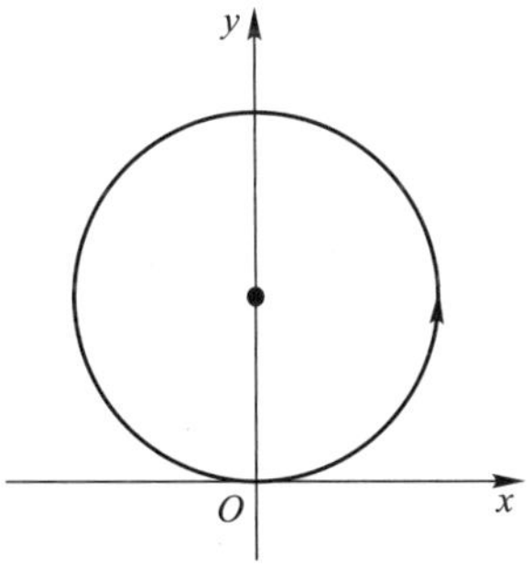

图 10-17

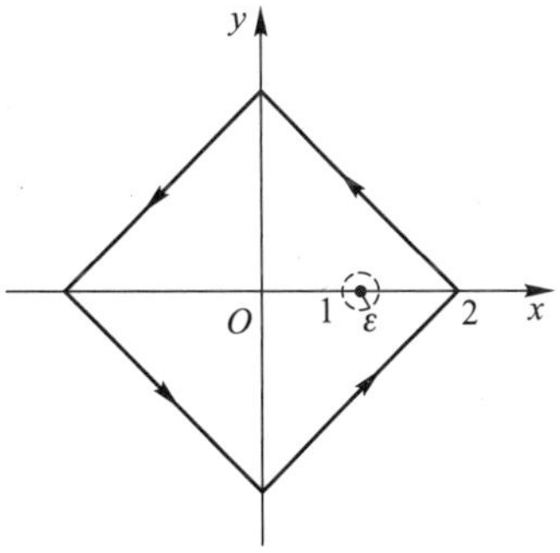

图 10-18

解 由题意知，

$$P=\frac{y}{(x-1)^2+y^2},\quad Q=-\frac{x-1}{(x-1)^2+y^2},\quad \frac{\partial Q}{\partial x}=\frac{(x-1)^2-y^2}{[(x-1)^2+y^2]^2}=\frac{\partial P}{\partial y}.$$

（1）在圆周 $x^2+(y-1)^2=1$ 上及该圆内部，函数 P，Q 具有连续的偏导数，由格林公式有

$$I=\iint\limits_D\left(\frac{\partial Q}{\partial x}-\frac{\partial P}{\partial y}\right)\mathrm{d}\sigma=0.$$

（2）由于曲线 C 内部有洞 $(1,0)$，所以以点 $(1,0)$ 为圆心，在 C 的内部作圆周 $l:(x-1)^2+y^2=\varepsilon^2$，沿正向，$\varepsilon$ 充分小，使 l 在 C 的内部. 由上述定理知

$$I=\oint_l \frac{y\mathrm{d}x-(x-1)\mathrm{d}y}{(x-1)^2+y^2},$$

设 l 的参数方程是 $x=1+\varepsilon\cos\theta$，$y=\varepsilon\sin\theta$，起点 $\theta=0$，终点 $\theta=2\pi$，则

$$I=\int_0^{2\pi}\frac{\varepsilon\sin\theta(-\varepsilon\sin\theta)-\varepsilon\cos\theta\cdot\varepsilon\cos\theta}{\varepsilon^2}\mathrm{d}\theta=\int_0^{2\pi}(-1)\,\mathrm{d}\theta=-2\pi.$$

习题 10-1

1. 计算下列第二类曲线积分：

(1) $\int_C (x^2+y^2)\mathrm{d}x+(x^2-y^2)\mathrm{d}y$，其中 C 为曲线 $y=1-|1-x|$ $(0\leqslant x\leqslant 2)$ 沿参数增加的方向；

(2) $\oint_C (x+y)\mathrm{d}x+(x-y)\mathrm{d}y$，其中 C 依逆时针方向通过 $\frac{x^2}{a^2}+\frac{y^2}{b^2}=1$；

(3) $\oint_C \frac{(x+y)\mathrm{d}x-(x-y)\mathrm{d}y}{x^2+y^2}$，其中 C 依逆时针方向通过圆周 $x^2+y^2=a^2$；

(4) $\oint_\Gamma \frac{\mathrm{d}x+\mathrm{d}y}{|x|+|y|}$，其中 $\Gamma=\widehat{ABCDA}$ 为以 $A(1,0)$，$B(0,1)$，$C(-1,0)$，$D(0,-1)$ 为顶点的正方形的围线；

(5) $\oint_{\widehat{OABCO}} \arctan\frac{y}{x}\mathrm{d}y-\mathrm{d}x$，其中 $\widehat{OAB}$ 为抛物线段 $y=x^2$，$\overline{BCO}$ 为直线段 $y=x$，B 点坐标为 $(1,1)$.

2. 计算下列第二类曲线积分：

(1) $\int_C (y^2-z^2)\mathrm{d}x+2yz\mathrm{d}y-x^2\mathrm{d}z$，其中 C 为曲线 $x=t$，$y=t^2$，$z=t^3$ $(0\leqslant t\leqslant 1)$ 依参数增加的方向；

(2) $\int_C y^2\mathrm{d}x+z^2\mathrm{d}y+x^2\mathrm{d}z$，其中 C 为维维安尼曲线 $x^2+y^2+z^2=a^2$，$x^2+y^2=ax$ $(z\geqslant 0,\ a>0)$，从 Ox 轴的正向看去，此曲线是沿逆时针方向进行的；

(3) $\int_C (y^2-z^2)\mathrm{d}x+(z^2-x^2)\mathrm{d}y+(x^2-y^2)\mathrm{d}z$，其中 C 为球面的一部分 $x^2+y^2+z^2=1$，$x>0$，$y>0$，$z>0$ 围线，当沿着它的正方向进行时，该曲面的外面保持在左方.

3. 弹性力的方向向着坐标原点，力的大小与质点距坐标原点的距离成正比，设此点依逆时针方向描绘出椭圆 $\frac{x^2}{a^2}+\frac{y^2}{b^2}=1$ 的正四分之一，求弹性力所做的功.

4. 利用格林公式计算下列第二类曲线积：

(1) $\oint_C (x+y)^2\mathrm{d}x-(x^2+y^2)\mathrm{d}y$，其中围线 C 依正方向经过以 $A(1,1)$，$B(3,2)$，$C(2,5)$ 为顶点的三角形 $\triangle ABC$；

(2) $\oint_C (x+y)\mathrm{d}x-(x-y)\mathrm{d}y$，其中 C 为沿正向的椭圆 $\frac{x^2}{a^2}+\frac{y^2}{b^2}=1$；

(3) $\oint_C \mathrm{e}^x[(1-\cos y)\mathrm{d}x-(y-\sin y)\mathrm{d}y]$，其中曲线 C 为域 $0\leqslant x\leqslant \pi$，$0\leqslant y\leqslant \sin x$ 的正方向；

(4) $\int\limits_{\widehat{ABO}}(e^x\sin y-my)dx+(e^x\cos y-m)dy$，其中$\widehat{ABO}$为由点$A(a,0)$至点$O(0,0)$的上半圆周$x^2+y^2=ax$.

5. 计算 $I=\oint\limits_{C}\frac{xdy-ydx}{x^2+y^2}$，式中 C 为依正向而不经过坐标原点的简单封闭曲线.

6. 设位于点(0,1)的质点 A 对质点 M 的引力大小为$\frac{G}{r^2}$（$G>0$ 为万有引力常数，r 为质点 A 与 M 之间的距离），质点 M 沿曲线 $y=\sqrt{2x-x^2}$ 自 $B(2,0)$运动到 $O(0,0)$，求在此过程中质点 A 对质点 M 的引力所做的功.

7. 利用第二类曲线积分计算下列曲线所围的面积：

(1) 星形线 $x=a\cos^3t,\ y=b\sin^3t\ (0\leqslant t\leqslant 2\pi)$.

(2) 双纽线$(x^2+y^2)^2=a^2(x^2-y^2)$.

8. 计算下列第二类曲线积分：

(1) $\int_{(0,1)}^{(2,3)}(x+y)dx+(x-y)dy$;　　(2) $\int_{(-2,-1)}^{(3,0)}(x^4+4xy^3)dx+(6x^2y^2-5y^4)dy$;

(3) $\int_{(0,-1)}^{(1,0)}\frac{xdy-ydx}{(x-y)^2}$沿着与直线 $y=x$ 不相交的路径.

9. 求原函数 u：

(1) $du=(x^2+2xy-y^2)dx+(x^2-2xy-y^2)dy$;　　(2) $du=\frac{ydx-xdy}{3x^2-2xy+3y^2}$.

§2　第二类曲面积分

§2.1　第二类曲面积分的概念

一、定侧曲面

在第二类曲线积分中，要规定曲线的方向. 在下面即将讨论的第二类曲面积分中，也要规定曲面的法线方向. 考虑一个光滑的曲面 S，在 S 上取定一点 M_0，并在这点处引一法线，该法线有两种可能的方向，我们认定其中的一个方向，在曲面上画一个始自点 M_0 而又回到 M_0 的闭路(封闭曲线)，并假定此闭路不跨越曲面的边缘. 令点 M 绕着该闭路环行，并在其经过的各个位置上给予法线一个方向，这些方向就是由起点 M_0 处所选定的那个法线方向连续地转变来的. 这时，下面两种情形必有一种发生：令点 M 环行一周再回到 M_0 时，法线的方向或与出发时所定者相同，或与出发时所定者相反. 如果对于某一点 M_0 及通过 M_0 的某一闭路，后一种情形发生，则称这种曲面为单侧的；另一种情形的曲面称为双侧的. 即假定不论 M_0 是怎样的点，不论通过 M_0 而不跨越曲面边缘的曲线是怎样的闭路，沿此闭路环行一周回到起点 M_0 时，法线的方向恒与起初所定者相同，这种曲面称为双侧的.

我们指出，单侧曲面是存在的. 所谓的默比乌斯带就是这类曲面的一个典型例子. 如果把一长方形纸条 $ABCD$ 先扭一次，再粘起来，使 A 点与 C 点相合，B 点与 D 点相合. 这样就可得到它的一个模型. 假若用颜色来涂它，那就可以不跨它的边缘而用这种颜色涂遍该带的全部(图 10-19)，本书不讨论单侧曲面.

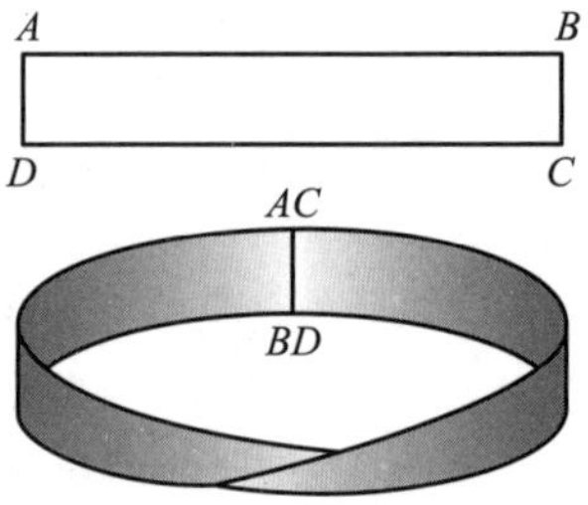

图 10-19　默比乌斯带

假定曲面 S 是双侧的，在 S 上任意取定一点 M_0，并给在该点处的法线一个确定的方向，对于 S 上其他任意一点 M_1，我们任意用一条在 S 上但不跨越边缘的曲线 Γ，把 M_0 与 M_1 连接起来，令点 M 沿 Γ 从 M_0 移动到 M_1，并令法线的方向也连续地变化，则点 M 到达 M_1 的位置时，就带着一个完全确定的法线方向. 由此可见，双侧面上一个点的法线方向，可以完全决定其他各点的法线方向. 这种指定法线方向的(双侧)曲面，称为**定侧曲面**.

二、第二类曲面积分的定义

下面来研究一个实际问题，以引出第二类曲面积分.

已知一流速场，速度为

$$\boldsymbol{v}=v_x(x, y, z)\boldsymbol{i}+v_y(x, y, z)\boldsymbol{j}+v_z(x, y, z)\boldsymbol{k},$$

流体的密度为 $\mu(x,y,z)$，求流体通过曲面 S 指定侧的流量 Q(即单位时间内沿定侧法线方向通过曲面 S 的流体质量，以后凡讲到“通过曲面 S 指定侧”均是这个意思)，这里假定 S 是光滑曲面，v_x,v_y,v_z，μ 在场中连续.

将 S 任意分成 n 部分 $\Delta S_1,\Delta S_2,\cdots,\Delta S_n$，$\Delta S_i$ 的面积仍记为 ΔS_i. 在 ΔS_i 上任取一点 P_i，易知流体通过指定侧的流量近似为(图 10-20)

$$[\mu|\boldsymbol{v}|\cos(\boldsymbol{v}, \boldsymbol{e}_n)]_{P_i}\Delta S_i=[\mu\boldsymbol{v}\cdot\boldsymbol{e}_n]_{P_i}\Delta S_i,$$

其中 $\boldsymbol{e}_n$ 是定侧曲面 S 的单位法矢量，而 $P_i\in\Delta S_i$，故通过 S 指定侧的流量近似为

$$\sum_{i=1}^{n}[\mu\boldsymbol{v}\cdot\boldsymbol{e}_n]_{P_i}\Delta S_i,$$

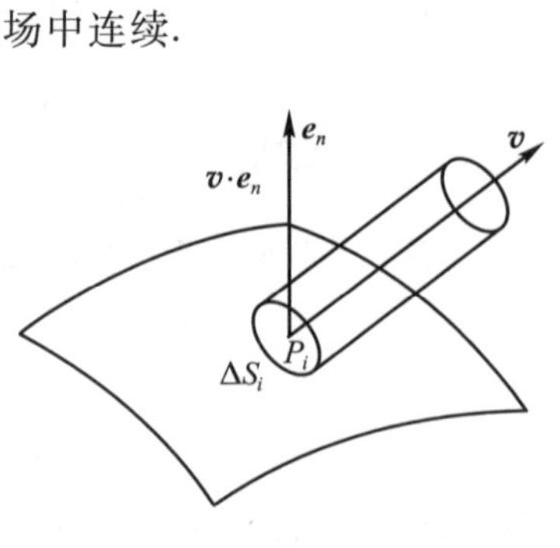

图 10-20

而流量

$$Q=\lim_{\lambda\to 0}\sum_{i=1}^{n}[\mu\boldsymbol{v}\cdot\boldsymbol{e}_n]_{P_i}\Delta S_i.$$

由第一类曲面积分的定义，上述极限可表成 $Q=\iint\limits_S \mu\boldsymbol{v}\cdot\boldsymbol{e}_n\mathrm{d}S$. 设 $\boldsymbol{e}_n=\cos\alpha\boldsymbol{i}+\cos\beta\boldsymbol{j}+\cos\gamma\boldsymbol{k}$，于是

$$Q=\iint\limits_S \mu\boldsymbol{v}\cdot\boldsymbol{e}_n\mathrm{d}S=\iint\limits_S \mu[v_x(x,y,z)\cos\alpha+v_y(x,y,z)\cos\beta+v_z(x,y,z)\cos\gamma]\mathrm{d}S.$$

注 当 $\boldsymbol{e}_n$ 改为相反的方向时，流量 Q 要改变符号. 一般地，有如下的定义：

定义 10.3 设 S 是光滑有界的定侧曲面，记 S 上每点 $M(x,y,z)$ 处沿曲面定侧的单位法矢量为

$$\boldsymbol{e}_n(M)=\cos\alpha\boldsymbol{i}+\cos\beta\boldsymbol{j}+\cos\gamma\boldsymbol{k}.$$

又设

$$\boldsymbol{A}(M)=\boldsymbol{A}(x,y,z)=P(x,y,z)\boldsymbol{i}+Q(x,y,z)\boldsymbol{j}+R(x,y,z)\boldsymbol{k},M(x,y,z)\in S,$$

其中 P，Q，R 是定义在 S 上的有界函数，则函数

$$\boldsymbol{A}\cdot\boldsymbol{e}_n=P\cos\alpha+Q\cos\beta+R\cos\gamma$$

在 S 上的第一类曲面积分

$$\iint\limits_S \boldsymbol{A}\cdot\boldsymbol{e}_n\mathrm{d}S=\iint\limits_S (P\cos\alpha+Q\cos\beta+R\cos\gamma)\mathrm{d}S \tag{10.5}$$

称为函数 $\boldsymbol{A}(P)=\boldsymbol{A}(x,y,z)$ 沿定侧曲面 S 的第二类曲面积分.

第二类曲面积分与曲面的法线方向有关，若把定侧曲面的一侧记为 S^+，另一侧记为 S^-，则积分的数值正好改变一个符号，即

$$\iint\limits_{S^+} \boldsymbol{A}\cdot\boldsymbol{e}_n\mathrm{d}S=-\iint\limits_{S^-} \boldsymbol{A}\cdot\boldsymbol{e}_n\mathrm{d}S,$$

其中被积式中的 $\boldsymbol{e}_n$ 分别是曲面 S 对应一侧的单位法矢量.

若曲面 S 由两个无公共内点的曲面块 S_1，S_2 所组成，且 S_1，S_2 的侧与 S 的侧一致，则

$$\iint\limits_S \boldsymbol{A}\cdot\boldsymbol{e}_n\mathrm{d}S=\iint\limits_{S_1} \boldsymbol{A}\cdot\boldsymbol{e}_n\mathrm{d}S+\iint\limits_{S_2} \boldsymbol{A}\cdot\boldsymbol{e}_n\mathrm{d}S.$$

与第二类曲线积分类似，$\boldsymbol{e}_n\mathrm{d}S$ 称为有向面积元素，常将它记成 $\mathrm{d}\boldsymbol{S}$. 它的三个投影分别记为

$$\cos\alpha\mathrm{d}S=\mathrm{d}y\mathrm{d}z,\quad \cos\beta\mathrm{d}S=\mathrm{d}z\mathrm{d}x,\quad \cos\gamma\mathrm{d}S=\mathrm{d}x\mathrm{d}y,$$

于是第二类曲面积分(10.5)可以写成如下形式：

$$\begin{aligned}\iint\limits_S \boldsymbol{A}\cdot\boldsymbol{e}_n\mathrm{d}S&=\iint\limits_S \boldsymbol{A}\cdot\mathrm{d}\boldsymbol{S}=\iint\limits_S (P\cos\alpha+Q\cos\beta+R\cos\gamma)\mathrm{d}S\\&=\iint\limits_S P(x,\ y,\ z)\mathrm{d}y\mathrm{d}z+Q(x,\ y,\ z)\mathrm{d}z\mathrm{d}x+R(x,\ y,\ z)\mathrm{d}x\mathrm{d}y.\end{aligned} \tag{10.6}$$

请读者注意，采用这种记法时，这里的 $\mathrm{d}y\mathrm{d}z$，$\mathrm{d}z\mathrm{d}x$，$\mathrm{d}x\mathrm{d}y$ 可能为正也可能为负，甚至为零，而且当 $\boldsymbol{e}_n$ 改变方向时，它们都要改变符号，与二重积分的面

积元素 dxdy 总取正值是不相同的.

§2.2　第二类曲面积分的计算

由于第二类曲面积分

$$\iint_S P(x,\ y,\ z)\,\mathrm{d}y\mathrm{d}z + Q(x,\ y,\ z)\,\mathrm{d}z\mathrm{d}x + R(x,\ y,\ z)\,\mathrm{d}x\mathrm{d}y$$

$$= \iint_S P(x,\ y,\ z)\,\mathrm{d}y\mathrm{d}z + \iint_S Q(x,\ y,\ z)\,\mathrm{d}z\mathrm{d}x + \iint_S R(x,\ y,\ z)\,\mathrm{d}x\mathrm{d}y$$

是三项之和，因此我们分别研究每一项的计算方法. 先来计算

$$\iint_S R(x,\ y,\ z)\,\mathrm{d}x\mathrm{d}y.$$

首先我们可证明当 $0\leqslant\gamma\leqslant\pi$ 时，

$$\cos\gamma=\mathrm{sgn}\left(\frac{\pi}{2}-\gamma\right)|\cos\gamma|,\ \text{其中：}\mathrm{sgn}\,x=\begin{cases}-1, & x<0,\\ 0, & x=0,\\ 1, & x>0.\end{cases}$$

重难点讲解
第二类曲面积分的形式

事实上：(1) 当 $0\leqslant\gamma<\dfrac{\pi}{2}$ 时，

$$\mathrm{sgn}\left(\frac{\pi}{2}-\gamma\right)|\cos\gamma|=1\cdot\cos\gamma=\cos\gamma;$$

(2) 当 $\gamma=\dfrac{\pi}{2}$ 时，

$$\mathrm{sgn}\left(\frac{\pi}{2}-\frac{\pi}{2}\right)\left|\cos\frac{\pi}{2}\right|=0\cdot0=0=\cos\frac{\pi}{2};$$

(3) 当 $\dfrac{\pi}{2}<\gamma\leqslant\pi$ 时，

$$\mathrm{sgn}\left(\frac{\pi}{2}-\gamma\right)|\cos\gamma|=-1\cdot(-\cos\gamma)=\cos\gamma.$$

故　　$\cos\gamma=\mathrm{sgn}\left(\dfrac{\pi}{2}-\gamma\right)|\cos\gamma|.$

由于 $|\cos\gamma|\mathrm{d}S=\mathrm{d}\sigma$（$\mathrm{d}\sigma$ 是 $\mathrm{d}S$ 在 Oxy 平面上投影区域的面积），于是

$$\mathrm{d}x\mathrm{d}y=\cos\gamma\mathrm{d}S=\mathrm{sgn}\left(\frac{\pi}{2}-\gamma\right)|\cos\gamma|\mathrm{d}S$$

$$=\mathrm{sgn}\left(\frac{\pi}{2}-\gamma\right)\mathrm{d}\sigma.$$

设光滑曲面 S 与平行于 Oz 轴的直线至多交于一点，即 $S:z=z(x,y)$，它在 Oxy 平面上的投影区域为 σ_{xy}（有界闭区域）且曲面上任一点的法矢量与 Oz 轴正

向的夹角 γ 或者都为锐角或者都为钝角或者都为$\frac{\pi}{2}$，从而

$$\iint_S R(x,y,z)\,\mathrm{d}x\mathrm{d}y=\iint_S R(x,y,z)\cos\gamma\,\mathrm{d}S$$

（这时为第一类曲面积分，然后化成二重积分）

$$=\iint_{\sigma_{xy}} R(x,y,z(x,y))\,\mathrm{sgn}\left(\frac{\pi}{2}-\gamma\right)\mathrm{d}\sigma$$

（此时在前面的规定下，$\mathrm{sgn}\left(\frac{\pi}{2}-\gamma\right)$ 为常数）

$$=\mathrm{sgn}\left(\frac{\pi}{2}-\gamma\right)\iint_{\sigma_{xy}} R(x,y,z(x,y))\,\mathrm{d}\sigma\ ,$$

即当 γ 均为锐角时，

$$\iint_S R(x,y,z)\,\mathrm{d}x\mathrm{d}y=\iint_{\sigma_{xy}} R(x,y,z(x,y))\,\mathrm{d}\sigma;$$

当 γ 均为钝角时，

$$\iint_S R(x,y,z)\,\mathrm{d}x\mathrm{d}y=-\iint_{\sigma_{xy}} R(x,y,z(x,y))\,\mathrm{d}\sigma;$$

当 γ 均为$\frac{\pi}{2}$时，

$$\iint_S R(x,y,z)\,\mathrm{d}x\mathrm{d}y=0\cdot\iint_{\sigma_{xy}} R(x,y,z(x,y))\,\mathrm{d}\sigma=0.$$

如果曲面做不到上述的要求，可以把曲面分成几块，使得每一块都符合上述的要求，然后按照第二类曲面积分的可加性，化成每一个小曲面上第二类曲面积分之和，对每一个小曲面上的第二类曲面积分再按上面的步骤去计算.

注 曲面上的个别曲线上每一点的法矢量与 Oz 轴的夹角是什么角不影响上面的计算.

同理对于计算

$$\iint_S P(x,y,z)\,\mathrm{d}y\mathrm{d}z\ ,$$

如果光滑曲面 $S:x=x(y,z)$，$(y,z)\in\sigma_{yz}$，σ_{yz}是曲面 S 在 Oyz 平面上的投影区域（有界闭区域），曲面上每一点处的法矢量与 Ox 轴正向的夹角 α 或者都为锐角或者都为钝角或者都为$\frac{\pi}{2}$，则

$$\iint_S P(x,y,z)\,\mathrm{d}y\mathrm{d}z=\mathrm{sgn}\left(\frac{\pi}{2}-\alpha\right)\iint_{\sigma_{yz}} P(x(y,z),y,z)\,\mathrm{d}\sigma.$$

当 α 均是锐角时，

$$\iint_S P(x,y,z)\,\mathrm{d}y\mathrm{d}z=\iint_{\sigma_{yz}} P(x(y,z),y,z)\,\mathrm{d}\sigma;$$

当 α 均是钝角时,

$$\iint\limits_S P(x,\ y,\ z)\,\mathrm{d}y\mathrm{d}z=-\iint\limits_{\sigma_{yz}} P(x(y,\ z),\ y,\ z)\,\mathrm{d}\sigma\,;$$

当 α 均是$\dfrac{\pi}{2}$时, $\iint\limits_S P(x,\ y,\ z)\,\mathrm{d}y\mathrm{d}z=0.$

对于计算$\iint\limits_S Q(x,\ y,\ z)\,\mathrm{d}z\mathrm{d}x$, 如果光滑曲面 $S: y=y(x,z),\ (x,z)\in\sigma_{xz}$, 曲面上每一点处的法矢量与 Oy 轴正向的夹角 β 或者都为锐角或者都为钝角或者都为$\dfrac{\pi}{2}$, 则

$$\iint\limits_S Q(x,\ y,\ z)\,\mathrm{d}z\mathrm{d}x=\operatorname{sgn}\left(\frac{\pi}{2}-\beta\right)\iint\limits_{\sigma_{xz}} Q(x,\ y(x,\ z),\ z)\,\mathrm{d}\sigma.$$

当 β 均是锐角时,

$$\iint\limits_S Q(x,\ y,\ z)\,\mathrm{d}z\mathrm{d}x=\iint\limits_{\sigma_{xz}} Q(x,\ y(x,\ z),\ z)\,\mathrm{d}\sigma\,;$$

当 β 均是钝角时,

$$\iint\limits_S Q(x,\ y,\ z)\,\mathrm{d}z\mathrm{d}x=-\iint\limits_{\sigma_{xz}} Q(x,\ y(x,\ z),\ z)\,\mathrm{d}\sigma\,;$$

当 β 均是$\dfrac{\pi}{2}$时,

$$\iint\limits_S Q(x,\ y,\ z)\,\mathrm{d}z\mathrm{d}x=0.$$

重难点讲解
第二类曲面积分的计算(一)

重难点讲解
第二类曲面积分的计算(二)

例 1　计算积分$\iint\limits_S x\mathrm{d}y\mathrm{d}z+y\mathrm{d}z\mathrm{d}x+z\mathrm{d}x\mathrm{d}y$, 其中 S 为球面 $x^2+y^2+z^2=R^2$ 的外侧.

解　根据轮换对称, 只要计算$\iint\limits_S z\mathrm{d}x\mathrm{d}y$. 上半球面 $S_1: z=\sqrt{R^2-x^2-y^2}$, 应取上侧($\gamma$ 为锐角); 下半球面 $S_2: z=-\sqrt{R^2-x^2-y^2}$, 应取下侧($\gamma$ 为钝角), 于是

$$\begin{aligned}\iint\limits_S z\mathrm{d}x\mathrm{d}y&=\iint\limits_{S_1} z\mathrm{d}x\mathrm{d}y+\iint\limits_{S_2} z\mathrm{d}x\mathrm{d}y\\&=\iint\limits_{x^2+y^2\leqslant R^2}\sqrt{R^2-x^2-y^2}\,\mathrm{d}\sigma-\iint\limits_{x^2+y^2\leqslant R^2}-\sqrt{R^2-x^2-y^2}\,\mathrm{d}\sigma\\&=2\iint\limits_{x^2+y^2\leqslant R^2}\sqrt{R^2-x^2-y^2}\,\mathrm{d}\sigma=2\int_0^{2\pi}\mathrm{d}\theta\int_0^R r\sqrt{R^2-r^2}\,\mathrm{d}r=\frac{4}{3}\pi R^3.\end{aligned}$$

于是

$$\iint\limits_S x\mathrm{d}y\mathrm{d}z+y\mathrm{d}z\mathrm{d}x+z\mathrm{d}x\mathrm{d}y=4\pi R^3.$$

例 2　计算$\iint\limits_{\Sigma}\dfrac{ax\mathrm{d}y\mathrm{d}z+(z+a)^2\mathrm{d}x\mathrm{d}y}{(x^2+y^2+z^2)^{\frac{1}{2}}}$, 其中 Σ 为下半球面 $z=-\sqrt{a^2-x^2-y^2}$

的上侧，a 为大于零的常数(图 10-21).

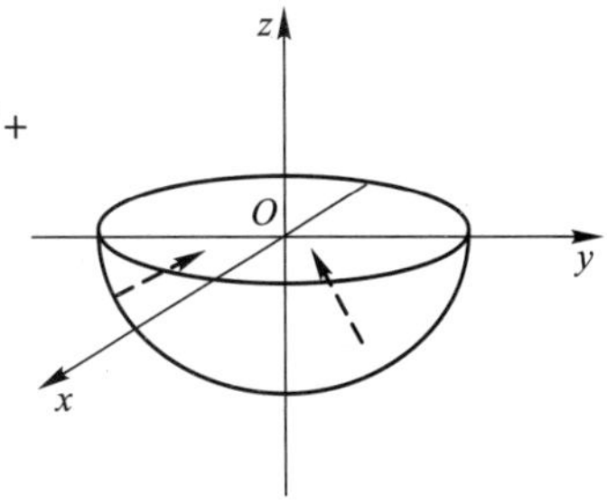

图 10-21

解　由 Σ 为下半球面 $z=-\sqrt{a^2-x^2-y^2}$，有 $x^2+y^2+z^2=a^2$，所以

$$I=\iint_{\Sigma}\frac{ax\mathrm{d}y\mathrm{d}z+(z+a)^2\mathrm{d}x\mathrm{d}y}{(x^2+y^2+z^2)^{\frac{1}{2}}}$$

$$=\iint_{\Sigma}\frac{ax\mathrm{d}y\mathrm{d}z+(z+a)^2\mathrm{d}x\mathrm{d}y}{a}$$

$$=\iint_{\Sigma}x\mathrm{d}y\mathrm{d}z+\frac{1}{a}\iint_{\Sigma}(z+a)^2\mathrm{d}x\mathrm{d}y=I_1+I_2.$$

对于 I_1，Σ 分成 $\Sigma_{前}:x=\sqrt{a^2-y^2-z^2}$（$\alpha$ 为钝角）；$\Sigma_{后}:x=-\sqrt{a^2-y^2-z^2}$（$\alpha$ 为锐角），有

$$I_1=\iint_{\Sigma_{前}}x\mathrm{d}y\mathrm{d}z+\iint_{\Sigma_{后}}x\mathrm{d}y\mathrm{d}z$$

$$=-\iint_{\sigma_{yz}}\sqrt{a^2-y^2-z^2}\,\mathrm{d}\sigma+\iint_{\sigma_{yz}}-\sqrt{a^2-y^2-z^2}\,\mathrm{d}\sigma$$

$$=-2\iint_{\substack{y^2+z^2\leqslant a^2\\ z\leqslant 0}}\sqrt{a^2-y^2-z^2}\,\mathrm{d}\sigma$$

$$=-2\int_{\pi}^{2\pi}\mathrm{d}\theta\int_0^a\sqrt{a^2-r^2}\,r\mathrm{d}r=-\frac{2}{3}\pi a^3.$$

对于 I_2，$\Sigma:z=-\sqrt{a^2-x^2-y^2}$（$\gamma$ 为锐角），$(x,y)\in\sigma_{xy}:x^2+y^2\leqslant a^2$，有

$$I_2=\frac{1}{a}\iint_{\sigma_{xy}}(a-\sqrt{a^2-x^2-y^2})^2\mathrm{d}x\mathrm{d}y$$

$$=\frac{1}{a}\int_0^{2\pi}\mathrm{d}\theta\int_0^a(2a^2-2a\sqrt{a^2-r^2}-r^2)r\mathrm{d}r=\frac{\pi}{6}a^3.$$

因此

$$I=I_1+I_2=-\frac{\pi}{2}a^3.$$

§2.3　高斯公式

格林公式建立了沿封闭曲线的第二类曲线积分与二重积分的关系. 类似地，沿空间闭曲面的第二类曲面积分和三重积分之间也有类似的关系，这就是高斯(Gauss)公式.

定理 10.5　**设空间区域 V 由分片光滑的双侧封闭曲面 S 围成，若函数 P,**

Q, R 在 V 上连续，且有一阶连续偏导数，则

$$\iiint\limits_V \left(\frac{\partial P}{\partial x}+\frac{\partial Q}{\partial y}+\frac{\partial R}{\partial z}\right)\mathrm{d}x\mathrm{d}y\mathrm{d}z = \oiint\limits_S P\mathrm{d}y\mathrm{d}z + Q\mathrm{d}z\mathrm{d}x + R\mathrm{d}x\mathrm{d}y\ ^{①}, \tag{10.7}$$

其中 S 取外侧，式(10.7)称为高斯公式.

证　下面只证 $\iiint\limits_V \frac{\partial R}{\partial z}\mathrm{d}x\mathrm{d}y\mathrm{d}z = \oiint\limits_S R\mathrm{d}x\mathrm{d}y$.

读者可类似地证明

$$\iiint\limits_V \frac{\partial P}{\partial x}\mathrm{d}x\mathrm{d}y\mathrm{d}z = \oiint\limits_S P\mathrm{d}y\mathrm{d}z,$$

$$\iiint\limits_V \frac{\partial Q}{\partial y}\mathrm{d}x\mathrm{d}y\mathrm{d}z = \oiint\limits_S Q\mathrm{d}z\mathrm{d}x.$$

这些结果相加便得到了高斯公式(10.7).

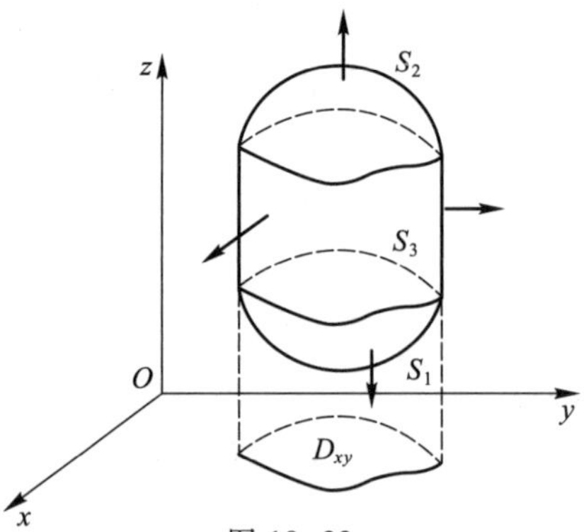

图 10-22

先设 V 是一个 xy-型区域，即其边界曲面 S 由曲面 S_2(上侧)：$z=z_2(x,y)$，$(x,y)\in D_{xy}$，S_1(下侧)：$z=z_1(x,y)$，$(x,y)\in D_{xy}$，及垂直于 D_{xy} 的边界的柱面 S_3(外侧)组成(图 10-22)，其中 $z_1(x,y)\leqslant z_2(x,y)$. 于是按三重积分的计算方法有

重难点讲解
高斯公式(一)

$$\begin{aligned}\iiint\limits_V \frac{\partial R}{\partial z}\mathrm{d}x\mathrm{d}y\mathrm{d}z &= \iint\limits_{D_{xy}}\mathrm{d}x\mathrm{d}y\int_{z_1(x,y)}^{z_2(x,y)}\frac{\partial R}{\partial z}\mathrm{d}z\\ &= \iint\limits_{D_{xy}}[R(x,y,z_2(x,y)) - R(x,y,z_1(x,y))]\mathrm{d}\sigma\\ &= \iint\limits_{D_{xy}}R(x,y,z_2(x,y))\mathrm{d}\sigma - \iint\limits_{D_{xy}}R(x,y,z_1(x,y))\mathrm{d}\sigma\\ &= \iint\limits_{S_2}R(x,y,z)\mathrm{d}x\mathrm{d}y + \iint\limits_{S_1}R(x,y,z)\mathrm{d}x\mathrm{d}y,\end{aligned}$$

重难点讲解
高斯公式(二)

其中 S_2 取上侧，S_1 取下侧. 又由于 S_3 上每一点的法矢量与 Oz 轴正向夹角全为 $\frac{\pi}{2}$ 或者说在坐标面 Oxy 上的投影区域面积为零，所以

$$\iint\limits_{S_3}R(x,y,z)\mathrm{d}x\mathrm{d}y = 0 .$$

因此

$$\begin{aligned}\iiint\limits_V \frac{\partial R}{\partial z}\mathrm{d}x\mathrm{d}y\mathrm{d}z &= \iint\limits_{S_2}R\mathrm{d}x\mathrm{d}y + \iint\limits_{S_1}R\mathrm{d}x\mathrm{d}y + \iint\limits_{S_3}R\mathrm{d}x\mathrm{d}y\\ &= \oiint\limits_S R(x,y,z)\mathrm{d}x\mathrm{d}y,\end{aligned}$$

① 若 S 为封闭曲面，则曲面面积的积分号用 $\oiint$ 表示.

其中 S 取外侧，对于不是 xy-型区域的情形，则用有限个光滑曲面将它分成若干个 xy-型区域来讨论，与推导格林公式过程类似，请读者自证. □

例 3 计算 $\oiint\limits_S x^3\mathrm{d}y\mathrm{d}z+y^3\mathrm{d}z\mathrm{d}x+z^3\mathrm{d}x\mathrm{d}y$，式中 S 为球面 $x^2+y^2+z^2=a^2$ 的内侧.

解 由高斯公式知

$$\begin{aligned}\oiint\limits_S x^3\mathrm{d}y\mathrm{d}z+y^3\mathrm{d}z\mathrm{d}x+z^3\mathrm{d}x\mathrm{d}y&=-3\iiint\limits_V(x^2+y^2+z^2)\mathrm{d}V\\&=-3\int_0^{2\pi}\mathrm{d}\theta\int_0^{\pi}\mathrm{d}\varphi\int_0^a\rho^4\sin\varphi\mathrm{d}\rho\\&=-3\int_0^{2\pi}\mathrm{d}\theta\cdot\int_0^{\pi}\sin\varphi\mathrm{d}\varphi\cdot\int_0^a\rho^4\mathrm{d}\rho\\&=-3\cdot2\pi\cdot(-\cos\varphi)\Big|_0^{\pi}\cdot\frac{1}{5}a^5=-\frac{12}{5}\pi a^5.\end{aligned}$$

例 4 计算 $\iint\limits_S(x^2\cos\alpha+y^2\cos\beta+z^2\cos\gamma)\mathrm{d}S$，式中 S 为圆锥面 $x^2+y^2=z^2(0\leqslant z\leqslant h)$ 的一部分，$\cos\alpha$，$\cos\beta$，$\cos\gamma$ 为此曲面外法线的方向余弦.

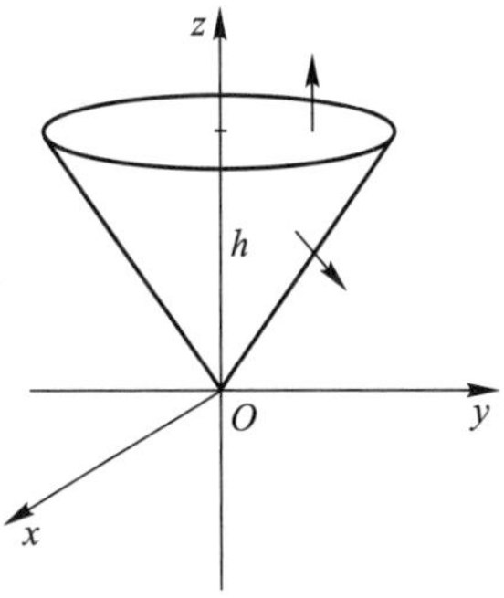

图 10-23

解 设曲面 $S_1:z=h$，$x^2+y^2\leqslant h^2$（法线朝上侧）（图 10-23），则

$$\begin{aligned}&\oiint\limits_{S+S_1}(x^2\cos\alpha+y^2\cos\beta+z^2\cos\gamma)\mathrm{d}S\\&=2\iiint\limits_V(x+y+z)\mathrm{d}V\quad（利用对称性，柱面坐标变换）\\&=2\int_0^{2\pi}\mathrm{d}\theta\int_0^h r\mathrm{d}r\int_r^h z\mathrm{d}z\\&=4\pi\int_0^h r\frac{1}{2}(h^2-r^2)\mathrm{d}r=2\pi\int_0^h(h^2r-r^3)\mathrm{d}r=\frac{\pi h^4}{2}.\end{aligned}$$

又

$$\begin{aligned}&\iint\limits_{S_1}(x^2\cos\alpha+y^2\cos\beta+z^2\cos\gamma)\mathrm{d}S\\&=\iint\limits_{S_1}z^2\cos0\mathrm{d}S=\iint\limits_{S_1}z^2\mathrm{d}S=\iint\limits_{S_1}h^2\mathrm{d}S=\pi h^4,\end{aligned}$$

于是

$$\iint\limits_S(x^2\cos\alpha+y^2\cos\beta+z^2\cos\gamma)\mathrm{d}S=\oiint\limits_{S+S_1}-\iint\limits_{S_1}=\frac{\pi h^4}{2}-\pi h^4=-\frac{\pi h^4}{2}.$$

例 5 若 S 为封闭的简单曲面，$\boldsymbol{l}$ 为任何固定方向，则 $\oiint\limits_S\cos(\boldsymbol{n},\boldsymbol{l})\mathrm{d}S=0$，

其中 $\boldsymbol{n}$ 是曲面的法矢量.

证　设 $\boldsymbol{e}_n=(\cos\alpha,\cos\beta,\cos\gamma)$，$\boldsymbol{e}_l=(\cos\alpha_1,\cos\beta_1,\cos\gamma_1)$，其中 $\cos\alpha_1$，$\cos\beta_1$，$\cos\gamma_1$ 为常数，有 $(\boldsymbol{n},\boldsymbol{l})=(\boldsymbol{e}_n,\boldsymbol{e}_l)$，其中 $(\boldsymbol{n},\boldsymbol{l})$ 表示 $\boldsymbol{n}$ 与 $\boldsymbol{l}$ 的夹角，则

$$\begin{aligned}\cos(\boldsymbol{n},\ \boldsymbol{l})=\cos(\boldsymbol{e}_n,\ \boldsymbol{e}_l)&=\frac{\cos\alpha_1\cos\alpha+\cos\beta_1\cos\beta+\cos\gamma_1\cos\gamma}{\sqrt{\cos^2\alpha+\cos^2\beta+\cos^2\gamma}\sqrt{\cos^2\alpha_1+\cos^2\beta_1+\cos^2\gamma_1}}\\&=\cos\alpha_1\cos\alpha+\cos\beta_1\cos\beta+\cos\gamma_1\cos\gamma.\end{aligned}$$

利用高斯公式，不妨设 S 的法方向朝外，于是

$$\begin{aligned}\oint\!\!\!\oint_S\cos(\boldsymbol{n},\ \boldsymbol{l})\,\mathrm{d}S&=\oint\!\!\!\oint_S(\cos\alpha_1\cos\alpha+\cos\beta_1\cos\beta+\cos\gamma_1\cos\gamma)\,\mathrm{d}S\\&=\iiint_V(0+0+0)\,\mathrm{d}V=0.\ \square\end{aligned}$$

§2.4　散度场

定义 10.4　设 $\boldsymbol{A}(x,y,z)=(P(x,y,z),Q(x,y,z),R(x,y,z))$ 为空间区域 V 上的向量函数，对 V 上每一点 (x,y,z)，称函数 $\dfrac{\partial P}{\partial x}+\dfrac{\partial Q}{\partial y}+\dfrac{\partial R}{\partial z}$ 为向量函数 $\boldsymbol{A}$ 在点 $M(x,y,z)$ 处的散度，记作

$$\operatorname{div}\boldsymbol{A}(x,\ y,\ z),$$

即

$$\operatorname{div}\boldsymbol{A}=\frac{\partial P}{\partial x}+\frac{\partial Q}{\partial y}+\frac{\partial R}{\partial z}\quad(\text{div 是 divergence(散度)一词的缩写}).$$

设 $\boldsymbol{e}_n=(\cos\alpha,\cos\beta,\cos\gamma)$ 为曲面的单位法向量，则 $\mathrm{d}\boldsymbol{S}=\boldsymbol{e}_n\mathrm{d}S$ 称为曲面的面积元素，则高斯公式可写成如下形式

$$\iiint_V\operatorname{div}\boldsymbol{A}\,\mathrm{d}V=\oint\!\!\!\oint_S\boldsymbol{A}\cdot\mathrm{d}\boldsymbol{S}.\tag{10.8}$$

在 V 中任取一点 M_0，对式(10.8)中的三重积分应用中值定理，得

$$\iiint_V\operatorname{div}\boldsymbol{A}\,\mathrm{d}V=\operatorname{div}\boldsymbol{A}(M^*)\cdot\Delta V=\oint\!\!\!\oint_S\boldsymbol{A}\cdot\mathrm{d}\boldsymbol{S},$$

其中 M^* 为 V 中某一点，于是有

$$\operatorname{div}\boldsymbol{A}(M^*)=\frac{\oint\!\!\!\oint_S\boldsymbol{A}\cdot\mathrm{d}\boldsymbol{S}}{\Delta V}.$$

令 V 收缩到点 M_0(记成 $V\to M_0$)，则 M^* 也趋向点 M_0，因此

$$\operatorname{div}\boldsymbol{A}(M_0)=\lim_{V\to M_0}\frac{\oint\!\!\!\oint_S\boldsymbol{A}\cdot\mathrm{d}\boldsymbol{S}}{\Delta V}.\tag{10.9}$$

这个等式可以看作散度的另一种定义形式，式(10.9)右边的分子、分母都与坐标系选取无关，因此它的极限值也与坐标系选取无关，所以散度 div $\boldsymbol{A}$ 与坐标系选取无关，因此向量场 $\boldsymbol{A}$ 的散度 div $\boldsymbol{A}$ 所构成的数量场，称为散度场.

散度场的物理意义：联系本章中提到当流速为 $\boldsymbol{A}$ 的不可压缩流体，经过封闭曲面 S 的流量是 $\oint\!\!\!\oint_S \boldsymbol{A}\cdot \mathrm{d}\boldsymbol{S}$. 于是式(10.9)表明 div $\boldsymbol{A}$ 是流量对体积 V 的变化率，并称它为 $\boldsymbol{A}$ 在点 M_0 的流量密度. 若 div $\boldsymbol{A}(M_0)>0$，说明在每一单位时间内有一定数量的流体流出这一点，则称这一点为源；相反，若 div $\boldsymbol{A}(M_0)<0$，说明流体在这一点被吸收，则称这点为汇. 若在向量场 $\boldsymbol{A}$ 中每一点皆有 div $\boldsymbol{A}=0$，则称 $\boldsymbol{A}$ 为无源场.

推论 1 **若在封闭曲面 S 所包围的区域 V 中处处有div $\boldsymbol{A}=0$，则**

$$\oint\!\!\!\oint_S \boldsymbol{A}\cdot \mathrm{d}\boldsymbol{S}=0.$$

由高斯公式，此推论显然成立.

推论 2 **如果仅在区域 V 中某些点(或子区域上) div $\boldsymbol{A}\neq 0$ 或 div $\boldsymbol{A}$ 不存在，其他的点都有 div $\boldsymbol{A}=0$，则通过包围这些点或子区域(称为洞)的 V 内任一封闭曲面积分(物理意义为流量)都是相等的，即是一个常数，有**

$$\oint\!\!\!\oint_{S_1} \boldsymbol{A}\cdot \boldsymbol{e}_n \mathrm{d}S=\oint\!\!\!\oint_{S_2} \boldsymbol{A}\cdot \boldsymbol{e}_n \mathrm{d}S,$$

其中 S_1，S_2 是包围散度不等于 0，或不存在的点(或区域)的任意两个封闭曲面，其法线单位矢量 $\boldsymbol{e}_n$ 向外(图 10-24)，图中阴影部分上 div $\boldsymbol{A}\neq 0$ 或 div $\boldsymbol{A}$ 不存在.

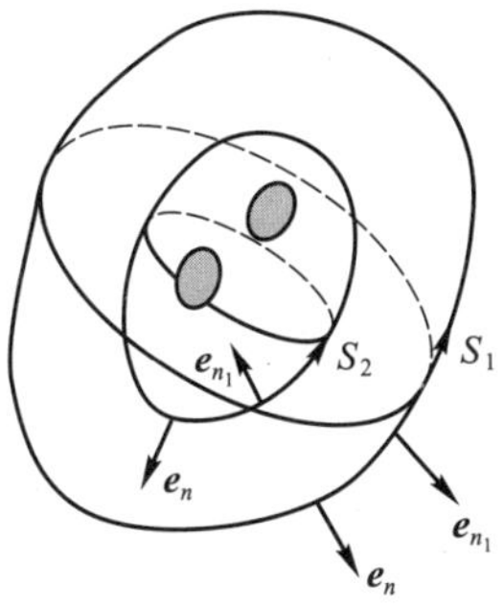

图 10-24

证 由假设，在 S_1+S_2 为界面的区域 V 上(其界面的外法线单位矢量记为 $\boldsymbol{n}_1$)有div $\boldsymbol{A}=0$. 由高斯公式，得

$$\oint\!\!\!\oint_{S_1+S_2} \boldsymbol{A}\cdot \mathrm{d}\boldsymbol{S}=\iiint_V \mathrm{div}\,\boldsymbol{A}\mathrm{d}V=0,$$

由于

$$\oint\!\!\!\oint_{S_1+S_2} \boldsymbol{A}\cdot \mathrm{d}\boldsymbol{S}=\oint\!\!\!\oint_{S_1} \boldsymbol{A}\cdot \boldsymbol{e}_{n_1}\mathrm{d}S+\oint\!\!\!\oint_{S_2} \boldsymbol{A}\cdot \boldsymbol{e}_{n_1}\mathrm{d}S=0,$$

得

$$\oint\!\!\!\oint_{S_1} \boldsymbol{A}\cdot \boldsymbol{e}_{n_1}\mathrm{d}S=-\oint\!\!\!\oint_{S_2} \boldsymbol{A}\cdot \boldsymbol{e}_{n_1}\mathrm{d}S.$$

由于在 S_1 的各点有 $\boldsymbol{e}_n=\boldsymbol{e}_{n_1}$，$S_2$ 的各点有 $\boldsymbol{e}_n=-\boldsymbol{e}_{n_1}$，所以

$$\oint\!\!\!\oint_{S_1} \boldsymbol{A}\cdot \boldsymbol{e}_n\mathrm{d}S=\oint\!\!\!\oint_{S_1} \boldsymbol{A}\cdot \boldsymbol{e}_{n_1}\mathrm{d}S=-\oint\!\!\!\oint_{S_2} \boldsymbol{A}\cdot \boldsymbol{e}_{n_1}\mathrm{d}S=\oint\!\!\!\oint_{S_2} \boldsymbol{A}\cdot \boldsymbol{e}_n\mathrm{d}S. \quad \square$$

习题 10-2

1. 计算下列第二类曲面积分：

（1）$\iint\limits_{S} x\mathrm{d}y\mathrm{d}z + y\mathrm{d}z\mathrm{d}x + z\mathrm{d}x\mathrm{d}y$，式中 S 为球面 $x^2 + y^2 + z^2 = a^2$ 外侧；

（2）$\iint\limits_{\Sigma} yz\mathrm{d}z\mathrm{d}x + 2\mathrm{d}x\mathrm{d}y$，其中 Σ 是球面 $x^2 + y^2 + z^2 = 4$ 外侧在 $z \geqslant 0$ 的部分；

（3）$\iint\limits_{S} (y - z)\mathrm{d}y\mathrm{d}z + (z - x)\mathrm{d}z\mathrm{d}x + (x - y)\mathrm{d}x\mathrm{d}y$，其中 S 为圆锥曲面 $x^2 + y^2 = z^2$（$0 \leqslant z \leqslant h$）的外侧面．

2. 利用高斯公式计算下列第二类曲面积分：

（1）$\oiint\limits_{S} x^2\mathrm{d}y\mathrm{d}z + y^2\mathrm{d}z\mathrm{d}x + z^2\mathrm{d}x\mathrm{d}y$，其中 S 为立体 $0\leqslant x\leqslant a$，$0\leqslant y\leqslant a$，$0\leqslant z\leqslant a$ 的边界的外表面；

（2）$\oiint\limits_{S} 2xz\mathrm{d}y\mathrm{d}z + yz\mathrm{d}z\mathrm{d}x - z^2\mathrm{d}x\mathrm{d}y$，其中 S 是由曲面 $z=\sqrt{x^2+y^2}$ 与 $z=\sqrt{2-x^2-y^2}$ 所围立体的表面外侧；

（3）$\iint\limits_{\Sigma} (8y + 1)x\mathrm{d}y\mathrm{d}z + 2(1 - y^2)\mathrm{d}z\mathrm{d}x - 4yz\mathrm{d}x\mathrm{d}y$，其中 Σ 是由曲线

$$\begin{cases} z = \sqrt{y - 1}, \\ x = 0 \end{cases} \qquad (1 \leqslant y \leqslant 3)$$

绕 y 轴旋转一周所成的曲面，它的法向量与 y 轴正向的夹角大于 $\dfrac{\pi}{2}$；

（4）$\iint\limits_{S} - y\mathrm{d}z\mathrm{d}x + (z + 1)\mathrm{d}x\mathrm{d}y$，其中 S 是圆柱面 $x^2+y^2=4$ 被平面 $x+z=2$ 和 $z=0$ 所截出部分的外侧.

3. 证明：曲面 S 所包围的体积等于 $V = \dfrac{1}{3}\iint\limits_{S} (x\cos\alpha + y\cos\beta + z\cos\gamma)\mathrm{d}S$．式中 $\cos\alpha$，$\cos\beta$，$\cos\gamma$ 为曲面 S 的外法线的方向余弦.

4. 证明：

$$\iint\limits_{S}\left[\left(\frac{\partial R}{\partial y} - \frac{\partial Q}{\partial z}\right)\cos\alpha + \left(\frac{\partial P}{\partial z} - \frac{\partial R}{\partial x}\right)\cos\beta + \left(\frac{\partial Q}{\partial x} - \frac{\partial P}{\partial y}\right)\cos\gamma\right]\mathrm{d}S = 0,$$

其中 S 是简单的闭曲面，P，Q，R 具有二阶连续偏导数.

5. 证明：

（1）$\operatorname{div}(\boldsymbol{u}\pm\boldsymbol{v})= \operatorname{div}\boldsymbol{u}\pm\operatorname{div}\boldsymbol{v}$;

（2）$\operatorname{div}(c\boldsymbol{u})=c\operatorname{div}\boldsymbol{u}$，其中 $\boldsymbol{u}$，$\boldsymbol{v}$ 为矢量函数，c 为常数；

（3）$\operatorname{div}(u\boldsymbol{a})=\boldsymbol{a}\cdot\mathbf{grad}\,u$（$\boldsymbol{a}$ 为常矢量，u 为数量函数）.

§3 斯托克斯公式、空间曲线积分与路径无关性

§3.1 斯托克斯公式

斯托克斯(Stokes)公式建立了沿空间双侧曲面 S 的积分与沿 S 的边界曲线 L 的积分之间的联系.

在介绍下述定理之前，先对双侧曲面 S 的侧与其边界曲线 L 的方向作如下规定：设有人站在 S 上指定的一侧，若沿 L 行走，指定的侧总在人的左方，则人的前进方向为边界线 L 的正向，这个规定方法也称为右手法则；若沿 L 行走，指定的侧总在人的右方，则人的前进方向为边界线 L 的负向(图 10-25).

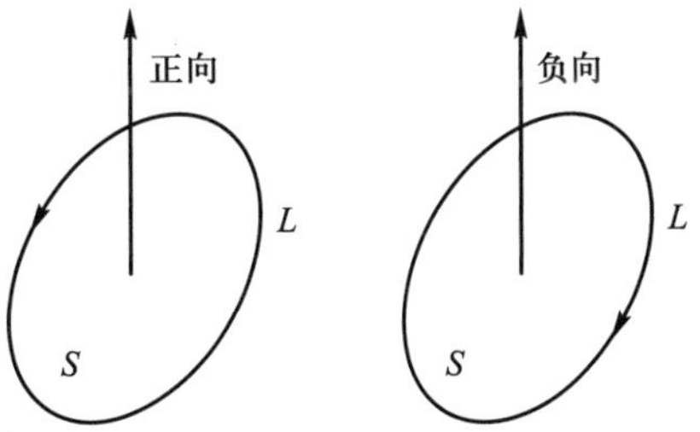

图 10-25

定理 10.6 设光滑曲面 S 的边界 L 是按段光滑的连续曲线，若函数 P，Q，R 在 S(连同 L)上连续，且有一阶连续偏导数，则

$$\iint_S \left(\frac{\partial R}{\partial y}-\frac{\partial Q}{\partial z}\right)\mathrm{d}y\mathrm{d}z+\left(\frac{\partial P}{\partial z}-\frac{\partial R}{\partial x}\right)\mathrm{d}z\mathrm{d}x+\left(\frac{\partial Q}{\partial x}-\frac{\partial P}{\partial y}\right)\mathrm{d}x\mathrm{d}y = \oint_L P\mathrm{d}x+Q\mathrm{d}y+R\mathrm{d}z, \tag{10.10}$$

其中 S 的侧面与 L 的方向按右手法则确定. 公式(10.10)称为斯托克斯公式.

*证 先证

$$\iint_S \frac{\partial P}{\partial z}\mathrm{d}z\mathrm{d}x-\frac{\partial P}{\partial y}\mathrm{d}x\mathrm{d}y=\oint_L P\mathrm{d}x, \tag{10.11}$$

其中曲面 S 由方程 $z=z(x,y)$ 确定，它的正侧法线方向矢量为$(-z'_x,-z'_y,1)$(即法矢量与 Oz 轴正向夹角为锐角)，单位矢量为$\left(\dfrac{-z'_x}{\sqrt{1+z_x'^2+z_y'^2}},\dfrac{-z'_y}{\sqrt{1+z_x'^2+z_y'^2}},\dfrac{1}{\sqrt{1+z_x'^2+z_y'^2}}\right)$，又方向余弦为$(\cos\alpha,\cos\beta,\cos\gamma)$，得 $\cos\alpha=\dfrac{-\partial z}{\partial x}\cos\gamma$，$\cos\beta=\dfrac{-\partial z}{\partial y}\cos\gamma$，而$\cos\gamma=\dfrac{1}{\sqrt{1+z_x'^2+z_y'^2}}$，所以

$$\frac{\partial z}{\partial x}=-\frac{\cos\alpha}{\cos\gamma},\qquad \frac{\partial z}{\partial y}=-\frac{\cos\beta}{\cos\gamma}.$$

若 S 在 Oxy 平面上的投影区域为 D_{xy}，L 在 Oxy 平面上的投影曲线记为 Γ，现由第二类曲线积分定义及格林公式有

$$\oint_L P(x,y,z)\mathrm{d}x=\oint_\Gamma P(x,y,z(x,y))\mathrm{d}x=-\iint_{D_{xy}}\frac{\partial}{\partial y}P(x,y,z(x,y))\mathrm{d}x\mathrm{d}y.$$

因为

$$\frac{\partial}{\partial y}P(x,y,z(x,y))=\frac{\partial P}{\partial y}+\frac{\partial P}{\partial z}\frac{\partial z}{\partial y},$$

所以

$$-\iint_{D_{xy}}\frac{\partial}{\partial y}P(x,y,z(x,y))\mathrm{d}x\mathrm{d}y=-\iint_{D_{xy}}\left(\frac{\partial P}{\partial y}+\frac{\partial P}{\partial z}\frac{\partial z}{\partial y}\right)\mathrm{d}x\mathrm{d}y.$$

由于

$$\frac{\partial z}{\partial y}=-\frac{\cos\beta}{\cos\gamma},$$

于是

$$\begin{aligned}\text{原式}&=-\iint_S\left(\frac{\partial P}{\partial y}+\frac{\partial P}{\partial z}\frac{\partial z}{\partial y}\right)\mathrm{d}x\mathrm{d}y=-\iint_S\left(\frac{\partial P}{\partial y}-\frac{\partial P}{\partial z}\frac{\cos\beta}{\cos\gamma}\right)\mathrm{d}x\mathrm{d}y\\&=-\iint_S\left(\frac{\partial P}{\partial y}\cos\gamma-\frac{\partial P}{\partial z}\cos\beta\right)\frac{\mathrm{d}x\mathrm{d}y}{\cos\gamma}=-\iint_S\left(\frac{\partial P}{\partial y}\cos\gamma-\frac{\partial P}{\partial z}\cos\beta\right)\mathrm{d}S\\&=\iint_S\frac{\partial P}{\partial z}\mathrm{d}z\mathrm{d}x-\frac{\partial P}{\partial y}\mathrm{d}x\mathrm{d}y.\end{aligned}$$

综上所述，便得所要证明的式(10.11).

同样对于曲面 S 表示 $x=x(y,z)$ 和 $y=y(z,x)$，可得

$$\iint_S\frac{\partial Q}{\partial x}\mathrm{d}x\mathrm{d}y-\frac{\partial Q}{\partial z}\mathrm{d}y\mathrm{d}z=\oint_L Q\mathrm{d}y,\tag{10.12}$$

$$\iint_S\frac{\partial R}{\partial y}\mathrm{d}y\mathrm{d}z-\frac{\partial R}{\partial x}\mathrm{d}z\mathrm{d}x=\oint_L R\mathrm{d}z.\tag{10.13}$$

将式(10.11)、式(10.12)与式(10.13)相加即得斯托克斯公式(10.10).

如果曲面 S 不能以 $z=z(x,y)$ 的形式给出，则用一些光滑曲线把 S 分割为若干小块，使每一小块都能用这种形式表示，这时斯托克斯公式也能成立. □

注　由证明过程可知，对于以 Γ 为边界且符合定理条件的曲面 S，结论都成立. 从而我们利用斯托克斯公式时，寻找以 Γ 为边界较简单的曲面 S，有利于解决问题.

为了便于记忆，斯托克斯公式也常写成如下形式：

$$\boxed{\iint_S\begin{vmatrix}\mathrm{d}y\mathrm{d}z&\mathrm{d}z\mathrm{d}x&\mathrm{d}x\mathrm{d}y\\\dfrac{\partial}{\partial x}&\dfrac{\partial}{\partial y}&\dfrac{\partial}{\partial z}\\P&Q&R\end{vmatrix}=\oint_L P\mathrm{d}x+Q\mathrm{d}y+R\mathrm{d}z.}$$

例 1　计算 $\oint_C(y-z)\mathrm{d}x+(z-x)\mathrm{d}y+(x-y)\mathrm{d}z$，其中 C 为椭圆

$$x^2+y^2=a^2,\quad \frac{x}{a}+\frac{z}{h}=1\ (a>0,\ h>0),$$

若从 Ox 轴正向看去，此椭圆是沿逆时针方向前进的.

解 椭圆如图 10-26 所示，把平面$\frac{x}{a}+\frac{z}{h}=1$上 C 所包围的区域记为 S，则 S 的法线方向为$(h,0,a)$，注意到 S 的法线和曲线 C 的方向是正向联系的，可知 S 的法线与 Oz 轴正向的夹角为锐角，因此，

$$\boldsymbol{e}_n=\left(\frac{h}{\sqrt{h^2+a^2}},\ 0,\ \frac{a}{\sqrt{h^2+a^2}}\right),$$

于是，由斯托克斯公式知

$$\begin{aligned}
&\oint_C (y-z)\mathrm{d}x+(z-x)\mathrm{d}y+(x-y)\mathrm{d}z\\
=&-2\iint_S \mathrm{d}y\mathrm{d}z+\mathrm{d}z\mathrm{d}x+\mathrm{d}x\mathrm{d}y\\
=&-2\iint_S (\cos\alpha+\cos\beta+\cos\gamma)\mathrm{d}S\\
=&-2\iint_S\left(\frac{h}{\sqrt{h^2+a^2}}+\frac{a}{\sqrt{h^2+a^2}}\right)\mathrm{d}S\\
=&-2\frac{h+a}{\sqrt{h^2+a^2}}\iint_S \mathrm{d}S\\
=&-2\frac{h+a}{\sqrt{h^2+a^2}}\iint_{x^2+y^2\leqslant a^2}\sqrt{1+\frac{h^2}{a^2}}\mathrm{d}\sigma\\
=&-2\frac{h+a}{\sqrt{h^2+a^2}}\cdot\frac{\sqrt{a^2+h^2}}{a}\pi a^2=-2\pi a(h+a).
\end{aligned}$$

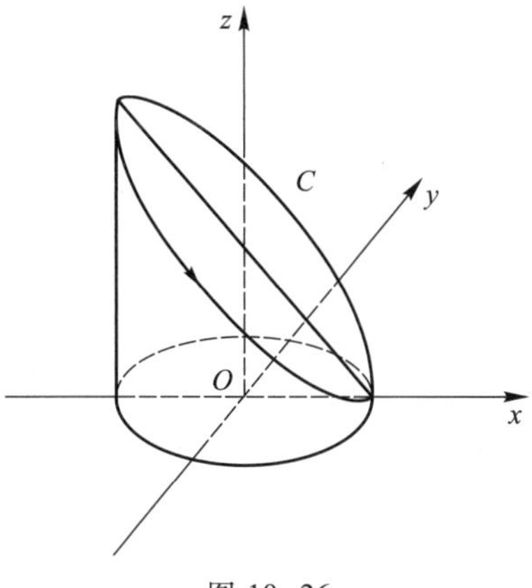

图 10-26

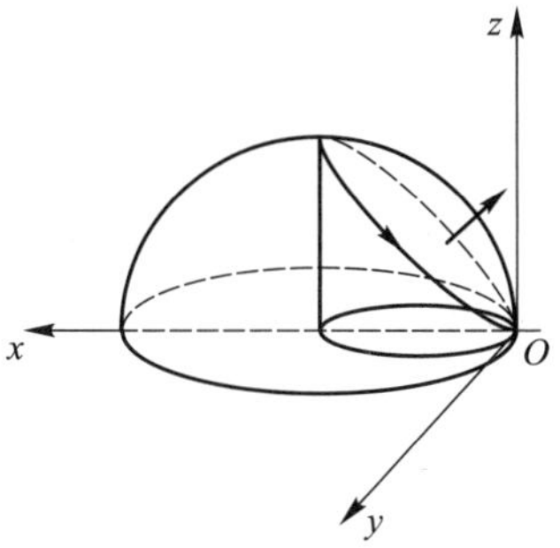

图 10-27

例 2 计算 $\oint_C (y^2+z^2)\mathrm{d}x+(x^2+z^2)\mathrm{d}y+(x^2+y^2)\mathrm{d}z$，式中 C 是曲线 $x^2+y^2+z^2=2Rx$，$x^2+y^2=2rx$（$0<r<R, z>0$）. 此曲线是顺着如下方向前进的：由它所包围在球面 $x^2+y^2+z^2=2Rx$ 上的最小区域保持在左方（图 10-27）.

解 注意到球面的法线的方向余弦为

$$\cos\alpha=\frac{x-R}{R},\quad \cos\beta=\frac{y}{R},\quad \cos\gamma=\frac{z}{R}.$$

由斯托克斯公式，有

$$\text{原式}=2\iint_S[(y-z)\cos\alpha+(z-x)\cos\beta+(x-y)\cos\gamma]\mathrm{d}S$$

$$=2\iint_S\left[(y-z)\left(\frac{x}{R}-1\right)+(z-x)\frac{y}{R}+(x-y)\frac{z}{R}\right]\mathrm{d}S=2\iint_S(z-y)\mathrm{d}S.$$

由于曲面 S 关于 Ozx 平面对称，y 关于 y 是奇函数，有 $\iint_S y\mathrm{d}S=0$. 于是

$$\text{原式}=2\iint_S z\mathrm{d}S=2\iint_S R\cos\gamma\mathrm{d}S=2\iint_S R\mathrm{d}x\mathrm{d}y=2R\iint_{x^2+y^2\leqslant 2rx}\mathrm{d}\sigma=2\pi r^2R.$$

§3.2 空间曲线积分与路径无关性

定理 10.7 **设 $\Omega\subset\mathbf{R}^3$ 为空间线单连通区域，若函数 P，Q，R 在 Ω 上连续，且有一阶连续偏导数，则以下四个条件是等价的：**

（1）对于 Ω 内任一按段光滑的封闭曲线 L，有 $\oint_L P\mathrm{d}x+Q\mathrm{d}y+R\mathrm{d}z=0$；

（2）对于 Ω 内任一按段光滑的曲线 Γ，曲线积分 $\int_\Gamma P\mathrm{d}x+Q\mathrm{d}y+R\mathrm{d}z$ 与路线无关，仅与起点、终点有关；

（3）$P\mathrm{d}x+Q\mathrm{d}y+R\mathrm{d}z$ 是 Ω 内某一函数 $u(x,y,z)$ 的全微分，即存在 Ω 上的函数 $u(x,y,z)$，使

$$\mathrm{d}u=P\mathrm{d}x+Q\mathrm{d}y+R\mathrm{d}z;\tag{10.14}$$

（4）$\dfrac{\partial P}{\partial y}=\dfrac{\partial Q}{\partial x}$，$\dfrac{\partial Q}{\partial z}=\dfrac{\partial R}{\partial y}$，$\dfrac{\partial R}{\partial x}=\dfrac{\partial P}{\partial z}$ 在 Ω 内处处成立.

这个定理的证明和平面曲线积分与路径无关性的证明类似，而且定理的应用也和平面曲线积分与路径无关的应用类似.

注 空间线单连通区域指的是这样的一个空间区域 V：对 V 中任意的封闭曲线 L，若 L 不越过 V 的边界曲面可连续收缩成 V 中的一点，例如两个同心球面所围成的区域就是线单连通区域. 还有一种被称为空间面单连通区域：若对 V 中的任一封闭曲面不越过 V 的边界曲面，可以连续收缩为 V 中的一点.

若曲线积分 $I=\int_{\Gamma_{AB}}P(x,y,z)\mathrm{d}x+Q(x,y,z)\mathrm{d}y+R(x,y,z)\mathrm{d}z$ 与路径无关，设 $A(x_0,y_0,z_0)$，$B(x_1,y_1,z_1)$，则沿着折线段 $ACDB$（图 10-28）积分，有

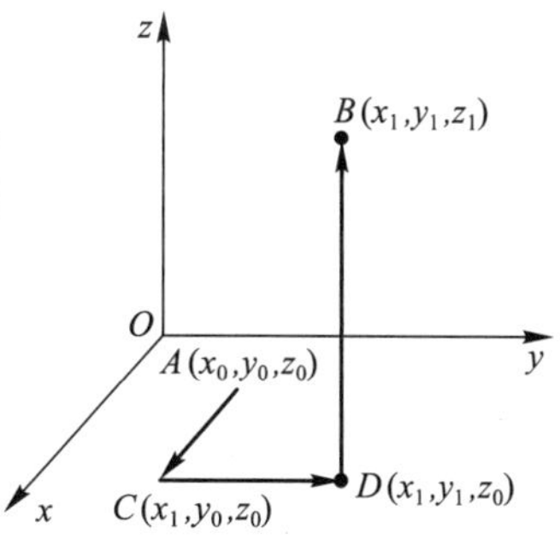

图 10-28

$$I=\int_{x_0}^{x_1}P(x,y_0,z_0)\mathrm{d}x+\int_{y_0}^{y_1}Q(x_1,y,z_0)\mathrm{d}y+\int_{z_0}^{z_1}R(x_1,y_1,z)\mathrm{d}z.$$

若 P，Q，R 在 V 上具有连续的偏导数，且

$$\frac{\partial P}{\partial y}=\frac{\partial Q}{\partial x},\quad \frac{\partial Q}{\partial z}=\frac{\partial R}{\partial y},\quad \frac{\partial R}{\partial x}=\frac{\partial P}{\partial z},\quad (x,y,z)\in V,$$

则 $P\mathrm{d}x+Q\mathrm{d}y+R\mathrm{d}z$ 的全体函数为

$$u(x,y,z)=\int_{x_0}^{x}P(x,y_0,z_0)\mathrm{d}x+\int_{y_0}^{y}Q(x,y,z_0)\mathrm{d}y+\int_{z_0}^{z}R(x,y,z)\mathrm{d}z+C.$$

若 $(0,0,0)\in V$，则取 $(x_0,y_0,z_0)=(0,0,0)$，使得计算方便.

§3.3 旋度场

定义 10.5 设 $\boldsymbol{A}(x,y,z)=(P(x,y,z),Q(x,y,z),R(x,y,z))$ 为空间区域 V 上的向量函数，对 V 上一点 $M(x,y,z)$，定义向量函数 $\left(\frac{\partial R}{\partial y}-\frac{\partial Q}{\partial z},\frac{\partial P}{\partial z}-\frac{\partial R}{\partial x},\frac{\partial Q}{\partial x}-\frac{\partial P}{\partial y}\right)$，称它为向量函数 $\boldsymbol{A}$ 在点 $M(x,y,z)$ 处的旋度，记作 **rot** $\boldsymbol{A}$（**rot** 是 rotation（旋度）一词的缩写）. 为便于记忆，**rot** $\boldsymbol{A}$ 可形式地写作

$$\mathbf{rot}\,\boldsymbol{A}=\begin{vmatrix}\boldsymbol{i}&\boldsymbol{j}&\boldsymbol{k}\\ \frac{\partial}{\partial x}&\frac{\partial}{\partial y}&\frac{\partial}{\partial z}\\ P&Q&R\end{vmatrix}.$$

设 $\boldsymbol{e}_T$ 是曲线 L 上在点 $M(x,y,z)$ 处与指定的方向一致的单位切向量，向量 $\mathrm{d}\boldsymbol{s}=\boldsymbol{e}_T\mathrm{d}s$ 称为弧长元素向量，于是斯托克斯公式可写成如下向量形式：

$$\iint_S \mathbf{rot}\,\boldsymbol{A}\cdot\mathrm{d}\boldsymbol{S}=\oint_L\boldsymbol{A}\cdot\mathrm{d}\boldsymbol{s}.\tag{10.15}$$

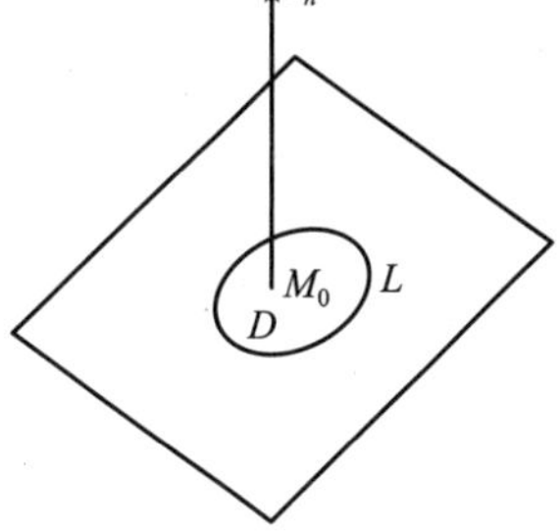

图 10-29

为了说明旋度与坐标系的选取无关，我们在场 V 中任意取一点 M_0，通过 M_0 点作一平面，在该平面上围绕 M_0 作任一封闭曲线 L，记 L 所围区域为 D，面

积仍记为 D(图 10-29)，则由式(10.15)有

$$\iint_S \mathbf{rot}\,\boldsymbol{A}\cdot \mathrm{d}\boldsymbol{S}=\iint_S \mathbf{rot}\,\boldsymbol{A}\cdot \boldsymbol{e}_n\mathrm{d}S=\oint_L \boldsymbol{A}\cdot \mathrm{d}\boldsymbol{s}$$

$$=\oint_L (\boldsymbol{A}\cdot \boldsymbol{e}_T)\,\mathrm{d}s, \tag{10.16}$$

对左端二重积分应用中值定理可得

$$\iint_S \mathbf{rot}\,\boldsymbol{A}\cdot \boldsymbol{e}_n\mathrm{d}S=(\mathbf{rot}\,\boldsymbol{A}\cdot \boldsymbol{e}_n)_{M^*}\cdot D=\oint_L \boldsymbol{A}\cdot \mathrm{d}\boldsymbol{s},$$

即

$$(\mathbf{rot}\,\boldsymbol{A}\cdot \boldsymbol{e}_n)_{M_0}=\lim_{D\to M_0}\frac{\oint_L \boldsymbol{A}\cdot \mathrm{d}\boldsymbol{s}}{D}. \tag{10.17}$$

式(10.17)左端为 $\mathbf{rot}\,\boldsymbol{A}$ 在法线方向上的投影，因此它也确定了 $\mathbf{rot}\,\boldsymbol{A}$ 的本身，从而式(10.17)也可作为旋度的另一个定义形式. 由于式(10.17)右边的极限与坐标系的选取无关，故 $\mathbf{rot}\,\boldsymbol{A}\cdot \mathrm{d}S$ 也与坐标系的选取无关. 由向量函数 $\boldsymbol{A}$ 的旋度 $\mathbf{rot}\,\boldsymbol{A}$ 所定义的向量场，称为旋度场. 在流量问题中，我们称 $\oint_L \boldsymbol{A}\cdot \mathrm{d}\boldsymbol{s}$ 为沿闭曲线 L 的环流量，它表示流速为 $\boldsymbol{A}$ 的不可压缩流体在单位时间内沿曲线 L 的流体总量，反映了流体沿 L 流动时的旋转强弱程度. 当 $\mathbf{rot}\,\boldsymbol{A}=0$ 时，沿任意封闭曲线的环流量为零，即流体流动时不形成漩涡，这时称向量场 $\boldsymbol{A}$ 为无旋场. 公式(10.16)表明向量场在曲面边界线上的切线投影对弧长的曲线积分等于向量场的旋度的法线投影在曲面上对面积的曲面积分. 它的物理意义可以说成是：流体的速度场的旋度的法线投影在曲面上对面积的曲面积分等于流体在曲面边界上的环流量.

* §3.4　势量场

我们知道

$$\mathbf{grad}\,u(P)=\left(\frac{\partial u}{\partial x},\frac{\partial u}{\partial y},\frac{\partial u}{\partial z}\right)\bigg|_P,$$

这种矢量场是一个数量 $u(P)$ 的梯度场. 实际上，这样的矢量场是大量存在的，是一类重要的矢量场，下面就来研究这种矢量场.

定义 10.6　设有矢量场 $\boldsymbol{A}=P\boldsymbol{i}+Q\boldsymbol{j}+R\boldsymbol{k}$，如果存在单值函数 $u(P)$，使得

$$\boldsymbol{A}=\mathbf{grad}\,u, \tag{10.18}$$

则称场 $\boldsymbol{A}(P)$ 为势量场或保守场，$u(P)$ 称为场 $\boldsymbol{A}(P)$ 的势函数.

例如，在由点电荷所产生的静电场中，其电场强度

$$\boldsymbol{E}=\frac{q}{4\pi\varepsilon_0 r^2}\frac{\boldsymbol{r}}{r}\quad 与电势\quad v=\frac{q}{4\pi\varepsilon_0 r}$$

有以下关系

$$E = \mathbf{grad}(-v),$$

因而 $\boldsymbol{E}$ 是一个势量场，$-v$ 是它的一个势函数.

$$P\boldsymbol{i}+Q\boldsymbol{j}+R\boldsymbol{k}=\frac{\partial u}{\partial x}\boldsymbol{i}+\frac{\partial u}{\partial y}\boldsymbol{j}+\frac{\partial u}{\partial z}\boldsymbol{k} \quad 或 \quad P=\frac{\partial u}{\partial x},\ Q=\frac{\partial u}{\partial y},\ R=\frac{\partial u}{\partial z}. \tag{10.19}$$

由式(10.19)容易知道：场 $\boldsymbol{A}(P)$ 是势量场的充要条件是表达式 $P\mathrm{d}x+Q\mathrm{d}y+R\mathrm{d}z$ 为某一单值函数 $u(P)$ 的全微分，即

$$P\mathrm{d}x+Q\mathrm{d}y+R\mathrm{d}z=\mathrm{d}u.$$

既然“场 $\boldsymbol{A}(P)$ 为势量场”与“$P\mathrm{d}x+Q\mathrm{d}y+R\mathrm{d}z$ 为全微分”等价，由前面的讨论，定理可写成下面的形式.

定理 10.8 **设矢量场 $\boldsymbol{A}(P)=P\boldsymbol{i}+Q\boldsymbol{j}+R\boldsymbol{k}$，$P$，$Q$，$R$ 在场中的线单连通区域 D 内具有连续的一阶偏导数，则在 D 内，下述四个结论是等价的：(1) $\mathbf{rot}\,\boldsymbol{A}=0$；(2) $\oint_L \boldsymbol{A}\cdot\mathrm{d}\boldsymbol{s}=0$，$L$ 是 D 内任意一条封闭曲线；(3) 线积分 $\oint_L \boldsymbol{A}\cdot\mathrm{d}\boldsymbol{s}$ 与路径无关；(4) $\boldsymbol{A}$ 是一个势量场.**

当矢量场 $\boldsymbol{A}(P)=P\boldsymbol{i}+Q\boldsymbol{j}+R\boldsymbol{k}$ 是势量场时，势函数可以由公式

$$u=\int_{(x_0,\ y_0,\ z_0)}^{(x,\ y,\ z)} P\mathrm{d}x+Q\mathrm{d}y+R\mathrm{d}z+C \tag{10.20}$$

求得，其中定点 (x_0,y_0,z_0) 可以任意取定. 在这里因线积分与路径无关，故常取平行于坐标轴的折线段(图 10-30)作为积分路径.

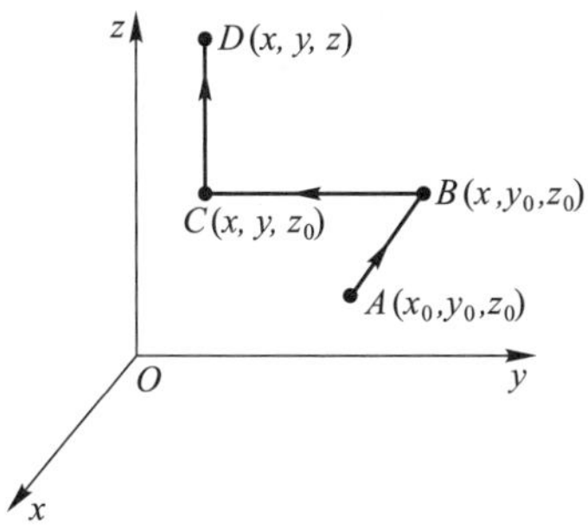

图 10-30

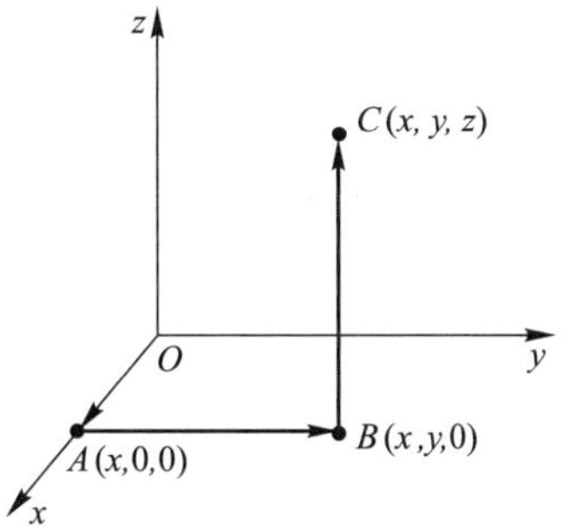

图 10-31

例 3 证明 $\boldsymbol{A}=2xyz^2\boldsymbol{i}+(x^2z^2+z\cos yz)\boldsymbol{j}+(2x^2yz+y\cos yz)\boldsymbol{k}$ 为势量场，并求其势函数.

解 因为

$$\mathbf{rot}\,\boldsymbol{A}=\begin{vmatrix} \boldsymbol{i} & \boldsymbol{j} & \boldsymbol{k} \\ \dfrac{\partial}{\partial x} & \dfrac{\partial}{\partial y} & \dfrac{\partial}{\partial z} \\ 2xyz^2 & x^2z^2+z\cos yz & 2x^2yz+y\cos yz \end{vmatrix}=0,$$

所以 $\boldsymbol{A}$ 是一个势量场.

$$u=\int_{(0,\ 0,\ 0)}^{(x,\ y,\ z)} 2xyz^2\mathrm{d}x+(x^2z^2+z\cos yz)\mathrm{d}y+(2x^2yz+y\cos yz)\mathrm{d}z$$

是它的一个势函数，取积分路线如图 10-31，得

$$u=\int_{OA}+\int_{AB}+\int_{BC}=0+0+\int_0^z(2x^2yz+y\cos yz)\mathrm{d}z$$

$$= [x^2yz^2 + \sin yz]_0^z = x^2yz^2 + \sin yz.$$

还可以用以下方法来求，被积表达式可写成

$$\begin{aligned} \boldsymbol{A}\cdot \mathrm{d}\boldsymbol{s} &= (2xyz^2\mathrm{d}x + x^2z^2\mathrm{d}y + 2x^2yz\mathrm{d}z) + (z\cos yz\mathrm{d}y + y\cos yz\mathrm{d}z) \\ &= \mathrm{d}x^2yz^2 + \mathrm{d}\sin yz = \mathrm{d}(x^2yz^2 + \sin yz), \end{aligned}$$

于是

$$u = x^2yz^2 + \sin yz.$$

例 4　证明中心场 $\boldsymbol{A}=f(r)\boldsymbol{r}(r>0)$ 是一个势量场，其中函数 $f(r)$ 具有连续导数，并求其势函数.

解　由假设 $\boldsymbol{A}=f(r)x\boldsymbol{i}+f(r)y\boldsymbol{j}+f(r)z\boldsymbol{k}$，因而

$$\mathbf{rot}\,\boldsymbol{A} = \begin{vmatrix} \boldsymbol{i} & \boldsymbol{j} & \boldsymbol{k} \\ \dfrac{\partial}{\partial x} & \dfrac{\partial}{\partial y} & \dfrac{\partial}{\partial z} \\ f(r)x & f(r)y & f(r)z \end{vmatrix},$$

由于

$$\frac{\partial}{\partial x}f(r)y = yf'(r)\frac{\partial r}{\partial x} = yf'(r)\frac{x}{r} = \frac{xy}{r}f'(r),$$

同理

$$\frac{\partial}{\partial y}f(r)x = \frac{xy}{r}f'(r),\quad \frac{\partial}{\partial z}f(r) = \frac{xz}{r}f'(r),\ \cdots,$$

因此

$$\mathbf{rot}\,\boldsymbol{A} = 0\ (\text{当 } r > 0 \text{ 时}).$$

由于所讨论的区域是原点除外的整个空间，这是一个线单连通区域，即知 $\boldsymbol{A}=f(r)\boldsymbol{r}$ 是一个势量场，其势函数为

$$\begin{aligned} u &= \int_{(x_0,\,y_0,\,z_0)}^{(x,\,y,\,z)} f(r)x\mathrm{d}x + f(r)y\mathrm{d}y + f(r)z\mathrm{d}z + C \\ &= \int_{(x_0,\,y_0,\,z_0)}^{(x,\,y,\,z)} f(r)[x\mathrm{d}x + y\mathrm{d}y + z\mathrm{d}z] + C = \int_{r_0}^{r} f(r)\boldsymbol{r}\mathrm{d}\boldsymbol{r} + C, \end{aligned}\qquad \text{其中 } r_0 = \sqrt{x_0^2 + y_0^2 + z_0^2}.$$

例如引力场是一个中心场，因而它是一个势量场.

*§3.5　向量微分算子

向量微分子算子 ∇ 的定义为

$$\nabla = \frac{\partial}{\partial x}\boldsymbol{i} + \frac{\partial}{\partial y}\boldsymbol{j} + \frac{\partial}{\partial z}\boldsymbol{k},$$

它又称为纳布拉(Nabla)算子或哈密顿(Hamilton)算子. 运用向量微分算子，我们有

(1) 设 $u=u(x, y, z)$，则

$$\nabla u = \frac{\partial u}{\partial x}\boldsymbol{i} + \frac{\partial u}{\partial y}\boldsymbol{j} + \frac{\partial u}{\partial z}\boldsymbol{k} = \mathbf{grad}\,u;$$

$$\nabla^2 u = \nabla\cdot\nabla u = \nabla\cdot\mathbf{grad}\,u = \frac{\partial^2 u}{\partial x^2} + \frac{\partial^2 u}{\partial y^2} + \frac{\partial^2 u}{\partial z^2}.$$

我们引入二阶微分算子

$$\nabla\cdot\nabla = \nabla^2 = \frac{\partial^2 u}{\partial x^2}+\frac{\partial^2 u}{\partial y^2}+\frac{\partial^2 u}{\partial z^2} \xlongequal{\text{记为}} \Delta,$$

于是

$$\nabla^2 u = \frac{\partial^2 u}{\partial x^2}+\frac{\partial^2 u}{\partial y^2}+\frac{\partial^2 u}{\partial z^2} = \Delta u.$$

（2）设 $\boldsymbol{A}=P(x,y,z)\boldsymbol{i}+Q(x,y,z)\boldsymbol{j}+R(x,y,z)\boldsymbol{k}$，则

$$\begin{aligned}\nabla\cdot\boldsymbol{A} &= \left(\frac{\partial}{\partial x}\boldsymbol{i}+\frac{\partial}{\partial y}\boldsymbol{j}+\frac{\partial}{\partial z}\boldsymbol{k}\right)\cdot(P\boldsymbol{i}+Q\boldsymbol{j}+R\boldsymbol{k})\\ &= \frac{\partial P}{\partial x}+\frac{\partial Q}{\partial y}+\frac{\partial R}{\partial z} = \mathrm{div}\boldsymbol{A};\\ \nabla\times\boldsymbol{A} &= \begin{vmatrix}\boldsymbol{i} & \boldsymbol{j} & \boldsymbol{k}\\ \dfrac{\partial}{\partial x} & \dfrac{\partial}{\partial y} & \dfrac{\partial}{\partial z}\\ P & Q & R\end{vmatrix} = \mathbf{rot}\,\boldsymbol{A}.\end{aligned}$$

现在，高斯公式和斯托克斯公式可分别写成

$$\iiint_V \nabla\cdot\boldsymbol{A}\mathrm{d}V = \oiint_S \boldsymbol{A}\cdot\mathrm{d}\boldsymbol{S},$$

$$\iint_S (\nabla\times\boldsymbol{A})\cdot\mathrm{d}\boldsymbol{S} = \oint_\Gamma \boldsymbol{A}\cdot\mathrm{d}\boldsymbol{s}.$$

习题 10-3

1. 利用斯托克斯公式计算下列第二类曲线积分：

$\oint_C (y+z)\mathrm{d}x+(z+x)\mathrm{d}y+(x+y)\mathrm{d}z$，式中 C 为依据参数 t 增大方向通过的椭圆：

$$x = a\sin^2 t,\quad y = 2a\sin t\cos t,\quad z = a\cos^2 t\ (0\leqslant t\leqslant \pi).$$

2. 设 C 为位于平面 $x\cos\alpha+y\cos\beta+z\cos\gamma-p=0$（$\cos\alpha,\cos\beta,\cos\gamma$ 为平面之法线的方向余弦）上并包围面积为 S 的封闭曲线，其中围线 C 是依正方向进行的. 证明：

$$\oint_C (z\cos\beta-y\cos\gamma)\mathrm{d}x+(x\cos\gamma-z\cos\alpha)\mathrm{d}y+(y\cos\alpha-x\cos\beta)\mathrm{d}z = 2S.$$

3. 计算下列第二类曲线积分：

（1）$\displaystyle\int_{(1,2,3)}^{(6,1,1)} yz\mathrm{d}x+xz\mathrm{d}y+xy\mathrm{d}z$；

（2）$\displaystyle\int_{(x_1,y_1,z_1)}^{(x_2,y_2,z_2)} \varphi_1(x)\mathrm{d}x+\varphi_2(y)\mathrm{d}y+\varphi_3(z)\mathrm{d}z$，其中 φ_1，φ_2，φ_3 有连续的导数.

4. 证明 $\displaystyle\int_{(x_1,y_1,z_1)}^{(x_2,y_2,z_2)} f(x+y+z)(\mathrm{d}x+\mathrm{d}y+\mathrm{d}z) = \int_{x_1+y_1+z_1}^{x_2+y_2+z_2} f(u)\mathrm{d}u$（其中 $f'(u)$ 为连续函数）.

5. 求下列函数的原函数：

（1）$\mathrm{d}u=(x^2-2yz)\mathrm{d}x+(y^2-2xz)\mathrm{d}y+(z^2-2xy)\mathrm{d}z$；

（2）$\mathrm{d}u=\left(1-\dfrac{1}{y}+\dfrac{y}{z}\right)\mathrm{d}x+\left(\dfrac{x}{z}+\dfrac{x}{y^2}\right)\mathrm{d}y-\dfrac{xy}{z^2}\mathrm{d}z.$

6. 当单位质量从点 $M_1(x_1,y_1,z_1)$ 移动到点 $M_2(x_2,y_2,z_2)$ 时，作用于单位质量的引力 $\boldsymbol{F}$ 的大小为 $|\boldsymbol{F}|=\dfrac{G}{r^2}$ $(r=\sqrt{x^2+y^2+z^2})$，方向指向原点 O，求引力所做的功.

第十章综合题

1. 设 l 为椭圆 $\dfrac{x^2}{4}+\dfrac{y^2}{3}=1$，其周长记为 a，计算 $\oint_l(2xy+3x^2+4y^2)\mathrm{d}s$.

2. 设半径为 R 的球面 Σ 的球心，在定球面 $x^2+y^2+z^2=a^2(a>0)$ 上，问当 R 取何值时，球面 Σ 在定球面内部的那部分的面积最大？

3. 设 S 为椭圆球面 $\dfrac{x^2}{2}+\dfrac{y^2}{2}+z^2=1$ 的上半部分，点 $P(x,y,z)\in S$，π 为 S 在点 P 处的切平面，$\rho(x,y,z)$ 为点 $O(0,0,0)$ 到平面 π 的距离，求 $\iint\limits_S\dfrac{z}{\rho(x,\ y,\ z)}\mathrm{d}S$.

4. 在过点 $O(0,0)$ 和 $A(\pi,0)$ 的曲线族 $y=a\sin x(a>0)$ 中，求一条曲线 L，使沿该曲线从 O 到 A 的积分 $\int_L(1+y^3)\mathrm{d}x+(2x+y)\mathrm{d}y$ 最小.

5. 求 $I=\int_L(\mathrm{e}^x\sin y-b(x+y))\mathrm{d}x+(\mathrm{e}^x\cos y-ax)\mathrm{d}y$，其中 a，b 为正常数，L 为从点 $L(2a,\ 0)$ 沿曲线 $y=\sqrt{2ax-x^2}$ 到点 $O(0,\ 0)$ 的弧.

6. 设 $f(u)$ 具有一阶连续导数，证明对任何光滑闭曲线 L，有

$$\oint_L f(xy)(y\mathrm{d}x+x\mathrm{d}y)=0.$$

7. 在变力 $\boldsymbol{F}=yz\boldsymbol{i}+zx\boldsymbol{j}+xy\boldsymbol{k}$ 的作用下，质点从原点沿直线运动到椭球面 $\dfrac{x^2}{a^2}+\dfrac{y^2}{b^2}+\dfrac{z^2}{c^2}=1$ 上第Ⅰ卦限的点 $M(\xi,\eta,\zeta)$，ξ，η，ζ 取何值时，力 $\boldsymbol{F}$ 所做的功 W 最大？并求出 W 的最大值.

8. 计算曲线积分 $\oint_C(z-y)\mathrm{d}x+(x-z)\mathrm{d}y+(x-y)\mathrm{d}z$，其中 C 是曲线 $\begin{cases}x^2+y^2=1,\\x-y+z=2,\end{cases}$ 从 Oz 轴正向往 Oz 轴负向看去 C 的方向是顺时针的.

9. 证明 $\left|\int_C P\mathrm{d}x+Q\mathrm{d}y\right|\leqslant LM$，式中 L 为积分路径的长及 $M=\max\sqrt{P^2+Q^2}$.

10. 设 $I_R=\oint\limits_{x^2+y^2=R^2}\dfrac{y\mathrm{d}x-x\mathrm{d}y}{(x^2+xy+y^2)^2}$，证明：$\lim\limits_{R\to\infty}I_R=0$.

11. 为了使线积分 $\int\limits_{AMB}F(x,\ y)(y\mathrm{d}x+x\mathrm{d}y)$ 与积分路径的形状无关，则可微分函数 $F(x,\ y)$ 应满足怎样的条件？

12. 计算曲面积分 $\iint\limits_S\dfrac{x\mathrm{d}y\mathrm{d}z+z^2\mathrm{d}x\mathrm{d}y}{x^2+y^2+z^2}$，其中 S 是曲面 $x^2+y^2=R^2$ 与两平面 $z=R$，$z=-R$ $(R>0)$ 所围成立体表面的外侧.

13. 设矢量函数 $\boldsymbol{F}$ 的分量在以曲面 S 为边界的有界闭区域 V 上具有二阶连续偏导数，$\boldsymbol{n}$

是 S 的单位外法矢量，证明 $\oiint\limits_S \mathbf{rot}\,\boldsymbol{F}\cdot\boldsymbol{n}\mathrm{d}S = 0$.

14. 设 Ω 是空间，S 是 Ω 的边界曲面，函数 $u(x, y, z)$ 在闭区域 Ω 上有二阶连续偏导数，$\boldsymbol{n}$ 是 S 的外法矢量，$\Delta u=\dfrac{\partial^2 u}{\partial x^2}+\dfrac{\partial^2 u}{\partial y^2}+\dfrac{\partial^2 u}{\partial z^2}$. 证明：

$$\iiint\limits_{\Omega} u\Delta u\mathrm{d}V = \iint\limits_S u\,\mathbf{grad}\,u\cdot\boldsymbol{n}\mathrm{d}S - \iiint\limits_{\Omega}(\mathbf{grad}\,u)^2\mathrm{d}V.$$

15. 计算 $I = \oiint\limits_S \dfrac{\cos(\boldsymbol{r}, \boldsymbol{n})}{r^2}\mathrm{d}S$，其中 $\boldsymbol{r}=x\boldsymbol{i}+y\boldsymbol{j}+z\boldsymbol{k}$，$r=\sqrt{x^2+y^2+z^2}$，$S$ 为不经过原点的椭球面 $\dfrac{(x-x_0)^2}{a^2}+\dfrac{(y-y_0)^2}{b^2}+\dfrac{(z-z_0)^2}{c^2}=1$，$\boldsymbol{n}$ 为 S 的单位外法矢量.

第十章习题拓展

第十一章　级　　数

级数是数与函数的一种重要表达形式，也是微积分理论研究与实际应用中极其有力的工具. 级数在表达函数、研究函数的性质、计算函数值以及求解微分方程等方面都有着重要的应用. 研究级数及其和，可以说是研究数列及其极限的另一种形式，而且无论在研究极限的存在性还是在计算这种极限的时候，这种形式都显示出很大的优越性.

§1　数项级数的基本概念

§1.1　数项级数的概念

我们知道，有限个实数相加一定是个实数，那么无限个实数相加是否一定是一个实数呢？

例 1　$\frac{1}{2}+\frac{1}{2^2}+\cdots+\frac{1}{2^n}+\cdots=\lim\limits_{n\to\infty}\left(\frac{1}{2}+\frac{1}{2^2}+\cdots+\frac{1}{2^n}\right)=\lim\limits_{n\to\infty}\frac{\frac{1}{2}\left(1-\frac{1}{2^n}\right)}{1-\frac{1}{2}}=1$，

所以

$$\frac{1}{2}+\frac{1}{2^2}+\cdots+\frac{1}{2^n}+\cdots$$

是一个实数.

例 2　$1+2+3+\cdots+n+\cdots=\lim\limits_{n\to\infty}(1+2+3+\cdots+n)=\lim\limits_{n\to\infty}\frac{n(n+1)}{2}=+\infty$，

所以

$$1+2+3+\cdots+n+\cdots$$

不是一个数.

那么，无限个数在满足什么条件下，相加之后仍然是一个数呢？如果这个问题解决了，我们就可把一个不能用十进制表示的函数值，转化为无限个十进制数之和，并用于计算 e^x，$\ln x$，$\sin x$，$\cos x$，$\tan x$ 等函数值，从而为计算函数值提供了一个有效的途径.

定义 11.1 设 $u_1,u_2,\cdots,u_n,\cdots$ 是一个给定的数列，按照数列 $\{u_n\}$ 下标的大小排列依次相加，得形式上的和

$$u_1+u_2+u_3+\cdots+u_n+\cdots, \tag{11.1}$$

这个表达式称为数项级数，简称为级数，记为 $\sum\limits_{n=1}^{\infty}u_n$. 即

$$\sum_{n=1}^{\infty}u_n=u_1+u_2+\cdots+u_n+\cdots,$$

式中的每一个数称为级数的项，其中 u_n 称为级数(11.1)的通项或一般项. 级数(11.1)的前 n 项和

$$S_n=u_1+u_2+\cdots+u_n \tag{11.2}$$

称为级数(11.1)的第 n 项部分和或简称部分和. 这样，可得到一个数列 $\{S_n\}$，且 $\sum\limits_{n=1}^{\infty}u_n=\lim\limits_{n\to\infty}S_n$. 若 $\lim\limits_{n\to\infty}S_n=S$(常数)，则称级数(11.1)收敛，并称 S 为级数的和，记为

$$u_1+u_2+\cdots+u_n+\cdots=S, \tag{11.3}$$

或记为 $\sum\limits_{n=1}^{\infty}u_n=S$；若 $\lim\limits_{n\to\infty}S_n$ 不存在，则称级数(11.1)发散.

因此，我们可利用数列极限的判断准则来判断级数的敛散性.

例 3 讨论级数 $\dfrac{1}{1\times2}+\dfrac{1}{2\times3}+\dfrac{1}{3\times4}+\cdots+\dfrac{1}{n(n+1)}+\cdots$ 的敛散性.

解 由 $\dfrac{1}{k(k+1)}=\dfrac{1}{k}-\dfrac{1}{k+1}$，得

$$\begin{aligned}S_n&=\frac{1}{1\times2}+\frac{1}{2\times3}+\frac{1}{3\times4}+\cdots+\frac{1}{n(n+1)}\\&=\left(\frac{1}{1}-\frac{1}{2}\right)+\left(\frac{1}{2}-\frac{1}{3}\right)+\cdots+\left(\frac{1}{n}-\frac{1}{n+1}\right)=1-\frac{1}{n+1},\end{aligned}$$

于是

$$\lim_{n\to\infty}S_n=\lim_{n\to\infty}\left(1-\frac{1}{n+1}\right)=1.$$

按定义，给定的级数收敛，且其和为 1，即 $\sum\limits_{n=1}^{\infty}\dfrac{1}{n(n+1)}=1$.

下面我们研究两个重要级数.

例 4 研究几何级数(或称为等比级数) $a+aq+aq^2+\cdots+aq^{n-1}+\cdots=\sum\limits_{n=1}^{\infty}aq^{n-1}$ $(a\neq0)$ 的敛散性.

解 当 $q\neq 1$ 时，有

$$S_n=a+aq+aq^2+\cdots+aq^{n-1}=\frac{a(1-q^n)}{1-q}.$$

如果 $|q|<1$，有 $\lim\limits_{n\to\infty}q^n=0$，则

$$\lim_{n\to\infty}S_n=\lim_{n\to\infty}\frac{a(1-q^n)}{1-q}=\frac{a}{1-q}.$$

如果 $|q|>1$，有 $\lim\limits_{n\to\infty}q^n=\infty$，则 $\lim\limits_{n\to\infty}S_n=\infty$.

如果 $q=-1$，则 $\lim\limits_{n\to\infty}S_n=\lim\limits_{n\to\infty}\frac{1}{2}a[1-(-1)^n]$ 不存在.

如果 $q=1$，有 $S_n=\underbrace{a+a+\cdots+a}_{n个}=na$，则 $\lim\limits_{n\to\infty}S_n=\infty$.

综合以上结果得到：当 $|q|<1$ 时，几何级数收敛，其和为 $\frac{a}{1-q}$，即

$$\sum_{n=1}^{\infty}aq^{n-1}=\frac{a}{1-q}.$$

当 $|q|\geqslant 1$ 时，几何级数发散.

例 5 研究 p 级数

$$1+\frac{1}{2^p}+\frac{1}{3^p}+\cdots+\frac{1}{n^p}+\cdots=\sum_{n=1}^{\infty}\frac{1}{n^p}$$

的敛散性.

解 当 $p=1$ 时，

$$1+\frac{1}{2}+\frac{1}{3}+\cdots+\frac{1}{n}+\cdots=\sum_{n=1}^{\infty}\frac{1}{n}$$

称为调和级数. 根据通项 $u_n=\frac{1}{n}$ 的形式，我们引入函数 $f(x)=\frac{1}{x}$. 因为 $f(x)$ 在 $x>0$ 时是递减函数，所以当 $n\leqslant x\leqslant n+1$ 时，$f(n)\geqslant f(x)$，即

$$\frac{1}{n}\geqslant\frac{1}{x}.$$

由定积分性质知

$$\frac{1}{n}=\int_n^{n+1}\frac{1}{n}\mathrm{d}x>\int_n^{n+1}\frac{1}{x}\mathrm{d}x,$$

从而

$$\begin{aligned}S_n&=1+\frac{1}{2}+\cdots+\frac{1}{n}>\int_1^2\frac{1}{x}\mathrm{d}x+\int_2^3\frac{1}{x}\mathrm{d}x+\cdots+\int_n^{n+1}\frac{1}{x}\mathrm{d}x\\&=\int_1^{n+1}\frac{1}{x}\mathrm{d}x=\ln x\Big|_1^{n+1}=\ln(n+1)\to+\infty\ (n\to\infty),\end{aligned}$$

于是 $\lim\limits_{n\to\infty}S_n=+\infty$. 按定义知当 $p=1$ 时，$\sum\limits_{n=1}^{\infty}\frac{1}{n^p}$ 发散.

当 $p<1$ 时，由 $\frac{1}{n^p}>\frac{1}{n}$，得

$$S_n=1+\frac{1}{2^p}+\frac{1}{3^p}+\cdots+\frac{1}{n^p}>1+\frac{1}{2}+\frac{1}{3}+\cdots+\frac{1}{n}\to+\infty\ (n\to\infty),$$

所以 $\lim\limits_{n\to\infty}S_n=+\infty$. 按定义知当 $p<1$ 时，$\sum\limits_{n=1}^{\infty}\frac{1}{n^p}$ 发散.

当 $p>1$ 时，根据通项 $u_n=\frac{1}{n^p}$ 的形式，引入函数 $f(x)=\frac{1}{x^p}$. 由于 $f(x)$ 在 $x>0$ 时是递减函数，所以当 $n\leqslant x\leqslant n+1$ 时，有 $f(x)\geqslant f(n+1)$，即

$$\frac{1}{x^p}\geqslant\frac{1}{(n+1)^p}.$$

由定积分性质知

$$\int_n^{n+1}\frac{1}{x^p}\mathrm{d}x>\int_n^{n+1}\frac{1}{(n+1)^p}\mathrm{d}x=\frac{1}{(n+1)^p},$$

从而

$$\begin{aligned}S_n&=1+\frac{1}{2^p}+\frac{1}{3^p}+\cdots+\frac{1}{n^p}<1+\int_1^2\frac{1}{x^p}\mathrm{d}x+\int_2^3\frac{1}{x^p}\mathrm{d}x+\cdots+\int_{n-1}^{n}\frac{1}{x^p}\mathrm{d}x\\&=1+\int_1^n\frac{1}{x^p}\mathrm{d}x.\end{aligned}$$

反常积分 $\int_1^{+\infty}\frac{1}{x^p}\mathrm{d}x$ 收敛，设 $\int_1^{+\infty}\frac{1}{x^p}\mathrm{d}x=M$，于是

$$S_n<1+\int_1^{+\infty}\frac{1}{x^p}\mathrm{d}x=1+M,$$

即 S_n 有上界，且 S_n 是递增数列. 由单调有界定理知 $\lim\limits_{n\to\infty}S_n$ 存在，所以，当 $p>1$ 时，$\sum\limits_{n=1}^{\infty}\frac{1}{n^p}$ 收敛. 综上所述，

> 当 $p>1$ 时，级数 $\sum\limits_{n=1}^{\infty}\frac{1}{n^p}$ 收敛；当 $p\leqslant 1$ 时，级数 $\sum\limits_{n=1}^{\infty}\frac{1}{n^p}$ 发散.

前面的例 4、例 5 是两个重要的级数，要记住它们的结果，对我们判断其他级数的敛散性是非常有帮助的.

例 6 研究级数 $\sum\limits_{n=1}^{\infty}\ln\left(1+\frac{1}{n}\right)$ 的敛散性.

解

$$\begin{aligned}S_n&=\ln\left(1+\frac{1}{1}\right)+\ln\left(1+\frac{1}{2}\right)+\cdots+\ln\left(1+\frac{1}{n}\right)\\&=\ln 2-\ln 1+\ln 3-\ln 2+\cdots+\ln(1+n)-\ln n=\ln(1+n),\end{aligned}$$

于是 $\lim\limits_{n\to\infty}S_n=\lim\limits_{n\to\infty}\ln(1+n)=+\infty$，所以级数 $\sum\limits_{n=1}^{\infty}\ln\left(1+\frac{1}{n}\right)$ 发散.

级数 $\sum\limits_{n=1}^{\infty} u_n$ 的前 n 项和 S_n 是一个数列，级数 $\sum\limits_{n=1}^{\infty} u_n$ 的敛散性取决于极限 $\lim\limits_{n\to\infty} S_n$ 是否存在，因而也可把级数作为数列 $\{S_n\}$ 的另一种表现形式. 反之给定一个数列 $\{a_n\}$，令 $u_1=a_1$，$u_2=a_2-a_1, u_3=a_3-a_2$，…，$u_n=a_n-a_{n-1}$，于是 $\sum\limits_{n=1}^{\infty} u_n$ 的前 n 项和 $S_n=a_n$，则 $\{a_n\}$ 与级数 $\sum\limits_{n=1}^{\infty} u_n$ 具有相同的敛散性. 因此，数列极限是否存在与级数的敛散性本质上是相同的. 所以，读者不难根据数列极限的性质，推出有关级数的一些性质.

§1.2 数项级数的基本性质

性质 1（线性运算法则） **若级数** $\sum\limits_{n=1}^{\infty} u_n$，$\sum\limits_{n=1}^{\infty} v_n$ **均收敛，且** $\sum\limits_{n=1}^{\infty} u_n = A$，$\sum\limits_{n=1}^{\infty} v_n = B$，**则对任何常数** α，β，$\sum\limits_{n=1}^{\infty} (\alpha u_n + \beta v_n)$ **收敛，且**

$$\sum_{n=1}^{\infty} (\alpha u_n + \beta v_n) = \alpha \sum_{n=1}^{\infty} u_n + \beta \sum_{n=1}^{\infty} v_n = \alpha A + \beta B.$$

证 由题意知，$\sum\limits_{n=1}^{\infty} u_n$，$\sum\limits_{n=1}^{\infty} v_n$ 均收敛，且 $\sum\limits_{n=1}^{\infty} u_n = A$，$\sum\limits_{n=1}^{\infty} v_n = B$. 设 $\sum\limits_{n=1}^{\infty} u_n$，$\sum\limits_{n=1}^{\infty} v_n$ 的前 n 项和分别为 A_n 与 B_n，则

$$\lim_{n\to\infty} A_n = A, \quad \lim_{n\to\infty} B_n = B.$$

设 $\sum\limits_{n=1}^{\infty} (\alpha u_n + \beta v_n)$ 的前 n 项和为 S_n，于是

$$\begin{aligned} S_n &= (\alpha u_1 + \beta v_1) + (\alpha u_2 + \beta v_2) + \cdots + (\alpha u_n + \beta v_n) \\ &= \alpha(u_1 + u_2 + \cdots + u_n) + \beta(v_1 + v_2 + \cdots + v_n) \\ &= \alpha A_n + \beta B_n, \end{aligned}$$

有

$$\lim_{n\to\infty} S_n = \lim_{n\to\infty} (\alpha A_n + \beta B_n) = \alpha A + \beta B = \alpha \sum_{n=1}^{\infty} u_n + \beta \sum_{n=1}^{\infty} v_n.$$

因此，$\sum\limits_{n=1}^{\infty} (\alpha u_n + \beta v_n)$ 收敛，且

$$\sum_{n=1}^{\infty} (\alpha u_n + \beta v_n) = \alpha \sum_{n=1}^{\infty} u_n + \beta \sum_{n=1}^{\infty} v_n = \alpha A + \beta B. \square$$

性质 2 **改变一个级数的有限项，或者去掉前面有限项，或者在级数前面增加有限项，都不影响级数的敛散性.**

*证 设

$$\sum_{n=1}^{\infty} u_n = u_1 + u_2 + u_3 + \cdots + u_k + u_{k+1} + \cdots + u_n + \cdots. \tag{11.4}$$

(1) 若改变它的有限项，则得到新级数

$$v_1+v_2+v_3+\cdots+v_k+u_{k+1}+\cdots+u_n+\cdots. \tag{11.5}$$

设级数(11.4)的前 n 项和为 A_n，设 $u_1+u_2+\cdots+u_k=a$，有

$$A_n=u_1+u_2+\cdots+u_k+u_{k+1}+\cdots+u_n=a+u_{k+1}+\cdots+u_n(n>k).$$

设级数(11.5)的前 n 项和为 B_n，设 $v_1+v_2+\cdots+v_k=b$，有

$$\begin{aligned}B_n &= v_1 + v_2 + \cdots + v_k + u_{k+1} + \cdots + u_n \quad (n > k)\\ &= u_1 + u_2 + \cdots + u_k + u_{k+1} + \cdots + u_n - (u_1 + u_2 + \cdots + u_k) +\\ &\quad (v_1 + v_2 + \cdots + v_k)\\ &= A_n - a + b.\end{aligned}$$

若级数(11.4)收敛，则 $\lim\limits_{n\to\infty}A_n$ 存在. 设 $\lim\limits_{n\to\infty}A_n=A$，从而

$$\lim_{n\to\infty}B_n=A-a+b,$$

于是级数(11.5)收敛.

若级数(11.4)发散，则级数(11.5)也发散. 若不然，级数(11.5)收敛，级数(11.4)可看成级数(11.5)改变它的有限项所得到，由前面证明知级数(11.4)收敛，矛盾！故级数(11.5)发散.

(2) 若去掉前面有限项，得到新级数

$$u_{k+1}+u_{k+2}+\cdots+u_n+\cdots, \tag{11.6}$$

相当于(1)中，$v_1=v_2=\cdots=v_k=0$ 的情形，由(1)知显然成立.

(3) 若在级数前面添加有限项得到新级数

$$v_1+v_2+\cdots+v_k+u_1+u_2+\cdots+u_n+\cdots. \tag{11.7}$$

若级数(11.4)收敛，则级数(11.7)收敛. 若不然，级数(11.7)发散，由于级数(11.4)可看成级数(11.7)去掉它的有限项所得到的，所以由(2)知级数(11.4)发散，矛盾！若级数(11.4)发散，则级数(11.7)也发散. 若不然，级数(11.7)收敛，由于级数(11.4)可看成级数(11.7)去掉它的有限项所得到，故由(2)知级数(11.4)收敛，矛盾！所以级数(11.7)发散.

综上所述，结论得证. □

我们知道有限个数相加有结合律成立，那么无限个数相加，结合律是否成立呢？我们有

性质3(收敛级数的结合性)　若级数 $\sum\limits_{n=1}^{\infty} u_n$ 收敛，则在级数中任意添加括号所得到的新级数也收敛，且其和不变.

证　由题意知，级数 $\sum\limits_{n=1}^{\infty} u_n$ 收敛，设其和为 S. 级数的前 n 项和为 S_n，有 $\lim\limits_{n\to\infty} S_n=S$. 将这个级数的项任意加括号，所取得的新级数为

$$(u_1+\cdots+u_{n_1})+(u_{n_1+1}+\cdots+u_{n_2})+\cdots+(u_{n_{k-1}+1}+\cdots+u_{n_k})+\cdots=\sum_{k=1}^{\infty}v_k.$$

设它的前 k 项和为 S'_k，则

$$S'_k=(u_1+\cdots+u_{n_1})+(u_{n_1+1}+\cdots+u_{n_2})+\cdots+(u_{n_{k-1}+1}+\cdots+u_{n_k})=S_{n_k},$$

于是

$$\lim_{k\to\infty}S'_k=\lim_{k\to\infty}S_{n_k}=S,$$

所以 $\sum\limits_{k=1}^{\infty}v_k$ 收敛，且 $\sum\limits_{k=1}^{\infty}v_k=S$. □

注 1　性质 3 的前提是级数收敛，否则结论不成立. 例如级数

$$\sum_{n=1}^{\infty}(-1)^{n-1}=1-1+1-1+\cdots+(-1)^{n-1}+\cdots$$

是发散的，加括号后所得到的级数 $(1-1)+(1-1)+\cdots+(1-1)+\cdots$ 是收敛的.

注 2　正项级数(即 $u_n\geqslant 0$)的敛散性与添加括号以后的级数的敛散性相同. 若收敛，则其和不变，请自证.

性质 4　若级数 $\sum\limits_{n=1}^{\infty}u_n$ 收敛，则 $\lim\limits_{n\to\infty}u_n=0$.

证　设 $\sum\limits_{n=1}^{\infty}u_n$ 的前 n 项和为 S_n. 由条件知，$\lim\limits_{n\to\infty}S_n$ 存在. 设 $\lim\limits_{n\to\infty}S_n=S$，有 $\lim\limits_{n\to\infty}S_{n-1}=S$. 又 $S_n=S_{n-1}+u_n$，于是

$$\lim_{n\to\infty}u_n=\lim_{n\to\infty}(S_n-S_{n-1})=S-S=0.\ \square$$

性质 4 的逆命题不一定成立. 例如 $\lim\limits_{n\to\infty}\dfrac{1}{n}=0$，但 $\sum\limits_{n=1}^{\infty}\dfrac{1}{n}$ 发散. $\lim\limits_{n\to\infty}\dfrac{1}{n^2}=0$，而 $\sum\limits_{n=1}^{\infty}\dfrac{1}{n^2}$ 收敛.

性质 4 的逆否命题是正确的，即

推论　若 $\lim\limits_{n\to\infty}u_n$ 不存在或 $\lim\limits_{n\to\infty}u_n$(存在)$\neq 0$，则级数 $\sum\limits_{n=1}^{\infty}u_n$ 发散.

例如

$$\sum_{n=1}^{\infty}(-1)^{n-1},\qquad \sum_{n=1}^{\infty}\sqrt[n]{n},\qquad \sum_{n=1}^{\infty}(-1)^{n-1}\sqrt{n},$$

由于 $\lim\limits_{n\to\infty}(-1)^{n-1}$ 不存在，$\lim\limits_{n\to\infty}\sqrt[n]{n}=1\neq 0$，$\lim\limits_{n\to\infty}(-1)^{n-1}\sqrt{n}=\infty$，所以上面三个级数均发散.

由于部分和 $\{S_n\}$ 收敛的充要条件是：$\forall\varepsilon>0$，$\exists$ 正整数 N，当 $n>N$ 时，对一切自然数 p，都有 $|S_{n+p}-S_n|<\varepsilon$，而 $|S_{n+p}-S_n|=|u_{n+1}+u_{n+2}+\cdots+u_{n+p}|$，从而有

***定理 11.1(柯西(Cauchy)收敛准则)　级数 $\sum\limits_{n=1}^{\infty}u_n$ 收敛的充要条件是：$\forall\varepsilon>0$，$\exists$ 正整**

数 N，当 $n>N$ 时，对一切正整数 p，都有 $|u_{n+1}+u_{n+2}+\cdots+u_{n+p}|<\varepsilon$.

由定理易知，调和级数 $\sum\limits_{n=1}^{\infty}\frac{1}{n}$ 发散. 因为 $\exists\varepsilon_0=\frac{1}{2}$，$\forall$ 正整数 N，取

$$n_0=N+1>N,\quad p_0=N+1,$$

但

$$\begin{aligned}&|u_{N+1+1}+u_{N+1+2}+\cdots+u_{N+1+N+1}|\\=&\frac{1}{N+2}+\frac{1}{N+3}+\cdots+\frac{1}{2N+2}>(N+1)\cdot\frac{1}{2N+2}=\frac{1}{2}.\end{aligned}$$

习题 11-1

1. 研究下列级数的敛散性，若收敛，则写出其和.

(1) $\left(\frac{1}{2}+\frac{1}{3}\right)+\left(\frac{1}{2^2}+\frac{1}{3^2}\right)+\cdots+\left(\frac{1}{2^n}+\frac{1}{3^n}\right)+\cdots$；

(2) $\frac{1}{1\times4}+\frac{1}{4\times7}+\cdots+\frac{1}{(3n-2)(3n+1)}+\cdots$；

(3) $\sum\limits_{n=1}^{\infty}(\sqrt{n+2}-2\sqrt{n+1}+\sqrt{n})$；　(4) $0.001+\sqrt{0.001}+\sqrt[3]{0.001}+\cdots$；

(5) $1+\frac{2}{3}+\frac{3}{5}+\cdots+\frac{n}{2n-1}+\cdots$；　(6) $\frac{1}{2}+\frac{3}{2^2}+\frac{5}{2^3}+\cdots+\frac{2n-1}{2^n}+\cdots$.

2. 已知级数的部分和为 S_n，写出该级数，并求其和.

(1) $S_n=\frac{n+1}{n}$；　(2) $S_n=\frac{3^n-1}{3^n}$.

3. 求 $\sum\limits_{n=0}^{\infty}\frac{(\ln 3)^{n-1}}{2^n}$.

4. 从点 $P_1(1,0)$ 作 Ox 轴的垂线，交抛物线 $y=x^2$ 于点 $Q_1(1,1)$，再从 Q_1 作这条抛物线的切线与 Ox 轴交于 P_2，然后又从 P_2 作 Ox 轴的垂线，交抛物线于 Q_2，依次重复上述过程得到一系列的点 P_1，Q_1，P_2，Q_2，…，P_n，Q_n，…. 求

(1) $\overline{OP_n}$；

(2) 级数 $\overline{Q_1P_1}+\overline{Q_2P_2}+\cdots+\overline{Q_nP_n}+\cdots$，其中 $n(n\geqslant1)$ 为正整数，而 $\overline{M_1M_2}$ 表示点 M_1 和 M_2 之间的距离.

5. 设有两条抛物线 $y=nx^2+\frac{1}{n}$ 和 $y=(n+1)x^2+\frac{1}{n+1}$，记它们交点的横坐标的绝对值为 a_n. 求(1) 这两条抛物线所围成的平面图形面积 S_n；(2) 级数 $\sum\limits_{n=1}^{\infty}\frac{S_n}{a_n}$.

§2 正项级数敛散性的判别法

如何判断级数的敛散性，除了用定义和柯西收敛准则，是否有更简单有效的判别方法？我们先从最简单的一类级数找到突破口，那就是正项级数.

定义 11.2 若 $u_n \geqslant 0$，称级数 $\sum\limits_{n=1}^{\infty} u_n$ 为正项级数.

由数列单调有界定理知，递增数列 $\{a_n\}$ 收敛的充要条件是：$\{a_n\}$ 为有上界数列. 因此有

定理 11.2 **正项级数 $\sum\limits_{n=1}^{\infty} u_n$ 收敛的充要条件是：正项级数的部分和数列 $\{S_n\}$ 有上界，即存在常数 M，对一切 $n \in N$，都有 $S_n \leqslant M$.**

例 1 设 $a_n>0(n=1,2,3,\cdots)$，证明级数 $\sum\limits_{n=1}^{\infty} \dfrac{a_n}{(1+a_1)(1+a_2)\cdots(1+a_n)}$ 收敛.

证 设该级数的前 n 项和为 S_n，则

$$S_n=\frac{a_1}{1+a_1}+\frac{a_2}{(1+a_1)(1+a_2)}+\cdots+\frac{a_n}{(1+a_1)(1+a_2)\cdots(1+a_n)}$$

$$=1-\frac{1}{1+a_1}+\frac{1}{1+a_1}-\frac{1}{(1+a_1)(1+a_2)}+\cdots+\frac{1}{(1+a_1)\cdots(1+a_{n-1})}-\frac{1}{(1+a_1)\cdots(1+a_n)}$$

$$=1-\frac{1}{(1+a_1)\cdots(1+a_n)}<1,$$

且 $\sum\limits_{n=1}^{\infty} \dfrac{a_n}{(1+a_1)(1+a_2)\cdots(1+a_n)}$ 为正项级数. 由定理 11.2 知，该级数收敛. □

从定理 11.2 可以推出一系列判别正项级数敛散性的具体方法.

定理 11.3(比较判别法) 设 $\sum\limits_{n=1}^{\infty} u_n$，$\sum\limits_{n=1}^{\infty} v_n$ **均为正项级数，且** $u_n \leqslant v_n(n=1,2,3,\cdots)$，

(1) **若** $\sum\limits_{n=1}^{\infty} v_n$ **收敛，则** $\sum\limits_{n=1}^{\infty} u_n$ **收敛；**

(2) **若** $\sum\limits_{n=1}^{\infty} u_n$ **发散，则** $\sum\limits_{n=1}^{\infty} v_n$ **发散.**

证 设 $\sum\limits_{n=1}^{\infty} v_n$ 的前 n 项和为 B_n，$\sum\limits_{n=1}^{\infty} u_n$ 的前 n 项和为 A_n，由条件知

$$A_n=u_1+u_2+\cdots+u_n \leqslant v_1+v_2+\cdots+v_n=B_n.$$

（1）若 $\sum_{n=1}^{\infty} v_n$ 收敛，由定理 11.2 知，存在常数 M，对一切正整数 n，都有 $B_n \leqslant M$.因此，$A_n \leqslant M$,由定理 11.2 知 $\sum_{n=1}^{\infty} u_n$ 收敛.

（2）若 $\sum_{n=1}^{\infty} u_n$ 发散，则 $\sum_{n=1}^{\infty} v_n$ 发散．假若不然，$\sum_{n=1}^{\infty} v_n$ 收敛，则由(1)知 $\sum_{n=1}^{\infty} u_n$ 也收敛，与条件 $\sum_{n=1}^{\infty} u_n$ 发散相矛盾．故 $\sum_{n=1}^{\infty} v_n$ 发散．□

注 1 此定理的条件可减弱为 $u_n \leqslant v_n (n=k,\ k+1,\ \cdots)$．事实上，由性质 2 知，若 $\sum_{n=1}^{\infty} v_n$ 收敛，则 $\sum_{n=k}^{\infty} v_n$ 收敛．由定理 11.3 知 $\sum_{n=k}^{\infty} u_n$ 收敛，再由性质 2 知 $\sum_{n=1}^{\infty} u_n$ 收敛，即(1)成立，同理可证(2)成立.

注 2 $u_n \leqslant v_n$ 也可改成 $u_n \leqslant Cv_n$（$C>0$,为常数）$(n=k,k+1,\cdots)$，结论依然成立.

比较判别法是判断正项级数敛散性的一个重要方法．给定一个正项级数 $\sum_{n=1}^{\infty} u_n$，若用比较判别法判别其敛散性，则先通过观察，它可能收敛，然后需要找到一个正项级数 $\sum_{n=1}^{\infty} v_n$，使$u_n \leqslant v_n (n=k,k+1,\cdots)$ 且 $\sum_{n=1}^{\infty} v_n$ 收敛，则 $\sum_{n=1}^{\infty} u_n$ 收敛．如果通过观察，它可能发散，则需要找到一个正项级数 $\sum_{n=1}^{\infty} v_n$，使 $u_n \geqslant v_n (n=k,k+1,\cdots)$ 且 $\sum_{n=1}^{\infty} v_n$ 发散，则 $\sum_{n=1}^{\infty} u_n$ 发散.

只有知道一些重要级数的敛散性，并加以灵活运用，才能熟练掌握比较判别法.

例 2 判断下列正项级数的敛散性：

(1) $\sum_{n=1}^{\infty} \frac{1}{\sqrt{n}} \sin \frac{1}{n}$；　(2) $\sum_{n=1}^{\infty} \left(1 - \cos \frac{a}{n}\right)$ $(a > 0)$.

解 (1) 因为 $0<\frac{1}{\sqrt{n}} \sin \frac{1}{n}<\frac{1}{\sqrt{n}} \cdot \frac{1}{n}=\frac{1}{n^{\frac{3}{2}}}$，且 $\sum_{n=1}^{\infty} \frac{1}{n^{\frac{3}{2}}}$ 收敛，故由比较判别法知，$\sum_{n=1}^{\infty} \frac{1}{\sqrt{n}} \sin \frac{1}{n}$ 收敛.

(2) 因为 $0 \leqslant 1-\cos \frac{a}{n}=2\sin\left(\frac{a}{2n}\right)^2 \leqslant 2 \cdot \frac{a^2}{4n^2}=\frac{a^2}{2} \frac{1}{n^2}$，而 $\sum_{n=1}^{\infty} \frac{1}{n^2}$ 收敛，且$\frac{a^2}{2}>0$，由比较判别法知 $\sum_{n=1}^{\infty} \left(1 - \cos \frac{a}{n}\right)$ 收敛.

例 3 设 $\lambda>0$ 且级数 $\sum_{n=1}^{\infty} a_n^2$ 收敛，讨论级数 $\sum_{n=1}^{\infty} \frac{|a_n|}{\sqrt{n^2 + \lambda}}$ 的敛散性.

解　因为 $0<\dfrac{|a_n|}{\sqrt{n^2+\lambda}}<\dfrac{1}{2}\left(a_n^2+\dfrac{1}{n^2+\lambda}\right)<\dfrac{1}{2}\left(a_n^2+\dfrac{1}{n^2}\right)$，由条件知 $\sum\limits_{n=1}^{\infty}a_n^2$，$\sum\limits_{n=1}^{\infty}\dfrac{1}{n^2}$ 均收敛，从而 $\sum\limits_{n=1}^{\infty}\dfrac{1}{2}\left(a_n^2+\dfrac{1}{n^2}\right)$ 收敛. 由比较判别法知级数 $\sum\limits_{n=1}^{\infty}\dfrac{|a_n|}{n^2+\lambda}$ 收敛.

例 4　设 $a_n<c_n<b_n$，且 $\sum\limits_{n=1}^{\infty}a_n$，$\sum\limits_{n=1}^{\infty}b_n$ 均收敛，证明级数 $\sum\limits_{n=1}^{\infty}c_n$ 收敛.

证　$0<c_n-a_n<b_n-a_n$，由 $\sum\limits_{n=1}^{\infty}a_n$，$\sum\limits_{n=1}^{\infty}b_n$ 均收敛，知 $\sum\limits_{n=1}^{\infty}(b_n-a_n)$ 收敛. 由比较判别法知 $\sum\limits_{n=1}^{\infty}(c_n-a_n)$ 收敛，因此

$$\sum_{n=1}^{\infty}c_n=\sum_{n=1}^{\infty}[(c_n-a_n)+a_n]$$

收敛.

例 5　设 $a_n=\int_0^{\frac{\pi}{4}}\tan^n x\mathrm{d}x$，试证：对任意 $\lambda>0$，级数 $\sum\limits_{n=1}^{\infty}\dfrac{a_n}{n^{\lambda}}$ 收敛.

证　由

$$a_n=\int_0^{\frac{\pi}{4}}\tan^n x\mathrm{d}x<\int_0^{\frac{\pi}{4}}\tan^n x\sec^2 x\mathrm{d}x=\int_0^{\frac{\pi}{4}}\tan^n x\mathrm{d}\tan x$$

$$=\frac{1}{n+1}\left(\tan^{n+1}x\Big|_0^{\frac{\pi}{4}}\right)=\frac{1}{n+1}<\frac{1}{n},$$

得 $0<\dfrac{a_n}{n^{\lambda}}<\dfrac{1}{n^{\lambda+1}}$，且 $\lambda+1>1$，所以 $\sum\limits_{n=1}^{\infty}\dfrac{1}{n^{\lambda+1}}$ 收敛. 由比较判别法知 $\sum\limits_{n=1}^{\infty}\dfrac{a_n}{n^{\lambda}}$ 收敛.

有时建立不等式比较困难，可用下面比较判别法的极限形式来判断级数的敛散性.

推论（比较判别法的极限形式）　**设** $\sum\limits_{n=1}^{\infty}u_n$，$\sum\limits_{n=1}^{\infty}v_n$ **均为正项级数，并且**

$$\lim_{n\to\infty}\frac{u_n}{v_n}=l.$$

（1）**当** $0<l<+\infty$（**即** $u_n\sim lv_n(n\to\infty)$）**时，两个级数同时收敛或同时发散.**

（2）**当** $l=0$ **时，若** $\sum\limits_{n=1}^{\infty}v_n$ **收敛，则** $\sum\limits_{n=1}^{\infty}u_n$ **收敛.**

（3）**当** $l=+\infty$ **时，若** $\sum\limits_{n=1}^{\infty}v_n$ **发散，则** $\sum\limits_{n=1}^{\infty}u_n$ **发散.**

证　（1）由条件知，对于给定的正数 $\varepsilon=\dfrac{l}{2}$，存在正整数 N_0，当 $n>N_0$ 时，有 $\left|\dfrac{u_n}{v_n}-l\right|<\dfrac{l}{2}$，所以 $-\dfrac{l}{2}<\dfrac{u_n}{v_n}-l<\dfrac{l}{2}$，即

$$\frac{l}{2}<\frac{u_n}{v_n}<\frac{3l}{2},$$

得

$$\frac{l}{2}v_n<u_n<\frac{3l}{2}v_n.$$

由上式知，如果 $\sum_{n=1}^{\infty}v_n$ 收敛，那么 $\sum_{n=1}^{\infty}\frac{3l}{2}v_n$ 也收敛，因此 $\sum_{n=1}^{\infty}u_n$ 也收敛. 如果 $\sum_{n=1}^{\infty}u_n$ 收敛，那么 $\sum_{n=1}^{\infty}\frac{l}{2}v_n$ 收敛，因此 $\sum_{n=1}^{\infty}\frac{2}{l}\left(\frac{l}{2}v_n\right)=\sum_{n=1}^{\infty}v_n$ 也收敛. 即级数 $\sum_{n=1}^{\infty}u_n$ 与 $\sum_{n=1}^{\infty}v_n$ 有相同的敛散性，即同时收敛或同时发散.

（2）当 $l=0$ 时，取 $\varepsilon=1$，存在正整数 N_0，当 $n>N_0$ 时，有 $\left|\frac{u_n}{v_n}\right|<1$，得 $\frac{u_n}{v_n}<1$，即 $u_n<v_n$，而 $\sum_{n=1}^{\infty}v_n$ 收敛，由比较判别法知 $\sum_{n=1}^{\infty}u_n$ 收敛.

（3）当 $l=+\infty$ 时，取 $M=1$，存在正整数 N_0，当 $n>N_0$ 时，有 $\frac{u_n}{v_n}>1$，即 $u_n>v_n$，而 $\sum_{n=1}^{\infty}v_n$ 发散，由比较判别法知 $\sum_{n=1}^{\infty}u_n$ 发散. □

重难点讲解
比较判别法的极限形式

例 6　讨论下列级数的敛散性：

（1）$\sum_{n=1}^{\infty}\frac{n^{\frac{3}{2}}-3n}{2n^3-2n^2+1}$；　　（2）$\sum_{n=2}^{\infty}\left(\sqrt{n+1}-\sqrt{n}\right)^p\ln\frac{n+1}{n-1}$；

（3）$\sum_{n=1}^{\infty}\frac{\ln n}{n^p}$；　　（4）$\sum_{n=1}^{\infty}\left(n^{\frac{1}{n^2+1}}-1\right)$.

解　（1）$\frac{n^{\frac{3}{2}}-3n}{2n^3-2n^2+1}=\frac{n^{\frac{3}{2}}}{n^3}\cdot\frac{1-3\cdot\frac{1}{n^{\frac{1}{2}}}}{2-\frac{2}{n}+\frac{1}{n^3}}\sim\frac{1}{2}\frac{1}{n^{\frac{3}{2}}}$（$n\to\infty$），由 $p=\frac{3}{2}>1$ 知 $\sum_{n=1}^{\infty}\frac{1}{n^{\frac{3}{2}}}$ 收敛，因此 $\sum_{n=1}^{\infty}\frac{n^{\frac{3}{2}}-3n}{2n^3-2n^2+1}$ 收敛.

（2）由于

$$\begin{aligned}0&<\left(\sqrt{n+1}-\sqrt{n}\right)^p\ln\frac{n+1}{n-1}\\&=\frac{1}{\left(\sqrt{n+1}+\sqrt{n}\right)^p}\ln\left(1+\frac{2}{n-1}\right)\end{aligned}$$

$$=\frac{1}{n^{\frac{p}{2}}}\ln\left(1+\frac{2}{n-1}\right)\cdot\frac{1}{\left(\sqrt{1+\frac{1}{n}}+1\right)^{p}}\sim\frac{1}{2^{p}}\cdot\frac{1}{n^{\frac{p}{2}}}\cdot\frac{2}{n-1}\sim\frac{1}{2^{p}}\;\frac{1}{n^{\frac{p}{2}}}\cdot\frac{2}{n}$$

$$=\frac{1}{2^{p-1}}\cdot\frac{1}{n^{\frac{p}{2}+1}}\;(n\to\infty),$$

且级数 $\sum\limits_{n=2}^{\infty}\frac{1}{n^{\frac{p}{2}+1}}$ 当 $\frac{p}{2}+1>1$，即 $p>0$ 时收敛；当 $\frac{p}{2}+1\leqslant 1$，即 $p\leqslant 0$ 时发散，因此原级数当 $p>0$ 时收敛，$p\leqslant 0$ 时发散.

(3) 当 $p\leqslant 1$ 时，$\frac{\ln n}{n^{p}}>\frac{1}{n^{p}}$ $(n>3)$，而 $\sum\limits_{n=1}^{\infty}\frac{1}{n^{p}}$ 发散，所以 $\sum\limits_{n=1}^{\infty}\frac{\ln n}{n^{p}}$ 发散. 当 $p>1$ 时，取常数 p_0，使 $1<p_0<p$，由于

$$\lim_{n\to\infty}\left(\frac{\ln n}{n^{p}}\Bigg/\frac{1}{n^{p_0}}\right)=\lim_{n\to\infty}\frac{\ln n}{n^{p-p_0}}=0\quad(p-p_0>0,\text{常数}),$$

而 $\sum\limits_{n=1}^{\infty}\frac{1}{n^{p_0}}$ 收敛，故由比较判别法的极限形式(2)知 $\sum\limits_{n=1}^{\infty}\frac{\ln n}{n^{p}}$ 收敛.

(4) $n^{\frac{1}{n^2+1}}-1=\mathrm{e}^{\frac{\ln n}{n^2+1}}-1\sim\frac{1}{n^2+1}\ln n\sim\frac{\ln n}{n^2}$ $(n\to\infty)$，由第(3)题知 $\sum\limits_{n=1}^{\infty}\frac{\ln n}{n^2}$ 收敛，因此 $\sum\limits_{n=1}^{\infty}\left(n^{\frac{1}{n^2+1}}-1\right)$ 收敛.

使用比较判别法或其极限形式，需要找一个比较级数，这多少有一些困难. 如何利用级数自身的特点，来判断级数的敛散性，我们有下面的定理.

定理 11.4(比值判别法或达朗贝尔(d'Alembert)判别法)　设 $\sum\limits_{n=1}^{\infty}u_n$ 是正项级数，并且

$$\lim_{n\to\infty}\frac{u_{n+1}}{u_n}=\gamma(\text{或}+\infty),$$

(1) 当 $\gamma<1$ 时，级数收敛；

(2) 当 $\gamma>1$(或 $\gamma=+\infty$)时，级数发散；

(3) 当 $\gamma=1$ 时，本判别法失效.

证　(1) 当 $\gamma<1$ 时，取常数 q_0，使 $\gamma<q_0<1$. 由极限的不等式性质，存在正整数 N_0，当 $n\geqslant N_0$ 时，有 $\frac{u_{n+1}}{u_n}<q_0$，因此

$$\frac{u_{N_0+1}}{u_{N_0}}<q_0,\ \frac{u_{N_0+2}}{u_{N_0+1}}<q_0,\ \cdots,\ \frac{u_{N_0+m}}{u_{N_0+m-1}}<q_0,$$

有

$$\frac{u_{N_0+1}}{u_{N_0}}\cdot\frac{u_{N_0+2}}{u_{N_0+1}}\cdot\cdots\cdot\frac{u_{N_0+m}}{u_{N_0+m-1}}<q_0^{m},$$

即

$$u_{N_0+m}<u_{N_0}q_0^m(m=1,\ 2,\ 3,\ \cdots).$$

由于 q_0 为常数，且 $|q_0|<1$，所以 $\sum\limits_{m=0}^{\infty}u_{N_0}q_0^m$ 收敛，从而由比较判别法知

$$\sum_{m=0}^{\infty}u_{N_0+m}=u_{N_0}+u_{N_0+1}+u_{N_0+2}+\cdots$$

收敛.

再由§1性质2知，$u_1+u_2+\cdots+u_{N_0-1}+u_{N_0}+u_{N_0+1}+\cdots=\sum\limits_{n=1}^{\infty}u_n$ 收敛.

（2）当 $\gamma>1$（或 $\gamma=+\infty$）时，由极限的不等式性质，存在正整数 N_0，当 $n\geqslant N_0$ 时，有

$$\frac{u_{n+1}}{u_n}>1,\qquad 即\quad u_{n+1}>u_n,$$

得

$$u_{N_0+1}>u_{N_0}\geqslant 0\quad 且\quad u_n>u_{N_0+1}(n>N_0+1).$$

对于 $\lim\limits_{n\to\infty}u_n$，或者 $\lim\limits_{n\to\infty}u_n$ 不存在；或者 $\lim\limits_{n\to\infty}u_n$ 存在，但 $\lim\limits_{n\to\infty}u_n\geqslant u_{N_0+1}>0$. 总之，$u_n$ 不趋于零，所以级数发散.

（3）当 $\gamma=1$ 时，本判别法不能确定级数的敛散性. □

例如，对于级数 $\sum\limits_{n=1}^{\infty}\frac{1}{n}$ 和 $\sum\limits_{n=1}^{\infty}\frac{1}{n^2}$，有

$$\lim_{n\to\infty}\frac{\frac{1}{n+1}}{\frac{1}{n}}=\lim_{n\to\infty}\frac{n}{n+1}=1,\qquad \lim_{n\to\infty}\frac{\frac{1}{(n+1)^2}}{\frac{1}{n^2}}=\lim_{n\to\infty}\frac{n^2}{(n+1)^2}=1,$$

级数 $\sum\limits_{n=1}^{\infty}\frac{1}{n}$ 发散，而级数 $\sum\limits_{n=1}^{\infty}\frac{1}{n^2}$ 收敛.

因此，只根据 $\gamma=1$ 不能判定该级数是收敛还是发散，需用其他判别方法进行判断.

比值判别法适合 u_{n+1} 与 u_n 有公因式且 $\lim\limits_{n\to\infty}\frac{u_{n+1}}{u_n}$ 存在或等于∞的情形.

例 7 判断下列级数的敛散性：

（1）$\sum\limits_{n=1}^{\infty}\frac{2^n}{n^{100}}$；　（2）$\sum\limits_{n=0}^{\infty}\frac{n\cos^2\frac{n\pi}{3}}{2^n}$；　（3）$\sum\limits_{n=1}^{\infty}\frac{n!\ a^n}{n^n}\ (a>0)$.

解 （1）$u_n=\frac{2^n}{n^{100}}$，由于

$$\lim_{n\to\infty}\frac{u_{n+1}}{u_n}=\lim_{n\to\infty}\left[\frac{2^{n+1}}{(n+1)^{100}}\bigg/\frac{2^n}{n^{100}}\right]=\lim_{n\to\infty}2\cdot\left(\frac{n}{n+1}\right)^{100}=2>1,$$

所以 $\sum_{n=1}^{\infty}\frac{2^n}{n^{100}}$ 发散.

（2）$0\leqslant\frac{n\cos^2\frac{n\pi}{3}}{2^n}\leqslant\frac{n}{2^n}$，由于

$$\lim_{n\to\infty}\left(\frac{n+1}{2^{n+1}}\Big/\frac{n}{2^n}\right)=\lim_{n\to\infty}\frac{1}{2}\cdot\frac{n+1}{n}=\frac{1}{2}<1,$$

所以 $\sum_{n=0}^{\infty}\frac{n}{2^n}$ 收敛，从而由比较判别法知 $\sum_{n=0}^{\infty}\frac{n\cos^2\frac{n\pi}{3}}{2^n}$ 收敛.

（3）$u_n=\frac{n!\ a^n}{n^n}$，由于

$$\lim_{n\to\infty}\frac{u_{n+1}}{u_n}=\lim_{n\to\infty}\left[\frac{(n+1)!\ a^{n+1}}{(n+1)^{n+1}}\Big/\frac{n!\ a^n}{n^n}\right]=\lim_{n\to\infty}a\frac{1}{\left(1+\frac{1}{n}\right)^n}=\frac{a}{\mathrm{e}},$$

所以当$\frac{a}{\mathrm{e}}<1$，即 $0<a<\mathrm{e}$ 时，级数收敛；当$\frac{a}{\mathrm{e}}>1$，即 $a>\mathrm{e}$ 时，级数发散；当 $\frac{a}{\mathrm{e}}=1$，即$a=\mathrm{e}$时，

$$\frac{u_{n+1}}{u_n}=\frac{\mathrm{e}}{\left(1+\frac{1}{n}\right)^n},\ n=1,\ 2,\ 3,\ \cdots.$$

由于$\left(1+\frac{1}{n}\right)^n$严格递增，且$\lim_{n\to\infty}\left(1+\frac{1}{n}\right)^n=\mathrm{e}$，所以$\left(1+\frac{1}{n}\right)^n<\mathrm{e}$，从而$\frac{u_{n+1}}{u_n}>1$ 或 $u_{n+1}>u_n$，有 $u_n>u_1=\mathrm{e}$，可知 u_n 不趋于 0，级数发散.

定理 11.5（根值判别法或柯西判别法） **设 $\sum_{n=1}^{\infty}u_n$ 是正项级数，且 $\lim_{n\to\infty}\sqrt[n]{u_n}=\gamma$（或$+\infty$），**

（1）当 $\gamma<1$ 时，级数收敛；

（2）当 $\gamma>1$ 或（$\gamma=+\infty$）时，级数发散；

（3）当 $\gamma=1$ 时，本判别法失效.

证 （1）当 $\gamma<1$ 时，取常数 q，使 $\gamma<q<1$. 由极限的不等式性质知，存在正整数 N_0，当 $n\geqslant N_0$ 时，有

$$\sqrt[n]{u_n}<q,\qquad 即\quad u_n<q^n\ (n\geqslant N_0).$$

由于 q 为常数，且$|q|<1$，所以 $\sum_{n=1}^{\infty}q^n$ 收敛，从而由比较判别法知 $\sum_{n=1}^{\infty}u_n$ 收敛.

（2）当 $\gamma>1$ 时，存在正整数 N_0，当 $n\geqslant N_0$ 时，有

$$\sqrt[n]{u_n}>1, \quad 即 \quad u_n>1\ (n\geqslant N_0),$$

所以，u_n 不趋于零，$\sum\limits_{n=1}^{\infty}u_n$ 发散.

（3）当 $\gamma=1$ 时，对于级数 $\sum\limits_{n=1}^{\infty}\frac{1}{n}$ 和 $\sum\limits_{n=1}^{\infty}\frac{1}{n^2}$，$\lim\limits_{n\to\infty}\sqrt[n]{\frac{1}{n}}=1$，但 $\sum\limits_{n=1}^{\infty}\frac{1}{n}$ 发散. $\lim\limits_{n\to\infty}\sqrt[n]{\frac{1}{n^2}}=1$，而 $\sum\limits_{n=1}^{\infty}\frac{1}{n^2}$ 收敛. 因此，当 $\gamma=1$ 时，本判别法失效. □

重难点讲解
比值判别法

注 根值判别法适合 u_n 中含有表达式的 n 次方，且 $\lim\limits_{n\to\infty}\sqrt[n]{u_n}$ 存在或等于 ∞ 的情形.

重难点讲解
根值判别法

例 8 判断下列级数的敛散性：

（1）$\sum\limits_{n=1}^{\infty}\frac{n}{[5+(-1)^n]^n}$； （2）$\sum\limits_{n=1}^{\infty}\frac{1}{2^n}\left(1+\frac{1}{n}\right)^{n^2}$.

解 （1）因为 $\frac{n}{[5+(-1)^n]^n}\leqslant\frac{n}{4^n}$，由 $\lim\limits_{n\to\infty}\sqrt[n]{\frac{n}{4^n}}=\frac{1}{4}<1$ 知 $\sum\limits_{n=1}^{\infty}\frac{n}{4^n}$ 收敛. 再由比较判别法知 $\sum\limits_{n=1}^{\infty}\frac{n}{[5+(-1)^n]^n}$ 收敛.

（2）$\lim\limits_{n\to\infty}\sqrt[n]{\frac{1}{2^n}\left(1+\frac{1}{n}\right)^{n^2}}=\lim\limits_{n\to\infty}\frac{1}{2}\left(1+\frac{1}{n}\right)^n=\frac{e}{2}>1$，由根值判别法知级数发散.

例 9 判断 $\sum\limits_{n=1}^{\infty}\left(\sqrt[n]{a}-\sqrt{1+\frac{1}{n}}\right)$ 的敛散性.

解 $\sqrt[n]{a}-\sqrt{1+\frac{1}{n}}=e^{\frac{\ln a}{n}}-\left(1+\frac{1}{n}\right)^{\frac{1}{2}}$

$$=1+\frac{\ln a}{n}+\frac{(\ln a)^2}{2n^2}+o\left(\frac{1}{n^2}\right)-\left[1+\frac{1}{2n}-\frac{1}{8}\frac{1}{n^2}+o\left(\frac{1}{n^2}\right)\right]$$

$$=\left(\ln a-\frac{1}{2}\right)\frac{1}{n}+\left[\frac{(\ln a)^2}{2}+\frac{1}{8}\right]\frac{1}{n^2}+o\left(\frac{1}{n^2}\right)\ (n\to\infty),$$

当 $\ln a-\frac{1}{2}\neq0$，即 $a\neq e^{\frac{1}{2}}$ 时，

$$\sqrt[n]{a}-\sqrt{1+\frac{1}{n}}\sim\left(\ln a-\frac{1}{2}\right)\frac{1}{n}\ (n\to\infty)$$

$\left(当 \ln a-\frac{1}{2}<0 时，\sum\limits_{n=1}^{\infty}\left(\sqrt[n]{a}-\sqrt{1+\frac{1}{n}}\right) 为负项级数\right)$. 由于 $\sum\limits_{n=1}^{\infty}\frac{1}{n}$ 发散，所以原级数发散.

当 $\ln a-\frac{1}{2}=0$，即 $a=\mathrm{e}^{\frac{1}{2}}$ 时，

$$\sqrt[n]{a}-\sqrt{1+\frac{1}{n}}\sim\frac{1}{4}\frac{1}{n^2}\ (n\to\infty).$$

由于 $\sum\limits_{n=1}^{\infty}\frac{1}{n^2}$ 收敛，所以原级数收敛.

定理 11.6(积分判别法)　**设 $f(x)$ 在 $[1,+\infty)$ 上是非负且递减的连续函数，记 $u_n=f(n)$，$n=1,2,3,\cdots$，则级数 $\sum\limits_{n=1}^{\infty}u_n$ 与反常积分 $\int_1^{+\infty}f(x)\mathrm{d}x$ 的敛散性相同.**

证　$\int_1^{+\infty}f(x)\mathrm{d}x=\int_1^2 f(x)\mathrm{d}x+\int_2^3 f(x)\mathrm{d}x+\cdots+\int_n^{n+1}f(x)\mathrm{d}x+\cdots=\sum\limits_{n=1}^{\infty}\int_n^{n+1}f(x)\mathrm{d}x.$
由于 $f(x)$ 在 $[1,+\infty)$ 上递减，当 $x\in[n,n+1]$ 时，有

$$u_{n+1}=f(n+1)\leqslant f(x)\leqslant f(n)=u_n,\ n=1,2,3,\cdots.$$

于是

$$u_{n+1}=\int_n^{n+1}u_{n+1}\mathrm{d}x\leqslant\int_n^{n+1}f(x)\mathrm{d}x\leqslant\int_n^{n+1}u_n\mathrm{d}x=u_n,$$

因此，若 $\sum\limits_{n=1}^{\infty}u_n$ 收敛，由比较判别法知 $\sum\limits_{n=1}^{\infty}\int_n^{n+1}f(x)\mathrm{d}x$ 收敛，即 $\int_1^{+\infty}f(x)\mathrm{d}x$ 收敛.

若 $\int_1^{+\infty}f(x)\mathrm{d}x$ 收敛，则 $\sum\limits_{n=1}^{\infty}\int_n^{n+1}f(x)\mathrm{d}x$ 收敛. 由比较判别法知，$\sum\limits_{n=1}^{\infty}u_{n+1}=\sum\limits_{n=2}^{\infty}u_n$ 收敛，从而 $\sum\limits_{n=1}^{\infty}u_n$ 收敛. 于是 $\sum\limits_{n=1}^{\infty}u_n$ 与 $\int_1^{+\infty}f(x)\mathrm{d}x$ 具有相同的敛散性. □

由本章§1性质2知，条件 $f(x)$ 在 $[1,+\infty)$ 上非负连续递减，可减弱为存在 $b>1$，$f(x)$ 在 $[b,+\infty)$ 上非负连续递减.

例 10　研究 $\sum\limits_{n=1}^{\infty}\frac{1}{n^p}$ 的敛散性.

解　由于 $f(x)=\frac{1}{x^p}$ 在 $[1,+\infty)$ 上当 $p>0$ 时非负递减连续，且反常积分 $\int_1^{+\infty}\frac{1}{x^p}\mathrm{d}x$ 当 $p>1$ 时收敛；当 $0<p\leqslant1$ 时发散. 故由积分判别法知，$\sum\limits_{n=1}^{\infty}\frac{1}{n^p}$ 当 $p>1$ 时收敛；当 $0<p\leqslant1$ 时发散；当 $p\leqslant0$ 时，通项极限不为零，级数发散.

例 11　判断 $\sum\limits_{n=2}^{\infty}\frac{1}{n(\ln n)^p}$ 的敛散性.

解　由 $f(x)=\frac{1}{x(\ln x)^p}$ 在 $[2,+\infty)$ 上非负连续，

$$f'(x)=\frac{-(\ln x)^p-xp(\ln x)^{p-1}\frac{1}{x}}{x^2(\ln x)^{2p}}=\frac{-(\ln x+p)}{x^2(\ln x)^{p+1}}<0\ (x>\mathrm{e}^{-p}).$$

即当 $x>e^{-p}$ 时 $f(x)$ 递减. 设 $\ln x=t$, 有

$$\int_2^{+\infty}\frac{1}{x(\ln x)^p}dx=\int_2^{+\infty}\frac{1}{(\ln x)^p}d\ln x\xlongequal{\ln x=t}\int_{\ln 2}^{+\infty}\frac{1}{t^p}dt,$$

当 $p>1$ 时收敛, 当 $p\leqslant 1$ 时发散. 由积分判别法知, 原级数当 $p>1$ 时收敛, 当 $p\leqslant 1$ 时发散.

若 $u_n\leqslant 0$, 则称 $\sum\limits_{n=1}^{\infty}u_n$ 为负项级数. 由于 $\sum\limits_{n=1}^{\infty}(-u_n)$ 为正项级数, 所以, 当 $\sum\limits_{n=1}^{\infty}(-u_n)$ 收敛时, 有 $\sum\limits_{n=1}^{\infty}-(-u_n)=\sum\limits_{n=1}^{\infty}u_n$ 收敛; 当 $\sum\limits_{n=1}^{\infty}(-u_n)$ 发散时, 有 $\sum\limits_{n=1}^{\infty}-(-u_n)=\sum\limits_{n=1}^{\infty}u_n$ 发散. 因此, $\sum\limits_{n=1}^{\infty}u_n$ 与 $\sum\limits_{n=1}^{\infty}(-u_n)$ 的敛散性相同, 从而负项级数的敛散性可转化为正项级数来研究.

习题 11-2

1. 用比较判别法判定下列级数的敛散性:

(1) $\sum\limits_{n=1}^{\infty}\dfrac{n^{n-1}}{(2n^2+n+1)^{\frac{n+1}{2}}}$; (2) $\sum\limits_{n=1}^{\infty}\dfrac{1}{\ln(n+1)}$;

(3) $\sum\limits_{n=1}^{\infty}\dfrac{1}{(3n-1)^2}$; (4) $\sum\limits_{n=1}^{\infty}[\ln(n+\pi)-\ln n]$.

2. 用比值判别法或根值判别法判别下列级数的敛散性:

(1) $\sum\limits_{n=1}^{\infty}\dfrac{(n!)^2}{(2n)!}$; (2) $\sum\limits_{n=0}^{\infty}\dfrac{4\times 7\times 10\times\cdots\times(3n+4)}{2\times 6\times 10\times\cdots\times(4n+2)}$;

(3) $\sum\limits_{n=1}^{\infty}\dfrac{n^2}{\left(2+\dfrac{1}{n}\right)^n}$; (4) $\sum\limits_{n=1}^{\infty}\dfrac{n^2\cos^2\dfrac{n\pi}{5}}{5^n}$; (5) $\sum\limits_{n=1}^{\infty}n^2\cdot\sin\dfrac{\pi}{2^n}$.

3. 用比较判别法的极限形式研究下列级数的敛散性:

(1) $\sum\limits_{n=2}^{\infty}\dfrac{\ln n}{n^2}$; (2) $\sum\limits_{n=1}^{\infty}n^5e^{-n}$;

(3) $\sum\limits_{n=2}^{\infty}\dfrac{\sqrt{n+2}-\sqrt{n-2}}{n^a}$; (4) $\sum\limits_{n=1}^{\infty}\dfrac{1}{n^p}\sin\dfrac{\pi}{n}$.

*4. 用积分判别法研究下列级数的敛散性:

(1) $\sum\limits_{n=2}^{\infty}\dfrac{1}{\ln(n!)}$; (2) $\sum\limits_{n=2}^{\infty}\dfrac{1}{n\ln n(\ln\ln n)}$; (3) $\sum\limits_{n=2}^{\infty}\dfrac{1}{\ln n}\sin\dfrac{1}{n}$.

5. 研究下列级数的敛散性:

(1) $\sum\limits_{n=1}^{\infty}\int_n^{n+1}e^{-\sqrt{x}}dx$; (2) $\sum\limits_{n=1}^{\infty}\dfrac{1!+2!+\cdots+n!}{(2n)!}$; (3) $\sum\limits_{n=1}^{\infty}\dfrac{1}{\sqrt{3}^n}\left(1+\dfrac{1}{n}\right)^{n^2}$.

§3　一般数项级数收敛性的判别法

§3.1　交错级数

若 $u_n>0$，称级数 $\sum_{n=1}^{\infty}(-1)^{n-1}u_n$ 为交错级数. 对交错级数，我们有下面的判别方法.

定理 11.7(莱布尼茨(Leibniz)定理)　若交错级数 $\sum_{n=1}^{\infty}(-1)^{n-1}u_n$ 满足下列条件：

(1) $u_1\geqslant u_2\geqslant u_3\geqslant\cdots$;

(2) $\lim_{n\to\infty}u_n=0$,

则 $\sum_{n=1}^{\infty}(-1)^{n-1}u_n$ 收敛，并且它的和 $S\leqslant u_1$.

证　设级数的前 n 项和为 S_n,

$$0\leqslant S_{2m}=(u_1-u_2)+(u_3-u_4)+\cdots+(u_{2m-1}-u_{2m}),$$

由于

$$S_{2m+2}=S_{2m}+(u_{2m+1}-u_{2m+2})\geqslant S_{2m},$$

并且

$$S_{2m}=u_1-(u_2-u_3)-\cdots-(u_{2m-2}-u_{2m-1})-u_{2m}\leqslant u_1, \tag{11.8}$$

即数列 $\{S_{2m}\}$ 递增有上界，所以其极限存在. 设 $\lim_{m\to\infty}S_{2m}=S$，又

$$\lim_{m\to\infty}S_{2m+1}=\lim_{m\to\infty}(S_{2m}+u_{2m+1})=S+0=S,$$

因此 $\lim_{n\to\infty}S_n=S$，所以级数收敛. 对式(11.8)两边令 $n\to\infty$，有 $S\leqslant u_1$. □

推论　若交错级数满足莱布尼茨定理的条件，则以 S_n 作为级数和的近似值时，其误差 R_n 不超过 u_{n+1}，即 $|R_n|=|S-S_n|\leqslant u_{n+1}$.

证　交错级数 $\sum_{n=1}^{\infty}(-1)^{n-1}u_n$ 的余项绝对值

$$|R_n|=|(-1)^n u_{n+1}+(-1)^{n+1}u_{n+2}+\cdots|=u_{n+1}-u_{n+2}+u_{n+3}-u_{n+4}+\cdots\leqslant u_{n+1}. \ \square$$

例 1　判断 $\sum_{n=1}^{\infty}(-1)^{n-1}\dfrac{\ln n}{n}$ 的敛散性.

证　由于 $\dfrac{\ln n}{n}>0(n>1)$，所以 $\sum_{n=1}^{\infty}(-1)^{n-1}\dfrac{\ln n}{n}$ 是交错级数. 而

$$\lim_{n\to\infty}\frac{\ln n}{n}=\lim_{x\to+\infty}\frac{\ln x}{x}=\lim_{x\to+\infty}\frac{1}{x}=0,$$

且

$$f(x)=\frac{\ln x}{x},\ f'(x)=\frac{1-\ln x}{x^2}<0\ (x>3),$$

即当 $n>3$ 时，$\left\{\frac{\ln n}{n}\right\}$ 是递减数列，由莱布尼茨定理知该级数收敛.

注　判别交错级数 $\sum\limits_{n=1}^{\infty}(-1)^{n-1}f(n)$（其中 $f(n)>0$）的敛散性时，若极限 $\lim\limits_{n\to\infty}f(n)$ 是未定式不容易直接求得，而 $\lim\limits_{x\to+\infty}f(x)$ 极限也是未定式，可用洛必达法则去求，若 $\lim\limits_{x\to+\infty}f(x)=0$，则 $\lim\limits_{n\to\infty}f(n)=\lim\limits_{x\to+\infty}f(x)=0$.

若不容易判断数列 $\{f(n)\}$ 递减，可验证当 x 充分大时，$f'(x)\leqslant 0$，从而知当 n 充分大时，$\{f(n)\}$ 递减.

§3.2　绝对收敛级数与条件收敛级数

重难点讲解
莱布尼茨判别法

对一般数项级数 $\sum\limits_{n=1}^{\infty}u_n$，直接判别它的敛散性比较困难，我们有下面的定理：

定理 11.8　如果 $\sum\limits_{n=1}^{\infty}|u_n|$ 收敛，则 $\sum\limits_{n=1}^{\infty}u_n$ 也收敛.

证　由于 $0\leqslant u_n+|u_n|\leqslant 2|u_n|$，且 $\sum\limits_{n=1}^{\infty}2|u_n|$ 收敛. 故由比较判别法知 $\sum\limits_{n=1}^{\infty}(u_n+|u_n|)$ 收敛，又

$$\sum_{n=1}^{\infty}u_n=\sum_{n=1}^{\infty}[(u_n+|u_n|)-|u_n|],$$

根据本章 §1 性质 1 知 $\sum\limits_{n=1}^{\infty}u_n$ 收敛. □

定义 11.3　设 $\sum\limits_{n=1}^{\infty}u_n$ 为一般级数，

(1) 如果 $\sum\limits_{n=1}^{\infty}|u_n|$ 收敛，则称 $\sum\limits_{n=1}^{\infty}u_n$ 绝对收敛；

(2) 如果 $\sum\limits_{n=1}^{\infty}|u_n|$ 发散，但 $\sum\limits_{n=1}^{\infty}u_n$ 收敛，则称 $\sum\limits_{n=1}^{\infty}u_n$ 条件收敛.

例 2　判别 $\sum\limits_{n=1}^{\infty}(-1)^{n-1}\frac{1}{n^p}$ 的敛散性.

解　$\sum\limits_{n=1}^{\infty}\left|(-1)^{n-1}\frac{1}{n^p}\right|=\sum\limits_{n=1}^{\infty}\frac{1}{n^p}$，当 $p>1$ 时收敛. 因此，当 $p>1$ 时，

$\sum_{n=1}^{\infty}(-1)^{n-1}\frac{1}{n^p}$ 绝对收敛；当 $0<p\leqslant 1$ 时，由莱布尼茨定理知 $\sum_{n=1}^{\infty}(-1)^{n-1}\frac{1}{n^p}$ 收敛，但 $\sum_{n=1}^{\infty}\frac{1}{n^p}$ 发散，故 $\sum_{n=1}^{\infty}(-1)^{n-1}\frac{1}{n^p}$ 条件收敛；当 $p\leqslant 0$ 时，由于

$$\lim_{n\to\infty}(-1)^{n-1}\frac{1}{n^p}=\begin{cases}\text{不存在}, & p=0,\\ \infty, & p<0,\end{cases}$$

即 $(-1)^{n-1}\frac{1}{n^p}$ 不趋于零，这时级数发散.

注　对一般级数应当判别它是绝对收敛，条件收敛，还是发散. 在判别一般级数的敛散性时，我们有下面的定理：

定理 11.9（绝对值的比值判别法）　设 $\sum_{n=1}^{\infty}u_n$ 为一般级数，若

$$\lim_{n\to\infty}\frac{|u_{n+1}|}{|u_n|}=\gamma\quad(\text{或}+\infty),$$

（1）当 $\gamma<1$ 时，$\sum_{n=1}^{\infty}u_n$ 绝对收敛；

（2）当 $\gamma>1$（或 $\gamma=+\infty$）时，$\sum_{n=1}^{\infty}u_n$ 发散；

（3）当 $\gamma=1$ 时，本判别法失效.

证　当 $\gamma<1$ 时，由于 $\sum_{n=1}^{\infty}|u_n|$ 收敛，故 $\sum_{n=1}^{\infty}u_n$ 绝对收敛. 当 $\gamma>1$ 时，则存在正整数 N_0，当 $n\geqslant N_0$ 时，有

$$\frac{|u_{n+1}|}{|u_n|}>1,\text{ 即 }|u_{n+1}|>|u_n|,$$

从而 $|u_n|$ 不趋于零. 因此，u_n 不趋于零，从而 $\sum_{n=1}^{\infty}u_n$ 发散. 当 $\gamma=1$ 时，读者可举例说明之. □

定理 11.10（绝对值的根值判别法）　设 $\sum_{n=1}^{\infty}u_n$ 为一般级数，若

$$\lim_{n\to\infty}\sqrt[n]{|u_n|}=\gamma\quad(\text{或}\infty),$$

（1）当 $\gamma<1$ 时，级数绝对收敛；

（2）当 $\gamma>1$（或 $\gamma=+\infty$）时，级数发散；

（3）当 $\gamma=1$ 时，本判别方法失效.

例 3　判别下列级数的敛散性：

（1）$\sum_{n=1}^{\infty}(-1)^n\left(1-\cos\frac{a}{n}\right)$（常数 $a>0$）；　　（2）$\sum_{n=1}^{\infty}n^{\alpha}\beta^n$.

解　（1）$\left|(-1)^n\left(1-\cos\frac{a}{n}\right)\right|=\left|2\sin^2\frac{a}{2n}\right|\leqslant 2\cdot\frac{a^2}{4n^2}=\frac{a^2}{2n^2}$，由 $\sum_{n=1}^{\infty}\frac{a^2}{2n^2}$ 收敛，

知 $\sum_{n=1}^{\infty}\left|(-1)^n\left(1-\cos\frac{a}{n}\right)\right|$ 收敛，故 $\sum_{n=1}^{\infty}(-1)^n\left(1-\cos\frac{a}{n}\right)$ 绝对收敛.

（2）由于 $\lim_{n\to\infty}\frac{|(n+1)^a\beta^{n+1}|}{|n^a\beta^n|}=|\beta|$，所以，

当 $|\beta|<1$，a 为任意实数时，级数绝对收敛；当 $|\beta|>1$，a 为任意实数时，级数发散.

当 $\beta=1$ 时，$\sum_{n=1}^{\infty}n^a=\sum_{n=1}^{\infty}\frac{1}{n^{-a}}$. 当 $-a>1$，即 $a<-1$ 时，级数收敛；当 $-a\leqslant 1$，即 $a\geqslant -1$ 时，级数发散.

当 $\beta=-1$ 时，$\sum_{n=1}^{\infty}n^a(-1)^n=\sum_{n=1}^{\infty}(-1)^n\frac{1}{n^{-a}}$. 当 $-a>1$，即 $a<-1$ 时，级数绝对收敛；当 $0<-a\leqslant 1$，即 $-1\leqslant a<0$ 时，级数条件收敛；当 $-a\leqslant 0$，即 $a\geqslant 0$ 时，级数发散.

例 4 设 $f(x)$ 在 $x=0$ 处存在二阶导数，且 $\lim_{x\to 0}\frac{f(x)}{x}=0$，证明级数 $\sum_{n=1}^{\infty}f\left(\frac{1}{n}\right)$ 绝对收敛.

证 由 $\lim_{x\to 0}\frac{f(x)}{x}=0$，知 $\lim_{x\to 0}f(x)=0=f(0)$，得

$$\lim_{x\to 0}\frac{f(x)-f(0)}{x}=0,$$

即 $f'(0)=0$. 由带有佩亚诺余项的麦克劳林公式知

$$f(x)=f(0)+f'(0)x+\frac{f''(0)}{2!}x^2+o(x^2)=\frac{f''(0)}{2}x^2+o(x^2)\ (x\to 0).$$

当 $f''(0)\neq 0$ 时，

$$f\left(\frac{1}{n}\right)=\frac{f''(0)}{2}\frac{1}{n^2}+o\left(\frac{1}{n^2}\right)\sim\frac{f''(0)}{2}\frac{1}{n^2}\ (n\to\infty),$$

即

$$\left|f\left(\frac{1}{n}\right)\right|\sim\frac{|f''(0)|}{2}\frac{1}{n^2}\ (n\to\infty).$$

由 $\sum_{n=1}^{\infty}\frac{|f''(0)|}{2}\frac{1}{n^2}$ 收敛知 $\sum_{n=1}^{\infty}\left|f\left(\frac{1}{n}\right)\right|$ 收敛，即 $\sum_{n=1}^{\infty}f\left(\frac{1}{n}\right)$ 绝对收敛.

当 $f''(0)=0$ 时，$f\left(\frac{1}{n}\right)=o\left(\frac{1}{n^2}\right)\ (n\to\infty)$，有

$$\lim_{n\to\infty}\frac{\left|f\left(\frac{1}{n}\right)\right|}{\frac{1}{n^2}}=\lim_{n\to\infty}\frac{\left|o\left(\frac{1}{n^2}\right)\right|}{\frac{1}{n^2}}=0.$$

由 $\sum_{n=1}^{\infty}\frac{1}{n^2}$ 收敛，知 $\sum_{n=1}^{\infty}\left|f\left(\frac{1}{n}\right)\right|$ 收敛，即 $\sum_{n=1}^{\infty}f\left(\frac{1}{n}\right)$ 绝对收敛. 综上所述，$\sum_{n=1}^{\infty}f\left(\frac{1}{n}\right)$ 绝对收敛.

* §3.3 绝对收敛级数的性质

一、级数的重排

我们知道有限个数相加具有加法交换律，那么无限个数相加是否具有加法交换律？如果不一定，那么在满足什么条件下具有加法交换律？

我们把正整数集 $\mathbf{Z}_+=\{1,2,3,\cdots,n,\cdots\}$ 到它本身的一一映射

$$\varphi: n\to\varphi(n)$$

称为正整数列的重排. 相应地，对于数列 $\{u_n\}$，按映射

$$F: u_n\to u_{\varphi(n)}\overset{\text{def}}{=\!=\!=}u_n'$$

所得到的数列 $\{u_n'\}$ 称为原数列 $\{u_n\}$ 的重排，我们也称级数 $\sum_{n=1}^{\infty}u_n'$ 是 $\sum_{n=1}^{\infty}u_n$ 的重排，有下面的结果.

定理 11.11 设级数 $\sum_{n=1}^{\infty}u_n$ 绝对收敛，则重排的级数 $\sum_{n=1}^{\infty}u_n'$ 也绝对收敛，且

$$\sum_{n=1}^{\infty}u_n'=\sum_{n=1}^{\infty}u_n.$$

证 (1) 先设 $\sum_{n=1}^{\infty}u_n$ 为正项级数，由条件知 $\sum_{n=1}^{\infty}u_n$ 收敛，设其和为 S. 这时显然有

$$\sum_{n=1}^{m}u_n'\leqslant\sum_{n=1}^{\infty}u_n=S.$$

又 $\sum_{n=1}^{\infty}u_n'$ 也是正项级数，由正项级数收敛的充要条件知 $\sum_{n=1}^{\infty}u_n'$ 也是收敛的正项级数，并且有

$$\sum_{n=1}^{\infty}u_n'\leqslant\sum_{n=1}^{\infty}u_n.$$

因为 $\sum_{n=1}^{\infty}u_n$ 也可以看成由 $\sum_{n=1}^{\infty}u_n'$ 重排得到的级数，同理有

$$\sum_{n=1}^{\infty}u_n\leqslant\sum_{n=1}^{\infty}u_n',$$

所以

$$\sum_{n=1}^{\infty}u_n'=\sum_{n=1}^{\infty}u_n=S.$$

(2) 现在设 $\sum_{n=1}^{\infty}u_n$ 为一般的绝对收敛级数. 记

$$p_n=\frac{|u_n|+u_n}{2},\quad q_n=\frac{|u_n|-u_n}{2},\quad n=1,\ 2,\ 3,\ \cdots,$$

显然有

$$0\leqslant p_n\leqslant |u_n|,\ 0\leqslant q_n\leqslant |u_n|,\ n=1,\ 2,\ 3,\ \cdots,$$

而

$$|u_n|=p_n+q_n,\ u_n=p_n-q_n,\ n=1,\ 2,\ 3,\ \cdots.$$

由比较判别法知，正项级数 $\sum_{n=1}^{\infty} p_n$，$\sum_{n=1}^{\infty} q_n$ 均收敛. 由(1)知重排后的级数 $\sum_{n=1}^{\infty} p'_n$，$\sum_{n=1}^{\infty} q'_n$ 也都收敛，并且有

$$\sum_{n=1}^{\infty} p'_n = \sum_{n=1}^{\infty} p_n,\qquad \sum_{n=1}^{\infty} q'_n = \sum_{n=1}^{\infty} q_n.$$

由此可知，重排级数 $\sum_{n=1}^{\infty} |u'_n| = \sum_{n=1}^{\infty} (p'_n + q'_n)$ 也收敛，即 $\sum_{n=1}^{\infty} u'_n$ 绝对收敛，并且有

$$\begin{aligned}\sum_{n=1}^{\infty} u'_n &= \sum_{n=1}^{\infty} (p'_n - q'_n) = \sum_{n=1}^{\infty} p'_n - \sum_{n=1}^{\infty} q'_n = \sum_{n=1}^{\infty} p_n - \sum_{n=1}^{\infty} q_n \\ &= \sum_{n=1}^{\infty} (p_n - q_n) = \sum_{n=1}^{\infty} u_n. \ \square\end{aligned}$$

定理 11.11 告诉我们，无限个数相加在满足绝对收敛的条件下具有加法的交换律. 而下面的定理说明：与绝对收敛级数不同的是，条件收敛级数不具有加法的交换律.

定理 11.12　设 $\sum_{n=1}^{\infty} a_n$ 是条件收敛级数，则对任意给定的一个常数 $\xi\in\mathbf{R}$，都必定存在级数 $\sum_{n=1}^{\infty} a_n$ 的一个重排级数 $\sum_{n=1}^{\infty} a'_n$，使得 $\sum_{n=1}^{\infty} a'_n = \xi$.

证　我们记

$$p_n=\frac{|a_n|+a_n}{2},\ q_n=\frac{|a_n|-a_n}{2},\ n=1,\ 2,\ \cdots.$$

显然 $\sum_{n=1}^{\infty} p_n$ 和 $\sum_{n=1}^{\infty} q_n$ 都是正项级数. 由题意知，$\sum_{n=1}^{\infty} |a_n| = +\infty$，并且有

$$\lim_{n\to\infty} p_n = \lim_{n\to\infty}\frac{|a_n| + a_n}{2} = 0,\qquad \lim_{n\to\infty} q_n = \lim_{n\to\infty}\frac{|a_n| - a_n}{2} = 0,$$

$$\sum_{n=1}^{\infty} p_n = \frac{1}{2}\sum_{n=1}^{\infty} |a_n| + \frac{1}{2}\sum_{n=1}^{\infty} a_n = +\infty,\qquad \sum_{n=1}^{\infty} q_n = \frac{1}{2}\sum_{n=1}^{\infty} |a_n| - \frac{1}{2}\sum_{n=1}^{\infty} a_n = +\infty.$$

再来考虑序列 $a_1,a_2,\cdots,a_n,\cdots$. 我们以 P_n 表示其中的第 n 个正项，以 Q_n 表示其中的第 n 个负项绝对值. 请注意，$\{P_n\}$ 是序列 $\{p_n\}$ 删去了一切等于 0 的项之后剩下的子序列，$\{Q_n\}$ 是序列 $\{q_n\}$ 删去了一切等于 0 的项之后剩下的子序列. 因此

$$\lim_{n\to\infty} P_n = \lim_{n\to\infty} Q_n = 0,\qquad \sum_{n=1}^{\infty} P_n = \sum_{n=1}^{\infty} Q_n = +\infty.$$

我们依次考察 P_1，P_2，$\cdots$中的各项. 设 P_{m_1} 是其中第一个满足以下条件的项：

$$P_1+P_2+\cdots+P_{m_1}>\xi.$$

再依次考察 Q_1，Q_2，$\cdots$中的各项，设 Q_{n_1} 是其中第一个满足以下条件的项：

$$P_1+P_2+\cdots+P_{m_1}-Q_1-\cdots-Q_{n_1}<\xi.$$

再依次考察 P_{m_1+1}，P_{m_1+2}，$\cdots$中的各项. 设 P_{m_2} 是其中第一个满足以下条件的项：

$$P_1+P_2+\cdots+P_{m_1}-Q_1-\cdots-Q_{n_1}+P_{m_1+1}+\cdots+P_{m_2}>\xi.$$

照这样下去，我们得到 $\sum_{n=1}^{\infty} a_n$ 的一重排级数 $\sum_{n=1}^{\infty} a'_n$ 如下：

$$P_1+\cdots+P_{m_1}-Q_1-\cdots-Q_{n_1}+P_{m_1+1}+\cdots+P_{m_2}-Q_{n_1+1}-\cdots-Q_{n_2}+P_{m_2+1}+\cdots.$$

如果分别以 R_k 与 L_k 表示级数 $\sum_{n=1}^{\infty} a'_n$ 的末项为 P_{m_k} 的部分和与末项为 Q_{n_k} 的部分和，那么显然有 $|R_k-\xi|\leqslant P_{m_k}(k=2,3,\cdots)$ 和 $|L_k-\xi|\leqslant Q_{n_k}(k=1,2,\cdots)$，因为

$$\lim_{k\to+\infty} P_{m_k}=\lim_{k\to+\infty} Q_{n_k}=0,$$

所以 $\lim\limits_{k\to+\infty} R_k=\lim\limits_{k\to+\infty} L_k=\xi$，这就是 $\sum_{n=1}^{\infty} a'_n=\xi$. □

定理 11.13 设 $\sum_{n=1}^{\infty} a_n$ 是条件收敛级数，则存在 $\sum_{n=1}^{\infty} a_n$ 的重排级数，使得

$$\sum_{n=1}^{\infty} a'_n=+\infty\ (\text{或}-\infty).$$

证 首先，任意选取一个严格单调上升并趋于 $+\infty$ 的实数序列 $\{\xi_k\}$（例如可以选取 $\xi_k=k$，$k=1,2,\cdots$）.其次，仍沿用定理 11.12 中的记号，约定以 P_k 表示序列 $\{a_n\}$ 中的第 k 个非负项绝对值，以 Q_k 表示序列 $\{a_n\}$ 中的第 k 个负项绝对值. 然后，依次考察 P_1，P_2，$\cdots$ 中的各项，设 P_{m_1} 是其中第一个满足以下条件 $P_1+\cdots+P_{m_1}>\xi_1$ 的项. 再依次考察 Q_1，Q_2，$\cdots$ 中的各项，设 Q_{n_1} 是其中第一个满足以下条件的项：

$$P_1+P_2+\cdots+P_{m_1}-Q_1-\cdots-Q_{n_1}<\xi_1,$$

再依次考察 $P_{m_1+1},P_{m_1+2},\cdots$ 中的各项，设 P_{m_2} 是其中第一个满足以下条件的项：

$$P_1+P_2+\cdots+P_{m_1}-Q_1-\cdots-Q_{n_1}+P_{m_1+1}+\cdots+P_{m_2}>\xi_2.$$

再依次考察 $Q_{n_1+1},Q_{n_1+2},\cdots$ 中的各项，设 Q_{n_2} 是其中第一个满足以下条件的项：

$$P_1+P_2+\cdots+P_{m_1}-Q_1-\cdots-Q_{n_1}+P_{m_1+1}+\cdots+P_{m_2}-Q_{n_1+1}-\cdots-Q_{n_2}<\xi_2.$$

照这样下去，我们得到 $\sum_{n=1}^{\infty} a_n$ 的一个重排级数 $\sum_{n=1}^{\infty} a'_n$，该重排级数满足条件 $\sum_{n=1}^{\infty} a'_n=+\infty$.

同理可证，找到 $\sum_{n=1}^{\infty} a_n$ 的一个重排级数 $\sum_{n=1}^{\infty} a'_n=-\infty$. □

二、级数的乘积

由收敛级数的线性运算法则知，若 v 为常数，且 $\sum_{n=1}^{\infty} u_n$ 收敛，则 $v\sum_{n=1}^{\infty} u_n=\sum_{n=1}^{\infty} vu_n$.

由数学归纳法可以推广到级数 $\sum_{n=1}^{\infty} u_n$ 与有限项和的乘积，即

$$(v_1+v_2+\cdots+v_m)\sum_{n=1}^{\infty} u_n=\sum_{n=1}^{\infty}\sum_{k=1}^{m} v_k u_n.$$

那么在什么条件下能把这一法则推广到无穷级数之间的乘积上去？

设级数 $\sum_{n=1}^{\infty} u_n$ 与 $\sum_{n=1}^{\infty} v_n$ 均收敛，且 $\sum_{n=1}^{\infty} u_n=A$，$\sum_{n=1}^{\infty} v_n=B$，把这两个级数中的每一项的所有可能的乘积列成表 11-1：

表 11-1　两个级数的乘积

u_1v_1	u_1v_2	u_1v_3	$\cdots$	u_1v_n	$\cdots$
u_2v_1	u_2v_2	u_2v_3	$\cdots$	u_2v_n	$\cdots$
u_3v_1	u_3v_2	u_3v_3	$\cdots$	u_3v_n	$\cdots$
$\cdots$	$\cdots$	$\cdots$	$\cdots$	$\cdots$	$\cdots$
u_nv_1	u_nv_2	u_nv_3	$\cdots$	u_nv_n	$\cdots$
$\cdots$	$\cdots$	$\cdots$	$\cdots$	$\cdots$	$\cdots$

这些乘积可以按各种方法排成不同的级数，常用的有按正方形顺序(表 11-2)：

表 11-2　两个级数的乘积(正方形顺序)

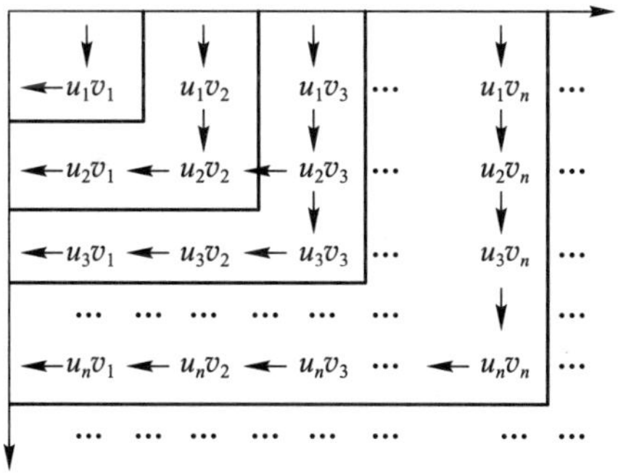

即

$$u_1v_1+(u_1v_2+u_2v_2+u_2v_1)+(u_1v_3+u_2v_3+u_3v_3+u_3v_2+u_3v_1)+\cdots.$$

按对角线顺序(表 11-3)：

表 11-3　两个级数的乘积(对角线顺序)

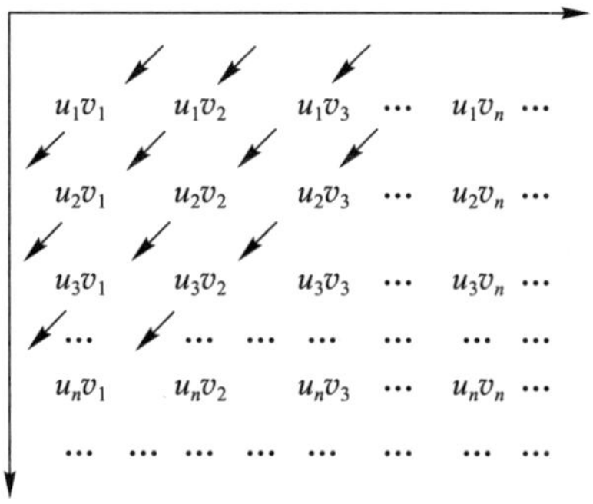

即

$$u_1v_1+(u_1v_2+u_2v_1)+(u_1v_3+u_2v_2+u_3v_1)+\cdots.$$

定理 11.14(柯西定理)　若级数 $\sum\limits_{n=1}^{\infty}u_n$，$\sum\limits_{n=1}^{\infty}v_n$ 绝对收敛，设 $\sum\limits_{n=1}^{\infty}u_n=A$，$\sum\limits_{n=1}^{\infty}v_n=B$，

则表 1 中所有乘积 $u_i v_j$ 按任意顺序排列所得的级数 $\sum_{n=1}^{\infty} w_n$ 绝对收敛，且其和等于 AB.

证　设 S_n 表示级数 $\sum_{n=1}^{\infty} |w_n|$ 的部分和，即

$$S_n = |w_1| + |w_2| + \cdots + |w_n|,$$

其中 $w_k = u_{i_k} v_{j_k}(k=1, 2, \cdots, n)$，记 $m = \max\{i_1, j_1, i_2, j_2, \cdots, i_n, j_n\}$. 设

$$A_m = |u_1| + |u_2| + \cdots + |u_m|,\ B_m = |v_1| + |v_2| + \cdots + |v_m|,$$

则必有

$$S_n \leqslant A_m B_m.$$

由于 $\sum_{n=1}^{\infty} u_n$，$\sum_{n=1}^{\infty} v_n$ 绝对收敛，因而 $\sum_{n=1}^{\infty} |u_n|$，$\sum_{n=1}^{\infty} |v_n|$ 的部分和数列 $\{A_m\}$ 与 $\{B_m\}$ 都是有界数列，则 $A_m B_m$ 有界. 即存在 $M>0$，对一切正整数 m，有 $A_m B_m \leqslant M$，从而 $S_n \leqslant M$. 即 $\{S_n\}$ 是有界的，从而级数 $\sum_{n=1}^{\infty} w_n$ 绝对收敛.

由于绝对收敛级数具有可重排性质，也就是说级数的和与采取哪一种排列次序无关，为方便求和，采用表 2 所示的正方形顺序相加. 利用收敛级数的结合律，并对各被加项取括号，即

$$u_1v_1 + (u_1v_2 + u_2v_2 + u_2v_1) + (u_1v_3 + u_2v_3 + u_3v_3 + u_3v_2 + u_3v_1) + \cdots,$$

把每一括号作为一项，得新级数

$$p_1 + p_2 + p_3 + \cdots + p_n + \cdots.$$

它与级数 $\sum_{n=1}^{\infty} w_n$ 同时收敛且和数相同，设

$$S_n = p_1 + p_2 + \cdots + p_n,$$

则

$$S_n = A_n B_n,$$

从而有

$$\lim_{n\to\infty} S_n = \lim_{n\to\infty} A_n B_n = AB.$$

由定理可知，按表 3 所示对角形顺序相加再利用结合律，有

$$\sum_{n=1}^{\infty} u_n \cdot \sum_{n=1}^{\infty} v_n = \sum_{n=1}^{\infty} \sum_{k=1}^{n} (u_k v_{n-k+1}) = AB. \ \square$$

例 5　证明 $\left(\sum_{n=0}^{\infty} q^n\right)^2 = \sum_{n=0}^{\infty} (n+1) q^n$，$|q| < 1$.

证　由 $|q|<1$ 知级数 $\sum_{n=0}^{\infty} q^n$ 绝对收敛，故可写成

$$\left(\sum_{n=0}^{\infty} q^n\right)^2 = \sum_{n=0}^{\infty} c_n,$$

其中

$$c_n = \sum_{k=0}^{n} q^k q^{n-k} = q^n \sum_{k=0}^{n} 1 = (n+1) q^n,\ n=0, 1, 2, \cdots.$$

因此

$$\left(\sum_{n=0}^{\infty} q^n\right)^2 = \sum_{n=0}^{\infty} (n+1) q^n.$$

习题 11-3

1. 判别下列级数哪些绝对收敛，哪些条件收敛，哪些发散：

(1) $\sum_{n=1}^{\infty}\frac{(-1)^n}{\sqrt[n]{n}}$；　(2) $\sum_{n=1}^{\infty}(-1)^n\frac{\sqrt{n}}{n+100}$；　(3) $\sum_{n=1}^{\infty}(-1)^{n-1}\left(1-\cos\frac{a}{\sqrt{n}}\right)$；

(4) $\sum_{n=2}^{\infty}\sin\left(n\pi-\frac{1}{\ln n}\right)$；(5) $\sum_{n=1}^{\infty}(-1)^n\ln\left(1+\frac{1}{\sqrt{n}}\right)$.

2. 设 $a_n>0$ $(n=1,2,\cdots)$，且 $\sum_{n=1}^{\infty}a_n$ 收敛，常数 $\lambda\in\left(0,\frac{\pi}{2}\right)$，证明级数 $\sum_{n=1}^{\infty}(-1)^n\left(n\tan\frac{\lambda}{n}\right)a_{2n}$ 绝对收敛.

3. 设正项数列 $\{a_n\}$ 单调减少，且 $\sum_{n=1}^{\infty}(-1)^n a_n$ 发散，证明级数 $\sum_{n=1}^{\infty}\left(\frac{1}{a_n+1}\right)^n$ 收敛.

4. 证明：若 $\sum_{n=1}^{\infty}|a_n|$ 收敛，则 $\sum_{n=1}^{\infty}a_n^2$ 也收敛，反之不成立，试举例说明.

*§4　函数项级数与一致收敛性

§4.1　函数项级数的基本概念

设 $\{u_n(x)\}$ 是定义在数集 E 上的一个函数列，表达式

$$u_1(x)+u_2(x)+\cdots+u_n(x)+\cdots,\ x\in E$$

称为定义在 E 上的函数项级数，简记为 $\sum_{n=1}^{\infty}u_n(x)$. 称

$$S_n(x)=u_1(x)+u_2(x)+\cdots+u_n(x)=\sum_{k=1}^{n}u_k(x),\ x\in E,\ n=1,2,\cdots$$

为函数项级数的部分和函数列.

若 $x_0\in E$，数项级数

$$u_1(x_0)+u_2(x_0)+\cdots+u_n(x_0)+\cdots$$

收敛，即 $\lim\limits_{n\to\infty}S_n(x_0)$ 存在，则称函数项级数在点 x_0 收敛，x_0 称为函数项级数的收敛点，若 $\lim\limits_{n\to\infty}S_n(x_0)$ 不存在，则称函数项级数在点 x_0 发散. 函数项级数全体收敛点的集合称为函数项级数的收敛域，记为 D. 函数项级数在 D 上的每一点 x，$\lim\limits_{n\to\infty}S_n(x)$ 存在，记为

$$\lim_{n\to\infty}S_n(x)=S(x).$$

它是 x 的函数，称为函数项级数的和函数，称

$$R_n(x)=S(x)-S_n(x)=u_{n+1}(x)+u_{n+2}(x)+\cdots$$

为函数项级数的余项，对收敛域 D 上的每一点 x，都有 $\lim\limits_{n\to\infty}R_n(x)=0$.

例 1 试求 $\sum\limits_{n=0}^{\infty}x^n=1+x+x^2+\cdots+x^n+\cdots$ 的和函数.

解 所给的级数是等比级数，当 $|x|<1$ 时收敛，和函数是

$$S(x)=\frac{1}{1-x}\quad(|x|<1),$$

即

$$\sum_{n=1}^{\infty}x^n=\frac{1}{1-x}\quad(|x|<1).$$

当 $|x|\geqslant 1$ 时，$\sum\limits_{n=1}^{\infty}x^n$ 发散.

例 2 试求函数项级数

$$x+(x^2-x)+(x^3-x^2)+\cdots+(x^n-x^{n-1})+\cdots=x+\sum_{n=2}^{\infty}(x^n-x^{n-1})$$

的收敛域及和函数.

解 $S_n(x)=x+(x^2-x)+(x^3-x^2)+\cdots+(x^n-x^{n-1})=x^n$，当 $|x|<1$ 时，$\lim\limits_{n\to\infty}S_n(x)=\lim\limits_{n\to\infty}x^n=0$；当 $x=1$ 时，$\lim\limits_{n\to\infty}S_n(1)=\lim\limits_{n\to\infty}1=1$；当 $x=-1$ 时，$\lim\limits_{n\to\infty}S_n(-1)=\lim\limits_{n\to\infty}(-1)^n$ 不存在；当 $|x|>1$ 时，$\lim\limits_{n\to\infty}S_n(x)=\lim\limits_{n\to\infty}x^n=\infty$. 因此，该函数项级数的收敛域是 $(-1,1]$，和函数为

$$S(x)=x+\sum_{n=2}^{\infty}(x^n-x^{n-1})=\begin{cases}0, & -1<x<1,\\ 1, & x=1.\end{cases}$$

由这个例子可看到，级数的每一项 $u_n(x)=x^n-x^{n-1}(n>1)$，$u_1(x)=x$ 在 $(-1,1]$ 上都是连续函数，但它的和函数 $S(x)$ 在 $(-1,1]$ 上却不是连续函数（在点 $x=1$ 处间断），这表明：无限多个连续函数的和不一定是连续函数. 换句话说，无限和并不具备有限和的性质，那么在什么条件下，才能保证和函数 $S(x)$ 是连续的、可积的、可微的？这正是我们要解决的问题.

§4.2 函数项级数一致收敛的概念

函数项级数在收敛域 D 上收敛，指的是它在 D 上的每一点都收敛，即对任意给定的 $\varepsilon>0$ 与收敛域 D 上的每一点 x，总相应地存在正整数 $N(\varepsilon,x)$，使得当 $n>N$ 时，都有 $|S(x)-S_n(x)|<\varepsilon$. 一般来说，这里的 N 不仅与 ε 有关而且也与 x 有关，若 D 是由有限个点组成的集合，因为对一个 $x\in D$，总存在相应的正整数 N，这样的 N 只有有限个，把这些 N 的最大值记为 M，当 $n>M$ 时，对一切 $x\in D$，都有 $|S(x)-S_n(x)|<\varepsilon$. 但若 D 是由无限个点组成的集合，从而对应无数个 N，这样，也就有可能找不到对 D 上一切 x 都适用的 N，使当 $n>N$ 时，都有 $|S(x)-S_n(x)|<\varepsilon$.

是否对任意给定的 $\varepsilon>0$，总相应地也存在与 x 无关的 N，当 $n>N$ 时，都有 $|S(x)-S_n(x)|<\varepsilon$ 呢？这就是下面我们要引入的一致收敛的概念.

定义 11.4 设函数项级数 $\sum\limits_{n=1}^{\infty}u_n(x)$ 在集合 D 上收敛于 $S(x)$，如果对于任意给定的 $\varepsilon>0$，总相应地存在与 x 无关的正整数 $N=N(\varepsilon)$，使得当 $n>N$ 时，对 D 上的一切 x，都有

$|R_n(x)|=|S(x)-S_n(x)|<\varepsilon$，则称函数项级数在 D 上一致收敛，且一致收敛于 $S(x)$，此时也称序列 $\{S_n(x)\}$ 一致收敛于 $S(x)$.

由于 $\forall\,\varepsilon>0$，总相应地存在与 x 无关的正整数 N，当 $n>N$ 时，都有

$$|S_n(x)-S(x)|<\varepsilon \Leftrightarrow S(x)-\varepsilon<S_n(x)<S(x)+\varepsilon.$$

所以一致收敛的几何意义是，若函数项级数在集合 D 上一致收敛，则对于任意给定的 $\varepsilon>0$，总相应地存在与 x 无关的正整数 $N(\varepsilon)$，当 $n>N$ 时，对一切 $x\in D$，$S_n(x)$ 的图形全部落在曲线 $S(x)-\varepsilon$ 与 $S(x)+\varepsilon$ 之间(图 11-1).

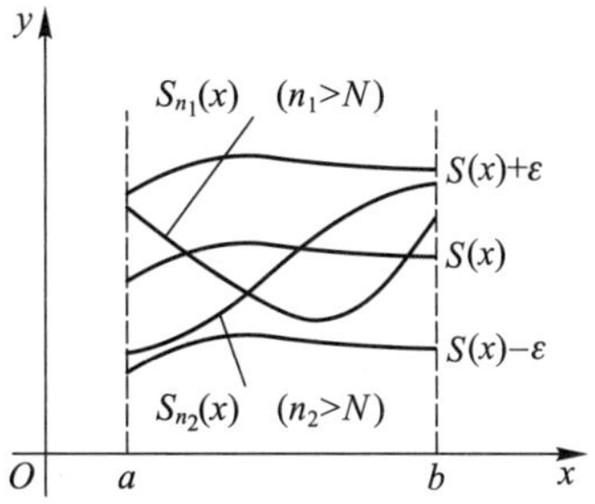

图 11-1

例 3 研究级数 $\sum\limits_{n=1}^{\infty}\left(\dfrac{x^n}{n}-\dfrac{x^{n+1}}{n+1}\right)$ 在区间 $[-1,1]$ 上的一致收敛性.

解 $S_n(x)=\sum\limits_{k=1}^{n}\left(\dfrac{x^k}{k}-\dfrac{x^{k+1}}{k+1}\right)=x-\dfrac{x^{n+1}}{n+1}$，当 $-1\leqslant x\leqslant 1$ 时，有

$$\lim_{n\to\infty}S_n(x)=\lim_{n\to\infty}\left(x-\frac{x^{n+1}}{n+1}\right)=x=S(x).$$

由于

$$|S_n(x)-S(x)|=\frac{|x|^{n+1}}{n+1}\leqslant\frac{1}{n+1}\leqslant\frac{1}{n},$$

若要

$$|S_n(x)-S(x)|<\varepsilon,$$

只要 $\dfrac{1}{n}<\varepsilon$，即 $n>\dfrac{1}{\varepsilon}$. 于是对任给的 $\varepsilon>0$，取 $N=\left[\dfrac{1}{\varepsilon}\right]$，当 $n>N$ 时，对于一切 $x\in[-1,1]$，都有

$$|S_n(x)-S(x)|<\frac{1}{n}<\varepsilon.$$

因此，级数 $\sum\limits_{n=1}^{\infty}\left(\dfrac{x^n}{n}-\dfrac{x^{n+1}}{n+1}\right)$ 在 $[-1,1]$ 上一致收敛.

例 4 研究级数 $\sum\limits_{n=0}^{\infty}(1-x)x^n$ 在区间 $[0,1]$ 上的一致收敛性.

解 由于 $S_n(x)=\sum\limits_{k=0}^{n}(1-x)x^k=(1-x)\sum\limits_{k=0}^{n}x^k=1-x^n$，于是

$$\lim_{n\to\infty}S_n(x)=\lim_{n\to\infty}(1-x^n)=\begin{cases}1, & 若\ 0\leqslant x<1,\\ 0, & 若\ x=1\end{cases}\xlongequal{\text{def}}S(x).$$

取 $\varepsilon_0=\dfrac{1}{4}$，不论 n 多大，只要取 $x=\dfrac{1}{\sqrt[n]{2}}\in(0,\ 1)$，就有

$$\left|S_n\left(\frac{1}{\sqrt[n]{2}}\right)-S\left(\frac{1}{\sqrt[n]{2}}\right)\right|=\left|\frac{1}{2}-1\right|=\frac{1}{2}>\varepsilon_0,$$

因此，级数 $\sum\limits_{n=0}^{\infty}(1-x)x^n$ 在 $[0,1]$ 上收敛，但不一致收敛.

§4.3　函数项级数一致收敛性的判别法

如何判断一个级数在给定的集合 D 上一致收敛呢？

定理 11.15(一致收敛的柯西准则)　**级数** $\sum\limits_{n=1}^{\infty} u_n(x)$ **在集合** D **上一致收敛的充分必要条件是：对于任意给定的** $\varepsilon>0$，**存在与** x **无关的正整数** $N(\varepsilon)$，**使得当** $n>N$ **时，对一切** $x\in D$ **和一切正整数** p，**都有**

$$|S_{n+p}(x)-S_n(x)|=|u_{n+1}(x)+u_{n+2}(x)+\cdots+u_{n+p}(x)|<\varepsilon.$$

证　**必要性**. 由于 $\sum\limits_{n=1}^{\infty} u_n(x)$ 在 D 上一致收敛，所以任给 $\varepsilon>0$，$\exists N(\varepsilon)$，当 $n>N$ 时，对一切 $x\in D$，都有 $|S(x)-S_n(x)|<\dfrac{\varepsilon}{2}$. 对一切正整数 p，有 $n+p>N$，有

$$|S_{n+p}(x)-S(x)|<\frac{\varepsilon}{2},$$

从而当 $n>N$ 时，

$$|S_{n+p}(x)-S_n(x)|=|S_{n+p}(x)-S(x)+S(x)-S_n(x)|$$
$$\leqslant|S_{n+p}(x)-S(x)|+|S(x)-S_n(x)|<\frac{\varepsilon}{2}+\frac{\varepsilon}{2}=\varepsilon.$$

充分性. 由条件知任给 $\varepsilon>0$，存在与 x 无关的正整数 $N(\varepsilon)$，使得当 $n>N$ 时，对一切 $x\in D$ 和一切自然数 p，都有

$$|S_{n+p}(x)-S_n(x)|<\varepsilon. \tag{11.9}$$

设 $x_0\in D$，有

$$|S_{n+p}(x_0)-S_n(x_0)|<\varepsilon.$$

由数列收敛的柯西准则知 $\{S_n(x_0)\}$ 收敛，设 $\lim\limits_{n\to\infty}S_n(x_0)=S(x_0)$. 因此

$$\lim_{n\to\infty}S_n(x)\,(\text{存在})\overset{\text{def}}{=\!=\!=}S(x),\ x\in D.$$

从而 $\lim\limits_{p\to\infty}S_{n+p}(x)=S(x)$. 在式(11.9)中令 $p\to\infty$，有

$$|S(x)-S_n(x)|\leqslant\varepsilon,$$

即 $S_n(x)$ 在 D 上一致收敛. □

当 $p=1$ 时，得到函数项级数一致收敛的一个必要条件.

推论 1　**函数项级数** $\sum\limits_{n=1}^{\infty} u_n(x)$ **在集合** D **上一致收敛的必要条件是：函数列** $\{u_n(x)\}$ **在** D **上一致收敛于零.**

由 $R_n(x)=S(x)-S_n(x)$，有

推论 2　**函数项级数** $\sum\limits_{n=1}^{\infty} u_n(x)$ **在集合** D **上一致收敛于** $S(x)$ **的充要条件是：**

$$\lim_{n\to\infty}\sup_{x\in D}|R_n(x)|=\lim_{n\to\infty}\sup_{x\in D}|S(x)-S_n(x)|=0.$$

证　$\sum\limits_{n=1}^{\infty} u_n(x)$ 在 D 上一致收敛的充要条件是：$\forall\varepsilon>0$，存在正整数 N，当 $n>N$ 时，对一切 $x\in D$，都有 $|S(x)-S_n(x)|<\varepsilon$，则 $\sup\limits_{x\in D}|S(x)-S_n(x)|\leqslant\varepsilon$. 因此

$$\lim_{n\to\infty}\sup_{x\in D}|S(x)-S_n(x)|=0.\ \square$$

例 4 也可用上面的定理来判断. 由于

$$|S(x)-S_n(x)|=\begin{cases}x^n, & 0\leqslant x<1,\\ 0, & x=1,\end{cases}\quad \sup_{x\in[0,1]}|S(x)-S_n(x)|=1,$$

所以

$$\lim_{n\to\infty}\sup_{x\in[0,1]}|S(x)-S_n(x)|=1\neq 0,$$

于是，级数 $\sum\limits_{n=0}^{\infty}(1-x)x^n$ 在$[0,1]$上不一致收敛.

判别函数项级数的一致收敛性，除了根据定义、柯西收敛准则及推论 2 以外，有些级数还可根据级数各项的特性来判别.

定理 11.16(魏尔斯特拉斯(Weierstrass)判别法)　设函数项级数 $\sum\limits_{n=1}^{\infty}u_n(x)$ 定义在集合 D 上，$\sum\limits_{n=1}^{\infty}M_n$ 为收敛的正项级数. 若对一切 $x\in D$，都有 $|u_n(x)|\leqslant M_n$，$n=k,\ k+1,\ \cdots$，则函数项级数 $\sum\limits_{n=1}^{\infty}u_n(x)$ 在 D 上一致收敛.

证　正项级数 $\sum\limits_{n=1}^{\infty}M_n$ 收敛，由数项级数收敛的柯西准则知，$\forall\,\varepsilon>0$，$\exists$ 正整数 $N>0(N>k)$，当 $n>N$ 时，对一切正整数 p，都有

$$|M_{n+1}+M_{n+2}+\cdots+M_{n+p}|<\varepsilon,$$

则对一切 $x\in D$，都有

$$|u_{n+1}(x)+u_{n+2}(x)+\cdots+u_{n+p}(x)|\leqslant|M_{n+1}+M_{n+2}+\cdots+M_{n+p}|<\varepsilon.$$

由函数项级数一致收敛的柯西准则，级数 $\sum\limits_{n=1}^{\infty}u_n(x)$ 在 D 上一致收敛. $\square$

定理 11.16 又称为 M 判别法或优级数判别法.

例 5　设数项级数 $\sum\limits_{n=1}^{\infty}a_n$ 绝对收敛，则函数项级数 $\sum\limits_{n=1}^{\infty}a_n\cos nx$，$\sum\limits_{n=1}^{\infty}a_n\sin nx$ 在集合 $D\subset\mathbf{R}$ 上一致收敛.

证　由于 $|a_n\cos nx|\leqslant|a_n|$，$|a_n\sin nx|\leqslant|a_n|$，$x\in D\subset\mathbf{R}$，又 $\sum\limits_{n=1}^{\infty}|a_n|$ 收敛，由 M 判别法知 $\sum\limits_{n=1}^{\infty}a_n\cos nx$，$\sum\limits_{n=1}^{\infty}a_n\sin nx$ 在 $D\subset\mathbf{R}$ 上一致收敛. $\square$

例 6　证明下列函数项级数在所指定的区间上一致收敛：

(1) $\sum\limits_{n=1}^{\infty}\dfrac{\sin nx}{\sqrt[3]{n^4+x^4}}$，$|x|<+\infty$；　　(2) $\sum\limits_{n=1}^{\infty}x^2\mathrm{e}^{-nx}$，$x\in[0,+\infty)$.

证　(1) 由于当 $|x|<+\infty$ 时，$\left|\dfrac{\sin nx}{\sqrt[3]{n^4+x^4}}\right|\leqslant\dfrac{1}{n^{\frac{4}{3}}}$，且 $\sum\limits_{n=1}^{\infty}\dfrac{1}{n^{\frac{4}{3}}}$ 收敛，故由 M 判别法知，级数 $\sum\limits_{n=1}^{\infty}\dfrac{\sin nx}{\sqrt[3]{n^4+x^4}}$ 当 $|x|<+\infty$ 时一致收敛.

(2) 当 $x>0$ 时，有 $\mathrm{e}^{nx}>1+nx+\dfrac{n^2x^2}{2}>\dfrac{n^2x^2}{2}$，故 $\mathrm{e}^{-nx}<\dfrac{2}{n^2x^2}$，于是

$$|x^2e^{-nx}|<\frac{2}{n^2}.$$

此式对 $x=0$ 也成立. 又 $\sum_{n=1}^{\infty}\frac{1}{n^2}$ 收敛，故级数 $\sum_{n=1}^{\infty}x^2e^{-nx}$ 当 $0\leqslant x<+\infty$ 时一致收敛. □

§4.4 一致收敛级数的性质

定理 11.17 **设** $u_n(x)$ **在区间** X **上连续**($n=1, 2, \cdots$)，**且级数** $\sum_{n=1}^{\infty}u_n(x)$ **在** X **上一致收敛于** $S(x)$，**则** $S(x)=\sum_{n=1}^{\infty}u_n(x)$ **在区间** X **上连续.**

分析 要证结论成立，只要证任给 $x_0\in X$，都有 $\lim\limits_{x\to x_0}S(x)=S(x_0)$. 由于

$$\begin{aligned}|S(x)-S(x_0)|&=|S(x)-S_n(x)+S_n(x)-S_n(x_0)+S_n(x_0)-S(x_0)|\\&\leqslant|R_n(x)|+|S_n(x)-S_n(x_0)|+|R_n(x_0)|,\end{aligned}$$

所以只要证 $|R_n(x)|$, $|S_n(x)-S_n(x_0)|$, $|R_n(x_0)|$ 任意小即可.

证 任取 $x_0\in X$，由于 $\sum_{n=1}^{\infty}u_n(x)$ 在 X 上一致收敛于 $S(x)$，故对任给的 $\varepsilon>0$，存在 $N(\varepsilon)$，当 $n\geqslant N$ 时，对一切 $x\in X$，都有

$$|S(x)-S_n(x)|=|R_n(x)|<\frac{\varepsilon}{3},$$

于是

$$|R_n(x)|<\frac{\varepsilon}{3},\quad|R_n(x_0)|<\frac{\varepsilon}{3},\quad n\geqslant N.$$

由于 $u_n(x)$ 在 X 上连续，从而有限和

$$S_n(x)=u_1(x)+u_2(x)+\cdots+u_n(x)$$

在点 x_0 连续. 因此，对上述的 $\varepsilon>0$，存在 $\delta>0$，当 $x\in X$，且 $|x-x_0|<\delta$ 时，都有

$$|S_n(x)-S_n(x_0)|<\frac{\varepsilon}{3}.$$

综上所述，对于任何的 $\varepsilon>0$，存在 $\delta>0$，当 $x\in X$，且 $|x-x_0|<\delta$ 时，都有

$$|S(x)-S(x_0)|\leqslant|R_n(x)|+|R_n(x_0)|+|S_n(x)-S_n(x_0)|<\frac{\varepsilon}{3}+\frac{\varepsilon}{3}+\frac{\varepsilon}{3}=\varepsilon.$$

即 $S(x)$ 在点 x_0 连续，由 x_0 的任意性知 $S(x)$ 在区间 X 上连续. □

在定理 11.17 的条件下，成立

$$\boxed{\lim_{x\to x_0}\sum_{n=1}^{\infty}u_n(x)=\sum_{n=1}^{\infty}\lim_{x\to x_0}u_n(x).}$$

即极限运算 $\lim\limits_{x\to x_0}$ 与求和运算 $\sum\limits_{n=1}^{\infty}$ 在满足定理 11.17 的条件下可交换顺序.

定理 11.18 **设** $u_n(x)$ **在区间** X **上连续**($n=1, 2, \cdots$)，**且** $\sum_{n=1}^{\infty}u_n(x)$ **在** X **上一致收敛于** $S(x)$. **任给** a，$b\in X$，**则** $\int_a^b S(x)\mathrm{d}x$ **存在，且可以逐项积分. 即有**

$$\int_a^b \sum_{n=1}^{\infty} u_n(x)\,\mathrm{d}x = \sum_{n=1}^{\infty} \int_a^b u_n(x)\,\mathrm{d}x.$$

分析 不妨设 $a<b$，要证明定理结论成立，只需证 $\lim\limits_{n\to\infty}\int_a^b S_n(x)\,\mathrm{d}x = \int_a^b S(x)\,\mathrm{d}x$，即对任给 $\varepsilon>0$,存在正整数 N，当 $n>N$ 时，都有

$$\left|\int_a^b (S_n(x)-S(x))\,\mathrm{d}x\right| < \varepsilon, \quad 或 \quad \int_a^b |S_n(x)-S(x)|\,\mathrm{d}x < \varepsilon.$$

证 由定理 11.17 知 $S(x)$在$[a,b]$上连续，从而在闭区间$[a,b]$上可积. 由于 $\sum\limits_{n=1}^{\infty} u_n(x)$ 在$[a,b]$上一致收敛于 $S(x)$，故对任给 $\varepsilon>0$，存在 $N(\varepsilon)$，使得当 $n>N$ 时，都有

$$|S_n(x)-S(x)|<\frac{\varepsilon}{b-a},$$

从而

$$\begin{aligned}\left|\int_a^b S_n(x)\,\mathrm{d}x-\int_a^b S(x)\,\mathrm{d}x\right| &= \left|\int_a^b (S_n(x)-S(x))\,\mathrm{d}x\right| \\ &\leqslant \int_a^b |S_n(x)-S(x)|\,\mathrm{d}x \\ &< \int_a^b \frac{\varepsilon}{b-a}\mathrm{d}x = \varepsilon.\end{aligned}$$

于是

$$\lim_{n\to\infty}\int_a^b S_n(x)\,\mathrm{d}x = \int_a^b S(x)\,\mathrm{d}x.$$

即有

$$\int_a^b S(x)\,\mathrm{d}x = \int_a^b \sum_{n=1}^{\infty} u_n(x)\,\mathrm{d}x = \sum_{n=1}^{\infty}\int_a^b u_n(x)\,\mathrm{d}x. \quad \square$$

这表明在满足定理 11.18 的条件下，$\int_a^b$ 与 $\sum\limits_{n=1}^{\infty}$ 可以交换顺序.

定理 11.19 若级数 $\sum\limits_{n=1}^{\infty} u_n(x)$ 满足：

(1) $u_n(x)$在区间 X 上具有连续的导数 $u_n'(x)$，$n=1, 2, \cdots$；

(2) $\sum\limits_{n=1}^{\infty} u_n(x)$ 在 X 上收敛于 $S(x)$；

(3) $\sum\limits_{n=1}^{\infty} u_n'(x)$ 在 X 上一致收敛，

则 $S(x)=\sum\limits_{n=1}^{\infty} u_n(x)$ 在 X 上具有连续的导数，并且可以逐项求导(或逐项微分)，即有

$$\frac{\mathrm{d}}{\mathrm{d}x}S(x)=\frac{\mathrm{d}}{\mathrm{d}x}\sum_{n=1}^{\infty} u_n(x)=\sum_{n=1}^{\infty}\frac{\mathrm{d}}{\mathrm{d}x}u_n(x),$$

或

$$S'(x) = \left(\sum_{n=1}^{\infty} u_n(x)\right)' = \sum_{n=1}^{\infty} u_n'(x),\ x\in X.$$

证 设 $\sum\limits_{n=1}^{\infty} u_n'(x)=\sigma(x)$，由条件(1)、(3)及(2)知 $\sum\limits_{n=1}^{\infty} u_n'(x)$ 满足定理 11.18 的条件. 因此，取一定点 $x_0\in X$，并任取 $x\in X$，有

$$\int_{x_0}^{x}\sigma(x)\,\mathrm{d}x=\int_{x_0}^{x}\sum_{n=1}^{\infty}u_n'(x)\,\mathrm{d}x=\sum_{n=1}^{\infty}\int_{x_0}^{x}u_n'(x)\,\mathrm{d}x=\sum_{n=1}^{\infty}[u_n(x)-u_n(x_0)]$$

$$=\sum_{n=1}^{\infty}u_n(x)-\sum_{n=1}^{\infty}u_n(x_0)=S(x)-S(x_0).$$

$\sigma(x)$ 连续，由变上限函数的求导定理知

$$\frac{\mathrm{d}}{\mathrm{d}x}\int_{x_0}^{x}\sigma(x)\,\mathrm{d}x=\frac{\mathrm{d}}{\mathrm{d}x}[S(x)-S(x_0)]=\frac{\mathrm{d}}{\mathrm{d}x}S(x),$$

即

$$\frac{\mathrm{d}}{\mathrm{d}x}\sum_{n=1}^{\infty}u_n(x)=\frac{\mathrm{d}}{\mathrm{d}x}S(x)=\sigma(x)=\sum_{n=1}^{\infty}u_n'(x)=\sum_{n=1}^{\infty}\frac{\mathrm{d}}{\mathrm{d}x}u_n(x).\ \square$$

这表明在满足定理 11.19 的条件下，$\dfrac{\mathrm{d}}{\mathrm{d}x}$ 与 $\sum\limits_{n=1}^{\infty}$ 可交换顺序.

注 这三个定理的条件是充分条件，不是必要条件.

习题 11-4

1. 求下列函数项级数的收敛域：

(1) $\sum\limits_{n=1}^{\infty}\dfrac{n}{x^n}$； (2) $\sum\limits_{n=1}^{\infty}\dfrac{n}{n+1}\left(\dfrac{x}{2x+1}\right)^n$； (3) $\sum\limits_{n=1}^{\infty}\dfrac{x^n}{1+x^{2n}}$；

(4) $\sum\limits_{n=1}^{\infty}\dfrac{x^n}{(1+x)(1+x^2)\cdots(1+x^n)}$.

2. 研究下列级数在给定区间上的一致收敛性：

(1) $\sum\limits_{n=1}^{\infty}\dfrac{\sin nx}{n^4}$，$-\infty<x<+\infty$；(2) $\sum\limits_{n=1}^{\infty}n\mathrm{e}^{-nx}$，(a) $\sigma\leqslant x<+\infty$ $(\delta>0)$，(b) $0<x<+\infty$；

(3) $\sum\limits_{n=1}^{\infty}\ln\left(1+\dfrac{x}{n\ln^2 n}\right)$，$x<1$； (4) $\sum\limits_{n=1}^{\infty}\dfrac{x}{1+n^4x^2}$，$x<+\infty$；

(5) $\sum\limits_{n=1}^{\infty}\dfrac{x}{[(n-1)x+1](nx+1)}$，$0<x<+\infty$.

3. 证明：当 $x>0$ 时，$f(x)=\sum\limits_{n=1}^{\infty}\dfrac{n\mathrm{e}^{-nx}}{n^4}$ 是 x 的连续函数.

4. 证明：当 $|x|<+\infty$ 时，$f(x)=\sum\limits_{n=1}^{\infty}\dfrac{\sin nx}{n^4}$ 具有连续的二阶导数.

§5 幂级数及其和函数

§5.1 幂级数及其收敛半径

若函数项级数 $\sum\limits_{n=0}^{\infty} u_n(x)$ 中的 $u_n(x)=a_n(x-x_0)^n$，$x\in\mathbf{R}$，其中 a_n 为常数 $(n=0,1,2,\cdots)$，其中约定 $(x-x_0)^0=1$，则称

$$\sum_{n=0}^{\infty} a_n(x-x_0)^n=a_0+a_1(x-x_0)+a_2(x-x_0)^2+\cdots+a_n(x-x_0)^n+\cdots \tag{11.10}$$

为关于 $x-x_0$ 的幂级数. 当 $x_0=0$ 时，称

$$\sum_{n=0}^{\infty} a_nx^n = a_0 + a_1x + a_2x^2 + \cdots + a_nx^n + \cdots \tag{11.11}$$

为关于 x 的幂级数.

只需引入新变量 $y=x-x_0$，式(11.10)即可化为式(11.11)，因此，我们只要研究形如式(11.11)的幂级数就行了.

首先来讨论幂级数(11.11)的收敛性问题. 显然任意一个幂级数(11.11)在 $x=0$ 处总是收敛的，除此之外，它还在哪些点收敛？我们有下面的定理.

定理 11.20(阿贝尔(Abel)定理)　如果级数 $\sum\limits_{n=0}^{\infty} a_nx^n$ 当 $x=x_0(x_0\neq 0)$ 时收敛，那么适合不等式 $|x|<|x_0|$ 的一切 x 使该幂级数绝对收敛. 反之，如果级数 $\sum\limits_{n=0}^{\infty} a_nx^n$ 当 $x=x_0$ 时发散，那么适合不等式 $|x|>|x_0|$ 的一切 x 使该幂级数发散.

证　先设 x_0 是幂级数(11.11)的收敛点，即级数

$$a_0 + a_1x_0 + a_2x_0^2 + \cdots + a_nx_0^n + \cdots$$

收敛. 根据级数收敛的必要条件，这时有

$$\lim_{n\to\infty} a_nx_0^n = 0,$$

于是存在一个常数 M，使得

$$|a_nx_0^n| \leqslant M(n=0,1,2,\cdots).$$

这样级数 (11.11)的一般项的绝对值

$$|a_nx^n| = \left|a_nx_0^n\cdot\frac{x^n}{x_0^n}\right| = |a_nx_0^n|\cdot\left|\frac{x}{x_0}\right|^n \leqslant M\left|\frac{x}{x_0}\right|^n.$$

因为当 $|x|<|x_0|$ 时，等比级数 $\sum\limits_{n=0}^{\infty} M\left|\frac{x}{x_0}\right|^n$ 收敛$\left(公比\left|\frac{x}{x_0}\right|<1\right)$，所以级数

$\sum\limits_{n=0}^{\infty}|a_nx^n|$收敛，也就是级数 $\sum\limits_{n=0}^{\infty}a_nx^n$ 绝对收敛. □

定理的第二部分可用反证法证明. 假设幂级数当 $x=x_0$ 时发散而有一点 x_1 适合 $|x_1|>|x_0|$ 使级数收敛，则根据本定理的第一部分，级数当 $x=x_0$ 时应收敛，这与假设矛盾. 定理得证.

由此定理知：幂级数(11.11)的收敛域是以原点为中心的区间. 若以 $2R$ 表示区间的长度，则称 R 为幂级数的收敛半径. 实际上，它就是使得幂级数(11.11)收敛的那些收敛点的绝对值的上确界. 所以当 $R=0$ 时，幂级数(11.11)仅在 $x=0$ 处收敛；当 $R=+\infty$ 时，幂级数(11.11)在 $(-\infty,+\infty)$ 上收敛；当 $0<R<+\infty$ 时，幂级数(11.11)在 $(-R,R)$ 内收敛；当 $|x|>R$ 时，幂级数(11.11)发散；在 $x=\pm R$ 处，幂级数(11.11)可能收敛可能发散，在后面内容有这样的例子. 我们称 $(-R,R)$ 为幂级数(11.11)的收敛区间. 怎样求幂级数(11.11)的收敛半径，有下面的定理：

定理 11.21(柯西–阿达马(Cauchy-Hadamard)公式)　设幂级数 $\sum\limits_{n=0}^{\infty}a_nx^n$，若

$$\lim_{n\to\infty}\frac{|a_n|}{|a_{n+1}|}=R,$$

(1) 当 $0<R<+\infty$ 时，级数 $\sum\limits_{n=0}^{\infty}a_nx^n$ 在 $(-R,R)$ 内绝对收敛，$|x|>R$ 时发散；

(2) 当 $R=0$ 时，级数 $\sum\limits_{n=0}^{\infty}a_nx^n$ 仅在 $x=0$ 处收敛，$x\neq0$ 时发散；

(3) 当 $R=+\infty$ 时，级数 $\sum\limits_{n=0}^{\infty}a_nx^n$ 在 $(-\infty,+\infty)$ 内绝对收敛.

证　(1) 由 $\lim\limits_{n\to\infty}\dfrac{|a_{n+1}x^{n+1}|}{|a_nx^n|}=\lim\limits_{n\to\infty}|x|\dfrac{|a_{n+1}|}{|a_n|}=\dfrac{|x|}{|R|}$，知

当 $\dfrac{|x|}{R}<1$，即 $|x|<R$ 时，级数 $\sum\limits_{n=0}^{\infty}a_nx^n$ 绝对收敛；

当 $\dfrac{|x|}{R}>1$，即 $|x|>R$ 时，级数 $\sum\limits_{n=0}^{\infty}a_nx^n$ 发散；

当 $\dfrac{|x|}{R}=1$，即 $|x|=R$ 时，本判别法失效，需根据具体的级数用其他方法判别.

同理可证明(2)和(3). □

有时还用到下面的定理：

定理 11.22　设幂级数 $\sum\limits_{n=0}^{\infty}a_nx^n$，若

$$\lim_{n\to\infty}\frac{1}{\sqrt[n]{|a_n|}}=R,$$

（1）**当** $0<R<+\infty$ **时，级数** $\sum\limits_{n=0}^{\infty} a_n x^n$ **在**$(-R,R)$**内绝对收敛，**$|x|>R$ **时发散；**

（2）**当** $R=0$ **时，级数** $\sum\limits_{n=0}^{\infty} a_n x^n$ **仅在** $x=0$ **处收敛，**$x\neq 0$ **时发散；**

（3）**当** $R=+\infty$ **时，级数** $\sum\limits_{n=0}^{\infty} a_n x^n$ **在**$(-\infty,+\infty)$**内绝对收敛.**

请读者自证.

因此，我们称 R 为幂级数的收敛半径，$(-R,R)$称为幂级的收敛区间. 设幂级数 $\sum\limits_{n=0}^{\infty} a_n x^n$ 的收敛域为 D，有

$$(-R,R)\subseteq D\subseteq [-R,R].$$

所以收敛域 D 是收敛区间$(-R,R)$与收敛端点的并集.

注　若 a_{n+1} 与 a_n 有公因式，并且 $\lim\limits_{n\to\infty}\dfrac{|a_n|}{|a_{n+1}|}$存在（或等于$\infty$），则用定理 11.21 求 R；若 a_n 中有 n 次方，并且 $\lim\limits_{n\to\infty}\dfrac{1}{\sqrt[n]{|a_n|}}$存在（或等于$\infty$），则用定理 11.22 求 R；对于不是标准形式的幂级数，应用绝对值的比值判别法或绝对值的根值判别法求 R.

例 1　求下列幂级数的收敛半径、收敛区间及收敛域：

（1）$\sum\limits_{n=1}^{\infty}(-1)^{n-1}\dfrac{x^n}{n}$；　　（2）$\sum\limits_{n=1}^{\infty} a^{n^2}x^n(0<a<1)$；

（3）$\sum\limits_{n=1}^{\infty}\dfrac{3^n+(-2)^n}{n}(x+1)^n$；　　（4）$\sum\limits_{n=1}^{\infty}\dfrac{(x-1)^{2n}}{n\cdot 4^n}$.

解　（1）$\lim\limits_{n\to\infty}\dfrac{\left|(-1)^{n-1}\dfrac{1}{n}\right|}{\left|(-1)^n\dfrac{1}{n+1}\right|}=\lim\limits_{n\to\infty}\dfrac{n+1}{n}=1=R$. 由于当 $x=1$ 时，$\sum\limits_{n=1}^{\infty}(-1)^{n-1}\dfrac{1}{n}$ 收敛，当 $x=-1$ 时，$\sum\limits_{n=1}^{\infty}\left(-\dfrac{1}{n}\right)$ 发散，故收敛半径 $R=1$，收敛区间是$(-1,1)$，收敛域是$(-1,1]$.

（2）由于$\lim\limits_{n\to\infty}\dfrac{1}{\sqrt[n]{|a^{n^2}|}}=\lim\limits_{n\to\infty}\dfrac{1}{a^n}=+\infty\left(\dfrac{1}{a}>1\right)$，故收敛半径 $R=+\infty$，收敛区间是$(-\infty,+\infty)$，收敛域是$(-\infty,+\infty)$.

（3）由于

$$\lim_{n\to\infty}\frac{|a_n|}{|a_{n+1}|}=\lim_{n\to\infty}\frac{\left|\dfrac{3^n+(-2)^n}{n}\right|}{\left|\dfrac{3^{n+1}+(-2)^{n+1}}{n+1}\right|}=\lim_{n\to\infty}\frac{n+1}{n}\cdot\frac{3^n+(-2)^n}{3^{n+1}+(-2)^{n+1}}=\frac{1}{3}=R.$$

故收敛半径 $R=\frac{1}{3}$，收敛区间是$\left(-\frac{4}{3},\ -\frac{2}{3}\right)$. 当 $x=-\frac{4}{3}$时，级数为

$$\sum_{n=1}^{\infty}\frac{3^n+(-2)^n}{n}\cdot(-1)^n\frac{1}{3^n}=\sum_{n=1}^{\infty}\left[\frac{(-1)^n}{n}+\frac{1}{n}\left(\frac{2}{3}\right)^n\right],$$

级数 $\sum\limits_{n=1}^{\infty}\frac{(-1)^n}{n}$ 条件收敛，而对于级数 $\sum\limits_{n=1}^{\infty}\frac{1}{n}\left(\frac{2}{3}\right)^n$，由于 $\lim\limits_{n\to\infty}\left[\frac{1}{n+1}\left(\frac{2}{3}\right)^{n+1}\Big/\frac{1}{n}\left(\frac{2}{3}\right)^n\right]=\frac{2}{3}<1$，收敛. 因此，当 $x=-\frac{4}{3}$ 时，级数 $\sum\limits_{n=1}^{\infty}\frac{3^n+(-2)^n}{n}(x+1)^n$ 收敛，当 $x=-\frac{2}{3}$时，幂级数为

$$\sum_{n=1}^{\infty}\frac{3^n+(-2)^n}{n}\left(\frac{1}{3}\right)^n=\sum_{n=1}^{\infty}\left[\frac{1}{n}+\frac{1}{n}\left(-\frac{2}{3}\right)^n\right],$$

由于上式右端第一个级数发散，第二个级数收敛，所以原级数发散，故收敛域是$\left[-\frac{4}{3},-\frac{2}{3}\right)$.

(4) 此级数缺项，我们可直接利用绝对值的比值判别法. 由于

$$\lim_{n\to\infty}\frac{|u_{n+1}|}{|u_n|}=\lim_{n\to\infty}\left(\left|\frac{(x-1)^{2n+2}}{(n+1)4^{n+1}}\right|\Big/\left|\frac{(x-1)^{2n}}{n\cdot 4^n}\right|\right)$$

$$=\lim_{n\to\infty}\frac{(x-1)^2}{4}\cdot\frac{n}{n+1}=\frac{|x-1|^2}{4},$$

当$\frac{|x-1|^2}{4}<1$，即$|x-1|<2$ 时，幂级数绝对收敛；当$|x-1|>2$ 时，幂级数发散. 所以收敛半径 $R=2$，收敛区间是$(-1,3)$.

当 $x=-1$ 时，幂级数为 $\sum\limits_{n=1}^{\infty}\frac{(-2)^{2n}}{n\cdot 4^n}=\sum\limits_{n=1}^{\infty}\frac{1}{n}$，发散；当 $x=3$ 时，幂级数为 $\sum\limits_{n=1}^{\infty}\frac{2^{2n}}{n\cdot 4^n}=\sum\limits_{n=1}^{\infty}\frac{1}{n}$，发散，故收敛域是$(-1,\ 3)$.

对于求不是标准形式幂级数的收敛半径 R，也可以先作变量代换，化成标准形式，然后用公式来求收敛半径 R. 对于(4)，我们也可采取下面的解法.

令$(x-1)^2=y$，有

$$\sum_{n=1}^{\infty}\frac{(x-1)^{2n}}{n\cdot 4^n}=\sum_{n=1}^{\infty}\frac{y^n}{n\cdot 4^n}.$$

由于

$$\lim_{n\to\infty}\frac{|a_n|}{|a_{n+1}|}=\lim_{n\to\infty}\left|\frac{1}{n\cdot 4^n}\Big/\frac{1}{(n+1)4^{n+1}}\right|=4,$$

所以 $\sum\limits_{n=1}^{\infty}\frac{y^n}{n\cdot 4^n}$ 当$|y|<4$时，绝对收敛；当$|y|>4$ 时发散. 因此，$\sum\limits_{n=1}^{\infty}\frac{(x-1)^{2n}}{n\cdot 4^n}$

当$|(x-1)^2|<4$，即$|x-1|<2$时绝对收敛；当$|x-1|>2$时发散，故$R=2$. 以下求收敛区间、收敛域的方法与上面相同.

§ 5.2　幂级数的性质及运算

一、幂级数的性质

幂级数(11.11)在收敛区间内的和S是x的函数$S=S(x)$，称为幂级数的和函数. 那么这个函数具有什么性质，是否连续、可导、可积？下面的定理回答了这些问题.

定理 11.23　若幂级数$\sum_{n=0}^{\infty} a_n x^n$的收敛半径为$R(>0)$，则

(1) 级数在收敛域上的和函数$S(x)$是连续函数，当然$S(x)$在$(-R, R)$内也连续；

(2) 幂级数在$(-R,R)$内逐项可微，微分后所得到的幂级数与原级数有相同的收敛半径；

(3) 幂级数在$(-R,R)$内逐项可积，积分后所得到的幂级数与原级数有相同的收敛半径. 即，设

$$S(x)=a_0+a_1x+a_2x^2+\cdots+a_nx^n+\cdots,\quad |x|<R,\tag{11.12}$$

则

(1) $S(x)$在$|x|<R$上连续；

(2)
$$\begin{aligned}S'(x)&=\frac{\mathrm{d}}{\mathrm{d}x}(a_0+a_1x+\cdots+a_nx^n+\cdots)\\&=\frac{\mathrm{d}}{\mathrm{d}x}a_0+\frac{\mathrm{d}}{\mathrm{d}x}a_1x+\cdots+\frac{\mathrm{d}}{\mathrm{d}x}a_nx^n+\cdots\\&=a_1+2a_2x+\cdots+na_nx^{n-1}+\cdots,\quad |x|<R;\end{aligned}\tag{11.13}$$

(3)
$$\begin{aligned}\int_0^x S(x)\,\mathrm{d}x&=\int_0^x(a_0+a_1x+\cdots+a_nx^n+\cdots)\,\mathrm{d}x\\&=\int_0^x a_0\,\mathrm{d}x+\int_0^x a_1x\,\mathrm{d}x+\cdots+\int_0^x a_nx^n\,\mathrm{d}x+\cdots\\&=a_0x+\frac{a_1}{2}x^2+\cdots+\frac{a_n}{n+1}x^{n+1}+\cdots,\quad |x|<R.\end{aligned}\tag{11.14}$$

*证　(1) 只要证明对每一个$x_0\in(-R,R)$，$S(x)$在$x=x_0$处连续. 当$x_0\in(-R,R)$时，取一正数R_1，使$|x_0|<R_1<R$，由$R_1\in(-R,R)$知幂级数在$x=R_1$处绝对收敛，即

$$\sum_{n=0}^{\infty}|a_nR_1^n|=\sum_{n=0}^{\infty}|a_n|R_1^n$$

收敛. 对一切$x\in[-R_1,R_1]$，有

$$|a_n x^n| \leqslant |a_n| R_1^n,$$

由 $\sum_{n=0}^{\infty} |a_n| R_1^n$ 收敛知级数 $\sum_{n=0}^{\infty} a_n x^n$ 在$[-R_1, R_1]$上一致收敛，且 $a_n x^n$ 在$[-R_1, R_1]$上连续，由本章定理 11.17 知 $S(x)$在$[-R_1, R_1]$上连续，由于 $x_0 \in (-R_1, R_1)$，所以 $S(x)$在$(-R, R)$上连续.

(2) 对于任意 $x \in (-R, R)$，取一正数 R_1，使$|x|<R_1<R$. 由(1)知级数在$[-R_1, R_1]$上一致收敛，由本章定理 11.18 知，可以由 0 到 x 逐项积分，即当$|x|<R$时，有

$$\int_0^x S(x)\,\mathrm{d}x = \int_0^x \left(\sum_{n=0}^{\infty} a_n x^n\right)\mathrm{d}x = \sum_{n=0}^{\infty} \int_0^x a_n x^n \mathrm{d}x = \sum_{n=0}^{\infty} \frac{a_n}{n+1} x^{n+1}, \tag{11.15}$$

设幂级数(11.15)的收敛半径为 R'，有 $R' \geqslant R$.

(3) $(a_n x^n)' = n a_n x^{n-1}$，下面证明 $\sum_{n=1}^{\infty} n a_n x^{n-1}$ 在$|x|<R$内绝对收敛. 事实上，任给 $x \in (-R, R)$，取一正数 R_1，使$|x|<R_1<R$，于是

$$|n a_n x^{n-1}| = |a_n R_1^n| \cdot \left|\frac{x}{R_1}\right|^{n-1} \frac{n}{R_1}.$$

当$|x|<R_1$时，

$$\lim_{n\to\infty} \frac{\left|\frac{x}{R_1}\right|^n \frac{n+1}{R_1}}{\left|\frac{x}{R_1}\right|^{n-1} \frac{n}{R_1}} = \frac{|x|}{R_1} < 1,$$

由比值判别法知 $\sum_{n=1}^{\infty} \frac{n}{R_1}\left|\frac{x}{R_1}\right|^{n-1}$ 收敛，从而 $\lim_{n\to\infty} \frac{n}{R_1}\left|\frac{x}{R_1}\right|^{n-1} = 0$. 于是，存在 N_0，当 $n>N_0$ 时，有 $\frac{n}{R_1}\left|\frac{x}{R_1}\right|^{n-1} < 1$，所以$|n a_n x^{n-1}| < |a_n| R_1^n$. 由于 $\sum_{n=1}^{\infty} |a_n| R_1^n$ 收敛，故 $\sum_{n=1}^{\infty} n a_n x^{n-1}$ 在 $x \in (-R_1, R_1)$绝对收敛，即在$(-R, R)$内绝对收敛. 由本章定理 11.19 知，级数在$(-R, R)$内逐项可导，即

$$S'(x) = \left(\sum_{n=0}^{\infty} a_n x^n\right)' = \sum_{n=1}^{\infty} n a_n x^{n-1}. \tag{11.16}$$

设幂级数(11.16)的收敛半径为 R''，则 $R'' \geqslant R$.

现证 $R' = R$. 由于

$$\left(\sum_{n=0}^{\infty} \frac{a_n}{n+1} x^{n+1}\right)' = \sum_{n=0}^{\infty} a_n x^n,$$

由(3)知 $R \geqslant R'$，又 $R' \geqslant R$，所以 $R' = R$.

再证 $R'' = R$. 由于

$$\int_0^x \sum_{n=1}^{\infty} n a_n x^{n-1} \mathrm{d}x = \sum_{n=1}^{\infty} a_n x^n,$$

由(2)知 $R \geqslant R''$，又 $R'' \geqslant R$，所以 $R'' = R$. □

推论 1 **设 $S(x)$为幂级数(11.11)在收敛区间$(-R, R)$内的和函数，则在$(-R, R)$内 $S(x)$具有任何阶导数且可逐项求导，收敛半径仍为 R，即**

$$S'(x) = a_1 + 2a_2 x + 3a_3 x^2 + \cdots + n a_n x^{n-1} + \cdots;$$

$$S''(x) = 2a_2 + 3 \cdot 2a_3 x + \cdots + n(n-1) a_n x^{n-2} + \cdots;$$

$$\cdots$$

$$S^{(n)}(x)=n!\ a_n+(n+1)n(n-1)\cdots 2a_{n+1}x+\cdots.$$

推论 2(唯一性定理) 设 $S(x)$ 为幂级数(11.11)在 $x=0$ 某邻域内的和函数，则幂级数(11.11)的系数与 $S(x)$ 在 $x=0$ 处的各阶导数有如下关系：

$$a_0=S(0),\ a_n=\frac{S^{(n)}(0)}{n!},\ n=1,\ 2,\ \cdots.$$

这个推论表明幂级数(11.11)由$(-R,R)$上的和函数 $S(x)$ 在 $x=0$ 处的各阶导数唯一确定.

同理，若 $S(x)=\sum\limits_{n=0}^{\infty}a_n(x-x_0)^n$，则 $a_n=\dfrac{S^{(n)}(x_0)}{n!}\ (n=0,1,2,\cdots)$.

二、幂级数的运算法则

定理 11.24 若级数 $\sum\limits_{n=0}^{\infty}a_nx^n$ 与 $\sum\limits_{n=0}^{\infty}b_nx^n$ 在 $x=0$ 的某邻域相等，则它们的同次幂项的系数相等，即

$$a_n=b_n,\ n=0,\ 1,\ 2,\ \cdots.$$

这个定理可由定理 11.23 的推论 2 推出.

定理 11.25 若级数 $\sum\limits_{n=0}^{\infty}a_nx^n$ 与 $\sum\limits_{n=0}^{\infty}b_nx^n$ 的收敛半径分别为 R_a 和 R_b，则

$$\lambda\sum_{n=0}^{\infty}a_nx^n=\sum_{n=0}^{\infty}\lambda a_nx^n,\quad |x|<R_a;$$

$$\sum_{n=0}^{\infty}a_nx^n\pm\sum_{n=0}^{\infty}b_nx^n=\sum_{n=0}^{\infty}(a_n\pm b_n)x^n,\quad |x|<R;$$

$$\left(\sum_{n=0}^{\infty}a_nx^n\right)\left(\sum_{n=0}^{\infty}b_nx^n\right)=\sum_{n=0}^{\infty}c_nx^n,\quad |x|<R,$$

式中 λ 为常数，$R=\min\{R_a,\ R_b\}$，$c_n=\sum\limits_{k=0}^{n}a_kb_{n-k}$.

这个定理的证明可由数项级数的相应性质推出.

§5.3 幂级数的和函数

例 2 求下列幂级数的收敛半径、收敛区间、收敛域及和函数.

(1) $\sum\limits_{n=1}^{\infty}\dfrac{x^n}{n}$； (2) $\sum\limits_{n=1}^{\infty}nx^{n-1}$.

解 (1) 求收敛半径除了用公式外，也可以在求幂级数和函数的过程中，利用本节定理 11.23 发现收敛半径 R，从而确定收敛区间与收敛域.

设 $S(x)=\sum\limits_{n=1}^{\infty}\dfrac{x^n}{n}$，$x\in(-R,\ R)$，$S(0)=0$. 由本节定理 11.23 知

$$S'(x)=\left(\sum_{n=1}^{\infty}\frac{x^n}{n}\right)'=\sum_{n=1}^{\infty}x^{n-1}=\frac{1}{1-x},\quad |x|<1.$$

所以 $R=1$，收敛区间为 $(-1,1)$. 当 $x=-1$ 时，$\sum_{n=1}^{\infty}\frac{(-1)^n}{n}$ 收敛；当 $x=1$ 时，$\sum_{n=1}^{\infty}\frac{1}{n}$ 发散，故收敛域为 $[-1,1)$. 由

$$\int_0^x S'(x)\,\mathrm{d}x=S(x)-S(0),$$

知

$$S(x)=S(0)+\int_0^x S'(x)\,\mathrm{d}x.$$

这个公式要记住，以后经常会用到. 同理在求 $\sum_{n=0}^{\infty}a_n(x-x_0)^n$ 的和函数 $S(x)$ 时，有

$$S(x)=S(x_0)+\int_{x_0}^x S'(x)\,\mathrm{d}x.$$

由于 $S(0)=0$，于是

$$S(x)=\int_0^x\frac{1}{1-x}\mathrm{d}x=-\ln(1-x),\quad x\in(-1,1).$$

由于级数在 $x=-1$ 处收敛，$-\ln(1-x)$ 在 $x=-1$ 处连续，所以

$$\sum_{n=1}^{\infty}\frac{x^n}{n}=-\ln(1-x),\quad x\in[-1,1).$$

注　设 $S(x)=\sum_{n=0}^{\infty}a_nx^n$，$x\in(-R,R)$.

(i) 若 $\sum_{n=0}^{\infty}a_nx^n$ 在 $x=-R$ 处收敛，且 $S(x)$ 在 $x=-R$ 处连续，则

$$S(-R)=\sum_{n=0}^{\infty}a_n(-R)^n.$$

(ii) 若 $\sum_{n=0}^{\infty}a_nx^n$ 在 $x=-R$ 处收敛，而 $S(x)$ 在 $x=-R$ 处不连续，则 $\sum_{n=0}^{\infty}a_n(-R)^n=\lim\limits_{x\to -R^+}S(x)$，于是

$$\sum_{n=0}^{\infty}a_nx^n=\begin{cases}S(x), & -R<x<R,\\ \lim\limits_{x\to -R^+}S(x), & x=-R.\end{cases}$$

在 $x=R$ 处，也有类似的结果(证明略).

(2) 设 $S(x)=\sum_{n=1}^{\infty}nx^{n-1}$，$x\in(-R,R)$. 有

$$\int_0^x S(x)\,\mathrm{d}x=\int_0^x\sum_{n=1}^{\infty}nx^{n-1}\mathrm{d}x=\sum_{n=1}^{\infty}x^n=\frac{x}{1-x},\quad |x|<1.$$

于是 $R=1$，收敛区间为 $(-1,1)$. 当 $x=\pm1$ 时，幂级数为 $\sum\limits_{n=1}^{\infty}n(\pm1)^{n-1}$，由于 $\lim\limits_{n\to\infty}n(\pm1)^{n-1}=\infty$，所以 $\sum\limits_{n=1}^{\infty}n(\pm1)^{n-1}$ 发散，故收敛域是 $(-1,1)$. 于是

$$S(x)=\left(\int_0^x S(x)\mathrm{d}x\right)'=\left(\frac{x}{1-x}\right)'=\frac{1}{(1-x)^2},$$

故

$$\sum_{n=1}^{\infty}nx^{n-1}=\frac{1}{(1-x)^2},\quad x\in(-1,1).$$

这两题是重要的基本题，有许多题目都可以转化为这两种类型，或者用这两题的结果，或者用解这两题的方法.

例 3 (1) $\sum\limits_{n=1}^{\infty}\dfrac{x^{n+1}}{n}=x\sum\limits_{n=1}^{\infty}\dfrac{x^n}{n}$;

(2) $\sum\limits_{n=1}^{\infty}\dfrac{x^{n-1}}{n}\overset{\text{当 }x\neq0\text{ 时}}{=\!=\!=\!=}\dfrac{1}{x}\sum\limits_{n=1}^{\infty}\dfrac{x^n}{n}$，从而

$$\sum_{n=1}^{\infty}\frac{x^{n-1}}{n}=\begin{cases}\dfrac{-\ln(1-x)}{x}, & -1\leqslant x<0\text{ 或 }0<x<1,\\ 1, & x=0;\end{cases}$$

(3) $\sum\limits_{n=1}^{\infty}\dfrac{x^{2n}}{n}\overset{\text{令 }x^2=y}{=\!=\!=\!=}\sum\limits_{n=1}^{\infty}\dfrac{y^n}{n}$;

(4)
$$\begin{aligned}\sum_{n=1}^{\infty}\frac{x^n}{n(n+1)}&=\sum_{n=1}^{\infty}\left(\frac{1}{n}-\frac{1}{n+1}\right)x^n=\sum_{n=1}^{\infty}\frac{x^n}{n}-\sum_{n=1}^{\infty}\frac{x^n}{n+1}\\&=\sum_{n=1}^{\infty}\frac{x^n}{n}-\frac{1}{x}\sum_{n=1}^{\infty}\frac{x^{n+1}}{n+1}=\sum_{n=1}^{\infty}\frac{x^n}{n}-\frac{1}{x}\left(\sum_{n=2}^{\infty}\frac{x^n}{n}+x-x\right)\\&=\sum_{n=1}^{\infty}\frac{x^n}{n}-\frac{1}{x}\sum_{n=1}^{\infty}\frac{x^n}{n}+1=\left(1-\frac{1}{x}\right)\sum_{n=1}^{\infty}\frac{x^n}{n}+1\\&=\frac{1-x}{x}\ln(1-x)+1\quad(x\in[-1,0)\cup(0,1)),\end{aligned}$$

当 $x=0$ 时，和为 0，当 $x=1$ 时，$\lim\limits_{x\to1^-}\left[\dfrac{1-x}{x}\ln(1-x)+1\right]=1$;

(5) $\sum\limits_{n=1}^{\infty}nx^n=x\sum\limits_{n=1}^{\infty}nx^{n-1}$;

(6) $\sum\limits_{n=1}^{\infty}nx^{2n}\overset{\text{令 }x^2=y}{=\!=\!=\!=}\sum\limits_{n=1}^{\infty}ny^n$;

(7)
$$\begin{aligned}\sum_{n=2}^{\infty}nx^{n-2}&=\frac{1}{x}\sum_{n=2}^{\infty}nx^{n-1}=\frac{1}{x}\left(\sum_{n=2}^{\infty}nx^{n-1}+1-1\right)\\&=\frac{1}{x}\sum_{n=1}^{\infty}nx^{n-1}-\frac{1}{x}\quad(x\neq0),\end{aligned}$$

当 $x=0$ 时，和为 2.

从以上例题，我们可以得到求幂级数的和函数常用的方法：

(1) 利用幂级数的线性运算法则；

(2) 利用变量代换；

(3) 通过逐项求导，再利用 $S(x)=S(0)+\int_0^x S'(x)\,\mathrm{d}x$；

(4) 通过逐项积分，再利用 $S(x)=\left(\int_0^x S(x)\,\mathrm{d}x\right)'$. 利用幂级数的和函数，我们还可以求数项级数的和.

例 4　求级数 $\sum\limits_{n=0}^{\infty}\dfrac{(-1)^n(n^2-n+1)}{2^n}$.

解

$$\sum_{n=0}^{\infty}\frac{(-1)^n(n^2-n+1)}{2^n}=\sum_{n=2}^{\infty}n(n-1)\left(-\frac{1}{2}\right)^n+\sum_{n=0}^{\infty}\left(-\frac{1}{2}\right)^n$$
$$=\left(-\frac{1}{2}\right)^2\sum_{n=2}^{\infty}n(n-1)\left(-\frac{1}{2}\right)^{n-2}+\sum_{n=0}^{\infty}\left(-\frac{1}{2}\right)^n,$$

其中

$$\sum_{n=0}^{\infty}\left(-\frac{1}{2}\right)^n=\frac{1}{1+\frac{1}{2}}=\frac{2}{3}.$$

设 $S(x)=\sum\limits_{n=2}^{\infty}n(n-1)x^{n-2}$，$x\in(-R,R)$. 有

$$\int_0^x\left[\int_0^x S(x)\,\mathrm{d}x\right]\mathrm{d}x=\sum_{n=2}^{\infty}x^n=\frac{x^2}{1-x},\quad |x|<1,$$

知 $R=1$. 上式两边求二阶导数，得

$$S(x)=\left(\frac{x^2}{1-x}\right)''=\frac{2}{(1-x)^3},\ x\in(-1,\ 1).$$

而 $-\dfrac{1}{2}\in(-1,1)$，有

$$\sum_{n=2}^{\infty}n(n-1)\left(-\frac{1}{2}\right)^{n-2}=S\left(-\frac{1}{2}\right)=\frac{2}{\left(1+\frac{1}{2}\right)^3}=\frac{16}{27},$$

故

$$\sum_{n=0}^{\infty}\frac{(-1)^n(n^2-n+1)}{2^n}=\frac{1}{4}\times\frac{16}{27}+\frac{2}{3}=\frac{22}{27}.$$

习题 11-5

1. 求下列幂级数的收敛半径、收敛区间及收敛域：

(1) $\sum_{n=0}^{\infty}\frac{x^n}{(n+1)3^n}$； (2) $\sum_{n=0}^{\infty}\frac{(-1)^n x^{2n}}{(2n)!}$； (3) $\sum_{n=1}^{\infty}\frac{(x-1)^n}{(2n-1)2^n}$；

(4) $\sum_{n=1}^{\infty}\frac{(-1)^n(x-1)^{2n+1}}{n\cdot 4^n}$； (5) $\sum_{n=1}^{\infty}\frac{(2x+1)^n}{3n-1}$； (6) $\sum_{n=1}^{\infty}\frac{3^n+(-2)^n}{n}(x+1)^n$；

(7) $\sum_{n=1}^{\infty}\frac{x^n}{a^n+b^n}\ (a>0,\ b>0)$； (8) $\sum_{n=1}^{\infty}\frac{x^{n^2}}{2^n}$.

2. 求下列幂级数的和函数：

(1) $\sum_{n=0}^{\infty}\frac{x^{4n+1}}{4n+1}$； (2) $\sum_{n=1}^{\infty}n^2x^{n-1}$； (3) $\sum_{n=1}^{\infty}n(n+2)x^n$；

(4) $\sum_{n=0}^{\infty}\frac{(2n+1)x^{2n}}{n!}$； (5) $\sum_{n=1}^{\infty}\frac{x^n}{n(n+1)}$； (6) $\sum_{n=1}^{\infty}n(n+1)x^{n-1}$；

(7) $\sum_{n=1}^{\infty}\frac{(-1)^{n-1}x^{2n}}{n(2n-1)}$.

3. 利用幂级数的和函数，求下列级数的和：

(1) $\sum_{n=0}^{\infty}\left(-\frac{1}{2}\right)^{4n+2}\frac{1}{4n+1}$； (2) $\sum_{n=1}^{\infty}n^2\left(\frac{1}{3}\right)^n$；

(3) $\sum_{n=1}^{\infty}n(n+1)\left(-\frac{1}{2}\right)^n$； (4) $\sum_{n=1}^{\infty}\frac{1}{n(n+1)}\left(-\frac{1}{2}\right)^{n-1}$.

§6 函数展成幂级数

§6.1 泰勒级数

现在我们要解决本章开始所提出的问题，如何把 $f(x)$ 表示成无限个幂函数之和，即展成 x 的幂级数.

由泰勒公式知，设 $f(x)$ 在 x_0 的某邻域内具有 $n+1$ 阶导数，则对于该邻域内的任一点 x，有

$$f(x)=f(x_0)+\frac{f'(x_0)}{1!}(x-x_0)+\frac{f''(x_0)}{2!}(x-x_0)^2+\cdots+\frac{f^{(n)}(x_0)}{n!}(x-x_0)^n+R_n(x),$$

其中 $R_n(x)=\frac{f^{(n+1)}(\xi)}{(n+1)!}(x-x_0)^{n+1}$，$\xi$ 介于 x_0，x 之间.

若$f(x)$存在任意阶导数，且$\sum_{n=0}^{\infty}\frac{f^{(n)}(x_0)}{n!}(x-x_0)^n$的收敛半径为$R$，则

$$f(x)=\lim_{n\to\infty}\left[f(x_0)+\frac{f'(x_0)}{1!}(x-x_0)+\cdots+\frac{f^{(n)}(x_0)}{n!}(x-x_0)^n+R_n(x)\right],\tag{11.17}$$

于是

$$f(x)=\sum_{n=0}^{\infty}\frac{f^{(n)}(x_0)}{n!}(x-x_0)^n$$

的充要条件是：当$|x-x_0|<R$时，$\lim\limits_{n\to\infty}R_n(x)=0$.

定理 11.26　设$f(x)$在区间$|x-x_0|<R$内存在任意阶的导数，幂级数$\sum_{n=0}^{\infty}\frac{f^{(n)}(x_0)}{n!}(x-x_0)^n$的收敛区间为$|x-x_0|<R$，则在$|x-x_0|<R$内

$$f(x)=\sum_{n=0}^{\infty}\frac{f^{(n)}(x_0)}{n!}(x-x_0)^n\tag{11.18}$$

成立的充要条件是：在该区间内

$$\lim_{n\to\infty}R_n(x)=\lim_{n\to\infty}\frac{f^{(n+1)}(\xi)}{(n+1)!}(x-x_0)^{n+1}=0.\tag{11.19}$$

证　由泰勒公式知

$$f(x)=\sum_{n=0}^{k}\frac{f^{(n)}(x_0)}{n!}(x-x_0)^n+R_k(x),$$

令$k\to\infty$，有

$$f(x)=\lim_{k\to\infty}\left[\sum_{n=0}^{k}\frac{f^{(n)}(x_0)}{n!}(x-x_0)^n+R_k(x)\right].$$

由$\sum_{n=0}^{\infty}\frac{f^{(n)}(x_0)}{n!}(x-x_0)^n$在$|x-x_0|<R$内收敛，即

$$\lim_{k\to\infty}\sum_{n=0}^{k}\frac{f^{(n)}(x_0)}{n!}(x-x_0)^n=\sum_{n=0}^{\infty}\frac{f^{(n)}(x_0)}{n!}(x-x_0)^n.$$

当$|x-x_0|<R$时，$\lim\limits_{k\to\infty}R_k(x)=0$. 故由极限运算知

$$f(x)=\sum_{n=0}^{\infty}\frac{f^{(n)}(x_0)}{n!}(x-x_0)^n.$$

反之也成立. □

式(11.19)右边的级数称为$f(x)$在$x=x_0$处的泰勒级数. 当$x_0=0$时，泰勒级数为

$$f(0)+\frac{f'(0)}{1!}x+\frac{f''(0)}{2!}x^2+\cdots+\frac{f^{(n)}(0)}{n!}x^n+\cdots=\sum_{n=0}^{\infty}\frac{f^{(n)}(0)}{n!}x^n,$$

称为$f(x)$的麦克劳林级数.

重难点讲解
函数展成幂级数

§6.2　基本初等函数的幂级数展开

由上面定理知，用定义把$f(x)$展成泰勒级数的步骤如下：

(1) 计算$f^{(n)}(x_0)$，$n=0, 1, 2, \cdots$；

(2) 写出对应的泰勒级数 $\sum_{n=0}^{\infty}\frac{f^{(n)}(x_0)}{n!}(x-x_0)^n$，并求出该级数的收敛区间 $|x-x_0|<R$；

(3) 验证当$|x-x_0|<R$时，$\lim_{n\to\infty}R_n(x)=0$；

(4) $f(x)=\sum_{n=0}^{\infty}\frac{f^{(n)}(x_0)}{n!}(x-x_0)^n$，　$|x-x_0|<R$.

有时用定义展开比较麻烦，或者$f^{(n)}(x_0)$不容易求，或者证明$\lim_{n\to\infty}R_n(x)=0$比较困难，但由定理 11.23 的推论 2(唯一性定理)知，如果可以将一个函数在一点处展开，则不管用什么方法，所得到的幂级数展开式完全一样.

例 1　证明以下五个常用的麦克劳林展开式：

(1) $e^x=1+x+\frac{x^2}{2!}+\cdots+\frac{x^n}{n!}+\cdots$，$x\in(-\infty,+\infty)$；

(2) $\sin x=x-\frac{x^3}{3!}+\frac{x^5}{5!}-\cdots+(-1)^n\frac{x^{2n+1}}{(2n+1)!}+\cdots$，$x\in(-\infty,+\infty)$；

(3) $\cos x=1-\frac{x^2}{2!}+\frac{x^4}{4!}-\frac{x^6}{6!}+\cdots+(-1)^n\frac{x^{2n}}{(2n)!}+\cdots$，$x\in(-\infty,+\infty)$；

(4) $\ln(1+x)=x-\frac{x^2}{2}+\frac{x^3}{3}-\frac{x^4}{4}+\cdots+(-1)^n\frac{x^{n+1}}{n+1}+\cdots$，$x\in(-1,1]$；

(5) $(1+x)^a=1+ax+\frac{a(a-1)}{2!}x^2+\cdots+\frac{a(a-1)\cdots(a-n+1)}{n!}x^n+\cdots$，

$x\in(-1, 1)$.

证　(1) 设$f(x)=e^x$，$f^{(n)}x=e^x$，则$f^{(n)}(0)=e^0=1$，$n=0, 1, 2, \cdots$. 于是$f(x)$的麦克劳林级数为

$$\sum_{n=0}^{\infty}\frac{f^{(n)}(0)}{n!}x^n=\sum_{n=0}^{\infty}\frac{x^n}{n!},$$

$\sum_{n=0}^{\infty}\frac{x^n}{n!}$的收敛区间为$(-\infty,+\infty)$. 任给$x\in(-\infty, +\infty)$，$R_n(x)=\frac{e^{\xi}}{(n+1)!}x^{n+1}$，其中$\xi$介于0与$x$之间，而

$$0\leqslant |R_n(x)|\leqslant e^{|x|}\cdot\frac{|x|^{n+1}}{(n+1)!}\text{（其中}|\xi|<|x|\text{）},$$

由于

$$\lim_{n\to\infty}e^{|x|}\cdot\frac{|x|^{n+1}}{(n+1)!}=e^{|x|}\cdot\lim_{n\to\infty}\frac{|x|^{n+1}}{(n+1)!}=e^{|x|}\cdot 0=0.$$

故由夹逼定理知$\lim\limits_{n\to\infty}R_n(x)=0$，于是

$$e^x=\sum_{n=0}^{\infty}\frac{x^n}{n!}\ ,\ x\in(-\infty,+\infty).$$

（2）设$f(x)=\sin x$，有$f^{(n)}(x)=\sin\left(x+\frac{n\pi}{2}\right)$，$n=0，1，2，\cdots$. 从而

$$f^{(n)}(0)=\sin\frac{n\pi}{2}=\begin{cases}0, & \text{当 } n=2m,\\(-1)^m, & \text{当 } n=2m+1,\end{cases}\quad \text{其中 } m=0，1，2，\cdots.$$

于是$f(x)$的麦克劳林级数为

$$\sum_{m=0}^{\infty}(-1)^m\frac{x^{2m+1}}{(2m+1)!}=\sum_{n=0}^{\infty}(-1)^n\frac{x^{2n+1}}{(2n+1)!},$$

收敛区间是$(-\infty,+\infty)$. 任给$x\in\mathbf{R}$，

$$R_n(x)=\frac{f^{(n+1)}(\xi)}{(n+1)!}x^{n+1}=\frac{\sin\left[\xi+(n+1)\frac{\pi}{2}\right]x^{n+1}}{(n+1)!}.$$

而

$$0\leqslant |R_n(x)|\leqslant\frac{|x|^{n+1}}{(n+1)!}\to 0\ (n\to\infty),$$

由夹逼定理知$\lim\limits_{n\to\infty}R_n(x)=0$，所以

$$\sin x=\sum_{n=0}^{\infty}(-1)^n\frac{x^{2n+1}}{(2n+1)!},\ x\in(-\infty,+\infty).$$

（3）由（2）知$\sin x=\sum\limits_{n=0}^{\infty}(-1)^n\frac{x^{2n+1}}{(2n+1)!}$，$x\in(-\infty,+\infty)$，在收敛区间内逐项求导，有

$$(\sin x)'=\left[\sum_{n=0}^{\infty}(-1)^n\frac{x^{2n+1}}{(2n+1)!}\right]'=\sum_{n=0}^{\infty}(-1)^n\frac{x^{2n}}{(2n)!},$$

即

$$\cos x=\sum_{n=0}^{\infty}(-1)^n\frac{x^{2n}}{(2n)!},\ x\in(-\infty,+\infty).$$

由唯一性定理知

$$\cos x=\sum_{n=0}^{\infty}(-1)^n\frac{x^{2n}}{(2n)!},\ x\in(-\infty,+\infty).$$

（4）**证法一**　由§5例2知

$$-\ln(1-x)=\sum_{n=1}^{\infty}\frac{x^n}{n},\quad x\in[-1,1).$$

x 用$-x$ 代换得

$$-\ln(1+x)=\sum_{n=1}^{\infty}\frac{(-x)^n}{n}=\sum_{n=1}^{\infty}(-1)^n\frac{x^n}{n},\quad -1<x\leqslant 1.$$

从而

$$\ln(1+x)=\sum_{n=1}^{\infty}(-1)^{n-1}\frac{x^n}{n}=\sum_{n=0}^{\infty}(-1)^n\frac{x^{n+1}}{n+1},\quad -1<x\leqslant 1.$$

由唯一性定理知

$$\ln(1+x)=\sum_{n=0}^{\infty}(-1)^n\frac{x^{n+1}}{n+1},\quad x\in(-1,1].$$

证法二 $\dfrac{1}{1+x}=\sum\limits_{n=0}^{\infty}(-1)^n x^n,\quad -1<x<1$. 两边积分有

$$\int_0^x\frac{1}{1+x}\mathrm{d}x=\int_0^x\sum_{n=0}^{\infty}(-1)^n x^n\mathrm{d}x,$$

即

$$\ln(1+x)=\sum_{n=0}^{\infty}(-1)^n\frac{x^{n+1}}{n+1},\quad x\in(-1,1).$$

当 $x=1$ 时，$\sum\limits_{n=0}^{\infty}(-1)^n\dfrac{1}{n+1}$收敛，且 $\ln(1+x)$在 $x=1$ 处连续，所以

$$\ln 2=\sum_{n=0}^{\infty}(-1)^n\frac{1}{n+1},$$

于是

$$\ln(1+x)=\sum_{n=0}^{\infty}(-1)^n\frac{x^{n+1}}{n+1},\quad x\in(-1,1].$$

(5) $(1+x)^a=1+\sum\limits_{n=1}^{\infty}\dfrac{a(a-1)\cdots(a-n+1)}{n!}x^n,\quad x\in(-1,1)$.

证明略.

对于收敛区间端点的情形，与 a 的取值有关（有关结果的证明可参阅菲赫金哥尔茨著《微积分学教程》第二卷第二分册）. 当 $a\leqslant -1$ 时，收敛域为$(-1,1)$；当$-1<a<0$ 时，收敛域为$(-1,1]$；当 $a>0$ 时，收敛域为$[-1,1]$. □

以上几个基本函数的麦克劳林展开式都非常重要，要求能熟练掌握它们. 还有两个更经常用到的函数的麦克劳林展开式也要记住.

(6) $\dfrac{1}{1-x}=\sum\limits_{n=0}^{\infty}x^n,\quad |x|<1$;

(7) $\dfrac{1}{1+x}=\sum\limits_{n=0}^{\infty}(-1)^n x^n,\quad |x|<1$.

§6.3　函数展成幂级数的其他方法

一般说来，只有少数简单的函数，其幂级数展开式能直接从定义出发，得到它的麦克劳林展开式. 更多的函数是根据唯一性定理，利用已知的函数展开式出发(尤其是上面提到的七个基本函数的麦克劳林展开式)，通过线性运算法则、变量代换、逐项求导或逐项积分等方法间接地求得幂级数展开式. 实质上函数的幂级数展开是求幂级数和函数的逆过程，故相应地也有上述四种重要的方法.

例 2　求下列函数的麦克劳林展开式：

(1) $\dfrac{1}{1+x^2}$；　(2) $\arctan x$；　(3) $\dfrac{1}{\sqrt{1+x}}$；　(4) $\dfrac{1}{\sqrt{1-x^2}}$；　(5) $\arcsin x$.

解　(1) 由于 $\dfrac{1}{1+x}=\sum\limits_{n=0}^{\infty}(-1)^n x^n$，$|x|<1$，所以

$$\frac{1}{1+x^2}=\sum_{n=0}^{\infty}(-1)^n x^{2n},\quad |x|<1.$$

(2) 由于 $\displaystyle\int_0^x \frac{1}{1+x^2}\mathrm{d}x=\int_0^x\sum_{n=0}^{\infty}(-1)^n x^{2n}\mathrm{d}x$，所以

$$\arctan x=\sum_{n=0}^{\infty}(-1)^n\frac{x^{2n+1}}{2n+1},\quad x\in(-1,1).$$

当 $x=1$ 时，$\sum\limits_{n=0}^{\infty}(-1)^n\dfrac{1}{2n+1}$ 收敛，$\arctan x$ 在点 $x=1$ 处连续；

当 $x=-1$ 时，$\sum\limits_{n=0}^{\infty}(-1)^{n+1}\dfrac{1}{2n+1}$ 收敛，$\arctan x$ 在点 $x=-1$ 处连续，因此

$$\arctan x=\sum_{n=0}^{\infty}(-1)^n\frac{x^{2n+1}}{2n+1},\quad x\in[-1,1].$$

我们还可以通过它求得数项级数的和

$$\sum_{n=0}^{\infty}(-1)^n\frac{1}{2n+1}=\arctan 1=\frac{\pi}{4}.$$

(3)
$$\frac{1}{\sqrt{1+x}}=(1+x)^{-\frac{1}{2}}=1+\sum_{n=1}^{\infty}\frac{\left(-\frac{1}{2}\right)\left(-\frac{1}{2}-1\right)\cdots\left(-\frac{1}{2}-n+1\right)}{n!}x^n$$
$$=1+\sum_{n=1}^{\infty}(-1)^n\frac{1\cdot3\cdot5\cdot\cdots\cdot(2n-1)}{2\cdot4\cdot6\cdot\cdots\cdot2n}x^n$$
$$=1+\sum_{n=1}^{\infty}(-1)^n\frac{(2n-1)!!}{(2n)!!}x^n,\quad x\in(-1,1).$$

(4) $$\frac{1}{\sqrt{1-x^2}}=1+\sum_{n=1}^{\infty}(-1)^n\frac{(2n-1)!!}{(2n)!!}(-x^2)^n$$

$$=1+\sum_{n=1}^{\infty}\frac{(2n-1)!!}{(2n)!!}x^{2n},\quad x\in(-1,1).$$

(5) 由$\int_0^x\frac{1}{\sqrt{1-x^2}}\mathrm{d}x=\int_0^x\left[1+\sum_{n=1}^{\infty}\frac{(2n-1)!!}{(2n)!!}x^{2n}\right]\mathrm{d}x$，得

$$\arcsin x=x+\sum_{n=1}^{\infty}\frac{(2n-1)!!}{(2n)!!}\frac{1}{2n+1}x^{2n+1},\quad x\in(-1,1).$$

例 3　把下列函数展成麦克劳林级数：

(1) $f(x)=\frac{x}{1+x-2x^2}$；　　　(2) $f(x)=\frac{1}{4}\ln\frac{1+x}{1-x}+\frac{1}{2}\arctan x-x$.

解　(1) $$f(x)=\frac{x}{1+x-2x^2}=\frac{x}{(1-x)(1+2x)}=\frac{1}{3}\left(\frac{1}{1-x}-\frac{1}{1+2x}\right)$$

$$=\frac{1}{3}\left[\sum_{n=0}^{\infty}x^n-\sum_{n=0}^{\infty}(-2)^nx^n\right]=\frac{1}{3}\sum_{n=0}^{\infty}[1-(-2)^n]x^n,\ |x|<\frac{1}{2}.$$

(2) 由于

$$f'(x)=\frac{1}{4}\left(\frac{1}{1+x}+\frac{1}{1-x}\right)+\frac{1}{2}\frac{1}{1+x^2}-1$$

$$=\frac{1}{1-x^4}-1=\sum_{n=0}^{\infty}x^{4n}-1=\sum_{n=1}^{\infty}x^{4n},$$

且 $f(0)=0$，故

$$f(x)=\int_0^x f'(x)\mathrm{d}x=\int_0^x\sum_{n=1}^{\infty}x^{4n}\mathrm{d}x=\sum_{n=1}^{\infty}\frac{x^{4n+1}}{4n+1},\quad -1<x<1.$$

如果掌握了把函数展成麦克劳林级数的方法，对于把函数展成 $x-x_0$ 的幂级数时，只需把 $f(x)$ 转化成 $x-x_0$ 的表达式，把 $x-x_0$ 看成 t，展成 t 的幂级数即得 $x-x_0$ 的幂级数. 对于较复杂的函数，可设 $x-x_0=t$，于是

$$f(x)=f(x_0+t)=\sum_{n=0}^{\infty}a_nt^n=\sum_{n=0}^{\infty}a_n(x-x_0)^n.$$

例 4　把 $f(x)=\frac{1}{1+x}$ 展成 $x-3$ 的幂级数.

解法一　令 $x-3=t$，有 $x=3+t$，于是

$$f(x)=\frac{1}{1+x}=\frac{1}{1+3+t}=\frac{1}{4+t}=\frac{1}{4}\cdot\frac{1}{1+\frac{t}{4}}$$

$$=\frac{1}{4}\sum_{n=0}^{\infty}(-1)^n\left(\frac{t}{4}\right)^n=\sum_{n=0}^{\infty}\frac{(-1)^n}{4^{n+1}}t^n$$

$$=\sum_{n=0}^{\infty}\frac{(-1)^n}{4^{n+1}}(x-3)^n,\quad\left|\frac{x-3}{4}\right|<1.$$

解法二　$f(x)=\frac{1}{1+x}=\frac{1}{1+x+3-3}=\frac{1}{4+x-3}$

$$=\frac{1}{4}\frac{1}{1+\frac{x-3}{4}}=\frac{1}{4}\sum_{n=0}^{\infty}(-1)^n\left(\frac{x-3}{4}\right)^n$$

$$=\sum_{n=0}^{\infty}\frac{(-1)^n}{4^{n+1}}(x-3)^n,\quad \left|\frac{x-3}{4}\right|<1.$$

例 5　把 $f(x)=\ln x$ 按分式 $\frac{x-1}{x+1}$ 的正整数幂展开成幂级数.

解　设 $\frac{x-1}{x+1}=t$，解得 $x=\frac{1+t}{1-t}$，有

$$f(x)=\ln x=\ln\frac{1+t}{1-t}=\ln(1+t)-\ln(1-t)$$

$$=\sum_{n=0}^{\infty}(-1)^n\frac{t^{n+1}}{n+1}+\sum_{n=0}^{\infty}\frac{t^{n+1}}{n+1}$$

$$=\sum_{m=0}^{\infty}2\frac{t^{2m+1}}{2m+1}=\sum_{n=0}^{\infty}\frac{2}{2n+1}\left(\frac{x-1}{x+1}\right)^{2n+1},$$

其中 $\left|\frac{x-1}{x+1}\right|<1$，即 $x>0$.

利用函数的幂级数展开和唯一性定理，还可以求 $f(x)$ 在点 $x=x_0$ 处的高阶导数.

例 6　设函数 $f(x)=e^{x^2}$，求 $f^{(n)}(0)$.

解　由于 $f^{(n)}(x)$ 不容易求，所以无法直接求出 $f^{(n)}(0)$. 由于

$$e^x=\sum_{n=0}^{\infty}\frac{x^n}{n!},\quad x\in(-\infty,+\infty),$$

所以

$$f(x)=e^{x^2}=\sum_{n=0}^{\infty}\frac{x^{2n}}{n!}=\sum_{m=0}^{\infty}\frac{x^{2m}}{m!}.$$

由

$$\frac{f^{(n)}(0)}{n!}=a_n,$$

即

$$f^{(n)}(0)=a_n n!,\quad n=0,1,2,\cdots,$$

且 $a_{2m+1}=0$，$a_{2m}=\frac{1}{m!}$，所以

$$f^{(2m+1)}(0)=a_{2m+1}(2m+1)!=0,\quad m=0,1,2,\cdots;$$

$$f^{(2m)}(0)=a_{2m}(2m)!\ =\frac{1}{m!}(2m)!,\ m=0,1,2,\cdots.$$

习题 11-6

1. 利用基本展开式，将下列函数展开为麦克劳林级数：

(1) e^{-x^2}；　(2) $\cos^2 x$；　(3) $\sin^3 x$；

(4) $\dfrac{x^{10}}{1-x}$；　(5) $\dfrac{1}{(1-x)^2}$；　(6) $\ln\sqrt{\dfrac{1+x}{1-x}}$.

2. 用各种方法将下列函数展开为麦克劳林级数：

(1) $f(x)=\arctan\dfrac{2-2x}{1+4x}$；　(2) $f(x)=\arctan x-\ln\sqrt{1+x^2}$；

(3) $f(x)=(1+x)\ln(1+x)$；　(4) $f(x)=\ln(x+\sqrt{1+x^2})$.

3. 将下列函数展开成泰勒级数：

(1) 把函数 $f(x)=\ln\dfrac{1}{2+2x+x^2}$ 展开成 $x+1$ 的幂级数；

(2) 把函数 $f(x)=\dfrac{1}{1-x}$ 展开成 $\dfrac{1}{x}$ 的幂级数；

(3) 把函数 $f(x)=\dfrac{1}{x^3}$ 展开成 $x-1$ 的幂级数.

4. 利用函数幂级数展开，求下列函数在 $x=0$ 处的 n 阶导数：

(1) $f(x)=e^{-x^2}$，求 $f^{(n)}(0)$；　(2) $f(x)=\arcsin x$，求 $f^{(n)}(0)$.

5. 利用函数的幂级数展开，求下列不定积分：

(1) $\displaystyle\int\frac{\ln(1+x)}{x}dx$；　(2) $\displaystyle\int\frac{dx}{\sqrt{1-x^4}}$.

*§7　幂级数的应用

§7.1　函数的近似公式

在函数的幂级数展开式中，取前面有限项，就得到函数的近似公式，这对计算较难用十进制表示的函数值是非常方便的，可以把函数近似用 x 的多项式来表示，而多项式的计算只需用到四则运算，非常简便.

例如，当 $|x|$ 很小时，有

$$\sin x\approx x;\ \sin x\approx x-\frac{x^3}{3!}=x-\frac{x^3}{6};$$

$$\sin x\approx x-\frac{x^3}{3!}+\frac{x^5}{5!}=x-\frac{x^3}{6}+\frac{x^5}{120},\ \cdots.$$

$\sin x$ 和它的近似公式的图形，如图 11-2 所示.

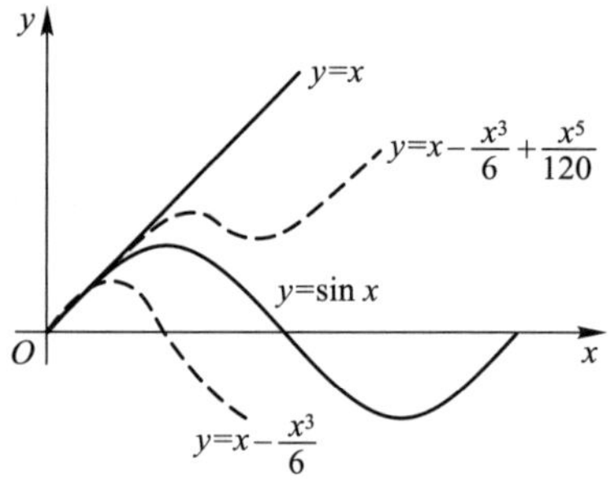

图 11-2

同样

$$\cos x\approx 1;\ \cos x\approx 1-\frac{x^2}{2};$$

$$\cos x\approx 1-\frac{x^2}{2}+\frac{x^4}{24},\ \cdots.$$

$$\ln(1+x)\approx x,\ \ln(1+x)\approx x-\frac{x^2}{2},$$

$$\ln(1+x)\approx x-\frac{x^2}{2}+\frac{x^3}{3},\ \cdots.$$

§7.2　数值计算

级数的主要应用之一是利用它来进行数值计算，常用的三角函数表、对数表等，都是利用级数计算出来的. 如要将未知数 A 表示成级数

$$A=a_1+a_2+\cdots+a_n+\cdots,\tag{11.20}$$

而取其部分和 $A_n=a_1+a_2+\cdots+a_n$ 作为 A 的近似值，此时所产生的误差，来源有两个方面：一是级数余项

$$R_n=A-A_n=a_{n+1}+a_{n+2}+\cdots,\tag{11.21}$$

称为截尾误差；另一是在计算 A_n 时，由于四舍五入所产生的误差，称为舍入误差.

如果级数(11.20)是交错级数，并且满足莱布尼茨定理，则 $|R_n|\leqslant|a_{n+1}|$.

如果所考虑的级数(11.21)是正项级数，通常采用下列办法：设法找出一个具有每一项比原级数稍大，并且容易估计余项的级数

$$\sum_{n=1}^{\infty}a'_n,\quad a'_n\geqslant a_n.$$

我们就采取新级数余项 R'_n 的数值，作为级数(11.20)的截尾误差 R_n 的估值，有 $R_n\leqslant R'_n$.

§7.3　积分计算

例 1　求 $\int\frac{\sin x}{x}\mathrm{d}x$.

解　$\frac{\sin x}{x}$在 $x=0$ 处没有定义，可在 $x=0$ 处补充定义函数值为 1，则$\frac{\sin x}{x}$在 $|x|<+\infty$ 内连续. 于是

$$\int\frac{\sin x}{x}\mathrm{d}x=\int\frac{1}{x}\sum_{n=0}^{\infty}(-1)^n\frac{x^{2n+1}}{(2n+1)!}\mathrm{d}x=\int\sum_{n=0}^{\infty}(-1)^n\frac{x^{2n}}{(2n+1)!}\mathrm{d}x$$

$$=\sum_{n=0}^{\infty}(-1)^n\frac{x^{2n+1}}{(2n+1)!\ (2n+1)}+C,\quad |x|<+\infty.$$

例 2 求正弦曲线 $y=\sin x\ (0\leqslant x\leqslant\pi)$ 的弧长，并精确到 0.01.

解 设弧长为 s，有

$$s=\int_0^{\pi}\sqrt{1+y'^2}\,\mathrm{d}x=2\int_0^{\frac{\pi}{2}}\sqrt{1+\cos^2 x}\,\mathrm{d}x$$

$$=2\int_0^{\frac{\pi}{2}}\left(1+\frac{1}{2}\cos^2 x-\frac{1}{2!\ 2^2}\cos^4 x+\frac{1\times 3}{3!\ 2^3}\cos^6 x-\cdots\right)\mathrm{d}x.$$

由于 $\int_0^{\frac{\pi}{2}}\cos^{2n}\mathrm{d}x=\dfrac{\pi(2n)!}{2^{2n+1}\times n!\ n!}$，所以

$$s=2\left(\frac{\pi}{2}+\frac{\pi\times 2!}{2\times 2^3}-\frac{1}{2!\ 2^2}\times\frac{\pi\times 4!}{2^5\times 2!\ 2!}+\frac{1\times 3}{3!\ 2^3}\times\frac{\pi\times 6!}{2^7\times 3!\ 3!}-\cdots\right)$$

$$=\pi\left(1+\frac{1}{4}-\frac{3}{64}+\frac{5}{256}-\cdots\right).$$

如取上述各项计算 s 值，则其误差

$$|R_4|<\frac{3\times 5\times 2\pi}{4!\ 2^4}\times\frac{8!}{2^9 4!\ 4!}<\frac{1}{10^2},$$

于是

$$s\approx 3.14(1+0.25-0.05+0.02)\approx 3.83.$$

欧拉公式的导出

当 x 是实数时，我们知道

$$\mathrm{e}^x=\sum_{n=0}^{\infty}\frac{x^n}{n!},$$

把它推广到纯虚数的情况，定义 $\mathrm{e}^{\mathrm{i}x}$ 的意义如下(其中 x 为实数)：

$$\mathrm{e}^{\mathrm{i}x}=\sum_{n=0}^{\infty}\frac{(\mathrm{i}x)^n}{n!}=1+\mathrm{i}x+\frac{(\mathrm{i}x)^2}{2!}+\frac{(\mathrm{i}x)^3}{3!}+\frac{(\mathrm{i}x)^4}{4!}+\cdots$$

$$=\left(1-\frac{x^2}{2!}+\frac{x^4}{4!}-\cdots\right)+\mathrm{i}\left(x-\frac{x^3}{3!}+\frac{x^5}{5!}-\cdots\right),$$

有

$$\mathrm{e}^{\mathrm{i}x}=\cos x+\mathrm{i}\sin x,$$

x 用 $-x$ 代换，有

$$\mathrm{e}^{-\mathrm{i}x}=\cos x-\mathrm{i}\sin x,$$

从而

$$\sin x=\frac{1}{2\mathrm{i}}(\mathrm{e}^{\mathrm{i}x}-\mathrm{e}^{-\mathrm{i}x}),\quad \cos x=\frac{1}{2}(\mathrm{e}^{\mathrm{i}x}+\mathrm{e}^{-\mathrm{i}x}).$$

以上四个公式统称为欧拉(Euler)公式.

例 3 把下列函数展开成 x 的幂级数：

(1) $f(x)=\mathrm{e}^x\cos x$；　　(2) $f(x)=\mathrm{e}^x\sin x$.

解 $\mathrm{e}^x(\cos x+\mathrm{i}\sin x)=\mathrm{e}^x\mathrm{e}^{\mathrm{i}x}=\mathrm{e}^{(1+\mathrm{i})x}=\sum_{n=0}^{\infty}\dfrac{1}{n!}[(1+\mathrm{i})x]^n$

$$
\begin{aligned}
&=\sum_{n=0}^{\infty}\frac{x^n}{n!}(1+\mathrm{i})^n\\
&=\sum_{n=0}^{\infty}\frac{x^n}{n!}\left[\sqrt{2}\left(\cos\frac{\pi}{4}+\mathrm{i}\sin\frac{\pi}{4}\right)\right]^n\\
&=\sum_{n=0}^{\infty}\frac{x^n}{n!}2^{\frac{n}{2}}\left(\cos\frac{n\pi}{4}+\mathrm{i}\sin\frac{n\pi}{4}\right)\\
&=\sum_{n=0}^{\infty}\frac{x^n}{n!}2^{\frac{n}{2}}\cos\frac{n\pi}{4}+\mathrm{i}\sum_{n=0}^{\infty}\frac{x^n}{n!}2^{\frac{n}{2}}\sin\frac{n\pi}{4}.
\end{aligned}
$$

两复数相等，由实部相等且虚部系数相等，知

$$
\mathrm{e}^x\cos x=\sum_{n=0}^{\infty}\frac{2^{\frac{n}{2}}\cos\frac{n\pi}{4}}{n!}x^n,\quad x\in(-\infty,+\infty).
$$

$$
\mathrm{e}^x\sin x=\sum_{n=0}^{\infty}\frac{2^{\frac{n}{2}}\sin\frac{n\pi}{4}}{n!}x^n,\quad x\in(-\infty,+\infty).
$$

习题 11-7

1. 写出函数 $f(x)=x^x$ 按 $x-1$ 的正整数幂展开式的前三项.

2. 利用适当的展开式，计算下列函数值，并精确到所指出的程度：

(1) sin 18°，精确到 10^{-5}；　(2) e，精确到 10^{-6}；　(3) ln 1.2，精确到 10^{-4}.

3. 在 $\ln\frac{1+x}{1-x}$ 的麦克劳林展开式中令 $x=\frac{1}{2N+1}$（N 为正整数），验证下列计算对数的公式

$$
\ln(N+1)=\ln N+\frac{2}{2N+1}+\frac{2}{3(2N+1)^3}+\frac{2}{5(2N+1)^5}+\cdots,
$$

并求 ln 2，ln 3，精确到 10^{-9}.

4. 利用被积函数展开成级数的展开式计算下列积分之值，并精确到 0.001：

(1) $\int_0^1\mathrm{e}^{-x^2}\mathrm{d}x$；　(2) $\int_0^1\cos x^2\mathrm{d}x$；　(3) $\int_2^4\mathrm{e}^{\frac{1}{x}}\mathrm{d}x$；　(4) $\int_{10}^{100}\frac{\ln(1+x)}{x}\mathrm{d}x$.

§8　函数的傅里叶展开

§8.1　傅里叶级数的概念

我们看到了把函数展开成 x 的幂级数后，计算函数值的优越性，这是因为

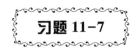

x 的多项式计算更方便. 在科学实验与工程技术的某些现象中，会经常遇到周期性的现象，为了描述周期现象，就需要用到周期函数. 各种各样的振动是最常见的周期现象，如从交流发电机获得的交流电的变化，偏心柱塞机构中的活塞运动，弹药簧的无阻尼振动等都属于这类现象. 最简单的振动可以表示为

$$y=a\cos \omega t+b\sin \omega t \tag{11.22}$$

或者

$$y=A\sin(\omega t+\varphi), \tag{11.23}$$

其中

$$A=\sqrt{a^2+b^2},\ \sin \varphi=\frac{a}{\sqrt{a^2+b^2}},\ \cos \varphi=\frac{b}{\sqrt{a^2+b^2}}.$$

像式(11.22)或式(11.23)那样的振动被称为谐振动(或称为正弦量)，A 被称为振幅，φ 被称为初相，ω 称为圆频率，式(11.22)或式(11.23)的最小正周期为$T=\dfrac{2\pi}{\omega}$.

一般说来，任何复杂的振动都可以分解为一系列谐振动之和，用数学语言描述，上面所说的事实就是：在满足一定的条件下，周期 $T=2l$ 的函数 $f(x)$，可以表示成以下形状的级数的和

$$\frac{a_0}{2}+\sum_{n=1}^{\infty}\left(a_n\cos\frac{n\pi x}{l}+b_n\sin\frac{n\pi x}{l}\right). \tag{11.24}$$

我们把(11.24)中的常数写成$\dfrac{a_0}{2}$是为以后公式形式上统一，讨论方便.

上述事实并不是显而易见的，1753 年，当丹尼尔・伯努利为了解决弦振动问题最早提出了这样的见解时，与他同时代的数学家(包括欧拉和达朗贝尔)大都持怀疑态度，争论和探索一直持续到下一个世纪. 直到 1829 年，狄利克雷才首次给出了前述基本事实的一个严格的数学证明. 随后，还有其他一些数学家给出了条件有些不同的证明. 对这一事实的研究，极大地促进了数学分析的发展.

一个周期 $T=2l$ 的函数在满足什么样的条件下，有

$$f(x)=\frac{a_0}{2}+\sum_{n=1}^{\infty}\left(a_n\cos\frac{n\pi x}{l}+b_n\sin\frac{n\pi x}{l}\right).$$

首先我们注意到标准区间$[-l,l]$上的三角解函数系：

$$1,\ \cos\frac{\pi x}{l},\ \sin\frac{\pi x}{l},\ \cos\frac{2\pi x}{l},\ \sin\frac{2\pi x}{l},\ \cdots,\ \cos\frac{n\pi x}{l},\ \sin\frac{n\pi x}{l},\ \cdots$$

具有正交性，即成立：

(1) $\displaystyle\int_{-l}^{l}\cos\frac{m\pi x}{l}\sin\frac{n\pi x}{l}\mathrm{d}x=0$　(m，n 为任意正整数)；

(2) $\int_{-l}^{l} \cos \frac{m\pi x}{l} \cos \frac{n\pi x}{l} \mathrm{d}x = 0 \quad (m \neq n,\ m,\ n=0,\ 1,\ 2,\ \cdots)$;

(3) $\int_{-l}^{l} \sin \frac{m\pi x}{l} \sin \frac{n\pi x}{l} \mathrm{d}x = 0 \quad (m \neq n,\ m,\ n=1,\ 2,\ 3,\ \cdots)$;

(4) $\int_{-l}^{l} \cos^2 \frac{m\pi x}{l} \mathrm{d}x = l \quad (m = 1,\ 2,\ 3,\ \cdots)$;

(5) $\int_{-l}^{l} \sin^2 \frac{n\pi x}{l} \mathrm{d}x = l \quad (n = 1,\ 2,\ 3,\ \cdots)$.

我们选证(1)，其余读者自证.

证　(1) 由三角公式有

$$\int_{-l}^{l} \cos \frac{m\pi x}{l} \sin \frac{n\pi x}{l} \mathrm{d}x = \frac{1}{2}\int_{-l}^{l} \left[\sin \frac{(m+n)\pi x}{l} - \sin \frac{(m-n)\pi x}{l} \right] \mathrm{d}x,$$

由于 $\sin \frac{(m+n)\pi x}{l}$，$\sin \frac{(m-n)\pi x}{l}$ 为奇函数 $(m \neq n)$，在 $[-l,\ l]$ 上的积分为零，所以

$$\int_{-l}^{l} \cos \frac{m\pi x}{l} \sin \frac{n\pi x}{l} \mathrm{d}x = 0. \quad \square$$

假如

$$f(x) = \frac{a_0}{2} + \sum_{n=1}^{\infty} \left(a_n \cos \frac{n\pi x}{l} + b_n \sin \frac{n\pi x}{l} \right), \tag{11.25}$$

那么 a_0，a_n，b_n 与 $f(x)$ 有什么关系呢?

若 $\frac{a_0}{2} + \sum_{n=1}^{\infty} \left(a_n \cos \frac{n\pi x}{l} + b_n \sin \frac{n\pi x}{l} \right)$ 逐项可积，则

$$\begin{aligned} &\int_{-l}^{l} f(x) \cos \frac{m\pi x}{l} \mathrm{d}x \\ =& \frac{a_0}{2}\int_{-l}^{l} \cos \frac{m\pi x}{l} \mathrm{d}x + \sum_{n=1}^{\infty} \left(a_n \int_{-l}^{l} \cos \frac{m\pi x}{l} \cos \frac{n\pi x}{l} \mathrm{d}x + b_n \int_{-l}^{l} \cos \frac{m\pi x}{l} \sin \frac{n\pi x}{l} \mathrm{d}x \right). \end{aligned}$$

根据函数的正交性，当 $m=0$ 时，有

$$\int_{-l}^{l} f(x)\,\mathrm{d}x = \frac{a_0}{2}\int_{-l}^{l} \mathrm{d}x = a_0 l, \qquad \text{即} \qquad a_0 = \frac{1}{l}\int_{-l}^{l} f(x)\,\mathrm{d}x.$$

当 $m=1,\ 2,\ 3,\ \cdots$ 时，有

$$\int_{-l}^{l} f(x) \cos \frac{m\pi x}{l} \mathrm{d}x = a_m \int_{-l}^{l} \cos^2 \frac{m\pi x}{l} \mathrm{d}x = a_m l.$$

得

$$a_m = \frac{1}{l}\int_{-l}^{l} f(x) \cos \frac{m\pi x}{l} \mathrm{d}x \,(m = 0,\ 1,\ 2,\ \cdots),$$

同理

$$b_m=\frac{1}{l}\int_{-l}^{l}f(x)\sin\frac{m\pi x}{l}\mathrm{d}x\,(m=1,\ 2,\ 3,\ \cdots).$$

把 m 换成 n，就得到了 a_n，b_n 的表达式：

$$\begin{cases}a_n=\dfrac{1}{l}\displaystyle\int_{-l}^{l}f(x)\cos\frac{n\pi x}{l}\mathrm{d}x, & n=0,\ 1,\ 2,\ \cdots;\\ b_n=\dfrac{1}{l}\displaystyle\int_{-l}^{l}f(x)\sin\frac{n\pi x}{l}\mathrm{d}x, & n=1,\ 2,\ 3,\ \cdots.\end{cases}\tag{11.26}$$

系数(11.26)称为函数 $f(x)$ 的傅里叶(Fourier)系数，而由式(11.26)作为系数组成的三角级数

$$\frac{a_0}{2}+\sum_{n=1}^{\infty}\left(a_n\cos\frac{n\pi x}{l}+b_n\sin\frac{n\pi x}{l}\right)\tag{11.27}$$

就称为 $f(x)$ 的傅里叶级数或傅氏级数.

注 上面的探索依据的是两个未经验证的假设，即式(11.25)成立，还有三角级数逐项可积. 因此，我们现在还没有理由在函数 $f(x)$ 和它的傅里叶级数之间划上等号. 我们约定采用记号

$$f(x)\sim\frac{a_0}{2}+\sum_{n=1}^{\infty}\left(a_n\cos\frac{n\pi x}{l}+b_n\sin\frac{n\pi x}{l}\right)\tag{11.28}$$

以表示左端函数的傅里叶级数，其中 a_0，a_n，b_n（$n=1,\ 2,\ 3,\ \cdots$）按式(11.26)来计算. 此外，确定 a_0，a_n，b_n 并不需要很强的条件，一般只要 $f(x)$ 在 $[-l,\ l]$ 上可积就够了.

我们所关心的是：如果函数 $f(x)$ 具有明确的傅里叶系数(11.26)，那么它的傅里叶级数(11.27)是否收敛？以及是否收敛于 $f(x)$？

§8.2 周期函数的傅里叶展开

定理 11.27(狄利克雷(Dirichlet)定理) **如果 $f(x)$ 是以 $T=2l$ 为周期的周期函数，而且 $f(x)$ 在 $[-l,l]$ 上逐段光滑，那么 $f(x)$ 的傅里叶级数在任意点 x 处都收敛，并且收敛于 $f(x)$ 在该点左、右极限的平均值，即**

$$\frac{a_0}{2}+\sum_{n=1}^{\infty}\left(a_n\cos\frac{n\pi x}{l}+b_n\sin\frac{n\pi x}{l}\right)=S(x)=\frac{f(x-0)+f(x+0)}{2},\quad x\in(-\infty,+\infty),\tag{11.29}$$

其中 $S(x)$ 为傅里叶级数的和函数且为周期函数，周期 $T=2l$，特别地，当 x 是 $f(x)$ 的连续点时，上述级数收敛于 $f(x)$. 又如果 $f(x)$ 在任意点 x 处都连续，则

傅里叶级数在整个数轴上一致收敛于$f(x)$，且

$$\frac{a_0}{2}+\sum_{n=1}^{\infty}\left(a_n\cos\frac{n\pi x}{l}+b_n\sin\frac{n\pi x}{l}\right)=S(x)=f(x),\quad x\in(-\infty,+\infty),$$

其中

$$a_n=\frac{1}{l}\int_{-l}^{l}f(x)\cos\frac{n\pi x}{l}\mathrm{d}x(n=0,1,2,\cdots),$$

$$b_n=\frac{1}{l}\int_{-l}^{l}f(x)\sin\frac{n\pi x}{l}\mathrm{d}x(n=1,2,3,\cdots).$$

这个定理证明相当复杂，这里不予证明.

注　所谓$f(x)$在区间$[-l,l]$上逐段光滑，是指可把区间$[-l,l]$分成有限多个子区间

$$-l=x_0<x_1<x_2<\cdots<x_{i-1}<x_i<\cdots<x_{n-1}<x_n=l,$$

使得在每一个子区间$[x_{i-1},x_i]$的内部$(x_{i-1}<x<x_i)$，$f(x)$具有连续的导数，且在每个分点x_i处，$f(x)$，$f'(x)$的左、右极限均存在(在区间端点$x=-l$处存在右极限，在$x=l$处存在左极限).

$f(x)$为周期函数，周期$T=2l$，由周期函数的性质$f(x+T)=f(x)$，得

$$\frac{f(l-0)+f(l+0)}{2}=\frac{f(l-0)+f(-2l+l+0)}{2}=\frac{f(-l+0)+f(l-0)}{2},$$

$$\frac{f(-l-0)+f(-l+0)}{2}=\frac{f(2l-l-0)+f(-l+0)}{2}=\frac{f(-l+0)+f(l-0)}{2}.$$

所以在$x=\pm l$处，$S(\pm l)=\dfrac{f(-l+0)+f(l-0)}{2}$(左端点的右极限与右端点的左极限的平均值)，这是因为周期函数常常只给一个周期内的表达式，我们利用一个周期内的表达式就可计算出在端点处傅里叶级数的和.

在以上条件下，如果$f(x)$是偶函数，有$f(x)\sin\dfrac{n\pi x}{l}$是奇函数，$f(x)\cos\dfrac{n\pi x}{l}$是偶函数，则

$$a_n=\frac{1}{l}\int_{-l}^{l}f(x)\cos\frac{n\pi x}{l}\mathrm{d}x=\frac{2}{l}\int_{0}^{l}f(x)\cos\frac{n\pi x}{l}\mathrm{d}x,\quad n=0,1,2,\cdots,$$

$$b_n=\frac{1}{l}\int_{-l}^{l}f(x)\sin\frac{n\pi x}{l}\mathrm{d}x=0,\quad n=1,2,3,\cdots.$$

于是

$$\frac{a_0}{2}+\sum_{n=1}^{\infty}a_n\cos\frac{n\pi x}{l}=S(x)=\frac{f(x-0)+f(x+0)}{2},\quad x\in(-\infty,+\infty).\qquad(11.30)$$

式(11.30)的左端称为傅里叶余弦级数.

如果$f(x)$是奇函数，有$f(x)\cos\frac{n\pi x}{l}$是奇函数，$f(x)\sin\frac{n\pi x}{l}$是偶函数，于是

$$a_n=\frac{1}{l}\int_{-l}^{l}f(x)\cos\frac{n\pi x}{l}\mathrm{d}x=0,\quad n=0,1,2,\cdots,$$

$$b_n=\frac{1}{l}\int_{-l}^{l}f(x)\sin\frac{n\pi x}{l}\mathrm{d}x=\frac{2}{l}\int_{0}^{l}f(x)\sin\frac{n\pi x}{l}\mathrm{d}x,\quad n=1,2,3,\cdots.$$

于是

$$\boxed{\sum_{n=1}^{\infty}b_n\sin\frac{n\pi x}{l}=S(x)=\frac{f(x-0)+f(x+0)}{2},\quad x\in(-\infty,+\infty).}\qquad(11.31)$$

式(11.31)的左端称为傅里叶正弦级数.

特别地，若$f(x)$是以$T=2\pi$为周期的周期函数，即$l=\pi$，在满足定理的条件下，有

$$\boxed{\begin{aligned}\frac{a_0}{2}+\sum_{n=1}^{\infty}(a_n\cos nx+b_n\sin nx)&=S(x)\\&=\frac{f(x-0)+f(x+0)}{2},\quad x\in(-\infty,+\infty),\end{aligned}}$$

(11.32)

其中

$$a_n=\frac{1}{\pi}\int_{-\pi}^{\pi}f(x)\cos nx\mathrm{d}x,\quad n=0,1,2,\cdots,$$

$$b_n=\frac{1}{\pi}\int_{-\pi}^{\pi}f(x)\sin nx\mathrm{d}x,\quad n=1,2,3,\cdots.$$

若$f(x)$是周期为$T=2l=b-a$，$l=\frac{b-a}{2}$的周期函数，且$f(x)$在$[a,b]$上逐段光滑，由周期函数的定积分性质

$$\int_{a}^{a+T}f(x)\mathrm{d}x=\int_{0}^{T}f(x)\mathrm{d}x,$$

知

$$a_n=\frac{2}{b-a}\int_{a}^{b}f(x)\cos\frac{2n\pi x}{b-a}\mathrm{d}x,\quad n=0,1,2,\cdots,$$

$$b_n=\frac{2}{b-a}\int_{a}^{b}f(x)\sin\frac{2n\pi x}{b-a}\mathrm{d}x,\quad n=1,2,3,\cdots.$$

于是

$$\frac{a_0}{2}+\sum_{n=1}^{\infty}\left(a_n\cos\frac{2n\pi x}{b-a}+b_n\sin\frac{2n\pi x}{b-a}\right)=S(x)$$
$$=\frac{f(x-0)+f(x+0)}{2},\ x\in(-\infty,+\infty).$$

重难点讲解
狄利克雷定理

重难点讲解
周期函数展开

例 1 设 $f(x)$ 是以 $T=\frac{2\pi}{\omega}$ 为周期的周期函数，它在 $\left(-\frac{\pi}{\omega},\frac{\pi}{\omega}\right]$ 上的定义为

$$f(x)=\begin{cases}E\sin\omega x, & 0\leqslant x\leqslant\frac{\pi}{\omega},\\ 0, & -\frac{\pi}{\omega}<x<0.\end{cases}$$

求 $f(x)$ 的傅里叶展开式.

这个函数可代表一个交变电压 $E\sin\omega x$（x 表示时间），经整流后，把负压“削去”就得到图 11-3 所示的周期波形，称为半波整流.

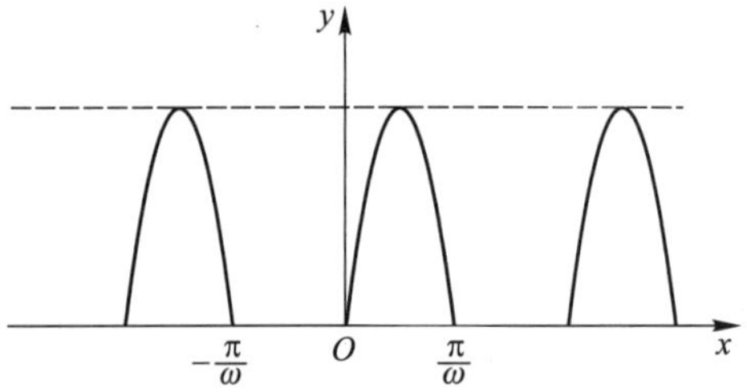

图 11-3

解 由 $l=\frac{\pi}{\omega}$，有

$$a_0=\frac{1}{\frac{\pi}{\omega}}\int_{-\frac{\pi}{\omega}}^{\frac{\pi}{\omega}}f(x)\,\mathrm{d}x=\frac{\omega}{\pi}\int_0^{\frac{\pi}{\omega}}E\sin\omega x\,\mathrm{d}x=\frac{\omega E}{\pi}\left(-\frac{\cos\omega x}{\omega}\Bigg|_0^{\frac{\pi}{\omega}}\right)=\frac{2E}{\pi},$$

$$a_n=\frac{1}{\frac{\pi}{\omega}}\int_{-\frac{\pi}{\omega}}^{\frac{\pi}{\omega}}f(x)\cos\frac{n\pi x}{\frac{\pi}{\omega}}\mathrm{d}x=\frac{\omega}{\pi}\int_0^{\frac{\pi}{\omega}}E\sin\omega x\cos n\omega x\,\mathrm{d}x$$

$$=\frac{\omega E}{2\pi}\int_0^{\frac{\pi}{\omega}}[\sin(n+1)\omega x-\sin(n-1)\omega x]\,\mathrm{d}x$$

$$=\frac{\omega E}{2\pi}\left[-\frac{\cos(n+1)\omega x}{(n+1)\omega}\Bigg|_0^{\frac{\pi}{\omega}}+\frac{\cos(n-1)\omega x}{(n-1)\omega}\Bigg|_0^{\frac{\pi}{\omega}}\right]\quad(\text{当 } n\neq 1 \text{ 时})$$

$$=-\frac{E}{\pi}\frac{1+(-1)^n}{n^2-1}=\begin{cases}-\frac{2E}{\pi}\frac{1}{(2k)^2-1}, & \text{当 } n=2k,\\ 0, & \text{当 } n=2k+1,\end{cases}\quad k=1,2,\cdots,$$

$$a_1=\frac{\omega E}{2\pi}\int_0^{\frac{\pi}{\omega}}\sin 2\omega x\mathrm{d}x=\frac{\omega E}{2\pi}\left(-\frac{\cos 2\omega x}{2\omega}\right)\Bigg|_0^{\frac{\pi}{\omega}}=0.$$

同理可得 $b_n=0(n\neq 1)$，$b_1=\frac{E}{2}$. 由于$f(x)$在$(-\infty,+\infty)$上连续，所以

$$\frac{E}{\pi}+\frac{E}{2}\sin\omega x-\sum_{n=2}^{\infty}\frac{E}{\pi}\frac{1+(-1)^n}{n^2-1}\cos n\omega x$$

$$=\frac{E}{\pi}+\frac{E}{2}\sin\omega x-\frac{2E}{\pi}\sum_{k=1}^{\infty}\frac{\cos 2k\omega x}{4k^2-1}=f(x),\quad x\in(-\infty,+\infty).$$

例 2　将$f(x)=\arcsin(\sin x)$展开成傅里叶级数.

解　$f(x)$是以 2π 为周期的连续周期函数，$l=\pi$，且

$$f(-x)=\arcsin(\sin(-x))=-\arcsin(\sin x)=-f(x).$$

即$f(x)$为奇函数，从而 $a_n=0$，$n=0,1,2,\cdots$. 而

$$b_n=\frac{2}{\pi}\int_0^{\pi}\arcsin(\sin x)\sin nx\mathrm{d}x=\frac{2}{\pi}\left[\int_0^{\frac{\pi}{2}}x\sin nx\mathrm{d}x+\int_{\frac{\pi}{2}}^{\pi}(\pi-x)\sin nx\mathrm{d}x\right]$$

$$=\frac{2}{\pi}\left[\left(-\frac{x}{n}\cos nx+\frac{1}{n^2}\sin nx\right)\Bigg|_0^{\frac{\pi}{2}}-\frac{\pi}{n}\cos nx\Bigg|_{\frac{\pi}{2}}^{\pi}+\left(\frac{x}{n}\cos nx-\frac{1}{n^2}\sin nx\right)\Bigg|_{\frac{\pi}{2}}^{\pi}\right]$$

$$=\frac{4}{n^2\pi}\sin\frac{n\pi}{2}=\begin{cases}0, & \text{当 } n=2k,\\ (-1)^k\dfrac{4}{\pi(2k+1)^2}, & \text{当 } n=2k+1,\end{cases}\quad k=0,1,2,\cdots.$$

由狄利克雷定理知

$$\sum_{n=1}^{\infty}\frac{4}{n^2\pi}\sin\frac{n\pi}{2}\sin nx=\frac{4}{\pi}\sum_{k=0}^{\infty}\frac{(-1)^k}{(2k+1)^2}\sin(2k+1)x$$

$$=\arcsin(\sin x),\quad x\in(-\infty,+\infty).$$

§8.3　有限区间上的傅里叶展开

前面讨论了周期函数展开为傅里叶级数的问题. 而根据实际需要，在研究某些波动问题、热传导或扩散问题时，需要讨论一种非周期函数，即定义在一个有限区间上的函数的展开问题. 换句话说，能否将定义在有限区间上的函数展开成傅里叶级数.

一、区间 $[-l,l]$ 上的展开式

设$f(x)$在$[-l,l]$上有定义，且逐段光滑，为此，我们构造一个周期为 $T=2l$ 的周期函数 $F(x)$，即令

$$F(x)=f(x),\ -l<x\leqslant l;\ F(x+2l)=F(x),\ -\infty<x<+\infty,$$

则 $F(x)$符合狄利克雷定理的条件，于是

$$\frac{a_0}{2}+\sum_{n=1}^{\infty}\left(a_n\cos\frac{n\pi x}{l}+b_n\sin\frac{n\pi x}{l}\right)=S(x)=\frac{F(x-0)+F(x+0)}{2},x\in(-\infty,+\infty).$$

当 $x\in(-l,\ l)$ 时，$\dfrac{F(x-0)+F(x+0)}{2}=\dfrac{f(x-0)+f(x+0)}{2}$，于是

$$\frac{a_0}{2}+\sum_{n=1}^{\infty}\left(a_n\cos\frac{n\pi x}{l}+b_n\sin\frac{n\pi x}{l}\right)=S(x)=\frac{f(x-0)+f(x+0)}{2},\quad x\in(-l,\ l),$$

其中

$$a_n=\frac{1}{l}\int_{-l}^{l}F(x)\cos\frac{n\pi x}{l}\mathrm{d}x=\frac{1}{l}\int_{-l}^{l}f(x)\cos\frac{n\pi x}{l}\mathrm{d}x,\ n=0,\ 1,\ 2,\ \cdots,$$

$$b_n=\frac{1}{l}\int_{-l}^{l}F(x)\sin\frac{n\pi x}{l}\mathrm{d}x=\frac{1}{l}\int_{-l}^{l}f(x)\sin\frac{n\pi x}{l}\mathrm{d}x,\ n=1,\ 2,\ 3,\ \cdots.$$

从而得到 $f(x)$ 在有限区间 $[-l,\ l]$ 上的傅里叶展开式

$$\boxed{\frac{a_0}{2}+\sum_{n=1}^{\infty}\left(a_n\cos\frac{n\pi x}{l}+b_n\sin\frac{n\pi x}{l}\right)=S(x)=\frac{f(x-0)+f(x+0)}{2},\quad x\in(-l,l),}$$

其中

$$a_n=\frac{1}{l}\int_{-l}^{l}f(x)\cos\frac{n\pi x}{l}\mathrm{d}x,\quad n=0,\ 1,\ 2,\ \cdots,$$

$$b_n=\frac{1}{l}\int_{-l}^{l}f(x)\sin\frac{n\pi x}{l}\mathrm{d}x,\ n=1,\ 2,\ 3,\ \cdots.$$

若 $f(x)$ 在 $[-l,l]$ 上是偶函数，则

$$\boxed{\frac{a_0}{2}+\sum_{n=1}^{\infty}a_n\cos\frac{n\pi x}{l}=S(x)=\frac{f(x-0)+f(x+0)}{2},\quad x\in(-l,l),}$$

其中

$$a_n=\frac{2}{l}\int_{0}^{l}f(x)\cos\frac{n\pi x}{l}\mathrm{d}x,\ n=0,1,2,\cdots.$$

若 $f(x)$ 在 $[-l,l]$ 上是奇函数，则

$$\boxed{\sum_{n=1}^{\infty}b_n\sin\frac{n\pi x}{l}=S(x)=\frac{f(x-0)+f(x+0)}{2},\quad x\in(-l,\ l),}$$

其中

$$b_n=\frac{2}{l}\int_{0}^{l}f(x)\sin\frac{n\pi x}{l}\mathrm{d}x,\ n=1,2,3,\cdots.$$

当 $x=\pm l$ 时，$S(x)=\dfrac{f(-l+0)+f(l-0)}{2}$ 与 $f(x)$ 在 $x=\pm l$ 处是否连续没有关系，换句话说，$f(x)$ 即使在 $x=\pm l$ 处连续，傅里叶级数也不一定收敛于 $f(\pm l)$，请读者想一想为什么？

注 由 $S(x)$ 为周期函数，周期 $T=2l$，于是当 $x\in(2kl-l,\ 2kl+l)$，$k\in\mathbf{Z}$，$k\neq 0$ 时，

$$S(x)=S(x-2kl)=\frac{f(x-2kl+0)+f(x-2kl-0)}{2},\quad x-2kl\in(-l,\ l).$$

当 $x=2kl\pm l$ 时，$S(2kl\pm l)=S(\pm l)=\dfrac{f(-l+0)+f(l-0)}{2}$.

例 3 将函数 $f(x)=\operatorname{sgn} x\ (-\pi<x<\pi)$ 展开成傅里叶级数，并利用展开式，求 $\displaystyle\sum_{n=0}^{\infty}\frac{(-1)^n}{2n+1}$.

解 由题意知，$f(x)$ 在 $(-\pi,\ \pi)$ 上是奇函数，有 $a_n=0$，$n=0,1,2,\cdots$，

重难点讲解
有限区间上
函数展开

$$\begin{aligned}b_n&=\frac{2}{\pi}\int_0^{\pi}\operatorname{sgn} x\sin nx\mathrm{d}x=\frac{2}{\pi}\int_0^{\pi}\sin nx\mathrm{d}x\\&=-\frac{2}{n\pi}\cos nx\Big|_0^{\pi}=\frac{2}{n\pi}[1-(-1)^n]\\&=\begin{cases}0, & n=2k,\\ \dfrac{4}{(2k+1)\pi}, & n=2k+1,\end{cases}\quad k=0,\ 1,\ 2,\ \cdots.\end{aligned}$$

由于 $f(x)$ 仅在 $x=0$ 处不连续，且 $\dfrac{f(0-0)+f(0+0)}{2}=\dfrac{-1+1}{2}=0$，于是

$$\sum_{n=1}^{\infty}\frac{2}{n\pi}[1-(-1)^n]\sin nx=\frac{4}{\pi}\sum_{k=0}^{\infty}\frac{\sin(2k+1)x}{2k+1}=\begin{cases}-1, & -\pi<x<0,\\ 0, & x=0,\\ 1, & 0<x<\pi.\end{cases}$$

令 $x=\dfrac{\pi}{2}$，得

$$\frac{4}{\pi}\sum_{k=0}^{\infty}\frac{(-1)^k}{2k+1}=\frac{4}{\pi}\sum_{n=0}^{\infty}\frac{(-1)^n}{2n+1}=1,$$

则

$$\sum_{n=0}^{\infty}\frac{(-1)^n}{2n+1}=\frac{\pi}{4}.$$

例 4 在区间 $(-\pi,\ \pi)$ 中把 $f(x)=\pi^2-x^2$ 展开成傅里叶级数.

解 由于 $f(x)=\pi^2-x^2$ 在 $(-\pi,\ \pi)$ 上是偶函数，所以 $b_n=0$，$n=1,2,3,\cdots$.

$$a_0=\frac{2}{\pi}\int_0^{\pi}(\pi^2-x^2)\,\mathrm{d}x=\frac{2}{\pi}\left(\pi^2x-\frac{1}{3}x^3\right)\Big|_0^{\pi}=\frac{4\pi^2}{3};$$

$$\begin{aligned}a_n&=\frac{2}{\pi}\int_0^{\pi}(\pi^2-x^2)\cos nx\mathrm{d}x=-\frac{2}{\pi}\int_0^{\pi}x^2\cos nx\mathrm{d}x\\&=-\frac{2}{n\pi}x^2\sin nx\Big|_0^{\pi}+\frac{4}{n\pi}\int_0^{\pi}x\sin nx\mathrm{d}x\end{aligned}$$

$$= -\frac{4}{n^2\pi}x\cos nx\Big|_0^{\pi} + \frac{4}{n^2\pi}\int_0^{\pi}\cos nx\mathrm{d}x$$

$$= \frac{4}{n^2}(-1)^{n+1}.$$

由 $f(x)$ 在 $(-\pi,\ \pi)$ 上连续，有

$$\frac{2\pi^2}{3} + 4\sum_{n=1}^{\infty}\frac{(-1)^{n+1}}{n^2}\cos nx = \pi^2 - x^2,\quad -\pi < x < \pi.$$

当 $x=0$ 时，有

$$\frac{2\pi^2}{3} + 4\sum_{n=1}^{\infty}\frac{(-1)^{n+1}}{n^2} = \pi^2 \quad \text{或} \quad \sum_{n=1}^{\infty}\frac{(-1)^{n+1}}{n^2} = \frac{\pi^2}{12}.$$

当 $x=\pi$ 时，有 $\dfrac{f(\pi-0)+f(\pi+0)}{2}=\dfrac{0+0}{2}=0$，于是

$$\frac{2\pi^2}{3} + 4\sum_{n=1}^{\infty}\frac{(-1)^{n+1}}{n^2}\cos n\pi = 0,$$

化简得

$$\frac{2\pi^2}{3} + 4\sum_{n=1}^{\infty}\frac{-1}{n^2} = 0,$$

即

$$\sum_{n=1}^{\infty}\frac{1}{n^2} = \frac{\pi^2}{6}.$$

从上面两个例题，我们还可以看到，利用函数的傅里叶展开，可以求某些数项级数的和，而且有时比利用函数的幂级数展开求数项级数的和还要方便.

若 $f(x)$ 在区间 $[a,\ b]$ 上逐段光滑，且 $T=b-a$，$l=\dfrac{b-a}{2}$，则

$$\boxed{\frac{a_0}{2} + \sum_{n=1}^{\infty}\left(a_n\cos\frac{2n\pi x}{b-a} + b_n\sin\frac{2n\pi x}{b-a}\right) = S(x) = \frac{f(x-0)+f(x+0)}{2},\quad x\in(a,b),}$$

其中

$$a_n = \frac{2}{b-a}\int_a^b f(x)\cos\frac{2n\pi x}{b-a}\mathrm{d}x,\quad n=0,\ 1,\ 2,\ \cdots,$$

$$b_n = \frac{2}{b-a}\int_a^b f(x)\sin\frac{2n\pi x}{b-a}\mathrm{d}x,\quad n=1,\ 2,\ 3,\ \cdots.$$

下面我们介绍一个著名的等式——帕塞瓦尔(Parseval)等式.

定理 11.28　**设 $f(x)$ 可积且平方可积，则 $f(x)$ 的傅里叶系数 a_n 和 b_n 的平方构成的级数**

$$\frac{a_0^2}{2} + \sum_{n=1}^{\infty}(a_n^2 + b_n^2)$$

是收敛的，且成立等式

$$\frac{a_0^2}{2}+\sum_{n=1}^{\infty}(a_n^2+b_n^2)=\frac{1}{l}\int_{-l}^{l}f^2(x)\,\mathrm{d}x.$$

上式称为帕塞瓦尔等式.

证　设 $f(x)=\sum\limits_{n=0}^{\infty}\left(a_n\cos\frac{n\pi x}{l}+b_n\sin\frac{n\pi x}{l}\right)$，为了方便，我们将常数项 $\frac{a_0}{2}$ 改成 a_0，设 $b_0=0$，则

$$f^2(x)=\sum_{n,\ j=0}^{\infty}\left(a_na_j\cos\frac{n\pi x}{l}\cos\frac{j\pi x}{l}+a_nb_j\cos\frac{n\pi x}{l}\sin\frac{j\pi x}{l}+b_nb_j\sin\frac{n\pi x}{l}\sin\frac{j\pi x}{l}\right).$$

从 $-l$ 到 l 积分，右边再逐项积分，并由三角函数系

$$\left\{1,\ \cos\frac{n\pi x}{l},\ \sin\frac{n\pi x}{l}\right\}\ (n=1,\ 2,\ \cdots)$$

的正交性，得

$$\int_{-l}^{l}f^2(x)\,\mathrm{d}x=\sum_{n=0}^{\infty}\int_{-l}^{l}\left(a_n^2\cos^2\frac{n\pi x}{l}+b_n^2\sin^2\frac{n\pi x}{l}\right)\mathrm{d}x=l\left[2a_0^2+\sum_{n=1}^{\infty}(a_n^2+b_n^2)\right].$$

再把 a_0 改成 $\frac{a_0}{2}$，有

$$\frac{1}{l}\int_{-l}^{l}f^2(x)\,\mathrm{d}x=\frac{a_0^2}{2}+\sum_{n=1}^{\infty}(a_n^2+b_n^2).\ \square$$

注　在证明过程中，我们略去了三角级数的乘法与逐项可积条件的验证.

二、在 [0, l] 上的展开式

设 $f(x)$ 是定义在 $[0,l]$ 上的一个逐段光滑函数，先在 $[-l,0]$ 上补充定义，且逐段光滑，使函数 $f(x)$ 在 $[-l,l]$ 上符合展开的条件. 将延拓后的函数在 $[-l,l]$ 上展开，然后限制 x 于 $[0,l]$ 上，这样得到的展开式，叫做 $f(x)$ 在 $[0,l]$ 上的傅里叶级数展开.

如何将函数的定义域延拓到 $[-l,0]$ 上去呢？一般来说是任意的，但根据实际需要，常采用以下两种形式：

1. 奇延拓

令

$$F(x)=\begin{cases}f(x), & 0<x\leqslant l,\\ 0, & x=0,\\ -f(-x), & -l\leqslant x<0,\end{cases}$$

则 $F(x)$ 是 $[-l,l]$ 上的奇函数且逐段光滑（图 11-4），按 $[-l,l]$ 上的展开方法，有

$$\sum_{n=1}^{\infty}b_n\sin\frac{n\pi x}{l}=\frac{F(x-0)+F(x+0)}{2},\ x\in(-l,l),$$

其中

$$b_n=\frac{2}{l}\int_0^l F(x)\sin\frac{n\pi x}{l}\mathrm{d}x=\frac{2}{l}\int_0^l f(x)\sin\frac{n\pi x}{l}\mathrm{d}x,\quad n=1,2,3,\cdots.$$

由 $x\in(0,l)$ 时，$F(x)=f(x)$，有 $\dfrac{F(x-0)+F(x+0)}{2}=\dfrac{f(x-0)+f(x+0)}{2}$，因此，我们得 $f(x)$ 在 $[0,l]$ 上的正弦展开为

$$\sum_{n=1}^{\infty}b_n\sin\frac{n\pi x}{l}=S(x)=\frac{f(x-0)+f(x+0)}{2},\quad x\in(0,l),$$

其中

$$b_n=\frac{2}{l}\int_0^l f(x)\sin\frac{n\pi x}{l}\mathrm{d}x,\quad n=1,2,3,\cdots.$$

且 $S(0)=S(l)=0$.

注　$S(x)$ 为周期函数，周期为 $2l$，为奇函数. 当 $x\in(-l,0)$ 时，$S(x)=-S(-x)=-\dfrac{f(-x-0)+f(-x+0)}{2}$，$-x\in(0,l)$.

当 $x\in(2kl-l,2kl+l)$ 时，$k\in\mathbf{Z}$，$k\neq0$，有 $x-2kl\in(-l,l)$，则 $S(x)=S(x-2kl)$. $S(kl)=0$，$k\in\mathbf{Z}$.

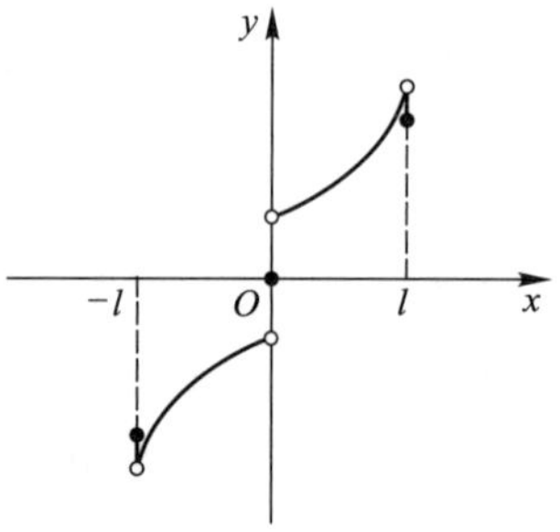

图 11-4

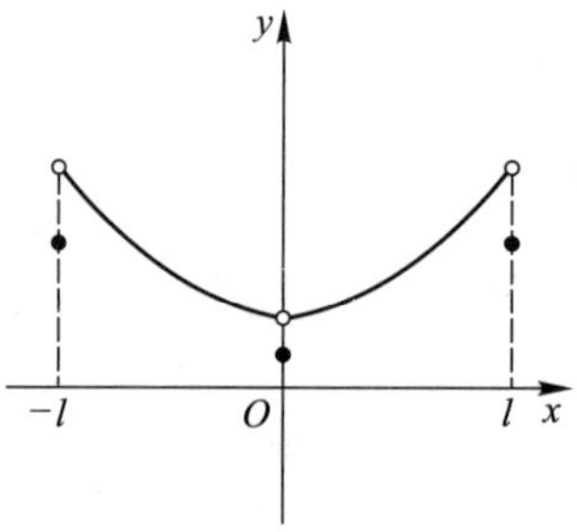

图 11-5

2. 偶延拓

令

$$F(x)=\begin{cases}f(x), & 0\leqslant x\leqslant l,\\ f(-x), & -l\leqslant x<0,\end{cases}$$

则 $F(x)$ 是 $[-l,l]$ 上的偶函数且逐段光滑（图 11-5），按 $[-l,l]$ 上的展开方法，有

$$\frac{a_0}{2}+\sum_{n=1}^{\infty}a_n\cos\frac{n\pi x}{l}=\frac{F(x-0)+F(x+0)}{2},\quad x\in(-l,l),$$

其中

$$a_n=\frac{2}{l}\int_0^l F(x)\cos\frac{n\pi x}{l}\mathrm{d}x=\frac{2}{l}\int_0^l f(x)\cos\frac{n\pi x}{l}\mathrm{d}x,\quad n=0,\ 1,\ 2,\ \cdots.$$

由当 $x\in(0,l)$ 时，$F(x)=f(x)$，有

$$\frac{F(x-0)+F(x+0)}{2}=\frac{f(x-0)+f(x+0)}{2},$$

因此，我们得到 $f(x)$ 在 $[0,\ l]$ 上的余弦展开为

$$\boxed{\frac{a_0}{2}+\sum_{n=1}^{\infty}a_n\cos\frac{n\pi x}{l}=S(x)=\frac{f(x-0)+f(x+0)}{2},\quad x\in(0,l),}$$

其中

$$a_n=\frac{2}{l}\int_0^l f(x)\cos\frac{n\pi x}{l},\quad n=0,\ 1,\ 2,\ \cdots,\quad x\in(0,l).$$

且 $S(0)=\lim\limits_{x\to0^+}f(x)$，$S(l)=\lim\limits_{x\to l^-}f(x)$.

注 $S(x)$ 为周期函数，周期为 $2l$，为偶函数. 当 $x\in(-l,\ 0)$ 时，$S(x)=S(-x)=\dfrac{f(-x-0)+f(-x+0)}{2}$，$-x\in(0,\ l)$.

当 $x\in(2kl-l,2kl+l)$ 时，$k\in\mathbf{Z}$，$k\neq0$，则 $S(x)=S(x-2kl)$. $S(2kl)=\lim\limits_{x\to0^+}f(x)$，$S(2kl+l)=\lim\limits_{x\to l^-}f(x)$.

重难点讲解
$[0,\ l]$ 函数展开成余弦级数

例 5 将 $f(x)=x$，$0\leqslant x\leqslant\pi$ 展开为（1）正弦级数；（2）余弦级数.

重难点讲解
$[0,\ l]$ 函数展开成正弦级数

解 （1）由

$$a_n=0,\ n=0,\ 1,\ 2,\ \cdots,$$

$$b_n=\frac{2}{\pi}\int_0^{\pi}x\sin nx\mathrm{d}x=-\frac{2}{\pi n}x\cos nx\Big|_0^{\pi}+\frac{2}{\pi n}\int_0^{\pi}\cos nx\mathrm{d}x$$

$$=-\frac{2(-1)^n}{n}+\frac{2}{\pi n^2}\sin nx\Big|_0^{\pi}=\frac{2(-1)^{n+1}}{n},\ n=1,\ 2,\ 3,\ \cdots,$$

故 $f(x)=x$ 在 $[0,\pi]$ 上的正弦级数展开式为

$$f(x)=2\sum_{n=1}^{\infty}\frac{(-1)^{n+1}}{n}\sin nx,\quad x\in[0,\pi).$$

当 $x=\pi$ 时，傅里叶级数收敛于 0.

（2）$b_n=0$，$n=1,2,3,\cdots$，

$$a_0=\frac{2}{\pi}\int_0^{\pi}x\mathrm{d}x=\pi,$$

$$a_n=\frac{2}{\pi}\int_0^{\pi}x\cos nx\mathrm{d}x=\frac{2}{\pi n}x\sin nx\Big|_0^{\pi}-\frac{2}{\pi n}\int_0^{\pi}\sin nx\mathrm{d}x$$

$$=\frac{2}{\pi n^2}\cos nx\Big|_0^{\pi}=\frac{2}{\pi n^2}[(-1)^n-1]$$

$$=\begin{cases}0, & n=2k,\\ \dfrac{-4}{\pi(2k-1)^2}, & n=2k-1,\end{cases}\quad k=1,2,\cdots,$$

故 $f(x)=x$ 在 $[0,\pi]$ 上的余弦级数展开式为

$$\begin{aligned}f(x)&=\frac{\pi}{2}+\sum_{n=1}^{\infty}\frac{2}{\pi n^2}[(-1)^n-1]\cos nx\\&=\frac{\pi}{2}-\frac{4}{\pi}\sum_{k=1}^{\infty}\frac{\cos(2k-1)x}{(2k-1)^2},\quad 0\leqslant x\leqslant\pi.\end{aligned}$$

***例 6**　应当如何把给定在区间 $\left(0,\dfrac{\pi}{2}\right)$ 内逐段光滑且连续的函数 $f(x)$ 延拓到区间 $(-\pi,\pi)$ 内，而使得它展开成傅里叶级数如下

$$f(x)=\sum_{n=1}^{\infty}a_n\cos(2n-1)x,\quad -\pi<x<\pi.$$

解　由于展开式中无正弦项，故 $f(x)$ 延拓到 $(-\pi,\pi)$ 内应满足 $f(-x)=f(x)$. 函数 $f(x)$ 延拓到 $\left(\dfrac{\pi}{2},\pi\right)$ 的部分记为 $g(x)$，则按题意有

$$\int_0^{\frac{\pi}{2}}f(x)\cos 2nx\mathrm{d}x+\int_{\frac{\pi}{2}}^{\pi}g(x)\cos 2nx\mathrm{d}x=0,\quad n=0,1,2,\cdots.$$

由

$$\begin{aligned}\int_0^{\frac{\pi}{2}}f(x)\cos 2nx\mathrm{d}x&\xlongequal{\pi-x=y}-\int_{\pi}^{\frac{\pi}{2}}f(\pi-y)\cos 2ny\mathrm{d}y\\&=\int_{\frac{\pi}{2}}^{\pi}f(\pi-x)\cos 2nx\mathrm{d}x,\end{aligned}$$

于是

$$\int_{\frac{\pi}{2}}^{\pi}[f(\pi-x)+g(x)]\cos 2nx\mathrm{d}x=0,\quad n=0,1,2,\cdots,$$

为要上式成立，只要对每一个 $x\in\left(\dfrac{\pi}{2},\pi\right)$，使

$$f(\pi-x)+g(x)=0,$$

即

$$g(x)=-f(\pi-x).$$

因此，首先要在 $\left(\dfrac{\pi}{2},\pi\right)$ 内定义一个函数，使它等于 $-f(\pi-x)$，然后，再按偶函数延拓到 $(-\pi,0)$，不妨将延拓到 $(-\pi,\pi)$ 上的函数仍记为 $f(x)$，则由上面讨论知

$$f(-x)=f(x),\ -\pi<x<\pi,\ f(\pi-x)=-f(x),\ \frac{\pi}{2}<x<\pi.$$

*§ 8.4　复数形式的傅里叶级数

由狄利克雷定理知，若 $f(x)$ 是以 $T=2l$ 为周期的周期函数，且在 $[-l,l]$ 上逐段光滑，则

$$\frac{f(x-0)+f(x+0)}{2}=\frac{a_0}{2}+\sum_{n=1}^{\infty}\left(a_n\cos\frac{n\pi x}{l}+b_n\sin\frac{n\pi x}{l}\right),\quad -\infty<x<+\infty,\tag{11.33}$$

其中

$$\begin{cases}a_n=\dfrac{1}{l}\displaystyle\int_{-l}^{l}f(x)\cos\frac{n\pi x}{l}\mathrm{d}x, & n=0,1,2,\cdots,\\ b_n=\dfrac{1}{l}\displaystyle\int_{-l}^{l}f(x)\sin\frac{n\pi x}{l}\mathrm{d}x, & n=1,2,3,\cdots.\end{cases}\tag{11.34}$$

利用欧拉公式:

$$\cos\frac{n\pi x}{l}=\frac{\mathrm{e}^{\mathrm{i}\frac{n\pi x}{l}}+\mathrm{e}^{-\mathrm{i}\frac{n\pi x}{l}}}{2},\quad \sin\frac{n\pi x}{l}=\frac{\mathrm{e}^{\mathrm{i}\frac{n\pi x}{l}}-\mathrm{e}^{-\mathrm{i}\frac{n\pi x}{l}}}{2\mathrm{i}},$$

代入式(11. 33),得

$$\begin{aligned}\frac{f(x-0)+f(x+0)}{l}&=\frac{a_0}{2}+\sum_{n=1}^{\infty}\left(a_n\cdot\frac{\mathrm{e}^{\mathrm{i}\frac{n\pi x}{l}}+\mathrm{e}^{-\mathrm{i}\frac{n\pi x}{l}}}{2}-\mathrm{i}b_n\cdot\frac{\mathrm{e}^{\mathrm{i}\frac{n\pi x}{l}}-\mathrm{e}^{-\mathrm{i}\frac{n\pi x}{l}}}{2}\right)\\&=\frac{a_0}{2}+\sum_{n=1}^{\infty}\left(\frac{a_n-\mathrm{i}b_n}{2}\mathrm{e}^{\mathrm{i}\frac{n\pi x}{l}}+\frac{a_n+\mathrm{i}b_n}{2}\mathrm{e}^{-\mathrm{i}\frac{n\pi x}{l}}\right)\\&=c_0+\sum_{n=1}^{\infty}\left(c_n\mathrm{e}^{\mathrm{i}\frac{n\pi x}{l}}+c_{-n}\mathrm{e}^{-\mathrm{i}\frac{n\pi x}{l}}\right),\end{aligned}$$

其中

$$c_0=\frac{a_0}{2}=\frac{1}{2l}\int_{-l}^{l}f(x)\mathrm{d}x,$$

$$\begin{aligned}c_{\pm n}=\frac{a_n\mp\mathrm{i}b_n}{2}&=\frac{1}{2l}\int_{-l}^{l}f(x)\left(\cos\frac{n\pi x}{l}\mp\mathrm{i}\sin\frac{n\pi x}{l}\right)\mathrm{d}x\\&=\frac{1}{2l}\int_{-l}^{l}f(x)\mathrm{e}^{\mp\mathrm{i}\frac{n\pi x}{l}}\mathrm{d}x\ (n=1,2,3,\cdots).\end{aligned}$$

因此可简洁地写成

$$\boxed{f(x)=\sum_{n=-\infty}^{+\infty}c_n\mathrm{e}^{\mathrm{i}\frac{n\pi x}{l}},\quad -\infty<x<+\infty,}\tag{11.35}$$

其中

$$c_n=\frac{1}{2l}\int_{-l}^{l}f(x)\mathrm{e}^{-\mathrm{i}\frac{n\pi x}{l}}\mathrm{d}x\ (n=0,\pm1,\pm2,\cdots).\tag{11.36}$$

我们把式(11. 36)称为函数 $f(x)$ 的复数形式的傅里叶系数,式(11.35)右边的级数称为 $f(x)$ 的复数形式的傅里叶级数,而等式(11.35)称为 $f(x)$ 的复数形式的傅里叶展开式,这些复数形式的表达式比起实数形式来有更简洁统一的优点.

例 7 将函数 $f(x)=\begin{cases}\dfrac{1}{2h}, & |x|<h,\\ 0, & h\leqslant|x|\leqslant l\end{cases}$ 展开成复数形式的傅里叶级数.

解 计算系数,得

$$c_0=\frac{1}{2l}\int_{-l}^{l}f(x)\mathrm{d}x=\frac{1}{2l}\int_{-h}^{h}\frac{1}{2h}\mathrm{d}x=\frac{1}{2l},$$

$$c_n=\frac{1}{2l}\int_{-l}^{l}f(x)\mathrm{e}^{-\mathrm{i}\frac{n\pi x}{l}}\mathrm{d}x=\frac{1}{2l}\int_{-h}^{h}\frac{1}{2h}\mathrm{e}^{-\mathrm{i}\frac{n\pi x}{l}}\mathrm{d}x$$

$$=\frac{1}{4lh}\left(-\frac{l}{\mathrm{i}n\pi}\mathrm{e}^{-\mathrm{i}\frac{n\pi x}{l}}\right)\Bigg|_{-h}^{h}=\frac{1}{2n\pi h}\frac{\mathrm{e}^{\mathrm{i}\frac{n\pi h}{l}}-\mathrm{e}^{-\mathrm{i}\frac{n\pi h}{l}}}{2\mathrm{i}}=\frac{1}{2n\pi h}\sin\frac{n\pi h}{l}\ (n=\pm1,\ \pm2,\ \cdots),$$

于是

$$f(x)=\frac{1}{2l}+\frac{1}{2\pi h}\sum_{\substack{n=-\infty\\(n\neq0)}}^{+\infty}\frac{1}{n}\sin\frac{n\pi h}{l}\mathrm{e}^{\mathrm{i}\frac{n\pi x}{l}}(-l\leqslant x\leqslant l,x\neq\pm h).$$

当 $x=\pm h$ 时，上述级数收敛于$\frac{1}{4h}$.

*§8.5　矩形区域上二元函数的傅里叶展开

在某些实际问题中，需要用到在矩形域上的二重傅里叶展开，这时采用复数形式的展开，将使表达式和计算较为简便.

今设 $f(x,y)$ 定义在矩形域 G：$-l\leqslant x\leqslant l$，$-h\leqslant y\leqslant h$ 上，且满足展开所需的一切条件，要求 $f(x,y)$ 在 G 上展开为二重傅里叶级数.

为此，先任意固定 $y\in[-h,h]$，将 $f(x,y)$ 在 $[-l,l]$ 上对 x 作傅里叶展开，得

$$f(x,\ y)=\sum_{n=-\infty}^{+\infty}c_n(y)\mathrm{e}^{\mathrm{i}\frac{n\pi x}{l}}(-l\leqslant x\leqslant l),$$

其中

$$c_n(y)=\frac{1}{2l}\int_{-l}^{l}f(x,\ y)\mathrm{e}^{-\mathrm{i}\frac{n\pi x}{l}}\mathrm{d}x(n=0,\ \pm1,\ \pm2,\cdots).$$

再把 $c_n(y)$ 在 $[-h,h]$ 上对 y 作傅里叶展开，得

$$c_n(y)=\sum_{m=-\infty}^{+\infty}c_{nm}\mathrm{e}^{\mathrm{i}\frac{m\pi y}{h}}(-h\leqslant y\leqslant h),$$

这里

$$c_{nm}=\frac{1}{2h}\int_{-h}^{h}c_n(y)\mathrm{e}^{-\mathrm{i}\frac{m\pi y}{h}}\mathrm{d}y(m=0,\ \pm1,\ \pm2,\cdots).$$

于是得到 $f(x,y)$ 在矩形域 G 上的二重傅里叶展开为

$$f(x,y)=\sum_{n=-\infty}^{+\infty}\left(\sum_{m=-\infty}^{+\infty}c_{nm}\mathrm{e}^{\mathrm{i}\frac{m\pi y}{h}}\right)\mathrm{e}^{\mathrm{i}\frac{n\pi x}{l}}=\sum_{m,\ n=-\infty}^{+\infty}c_{nm}\mathrm{e}^{\mathrm{i}\left(\frac{n\pi x}{l}+\frac{m\pi y}{h}\right)},\ (x,y)\in G,\tag{11.37}$$

其中

$$c_{nm}=\frac{1}{2h}\int_{-h}^{h}\left(\frac{1}{2l}\int_{-l}^{l}f(x,\ y)\mathrm{e}^{-\mathrm{i}\frac{n\pi x}{l}}\mathrm{d}x\right)\mathrm{e}^{-\mathrm{i}\frac{m\pi y}{h}}\mathrm{d}y$$

$$=\frac{1}{4hl}\iint_G f(x,\ y)\mathrm{e}^{-\mathrm{i}\left(\frac{n\pi x}{l}+\frac{m\pi y}{h}\right)}\mathrm{d}x\mathrm{d}y(m,n=0,\ \pm1,\ \pm2,\cdots).\tag{11.38}$$

例 8　将函数 $f(x,y)=xy$ 在方形域 G：$-\pi\leqslant x\leqslant\pi$，$-\pi\leqslant y\leqslant\pi$ 上展开成二重傅里叶级数.

解　根据式(11.38)计算，得

$$c_{nm}=\frac{1}{4\pi^2}\iint_G xy\mathrm{e}^{-\mathrm{i}(nx+my)}\mathrm{d}x\mathrm{d}y$$

$$= \frac{1}{4\pi^2}\int_{-\pi}^{\pi} y e^{-imy} dy \int_{-\pi}^{\pi} e^{-inx} dx$$

$$= \frac{1}{4\pi^2} \frac{(-1)^m 2\pi i}{m} \cdot \frac{(-1)^n 2\pi i}{n}$$

$$= \frac{(-1)^{m+n+1}}{mn} \quad (m, n = \pm 1, \pm 2, \pm 3, \cdots).$$

当 $m=0$ 或 $n=0$ 时，易知 $c_{nm}=0$，因此有

$$f(x, y) = xy = \sum_{\substack{m, n=-\infty \\ (m, n\neq 0)}}^{+\infty} \frac{(-1)^{m+n+1}}{mn} e^{i(nx+my)} \quad (-\pi < x < \pi, -\pi < y < \pi).$$

进一步化简，可知

$$f(x, y) = xy = 4\sum_{m, n=1}^{+\infty} \frac{(-1)^{m+n}}{mn} \sin nx \sin my \quad (-\pi < x < \pi, -\pi < y < \pi).$$

习题 11-8

1. 将下列函数展开为傅里叶级数：

(1) $f(x)=\begin{cases} A, & 0<x<l, \\ 0, & l<x<2l, \end{cases}$ $f(x+2l)=f(x)$，其中 A 为常数；

(2) $f(x)=x$，$-\pi<x<\pi$，且 $f(x+2\pi)=f(x)$；

(3) $f(x)=|x|$，$-\pi<x<\pi$，且 $f(x+2\pi)=f(x)$；

(4) $f(x)=\begin{cases} ax, & -\pi<x<0, \\ bx, & 0<x<\pi, \end{cases}$ 且 $f(x+2\pi)=f(x)$，其中 a，b 为常数；

(5) $f(x)=x-[x]$；

(6) $f(x)=|\cos x|$.

2. 在区间 $(-\pi, \pi)$ 内展开 $f(x)=\sin ax$.

3. 将 $f(x)=\begin{cases} 1, & 0<x<h, \\ 0, & h<x<1, \end{cases}$ 展开成正弦级数.

4. 将 $f(x)=\cos x$ 在 $(0, \pi)$ 上展开为：(1) 正弦级数；(2) 余弦级数.

5. 设 $f(x)$ 是以 π 为周期的反周期函数，即 $f(x+\pi)=-f(x)$，问此函数在区间 $(-\pi, \pi)$ 内的傅里叶级数具有怎样的特性.

6. $f(x)=\begin{cases} -1, & -\pi<x\leqslant 0, \\ 1, & 0<x<\pi, \end{cases}$ 且 $f(x+2\pi)=f(x)$，求 $f(x)$ 的复数形式的傅里叶级数.

7. 证明：当 $0<x<\pi$ 时，成立

$$\frac{\cos 2x}{1\times 3}+\frac{\cos 4x}{3\times 5}+\cdots+\frac{\cos 2nx}{(2n-1)(2n+1)}+\cdots=\frac{1}{2}-\frac{\pi}{4}\sin x.$$

第十一章综合题

1. 判断下列正项级数的敛散性：

(1) $\sum\limits_{n=1}^{\infty} n^{\lambda}\sin\dfrac{\pi}{2\sqrt{n}}$;　　(2) $\sum\limits_{n=1}^{\infty}\left[\mathrm{e}-\left(1+\dfrac{1}{n}\right)^{n}\right]^{p}$;

(3) $\sum\limits_{n=1}^{\infty}\int_{0}^{\frac{1}{n}}\dfrac{\sqrt{x}}{1+x^{2}}\mathrm{d}x$;　　(4) $\sum\limits_{n=1}^{\infty}\left(\sqrt{n+\dfrac{1}{2}}-\sqrt[4]{n^{2}+n}\right)$.

2. 判别下列一般级数是绝对收敛、条件收敛还是发散：

(1) $\sum\limits_{n=1}^{\infty}(-1)^{n-1}\dfrac{\ln\left(2+\dfrac{1}{n}\right)}{\sqrt{(3n-2)(3n+2)}}$;　　(2) $\sum\limits_{n=1}^{\infty}\dfrac{(-1)^{n}}{\sqrt{n}+(-1)^{n}}$;

(3) $\sum\limits_{n=1}^{\infty}\dfrac{(-1)^{n-1}}{n^{2}-\ln n}$;　　(4) $\sum\limits_{n=1}^{\infty}\sin(\pi\sqrt{n^{2}+1})$;

(5) $\sum\limits_{n=2}^{\infty}\ln\left(1+\dfrac{(-1)^{n}}{n^{p}}\right)$.

3. 设正项数列$\{a_n\}$单调增加有上界，证明级数 $\sum\limits_{n=1}^{\infty}\left(1-\dfrac{a_n}{a_{n+1}}\right)$ 收敛.

4. 设 $a_n=\int_{0}^{\frac{\pi}{4}}\tan^{n}x\mathrm{d}x$,

(1) 计算 $\sum\limits_{n=1}^{\infty}\dfrac{1}{n}(a_n+a_{n+2})$;　　(2) 试证：当 $\lambda>0$ 时，$\sum\limits_{n=1}^{\infty}\dfrac{a_n}{n^{\lambda}}$ 收敛.

5. 设 $0<u_n<1$，且 $\lim\limits_{n\to\infty}\dfrac{\ln u_n}{\ln n}=q$，证明：级数 $\sum\limits_{n=1}^{\infty}u_n$ 在 $q<-1$ 时收敛，在 $q>-1$ 时发散.

6. 设$0<P_1<P_2<\cdots<P_n<\cdots$，试证：$\sum\limits_{n=1}^{\infty}\dfrac{1}{P_n}$ 收敛的充要条件是：$\sum\limits_{n=1}^{\infty}\dfrac{n}{P_1+P_2+\cdots+P_n}$ 收敛.

7. 设$\{a_n\}$，$\{b_n\}$为两个正项数列，试证：

(1) 对任意的正整数 n，若 $a_nb_n-a_{n+1}b_{n+1}\leqslant 0$ 且 $\sum\limits_{n=1}^{\infty}\dfrac{1}{b_n}$ 发散，则 $\sum\limits_{n=1}^{\infty}a_n$ 发散；

(2) 对任意的正整数 n，若 $b_n\dfrac{a_n}{a_{n+1}}-b_{n+1}\geqslant\delta$（$\delta>0$ 为常数），则 $\sum\limits_{n=1}^{\infty}a_n$ 收敛.

8. 设数列$\{u_n\}$的 $u_1=3$，$u_2=5$，当 $n\geqslant 3$ 时，$u_n=u_{n-2}+u_{n-1}$，证明级数 $\sum\limits_{n=1}^{\infty}\dfrac{1}{u_n}$ 收敛.

9. 设数列 $x_n=na_n$ 收敛，级数 $\sum\limits_{n=1}^{\infty}n(a_n-a_{n-1})$ 收敛，证明级数 $\sum\limits_{n=1}^{\infty}a_n$ 收敛.

10. 讨论级数 $\sum\limits_{n=1}^{\infty}\dfrac{(-1)^{n}}{(n^{2}-4n+5)^{a}}$ 的敛散性.

11. 设 $f(x)$ 在 $x=0$ 的某一邻域内具有二阶连续导数，且 $\lim\limits_{x\to 0}\dfrac{f(x)}{x}=0$，证明级数 $\sum\limits_{n=1}^{\infty}f\left(\dfrac{1}{n}\right)$ 绝对收敛.

12. 设偶函数 $f(x)$ 在 $x=0$ 存在二阶导数，且 $f(0)=1$，试证：级数 $\sum\limits_{n=1}^{\infty}\left[f\left(\dfrac{1}{n}\right)-1\right]$ 绝对收敛.

13. 求下列幂级数的收敛域及和函数：

(1) $\sum_{n=0}^{\infty}\frac{(-1)^n(n+1)}{(2n+3)!}x^{2n}$；　　(2) $\sum_{n=0}^{\infty}\frac{n^2+1}{2^n n!}x^{2n}$；

(3) $\sum_{n=0}^{\infty}\frac{x^{2n}}{(2n)!}$；　　(4) $\sum_{n=0}^{\infty}\frac{(n-1)^2}{(n+1)x^n}$；

(5) $1+\sum_{n=1}^{\infty}\frac{(2n-1)!!}{(2n)!!}x^n$.

14. 把下列函数展成麦克劳林级数：

(1) $f(x)=\frac{12-5x}{6-5x-x^2}$；　　(2) $f(x)=x\arcsin x+\sqrt{1-x^2}$；

(3) $f(x)=(1+x^2)\arctan x$；　　(4) $f(x)=(\arctan x)^2$.

15. 设 $f(x)$ 是幂级数的和，$|x|<R$，又 $g(x)=f(x^2)$，证明：

$$g^{(n)}(0)=\begin{cases}0, & n\text{ 为奇数；}\\ \dfrac{n!}{\left(\dfrac{n}{2}!\right)}f^{\left(\frac{n}{2}\right)}(0), & n\text{ 为偶数.}\end{cases}$$

16. 求级数 $\sum_{n=0}^{\infty}\frac{(n+1)^2}{n!}$.

17. 证明：当 $|x|<1$ 时，$\sqrt[3]{1+x}\approx 1+\frac{1}{3}x-\frac{1}{9}x^2$，利用上述公式近似计算 $\sqrt[3]{9}$，并估计误差.

18. 证明等式 $\sum_{n=0}^{\infty}\frac{\cos(2n+1)nx}{(2n+1)^2}=\frac{\pi^2}{8}-\frac{\pi^2}{4}|x|$，$-1\leqslant x\leqslant 1$. 并由此求数项级数 $\sum_{n=0}^{\infty}\frac{1}{(2n+1)^2}$ 与 $\sum_{n=1}^{\infty}\frac{1}{n^2}$.

19. 设函数 $f(x)=x^2$，$x\in[0,\pi]$，试求：

(1) $f(x)$ 在 $[0,\pi]$ 上的正弦级数；

(2) $f(x)$ 在 $[0,\pi]$ 上的余弦级数；

(3) $f(x)$ 在 $[0,\pi]$ 上以 π 为周期的傅里叶级数.

20. 证明三角多项式 $P_n(x)=\sum_{k=0}^{n}(a_k\cos kx+b_k\sin kx)$ 的傅里叶级数就是它本身.

21. 设 $f(x)$ 是以 2π 为周期的连续函数，并且 a_n，b_n 为其傅里叶系数，求卷积函数

$$F(x)=\frac{1}{\pi}\int_{-\pi}^{\pi}f(t)f(t+x)\,\mathrm{d}t$$

的傅里叶系数 A_n，B_n.

第十一章习题拓展

*第十二章　含参量积分

我们知道函数项级数可以表示函数关系，而含参量的积分也可以产生新的函数关系，在研究方法上与函数项级数的研究方法有类似之处.

§1　含参量的常义积分

设二元函数 $f(x,y)$ 在矩形区域 $D:\{(x,y):a\leqslant x\leqslant b,c\leqslant y\leqslant d\}$ 上连续，若对每一个 $y\in[c,d]$，则 $f(x,y)$ 成为区间 $[a,b]$ 上变量的一个一元连续函数. 于是，对每一个取定的 y 值，积分 $\int_a^b f(x,y)\mathrm{d}x$ 都有一个确定的值与之对应. 因此，在 $c\leqslant y\leqslant d$ 上，这个积分是 y 的函数，记作

$$\varphi(y)=\int_a^b f(x,\ y)\mathrm{d}x. \tag{12.1}$$

被积函数所依赖的变量 y，在积分过程中是一个常量，通常把它叫做积分参变量. 式(12.1)叫做含参变量的积分.

例如 $\int_0^1\frac{\mathrm{d}x}{x^2+y^2}=\frac{1}{y}\arctan\frac{1}{y}=\varphi(y)$，那么由式(12.1)定义的函数 $\varphi(y)$ 具有什么性质呢？

定理 12.1　如果函数 $f(x,y)$ 在矩形区域 $D:\{(x,y):a\leqslant x\leqslant b,c\leqslant y\leqslant d\}$ 上连续，则由积分(12.1)确定的函数 $\varphi(y)$ 在 $[c,d]$ 上连续，即

$$\boxed{\lim_{y\to y_0}\int_a^b f(x,y)\mathrm{d}x=\int_a^b\lim_{y\to y_0}f(x,y)\mathrm{d}x.} \tag{12.2}$$

证　任给一点 $y_0\in[c,d]$，只要证 $\varphi(y)$ 在 $y=y_0$ 处连续. $\forall\varepsilon>0$，要使 $|\varphi(y)-\varphi(y_0)|<\varepsilon$，由于 $f(x,y)$ 在有界闭区域 D 上连续，因此 $f(x,y)$ 在 D 上一致连续. 对 $\frac{\varepsilon}{b-a}>0$，存在 $\delta>0$，当 (x_2,y_2)，$(x_1,y_1)\in D$ 且 $\sqrt{(x_2-x_1)^2+(y_2-y_1)^2}<\delta$ 时，有

$$|f(x_2,y_2)-f(x_1,y_1)|<\frac{\varepsilon}{b-a}.$$

特别地，取 $(x_2,y_2)=(x,y)$，$(x_1,y_1)=(x,y_0)$，当 $|y-y_0|<\delta$ 时，有

$$\sqrt{(x-x)^2+(y-y_0)^2}<\delta,$$

就有

$$|f(x,y)-f(x,y_0)|<\frac{\varepsilon}{b-a}.$$

于是

$$|\varphi(y)-\varphi(y_0)|<\int_a^b\frac{\varepsilon}{b-a}\mathrm{d}x=\varepsilon,$$

因此 $\varphi(y)$ 在 $y=y_0$ 处连续. □

定理 12.1 说明在满足定理 12.1 的条件下，$\int_a^b$ 与 $\lim\limits_{y\to y_0}$ 这两种运算可交换顺序，由 $\varphi(y)$ 在 $[c,d]$ 上连续，有 $\varphi(y)$ 在 $[c,d]$ 上可积，从而

$$\begin{aligned}\int_c^d\varphi(y)\mathrm{d}y&=\int_c^d\left[\int_a^b f(x,\ y)\mathrm{d}x\right]\mathrm{d}y\\&=\int_c^d\mathrm{d}y\int_a^b f(x,\ y)\mathrm{d}x\\&\xlongequal{\text{由二重积分性质}}\int_a^b\mathrm{d}x\int_c^d f(x,\ y)\mathrm{d}y\\&=\int_a^b\left[\int_c^d f(x,\ y)\mathrm{d}y\right]\mathrm{d}x.\end{aligned}$$

因此有

定理 12.2 **设 $f(x,y)$ 在矩形区域 $D:\{(x,y):a\leqslant x\leqslant b,c\leqslant y\leqslant d\}$ 上连续，则**

$$\boxed{\int_c^d\varphi(y)\mathrm{d}y=\int_c^d\left[\int_a^b f(x,y)\mathrm{d}x\right]\mathrm{d}y=\int_a^b\left[\int_c^d f(x,y)\mathrm{d}y\right]\mathrm{d}x.}\tag{12.3}$$

即在定理条件下 $\int_a^b$ 与 $\int_c^d$ 这两种运算可以交换次序.

定理 12.3 **设 $f(x,y)$ 以及 $\frac{\partial}{\partial y}f(x,y)$ 都在矩形区域 $D:\{(x,y):a\leqslant x\leqslant b,c\leqslant y\leqslant d\}$ 上连续，则由式(12.1)所确定的函数 $\varphi(y)$ 在 $[c,d]$ 上可导，且**

$$\boxed{\frac{\mathrm{d}}{\mathrm{d}y}\int_a^b f(x,y)\mathrm{d}x=\int_a^b\frac{\partial}{\partial y}f(x,y)\mathrm{d}x,\qquad y\in[c,d].}\tag{12.4}$$

即在定理条件下，$\frac{\partial}{\partial y}$ 与 $\int_a^b$ 两种运算可以交换顺序.

证 设 $g(y)=\int_a^b\frac{\partial}{\partial y}f(x,y)\mathrm{d}x$，$\frac{\partial}{\partial y}f(x,y)$ 在 D 上连续，由定理 12.1 知 $g(y)$ 在 $[c,d]$ 上连续，由定理 12.2 知，当 $y\in[c,d]$ 时，

$$\begin{aligned}\int_c^v g(y)\mathrm{d}y&=\int_c^v\left[\int_a^b\frac{\partial}{\partial y}f(x,\ y)\mathrm{d}x\right]\mathrm{d}y=\int_a^b\left[\int_c^v\frac{\partial}{\partial y}f(x,\ y)\mathrm{d}y\right]\mathrm{d}x\\&=\int_a^b[f(x,\ v)-f(x,\ c)]\mathrm{d}x=\int_a^b f(x,\ v)\mathrm{d}x-\int_a^b f(x,\ c)\mathrm{d}x\\&=\varphi(v)-\varphi(c),\end{aligned}$$

两边同时对 v 求导，有 $g(v)=\varphi'(v)$，即 $g(y)=\varphi'(y)$. 于是 $\frac{\mathrm{d}}{\mathrm{d}y}\varphi(y)=g(y)$，所以

$$\frac{\mathrm{d}}{\mathrm{d}y}\int_a^b f(x,\ y)\mathrm{d}x=\int_a^b\frac{\partial}{\partial y}f(x,y)\mathrm{d}x.\ \square$$

若 $\int_a^b f(x,y)\mathrm{d}x$ 中的上、下限都是 y 的函数，即

$$a=g_1(y),\quad b=g_2(y),$$

则 $\int_{g_1(y)}^{g_2(y)} f(x,y)\mathrm{d}x$ 依然是 y 的函数，记

$$\varphi(y)=G(y,g_1(y),g_2(y))=\int_{g_1(y)}^{g_2(y)} f(x,\ y)\mathrm{d}x. \tag{12.5}$$

对于 $\varphi(y)$ 有如下的结果.

定理 12.4　设

(1) 函数 $f(x,y)$ 及 $\frac{\partial}{\partial y}f(x,y)$ 在 $D:\{(x,y):a\leqslant x\leqslant b,c\leqslant y\leqslant d\}$ 上连续；

(2) 函数 $g_1(y)$，$g_2(y)$ 在 $[c,d]$ 上可导，且

$$a\leqslant g_1(y)\leqslant b,\ a\leqslant g_2(y)\leqslant b,\ c\leqslant y\leqslant d,$$

则由积分(12.5)所定义的函数 $\varphi(y)$ 在 $[c,d]$ 上可导，且

$$\frac{\mathrm{d}}{\mathrm{d}y}\varphi(y)=\int_{g_1(y)}^{g_2(y)}\frac{\partial}{\partial y}f(x,y)\mathrm{d}x+f(g_2(y),y)\ g_2'(y)-f(g_1(y),y)\ g_1'(y). \tag{12.6}$$

分析　由于 $\varphi(y)$ 既依赖于 $f(x,y)$ 中的 y，也依赖于 $g_1(y)$ 与 $g_2(y)$ 中的 y，因此，它是变量 y 的复合函数. 记 $g_1(y)=z_1$，$g_2(y)=z_2$，已知 z_1，z_2 在 $[c,d]$ 上可导，只要证明当 $c\leqslant y\leqslant d$ 时，$G(y,z_1,z_2)$ 对三个中间变量的偏导数 $\frac{\partial G}{\partial y}$，$\frac{\partial G}{\partial z_1}$，$\frac{\partial G}{\partial z_2}$ 都连续，由多元复合函数的偏导数公式知 $G(y,\ z_1,\ z_2)$ 在 $[c,d]$ 上可导，且

$$\frac{\mathrm{d}\varphi(y)}{\mathrm{d}y}=\frac{\partial G}{\partial y}+\frac{\partial G}{\partial z_1}\frac{\mathrm{d}z_1}{\mathrm{d}y}+\frac{\partial G}{\partial z_2}\frac{\mathrm{d}z_2}{\mathrm{d}y}. \tag{12.7}$$

证　由

$$\frac{\partial G}{\partial z_1}=\frac{\partial}{\partial z_1}\int_{z_1}^{z_2} f(x,\ y)\mathrm{d}x=-f(z_1,\ y)=-f(g_1(y),y),$$

$$\frac{\partial G}{\partial z_2}=\frac{\partial}{\partial z_2}\int_{z_1}^{z_2} f(x,y)\mathrm{d}x=f(z_2,y)=f(g_2(y),y),$$

$$\frac{\partial G}{\partial y}=\frac{\partial}{\partial y}\int_{z_1}^{z_2} f(x,y)\mathrm{d}x=\int_{z_1}^{z_2}\frac{\partial}{\partial y}f(x,y)\mathrm{d}x,$$

且 $f(x,y)$ 在 D 上连续，当 $c\leqslant y\leqslant d$ 时，$z_1=g_1(y)$ 和 $z_2=g_2(y)$ 连续，以及 $a\leqslant z_1\leqslant b$，$a\leqslant z_2\leqslant b$，从而当 $c\leqslant y\leqslant d$ 时，$\frac{\partial G}{\partial z_1}$ 与 $\frac{\partial G}{\partial z_2}$ 都连续.

由于 $\frac{\partial}{\partial y}f(x,y)$ 在 D 上连续，有 $\frac{\partial\varphi(y)}{\partial y}$ 在 $c\leqslant y\leqslant d$ 上连续，因此，根据多元复合函数求偏导的法则知 $\varphi(y)$ 在 $[c,d]$ 上可导，且

$$\frac{\mathrm{d}\varphi(y)}{\mathrm{d}y}=\int_{g_1(y)}^{g_2(y)}\frac{\partial}{\partial y}f(x,y)\mathrm{d}x+f(g_2(y),\ y)g_2'(y)-f(g_1(y),\ y)g_1'(y).\ \square$$

例 1　若 $F(x)=\int_x^{x^2}\mathrm{e}^{-xy^2}\mathrm{d}y$，计算 $F'(x)$.

解　$F'(x)=\mathrm{e}^{-xy^2}\Big|_{y=x^2}\cdot(x^2)'-\mathrm{e}^{xy^2}\Big|_{y=x}(x)'+\int_x^{x^2}\frac{\partial}{\partial x}\mathrm{e}^{-xy^2}\mathrm{d}y$

$$=2xe^{-x^5}-e^{x^3}-\int_x^{x^2} y^2 e^{-xy^2}\mathrm{d}y.$$

例 2 计算定积分 $I=\int_0^1 \frac{\ln(1+x)}{1+x^2}\mathrm{d}x$.

解 考虑含参变量 a 的积分

$$\Phi(a)=\int_0^1 \frac{\ln(1+ax)}{1+x^2}\mathrm{d}x,$$

由于 $\Phi(0)=0$，$\Phi(1)=I$，故由定理 12.3 知

$$\begin{aligned}\Phi'(a)&=\int_0^1 \frac{\partial}{\partial a}\left[\frac{\ln(1+ax)}{1+x^2}\right]\mathrm{d}x=\int_0^1 \frac{x}{(1+ax)(1+x^2)}\mathrm{d}x\\&=\frac{1}{1+a^2}\left[\int_0^1 \frac{x\mathrm{d}x}{1+x^2}+\int_0^1 \frac{a\mathrm{d}x}{1+x^2}-\int_0^1 \frac{a\mathrm{d}x}{1+ax}\right]\\&=\frac{1}{1+a^2}\left[\frac{1}{2}\ln 2+\frac{a\pi}{4}-\ln(1+a)\right],\quad 0\leqslant a\leqslant 1.\end{aligned}$$

$$\Phi(1)-\Phi(0)=\int_0^1 \Phi'(a)\mathrm{d}a=\frac{1}{2}\ln 2\int_0^1 \frac{\mathrm{d}a}{1+a^2}+\frac{\pi}{4}\int_0^1 \frac{a\mathrm{d}a}{1+a^2}-\int_0^1 \frac{\ln(1+a)}{1+a^2}\mathrm{d}a,$$

得 $I=\frac{\pi}{8}\ln 2+\frac{\pi}{8}\ln 2-I$，于是 $I=\frac{\pi}{8}\ln 2$.

从这题的计算，我们可以看到巧妙地利用含参变量的积分，去计算不易求出的定积分是一种技巧性较强的方法.

例 3 计算 $\int_0^1 \frac{x^b-x^a}{\ln x}\mathrm{d}x$ $(0<a<b)$.

解 首先注意，由于

$$\lim_{x\to 0^+}\frac{x^b-x^a}{\ln x}=0,\ \lim_{x\to 1^-}\frac{x^b-x^a}{\ln x}\left(\frac{0}{0}\text{型}\right)=\lim_{x\to 1^-}\frac{bx^{b-1}-ax^{a-1}}{x^{-1}}=\lim_{x\to 1^-}(bx^b-ax^a)=b-a,$$

故 $\int_0^1 \frac{x^b-x^a}{\ln x}\mathrm{d}x$ 不是反常积分. 并且，如果补充定义被积函数在 $x=0$ 时的值为 0，在 $x=1$ 时的值为 $b-a$，则可理解为 $[0,1]$ 上的连续函数，由于

$$\frac{x^b-x^a}{\ln x}=\int_a^b x^y\mathrm{d}y\ (0\leqslant x\leqslant 1),$$

且 x^y 在 $0\leqslant x\leqslant 1$，$0<a\leqslant y\leqslant b$ 上连续，由定理 12.2 知

$$\int_0^1 \frac{x^b-x^a}{\ln x}\mathrm{d}x=\int_0^1 \mathrm{d}x\int_a^b x^y\mathrm{d}y=\int_a^b \mathrm{d}y\int_0^1 x^y\mathrm{d}x=\int_a^b \frac{\mathrm{d}y}{1+y}=\ln\frac{1+b}{1+a}.$$

§2 含参量的反常积分

§2.1 含参量的反常积分

设函数 $f(x,y)$ 在无界区域 $E:\{(x,y): a\leqslant x\leqslant b, c\leqslant y<+\infty\}$ 上有定义，若对每一个

$x\subset[a,b]$，非正常积分

$$\int_c^{+\infty} f(x,y)\,\mathrm{d}y \tag{12.8}$$

都收敛，则它的值是区间$[a,b]$上x的函数，记作$I(x)$，有

$$I(x)=\int_c^{+\infty} f(x,y)\,\mathrm{d}y=\sum_{n=1}^{\infty}\int_{A_n}^{A_{n+1}} f(x,y)\,\mathrm{d}y=\sum_{n=1}^{\infty}u_n(x). \tag{12.9}$$

称$I(x)$为定义在$[a,b]$上的含参量x的无穷限反常积分或简称含参量x的反常积分或者称为含参量x的广义积分.

设$A_1=c$，取一个数列$\{A_n\}$严格递增，且$\lim\limits_{n\to\infty}A_n=+\infty$，于是

$$I(x)=\int_c^{+\infty} f(x,y)\,\mathrm{d}y=\sum_{n=1}^{\infty}\int_{A_n}^{A_{n+1}} f(x,y)\,\mathrm{d}y=\sum_{n=1}^{\infty}u_n(x).$$

因此，含参量的反常积分本质上就是一个函数项级数，$I(x)$就是函数项级数的和函数，所以我们可以用研究函数项级数的方法研究含参量的反常积分的一些性质.

定义 12.1　若含参量反常积分(12.8)与对任给的正数ε，总存在某一实数$N>c$，使得当$M>N$时，对一切$x\in[a,b]$，都有

$$\left|\int_c^{M} f(x,y)\,\mathrm{d}y-I(x)\right|<\varepsilon,$$

即

$$\left|\int_M^{+\infty} f(x,y)\,\mathrm{d}y\right|<\varepsilon,$$

则称含参量反常积分(12.8)在$[a,b]$上一致收敛于$I(x)$，或者说含参量反常积分(12.8)在$[a,b]$上一致收敛.

由函数项级数一致收敛的柯西准则，可得

定理 12.5(一致收敛的柯西准则)　含参量反常积分(12.8)在$[a,b]$上一致收敛的充要条件是：对任给的正数ε，总存在某一实数$M>c$，使得当$A_1,A_2>M$时，对一切$x\in[a,b]$，都有

$$\left|\int_{A_1}^{A_2} f(x,y)\,\mathrm{d}y\right|<\varepsilon. \tag{12.10}$$

由柯西收敛准则，可得

定理 12.6(魏尔斯特拉斯 M 判别法)　设有函数$g(y)$，使得$|f(x,y)|\leqslant g(y)$，$a\leqslant x\leqslant b$，$c\leqslant y<+\infty$，若$\int_c^{+\infty}g(y)\,\mathrm{d}y$收敛，则$\int_c^{+\infty}f(x,y)\,\mathrm{d}y$在$[a,b]$上一致收敛.

证　由于$\int_c^{+\infty}g(y)\,\mathrm{d}y$收敛，故由反常积分的柯西收敛准则知，$\forall\varepsilon>0$，存在$M>0$，当$A_1,A_2>M$时，都有

$$\int_{A_1}^{A_2} g(y)\,\mathrm{d}y=\left|\int_{A_2}^{A_1} g(y)\,\mathrm{d}y\right|<\varepsilon,$$

于是

$$\left|\int_{A_1}^{A_2} f(x,y)\,\mathrm{d}y\right|\leqslant\int_{A_1}^{A_2}|f(x,y)|\,\mathrm{d}y\leqslant\int_{A_1}^{A_2} g(y)\,\mathrm{d}y<\varepsilon,$$

由定理 12.5 知$\int_c^{+\infty}f(x,y)\,\mathrm{d}y$在$[a,b]$上一致收敛. □

注　上面的区间$[a,b]$可以是开区间，可以是半闭区间，也可以是无穷区间.

例 1　证明$\int_0^{+\infty}\dfrac{\mathrm{e}^{-a^2x^2}}{1+x^2}\mathrm{d}x$在$a\in(-\infty,+\infty)$上一致收敛.

证 由于 $\left|\dfrac{e^{-a^2x^2}}{1+x^2}\right| \leqslant \dfrac{1}{1+x^2}$，而

$$\int_0^{+\infty} \frac{1}{1+x^2}dx = \arctan x \Big|_0^{+\infty} = \frac{\pi}{2}$$

收敛. 故由定理 12.6 知 $\int_0^{+\infty} \dfrac{e^{-a^2x^2}}{1+x^2}dx$ 在 $a \in (-\infty, +\infty)$ 上一致收敛. □

含参量的反常积分的一致收敛与函数项级数的一致收敛有着密切的联系，有下面的结果：

定理 12.7 **含参量反常积分**(12.8)**在**$[a,b]$**上一致收敛的充要条件是：对任一趋于**$+\infty$**的严格递增数列**$\{A_n\}$**，其函数项级数**(其中 $A_1=c$)

$$\sum_{n=1}^{\infty}\int_{A_n}^{A_{n+1}} f(x, y)dy = \sum_{n=1}^{\infty} u_n(x) \tag{12.11}$$

在$[a,b]$**上一致收敛.**

证 **必要性.** 由于(12.8)在$[a,b]$上一致收敛，故对任给 $\varepsilon>0$，必存在正数 $M>c$，使得当 $A''>A'>M$ 时，对一切 $x \in [a,b]$，总有

$$\left|\int_{A'}^{A''} f(x,y)dy\right| < \varepsilon. \tag{12.12}$$

又由 $A_n \to \infty\ (n\to\infty)$，它对于正数 M，存在相应的正整数 N，只要 $m>n>N$，就有 $A_m>A_n>M$，对一切 $x \in [a,b]$，有

$$\begin{aligned}|u_n(x) + u_{n+1}(x) + \cdots + u_m(x)| &= \left|\int_{A_n}^{A_{n+1}} f(x, y)dy + \cdots + \int_{A_m}^{A_{m+1}} f(x, y)dy\right| \\ &= \left|\int_{A_n}^{A_{m+1}} f(x, y)dy\right| < \varepsilon,\end{aligned}$$

则级数(12.11)在$[a,b]$上一致收敛.

充分性. 用反证法，假设式(12.8)在$[a,b]$上不一致收敛，则存在某个正数 ε_0，对任何实数 $M>c$，存在相应的 $A''>A'>M$ 和 $x' \in [a,b]$，使得

$$\left|\int_{A'}^{A''} f(x',y)dy\right| < \varepsilon_0.$$

现取 $M_1=\max\{1,c\}$，则有 $A_2>A_1>M_1$ 及 $x_1 \in [a,b]$，使得

$$\left|\int_{A_1}^{A_2} f(x_1,y)dy\right| \geqslant \varepsilon_0, \tag{12.13}$$

由上述条件知$\{A_n\}$严格递增，并且 $\lim\limits_{n\to\infty} A_n=+\infty$，于是级数

$$\sum_{n=1}^{\infty} u_n(x) = \sum_{n=1}^{\infty}\int_{A_n}^{A_{n+1}} f(x,y)dy.$$

由式(12.13)知，存在 $\varepsilon_0>0$，对任何正整数 N，只要 $n>N$，就有某个 $x_n \in [a,b]$，使得

$$|u_{2n-1}(x_n)| = \left|\int_{A_{2n-1}}^{A_{2n}} f(x_n,y)dy\right| \geqslant \varepsilon_0$$

与级数(12.11)在$[a,b]$上一致收敛，$u_n(x)$一致趋于零矛盾. 故假设不成立，所以含参量反常积分(12.8)在$[a,b]$上一致收敛. □

§2.2 含参量的反常积分的性质

由定理 12.7 可知含参量反常积分的一致收敛与对应的函数项级数的一致收敛本质上是

一样的，因此，由函数项级数和函数连续、可微的条件，可得到含参量反常积分连续或可微的条件及证明的方法.

定理 12.8(连续性)　**设** $f(x,y)$ **在** $\{(x,y):a\leqslant x\leqslant b,c\leqslant y\leqslant+\infty\}$ **上连续，若含参量反常积分**

$$I(x)=\int_c^{+\infty}f(x,y)\,\mathrm{d}y$$

在 $[a,b]$ **上一致收敛，则** $I(x)$ **在** $[a,b]$ **上连续，即**

$$\lim_{x\to x_0}\int_c^{+\infty}f(x,y)\,\mathrm{d}y=\int_c^{+\infty}\lim_{x\to x_0}f(x,y)\,\mathrm{d}y.\tag{12.14}$$

证　设 $A_1=c$，取一严格递增数列 $\{A_n\}$，且 $\lim\limits_{n\to\infty}A_n=+\infty$，由定理 12.7 知 $\sum\limits_{n=1}^{\infty}\int_{A_n}^{A_{n+1}}f(x,y)\,\mathrm{d}y$ 一致收敛，且 $\int_{A_n}^{A_{n+1}}f(x,y)\,\mathrm{d}y$ 在 $[a,b]$ 上连续，由本章定理 12.4，知

$$I(x)=\int_c^{+\infty}f(x,y)\,\mathrm{d}y=\sum_{n=1}^{\infty}\int_{A_n}^{A_{n+1}}f(x,y)\,\mathrm{d}y$$

在 $[a,b]$ 上连续. □

这个定理表明，在一致收敛条件下，极限运算与反常积分可交换顺序.

定理 12.9(可微性)　**设** $f(x,y)$ **和** $\frac{\partial}{\partial x}f(x,y)$ **在** $\{(x,y):a\leqslant x\leqslant b,c\leqslant y\leqslant+\infty\}$ **上连续，若** $I(x)=\int_c^{+\infty}f(x,y)\,\mathrm{d}y$ **在** $[a,b]$ **上收敛，**$\int_c^{+\infty}\frac{\partial}{\partial x}f(x,y)\,\mathrm{d}y$ **在** $[a,b]$ **上一致收敛，则** $I(x)$ **在** $[a,b]$ **上具有连续的导数，且**

$$I'(x)=\int_c^{+\infty}\frac{\partial}{\partial x}f(x,y)\,\mathrm{d}y,$$

即

$$\frac{\mathrm{d}}{\mathrm{d}x}\int_c^{+\infty}f(x,y)\,\mathrm{d}y=\int_c^{+\infty}\frac{\partial}{\partial x}f(x,y)\,\mathrm{d}y.\tag{12.15}$$

证　设 $A_1=c$，取一严格递增数列 $\{A_n\}$ 且 $\lim\limits_{n\to\infty}A_n=+\infty$，有

$$\int_c^{+\infty}f(x,y)\,\mathrm{d}y=\sum_{n=1}^{\infty}\int_{A_n}^{A_{n+1}}f(x,y)\,\mathrm{d}y=\sum_{n=1}^{\infty}u_n(x),$$

$$\int_c^{+\infty}\frac{\partial}{\partial x}f(x,y)\,\mathrm{d}y=\sum_{n=1}^{\infty}\int_{A_n}^{A_{n+1}}\frac{\partial}{\partial x}f(x,y)\,\mathrm{d}y=\sum_{n=1}^{\infty}u_n'(x).$$

由于 $u_n(x)$ 在 $[a,b]$ 上连续，$\sum\limits_{n=1}^{\infty}u_n(x)$ 在 $[a,b]$ 上收敛于 $I(x)$，$\sum\limits_{n=1}^{\infty}u_n'(x)$ 在 $[a,b]$ 上一致收敛，知

$$I(x)=\int_c^{+\infty}f(x,y)\,\mathrm{d}y=\sum_{n=1}^{\infty}u_n(x)$$

在 $[a,b]$ 具有连续的导数，且

$$I'(x)=\sum_{n=1}^{\infty}u_n'(x)=\int_c^{+\infty}\frac{\partial}{\partial x}f(x,y)\,\mathrm{d}y,$$

即

$$\frac{d}{dx}\int_c^{+\infty} f(x,y)\,dy = \int_c^{+\infty} \frac{\partial}{\partial x} f(x,y)\,dy. \ \square$$

该定理表明在满足此定理的条件下，导数运算与积分运算可以交换顺序.

注 以上定理中的区间$[a,b]$可以换成半闭区间，开区间或无穷区间，结论依然成立.

定理 12.10(可积性) **设**$f(x,y)$**在**$\{(x,y):a\leqslant x\leqslant b,c\leqslant y\leqslant+\infty\}$**上连续，**$I(x)=\int_c^{+\infty} f(x,y)\,dy$ **在**$[a,b]$**上一致收敛，则**$I(x)$**在**$[a,b]$**上可积，且**

$$\int_a^b dx\int_c^{+\infty} f(x,y)\,dy = \int_c^{+\infty} dy\int_a^b f(x,y)\,dx.$$

证 设$A_1=c$，取一严格递增数列$\{A_n\}$且$\lim\limits_{n\to\infty}A_n=+\infty$，有

$$I(x) = \int_c^{+\infty} f(x,y)\,dy = \sum_{n=1}^{\infty}\int_{A_n}^{A_{n+1}} f(x,y)\,dy = \sum_{n=1}^{\infty} u_n(x).$$

由于$u_n(x)$在$[a,b]$上连续，$\sum\limits_{n=1}^{\infty} u_n(x)$在$[a,b]$上可积，且

$$\int_a^b I(x)\,dx = \sum_{n=1}^{\infty}\int_a^b u_n(x)\,dx,$$

即

$$\begin{aligned}\int_a^b \left[\int_c^{+\infty} f(x,y)\,dy\right] dx &= \sum_{n=1}^{\infty}\int_a^b \left[\int_{A_n}^{A_{n+1}} f(x,y)\,dy\right] dx \\ &= \sum_{n=1}^{\infty}\int_{A_n}^{A_{n+1}} \left[\int_a^b f(x,y)\,dx\right] dy = \int_c^{+\infty} \left[\int_a^b f(x,y)\,dx\right] dy.\end{aligned}$$

因此

$$\int_a^b dx\int_c^{+\infty} f(x,y)\,dy = \int_c^{+\infty} dy\int_a^b f(x,y)\,dx. \ \square$$

该定理表明在满足此定理条件下，正常积分与反常积分可交换顺序.

注 此区间$[a,b]$不能换成其他类型区间，否则结论不一定成立.

如果定理 12.10 中x的取值范围为无限区间$[a,+\infty)$时，有下面的结果.

定理 12.11 **设**$f(x,y)$**在**$\{(x,y):a\leqslant x<+\infty,c\leqslant y<+\infty\}$**上连续，若**

(1) $\int_a^{+\infty} f(x,y)\,dx$ **关于** y **在任何闭区间**$[c,d]$**上一致收敛，**$\int_c^{+\infty} f(x,y)\,dy$ **关于** x **在任何闭区间**$[a,b]$**上一致收敛；**

(2) **设** $\int_a^{+\infty} dx\int_c^{+\infty} |f(x,y)|\,dy$ **与** $\int_a^{+\infty} dy\int_c^{+\infty} |f(x,y)|\,dx$ **中有一个收敛，则**

$$\boxed{\int_a^{+\infty} dx\int_c^{+\infty} f(x,y)\,dy = \int_c^{+\infty} dy\int_a^{+\infty} f(x,y)\,dx.}$$

证 不妨设$\int_a^{+\infty} dx\int_c^{+\infty} |f(x,y)|\,dy$收敛，由此得

$$\int_a^{+\infty} dx\int_c^{+\infty} f(x,y)\,dy$$

也收敛. 当$d>c$时，

$$I_d = \left|\int_c^d dy\int_a^{+\infty} f(x,y)\,dx - \int_a^{+\infty} dx\int_c^{+\infty} f(x,y)\,dy\right|$$

$$= \left| \int_c^d dx \int_a^{+\infty} f(x,y) dy - \int_a^{+\infty} dx \int_c^d f(x,y) dy - \int_a^{+\infty} dx \int_d^{+\infty} f(x,y) dy \right|,$$

由条件(1)及定理 12.2 知

$$I_d = \left| \int_a^{+\infty} dx \int_d^{+\infty} f(x, y) dy \right| \leqslant \left| \int_a^{A} dx \int_d^{+\infty} f(x, y) dy \right| + \int_A^{+\infty} dx \int_d^{+\infty} |f(x, y)| dy,$$

由条件(2)，任给 $\varepsilon>0$，有 $G>a$，当 $A>G$ 时，有

$$\int_A^{+\infty} dx \int_d^{+\infty} |f(x, y)| dy < \frac{\varepsilon}{2}.$$

选定 A 后，由 $\int_a^{+\infty} f(x,y) dy$ 一致收敛，存在 $M>c$，使得当 $d>M$ 时，有

$$\left| \int_d^{+\infty} f(x, y) dy \right| < \frac{\varepsilon}{2(A-a)},$$

得

$$I_d < \frac{\varepsilon}{2} + \frac{\varepsilon}{2} = \varepsilon,$$

即

$$\lim_{d \to \infty} I_d = 0,$$

所以

$$\int_c^{+\infty} dy \int_a^{+\infty} f(x,y) dx = \int_a^{+\infty} dx \int_c^{+\infty} f(x,y) dy. \quad \square$$

同样有含参量无界函数反常积分：

定义 12.2 设 $f(x,y)$ 在区域 $D:\{(x,y):a\leqslant x\leqslant b, c\leqslant y\leqslant d\}$ 有定义，若对 x 的某些值 $y=d$ 为函数 $f(x,y)$ 的瑕点，则称 $\int_c^d f(x,y) dy$ 为含参量 x 的无界函数的反常积分或简称为含参量反常积分或含参量广义积分.

讨论它的连续性、可积性、可微性与讨论含参量无穷区间上反常积分的性质完全类似，有兴趣的读者可以自己推得.

例 2 从等式 $\frac{e^{-ax}-e^{-bx}}{x} = \int_a^b e^{-xy} dy$ 出发计算积分

$$\int_0^{+\infty} \frac{e^{-ax} - e^{-bx}}{x} dx \ (0 < a < b).$$

解 由 e^{-xy} 在区域 $\{(x,y):0\leqslant x<+\infty, a\leqslant y\leqslant b\}$ 上连续，当 $x\geqslant 0$，$a\leqslant y\leqslant b$ 时，$0<e^{-xy}\leqslant e^{-ax}$，且积分 $\int_0^{+\infty} e^{-ax} dx$ 收敛，故积分 $\int_0^{+\infty} e^{-xy} dx$ 一致收敛. 于是利用定理 12.2，有

$$\int_0^{+\infty} \frac{e^{-ax} - e^{-bx}}{x} dx = \int_0^{+\infty} dx \int_a^b e^{-xy} dy = \int_a^b dy \int_0^{+\infty} e^{-xy} dx$$

$$= \int_a^b \left(-\frac{1}{y}\right) \left(e^{-xy} \Big|_0^{+\infty} \right) dy = \int_a^b \frac{1}{y} dy = \ln y \Big|_a^b = \ln \frac{b}{a}.$$

例 3 计算 $\int_0^{+\infty} e^{-ax} \frac{\sin bx}{x} dx \quad (a>0)$.

解 设 $I(b) = \int_0^{+\infty} e^{-ax} \frac{\sin bx}{x} dx$，由于

$$\int_0^{+\infty} \frac{\partial}{\partial b}\left(e^{-ax} \frac{\sin bx}{x} \right) dx = \int_0^{+\infty} e^{-ax} \cos bx dx,$$

且 $|e^{-ax}\cos bx|\leqslant e^{-ax}$，而 $\int_0^{+\infty} e^{-ax}dx=-\frac{1}{a}\left(e^{-ax}\Big|_0^{+\infty}\right)=\frac{1}{a}$ 收敛，所以 $\int_0^{+\infty} e^{-ax}\cos bx dx$ 一致收敛.

由于 $\lim\limits_{x\to 0+} e^{-ax}\frac{\sin bx}{x}=b$，$x=0$ 为可去间断点，补充定义值为 b，则 $e^{-ax}\frac{\sin bx}{x}$ 在 $c\leqslant b\leqslant d$，$0\leqslant x<+\infty$ 上连续，且 $\left|e^{-ax}\frac{\sin bx}{x}\right|\leqslant |b|e^{-ax}$，而 $\int_0^{+\infty} |b|e^{-ax}dx$ 收敛，因此 $\int_0^{+\infty} |b|e^{-ax}\frac{\sin bx}{x}dx$ 收敛，由定理 12.9 知

$$I'(b)=\int_0^{+\infty} e^{-ax}\cos bx dx=\frac{a}{a^2+b^2},$$

于是

$$I(b)=\int \frac{a}{a^2+b^2}db=\arctan\frac{b}{a}+c.$$

因为 $I(0)=0$，有 $c=0$，所以

$$\int_0^{+\infty} e^{-ax}\frac{\sin bx}{x}dx=\arctan\frac{b}{a}.$$

§3　Γ 函数和 B 函数

§3.1　Γ 函数

在第五章 §5 中我们已经对 Γ 函数有所了解，即

$$\Gamma(s)=\int_0^{+\infty} x^{s-1}e^{-x}dx \tag{12.16}$$

的定义域是 $s>0$ 且 $\Gamma(s+1)=s\Gamma(s)$ $(s>0)$. 下面我们证明 $\Gamma(s)$ 在定义域内连续且可导.

$$\Gamma(s)=\int_0^1 x^{s-1}e^{-x}dx+\int_1^{+\infty} x^{s-1}e^{-x}dx=I_1(s)+I_2(s),$$

对任何闭区间 $[a,b]$ $(a>0)$，对于 $I_1(s)$，当 $0\leqslant x\leqslant 1$ 时，$x^{s-1}e^{-x}\leqslant x^{a-1}e^{-x}$，由于 $\int_0^1 x^{a-1}e^{-x}dx$ 收敛，从而 $I_1(s)$ 在 $[a,b]$ 上一致收敛. 对于 $I_2(s)$，当 $1\leqslant x<+\infty$ 时，$x^{s-1}e^{-x}\leqslant x^{b-1}e^{-x}$，由于 $\int_1^{+\infty} x^{b-1}e^{-x}dx$ 收敛，从而 $I_2(s)$ 在 $[a,b]$ 上一致收敛，于是 $\Gamma(s)$ 在 $s>0$ 上连续.

同理可得

$$\int_0^{+\infty} \frac{\partial}{\partial s}(x^{s-1}e^{-x})dx=\int_0^{+\infty} x^{s-1}e^{-x}\ln x dx,$$

在任何闭区间 $[a,b]$ $(a>0)$ 上一致收敛，由本章定理 12.10 知 $\Gamma(s)$ 在 $[a,b]$ 上可导，由 a，b 的任意性知，$\Gamma(s)$ 在 $s>0$ 上连续，且

$$\Gamma'(s)=\int_0^{+\infty} x^{s-1}e^{-x}\ln x dx\ (s>0).$$

同理

$$\Gamma^{(n)}(s)=\int_0^{+\infty}x^{s-1}\mathrm{e}^{-x}(\ln x)^n\mathrm{d}x\ (s>0).$$

$\Gamma(s)$有时还可以表示为其他形式. 若令 $x=y^2$，有

$$\Gamma(s)=\int_0^{+\infty}x^{s-1}\mathrm{e}^{-x}\mathrm{d}x=2\int_0^{+\infty}y^{2s-1}\mathrm{e}^{-y^2}\mathrm{d}y\ (s>0);\tag{12.17}$$

若令 $x=py$，有

$$\Gamma(s)=\int_0^{+\infty}x^{s-1}\mathrm{e}^{-x}\mathrm{d}x=p^s\int_0^{+\infty}y^{s-1}\mathrm{e}^{-py}\mathrm{d}y\ (s>0,\ p>0).\tag{12.18}$$

§3.2 B 函数

$$\mathrm{B}(p,\ q)=\int_0^1 x^{p-1}(1-x)^{q-1}\mathrm{d}x\ (p>0,\ q>0)\tag{12.19}$$

称为贝塔函数，或简称为 B 函数.

当 $p<1$ 时，$x=0$ 是瑕点；当 $q<1$ 时，$x=1$ 是瑕点. 于是

$$\mathrm{B}(p,\ q)=\int_0^{\frac{1}{2}}x^{p-1}(1-x)^{q-1}\mathrm{d}x+\int_{\frac{1}{2}}^1 x^{p-1}(1-x)^{q-1}\mathrm{d}x=I_1+I_2.$$

对于 I_1，$x=0$ 是瑕点，由

$$x^{p-1}(1-x)^{q-1}\sim\frac{1}{x^{1-p}}\ (x\to 0^+),$$

当 $1-p<1$，即 $p>0$ 时，I_1 收敛.

对于 I_2，$x=1$ 是瑕点，由

$$x^{p-1}(1-x)^{q-1}\sim\frac{1}{(1-x)^{1-q}}\ (x\to 1^-),$$

当 $1-q<1$，即 $q>0$ 时，I_2 收敛.

因此，当 $p>0$ 且 $q>0$ 时，$\mathrm{B}(p,q)$收敛，即 $\mathrm{B}(p,q)$的定义域是 $p>0$，$q>0$. 那么$\mathrm{B}(p,\ q)$具有什么性质呢？

1. $\mathrm{B}(p,q)$在定义域 $p>0$，$q>0$ 内连续

任给$(x_0,y_0)\in\{(p,q):0<p<+\infty,0<q<+\infty\}$，取一组正常数 p_0，q_0，使 $0<p_0<x_0$，$0<q_0<y_0$，由对于任何 $p\geqslant p_0>0$，有

$$x^{p-1}(1-x)^{q-1}\leqslant x^{p_0-1}(1-x)^{q_0-1}.$$

而积分 $\int_0^1 x^{p_0-1}(1-x)^{q_0-1}\mathrm{d}x$ 收敛，由 M 判别法知 $\mathrm{B}(p,q)$在$\{(p,q):p_0\leqslant p<+\infty,q_0\leqslant q<+\infty\}$上一致收敛，因此，$\mathrm{B}(p,q)$在点$(x_0,y_0)$处连续，故 $\mathrm{B}(p,q)$在 $p>0$，$q>0$ 内连续.

2. 对称性 $\mathrm{B}(p,q)=\mathrm{B}(q,p)$

作变换 $x=1-y$，得

$$\begin{aligned}\mathrm{B}(p,\ q)&=\int_0^1 x^{p-1}(1-x)^{q-1}\mathrm{d}x\\&=-\int_1^0(1-y)^{p-1}y^{q-1}\mathrm{d}y=\int_0^1 y^{q-1}(1-y)^{p-1}\mathrm{d}y=\mathrm{B}(q,\ p).\end{aligned}$$

3. 递推公式

$$B(p,\ q)=\frac{q-1}{p+q-1}B(p,\ q-1), \tag{12.20}$$

$$B(p,\ q)=\frac{p-1}{p+q-1}B(p-1,\ q), \tag{12.21}$$

$$B(p,\ q)=\frac{p-1}{p+q-1}\frac{q-1}{p+q-2}B(p-1,\ q-1). \tag{12.22}$$

证 只要证明公式(12.20)成立，利用对称性就可证明式(12.21)，由式(12.20)、式(12.21)就可推出式(12.22). 当 $p>0$，$q>1$时，有

$$\begin{aligned}B(p,q)&=\int_0^1 x^{p-1}(1-x)^{q-1}dx=\frac{x^p(1-x)^{q-1}}{p}\bigg|_0^1+\frac{q-1}{p}\int_0^1 x^p(1-x)^{q-2}dx\\&=\frac{q-1}{p}\int_0^1[x^{p-1}-x^{p-1}(1-x)](1-x)^{q-2}dx\\&=\frac{q-1}{p}\int_0^1 x^{p-1}(1-x)^{q-2}dx-\frac{q-1}{p}\int_0^1 x^{p-1}(1-x)^{q-1}dx\\&=\frac{q-1}{p}B(p,\ q-1)-\frac{q-1}{p}B(p,\ q),\end{aligned}$$

解得

$$B(p,\ q)=\frac{q-1}{p+q-1}B(p,\ q-1).\ \square$$

4. $B(p,q)$的其他形式. 若令 $x=\cos^2\varphi$，有

$$B(p,\ q)=2\int_0^{\frac{\pi}{2}}\sin^{2q-1}\varphi\ \cos^{2p-1}\varphi d\varphi\quad(p>0,\ q>0). \tag{12.23}$$

若令 $x=\frac{y}{1+y}$，有

$$B(p,\ q)=\int_0^{+\infty}\frac{y^{p-1}}{(1+y)^{p+q}}dy\quad(p>0,\ q>0). \tag{12.24}$$

§3.3 Γ函数与B函数的关系

定理 12.12 Γ函数与B函数之间有如下的关系

$$B(p,q)=\frac{\Gamma(p)\Gamma(q)}{\Gamma(p+q)}\ (p>0,\ q>0). \tag{12.25}$$

证 由 $\Gamma(s)=p^s\int_0^{+\infty}y^{s-1}e^{-py}dy$. s 用 p 代换，p 用 t 代换，有

$$\frac{\Gamma(p)}{t^p}=\int_0^{+\infty}y^{p-1}e^{-ty}dy,$$

p 用 $p+q$ 代换，t 用 $1+t$ 代换，有

$$\frac{\Gamma(p+q)}{(1+t)^{p+q}}=\int_0^{+\infty}y^{p+q-1}e^{-(1+t)y}dy.$$

两边乘 t^{p-1}，并在$[0,+\infty]$上对 t 积分

$$\int_0^{+\infty}\Gamma(p+q)\frac{t^{p-1}}{(1+t)^{p+q}}\mathrm{d}t=\int_0^{+\infty}\mathrm{d}t\int_0^{+\infty}t^{p-1}y^{p+q-1}\mathrm{e}^{-(1+t)y}\mathrm{d}y,$$

左端由式(12.24)，有

$$\begin{aligned}\Gamma(p+q)\int_0^{+\infty}\frac{t^{p-1}}{(1+t)^{p+q}}\mathrm{d}t&=\Gamma(p+q)\mathrm{B}(p,q)\\&=\int_0^{+\infty}\mathrm{d}t\int_0^{+\infty}t^{p-1}y^{p+q-1}\mathrm{e}^{-(1+t)y}\mathrm{d}y\\&\xlongequal{\text{由可交换性}}\int_0^{+\infty}\left[y^{p+q-1}\mathrm{e}^{-y}\int_0^{+\infty}t^{p-1}\mathrm{e}^{-ty}\mathrm{d}t\right]\mathrm{d}y\\&=\int_0^{+\infty}y^{p+q-1}\mathrm{e}^{-y}\Gamma(p)y^{-p}\mathrm{d}y\\&=\Gamma(p)\int_0^{+\infty}y^{q-1}\mathrm{e}^{-y}\mathrm{d}y=\Gamma(p)\Gamma(q),\end{aligned}$$

故

$$\mathrm{B}(p,q)=\frac{\Gamma(p)\Gamma(q)}{\Gamma(p+q)}.$$

当 $p+q=1$ 时，

$$\mathrm{B}(p,q)=\frac{\Gamma(p)\Gamma(1-p)}{\Gamma(1)}=\Gamma(p)\Gamma(1-p)\xlongequal{\text{由余元公式}}\frac{\pi}{\sin\pi p}.\quad\square$$

例 1 计算积分 $I=\int_0^{\frac{\pi}{2}}\sin^m x\cos^n x\mathrm{d}x$.

解 令 $t=\sin^2 x$，则

$$\begin{aligned}I&=\int_0^1 t^{\frac{m}{2}}(1-t)^{\frac{n}{2}}\frac{1}{2}t^{\frac{1}{2}}(1-t)^{-\frac{1}{2}}\mathrm{d}t=\frac{1}{2}\int_0^1 t^{\frac{m-1}{2}}(1-t)^{\frac{n-1}{2}}\mathrm{d}t\\&=\frac{1}{2}\int_0^1 t^{\frac{m+1}{2}-1}(1-t)^{\frac{n+1}{2}-1}\mathrm{d}t=\frac{1}{2}\mathrm{B}\left(\frac{m+1}{2},\frac{n+1}{2}\right)\\&=\frac{1}{2}\frac{\Gamma\left(\frac{m+1}{2}\right)\Gamma\left(\frac{n+1}{2}\right)}{\Gamma\left(\frac{m+n}{2}+1\right)}\quad(m>-1,\ n>-1).\end{aligned}$$

例 2 计算 $\int_0^{\frac{\pi}{2}}\tan^n x\mathrm{d}x$.

解 令 $\sin x=t$，及 $t^2=u$，有

$$\begin{aligned}\int_0^{\frac{\pi}{2}}\tan^n x\mathrm{d}x&=\int_0^1 t^n(1-t^2)^{-\frac{n+1}{2}}\mathrm{d}t=\frac{1}{2}\int_0^1 u^{\frac{n-1}{2}}(1-u)^{-\frac{n+1}{2}}\mathrm{d}u\\&=\frac{1}{2}\mathrm{B}\left(\frac{n+1}{2},\frac{1-n}{2}\right)=\frac{1}{2}\frac{\Gamma\left(\frac{n+1}{2}\right)\Gamma\left(1-\frac{n+1}{2}\right)}{\Gamma(1)}\\&=\frac{1}{2}\frac{\pi}{\sin\frac{n+1}{2}\pi}=\frac{\pi}{2\cos\frac{n\pi}{2}}.\end{aligned}$$

存在域为 $\frac{n+1}{2}>0$ 及 $\frac{1-n}{2}>0$，即 $|n|<1$.

例 3 $\int_0^1 \frac{\mathrm{d}x}{\sqrt[n]{1-x^n}} = \mathrm{d}x\ (n>0)$.

解 设 $x^n=t$，有

$$\int_0^1 \frac{\mathrm{d}x}{\sqrt[n]{1-x^n}} = \frac{1}{n}\int_0^1 t^{\frac{1-n}{n}}(1-t)^{-\frac{1}{n}}\mathrm{d}t = \frac{1}{n}\mathrm{B}\left(\frac{1}{n},\ \frac{n-1}{n}\right) = \frac{1}{n}\frac{\Gamma\left(\frac{1}{n}\right)\Gamma\left(\frac{n-1}{n}\right)}{\Gamma(1)} = \frac{\pi}{n\sin\frac{\pi}{n}}.$$

第十二章综合题

下面各题应先验证满足定理的条件，再根据定理计算.

1. 设 $F(u)=\int_u^{u^2} \mathrm{e}^{-ux^2}\mathrm{d}x$，求 $F'(u)$.

2. 设 $F(u)=\int_0^u (x+u)f(x)\,\mathrm{d}x$，其中 $f(x)$ 为可微函数，求 $F''(u)$.

3. 设 $F(u)=\int_0^u f(x+u,\ x-u)\,\mathrm{d}x$，求 $F'(u)$，其中 $f(x,y)$ 及 $\frac{\partial f}{\partial x}$，$\frac{\partial f}{\partial y}$ 都是连续函数.

4. 设 $F(a)=\int_0^a \frac{\ln(1+ax)}{x}\mathrm{d}x$，求 $F'(a)$.

研究下列积分在指定区间上的一致收敛性：

5. $\int_{-\infty}^{+\infty} \frac{\cos ux}{1+x^2}\mathrm{d}x\ (-\infty<u<+\infty)$.

6. $\int_0^{+\infty} \mathrm{e}^{-ax}\sin \beta x\mathrm{d}x$，(a) $a_0\leqslant a<+\infty$，其中 $a_0>0$；(b) $0<a<+\infty$.

7. $\int_0^{+\infty} \sqrt{a}\,\mathrm{e}^{-ax^2}\mathrm{d}x$，$0\leqslant a<+\infty$.

8. $\int_0^{+\infty} \alpha\mathrm{e}^{-\alpha x}\mathrm{d}x$，(a) $a\leqslant\alpha\leqslant b$，其中 $a>0$；(b) $0\leqslant\alpha\leqslant b$.

求下列积分：

9. $I(a)=\int_0^{+\infty} \frac{1-\cos ax}{x}\mathrm{e}^{-kx}\mathrm{d}x$，其中 $k>0$.

10. $I(a)=\int_0^{+\infty} \frac{1-\mathrm{e}^{-ax^2}}{x^2}\mathrm{d}x\ (a>0)$.

部分习题参考答案

第七章

习题 7-1

1. (1) 10；(2) −4；(3) 12；(4) $a^2(c-b)+b^2(a-c)+c^2(b-a)$.

2. $x_1=2$，$x_2=4$.

3. (1) $x=3$，$y=2$；　　(2) $x=2$，$y=3$，$z=5$.

习题 7-2

3. (1) $|\boldsymbol{p}|=2\sqrt{13}$；$|\boldsymbol{q}|=\sqrt{13}$.

4. $\overrightarrow{AC}=\boldsymbol{m}+\boldsymbol{n}$，$\overrightarrow{BD}=\boldsymbol{n}-\boldsymbol{m}$，$\overrightarrow{MA}=-\dfrac{1}{2}(\boldsymbol{m}+\boldsymbol{n})$，$\overrightarrow{MB}=-\dfrac{1}{2}(\boldsymbol{n}-\boldsymbol{m})$. $\overrightarrow{MC}=\dfrac{1}{2}(\boldsymbol{m}+\boldsymbol{n})$，

   $\overrightarrow{MD}=\dfrac{1}{2}(\boldsymbol{n}-\boldsymbol{m})$.

5. $\pm\dfrac{|\boldsymbol{n}|\boldsymbol{m}+|\boldsymbol{m}|\boldsymbol{n}}{||\boldsymbol{n}|\boldsymbol{m}+|\boldsymbol{m}|\boldsymbol{n}|}$.

6. 共线($\boldsymbol{b}-\boldsymbol{a}=\boldsymbol{e}_1+\boldsymbol{e}_2+2\boldsymbol{e}_3=\boldsymbol{c}$).

7. 共面$\left(\boldsymbol{a}=\dfrac{1}{2}\boldsymbol{b}+\dfrac{5}{2}\boldsymbol{c}\right)$.

习题 7-3

1. $|M_1M_2|=\sqrt{18}$.

2. 关于 Oxy 平面$(a,b,-c)$，关于 Oyz 平面$(-a,b,c)$，关于 Ozx 平面$(a,-b,c)$，关于 Ox 轴$(a,-b,-c)$，关于 Oy 轴$(-a,b,-c)$，关于 Oz 轴$(-a,-b,c)$，关于原点$(-a,-b,-c)$.

4. $(-6,-4,3)$.

5. $|\overrightarrow{M_1M_2}|=2$；$\cos\alpha=\dfrac{1}{2}$，$\cos\beta=\dfrac{-\sqrt{2}}{2}$，$\cos\gamma=-\dfrac{1}{2}$；$\alpha=\dfrac{\pi}{3}$，$\beta=\dfrac{3\pi}{4}$，$\gamma=\dfrac{2\pi}{3}$.

6. $|\boldsymbol{a}+\boldsymbol{b}|=\sqrt{3}$，$|\boldsymbol{a}-\boldsymbol{b}|=\sqrt{11}$.

7. $\pm(5\boldsymbol{i}+\boldsymbol{j}+2\boldsymbol{k})/\sqrt{30}$.

8. $|\boldsymbol{f}|=\sqrt{46}$，$\cos\alpha=\dfrac{6}{\sqrt{46}}$，$\cos\beta=-\dfrac{1}{\sqrt{46}}$，$\cos\gamma=\dfrac{3}{\sqrt{46}}$.

10. $M\left(\dfrac{7}{2},\dfrac{1}{2},-\dfrac{3}{2}\right)$，$P_1\left(\dfrac{10}{3},0,-\dfrac{1}{3}\right)$，$P_2\left(\dfrac{11}{3},1,-\dfrac{8}{3}\right)$.

11. $\boldsymbol{c}=\dfrac{4}{\sqrt{3}}(\boldsymbol{i}+\boldsymbol{j}-\boldsymbol{k})$.　　12. $\left(\dfrac{x_1+x_2+x_3}{3},\dfrac{y_1+y_2+y_3}{3},\dfrac{z_1+z_2+z_3}{3}\right)$.

习题 7-4

1. （1）-21；（2）$|\boldsymbol{p}|=\sqrt{21}$；$|\boldsymbol{q}|=2\sqrt{7}$；（3）$\cos(\boldsymbol{p},\boldsymbol{q})=-\dfrac{\sqrt{3}}{2}$.

2. 10.

5. （1）-6；（2）1；（3）-18.

6. 19(N · m).

7. $\dfrac{2}{5}\sqrt{5}$.

8. $\theta=\dfrac{\pi}{3}$，$\dfrac{\sqrt{2}}{2}$.

9. $\dfrac{10}{3}$，$\dfrac{1}{3}$，$\dfrac{20}{3}$.

10. $\sqrt{3}$.

11. （1）$-5\boldsymbol{i}+7\boldsymbol{j}+6\boldsymbol{k}$；（2）$10\boldsymbol{i}-14\boldsymbol{j}-12\boldsymbol{k}$.

12. $\pm\dfrac{\boldsymbol{i}-7\boldsymbol{j}+12\boldsymbol{k}}{\sqrt{194}}$.

13. $\sqrt{237}$.

14. $\dfrac{1}{2}\sqrt{35}$.

15. （1）垂直；（2）平行；（3）既不垂直也不平行.

17. 1.

习题 7-5

1. （1）-45；（2）$2\boldsymbol{i}-5\boldsymbol{j}-6\boldsymbol{k}$；（3）45.

2. 10.

习题 7-6

1. （1）$2x+3y-z-13=0$；　（2）$2x+z=0$；
   （3）$x-y-z+4=0$；　（4）$14x+9y-z-7=0$.

2. （1）$\dfrac{x}{2}=\dfrac{y}{-1}=\dfrac{z}{3}$；　（2）$\dfrac{x-1}{3}=\dfrac{y+2}{2}=\dfrac{z}{1}$；
   （3）$\dfrac{x-2}{11}=\dfrac{y-1}{-28}=\dfrac{z+4}{18}$；　（4）$\dfrac{x-1}{1}=\dfrac{y+1}{0}=\dfrac{z-2}{5}$.

3. $2x-z-5=0$.

4. $\dfrac{x-1}{2}=\dfrac{y}{-4}=\dfrac{z+2}{-9}$.

5. (1) $\dfrac{x}{-11}=\dfrac{y-2}{17}=\dfrac{z-1}{13}$，$x=-11t$，$y=2+17t$，$z=1+13t$；

(2) $\dfrac{x-\dfrac{5}{13}}{-5}=\dfrac{y+\dfrac{25}{13}}{12}=\dfrac{z}{13}$，$x=-5t+\dfrac{5}{13}$，$y=12t-\dfrac{25}{13}$，$z=13t$.

6. $\lambda=\dfrac{5}{4}$，$(5,7,6)$.

7. $(0,-4,1)$.

9. $\dfrac{x+1}{2}=\dfrac{y-2}{-3}=\dfrac{z+3}{6}$(提示：过点 P 以 $\boldsymbol{a}$ 为法矢量的平面，找出它与已知直线的交点 Q，则 PQ 就是所求的直线).

10. $7x+14y+24=0$.

11. $(0,-1,0)$.

12. $\left(-\dfrac{17}{11},\dfrac{16}{11},-\dfrac{18}{11}\right)$.

13. $\begin{cases}y-z-1=0,\\x+y+z=0\end{cases}$ 或 $\dfrac{x-\dfrac{1}{3}}{-2}=\dfrac{y-\dfrac{1}{3}}{1}=\dfrac{z+\dfrac{2}{3}}{1}$.

14. (1) 垂直；(2) 平行；(3) 不平行也不垂直.

16. $x-z+4=0$ 及 $x+20y+7z-12=0$(提示：用平面束方程).

17. $2x+y-3z+8=0$ 及 $4x-5y+z-2=0$.

18. $\dfrac{3}{2}\sqrt{2}$.

习题 7-7

1. 特征是 x,y,z 的平方项系数相等. (1) 不是球面方程；(2) 是球面方程，球心 $(1,0,2)$，半径 $\sqrt{3}$.

2. (1) $(x-3)^2+(y-1)^2+(z-2)^2=13$；

(2) $(x-2)^2+(y+1)^2+(z-3)^2=338/19$；

(3) $(x-6)^2+(y+8)^2+(z-1)^2=100$.

3. $(x-2)^2+(y-1)^2+(z+2)^2=9$.

4. (1) 母线 // Ox 轴的圆柱面；(3) 母线 // Oy 轴的平面；(4) 母线 // Oy 轴的抛物柱面；(6) 母线 // Oz 轴的双曲柱面.

5. $x^2+(y-z)^2=4$.

6. $x^2+y^2=3z^2$(顶点为 $(0,0,0)$)或 $x^2+y^2=3(z-a)^2$(顶点为 $(0,0,a)$).

7. $\dfrac{x^2}{25}+\dfrac{y^2}{9}-\dfrac{z^2}{4}=0$.

8. $x^2+\dfrac{y^2}{4}-\dfrac{z^2}{25}=0$.

9. $x^2+z^2=y-1$.

10. (1) $(x-1)^2+y^2+z^2=1$; (2) $(x^2+y^2+z^2)^2=4(x^2+z^2)$.

11. $5x^2-3y^2=1$, $\begin{cases}5x^2-3y^2=1,\\ z=0.\end{cases}$

12. (1) $\begin{cases}x^2+5y^2+8y-12=0,\\ z=0;\end{cases}$ (2) $\begin{cases}x^2+y^2=3,\\ z=0;\end{cases}$

(3) $\begin{cases}(x-1)^2+(y-1)^2+(x-1)(y-1)=2,\\ z=0.\end{cases}$

13. $\begin{cases}9x-4y+13=0,\\ z=0;\end{cases}$ $\begin{cases}15x-8z+3=0,\\ y=0;\end{cases}$ $\begin{cases}5y-6z-14=0,\\ x=0.\end{cases}$

14. (1) $x=2\cos t$, $y=2\sin t$, $z=4$, $0\leqslant t\leqslant 2\pi$;

(2) $x=\dfrac{a}{\sqrt{2}}\cos t$, $y=\dfrac{a}{\sqrt{2}}\cos t$, $z=a\sin t$, $0\leqslant t\leqslant 2\pi$;

(3) $x=\dfrac{a}{2}+\dfrac{a}{2}\cos t$, $y=\dfrac{\sqrt{2}a}{2}\sin t$, $z=\dfrac{a}{2}-\dfrac{a}{2}\cos t$, $0\leqslant t\leqslant 2\pi$.

习题 7-8

1. (1) 旋转椭球面，由曲线$\begin{cases}\dfrac{x^2}{4}+\dfrac{y^2}{9}=1,\\ z=0\end{cases}$绕 Ox 轴旋转而成；

(2) 旋转单叶双曲面，由$\begin{cases}x^2-\dfrac{y^2}{4}=1,\\ z=0\end{cases}$绕 Oy 轴旋转而成；

(3) 旋转双叶双曲面，由$\begin{cases}x^2-z^2=1,\\ y=0\end{cases}$绕 Ox 轴旋转而成；

(4) 旋转抛物面，由$\begin{cases}x^2-9z=0,\\ y=0\end{cases}$绕 Oz 轴旋转而成；

(5) 双曲抛物面，不是旋转曲面；

(6) 圆锥面，由$\begin{cases}z=|x|,\\ y=0\end{cases}$绕 Oz 轴旋转而成.

2. (1) 椭球面；(2) 椭圆抛物面；(3) 椭圆锥面；(4) 双叶双曲面.

3. $\begin{cases}\dfrac{z^2}{4}-\dfrac{y^2}{25}=\dfrac{5}{9},\\ x=2;\end{cases}$ $\begin{cases}\dfrac{y^2}{9}+\dfrac{z^2}{4}=1,\\ y=0;\end{cases}$ $\begin{cases}\dfrac{x}{3}\pm\dfrac{y}{5}=0,\\ z=2.\end{cases}$

第七章综合题

1. (1) $\{0,-8,-24\}$; (2) $\{0,-1,-1\}$.

2. $\left\{\dfrac{11}{4},-\dfrac{1}{4},3\right\}$. 3. $-\dfrac{10}{3}$. 4. 4.

5. $\overrightarrow{OD}=\boldsymbol{r}_3-\dfrac{\boldsymbol{r}_3\cdot(\boldsymbol{r}_1\times\boldsymbol{r}_2)}{|\boldsymbol{r}_1\times\boldsymbol{r}_2|^2}(\boldsymbol{r}_1\times\boldsymbol{r}_2)$, $D\left(\dfrac{4}{9},\dfrac{13}{9},\dfrac{11}{9}\right)$.

6. $S=\dfrac{1}{2}|\boldsymbol{r}_1\times\boldsymbol{r}_2+\boldsymbol{r}_2\times\boldsymbol{r}_3+\boldsymbol{r}_3\times\boldsymbol{r}_1|$.

7. (1) $S(0,9,-3)$；(2) $A=3\sqrt{107}$.

8. $\dfrac{19}{25}\sqrt{5}$.

9. $\dfrac{5}{3}$，$\left(\dfrac{101}{45},\dfrac{76}{45},\dfrac{121}{45}\right)$，$\left(\dfrac{14}{5},\dfrac{14}{5},\dfrac{19}{5}\right)$.

10. $\begin{cases}x-2y+z+2=0,\\x+y+z=0.\end{cases}$

11. $x_1=x_0-2aA$，$y_1=y_0-2bA$，$z_1=z_0-2cA$，其中 $A=\dfrac{ax_0+by_0+cz_0+d}{\sqrt{a^2+b^2+c^2}}$（提示：过点 P_0 垂直于平面的直线参数方程为 $x=x_0+at$，$y=y_0+bt$，$z=z_0+ct$，当 $t=0$ 时就是 P_0，设直线与平面的交点对应于参数值 t'，则 P_1 对应于 $2t'$，即 $x_1=x_0+2at'$，$y_1=y_0+2bt'$，$z_1=z_0+2ct'$）.

12. $2y-z+4-0$（提示：空间两直线相交的条件是两直线共面，且不平行）.

第八章

习题 8-1

1. (1) $\begin{cases}|x|\leqslant 1,\\|y|\geqslant 1;\end{cases}$ (2) $1\leqslant x^2+y^2\leqslant 4$； (3) $x+y<0$；

(4) $x^2+y^2-z^2<-1$； (5) $x^2+y^2>1$.

2. $f(x,y)=x^2\dfrac{1-y}{1+y}$.

5. (1) 0；(2) 0；(3) e；(4) ln 2.

6. (1) 直线 $x+y=0$ 上的一切点为不连续点；

(2) 直线 $x+y=0$ 上除去原点 O 外的一切点均为可去间断点，而原点 $O(0,0)$ 为无穷型不连续点.

7. (1) $f(x,y)$ 在全平面上连续；(2) $f(x,y)$ 在点 $O(0,0)$ 处不连续，在其余点连续.

习题 8-2

1. $f_x'(0,0)=0$；$f_y'(0,0)=0$；

$$f_x'(x,y)=\begin{cases}2x\sin\dfrac{1}{x^2+y^2}-\dfrac{2x}{x^2+y^2}\cos\dfrac{1}{x^2+y^2}, & (x,y)\neq(0,0),\\0, & (x,y)=(0,0);\end{cases}$$

$$f_y'(x,y)=\begin{cases}2y\sin\dfrac{1}{x^2+y^2}-\dfrac{2y}{x^2+y^2}\cos\dfrac{1}{x^2+y^2}, & (x,y)\neq(0,0),\\0, & (x,y)=(0,0).\end{cases}$$

2. (1) $\dfrac{\partial u}{\partial x}=\dfrac{1}{y^2}$，$\dfrac{\partial u}{\partial y}=-\dfrac{2x}{y^3}$； (2) $\dfrac{\partial u}{\partial x}=\dfrac{y^2}{(x^2+y^2)^{\frac{3}{2}}}$，$\dfrac{\partial u}{\partial y}=\dfrac{-xy}{(x^2+y^2)^{\frac{3}{2}}}$；

(3) $\frac{\partial u}{\partial x}=\frac{1}{x+y^2}$, $\frac{\partial u}{\partial y}=\frac{2y}{x+y^2}$;　(4) $\frac{\partial u}{\partial x}=\frac{1}{1+x^2}$, $\frac{\partial u}{\partial y}=\frac{1}{1+y^2}$;

(5) $\frac{\partial u}{\partial x}=\frac{z}{x}\left(\frac{x}{y}\right)^z$, $\frac{\partial u}{\partial y}=-\frac{z}{y}\left(\frac{x}{y}\right)^z$, $\frac{\partial u}{\partial z}=\left(\frac{x}{y}\right)^z\ln\frac{x}{y}$;

(6) $\frac{\partial u}{\partial x}=\frac{yu}{xz}$, $\frac{\partial u}{\partial y}=\frac{u\ln x}{z}$, $\frac{\partial u}{\partial z}=-\frac{yu\ln x}{z^2}$;

(7) $f_x'(x,y)=y\operatorname{sgn} x+|y|(x\neq 0)$, $f_y'(x,y)=|x|+x\operatorname{sgn} y(y\neq 0)$;

(8) $\frac{\partial u}{\partial x}=\mathrm{e}^{(x^2+y^2)^2}2x-\mathrm{e}^{x^2y^2}y$, $\frac{\partial u}{\partial y}=\mathrm{e}^{(x^2+y^2)^2}2y-\mathrm{e}^{x^2y^2}x$.

3. $\frac{\partial z}{\partial x}=f+2x^2f'$, $\frac{\partial z}{\partial y}=2xyf'$.

4. $\frac{\partial z}{\partial x}=\mathrm{e}^{xy}yf'$, $\frac{\partial z}{\partial y}=(\mathrm{e}^{xy}x-2y)f'$.

6. (1) $\frac{\partial^2 u}{\partial x^2}=0$, $\frac{\partial^2 u}{\partial y^2}=\frac{2x}{y^3}$, $\frac{\partial^2 u}{\partial x\partial y}=1-\frac{1}{y^2}$;

(2) $\frac{\partial^2 u}{\partial x^2}=\frac{2xy}{(x^2+y^2)^2}$, $\frac{\partial^2 u}{\partial y^2}=-\frac{2xy}{(x^2+y^2)^2}$, $\frac{\partial^2 u}{\partial x\partial y}=-\frac{x^2-y^2}{(x^2+y^2)^2}$;

(3) $\frac{\partial^2 u}{\partial x^2}=y(y-1)x^{y-2}$, $\frac{\partial^2 u}{\partial y^2}=x^y\ln^2 x$, $\frac{\partial^2 u}{\partial x\partial y}=x^{y-1}+yx^{y-1}\ln x$;

(4) $\frac{\partial^2 u}{\partial x^2}=\frac{-2\sin x^2-4x^2\cos x^2}{y}$, $\frac{\partial^2 u}{\partial y^2}=\frac{2\cos x^2}{y^3}$, $\frac{\partial^2 u}{\partial x\partial y}=\frac{2x\sin x^2}{y^2}$;

(5) $\frac{\partial^2 u}{\partial x^2}=2\cos(x+y)-x\sin(x+y)$, $\frac{\partial^2 u}{\partial y^2}=-x\sin(x+y)$, $\frac{\partial^2 u}{\partial x\partial y}=\cos(x+y)-x\sin(x+y)$.

7. $\frac{\partial^3 u}{\partial x\partial y\partial z}=\mathrm{e}^{xyz}(1+3xyz+x^2y^2z^2)$.

8. $\frac{\partial^3 u}{\partial x\partial y\partial z}=8xyzf'''$.

11. (1) $\mathrm{d}u=\frac{x\mathrm{d}x+y\mathrm{d}y+z\mathrm{d}z}{\sqrt{x^2+y^2+z^2}}$;　(2) $\mathrm{d}u=2x\cos(x^2+y^2)\mathrm{d}x+2y\cos(x^2+y^2)\mathrm{d}y$;

(3) $\mathrm{d}u=\left(xy+\frac{x}{y}\right)^{z-1}\left[\left(y+\frac{1}{y}\right)z\mathrm{d}x+\left(1-\frac{1}{y^2}\right)xz\mathrm{d}y+\left(xy+\frac{x}{y}\right)\ln\left(xy+\frac{x}{y}\right)\mathrm{d}z\right]$;

(4) $\mathrm{d}u=f'\left(\frac{y}{x}\right)\frac{x\mathrm{d}y-y\mathrm{d}x}{x^2}$.

12. $\mathrm{d}f(1,1,1)=\mathrm{d}x-\mathrm{d}y$.

14. (1) 2.9; (2) 0.97.

15. 对角线减少约 3 mm，面积减少约 140 cm^2.

习题 8-3

1. $\frac{\partial z}{\partial x}=yf+2x^2yf'+2x\varphi+x^2\varphi_1'+x^2y\varphi_2'$;　$\frac{\partial z}{\partial y}=xf+2xy^2f'+x^2\varphi_1'+x^3\varphi_2'$.

2. $\frac{\mathrm{d}W}{\mathrm{d}x}=F_x'+F_y'\varphi'(x)+F_z'(f_x'+f_y'\varphi'(x))$.

4. $\frac{\partial^2 u}{\partial x^2}=f_{11}''+\frac{2}{y}f_{12}''+\frac{1}{y^2}f_{22}''$，$\frac{\partial^2 u}{\partial y^2}=\frac{2x}{y^3}f_2'+\frac{x^2}{y^4}f_{22}''$，$\frac{\partial^2 u}{\partial x\partial y}=-\frac{x}{y^2}f_{12}''-\frac{x}{y^3}f_{22}''-\frac{1}{y^2}f_2'$.

5. $\frac{\partial^2 u}{\partial x\partial y}=f_{11}''+(x+y)f_{12}''+xyf_{22}''+f_2'$.

6. $\Delta u=3f_{11}''+4(x+y+z)f_{12}''+4(x^2+y^2+z^2)f_{22}''+6f_2'$.

7. $\frac{\partial^2 z}{\partial x\partial y}=-2f''+xg_{12}''+xyg_{22}''+g_2'$.

8. $\frac{\partial^2 z}{\partial x\partial y}=xe^{2y}f_{uu}''+e^y f_{uy}''+e^y f_u'+xe^y f_{xu}''+f_{xy}''$.

9. $du=(yzdx+xzdy+xydz)f'$.

10. $du=\frac{ydx-xdy}{y^2}f_1'+\frac{zdy-ydz}{z^2}f_2'$.

13. $\frac{\partial z}{\partial u}=\frac{\partial z}{\partial v}$.

14. $\frac{\partial x}{\partial u}+\frac{\partial x}{\partial v}=\frac{u}{v}(v\neq 0)$.

15. $\frac{\partial^2 u}{\partial\xi\partial\eta}=0$.

习题 8-4

1. $\frac{\partial}{\partial x}f[x,y,z(x,y)]\Big|_{(1,1,1)}=-2$，$\frac{\partial}{\partial x}[f(x,y(x,z),z)]\Big|_{(1,1,1)}=-1$.

2. $\frac{\partial^2 z}{\partial x^2}\Big|_{(1,-2,1)}=-\frac{2}{5}$，$\frac{\partial^2 z}{\partial x\partial y}\Big|_{(1,-2,1)}=-\frac{1}{5}$，$\frac{\partial^2 z}{\partial y^2}\Big|_{(1,-2,1)}=-\frac{394}{125}$.

3. $dz=\frac{z(ydx+zdy)}{y(x+z)}$.

4. $\frac{\partial z}{\partial x}=-\frac{F_1'+2xF_2'}{F_1'+2zF_2'}$，$\frac{\partial z}{\partial y}=-\frac{F_1'+2yF_2'}{F_1'+2zF_2'}$.

5. $\frac{\partial z}{\partial x}=-\left(1+\frac{F_1'+F_2'}{F_3'}\right)$，$\frac{\partial z}{\partial y}=-\left(1+\frac{F_2'}{F_3'}\right)$，

$\frac{\partial^2 z}{\partial x^2}=-\frac{1}{(F_3')^3}[(F_3')^2(F_{11}''+2F_{12}''+F_{22}'')-2(F_1'+F_2')F_3'(F_{13}''+F_{23}'')+(F_1'+F_2')F_{33}'']$.

8. $dz=\frac{1+(x-1)e^{z-y-x}}{1+xe^{z-y-x}}dx+dy$.

10. $\frac{\partial^2 z}{\partial x\partial y}=\frac{y^2-x^2}{(x^2+y^2)^2}$.

11. $\frac{dz}{dx}=\frac{2(x^2-y^2)}{x-2y}$，$\frac{d^2 z}{dx^2}=\frac{2(2x-y)}{x-2y}+\frac{6x}{(x-2y)^3}$.

12. $\frac{dx}{dz}=\frac{y-z}{x-y}$，$\frac{dy}{dz}=\frac{z-x}{x-y}$.

13. $\frac{\partial u}{\partial x}=-\frac{xu+yv}{x^2+y^2}$，$\frac{\partial u}{\partial y}=\frac{xv-yu}{x^2+y^2}$，$\frac{\partial v}{\partial x}=\frac{yu-xv}{x^2+y^2}$，$\frac{\partial v}{\partial y}=-\frac{xu+yv}{x^2+y^2}$.

14. $dz=-\dfrac{I_1dx+I_2dy}{I_3}$，其中 $I_1=\dfrac{\partial(f,g)}{\partial(x,t)}$，$I_2=\dfrac{\partial(f,g)}{\partial(y,t)}$，$I_3=\dfrac{\partial(f,g)}{\partial(z,t)}$.

15. $\dfrac{\partial u}{\partial x}=\dfrac{\partial f}{\partial x}$，$\dfrac{\partial u}{\partial y}=\dfrac{\partial f}{\partial y}+\dfrac{1}{t-z}\left[(y-t)\dfrac{\partial f}{\partial z}+(z-y)\dfrac{\partial f}{\partial t}\right]$.

16. $\dfrac{dz}{dx}=\dfrac{(f+xf')F_y'-xf'F_x'}{F_y'+xf'F_z'}\ (F_y'+xf'F_z'\neq 0)$.

习题 8-5

1. $\left.\dfrac{\partial z}{\partial \boldsymbol{l}}\right|_{\substack{x=1\\y=1}}=1-\sqrt{3}$.

2. $\left.\dfrac{\partial z}{\partial \boldsymbol{l}}\right|_{\substack{x=1\\y=1}}=\sqrt{2}\sin\left(\alpha+\dfrac{\pi}{4}\right)$.

（1）当 $\alpha=\dfrac{\pi}{4}$ 时，$\dfrac{\partial z}{\partial \boldsymbol{l}}$ 最大为 $\sqrt{2}$；（2）当 $\alpha=\dfrac{5\pi}{4}$ 时，$\dfrac{\partial z}{\partial \boldsymbol{l}}$ 最小为 $-\sqrt{2}$；（3）当 $\alpha=\dfrac{3\pi}{4}$ 或 $\alpha=\dfrac{7\pi}{4}$ 时，$\dfrac{\partial z}{\partial \boldsymbol{l}}=0$.

3. $\left.\dfrac{\partial u}{\partial \boldsymbol{l}}\right|_{\substack{x=1\\y=1\\z=1}}=\cos\alpha+\cos\beta+\cos\gamma$，$\left|\mathbf{grad}\ u\right|_{\substack{x=1\\y=1\\z=1}}=\sqrt{3}$.

4. $\dfrac{\pi}{2}$.　　5. $\dfrac{1}{2}$.　　6. $\dfrac{2}{9}(1,\ 2,\ -2)$.

习题 8-6

1. $f(x,y)=5+2(x-1)^2-(x-1)(y+2)-(y+2)^2$.

2. $f(x,y)\approx 1-\dfrac{1}{2}(x^2+y^2)-\dfrac{1}{8}(x^2+y^2)^2$.

3. $\ln(1+x+y)=x+y-\dfrac{1}{2}(x+y)^2+o(\rho^2)\ (\rho\to 0)$.

4. （1）$z(5,\ 2)=30$ 为极小值；（2）$z(1,1)=-2$ 为极小值，$z(-1,-1)=-2$ 为极小值.

5. （1）$u\left(\dfrac{1}{3},-\dfrac{2}{3},\dfrac{2}{3}\right)=3$ 为极大值，$u\left(-\dfrac{1}{3},\dfrac{2}{3},-\dfrac{2}{3}\right)=-3$ 为极小值；

（2）$u\left(\dfrac{1}{\sqrt{6}},\dfrac{1}{\sqrt{6}},-\dfrac{2}{\sqrt{6}}\right)=u\left(-\dfrac{2}{\sqrt{6}},\dfrac{1}{\sqrt{6}},\dfrac{1}{\sqrt{6}}\right)=u\left(\dfrac{1}{\sqrt{6}},-\dfrac{2}{\sqrt{6}},\dfrac{1}{\sqrt{6}}\right)=-\dfrac{1}{3\sqrt{6}}$ 为极小值；

$u\left(-\dfrac{1}{\sqrt{6}},-\dfrac{1}{\sqrt{6}},\dfrac{2}{\sqrt{6}}\right)=u\left(\dfrac{2}{\sqrt{6}},-\dfrac{1}{\sqrt{6}},-\dfrac{1}{\sqrt{6}}\right)=u\left(-\dfrac{1}{\sqrt{6}},\dfrac{2}{\sqrt{6}},-\dfrac{1}{\sqrt{6}}\right)=\dfrac{1}{3\sqrt{6}}$ 为极大值.

6. （1）最小值 $m=-5$，最大值 $M=-2$；（2）最小值 $m=0$，最大值 $M=1$；（3）最小值 $m=0$，最大值 $M=300$.

7. $x_1^0=x_2^0=\cdots=x_n^0=\dfrac{a}{n}$，$u(x_1^0,x_2^0,\cdots,x_n^0)=\dfrac{a^2}{n}$.

8. 长、宽、高为 $\dfrac{2R}{\sqrt{3}},\dfrac{2R}{\sqrt{3}},\dfrac{R}{\sqrt{3}}$ 时，体积最大.

9. 长、宽、高分别为$\frac{2\sqrt{2}}{3}R$，$\frac{2\sqrt{2}}{3}R$，$\frac{1}{3}H$时，体积最大且$V=\frac{8}{27}R^2H$.

10. $\left(\frac{8}{5},\ \frac{3}{5}\right)$.

11. $\left(\frac{1}{\sqrt{14}},\frac{2}{\sqrt{14}},\frac{3}{\sqrt{14}}\right)$，$\left(-\frac{1}{\sqrt{14}},-\frac{2}{\sqrt{14}},-\frac{3}{\sqrt{14}}\right)$.

12. 1.

13. $u=\int_0^1(4-6x)f(x)\mathrm{d}x$，$v=\int_0^1(12x-6)f(x)\mathrm{d}x$.

习题 8-7

1. (1) 切平面方程：$z=\frac{\pi}{4}-\frac{1}{2}(x-y)$，法线方程：$\frac{x-1}{1}=\frac{y-1}{-1}=\frac{z-\frac{\pi}{4}}{2}$；

(2) 切平面方程：$ax_0x+by_0y+cz_0z=1$，法线方程：$\frac{x-x_0}{ax_0}=\frac{y-y_0}{by_0}=\frac{z-z_0}{cz_0}$.

2. $\left(\frac{a^2}{d},\ \frac{b^2}{d},\ \frac{c^2}{d}\right)$，$\left(-\frac{a^2}{d},\ -\frac{b^2}{d},\ -\frac{c^2}{d}\right)$，其中$d=\sqrt{a^2+b^2+c^2}$.

3. $x+4y+6z=\pm 21$.　　4. $a=-5$，$b=-2$.

5. $9x+17y-17z+27=0$，$9x+y-z-27=0$.

8. (1) $x+y+\frac{1}{2}z-2=0$，$x+y+\frac{1}{2}z+2=0$；(2) $\frac{1}{3}$.

9. (1) 切线方程：$\frac{x-\frac{a}{2}}{a}=\frac{y-\frac{b}{2}}{0}=\frac{z-\frac{c}{2}}{-c}$，法平面方程：$a\left(x-\frac{a}{2}\right)-c\left(z-\frac{c}{2}\right)=0$；

(2) 切线方程：$\frac{x-1}{1}=\frac{y-1}{1}=\frac{z-1}{2}$，法平面方程：$(x-1)+(y-1)+2(z-1)=0$；

(3) 切线方程：$\begin{cases}(x-1)-2(y+2)+(z-1)=0,\\(x-1)+(y+2)+(z-1)=0,\end{cases}$法平面方程：$(x-1)-(z-1)=0$ 即$x-z=0$.

第八章综合题

1. $f''_{yx}(0,0)=1$，$f''_{xy}(0,0)=-1$.

5. 0.

6. $\frac{\partial^2 z}{\partial x\partial y}=f_1'-\frac{1}{y^2}f_2'+xyf_{11}''-\frac{x}{y^3}f_{22}''-\frac{1}{x^2}g'-\frac{y}{x^3}g''$.

7. $\frac{\partial x}{\partial y}=\frac{x-z}{y}(y\neq 0)$.

8. $W=\left(\frac{\partial u}{\partial r}\right)^2+\frac{1}{r^2}\left(\frac{\partial u}{\partial \varphi}\right)^2$.

9. $\frac{\partial u}{\partial x}=f_x'$，$\frac{\partial u}{\partial y}=f_y'+g_y'\cdot\frac{I_2}{I_1}$，其中$I_1=\frac{\partial(g,h)}{\partial(z,t)}$，$I_2=\frac{\partial(h,f)}{\partial(z,t)}$.

10. $a=-1$，$b=-\frac{1}{3}$或$a=-\frac{1}{3}$，$b=-1$.

11. $f(2,1)=4$ 为极大值，最小值 $m=f(4,2)=-64$，最大值 $M=f(2,1)=4$.

12. $S=\pi\dfrac{ab\sqrt{A^2+B^2+C^2}}{|C|}$.

13. $P\left(\dfrac{a}{\sqrt{3}},\dfrac{b}{\sqrt{3}},\dfrac{c}{\sqrt{3}}\right)$.

15. 在$\left(\dfrac{1}{\sqrt{3}},\dfrac{1}{\sqrt{3}},\dfrac{1}{\sqrt{3}}\right)$处$\dfrac{\partial u}{\partial \boldsymbol{n}}$最大，在点$\left(-\dfrac{1}{\sqrt{3}},-\dfrac{1}{\sqrt{3}},-\dfrac{1}{\sqrt{3}}\right)$处$\dfrac{\partial u}{\partial \boldsymbol{n}}$最小，在方程组$\begin{cases}x+y+z=0,\\x^2+y^2+z^2=1\end{cases}$所确定大圆的每一点上，$\dfrac{\partial u}{\partial \boldsymbol{n}}$等于零.

第九章

习题 9-1

1. (1) 负号；(2) 正号.

3. $f(0,0)$.

4. (1) $\iint\limits_D xy\mathrm{d}x\mathrm{d}y<\iint\limits_D (x^2+y^2)\mathrm{d}x\mathrm{d}y$；　(2) $\iint\limits_{1\leqslant x^2+y^2\leqslant 2} x^2y^4\sin\dfrac{1}{y^2}\mathrm{d}x\mathrm{d}y<\iint\limits_{1\leqslant x^2+y^2\leqslant 2} 2x^2\mathrm{d}x\mathrm{d}y$.

习题 9-2

1. $I=F(A,B)-F(a,B)-F(A,b)+F(a,b)$.

3. (1) $\int_0^2\mathrm{d}y\int_{\frac{y}{2}}^{y}f(x,y)\mathrm{d}x+\int_2^4\mathrm{d}y\int_{\frac{y}{2}}^{2}f(x,y)\mathrm{d}x$；　(2) $\int_0^1\mathrm{d}y\int_{\sqrt{y}}^{\sqrt[3]{y}}f(x,y)\mathrm{d}x$；

(3) $\int_0^a\mathrm{d}y\int_{\frac{y^2}{2a}}^{a-\sqrt{a^2-y^2}}f(x,y)\mathrm{d}x+\int_0^a\mathrm{d}y\int_{a+\sqrt{a^2-y^2}}^{2a}f(x,y)\mathrm{d}x+\int_a^{2a}\mathrm{d}y\int_{\frac{y^2}{2a}}^{2a}f(x,y)\mathrm{d}x$；

(4) $\int_0^1\mathrm{d}y\int_{\arcsin y}^{\pi-\arcsin y}f(x,y)\mathrm{d}x$.

4. (1) $\dfrac{2}{15}(4\sqrt{2}-1)$；(2) $\dfrac{\mathrm{e}}{2}-1$；(3) $\dfrac{ab^2}{30}$；(4) $4-\dfrac{\pi}{2}$.

5. $\dfrac{1}{2}$.

6. $\dfrac{4}{\pi^3}(2+\pi)$.

7. (1) $\dfrac{\pi}{3}-\dfrac{4}{9}$；(2) $\dfrac{10}{9}\sqrt{2}$；(3) $\dfrac{3}{2}\pi$；(4) $\dfrac{8}{15}$；(5) $\dfrac{\pi}{2}\left(\ln 2-\dfrac{1}{2}\right)$.

8. (1) $\dfrac{11}{40}$；(2) $\dfrac{\pi}{8}\left(\dfrac{\pi}{2}-1\right)$；(3) $\dfrac{\pi}{4}R^4\left(\dfrac{1}{a^2}+\dfrac{1}{b^2}\right)$；(4) $\dfrac{15}{4}\pi ab(a^2+b^2)$.

9. $\dfrac{2}{3}(p+q)\sqrt{pq}$.

10. $\dfrac{9}{2}$.

11. $\dfrac{a^2}{4}(8-\pi)$.

12. $\dfrac{3\sqrt{3}-\pi}{3}a^2$.

13. $\dfrac{ab}{70}$.

14. (1) $\dfrac{5}{6}$; (2) $\dfrac{17}{12}-2\ln 2$; (3) $\dfrac{45}{32}\pi$; (4) $\dfrac{\pi}{2}$.

习题 9-3

1. (1) $\dfrac{1}{364}$; (2) $\dfrac{1}{2}\ln 2-\dfrac{5}{16}$; (3) $\dfrac{1}{48}$; (4) $\dfrac{\pi}{6}$.

2. (1) $\dfrac{16\pi}{3}$; (2) $\dfrac{2}{5}\pi(b^5-a^5)$; (3) $\dfrac{256\pi}{3}$; (4) $\dfrac{\pi}{8}$; (5) $\dfrac{4}{15}\pi abc(a^2+b^2+c^2)$.

3. $\dfrac{6}{5}$.

5. $F'(t)=4\pi t^2 f(t^2)$.

6. (1) $\dfrac{3}{35}$; (2) $\dfrac{\pi(2-\sqrt{2})(b^2-a^2)}{3}$; (3) πa^3.

7. $\dfrac{4}{5}\pi R^5$.

习题 9-4

1. (1) $\dfrac{256}{15}a^3$; (2) $2(e^a-1)+\dfrac{\pi a e^a}{4}$; (3) $2a^2(2-\sqrt{2})$;

(4) $\dfrac{2\pi}{3}(3a^2+4\pi^2b^2)\sqrt{a^2+b^2}$; (5) 4π.

2. 5.

3. (1) πa^3; (2) $\dfrac{3-\sqrt{3}}{2}+(\sqrt{3}-1)\ln 2$; (3) $\dfrac{125\sqrt{5}-1}{420}$; (4) $4\pi R^2d^2+\dfrac{4\pi}{3}(a^2+b^2+c^2)R^4$.

4. $\dfrac{2\pi(1+6\sqrt{3})}{15}$.

习题 9-5

1. (i) $\dfrac{5}{4}Ma^2$; (ii) $\dfrac{3}{2}Ma^2$(M 为薄板质量).

2. $\left(\dfrac{3}{5}a,\dfrac{3}{8}a\right)$.

3. $\boldsymbol{F}=2G\mu hm\pi\left(-\dfrac{1}{h}+\dfrac{1}{\sqrt{R^2+h^2}}\right)\boldsymbol{k}$，其中 G 为万有引力常数.

4. $\left(0,0,\dfrac{3}{8}a\right)$.

5. $\dfrac{4MR^2}{9}$.

6. $\boldsymbol{F}=Gm\mu\pi(2-\sqrt{2})\boldsymbol{k}$，其中 G 为万有引力常数，μ 为立体的密度.

7. $\left(\dfrac{4a}{3\pi},\ \dfrac{4a}{3\pi},\ \dfrac{4a}{3\pi}\right)$.

8. $I_x=\left(\dfrac{a^2}{2}+\dfrac{h^3}{3}\right)\sqrt{4\pi^2a^2+h^2}$，$I_z=a^2\sqrt{4\pi^2a^2+h^2}$.

9. $\boldsymbol{F}=\dfrac{2GmM}{\pi R^2}\boldsymbol{j}$.

10. $\dfrac{4}{3}\pi a^4\rho_0$.

11. $\boldsymbol{F}=\left(G\pi m\rho_0\ln\dfrac{a}{b}\right)\boldsymbol{k}$.

12. $\left(\dfrac{a}{2},0,\dfrac{16a}{9\pi}\right)$.

第九章综合题

1. (1) $543\dfrac{11}{15}$；(2) $\dfrac{4}{3}$；(3) $\dfrac{\pi}{\sqrt{2}}$；(4) $\dfrac{5}{3}+\dfrac{\pi}{2}$；(5) $\dfrac{4\pi}{3}+8\ln\dfrac{1+\sqrt{3}}{\sqrt{2}}$；(6) 1.

2. $\dfrac{1}{8}$.

3. $\dfrac{p_0}{2}$.

4. (1) $\dfrac{1}{180}$；(2) $\dfrac{3}{16}\pi R^4$；(3) $\dfrac{2}{27}\left(\dfrac{1}{\alpha^3}-\dfrac{1}{\beta^3}\right)\left(\dfrac{1}{\sqrt{a}}-\dfrac{1}{\sqrt{b}}\right)h^4\sqrt{h}$.

5. $-\sqrt{\dfrac{\pi}{2}}$.

6. $\dfrac{\pi^2a^3}{4\sqrt{2}}$.

7. (1) $\dfrac{\pi}{15}(2\sqrt{2}-1)$；(2) $\left(\dfrac{7}{6}-\dfrac{2\sqrt{2}}{3}\right)\pi$.

9. $\left(\dfrac{2}{3}-\dfrac{b}{4a}\right)\pi b^3$.

10. $\dfrac{37}{27}$.

11. $-\dfrac{2GmM}{a^2h}\left[\,|b|-|b-h|+\sqrt{a^2+(b-h)^2}-\sqrt{a^2+b^2}\,\right]$，其中 $M=\pi a^2h\mu$ 为圆柱体的质量.

12. $h=\dfrac{H}{3}$，$r=\sqrt{\dfrac{2}{3}}R$.

13. (1) $\frac{4\pi}{3}$; (2) $\sqrt{\pi}$.

第十章

习题 10-1

1. (1) $\frac{4}{3}$; (2) 0; (3) -2π; (4) 0; (5) $\frac{\pi}{4}-1$.

2. (1) $\frac{1}{35}$; (2) $-\frac{\pi a^2}{4}$; (3) -4.

3. $\frac{k}{2}(a^2-b^2)$.

4. (1) $-46\frac{2}{3}$; (2) $-2\pi ab$; (3) $\frac{1}{5}(1-e^{\pi})$; (4) $\frac{m\pi a^2}{8}$.

5. 当原点在围线 C 之外时，$I=0$；当原点在围线 C 之内时，$I=2\pi$.

6. $G\left(1-\frac{1}{\sqrt{5}}\right)$.

7. (1) $\frac{3}{8}\pi ab$; (2) a^2.

8. (1) 4; (2) 62; (3) 1.

9. (1) $u=\frac{x^3}{3}+x^2y-xy^2-\frac{1}{3}y^3+C$; (2) $u=\frac{1}{2\sqrt{2}}\arctan\frac{3x-y}{2\sqrt{2}y}+C$.

习题 10-2

1. (1) $4\pi a^3$; (2) 12π; (3) 0.

2. (1) $3a^4$; (2) $\frac{\pi}{2}$; (3) 34π; (4) -8π.

习题 10-3

1. 0.

3. (1) 0; (2) $\int_{x_1}^{x_2}\varphi_1(x)\,dx+\int_{y_1}^{y_2}\varphi_2(y)\,dy+\int_{z_1}^{z_2}\varphi_3(z)\,dz$.

5. (1) $u=\frac{1}{3}(x^3+y^3+z^3)-2xyz+C$; (2) $u=x-\frac{x}{y}+\frac{xy}{z}+C$.

6. $G\left(\frac{1}{\sqrt{x_2^2+y_2^2+z_2^2}}-\frac{1}{\sqrt{x_1^2+y_1^2+z_1^2}}\right)$.

第十章综合题

1. $12a$.

2. $R=\frac{4}{3}a$.

3. $\frac{3\pi}{2}$.

4. $a=1$.

5. $\left(\frac{\pi}{2}+2\right)a^2b-\frac{\pi}{2}a^3$.

7. $\xi=\frac{a}{\sqrt{3}}$，$\eta=\frac{b}{\sqrt{3}}$，$\zeta=\frac{c}{\sqrt{3}}$，$W_{\max}=\frac{\sqrt{3}}{9}abc$.

8. -2π.

11. $xF'_x=yF'_y$.

12. $\frac{\pi^2}{2}R$.

15. (1) O 在椭球面 S 外部，$I=0$；(2) O 在椭球面内部，$I=4\pi$.

第十一章

习题 11-1

1. (1) 收敛，$S=\frac{3}{2}$；　(2) 收敛，$S=\frac{1}{3}$；　(3) 收敛，$S=1-\sqrt{2}$；　(4) 发散；
   (5) 发散；　(6) 收敛，$S=3$.

2. (1) $2-\sum\limits_{n=2}^{\infty}\frac{1}{n(n-1)}=1$；(2) $\sum\limits_{n=1}^{\infty}\frac{2}{3^n}=1$.

3. $\frac{2}{(2-\ln 3)\ln 3}$.

4. (1) $\frac{1}{2^{n-1}}$；(2) $\frac{4}{3}$.

5. (1) $\frac{4}{3}\frac{1}{n(n+1)\sqrt{n(n+1)}}$；(2) $\frac{4}{3}$.

习题 11-2

1. (1) 收敛；(2) 发散；(3) 收敛；(4) 发散.

2. (1) 收敛；(2) 收敛；(3) 收敛；(4) 收敛；(5) 收敛.

3. (1) 收敛；(2) 收敛；(3) 当 $a>\frac{1}{2}$ 时收敛，当 $a\leqslant\frac{1}{2}$ 时发散；(4) 当 $p>0$ 时收敛，当 $p\leqslant 0$ 时发散.

*4. (1) 发散；(2) 发散；(3) 发散.

5. (1) 收敛；(2) 收敛；(3) 发散.

习题 11-3

1. (1) 发散；(2) 条件收敛；(3) 当 $a\neq 0$ 时条件收敛，当 $a=0$ 时绝对收敛；(4) 条件收敛；(5) 条件收敛.

习题 11-4

1. (1) 收敛域为 $|x|>1$；(2) 收敛域为 $x>-\frac{1}{3}$ 或 $x<-1$；(3) 收敛域为 $|x|\neq 1$；(4) 收敛域为 $x\neq -1$.
2. (1) 一致收敛；(2) (a) 一致收敛，(b) 不一致收敛；(3) 一致收敛；(4) 一致收敛；(5) 不一致收敛.

习题 11-5

1. (1) $R=3$，收敛区间 $(-3,3)$，收敛域 $[-3,3)$；
 (2) $R=+\infty$，收敛区间 $(-\infty,+\infty)$，收敛域 $(-\infty,+\infty)$；
 (3) $R=2$，收敛区间 $(-1,3)$，收敛域 $[-1,3)$；
 (4) $R=2$，收敛区间 $(-1,3)$，收敛域 $[-1,3]$；
 (5) $R=\frac{1}{2}$，收敛区间 $(-1,0)$，收敛域 $[-1,0)$；
 (6) $R=\frac{1}{3}$，收敛区间 $\left(-\frac{4}{3},-\frac{2}{3}\right)$，收敛域 $\left[-\frac{4}{3},-\frac{2}{3}\right)$；
 (7) $R=\max\{a,b\}$，收敛区间 $(-R,R)$，收敛域 $(-R,R)$；
 (8) $R=1$，收敛区间 $(-1,1)$，收敛域 $[-1,1]$.
2. (1) $S(x)=\frac{1}{4}\ln\frac{1+x}{1-x}+\frac{1}{2}\arctan x$，$|x|<1$；　(2) $S(x)=\frac{1+x}{(1-x)^3}$，$|x|<1$；
 (3) $S(x)=\frac{x(3-x)}{(1-x)^3}$，$|x|<1$；　(4) $S(x)=(1+2x^2)e^{x^2}$，$|x|<+\infty$；
 (5) $S(x)=\begin{cases}-\ln(1-x)+1+\dfrac{\ln(1-x)}{x}, & -1\leqslant x<1 \text{ 且 } x\neq 0,\\ 0, & x=0;\end{cases}$
 (6) $S(x)=\frac{2}{(1-x)^3}$，$|x|<1$；
 (7) $S(x)=2x\arctan x-\ln(1+x^2)$，$|x|\leqslant 1$.
3. (1) $\frac{1}{4}\left(\arctan\frac{1}{2}+\frac{1}{2}\ln 3\right)$；(2) $\frac{3}{2}$；(3) $-\frac{8}{27}$；(4) $6\ln\frac{3}{2}-2$.

习题 11-6

1. (1) $\sum\limits_{n=0}^{\infty}(-1)^n\frac{x^{2n}}{n!}$，$|x|<+\infty$；(2) $\frac{1}{2}+\sum\limits_{n=0}^{\infty}(-1)^n\frac{2^{2n-1}}{(2n)!}x^{2n}$，$|x|<+\infty$；
 (3) $\frac{3}{4}\sum\limits_{n=0}^{\infty}(-1)^{n+1}\frac{3^{2n}-1}{(2n+1)!}x^{2n+1}$，$|x|<+\infty$；

(4) $\sum_{n=0}^{\infty} x^{n+10}$，$|x|<1$；(5) $\sum_{n=0}^{\infty}(n+1)x^n$，$|x|<1$；

(6) $\sum_{n=0}^{\infty}\frac{x^{2n+1}}{2n+1}$，$|x|<1$.

2. (1) $\arctan 2+\sum_{n=1}^{\infty}(-1)^n\frac{2^{2n-1}}{2n-1}x^{2n-1}$，$|x|\leqslant\frac{1}{2}$；

(2) $\sum_{n=1}^{\infty}(-1)^{n+1}\frac{x^{2n}}{2n(2n-1)}$，$|x|\leqslant 1$；(3) $x+\sum_{n=1}^{\infty}(-1)^{n-1}\frac{x^{n+1}}{n(n+1)}$，$-1<x\leqslant 1$；

(4) $x+\sum_{n=1}^{\infty}(-1)^n\frac{(2n-1)!!}{(2n)!!}\frac{x^{2n+1}}{2n+1}$，$|x|\leqslant 1$.

3. (1) $\sum_{n=1}^{\infty}(-1)^n\frac{(x+1)^{2n}}{n}$，$-2\leqslant x\leqslant 0$；

(2) $-\sum_{n=1}^{\infty}\frac{1}{x^n}$，$|x|>1$；

(3) $\frac{1}{2}\sum_{n=2}^{\infty}(-1)^n n(n-1)(x-1)^{n-2}$，$|x-1|<1$.

4. (1) $f^{(2n+1)}(0)=0$，$f^{(2n)}(0)=(-1)^n\frac{(2n)!}{n!}$，$n=0,1,2,\cdots$；

(2) $f^{(2n)}(0)=0$，$n=0,1,2,\cdots$；$f'(0)=1$，$f^{(2n+1)}(0)=[(2n-1)!!]^2$，$n=1,2,3,\cdots$.

5. (1) $\sum_{n=1}^{\infty}\frac{(-1)^{n-1}x^n}{n^2}+C$，$-1<x\leqslant 1$ 且 $x\neq 0$；(2) $\sum_{n=1}^{\infty}\frac{(2n-1)!!}{(2n)!!}\frac{x^{4n+1}}{4n+1}+x+C$，$|x|<1$.

习题 11-7

1. $f(x)=1+(x-1)+(x-1)^2+\frac{1}{2}(x-1)^3+\cdots$，$0<x<2$.

2. (1) 0.309 02；(2) 2.718 282；(3) 0.182 3.

3. $\ln 2\approx 0.693\ 15$，$\ln 3\approx 1.098\ 61$.

4. (1) 0.747；(2) 0.905；(3) 2.835；(4) 8.041.

习题 11-8

1. (1) $$\frac{A}{2}+\frac{2A}{\pi}\sum_{n=1}^{\infty}\frac{1}{2n+1}\sin(2n+1)\frac{\pi x}{l}=\begin{cases}A, & x\in(2kl,\ 2kl+l),\\ \frac{A}{2}, & x=l+2kl,\\ 0, & x\in(2kl+l,\ 2kl+2l),\\ \frac{A}{2}, & x=2kl,\ 2kl+2l,\end{cases}\quad k\in\mathbf{Z};$$

(2) $$2\sum_{n=1}^{\infty}(-1)^{n-1}\frac{\sin nx}{n}=\begin{cases}x-2k\pi, & x\in(2k\pi-\pi,\ 2k\pi+\pi),\\ 0, & x=2k\pi-\pi,\ 2k\pi+\pi,\end{cases}\quad k\in\mathbf{Z};$$

(3) $$\frac{\pi}{2}-\frac{4}{\pi}\sum_{n=1}^{\infty}\frac{\cos(2n+1)x}{(2n+1)^2}=\begin{cases}|x-2k\pi|, & x\in(2k\pi-\pi,\ 2k\pi+\pi),\\ \pi, & x=2k\pi\pm\pi,\end{cases}\quad k\in\mathbf{Z};$$

(4) $$\frac{b-a}{4}\pi+\frac{2(a-b)}{\pi}\sum_{n=1}^{\infty}\frac{\cos(2n+1)x}{(2n+1)^2}+(a+b)\sum_{n=1}^{\infty}\frac{(-1)^{n+1}}{n}\sin nx$$

$$=\begin{cases} a(x-2k\pi), & x\in(2k\pi-\pi,\ 2k\pi), \\ 0, & x=2k\pi, \\ b(x-2k\pi), & x\in(2k\pi,\ 2k\pi+\pi), \\ \dfrac{(b-a)\pi}{2}, & x=2k\pi\pm\pi, \end{cases}\quad k\in\mathbf{Z};$$

(5) $\dfrac{1}{2}-\dfrac{1}{\pi}\sum\limits_{n=1}^{\infty}\dfrac{\sin 2n\pi x}{n}=\begin{cases} x-[x], & x\neq k, \\ \dfrac{1}{2}, & x=k, \end{cases}\quad k=0,\ \pm1,\ \pm2,\ \cdots;$

(6) $\dfrac{2}{\pi}+\dfrac{4}{\pi}\sum\limits_{n=1}^{\infty}(-1)^{n+1}\dfrac{\cos 2nx}{4n^2-1}=|\cos x|,\ x\in\mathbf{R}.$

2. $\dfrac{2\sin a\pi}{\pi}\sum\limits_{n=1}^{\infty}\dfrac{(-1)^{n+1}n\sin nx}{n^2-a^2}=\sin ax,\ -\pi<x<\pi.$

3. $\dfrac{2}{\pi}\sum\limits_{n=1}^{\infty}\dfrac{1-\cos nh\pi}{n}\sin n\pi x=f(x),\ 0<x<h,\ h<x<1.$

4. (1) $f(x)=\dfrac{8}{\pi}\sum\limits_{n=1}^{\infty}\dfrac{n}{4n^2-1}\sin 2nx,\ 0<x<\pi$；(2) $f(x)=\cos x,\ 0<x<\pi.$

5. $a_{2n}=0(n=0,\ 1,\ 2,\ \cdots),\ b_{2n}=0(n=1,2,3,\cdots).$

6. $f(x)=1+\sum\limits_{\substack{n=-\infty\\ n\neq0}}^{+\infty}\dfrac{\mathrm{i}}{n\pi}[(-1)^n-1]\mathrm{e}^{\mathrm{i}nx},\ 0\leqslant|x|\leqslant\pi.$

第十一章综合题

1. (1) 当 $\lambda<-\dfrac{1}{2}$ 时收敛，当 $\lambda\geqslant-\dfrac{1}{2}$ 时发散；

(2) 当 $p>1$ 时收敛，当 $p\leqslant1$ 时发散，$\lim\limits_{n\to\infty}\dfrac{a_n}{\frac{1}{n^p}}=\left(\dfrac{\mathrm{e}}{2}\right)^p$；(3) 收敛；(4) 收敛.

2. (1) 绝对收敛；(2) 发散；(3) 绝对收敛；(4) 条件收敛；

(5) 当 $p>1$ 时绝对收敛，当 $\dfrac{1}{2}<p\leqslant1$ 时条件收敛；当 $p\leqslant\dfrac{1}{2}$ 时发散.

4. (1) 1.

10. 当 $a>\dfrac{1}{2}$ 时绝对收敛；当 $0<a\leqslant\dfrac{1}{2}$ 时条件收敛；当 $a\leqslant0$ 时发散.

13. (1) $S(x)=\begin{cases} \dfrac{1}{2x^3}(\sin x-x\cos x), & x\neq0, \\ \dfrac{1}{6}, & x=0; \end{cases}$

(2) $S(x)=\left(\dfrac{x^4}{4}+\dfrac{x^2}{2}+1\right)\mathrm{e}^{\frac{x^2}{2}},\ -\infty<x<+\infty$；

(3) $S(x)=\dfrac{\mathrm{e}^x+\mathrm{e}^{-x}}{2}=\cosh x,\ -\infty<x<+\infty$；

(4) $S(x)=\frac{4x-3x^2}{(x-1)^2}-4x\ln\frac{x-1}{x}$, $|x|>1$;

(5) $S(x)=\frac{1}{\sqrt{1-x}}$, $|x|<1$.

14. (1) $\sum_{n=0}^{\infty}\left[1+\frac{(-1)^n}{6}\right]x^n$, $|x|<1$;

(2) $1+\frac{x^2}{2}+\sum_{n=1}^{\infty}\frac{(2n-1)!!}{(2n+2)!!}\cdot\frac{x^{2n+2}}{2n+1}$;

(3) $x+2\sum_{n=1}^{\infty}\frac{(-1)^{n+1}}{4n^2-1}x^{2n+1}$, $|x|\leqslant 1$;

(4) $\sum_{n=1}^{\infty}(-1)^{n-1}\left(1+\frac{1}{3}+\frac{1}{5}+\cdots+\frac{1}{2n-1}\right)\frac{x^n}{n}$, $|x|\leqslant 1$.

16. 5e.

17. 2.079 8, $|R_3|<0.000\ 2$.

18. $\frac{\pi^2}{8}$, $\frac{\pi^2}{6}$.

19. (1) $\frac{2}{\pi}\sum_{n=1}^{\infty}\left\{\frac{\pi^2(-1)^{n+1}}{n}-\frac{2[1-(-1)^n]}{n^3}\right\}\sin nx=\begin{cases}x^2, & 0\leqslant x<\pi,\\ 0, & x=\pi;\end{cases}$

(2) $\frac{\pi^2}{3}+4\sum_{n=1}^{\infty}\frac{(-1)^n}{n^2}\cos nx=x^2$, $0\leqslant x\leqslant\pi$;

(3) $\frac{\pi^2}{3}+\sum_{n=1}^{\infty}\left(\frac{1}{n^2}\cos 2nx-\frac{\pi}{n}\sin 2nx\right)=\begin{cases}x^2, & 0<x<\pi,\\ \frac{\pi^2}{2}, & x=0,\ \pi.\end{cases}$

21. $A_n=a_n^2+b_n^2$, $n=1,2,3,\cdots,A_0=a_0^b,B_n=0,n=1,2,3,\cdots$.

第十二章

1. $\int_u^{u^2}-x^2e^{-ux^2}dx+2ue^{-u^5}-e^{-u^3}$.

2. $3f(u)+2uf'(u)$.

3. $f(2u,0)+\int_0^u[f_1'(x+u,\ x-u)-f_2'(x+u,\ x-u)]dx$.

4. $\frac{2}{a}\ln(1+a^2)$.

5. 一致收敛.

6. (a) 一致收敛; (b) 不一致收敛.

7. 不一致收敛.

8. (a) 一致收敛; (b) 不一致收敛.

9. $\frac{1}{2}\ln\frac{a^2+k^2}{k^2}$.

10. $\sqrt{\pi a}$.